LEHRBUCH

DER

CHEMIE

VON

DR. A. F. HOLLEMAN,
O. PROFESSOR DER CHEMIE AN DER UNIVERSITÄT GRONINGEN.

AUTORISIERTE DEUTSCHE AUSGABE.

UNORGANISCHER TEIL.

DRITTE, VERBESSERTE AUFLAGE.

LEIPZIG
VERLAG VON VEIT & COMP.
1905

LEHRBUCH

DER

UNORGANISCHEN CHEMIE

FÜR STUDIERENDE

AN UNIVERSITÄTEN UND TECHNISCHEN HOCHSCHULEN

VON

DR. A. F. HOLLEMAN,

O. PROFESSOR DER CHEMIE AN DER UNIVERSITÄT GRONINGEN.

DRITTE, VERBESSERTE AUFLAGE.

MIT ZAHLREICHEN ABBILDUNGEN UND ZWEI TAFELN.

LEIPZIG

VERLAG VON VEIT & COMP.

1905

Druck von Metzger & Wittig in Leipzig.

Vorwort zur zweiten Auflage.

Ohne den Charakter des Buches umzugestalten, wurden mehrere Änderungen vorgenommen. Gekürzt wurden das Kapitel Thermochemie und die Beschreibung technischer Prozesse. Dagegen wurden die Prinzipien der Schwefelsäurefabrikation nach der Kontaktmethode und eine Übersicht der radioaktiven Elemente, sowie verschiedene Figuren neu aufgenommen. Auch die Tafeln I (Atomvolumkurve von L. Meyer) und II (Spektren) sind neu hergestellt. An manchen Stellen konnte die Darstellung präziser gefaßt werden, wobei ich nicht unterlassen will mit Dankbarkeit zu erwähnen, daß einige meiner deutschen Herren Kollegen durch nützliche Bemerkungen mir ihr Interesse an dem Buche zeigten.

Zitate wie „Org. Ch. *70*" beziehen sich auf die Paragraphen meines Lehrbuches der organischen Chemie.

Groningen (Niederlande), April 1903.

A. F. Holleman

Vorwort zur dritten Auflage.

Neu aufgenommen sind einige Anwendungen der Phasenlehre; das Kapitel der radioaktiven Elemente ist völlig umgearbeitet und vervollständigt worden. Die neue Spektraltafel, die in der zweiten Auflage gebracht worden ist, wurde nach den in dem niederländischen Lehrbuch der Physik von BOSSCHA-SISSINGH enthaltenen Tafeln zusammengestellt, doch hat sich ergeben, daß diese aus H. ERDMANN übernommen sind. Auch einige technische Prozesse sind neu erwähnt. Es herrscht Meinungsverschiedenheit darüber, ob man solche in ein elementares Lehrbuch überhaupt aufnehmen soll. Freilich haben diejenigen Recht, welche behaupten, daß es unmöglich ist, alle diejenigen technischen Prozesse zu erwähnen, die zurzeit in Gebrauch sind. Doch wird es auch wohl niemand einfallen, nach der Beschreibung eines technischen Prozesses in einem elementaren Buch in der Praxis zu arbeiten. Der Zweck der Aufnahme ist vielmehr, als ausgezeichnete Beispiele von chemischen Umsetzungen, bisweilen auch von physikalisch-chemischen Problemen zu dienen. So aufgefaßt, ist es gleichgültig, ob der mitgeteilte Prozeß noch allgemein angewendet wird oder eben durch einen anderen verdrängt ist.

Von meinem Lehrbuch ist inzwischen auch eine englische, italienische und russische Übersetzung erschienen.

Herr Prof. MANCHOT ist leider verhindert, sich an der Bearbeitung der deutschen Ausgabe weiter zu beteiligen.

Groningen (Niederlande), November 1904.

A. F. Holleman

Inhalt.

Die fetten Ziffern bezeichnen Paragraphen.

Einleitung.

1. Die Chemie ist ein Teil der Naturwissenschaft, d. h. der Wissenschaft, die sich mit der Erforschung der Vorgänge und Gegenstände in der Natur beschäftigt. Deren Kenntnis erlangen wir durch Wahrnehmung mittels unserer Sinneswerkzeuge; auf anderem Wege ist dies nicht möglich. Die Gegenstände selbst lernen wir nicht kennen, sondern wir gewinnen durch unsere Sinneswerkzeuge nur eine Vorstellung von ihnen. Wenn wir einen Gegenstand sehen, nehmen wir tatsächlich nur eine Wirkung auf unsere Netzhaut wahr; befühlen wir ihn, so ist es wieder nicht der Gegenstand selbst, sondern ein Reiz der Gefühlsnerven unserer Finger, der zu unserem Bewußtsein kommt. Die Frage ist deshalb gerechtfertigt, ob die zu unserer Wahrnehmung kommenden Gegenstände auch wirklich so sind, wie wir sie gewahr werden, ja sogar ob sie wohl außerhalb unserer Person überhaupt vorhanden sind. Die Naturwissenschaften lassen sich auf diese Frage nicht ein — ihre Beantwortung ist Aufgabe der spekulativen Philosophie — sie beschäftigen sich also, wenn man sich genau ausdrücken will, nicht mit den Gegenständen selbst, sondern mit dem Studium der Sinneseindrücke, die wir empfangen. Die Sinneseindrücke treten für uns an die Stelle der Gegenstände, die wir für sich selbst nicht kennen. Wir betrachten sie als die Gegenstände selbst.

2. Unter naturwissenschaftlicher Erforschung der Gegenstände ist zunächst ihre möglichst genaue *Beschreibung* zu verstehen. Aus ihr ergibt sich, daß viele Gegenstände eine mehr oder weniger große Übereinstimmung in ihren besonderen Eigenschaften zeigen, wodurch eine Klassifikation, d. h. eine Zusammenfassung von Gleichartigem in eine Gruppe und eine Trennung der einzelnen Gruppen in Unterabteilungen ermöglicht wird. Auf diese Weise ist man dazu gelangt, Zoologie, Botanik, Mineralogie, Astronomie als beschreibende Naturwissenschaften zu bezeichnen.

3. Zweitens befaßt sich die naturwissenschaftliche Forschung mit der Untersuchung des Verhältnisses, in welchem die Gegenstände zueinander stehen, mit anderen Worten, mit dem Studium der *Erscheinungen.* Die Himmelskörper beschreiben im Weltraum ihre Bahnen; Wasser verwandelt sich beim Abkühlen zu Eis; erhitztes Holz verbrennt. Es ist Aufgabe der Naturwissenschaft, solche Erscheinungen genau zu beobachten und zu beschreiben: also zu erforschen, nach welchen Gesetzen die Himmelskörper sich bewegen, welche Umstände auf das Gefrieren des Wassers von Einfluß sind, was aus dem verbrennenden Holze wird, unter welchen Bedingungen die Verbrennung erfolgen kann usw.

Die Naturwissenschaften, die sich mit der Beobachtung der Erscheinungen befassen: Physik, Chemie und Biologie (d. h. die Lehre von den Lebensvorgängen, im einzelnen: Physiologie Pathologie, Therapie), hat man als exakte Naturwissenschaften bezeichnet.

4. Die Erscheinungen der Natur sind unveränderlich; die Natur wirkt nach unverbrüchlichen Gesetzen. Die Bewegung der Planeten findet noch heute ganz in derselben Weise statt, wie sie zu den Zeiten der Ptolemäer beobachtet worden ist; wenn Wasser zu Eis wird, hat man stets dieselbe Raumausdehnung wahrgenommen; die Kristallform des Kochsalzes ist, wo und wann auch beobachtet, immer dieselbe; bei der Verbrennung des Holzes werden stets dieselben Produkte erhalten; die mikroskopische Struktur der Blätter einer und derselben Pflanze ist immer gleich befunden worden. Die durch Beobachtung gewonnene Erkenntnis von der Unveränderlichkeit der Erscheinungen in der Natur bildet die Grundlage jeder naturwissenschaftlichen Untersuchung. Hat man z. B. an einem bestimmten Sodakristall die Winkel gemessen, welche die Flächen miteinander bilden, gilt es für sicher, daß an allen Sodakristallen, wo und wann auch immer sie untersucht werden mögen, dieselben Winkel vorhanden sein müssen. Nachdem einmal bestimmt worden ist, daß reiner Alkohol unter dem Druck einer Atmosphäre bei 78^0 siedet, wird allgemein angenommen, daß dies bei allem Alkohol, wie er auch gewonnen, und wo und wann er untersucht werde, der Fall sein müsse.

5. Indem sich der menschliche Geist der naturwissenschaftlichen Forschung zuwendet, gibt er sich nicht zufrieden mit der genauen Beschreibung der Gegenstände und der Erscheinungen; er wünscht für die letzteren auch eine *Erklärung* zu finden; dieses Bestreben, die Vorgänge zu erklären, bildet einen der wichtigsten Teile der Naturwissenschaft. Wenn man z. B. beobachtet hat, daß ein Lichtstrahl, der durch ein Stück isländischen Kalkspats hindurchgeht, in zwei andere mit verschiedenen Eigenschaften gespalten wird, sucht man sich Rechenschaft zu geben von diesem Vorgang. Wenn Kupfer an der Luft zum Glühen gebracht wird, geht es in ein schwarzes Pulver über; wieder erhebt sich die Frage, warum dies der Fall ist. Beim Suchen nach einer Erklärung der Erscheinungen trachtet man also tiefer in das Wesen des Vorganges einzudringen, als dies durch die direkte Beobachtung geschehen kann. Während die Vorgänge selber, die wir zu erklären wünschen, wie wir durch Erfahrung wissen, unveränderlich sind, ist ihre Erklärung je nach unseren Fortschritten im Wissen veränderlich. Daß Kupfer beim Glühen an der Luft in ein schwarzes Pulver verwandelt wird, wurde früher durch die Annahme erklärt, daß von dem Metall etwas verschwinde; später, nachdem man die Erscheinung besser erforscht hatte, dadurch, daß das Kupfer einen Bestandteil der Luft aufnehme.

Die naturwissenschaftliche Untersuchung nimmt im allgemeinen folgenden Verlauf: Eine Erscheinung wird beobachtet und so sorgfältig wie möglich erforscht. Danach sucht man eine Erklärung für sie zu geben. Man stellt eine *Hypothese* auf. Aus dieser kann man Schlußfolgerungen ziehen, darunter solche, die durch das Experiment kontrolliert werden können. Führt der Versuch in der Tat zu dem erwarteten Resultat, so gewinnt die Hypothese an Wahrscheinlichkeit. Ergibt sich ferner, daß sie eine ganze Reihe von Erscheinungen zu erklären und miteinander in Verbindung zu bringen vermag, so wird die Hypothese zur *Theorie*.

Die naturwissenschaftliche Forschung hat im neunzehnten Jahrhundert einen gewaltigen Aufschwung genommen; für zahlreiche Erscheinungen sind Erklärungen gegeben worden, die einen hohen Grad von Wahrscheinlichkeit besitzen. Doch läßt sich nicht leugnen, daß die Theorie bisher nur wenig in das eigentliche Wesen der Dinge eingedrungen ist; man stößt sehr bald auf Fragen, bei denen wir zurzeit selbst die Möglichkeit einer Beantwortung nicht einsehen. Welcher chemische Vorgang stattfindet, wenn man Kupfer an der Luft zum Glühen erhitzt — um bei diesem Beispiel zu bleiben — weiß man genau. Jedoch auf die weitere Frage, warum der Prozeß gerade so und nicht anders verläuft, oder warum das gebildete Pulver schwarz ist, muß man die Antwort so ziemlich schuldig bleiben.

6. Physikalische und chemische Vorgänge. Da sich eine strenge Scheidung zwischen beschreibenden und exakten Naturwissenschaften nicht hat durchführen lassen, unterscheidet man neuerdings zwischen *allgemeinen* und *speziellen* Naturwissenschaften. Physik und Chemie sind die allgemeinen Naturwissenschaften. Um ihre Abgrenzung kennen zu lernen, ist es zweckmäßig, beide Wissenschaften miteinander zu vergleichen. Im allgemeinen kann man sagen, daß die Physik sich mit den Zustandsänderungen der Körper, die Chemie dagegen mit den Änderungen des Stoffes befaßt. *Stoff* oder *Materie* nennt man die unserer Beobachtung zugänglichen Gegenstände, wenn man von ihrer Größe und Gestalt absieht. Eisen, Marmor, Seide, Sand, Glas sind Stoffe, wenn man nur ihre Eigenschaften unabhängig von ihrer äußeren Gestalt in Betracht zieht. Wenn man die Größe und äußere Gestalt in Betracht zieht, so spricht man von *Körpern.*

Ein paar Beispiele mögen dies erläutern.

Ein Platindraht wird in eine farblose Gasflamme gehalten; er wird glühend; zieht man ihn aus der Flamme, so kühlt er sich ab und es ist keinerlei Änderung an ihm zu bemerken. Dies ist ein physikalischer Vorgang; das Glühen ist nur eine zeitliche Änderung des Zustandes gewesen. Sobald die Ursache derselben aufhört, kehrt der Draht in seinen ursprünglichen Zustand zurück.

Man halte nun einen Magnesiumdraht in die Flamme; er verbrennt unter Ausstrahlung eines glänzenden Lichtes und verwandelt sich in ein weißes Pulver, welches von dem Stoff Magnesium vollständig verschieden ist. Hier ist eine völlige und beständige Änderung des Stoffes eingetreten; man hat es also mit einem chemischen Vorgang zu tun.

Man nehme ferner zwei weiße kristallisierte Stoffe, Naphthalin und Rohrzucker, und erhitze jeden für sich in einer Retorte mit Vorlage. Das Naphthalin schmilzt zunächst; bei weiterem Erhitzen beginnt es zu sieden, destilliert über und kondensiert sich in der Vorlage. Das destillierte Naphthalin gleicht vollkommen dem nicht destillierten. Der Stoff hat also durch das Erhitzen, Schmelzen, Übergehen in Dampfform und wieder Festwerden nur wiederholt den Zustand geändert, ist aber derselbe geblieben. Anders der Rohrzucker. Auch hier tritt anfänglich ein Schmelzen ein, doch wird zugleich Braunfärbung wahrgenommen. Bei weiterem Erhitzen wird die Masse noch dunkler; es destilliert eine braungefärbte Flüssigkeit über, ein eigenartiger Geruch ist wahrzunehmen und zum Schlusse bleibt in der Retorte eine stark aufgeblähte verkohlte Masse zurück. Bei dem Rohrzucker ist beim Erhitzen eine Änderung des Stoffes eingetreten, wir haben es also mit einem chemischen Vorgang zu tun.

Als drittes Beispiel endlich diene das Verhalten eines Metalldrahtes einerseits und das von angesäuertem Wasser anderseits, wenn durch beide ein elektrischer Strom geht. Der Draht bekommt andere Eigenschaften, solange der Strom dauert; hört letzterer auf, so ist sein Zustand der gleiche wie vorher; dies ist also ein physikalischer Vorgang. In dem angesäuerten Wasser verursacht der Strom dagegen eine Gasentwicklung und das aus dem Wasser stammende Gas hat ganz andere Eigenschaften als das Wasser selbst; es ist eine Änderung des Stoffes eingetreten, ein chemischer Vorgang hat stattgefunden.

Chemische Operationen.

7. Zur Vermeidung von Wiederholungen erscheint es zweckmäßig, einige der gebräuchlichsten chemischen Operationen kurz vorweg zu beschreiben.

Lösen. Bringt man Zucker, Salz, Salpeter und andere feste Stoffe mit Wasser zusammen, so beobachtet man, daß sie verschwinden während das Wasser ihren Geschmack usw. annimmt; sie sind in dem Wasser gelöst. Das Lösungsvermögen hat eine bestimmte Grenze. Wenn man z. B. bei konstanter Temperatur immer mehr Salpeter dem Wasser hinzugibt, erreicht man einen Punkt, wo von dem Lösungsmittel kein Salpeter mehr aufgenommen wird. Die Lösung ist alsdann *gesättigt.* Die Löslichkeit fester Stoffe nimmt meistens bei steigender Temperatur zu; sie kann für verschiedene Körper zwischen sehr weiten Grenzen schwanken, von Löslichkeit in jedem Verhältnis bis zu unmerklicher Löslichkeit. So wird Rohrzucker in großen Mengen durch Wasser gelöst, während Sand darin nahezu unlöslich ist. Flüssigkeiten können sich entweder unbeschränkt miteinander mischen (Wasser und Alkohol), oder sie besitzen eine beschränkte gegenseitige Löslichkeit. Wenn Wasser z. B. mit einer genügenden Menge Äther durchgeschüttelt wird, bilden sich beim Stehen zwei Flüssigkeitsschichten; die obere ist Äther der etwas Wasser, die untere Wasser, das etwas Äther gelöst hat. Auch die gegenseitige Löslichkeit der Flüssigkeiten erhöht sich meistens bei steigender Temperatur, während die Löslichkeit der Gase in der Regel dadurch abnimmt.

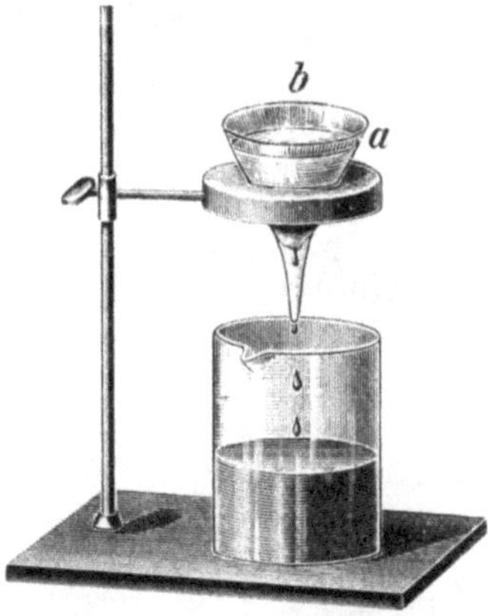

Fig. 1. Filtrieren.

Trennung von Gemischen flüssiger und fester Stoffe. Die Trennung wird durch Filtrieren erreicht. Ein Trichter *b* (Fig. 1) wird mit ungeleimtem Papier *a* (Filtrierpapier) ausgekleidet, das den Rand des Trichters nicht erreichen darf. Das Filter läßt die Flüssigkeit durch, nicht aber den festen Stoff.

Weniger vollständig wird die Trennung durch *Dekantation* oder Abgießen bewirkt, weil hierbei manchmal etwas von dem festen

Stoff mitgeführt wird. Es ist klar, daß man weder durch Filtration noch durch Dekantation eine vollständige Trennung erreichen kann. Dies gelingt erst durch

Auswaschen, das heißt, man verdrängt die Flüssigkeit, welche zwischen den Teilchen des festen Stoffes zurückgeblieben ist, durch eine andere. War die Flüssigkeit z. B. eine Salzlösung, so wird dies leicht durch reines Wasser geschehen können. Es ist unschwer einzusehen, daß die Salzlösung gänzlich ausgewaschen werden kann, wenn die Operation einige Male wiederholt wird. Gesetzt, es sei zwischen den Teilchen des festen Stoffes 1 ccm Salzlösung hängen geblieben. Wenn man denselben mit 9 ccm Wasser übergießt, so ist die Lösung jetzt zehnfach verdünnter, als sie es ursprünglich war. Wenn nach der Filtration wieder 1 ccm Flüssigkeit beim festen Stoff zurückbleibt und wieder 9 ccm Wasser zugefügt werden, so ist die Verdünnung schon auf das Hundertfache gekommen, und nach sechsmaliger Wiederholung auf das Millionenfache, so daß die Salzlösung als ganz vom festen Stoff getrennt betrachtet werden darf.

Kristallisation. Wenn eine Lösung in der Hitze gesättigt ist, so scheidet sie beim Erkalten sehr oft den festen Stoff in Form von Kristallen aus. Dies wird benutzt, um kristallisierte Körper zu reinigen.

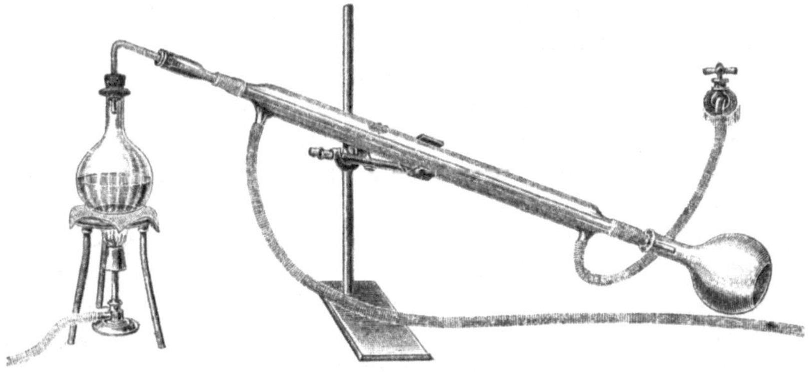

Fig. 2. **Destillation.**

Destillation. (Fig. 2.) Diese Operation wird oft bei Flüssigkeiten angewandt. Man bringt die Flüssigkeit in einem Kolben oder einer Retorte zum Sieden und verdichtet die entweichenden Dämpfe mittels eines *Kühlers.* Letzterer besteht aus einem nicht zu engen Rohr, das von einem weiten Mantel umgeben ist, durch welchen Wasser strömt, das das innere Rohr kalt hält. Die im Kühler kondensierte Flüssigkeit wird in der *Vorlage* aufgefangen.

Durch Destillation kann man flüchtige Flüssigkeiten von nichtflüchtigen Substanzen trennen, z. B. Wasser und Kochsalz; ersteres destilliert über und letzteres bleibt in dem Destillierkolben zurück. Aber auch Flüssigkeiten von verschiedener Flüchtigkeit können so getrennt werden, z. B. Alkohol und Wasser. Bei Beginn der Destillation geht zunächst der flüchtigere Bestandteil (Alkohol) über, gegen Ende der weniger flüchtige (Wasser). Fängt man die Destillate gesondert auf, so erreicht man eine angenäherte Trennung; wiederholt man diese *fraktionierte* Destillation einige Male, so erzielt man in vielen Fällen eine so gut wie vollständige Trennung („Org. Ch.“ *21*).

Sublimation. Einige feste Stoffe, z. B. der Kampfer, haben die Eigenschaft, beim Erhitzen unter normalem Luftdruck zu verdampfen ohne zu schmelzen. Kühlt man die aufgefangenen Dämpfe ab, so setzt sich der Körper in festem, kristallisiertem Zustande ab. Es ist klar, daß man auch hierin ein Mittel zur Trennung flüchtiger von nichtflüchtigen Stoffen besitzt.

Die Elemente.

8. Wenn man einen Stoff (**6**) verschiedenen Einwirkungen aussetzt, z. B. der Wärme, der Elektrizität, dem Licht, oder ihn mit anderen in Berührung bringt, gelingt es in sehr vielen Fällen, ihn in zwei oder mehrere ungleiche Bestandteile zu spalten. Nehmen wir z. B. das Schießpulver, übergießen es mit Wasser, rühren gut um und erwärmen gelinde. Wird nach einiger Zeit filtriert, so zeigt sich, daß das Ungelöste, was auf dem Filter bleibt, nicht mehr Schießpulver ist; man dampft nun das Filtrat ein und erhält als Rückstand einen weißen kristallisierten Stoff, Salpeter. Das Ungelöste wird getrocknet und dann mit einem anderen Lösungsmittel, mit Schwefelkohlenstoff, geschüttelt. Nach einiger Zeit wird aufs neue filtriert; auf dem Filter bleibt eine schwarze Masse, die aus Holzkohlenpulver besteht. Der abfiltrierte Schwefelkohlenstoff hinterläßt beim Verdampfen gelbe Kristalle von Schwefel. Man sieht also, daß das Schießpulver durch nacheinanderfolgende Behandlung mit Wasser und Schwefelkohlenstoff in drei Stoffe zerlegt wird, nämlich in Kohlenstoff, Schwefel und Salpeter. Die ersteren beiden sind, mögen wir sie auch mit allen uns zur Verfügung stehenden Mitteln behandeln, nicht mehr in verschiedene Teile spaltbar; der Salpeter dagegen wohl. Wird der Salpeter nämlich stark erhitzt, so entwickelt er ein Gas, in welchem sich ein glimmender Holzspan sofort entzündet; nach Beendigung der Gasentwicklung bleibt ein Stoff zurück, der mit Schwefelsäure übergossen rote Dämpfe ausstößt, was der Salpeter selbst nicht tut. Salpeter ist also durch Erhitzen noch weiter zerlegbar.

Unterwirft man die verschiedenartigsten Stoffe einer fortgesetzten Behandlung mit den verschiedenartigsten Einwirkungsmitteln, so gelangt man schließlich zu Stoffen, die mit unseren gegenwärtigen Hilfsmitteln nicht weiter zerlegt werden können. Solche Grund- oder Urstoffe heißen *Elemente*. Obwohl die Anzahl der zusammengesetzten Stoffe (im Sinne von 6) unendlich groß ist, ist die Zahl der Elemente nur eine beschränkte. Sie beträgt etwa siebzig.

Bei Verbesserung unserer Hilfsmittel kann es sich sehr wohl herausstellen, daß Stoffe, welche die gegenwärtige Chemie als Elemente betrachtet, diese Bezeichnung nicht mit Recht führen. Wenn wir also jetzt von „Elementen" reden, so ist dies ein relativer Begriff, der bestimmt ist durch das Maß unserer Kenntnisse und der zu unserer Verfügung stehenden Hilfsmittel.

Man kann die Zahl der Elemente nicht genau beziffern; einerseits sind uns nicht alle Stoffe, die es geben mag, zugänglich,[1] anderseits ist es von einigen Stoffen, die zurzeit als Elemente angesehen werden, zweifelhaft, ob sie nicht schon mit unseren gegenwärtigen Hilfsmitteln in andere zerlegbar sind. In der Geschichte der Chemie gibt es verschiedene Beispiele dafür, daß Stoffe, die als unzerlegbar gehalten wurden, später doch zerlegt werden konnten.

Hier folgt eine Tabelle der zurzeit bekannten Elemente:

Aluminium	Germanium	Nickel	Strontium
Antimon	Gold	Niobium	Tantal
Argon	Helium	Osmium	Tellur
Arsen	Indium	Palladium	Thallium
Baryum	Jod	Phosphor	Thorium
Beryllium	Iridium	Platin	Titan
Blei	Kalium	Praseodym	Uran
Bor	Kobalt	Quecksilber	Vanadin
Brom	Kohlenstoff	Rhodium	Wasserstoff
Cadmium	Krypton	Rubidium	Wismut
Cäsium	Kupfer	Ruthenium	Wolfram
Calcium	Lanthan	Samarium	Xenon
Cerium	Lithium	Sauerstoff	Ytterbium
Chlor	Magnesium	Scandium	Yttrium
Chrom	Mangan	Schwefel	Zink
Eisen	Molybdän	Selen	Zinn
Erbium	Natrium	Silber	Zirkonium.
Fluor	Neodym	Silicium	
Gallium	Neon	Stickstoff	

Wie aus dieser Tabelle hervorgeht, zählen die *Metalle* zu den Elementen. Neben ihnen trifft man eine Anzahl anderer Stoffe, wie

[1] Vom Innern der Erde ist nur ein sehr kleiner Teil bekannt. Denkt man sich die Erde zu den Abmessungen einer Apfelsine verkleinert, so würden die tiefsten Schachte und Bohrlöcher noch nicht die die Außenseite der Schale bildende dünne gelbe Schicht durchdringen.

Sauerstoff, Schwefel, Phosphor u. a., die man unter dem Namen *Nichtmetalle* oder *Metalloide* zusammenfaßt. Zu letzteren gehören verschiedene sehr wichtige Stoffe, so z. B. der Sauerstoff, der sich mit fast allen Elementen verbindet, und dessen Verbindungen ebenfalls von der größten Bedeutung sind; der Kohlenstoff, welcher in allen organisierten Stoffen anwesend ist und daher ein Bestandteil jedes Pflanzen- und Tierkörpers ist; der Schwefel, welcher mit blauer Flamme brennt und dabei einen stechenden Geruch verbreitet; das Chlor, ein grüngelbes giftiges Gas von höchst unangenehmem Geruch.

Die Elemente kommen in dem uns erschlossenen Teile der Erde in sehr ungleichen Mengen vor. Der Sauerstoff, welcher sowohl in der Luft wie im Wasser als auch in der festen Erdkruste vorkommt, ist das überwiegende: er macht ungefähr die Hälfte des Gewichts des uns bekannten Teiles der Erdkugel aus. Die Elemente Silicium, Aluminium, Eisen, Calcium, Kohlenstoff, Magnesium, Natrium, Kalium und Wasserstoff bilden zusammen mit dem Sauerstoff 99 % der Erdrinde. Für alle übrigen Elemente zusammen bleibt also nur ein Prozent übrig; einige von diesen letzteren sind zwar sehr verbreitet, z. B. Lithium und Cäsium, kommen aber nur in äußerst geringen Mengen vor. Andere, z. B. Tantal und Niob, finden sich nur in relativ kleiner Menge und nur an einigen Stellen.

Die folgende Tabelle gibt eine auf Schätzungen beruhende Übersicht der Verbreitung einiger wichtiger Elemente, welche in dem uns zugänglichen Teile der Erde vorkommen:

Es enthalten:	Erdrinde %	Ozean %	Atmosphäre %	Gesamter Erdkörper %
Sauerstoff	47·29	85·79	23·00	49·98
Silicium	27·21	—	—	25·30
Aluminium	7·81	—	—	7·26
Eisen	5·46	—	—	5·08
Calcium	3·77	0·05	—	3·51
Magnesium	2·68	0·14	—	2·50
Natrium	2·36	1·14	—	2·28
Kalium	2·40	0·04	—	2·23
Wasserstoff	0·21	10·67	—	0·94
Titan	0·33	—	—	0·30
Kohlenstoff	0·22	0·002	—	0·21
Chlor	0·01	2·07 }	—	0·15
Brom	—	0·008 }		
Phosphor	0·10	—	—	0·09
Mangan	0·08	—	—	0·07
Schwefel	0·03	0·09	—	0·04
Baryum	0·03	—	—	0·03
Stickstoff	—	—	77·00	0·02
Chrom	0·01	—	—	0·01
	100·00	100·00	100·00	100·00

Durch die Spektralanalyse (**263—267**) ist festgestellt, daß auch die übrigen Himmelskörper aus denselben Elementen bestehen wie unsere Erde, aber auch noch aus anderen.

Sauerstoff.

9. Der Sauerstoff ist bei gewöhnlicher Temperatur und gewöhnlichem Druck ein farb-, geruch- und geschmackloses Gas, dessen hervorstechendste Eigenschaft die ist, daß glühende oder glimmende Stoffe sich darin unter starker Licht- und Wärmeentwicklung entflammen. Ein glimmender Holzspan z. B. beginnt beim Verbringen in eine mit Sauerstoffgas gefüllte Flasche sogleich mit lebhaftem Licht zu brennen. Dies Verhalten wird gewöhnlich als Kennzeichen, als *Reaktion* auf Sauerstoff benutzt.

Man kann Sauerstoff auf verschiedene Weise darstellen. Es sind viele Verbindungen bekannt, die beim Erhitzen sich unter Freiwerden von Sauerstoff zersetzen.

1) Man bringe *Quecksilberoxyd* in eine Retorte (Fig. 3) und erhitze es hoch; durch das Ableitungsrohr, welches unter dem mit Wasser gefüllten Zylinder mündet, entweicht dann Sauerstoff und an den Wänden der Retorte setzt sich Quecksilber in Tröpfchen ab.

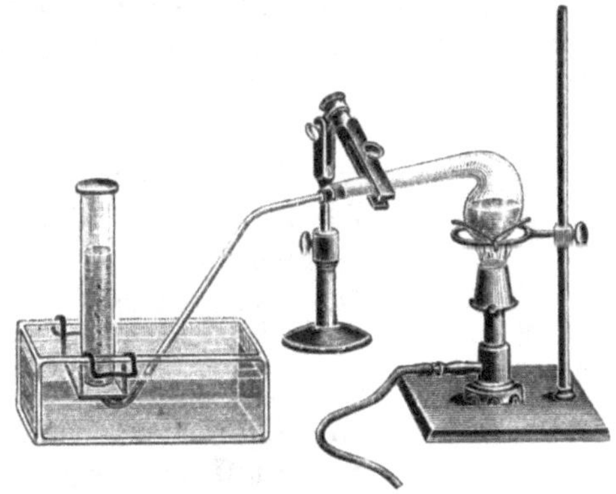

Fig. 3. Darstellung von Sauerstoff aus chlorsaurem Kali.

2) Derselbe Apparat kann auch dazu dienen, um Sauerstoff aus *chlorsaurem Kali* (Kaliumchlorat) zu bereiten, ferner aus *Salpeter*, *übermangansaurem Kali* (Kaliumpermanganat) und aus noch vielen anderen Verbindungen. Die Darstellung von Sauerstoff durch Erhitzen von chlorsaurem Kali ist eine im Laboratorium sehr gebräuchliche Methode.

Einige Stoffe geben Sauerstoff ab, wenn sie zusammen mit anderen erhitzt werden. Dies ist z. B. der Fall:

3) beim Erhitzen von Kaliumbichromat oder Braunstein mit Schwefelsäure oder

4) beim Erhitzen von Zinkoxyd (Zinkweiß) im Chlorstrom.

Die atmosphärische Luft besteht hauptsächlich aus Sauerstoff und Stickstoff. Die folgende Methode, um diese Gase zu trennen, wurde im Jahre 1774 von Lavoisier angewendet. Letzterer brachte Quecksilber in eine Retorte A (Fig. 4) mit langem, zweimal umgebogenem Hals, welcher unter einer mit Luft gefüllten Glocke PQ mündet. Diese war durch Quecksilber abgesperrt, welches sich in einem Gefäß RS befindet. Die Retorte A wurde nun während mehrerer Tage so erhitzt, daß das Quecksilber beinahe siedete. Hierbei verschwand ein Teil der Luft in PQ und das zurückgebliebene Gas zeigte andere Eigenschaften als die Luft; es war Stickstoff. Zugleich war das Quecksilber in ein rotes kristallinisches Pulver, Quecksilberoxyd, verwandelt worden. Letzteres lieferte bei stärkerem Erhitzen Sauerstoff. Über die fabrikmäßige Darstellung von Sauerstoff s. **204**.

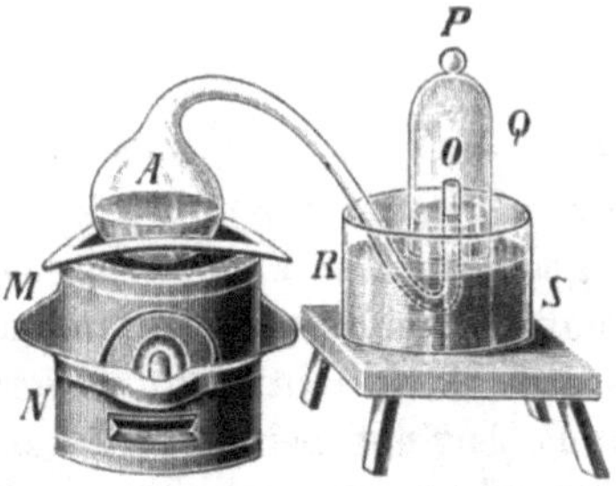

Fig. 4. Absorption des Sauerstoffes durch Quecksilber.

Die *physikalischen Eigenschaften* des Sauerstoffes sind außer den bereits genannten die folgenden: Sein spez. Gewicht, die Dichte der Luft = 1 gesetzt, ist 1·10535; bezogen auf Wasserstoff als Einheit 15·88. Ein Liter Sauerstoff wiegt bei 0° und bei 760 mm Quecksilberdruck 1·4296 g. Der Sauerstoff kann in flüssigen Zustand übergeführt werden; seine kritische Temperatur ist − 118°, sein kritischer Druck ist 50 Atmosphären. Der flüssige Sauerstoff hat das spez. Gewicht 1·124 (bezogen auf Wasser) und den Siedepunkt − 182·95° bei 745·0 mm Druck. Er hat eine bläuliche Färbung. Es ist gelungen, flüssigen Sauerstoff in Mengen von mehreren Litern zu gewinnen; er läßt sich sogar unter gewöhnlichem Druck aufbewahren, wenn man hierzu ein sogenanntes Vakuumgefäß (Fig. 5) verwendet. Letzteres ist ein Gefäß, welches umgeben ist von einem angeschmolzenen Mantel, der sehr weitgehend luftleer gepumpt ist. 100 l Wasser lösen bei 0° 4·89 l Sauerstoff; auch in Alkohol ist dies Gas ein wenig löslich und in geschmolzenem Silber. Beim Erstarren des letzteren entweicht der darin gelöste Sauerstoff — ungefähr das zehnfache Volumen des Metalles — plötzlich, wobei er auf der Oberfläche des Metalles eigenartige Auswüchse hervorbringt („Spratzen" des Silbers).

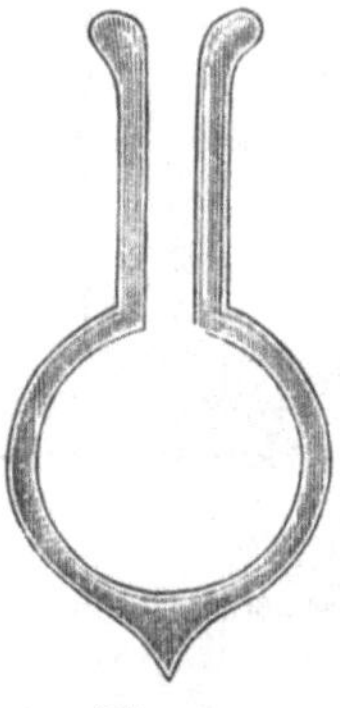

Fig. 5. Vakuumgefäß.

Wir bemerkten oben (7), daß die Löslichkeit der Gase mit steigender Temperatur abnimmt. Eine sehr wichtige Beziehung besteht zwischen der Löslichkeit eines Gases und dem Druck, unter welchem es steht. Die Löslichkeit eines Gases ist proportional dem Druck. Dies ist das HENRYsche Gesetz. Wenn also der Druck auf das a-fache gebracht wird, erhöht sich die Löslichkeit des Gases ebenfalls um das a-fache. Da die Gasmenge, welche in einem bestimmten Volumen enthalten ist, ebenfalls dem Drucke proportional ist, so kann das HENRYsche Gesetz auch so formuliert werden: Das Volum eines Gases, welches von einer bestimmten Flüssigkeitsmenge gelöst wird, ist unabhängig von dem Druck. Dieses Gesetz gilt sehr streng, wenn die Löslichkeit des Gases klein ist; wenn dieselbe dagegen groß ist, z. B. 100 Volumina auf 1 Volumen Flüssigkeit beträgt, so sind die Abweichungen beträchtlich.

Eine andere Formulierung ist noch folgende: Die Konzentration des Gases in einem gegebenen Raume und die Konzentration in der Lösung stehen in einem konstanten Verhältnis zueinander. Unter „Konzentration" versteht man die Menge des Gases pro Volumeinheit (1 ccm).

10. Zu der hervorstechendsten *chemischen Eigenschaft* des Sauerstoffes, sein Verhalten zu brennenden Körpern, seien noch einige Beispiele gegeben:

Holzkohle glüht an der Luft nur mäßig ohne viel Lichtentwicklung; in Sauerstoff gebracht, verbrennt sie dagegen mit großem Glanz. Schwefel, der in Luft nur mit schwacher Flamme brennt, verbrennt in Sauerstoff mit intensivem blauem Licht, Phosphor mit blendend weißer Flamme. — Wenn man eine stählerne Uhrfeder an einem Ende glühend macht und dann in Sauerstoff bringt, so verbrennt sie unter lebhaftem Funkensprühen. Zink verbrennt darin ebenfalls mit blendender Lichterscheinung. In allen diesen und analogen Fällen ist nach der Verbrennung sowohl der Sauerstoff als das zur Verbrennung gelangte Material verschwunden, während andere Stoffe entstanden sind; wir haben es also hier mit einer bleibenden Änderung des Stoffes, mit einem chemischen Vorgang zu tun. Bei der Verbrennung von Holzkohle findet man als Produkt ein Gas, das Kalkwasser trübt und weder brennbar ist, noch die Verbrennung zu unterhalten vermag; es heißt Kohlensäuregas. Der Schwefel liefert ebenfalls ein Gas: dies ist von stechendem Geruch und wird Schwefligsäuregas genannt. Der Phosphor gibt ein weißes, flockiges Pulver, Phosphorpentoxyd. Eisen endlich verwandelt sich in ein schwarzes zusammengesintertes Pulver, den Hammerschlag, so genannt, weil es bei der Bearbeitung des glühenden Eisens mit dem Hammer als Funkenregen abspringt.

Es ist nun die Frage zu beantworten, was dabei eigentlich vorgeht. Zunächst ergibt sich, daß das Gewicht des Verbrennungsproduktes größer ist, als das des verbrannten Stoffes.

Daß bei der Verbrennung eine Gewichtsvermehrung stattfindet, kann in vielen Fällen leicht dargetan werden. Man hängt z. B. einen Hufeisenmagnet, der in feines Eisenpulver getaucht worden ist, an die Unterseite einer Wagschale und legt auf die andere Schale der Wage soviel Gewichte auf, daß Gleichgewicht besteht. Man verbrennt nun das Eisenpulver, indem man es einige Male mit einer farblosen Flamme bestreicht. Beim Abkühlen senkt sich die Wagschale, welche den Magneten trägt. Auf ähnliche Weise kann die Gewichtsvermehrung bei der Verbrennung von Kupfer demonstriert werden. — Um die Gewichtsvermehrung für einen Fall zu beweisen, wo nur gasförmige Produkte entstehen, läßt man eine Kerze verbrennen und die Verbrennungsprodukte, Kohlensäure und Wasserdampf, auffangen. Zu diesem Zweck läßt man sie über ungelöschten Kalk streichen, welcher beide bindet.

Die nähere Untersuchung hat gelehrt, daß die Gewichtszunahme dadurch verursacht ist, daß zu den zu verbrennenden Stoffen Sauerstoff hinzugetreten ist; die Verbrennungsprodukte sind *Verbindungen* dieser Stoffe mit Sauerstoff. Daß z. B. bei der Verbrennung von Zink eine Vereinigung mit Sauerstoff zustande kommt, läßt sich dadurch zeigen, daß das Verbrennungsprodukt, das Zinkweiß, wenn man es in einem Rohre erhitzt und Chlorgas darüber leitet, Sauerstoff abgibt (**9**, 4). Die Verbindungen des Sauerstoffes mit anderen Elementen und zusammengesetzten Stoffen werden *Oxyde* genannt, und der Vorgang der Vereinigung selbst heißt *Oxydation.*

Wenn Substanzen an der Luft verbrennen, so verbinden sie sich — fast immer — nur mit dem Sauerstoff. Doch auch der Stickstoff der Luft wird dabei erhitzt und verbraucht einen Teil der Wärme, welche bei der Verbrennung entwickelt wird. Daher kann die Temperatur eines an der Luft brennenden Körpers nicht die Höhe erreichen wie in reinem Sauerstoff. Da aber die Lichtentwicklung in hohem Grade von der Temperatur abhängt, so sind die Verbrennungen in Sauerstoff viel glänzender als in Luft.

Welche Elemente in einer Verbindung vorkommen, kann man allgemein nach folgenden zwei Methoden ermitteln.

Nach der einen zerlegt man die Verbindung und bestimmt dadurch, welche Elemente sie enthält; dies ist die *analytische* Methode. Nach der anderen, der *synthetischen* Methode lernt man durch die Vereinigung von Elementen zu einem neuen Stoff die Zusammensetzung des letzteren kennen. Bei dem in **9** angegebenen Versuch von Lavoisier erfährt man die Zusammensetzung des erhaltenen roten Pulvers aus der Zerlegung durch starkes Erhitzen, wobei nur Quecksilber und Sauerstoff erhalten werden. Umgekehrt ist es möglich, aus reinem

Sauerstoff und reinem Quecksilber durch Erhitzen auf eine etwas niedrigere Temperatur das rote Oxyd zu bereiten. Ersteres ist ein Beispiel der Analyse, letzteres der Synthese.

Wasserstoff.

11. Der Wasserstoff ist ein farb-, geruch- und geschmackloses Gas, das auf der Erde in freiem Zustande nur in geringer Menge vorkommt. Er ist in Vulkangasen enthalten und entsteht auch als Fäulnisprodukt. In Verbindung mit anderen Elementen findet er sich in sehr großen Mengen (**8**).

Man kann Wasserstoff auf verschiedene Weise bereiten.

Zunächst durch direkte Zerlegung einiger Wasserstoffverbindungen:

1) Leitet man durch die wäßrige Lösung einer Säure den elektrischen Strom, so entwickelt sich an der negativen Elektrode (der Kathode) Wasserstoff.

2) Palladiumwasserstoff zersetzt sich beim Erhitzen in Palladium und Wasserstoff (**315**).

Die gewöhnlichen Methoden, um Wasserstoff herzustellen, beruhen auf indirekter Zerlegung von Wasserstoffverbindungen, d. h. in deren Einwirkung auf andere Soffe. Von solchen Methoden sind zu nennen:

3) Die Einwirkung von Zink auf verdünnte Schwefelsäure (**89**). Dies ist die gewöhnliche Darstellungsmethode (s. Fig. 7).

4) Die Einwirkung von Zink- oder Aluminiumfeile auf Kalilauge oder gelöschten Kalk.

5) Die Einwirkung von Natrium oder Kalium auf Wasser oder Alkohol.

6) Magnesiumpulver mit Wasser erhitzt entwickelt ebenfalls Wasserstoff, besonders wenn etwas Magnesiumchlorid in dem Wasser gelöst ist, weil eine solche Lösung das Magnesiumoxyd auflöst, welches sich an der Oberfläche des Metalles bildet. Siehe auch **305**.

12. *Physikalische Eigenschaften.* Wasserstoff ist der leichteste von allen bekannten Stoffen. Er ist das leichteste Gas. Sein spez. Gewicht bezogen auf Luft = 1 beträgt nur 0·06949; 1 Liter Wasserstoff von 0° und 760 mm Druck wiegt 0·0899 g. Wegen seiner Leichtigkeit wird er zur Füllung von Luftballons verwendet. Er ist sehr schwer zu verflüssigen, da seine kritische Temperatur nur 30—32° oberhalb des absoluten Nullpunktes (— 273°) liegt. Sein kritischer Druck dagegen beträgt nur ungefähr 15 Atmosphären. Der flüssige Wasserstoff ist farblos und siedet bei — 252·5°; sein spez. Gewicht beträgt nur 0·07 (bezogen auf Wasser) bei seinem Siedepunkt und 0·086 bei seinem Gefrierpunkt und ist somit erheblich kleiner als das aller anderen Flüssigkeiten, die man kennt. Es ist auch gelungen, Wasserstoff in den festen Aggregatzustand zu überführen, indem man das flüssige Element bei 30—40 mm Druck teilweise rasch verdampfen ließ. Der Schmelzpunkt des festen Wasserstoffes liegt bei etwa 16° (absoluter Temperatur); die Verdampfungswärme des flüssigen Wasserstoffes beträgt 200 Kal., ist also sehr groß. Daher kommt es, daß ein Kölbchen, welches flüssigen Wasserstoff enthält, sich von außen mit einer Schicht flüssiger Luft bedeckt, welche alsbald fest wird.

Der Wasserstoff ist in Wasser wenig löslich; bei 0° lösen sich in 100 l 2·15 l Gas, in Alkohol etwas mehr.

13. *Chemische Eigenschaften.* Der Wasserstoff verbindet sich nicht mit einer so großen Zahl von Elementen wie der Sauerstoff. An der Luft in Berührung mit einer Flamme gebracht verbindet er sich mit dem Sauerstoff der Luft und verbrennt mit nicht leuchtender, aber sehr heißer Flamme zu Wasser. Wasser ist also das Verbrennungsprodukt des Wasserstoffes.

Wenn Wasserstoffgas an der Luft über feinverteiltes Platin (Platinschwamm oder Platinschwarz **316**) geleitet wird, so entzündet es sich von selbst. Dies kommt daher, daß der Platinschwamm Sauerstoff auf sich verdichtet hat, der in diesem Zustande sich mit Wasserstoff zu vereinigen vermag. Das Platin selbst bleibt hierbei unverändert. Eine derartige chemische Wirkung, welche ein Stoff scheinbar durch seine bloße Anwesenheit ausübt, wird *katalytische* oder *Kontaktwirkung* genannt. In durchaus den meisten Fällen dieser Art hat sich jedoch nachweisen lassen, daß der katalysierende Stoff (Katalysator) wohl an der Reaktion teilnimmt (hier z. B. durch die Verdichtung von Sauerstoff), aber unverändert wieder aus dem Prozeß zum Vorschein kommt. Der Katalysator kann auf eine Reaktion sowohl beschleunigend als auch verlangsamend einwirken.

Die hohe Temperatur der Wasserstoffflamme wird benutzt zum Schmelzen von Platin, Quarz usw. und zur Erzeugung des *Drummondschen Kalklichtes*: wird Sauerstoff in eine Wasserstoffflamme geblasen und in die Flamme ein Stück Kreide gehalten, so wird sie weißglühend und strahlt einen für die Augen unerträglichen Lichtglanz aus.

Eine solche bei dem Zusammentreffen von Wasserstoff und Sauerstoff entstandene Flamme heißt Knallgasflamme. Zu ihrer Erzeugung dient die nebenstehende Vorrichtung (Knallgasgebläse).

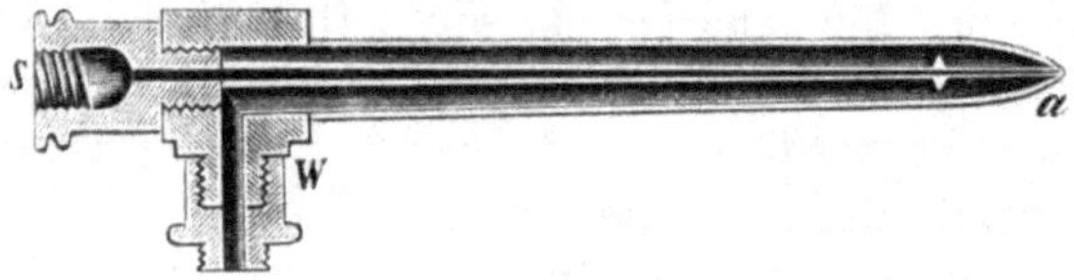

Fig. 6. Knallgasgebläse.

Bei *W* strömt der Wasserstoff ein und wird beim Heraustreten bei *a* entzündet; darauf bläst man bei *S* in die Flamme Sauerstoff ein. Die Gase werden also erst in der Flamme selbst gemischt, wodurch die Gefahr einer Explosion vermieden wird.

Besonders ein Gemenge von 2 Volum Wasserstoff und 1 Volum Sauerstoff (*Knallgas*) explodiert beim Anzünden heftig. Gleichwohl kann man diesen Versuch gefahrlos ausführen, wenn man einen Zylinder von weiter Öffnung und nicht zu großen Dimensionen dafür verwendet. Der laute Knall wird dadurch verursacht, daß der gebildete Wasserdampf durch die momentan entwickelte hohe Verbrennungswärme eine viel größere Ausdehnung erlangt als das Gemisch der beiden ursprünglichen Gase und infolgedessen die Luft mit einem plötzlichen heftigen Stoß vor sich austreibt. Wenn die Explosion in einem geschlossenen Gefäß (Fig. 13) erfolgt, hört man keinen Knall.

Die Temperatur, auf welche man Knallgas erhitzen muß, um es zur Explosion zu bringen, ist zu ungefähr 700° gefunden worden. Bei niedrigerer Temperatur findet zwar auch Verbindung seiner Elemente statt, jedoch nicht plötzlich wie bei einer Explosion; je niedriger die Temperatur ist, desto langsamer verläuft der Prozeß. Wenn also Knallgas selbst im Verlauf von mehreren Jahren keine Veränderung zeigt, so muß dies der außerordentlichen Langsamkeit zugeschrieben werden, mit welcher der Prozeß bei gewöhnlicher Temperatur vonstatten geht. Eine einfache Rechnung macht dies klar. Bodenstein beobachtete, als Knallgas während 50 Minuten auf 509° erhitzt war, daß 0·15 des Volumens in Wasser umgewandelt waren. Nun gibt es eine allgemeine Regel, welche sagt, daß wenn die Temperatur um 10° sinkt, eine chemische Reaktion ungefähr doppelt so langsam wird. Bei 499° würde es also 100 Minuten dauern, bis 0·15 des Gases in Wasser umgewandelt sind. Bei gewöhnlicher Temperatur, sagen wir bei 9°, würde dies somit $50 \times 2^{\frac{509-9}{10}} = 50 \times 2^{50}$ Minuten erfordern, das ist ungefähr $1{\cdot}06 \times 10^{11}$ Jahre.

Dies gilt auch für andere chemische Reaktionen. Wenn wir sehen, daß Holz, Schwefel usw. bei höheren Temperaturen rasch verbrennen, so müssen wir annehmen, daß dies auch bei gewöhnlicher Temperatur geschieht, jedoch so langsam, daß es sich unserer Beobachtung völlig entzieht. Moissan hat bewiesen, daß Holzkohle bei 100° und Schwefel bei gewöhnlicher Temperatur merklich in einem Sauerstoffstrom oxydiert werden.

Der Wasserstoff ist nicht nur imstande, sich mit freiem Sauerstoff zu verbinden; er vermag auch vielen Verbindungen den Sauerstoff zu entziehen; diese Eigenschaft des Wasserstoffes heißt allgemein

Reduktion. Sie bietet oft ein sehr brauchbares Mittel, um zu erkennen, ob eine Verbindung Sauerstoff enthält, weil dann Wasserstoff und Sauerstoff in vielen Fällen sich zu Wasser vereinigen. So kann man dies beispielsweise für Kupferoxyd folgendermaßen beweisen: Man bringt dasselbe in eine Röhre, leitet Wasserstoff hindurch und erhitzt dann. Bald kann man beobachten, daß das schwarze Oxyd in rotes Kupfer übergeht und daß sich in dem kälteren Teil der Röhre Wassertröpfchen absetzen. Auf gleiche Weise kann man sehr viele Oxyde reduzieren, Eisenoxyd, Bleioxyd u. a.

Die Erhaltung des Stoffes.

14. Oxydations- und Reduktionsprozesse, wie sie in **13** beschrieben sind, vermögen, wenn man sie quantitativ verfolgt, d. h. wenn man die Gewichtsmengen der Stoffe, die dabei in Aktion treten, bestimmt, ein sehr wichtiges Gesetz zu erläutern. Man bringe z. B. in ein Rohr eine bestimmte Menge Kupferpulver und wäge Rohr und Pulver. Sodann werde bei höherer Temperatur Sauerstoff darüber geleitet. Man denke sich die Versuchsanordnung derart, daß das Volum des Sauerstoffes, welches sich mit dem Kupfer verbindet, bestimmt werden kann. Wenn nun die Oxydation des Kupfers einige Zeit vor sich gegangen ist, lasse man erkalten und wäge das Rohr mit dem gebildeten Kupferoxyd. Man findet eine Gewichtszunahme, und zwar beträgt dieselbe ebensoviel, als das verschwundene Volum Sauerstoff wog. Darauf leite man durch das Rohr mit dem Kupferoxyd unter Erhitzen Wasserstoff; wieder sei die Einrichtung getroffen, daß das Volum des zur Reduktion verbrauchten Wasserstoffes gemessen werden kann. Die Reduktion wird solange fortgesetzt, bis alles Kupferoxyd wieder in Kupfer verwandelt ist. Wägt man nun das Rohr mit dem Kupferpulver, so wird man finden, daß es sein ursprüngliches Gewicht wieder angenommen hat. Das gebildete Wasser sei mit Hilfe eines Stoffes, der Wasser bindet, z. B. mittels Kalk oder konzentrierter Schwefelsäure, aufgefangen worden, so daß auch sein Gewicht bestimmt werden kann; es wird dem Gewichtsverlust des Kupferoxydes beim Übergang in Kupfer + dem Gewicht des verbrauchten Wasserstoffes proportional sein.

In diesen Fällen ist also das Gesamtgewicht der in Reaktion gebrachten Stoffe vor und nach dem chemischen Prozeß das gleiche. Kupfer + verbrauchter Sauerstoff wiegen ebensoviel als Kupferoxyd; Kupferoxyd + verbrauchter Wasserstoff wiegen ebensoviel als Kupfer + gebildetes Wasser; endlich wiegt das zurückerhaltene Kupfer ebensoviel als das ursprünglich angewandte. Die Stoffe können also in verschiedene Zustände übergeführt werden, aber ihr Gewicht bleibt unverändert. Diese Erscheinung wird ganz allgemein bei chemischen Vorgängen wahrgenommen; man gibt dieser Erfahrung Ausdruck, indem man sagt, daß der Stoff, die Materie, unzerstörbar sei, oder daß bei chemischen Reaktionen keine Materie verloren gehe, noch gewonnen werde. Dieses Gesetz von der Erhaltung des Stoffes ist von LAVOISIER (1743—1794) in die Chemie eingeführt worden.

Die Überzeugung von der Unmöglichkeit des Entstehens und Vergehens der Materie (im Unterschied von der Form) war bereits bei den griechischen Philosophen fest eingewurzelt; sie ist durch alle Zeiten die Basis philosophischen Denkens gewesen. Das Verdienst LAVOISIERS war, daß er aus dem Prinzip der Unzerstörbarkeit des Stoffes die Unveränderlichkeit des Gewichtes folgerte und diese seinen Versuchen zugrunde legte; wenn das Gewicht sich erhält, muß auch vor und nach einer chemischen Reaktion dasselbe Gesamtgewicht der beteiligten Stoffe vorhanden sein.

Die Erkenntnistheorie lehrt, daß die Unvergänglichkeit des Stoffes eine von unserm Denken gebildete Voraussetzung ist; nichts ist unrichtiger, als zu meinen, das Prinzip sei aus experimentellen Versuchen hergeleitet worden. Im Gegenteil: wir lernen die Richtigkeit unserer Versuchsresultate kennen, indem wir feststellen, wie weit sie damit übereinstimmen.

Letzteres wird durch das oben gegebene Beispiel der Oxydation und Reduktion von Kupfer leicht verständlich. Bei der Durchführung dieses Versuches beobachtet man, daß das Gewicht von Kupfer + Sauerstoff *nicht* vollkommen gleich dem des gebildeten Kupferoxyds ist. So oft auch der Versuch wiederholt werden mag, man wird stets kleine Abweichungen wahrnehmen. Da nach unsrer wissenschaftlichen Überzeugung vollkommene Gleichheit sich ergeben müßte, erklären wir die gefundenen Abweichungen aus der Unvollkommenheit unsrer Wägeinstrumente; je empfindlicher sie sind, um so näher werden wir der Gleichheit der Gewichtsmenge vor und nach dem Versuch kommen. Eine absolute Gleichheit zu erzielen, gelingt jedoch nicht.

Das Wasser.

15. Wasser ist lange Zeit für ein Element gehalten worden; erst 1781 entdeckte CAVENDISH, daß beim Verbrennen eines Gemisches von Wasserstoff und Luft oder Sauerstoff Wasser entsteht. Als Anhänger einer falschen Theorie (**106**) erfaßte er jedoch nicht die Tragweite seiner Entdeckung. LAVOISIER hat im Jahre 1783 diesen Versuch wiederholt und als eine Synthese des Wassers aufgefaßt, wie wir dies noch heute tun.

Mit dem in Fig. 7 abgebildeten Apparat kann diese Synthese gezeigt werden:

Fig. 7. Synthese des Wasserstoffes.

In der zweihalsigen (Woulffschen) Flasche wird aus Zink und Schwefelsäure Wasserstoff entwickelt. Das Gas wird, um es von Wasserdampf zu befreien, durch die horizontale Röhre geleitet, welche Chlorcalcium oder mit Schwefelsäure getränkte Bimssteinstücke enthält. Das trockene Gas wird angezündet; es liefert beim Verbrennen Wasser, das sich innen an den Wänden der Glasglocke niederschlägt.

Außer durch diese direkte Synthese aus den Elementen kann Wasser noch auf andere Weise erhalten werden. Z. B. geben viele Verbindungen beim Erhitzen Wasser ab, so die blauen Kristalle des Kupfervitriols.

Daß durch Einwirkung von Wasserstoff auf Sauerstoffverbindungen Wasser entstehen kann, sahen wir bereits (**13**) bei der Reduktion von Kupferoxyd. Umgekehrt kann auch durch Einwirkung von Sauerstoff auf Wasserstoffverbindungen Wasser entstehen. Dies sieht man z. B. bei der Verbrennung von Alkohol.

Endlich kann Wasser durch Einwirkung einer Wasserstoff- auf eine Sauerstoffverbindung entstehen. Dies ist der Fall, wenn über erhitztes Kupferoxyd Ammoniakgas (**111**) geleitet wird.

Die synthetischen Methoden zur Darstellung von Wasser, wie die vorstehend aufgeführten und viele andere, haben indes nur theoretische Bedeutung. Wenn man für chemische Zwecke Wasser in vollkommen reinem Zustand erhalten will, geht man von dem in der Natur vorhandenen aus. Dieses enthält feste Stoffe und Gase gelöst, von denen es zu befreien ist, was durch Destillation geschieht. Ein diesem Zwecke dienender Apparat ist in Fig. 8 abgebildet.

Das Wasser wird in dem Destillierkessel *A*, der auf dem Feuerherd steht, zum Sieden gebracht. Hierdurch entweichen zunächst die gelösten Gase; der heiße Wasserdampf gelangt durch den Helm *B* in die Kühlschlange *C*, welche in dem Gefäß *D* durch Wasser gekühlt wird. Das kondensierte reine Wasser fließt unten in die Flasche ab. Die festen Substanzen, welche in dem Wasser gelöst waren, bleiben im Destillierkessel zurück. In das Kühlfaß *D* strömt bei *E* von unten kaltes Wasser ein, während das warm gewordene (und dadurch spezifisch leichtere) Wasser oben durch das Ablaufrohr abfließt. Der heiße Wasserdampf begegnet also auf seinem Wege Kühlwasser von um so niedrigerer Temperatur, je mehr er in der Kühlschlange nach unten gelangt; er wird dadurch vollständig verdichtet (Prinzip des Gegenstromes).

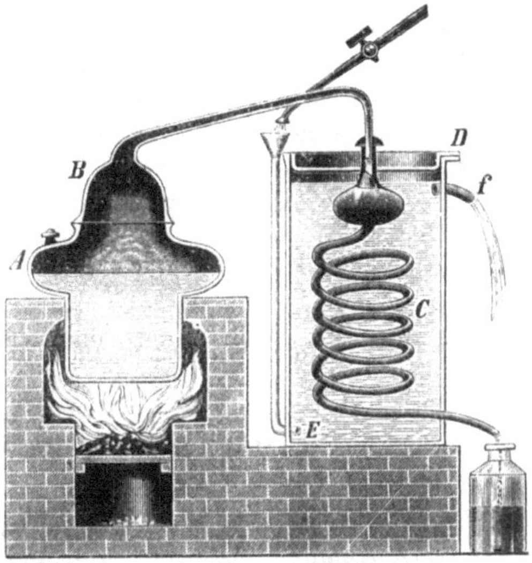

Fig. 8. Reinigung des Wassers durch Destillation.

Eine einmalige Destillation ist meistens nicht genügend, um das Wasser vollkommen von allen gasförmigen und festen Bestandteilen zu befreien. Hierfür ist eine Wiederholung der Operation nötig in einem Apparat aus Platin mit einer Kühlschlange aus demselben Metall oder aus reinem Zinn, wobei die mittlere Fraktion gesondert aufgefangen wird.

Ein ausgezeichnetes Kriterium für die Reinheit des Wassers liefert die Messung seines elektrischen Widerstandes. Vollkommen reines Wasser leitet den elektrischen Strom kaum merklich. Kohlrausch fand, daß sein Leitvermögen $\varkappa = 0{\cdot}04 \times 10^{-6}$ bei 18^0 beträgt, wenn als Einheit das Leitvermögen eines Körpers angenommen wird, von dem eine Säule von 1 cm Länge und 1 cm^2 Querschnitt den Widerstand 1 Ohm besitzt. Die geringsten Spuren von Salzen oder sogar die Berührung mit der Atmosphäre steigern sein Leitvermögen erheblich.

Physikalische Eigenschaften des Wassers.

16. Wasser ist bei gewöhnlicher Temperatur eine geruch- und geschmacklose, durchsichtige Flüssigkeit und in dünnen Schichten scheinbar farblos. In dickeren Schichten von 6—8 m hat es eine rein blaue Farbe. Die Thermometerskala von CELSIUS ist nach den physikalischen Konstanten des Wassers festgesetzt; der Gefrierpunkt des Wassers wird mit 0°, sein Siedepunkt mit 100° bezeichnet. Gefrier- und Siedepunkt sind abhängig vom Druck; der Gefrierpunkt wird durch steigenden Druck erniedrigt (0·0075° pro Atmosphäre); daher kommt es, daß Eis schmilzt, wenn es bei 0° einem hohen Druck ausgesetzt wird. Das Wasser hat die sehr seltene Eigenschaft, bei einer bestimmten Temperatur ein Maximum der Dichte (Minimum des Volums) zu besitzen; während das Volum fast aller anderen Körper beim Erwärmen zunimmt, erfolgt hier *Volumverminderung* beim Erwärmen bis 3·945°; erst von da ab dehnt sich das Wasser bei weiterem Erwärmen wieder aus.

Beim Übergang von Wasser in Eis nimmt das Volum beträchtlich (ca. 9%) zu. Auch dadurch unterscheidet sich das Wasser von den meisten anderen Stoffen. 1 Vol. Wasser von 0° liefert nämlich 1·09082 Vol. Eis von derselben Temperatur.

Die spezifische Wärme des Wassers ist weitaus größer als die der meisten anderen Stoffe; seine latente Schmelzwärme beträgt 79 Kal.; seine latente Verdampfungswärme 536 Kal. Wasser ist ein Lösungsmittel von sehr allgemeiner Anwendbarkeit; zahlreiche Stoffe sind darin mehr oder weniger löslich. Manche flüssige Körper mischen sich in allen Verhältnissen mit Wasser, es gibt aber auch viele, welche dies nicht tun (7).

Die merkwürdigen physikalischen Eigenschaften des Wassers sind bei vielen Vorgängen in der Natur von großer Bedeutung, wovon in der Physik, Meteorologie und Geologie ausführlich gehandelt wird; wir können uns deshalb mit einigen Andeutungen hierüber begnügen. Durch die erhebliche Ausdehnung des Wassers bei dem Erstarren zu Eis verringert sich das spezifische Gewicht. Infolgedessen schwimmt das Eis oben, und das darunter befindliche Wasser bleibt flüssig. Die Temperatur der untersten Schichten des Wassers wird nur sehr selten niedriger als 4° C. werden; wenn eine Schicht diese Temperatur erreicht hat, besitzt sie ihre größte Dichte. Sie sinkt daher nach unten und wird, dank der schlechten Wärmeleitung der höheren Schichten, vor weiterer Abkühlung geschützt. Dadurch wird verhütet, daß im Winter das Wasser der Flüsse und der Seen in seiner ganzen Masse erstarrt, wie es der Fall sein müßte, wenn Eis schwerer als Wasser wäre und die größte Dichte des Wassers nicht über 0° läge. Daß das Eis stets an der Oberfläche des Wassers entsteht, ermöglicht nicht allein das Leben der Wassertiere, sondern ist auch vom größten Einfluß auf das Klima. Erstarrten nämlich im Winter die Gewässer bis zum Grund, so würde bei der großen latenten Schmelzwärme und Wärmekapazität des Wassers die Sommerwärme nicht ausreichen, alles Eis zu schmelzen; in unserer gemäßigten Zone würde ein Klima herrschen wie in den Polargegenden, und ein großer Teil von Europa würde unbewohnbar sein.

Die Ausdehnung des erstarrenden Wassers ist ein sehr wichtiger Faktor bei der Verwitterung fester Gesteinsmassen. Das Wasser dringt als Regen usw. in die Spalten des Gesteins; gefriert es, so werden infolge der enormen Kraft, mit welcher es sich dabei auszudehnen strebt, die Spalten immer mehr erweitert, bis schließlich das Gestein zersprengt ist.

Auch in seiner Eigenschaft als Lösungsmittel wirkt das Wasser in vielfältiger Weise auf die Mineralien ein und ist in dieser Hinsicht ebenfalls ein sehr wesentlicher geologischer Faktor.

Natürliches Wasser.

17. Das in der Natur vorkommende Wasser ist niemals chemisch rein; es enthält sowohl schwebende feste als auch gelöste Stoffe und Gase. *Regen-* und *Schneewasser* ist fast reines Wasser, weil es einen natürlichen Destillationsprozeß durchgemacht hat. Das durch die Sonnenwärme an der Oberfläche der Erde verdampfte Wasser kondensiert sich in den kälteren Luftschichten und fällt als Regen nieder. Es enthält jedoch Staubteilchen (in großen Städten selbstverständlich mehr als auf dem Lande) und Gase aus der Luft, außerdem stets Spuren von Ammoniumsalzen.

Fluß- und *Quellwasser* enthält in 10000 Teilen etwa 1—20 Teile feste Stoffe, welche zum großen Teil aus Kalksalzen bestehen. Enthält Wasser viele Kalksalze, so wird es **hart** genannt (**259**). Quellwasser enthält zumeist etwas Kohlensäure und Luft gelöst, was ihm erfrischenden Geschmack verleiht; destilliertes Wasser dagegen schmeckt fad.

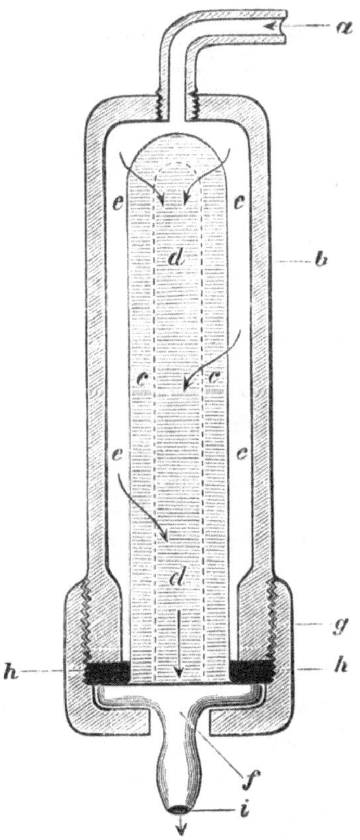

Fig. 9. Wasserfilter.

Brunnen- oder Grundwasser wird sehr viel als *Trinkwasser* gebraucht. Wenn es aus einem Boden kommt, welcher durch organische Zersetzungsprodukte verunreinigt ist (wie es der Untergrund großer Städte vielfach ist), so ist es gesundheitsschädlich, vornehmlich infolge der Gegenwart von Bakterien. Verdächtiges Wasser kann im Hausgebrauch vermittelst Filterung durch ein Berckefeldtsches oder Pasteur-Chamberlandsches Filter (Fig. 9) gereinigt werden. Das Filter besteht hauptsächlich aus einer in einer Metallhülse (*b*) befindlichen

Filterkerze (*c*) aus gebrannter Kaolinmasse oder Infusorienerde, die einen Hohlraum (*d*) enthält. Die zu filternde Flüssigkeit dringt aus dem Raume *e* in den Hohlraum der Kerze und fließt aus der Öffnung in der Manschette (*f*) gereinigt ab.

Für den Trinkwasserbedarf der Städte hat es sich als praktisch herausgestellt, das Wasser aus Flüssen und Seen im großen zu reinigen und mittels eines Leitungsnetzes den einzelnen Häusern zuzuführen. Epidemische Krankheiten haben seit der Einrichtung solcher Wasserleitungen erheblich abgenommen.

Quellwässer, welche größere Mengen fester oder gasförmiger Stoffe enthalten oder eine höhere Temperatur als gewöhnliches Wasser besitzen, nennt man *Mineralwässer*. Häufig kommt ihnen eine besondere Heilwirkung zu. Man teilt sie in verschiedene Gruppen ein, je nach dem verschiedenen Gehalt an gelösten Stoffen: Solwässer, welche Kochsalz enthalten, Bitterwässer mit Magnesiumsalzen, Schwefelwässer mit Schwefelwasserstoff, Säuerlinge mit Kohlensäure, Stahlwässer, Eisensalze enthaltend, und noch in viele andre. Ausführliche Analysen der Mineralwässer findet man in den balneologischen Werken.

Das *Meerwasser* enthält 2·7 % Kochsalz und insgesamt ungefähr 3·5 % Salze. Im Meerwasser sind viele Elemente gefunden worden, wenn auch die meisten nur in äußerst geringer Menge. Ihre Zahl beträgt ca. 30.

Oben (**16**) wurde angegeben, daß reines Wasser blaue Farbe besitzt. Die Farbe der Flüsse, Seen und Meere wechselt jedoch vom reinen Blau bis zum Braun hin durch viele Nuancen. Diese Verschiedenheit wird vornehmlich durch einen mehr oder weniger großen Gehalt des Wassers an gelbbraunen humusartigen (moorigen) Stoffen verursacht oder durch äußerst feinen, im Wasser schwebenden Schlamm. Beide Umstände können eine gelbbraune Farbe hervorrufen. Man sieht leicht ein, daß durch Kombination von Blau und Gelb oder Braun die verschiedenen blauen, grünen oder braunen Farbentöne der natürlichen Gewässer entstehen können.

Zerlegung und Zusammensetzung des Wassers.

18. Wir sagten bereits, daß Wasser durch Vereinigung von Wasserstoff und Sauerstoff erhalten werden kann; umgekehrt kann Wasser in die genannten Elemente gespalten werden.

Man bringe es zu diesem Zwecke in dem Kolben *A* (Fig. 10) zum lebhaften Sieden und leite durch den Draht *acb* einen kräftigen elektrischen Strom; hierdurch gerät der dünne Platindraht *c* ins Glühen und zerlegt durch seine Hitze den Wasserdampf in Wasserstoff und Sauerstoff, welche zusammen durch das Rohr *d* entweichen und in dem Zylinder *C* aufgefangen werden. Dieses Gasgemisch ist Knallgas (**13**), wie man sich leicht überzeugen kann, wenn man es anzündet.

Viele Metalle zerlegen das Wasser bei der Berührung derart, daß Wasserstoff frei wird, während das Metall sich mit Sauerstoff verbindet. Kalium und Natrium bewirken diese Zerlegung bereits bei gewöhnlicher (**11**), Eisen, Zink und andere Metalle erst bei höherer Temperatur; Eisen z. B. bei Glühhitze.

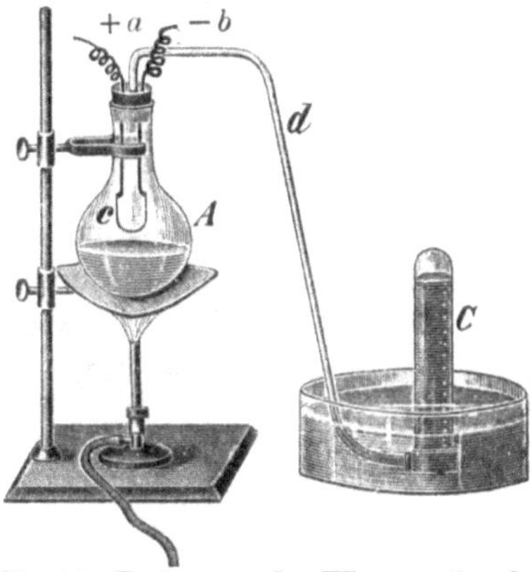

Fig. 10. Zerlegung des Wassers durch glühendes Platin.

19. Erforschen wir nun die quantitative Zusammensetzung des Wassers; d. h. bestimmen wir, in welchem Verhältnis Wasserstoff und Sauerstoff darin zugegen sind. Hierzu kann man sowohl den analytischen wie den synthetischen Weg einschlagen.

a) *Der analytische Weg.* Wenn durch Wasser, welches durch Zusatz von wenig Schwefelsäure leitend gemacht ist (**281**), ein elektrischer Strom geschickt wird, so zersetzt es sich; fängt man die

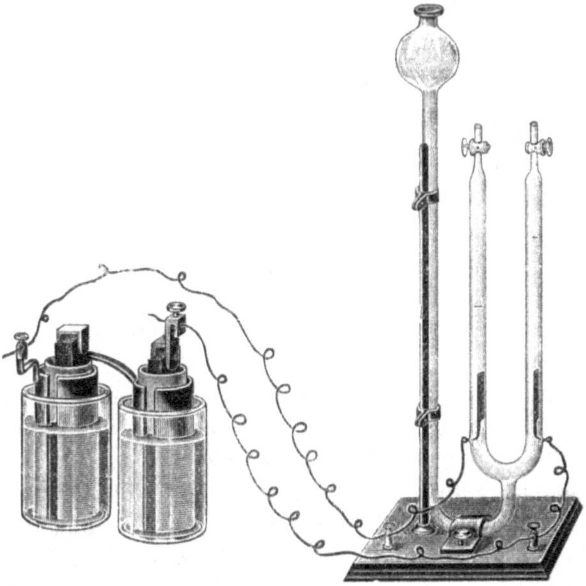

Fig. 11. Zerlegung des Wassers durch den elektrischen Strom.

an den Elektroden sich entwickelnden Gase gesondert auf, so ergibt sich, daß auf 1 Vol. Sauerstoff 2 Vol. Wasserstoff frei werden. Ein für diesen Versuch geeigneter Apparat ist in Figur 11 abgebildet.

Da nun ein Liter Wasserstoff 0·0899 g und ein Liter Sauerstoff 1·4296 g wiegt, so müssen sich die Gewichte von 2 Vol. Wasserstoff und 1 Vol. Sauerstoff zu einander verhalten wie 2 × 0·0899 : 1·4296 oder wie 1 : 7·943.

b) *Der synthetische Weg.* Zu diesem Zwecke ist bereits im Jahre 1820 von BERZELIUS und 1834 von DUMAS und STAS die Reduktion von Kupferoxyd durch Wasserstoff benutzt worden. Eine abgewogene Menge sorgfältig getrockneten Kupferoxyds wird in einem Wasserstoffstrom erhitzt; hierdurch entsteht Wasser, welches aufgefangen und gewogen wird. Das Gewicht des Sauerstoffes, welchen das Kupferoxyd abgegeben hat, ist gegeben durch die Differenz zwischen

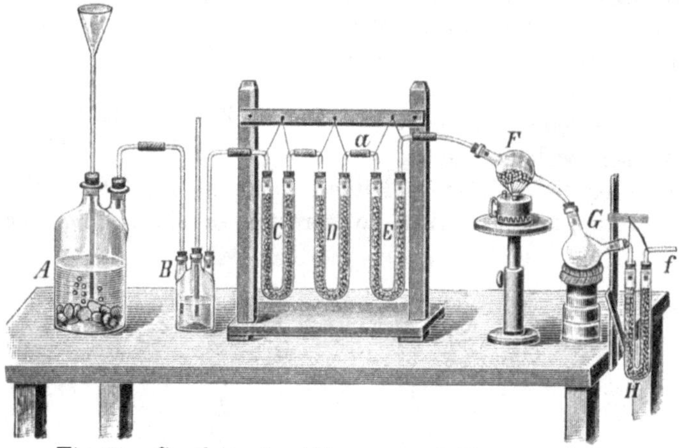

Fig. 12. Synthese des Wassers nach DUMAS und STAS.

dem Gewicht des angewandten Kupferoxyds und des entstandenen Kupfers. Das Gewicht des in dem aufgefangenen Wasser enthaltenen Wasserstoffes ist daher gleich dem Gewichtsunterschied von Wasser und Sauerstoff.

Den für diesen Versuch benutzten Apparat stellt Fig. 12 schematisch dar. In *A* wird aus Zink und verdünnter Schwefelsäure Wasserstoff entwickelt, welcher durch die Permanganatlösung in *B* gewaschen, d. h. von Verunreinigungen befreit, und durch Chlorcalcium, Schwefelsäure und Phosphorpentoxyd in den **U**-Röhren *C, D* und *E* getrocknet wird. Im Kugelrohr *F* befindet sich das Kupferoxyd, welches mitsamt der Röhre sorgfältig gewogen ist. Das gebildete Wasser wird in *G* kondensiert; der nicht kondensierte Wasserdampf wird in dem **U**-Rohre *H* zurückgehalten. Nach Beendigung des Versuches wird *F* für sich mit seinem Inhalt wiederum gewogen, ebenso *G* und *H* zusammen; die gefundenen Gewichtsänderungen geben das entstandene Wasser an.

DUMAS und STAS fanden auf diese Weise, daß 100 Gewichtsteile Wasser aus 11·136 Gewichtsteilen Wasserstoff und 88·864 Gewichtsteilen Sauerstoff bestehen, daß also das Gewichtsverhältnis dieser Elemente 1:7·980 ist, ein Verhältnis, das innerhalb der Grenzen der unvermeidlichen Versuchsfehler mit dem oben unter a angegebenen übereinstimmt.

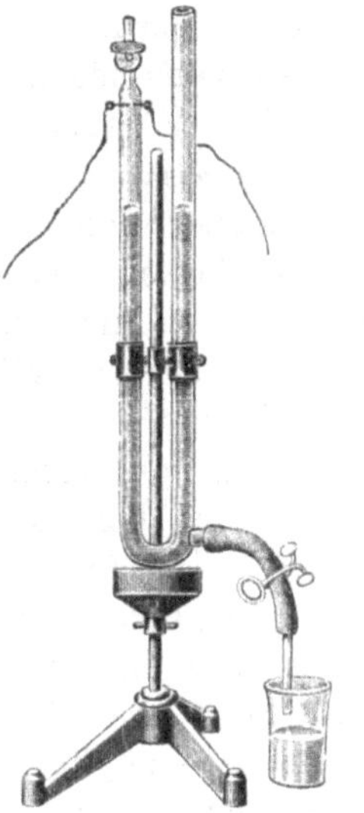

Fig. 13. Synthese des Wassers im HOFMANNschen Apparat.

Ein anderes synthetisches Verfahren, welches sich besonders als Vorlesungsversuch eignet, besteht darin, daß man Wasserstoff und Sauerstoff mischt und bestimmt, in welchem Volumverhältnis diese Gase sich verbinden, wenn ihre Vereinigung durch einen Induktionsfunken eingeleitet wird. Man benutzt hierfür zweckmäßig den Apparat, welchen HOFMANN angegeben hat (Fig. 13).

In den durch einen Hahn verschließbaren Schenkel der U-Röhre werden Wasserstoff und Sauerstoff in verschiedenen Volumverhältnissen gebracht; der Hahn wird alsdann geschlossen. Nachdem auch der offene Schenkel mit einem Stopfen fest geschlossen ist, läßt man einen Induktionsfunken durch das Gemisch schlagen. Durch die Explosion gerät das Quecksilber in der U-Röhre in heftige Bewegung, aber die Luft, welche in dem durch den Stopfen abgeschlossenen Schenkel eingesperrt ist, pariert den Stoß. Man erkennt nun, daß nur wenn Wasserstoff und Sauerstoff im Volumverhältnis 2:1 anwesend waren, das ganze Gasgemisch verschwunden ist, während ein schwacher Beschlag von sehr feinen Wassertröpfchen auf der Glaswand an seine Stelle getreten ist. War mehr Wasserstoff oder mehr Sauerstoff in das U-Rohr gefüllt, als diesem Volumverhältnis entspricht, so wird der Überschuß nach der Explosion vorgefunden.

Aus diesen Experimenten, Analyse wie Synthese auf verschiedenen Wegen, geht hervor, daß das Wasser eine *konstante Zusammensetzung* hat, und zwar besteht es aus 2 Vol. Wasserstoff und 1 Vol. Sauerstoff, oder aus 1 Gewichtsteil Wasserstoff auf 7·943 Gewichtsteile Sauerstoff.

Verbindungen und Gemenge.

20. Im Wasser haben wir einen Stoff kennen gelernt, der in vielen und wichtigen Punkten verschieden ist von den Elementen, aus welchen er besteht; wir haben ferner gesehen, daß die Elemente darin in einem festen Gewichtsverhältnis zueinander stehen. Solcher Stoffe sind sehr viele bekannt. Kupferoxyd, Quecksilberoxyd, Schwefelsäure, Kaliumchlorat, Kochsalz, Soda und viele andere gehören hierher. In allen diesen Stoffen findet man, wie sie auch erhalten sein mögen, durch die Analyse oder Synthese ein festes Verhältnis der darin vorhandenen Elemente. Man nennt solche Stoffe *Verbindungen.*

Außer den angegebenen Merkmalen — Verschiedenheit der Eigenschaften von denen der Elemente und konstante Zusammensetzung — findet man bei den Verbindungen auch konstante physikalische Eigenschaften. Das Wasser zeigt bei gleichem Druck stets denselben Gefrier- und Siedepunkt, auf welche Weise es auch erhalten wurde; Kochsalz kristallisiert stets in derselben Kristallform, Soda wird bei einer bestimmten Temperatur von Wasser stets in gleicher Menge gelöst usw.

Wenn Elemente oder Verbindungen zusammengebracht werden, ohne daß eine chemische Einwirkung zwischen ihnen erfolgt, erhält man ein *Gemenge* dieser Elemente oder Verbindungen. Die Zahl der möglichen Gemenge ist natürlich unbegrenzt. Sie sind nach den folgenden Merkmalen von den Verbindungen zu unterscheiden.

Bei einem Gemenge findet man die Eigenschaften seiner Bestandteile in vielen und wichtigen Punkten wieder. Das alte Schießpulver z. B. ist ein Gemenge von Schwefel, Kohle und Salpeter; der letztere ist in Wasser, der Schwefel in Schwefelkohlenstoff löslich, Holzkohle ist in beiden unlöslich. Dieselben Eigenschaften zeigen auch die Bestandteile des Schießpulvers noch. In einem Gemenge von Schwefel und Eisenpulver sieht man unter der Lupe die gelben Schwefelkörner neben den schwarzen Eisenteilchen. Durch einen Magnet wird das Eisen angezogen; durch Schwefelkohlenstoff wird der Schwefel herausgelöst. Erhitzt man jedoch ein Gemenge von 7 Teilen Eisen und 4 Teilen Schwefel, so entsteht unter Feuererscheinung eine Verbindung beider, das Schwefeleisen, dessen Eigenschaften völlig von denen seiner Elemente abweichen. Es ist nicht magnetisch, unlöslich in Schwefelkohlenstoff, und unter der Lupe sieht man nur eine homogene, zusammengesinterte Masse. Man kann die Bestandteile eines Gemenges, da sie ihre Eigenschaften behalten, manchmal durch *mechanische Mittel* voneinander trennen, das heißt durch Aussuchen unter der Lupe, Absieben, Behandeln mit Lösungsmitteln, Schlemmen usw.

Ein Gemenge braucht keine unveränderliche Zusammensetzung zu haben. Es sind z. B. viele Sorten Schießpulver bekannt; sie unterscheiden sich durch das Mischungsverhältnis ihrer Bestandteile. Mischt man 1 Teil Schwefel mit 100 Teilen Eisen oder umgekehrt 1 Teil Eisen mit 100 Teilen Schwefel, so hat man in beiden Fällen ein Gemenge beider Elemente mit wenn auch nicht gleichen, so doch analogen Eigenschaften.

Ein Gemenge hat ferner oftmals keine konstanten physikalischen Eigenschaften. Wasser hat einen konstanten Siedepunkt; der Siedepunkt eines Gemenges von Benzol und Terpentinöl steigt jedoch fortwährend in dem Maße, wie der flüchtigste Bestandteil (Benzol) abdestilliert. Der Schmelzpunkt des Schwefels ist konstant und läßt sich scharf bestimmen; der eines Gemenges von Zinn und Blei ist verschieden nach dem Gewichtsverhältnis beider Elemente und ist bei vielen Mischungsverhältnissen unscharf, indem vor dem eigentlichen Schmelzen ein Weichwerden eintritt.

In den hier angeführten Beispielen ist der Gegensatz zwischen einer Verbindung und einem Gemenge scharf. Es kommen jedoch auch Fälle vor, wo dies nicht so ist, und wo es daher schwierig ist, zu erkennen, ob man es mit einem Gemenge oder mit einer Verbindung zu tun hat. Wir werden Beispielen hierfür noch begegnen. Es gibt jedoch ein Kennzeichen, an dem man eine Verbindung von einem Gemenge unterscheiden kann: man untersucht, ob die Substanz, in verschiedener Weise dargestellt, konstante Zusammensetzung besitzt oder nicht.

Erscheinungen, die beim Zustandekommen oder bei der Zerlegung einer Verbindung auftreten.

Die gewöhnlichste Erscheinung dieser Art ist eine Erhöhung oder Erniedrigung der Temperatur, also Wärmeentwickelung oder -absorption (kalorischer Effekt). Zuweilen wird die Temperaturerhöhung so groß, daß Feuererscheinung erfolgt. Eine Zerlegung oder eine Vereinigung kann so heftig sein, daß sie zur Explosion führt. In anderen Fällen kann durch einen chemischen Prozeß Elektrizität entstehen. Man kann dies alles zusammenfassen, indem man sagt: *Durch den chemischen Vorgang tritt eine Änderung im Energievorrat der aufeinander einwirkenden Stoffe ein.*

Erklärung der konstanten Zusammensetzung der Verbindungen. Atomtheorie.

21. Wir sagten, daß die konstante Zusammensetzung, die Vereinigung in ganz bestimmten, unveränderlichen Gewichtsverhältnissen, das eigentlichste Kennzeichen einer chemischen Verbindung ist. Für dieses *Gesetz der konstanten Proportionen*, dessen Nachweis im Beginn des neunzehnten Jahrhunderts durch PROUST geliefert wurde, hat ungefähr zur selben Zeit (1803) DALTON eine Erklärung gegeben, welche heute allgemein angenommen ist und als die Grundlage der modernen theoretischen Chemie gelten darf.

Die Materie kann man sich bis ins Unendliche teilbar denken; das kleinste Teilchen, das wirklich erhalten werden kann, wird für unser Denkvermögen immer noch spaltbar in unendlich viel andre sein.

Aber schon die griechischen Philosophen vertraten die Anschauung, daß irgendwo eine Grenze der Teilbarkeit sein müsse, und nahmen als nicht weiter zerlegbare Teilchen der Materie die *Atome* an.

Im fünften Jahrhundert vor Chr. gab es eine philosophische Schule, die der *Eleaten* (nach der Stadt Elea genannt), deren hervorragendster Vertreter PARMENIDES war, welche lehrte, daß alles, was ist, nicht anders als unveränderlich gedacht werden kann; alle Vielheit und Veränderlichkeit des Seins, also das Werden, erachteten sie als vollkommen unbegreiflich. Diese Thesen betrachteten sie als Axiome, also als Wahrheiten, die gegeben sind, deren Beweis indessen nicht zu liefern ist. Die tägliche Erfahrung lehrte gleichwohl, daß man Veränderung an dem, was ist, wahrnimmt; dies ließ sie vermuten, daß alles, was Menschen durch die Sinne wahrnehmen, nur Schein ist.

Drei ebenfalls im fünften Jahrhundert vor Chr. aufgestellte Theorien suchen eine Brücke zu schlagen zwischen der Lehre von der Unveränderlichkeit des Seins und der Erfahrung, welche auf fortwährende Veränderung hinweist. Diese Theorien stammen von EMPEDOKLES, ANAXAGORAS und den *Atomisten* LEUKIPPOS und DEMOKRITOS. Die Unveränderlichkeit des Seins wird auf äußerst kleine unveränderliche und unvergängliche Grundstoffe zurückgeführt; jede Veränderung wird als auf Verschiebung derselben gegen einander beruhend gedacht. EMPEDOKLES und ANAXAGORAS nehmen hierbei wohl eine Teilbarkeit bis ins unendliche an; die Atomisten dagegen halten die Welt für aufgebaut aus nicht weiter zerlegbaren Teilchen, den *Atomen*, welche alle aus demselben Grundstoff bestehen, also nicht der Beschaffenheit nach, aber nach Größe und Gestalt verschieden sind.

DALTON (1766—1844) hat, von ähnlichen atomistischen Anschauungen ausgehend, die Erklärung dafür, daß die Gewichtsverhältnisse der Verbindungen der Elemente, die Verbindungsgewichte, konstant sind, in seiner Atomtheorie geliefert. Die Atome der einzelnen Elemente haben nach DALTONS Annahme verschiedenes Gewicht, die Atome desselben Elementes sind jedoch unter sich gleich schwer. Eine Verbindung zweier Elemente kommt dadurch zustande, daß Atome dieser Elemente zusammentreten. (Eine solche Vereinigung von zwei oder mehreren Atomen wird jetzt *Molekül* oder *Molekel* genannt.) Es ist einleuchtend, daß sich aus dieser Vorstellung sofort das Gesetz der festen Gewichtsverhältnisse ergibt: wenn Kupferoxyd dadurch entsteht, daß ein Atom Kupfer sich mit einem Atom Sauerstoff zu einem Molekül Kupferoxyd vereinigt, so muß bei vorstehender Annahme seine

Zusammensetzung konstant sein. DALTON hat auch eine andere Konsequenz aus seiner Annahme gezogen und auf experimentellem Wege erhärtet. Er beobachtete nämlich, daß der Sauerstoff sich nicht nur mit einer ganz bestimmten Menge Stickstoff verbindet, sondern auch mit dem Doppelten derselben, aber nicht mit einer dazwischen liegenden Menge; ferner zeigte er durch die Untersuchung von Sumpfgas und ölbildendem Gas, welche beide nur aus Kohlenstoff und Wasserstoff bestehen, daß ersteres doppelt so viel Wasserstoff auf die gleiche Gewichtsmenge Kohlenstoff enthalte, wie letzteres. Es ist leicht einzusehen, wie man auf Grund der Atomtheorie solche Beobachtungen zu erklären vermag: im einen Fall werden mit 1 Atom Kohlenstoff n Atome Wasserstoff, im anderen $2n$ verbunden sein.

Die Annahme von DALTON ist späterhin, namentlich durch BERZELIUS, nachgeprüft und bestätigt worden. Es gilt jetzt ganz allgemein das folgende Gesetz: Wenn zwei Elemente zu verschiedenen Verbindungen in mehr als einem Gewichtsverhältnis miteinander sich vereinigen, so besteht zwischen den verschiedenen Gewichtsmengen des einen Elementes, welche mit einer und derselben Gewichtsmenge des anderen Elementes verbunden sind, ein einfaches Verhältnis. Dies ist das *Gesetz der multiplen Proportionen.*

Das absolute Gewicht der Atome

22. ist nicht genau bekannt; es ist so klein, daß es bis jetzt nicht geglückt ist, die Größe oder das Gewicht der Atome — und somit auch der Moleküle — anders als annähernd zu bestimmen.

Die folgenden Angaben können einen Anhalt für die Vorstellung der absoluten Werte gewähren:

1. Manche Stoffe, z. B. der Moschus, einige organische Schwefelverbindungen u. a., besitzen einen äußerst intensiven Geruch. Wird eine Flasche, welche derartige Stoffe enthält, im Zimmer für kurze Zeit geöffnet, so kann man bald im ganzen Zimmer diesen Geruch wahrnehmen; und doch hat die Flasche selbst auf einer empfindlichen Wage nicht merklich an Gewicht verloren. Die äußerst kleine Gewichtsmenge, welche von dem betreffenden Körper verdampft ist, enthält also eine so große Anzahl von Molekülen, daß dieselben auch auf einen verhältnismäßig großen Raum verteilt durch den Geruch wahrgenommen werden können.

2. FARADAY erhielt Goldblättchen, deren Dicke nur $0{\cdot}5 \times 10^{-6}$ mm betrug; in Anbetracht, daß diese Dicke den Durchschnitt von mindestens einem Atom Gold repräsentieren muß, ergibt sich, daß dieser Durchschnitt unterhalb jener Grenze liegen muß.

3. Man nimmt an, daß die Moleküle eines Gases sich frei in allen Richtungen bewegen können. Infolgedessen müssen die Moleküle sehr häufig gegeneinander anprallen. Nun wird von der Größe der Gasmoleküle auch die Länge des Weges abhängen, welchen sie durchlaufen können, ohne zusammenzustoßen. Diese Weglänge kann — wie in der Physik näher gezeigt wird —

aus Messungen der Diffusion, der Wärmeleitung und der inneren Reibung der Gase hergeleitet werden. Ihre Kenntnis wird uns also auch über die Ausdehnung der Moleküle Aufschluß geben können. So war es VAN DER WAALS möglich, zu folgenden Schätzungen zu kommen: Die Anzahl der Moleküle in 1 mm^3 Luft bei 0^0 und 760 mm Druck wird dargestellt durch eine Zahl von 17 Ziffern; 1 mm^3 Luft wiegt jedoch nur $1 \cdot 3 \times 10^{-6}$ g. Für das Gewicht von 1 Atom Wasserstoff ergab sich ein Wert von der Größenordnung 10^{-21} mg.

Chemische Symbole.

23. Das wirkliche Gewicht der Atome ist also nur angenähert bekannt. Dagegen ist es auf verschiedenen Wegen, die wir noch näher kennen lernen werden, gelungen, ihr *relatives Gewicht* mit großer Genauigkeit zu bestimmen, d. h. das Gewicht der Atome der übrigen Elemente zu ermitteln, wenn man das eines bestimmten Elementes willkürlich annimmt. Diese relativen Gewichte, welche den Namen *Atomgewichte* führen, werden durch Symbole wiedergegeben, welche von BERZELIUS eingeführt und für die Bezeichnung der Verbindungen und die Formulierung chemischer Prozesse von großer Bequemlichkeit sind. Ein solches Symbol gibt nicht nur an, mit welchem Element man zu tun hat, sondern drückt zugleich auch das relative Gewicht eines Atoms aus. Ist das Atomgewicht von Kupfer 63·3, das von Sauerstoff 16, so zeigt das Symbol Cu zugleich 63·3 Gewichtsteile Kupfer, das Symbol O zugleich 16 Gewichtsteile Sauerstoff an. Man hat festgestellt, daß im Kupferoxyd ein Atom Kupfer mit einem Atom Sauerstoff verbunden ist; das Kupferoxyd wird also durch die Formel CuO wiedergegeben, welche erstens zum Ausdruck bringt, daß es sich um eine Verbindung von Kupfer und Sauerstoff handelt, und zweitens, daß darin 1 Atom Kupfer = 63·3 Gewichtsteile an 1 Atom Sauerstoff = 16 Gewichtsteile gebunden ist. In vielen Verbindungen kommen mehrere Atome desselben Elementes vor; dies drückt man aus, indem man die betreffende Zahl rechts unten an das Symbol anhängt. Die Schwefelsäure z. B. enthält 2 Atome Wasserstoff (H), 1 Atom Schwefel (S) und 4 Atome Sauerstoff (O) im Molekül. Ihre Formel ist also H_2SO_4.

Chemische Vorgänge lassen sich mit Hilfe dieser Formeln sehr einfach wiedergeben; die Spaltung von Quecksilberoxyd in Sauerstoff und Quecksilber durch:

$$HgO = Hg + O,$$

die von chlorsaurem Kalium in Sauerstoff und Kaliumchlorid durch:

$$\underset{\text{Chlorsaures K}}{KClO_3} = \underset{\text{K-chlorid}}{KCl} + 3\,O;$$

die Entwicklung von Wasserstoff aus Zink und Schwefelsäure durch:

$$Zn + H_2SO_4 = 2H + ZnSO_4.$$

In solchen Gleichungen müssen — entsprechend dem Gesetz von der Erhaltung des Stoffes — auf jeder Seite die gleichen Atome und zwar in gleicher Anzahl vorkommen.

Außer dem Atomgewicht benutzt man häufig auch das Äquivalent- oder Verbindungsgewicht. Hierunter versteht man die relativen Gewichtsmengen der Elemente, welche sich mit *derselben* Gewichtsmenge eines bestimmten Vergleichselementes vereinigen können. 1 Gewichtsteil Wasserstoff verbindet sich z. B. mit 35·5 Gewichtsteilen Chlor und mit 8 Gewichtsteilen Sauerstoff; diese Gewichtsmengen Wasserstoff, Chlor und Sauerstoff sind einander gleichwertig oder äquivalent. Das Atomgewicht ist entweder gleich dem Äquivalentgewicht oder gleich einem einfachen Vielfachen desselben.

Stöchiometrische[1] Berechnungen.

24. Wenn man die Formeln für die Verbindungen kennt — wie man zu dieser Kenntnis kommt, wird uns späterhin noch eingehend beschäftigen — und die Atomgewichte der darin vorkommenden Elemente, ist es sehr leicht, die Gewichtsmengen zu berechnen, welche bei chemischen Vorgängen in Reaktion treten. Ein paar Beispiele werden hinreichen, um dies klar zu machen.

1) Es wird gefragt, wieviel Liter Sauerstoff von 0° und 760 mm Druck man durch Erhitzen von 1 Kilo Quecksilberoxyd erhalten kann. Das Atomgewicht des Quecksilbers ist 200, das des Sauerstoffs 16. HgO ist also 200 + 16; aus diesen 216 Gewichtsteilen HgO sind durch Erhitzen 16 Gewichtsteile Sauerstoff zu erhalten. Aus 1 Kilo = 1000 g also $\frac{1000 \times 16}{216} = 74 \cdot 07$ g. Da 1 l Sauerstoff bei 0° und 760 mm Druck 1·4296 g wiegt, haben diese 74·07 das Volumen $\frac{74 \cdot 07}{1 \cdot 4296} = 51 \cdot 8$ l.

2) Wieviel Wasser kann aus dem Wasserstoff gebildet werden, den man durch Einwirkung von Schwefelsäure auf 1 Kilo Zink erhält?

Die Einwirkung von Zink auf Schwefelsäure wird wiedergegeben durch die Gleichung:

$$Zn + H_2SO_4 = ZnSO_4 + 2H;$$

die Verbrennung von Wasserstoff zu Wasser durch:

$$2H + O = H_2O.$$

Aus diesen Gleichungen geht hervor, daß der Wasserstoff, welcher vermittelst 1 Atoms Zink entsteht, 1 Molekül Wasser gibt. Für jedes Atom Zink erhält man also 1 Molekül Wasser. Das Atomgewicht des Zinks ist 65, das Molekulargewicht des Wassers 18. Also entsprechen 65 Gewichtsteile Zink 18 Gewichtsteilen Wasser; 1 Kilo Zink demnach $\frac{1000 \times 18}{65} = 276 \cdot 9$ g.

3) Wieviel Gramm Kaliumchlorat sind nötig, um die Menge Sauerstoff zu liefern, die 500 g Kupfer zu Kupferoxyd oxydieren können?

[1] Von στοιχεῖον = Element, μετρεῖν = messen; Stöchiometrie = chemische Meßkunst.

Hierbei spielen sich folgende Reaktionen ab:

$$KClO_3 = KCl + 3O \quad \text{und} \quad Cu + O = CuO.$$

Es können also 3 Atome Kupfer oxydiert werden durch den Sauerstoff, der von 1 Molekül chlorsaurem Kalium herstammt; auf 3 Atome Kupfer muß also 1 Molekül chlorsaures Kalium gebraucht werden. Das Molekulargewicht des letzteren ist

$$39 + 35 \cdot 5 + 3 \times 16 = 122 \cdot 5;$$

das Atomgewicht des Kupfers ist 63; auf 63 Gewichtsteile Kupfer müssen also $\frac{122 \cdot 5}{3} = 40 \cdot 8$ g chlorsaures Kalium angewandt werden. Auf 500 g Kupfer also $\frac{500 \times 40 \cdot 8}{63} = 323 \cdot 8$ g chlorsaures Kalium.

In den meisten Fällen werden bei chemischen Berechnungen Grammmoleküle gebraucht, d. h. die Molekulargewichte der Verbindungen in Grammen. Hierfür hat Ostwald die Abkürzung *Mol* vorgeschlagen. Ein „Mol Kupferoxyd" bedeutet also 63 + 16 = 79 g desselben.

Das Molekulargewicht in Milligrammen heißt ein Millimol; ebenso spricht man von Kilomol usw.

Die relativen Atomgewichte der Elemente.

Man pflegt das Atomgewicht des Sauerstoffes zu 16 anzunehmen: die Atomgewichte der übrigen Elemente haben alsdann die Werte, welche in der am Schluß unseres Buches befindlichen Tabelle angegeben sind, worin auch die Werte für H = 1 erwähnt werden.

Daß 16 als Atomgewicht des Sauerstoffes angenommen ist, hat einen historischen Grund. Lange Zeit hindurch ist der Wasserstoff zu 1 angenommen worden; man glaubte, daß das Verhältnis der Atomgewichte von Wasserstoff und Sauerstoff genau gleich 1 : 16 sei. Da nun das Atomgewicht der meisten Elemente aus der Zusammensetzung ihrer Sauerstoffverbindungen bestimmt wird, so war tatsächlich O = 16 und nicht H = 1 die Grundlage. Solange das Verhältnis H : O = 1 : 16 als genau galt, war dies nicht von Bedeutung. Auch als sich später ein anderes Verhältnis ergab (nach neueren Untersuchungen ist das Verhältnis 1 : 15·88 als genau festgestellt anzusehen), war es gleichwohl das einfachste, O = 16 als Basis beizubehalten, da sonst alle Atomgewichte hätten umgerechnet werden müssen, und dies jedesmal notwendig werden würde, sobald eine weitere Verfeinerung der Untersuchungsmethoden in das Verhältnis H : O eine neue Änderung bringt.

Die am Ende des Buches befindliche Atomgewichtstabelle ist von einer internationalen Kommission zusammengestellt worden. Die Atomgewichte sind in derselben mit soviel Dezimalstellen angegeben, daß die letzte noch als sicher gelten darf. So ist bei den mit zwei Dezimalstellen aufgeführten Atomgewichten nur eine Unsicherheit von 3—6 Einheiten der dritten (hier nicht mitgeteilten) Stelle nach den genauen Bestimmungen von Stas und anderen anzunehmen. Bei weniger sicher bestimmten Atomgewichten ist nur eine oder — je nach den Umständen — auch keine Dezimale aufgeführt.

Die Zahlen der Tabelle sollen den Rechnungen der analytischen Praxis zugrunde gelegt werden. Für viele Zwecke genügt es jedoch, abgerundete Zahlen zu benutzen wie N = 14, Br = 80 usw.

Chlor.

25. Chlor kommt nicht frei, sondern, und zwar außerordentlich häufig, nur in gebundenem Zustande in der Natur vor, da es bereits bei gewöhnlicher Temperatur auf fast alle anderen Stoffe einwirkt und mit ihnen in chemische Wechselwirkung tritt. Kochsalz ist eine Verbindung von Natrium und Chlor; auch zahlreiche andere Metallchloride kommen in der Natur vor.

Chlorgas kann sowohl durch direkte wie indirekte Zerlegung von Chlorverbindungen erhalten werden, nämlich:

1. Durch Zerlegung von Salzsäure (d. h. einer Lösung von Chlorwasserstoff HCl in Wasser) mittels des elektrischen Stromes; an der positiven Elektrode (Anode) scheidet sich Chlor, an der negativen (Kathode) Wasserstoff ab.

Die indirekte Zersetzung von Chlorverbindungen liefert auch hier die gebräuchlichsten Methoden, das Element zu erhalten. Sie beruhen darauf, daß man den Wasserstoff des Chlorwasserstoffes zu Wasser oxydiert, wodurch das Chlor in Freiheit gesetzt wird.

2. In der Technik und im Laboratorium wird zu diesem Zweck häufig der Braunstein MnO_2 benutzt:

$$MnO_2 + 4HCl = MnCl_2 + 2H_2O + 2Cl.$$

Oft gelangt die Salzsäure nicht in freiem Zustande zur Verwendung, sondern wird bei der Reaktion selbst aus Schwefelsäure und Kochsalz entwickelt. Es gelten dann die Gleichungen:

$$\text{I.}\quad NaCl + H_2SO_4 = NaHSO_4 + HCl.$$

$$\text{II.}\quad 4HCl + MnO_2 = MnCl_2 + 2H_2O + 2Cl.$$

3. Andere häufig angewandte Oxydationsmittel sind Chlorkalk und Kaliumbichromat:

$$\underset{\text{Kaliumbichromat}}{K_2Cr_2O_7} + 14HCl = 2KCl + Cr_2Cl_6 + 7H_2O + 6Cl.$$

4. Auch der Sauerstoff der Luft kann als Oxydationsmittel dienen. Dazu wird mit Luft gemengter Chlorwasserstoff bei 370—400° über ausgeglühten, mit Kupfersulfatlösung getränkten Bimsstein geleitet.

$$2HCl + O = H_2O + Cl_2.$$

Diese Methode, welche unter dem Namen *Deaconverfahren* bekannt ist, findet technische Anwendung im Großen; das Kupfersulfat wirkt hier katalytisch.

Bei einer Temperatur von 370—400° tritt ohne Katalysator keine nennenswerte Reaktion zwischen Sauerstoff und Chlorwasserstoff ein. Daß diese dennoch stattfindet, wiewohl sehr langsam verlaufend, läßt sich aus denselben Gründen behaupten, die in **13** für die langsame Vereinigung von Wasserstoff und Sauerstoff angeführt sind, da auch hier erst bei höherer Temperatur die Reaktion meßbare Geschwindigkeit erlangt. Der Katalysator verursacht daher nicht eine Reaktion, sondern beschleunigt nur einen schon vor sich gehenden Prozeß. Ostwald hat seine Wirkungsweise sehr treffend mit derjenigen von Öl auf einem Räderwerk verglichen, dessen Achsen sich ohne dasselbe mit großer Reibung bewegen, und das deshalb nur sehr langsam abläuft. Bringt man Öl an die Achsen, so erfolgt der Ablauf alsbald schneller, obwohl die zur Verfügung stehende Kraft, in diesem Fall die chemische Energie, keine Änderung erlitten hat. Auch besteht Analogie darin, daß das Öl durch seine Wirkung ebensowenig verbraucht wird wie der Katalysator.

26. *Physikalische Eigenschaften.* Chlor ist ein gelbgrünes Gas[1] von erstickendem Geruch. Sein spez. Gewicht beträgt 2·45 (Luft = 1) oder 35·45 für Sauerstoff = 16. 1 l Chlor wiegt daher bei 0° und 760 mm Druck 3·208 g. Bei − 34° wird es unter gewöhnlichem Druck flüssig und erstarrt bei − 102° zu gelben Kristallen. Seine kritische Temperatur ist 146°. Chlorgas löst sich in ungefähr $^1/_2$ Volumen Wasser; die wäßrige Lösung heißt „Chlorwasser". Man kann es daher nicht über Wasser auffangen, wohl aber über einer gesättigten Kochsalzlösung, in der es weniger löslich ist. Am bequemsten ist es, ein Gefäß durch Luftverdrängung damit zu füllen; man leitet das Gas auf den Boden; infolge seiner Schwere bleibt es unten und verdrängt die darüber stehende Luft.

27. *Chemische Eigenschaften.* Chlor vereinigt sich bei gewöhnlicher Temperatur mit vielen Elementen; es wirkt auf viele Verbindungen ein. Wird es in vollkommen reinem Zustand mit dem gleichen Volumen Wasserstoff gemischt, so verbindet es sich mit diesem bei Beleuchtung mit kräftigem Sonnenlicht oder mit elektrischem Bogenlicht unter Explosion zu Chlorwasserstoff. Bei weniger reinem Zustande des Chlors oder im zerstreuten Tageslicht erfolgt die Vereinigung langsam. Wird eine Wasserstoffflamme in Chlorgas

---

[1] Daher sein Name, welcher von χλωρός, gelbgrün, abgeleitet ist.

gebracht, so brennt sie weiter unter Bildung von Chlorwasserstoff. Chlor verbindet sich mit vielen Metallen unter Feuererscheinung so z. B. mit Kupfer (in der Form von unechtem Blattgold), fein gepulvertem Antimon, geschmolzenem Natrium u. a. Die edlen Metalle sind im allgemeinen schwer in Reaktion zu bringen; durch Chlor werden sie gleichwohl angegriffen und in Chloride (= Chlorverbindungen) verwandelt. Gold z. B. löst sich in Chlorwasser unter Bildung von Goldchlorid.

Auch mit vielen Nichtmetallen vereinigt sich das Chlor leicht; so mit dem Phosphor, welcher darin mit fahler Flamme zu Chlorphosphor verbrennt.

Die Neigung des Chlors, sich mit Wasserstoff zu verbinden — die sogen. *chemische Verwandtschaft* oder *Affinität* zu diesem — ist so groß, daß das Chlor vielen Wasserstoffverbindungen den Wasserstoff entzieht, um sich selbst damit zu vereinigen. Ein mit Terpentinöl getränkter Papierstreifen entzündet sich, wenn er in eine Chloratmosphäre gebracht wird, unter Abscheidung von Kohlenstoff, weil der Wasserstoff des Terpentinöls sich mit dem Chlor verbindet. Eine brennende Kerze brennt in Chlorgas weiter unter Abscheidung von Ruß (Kohlenstoff) und Bildung von Chlorwasserstoff. Leitet man Schwefelwasserstoffgas H_2S in Chlorwasser, so entstehen HCl und Schwefel.

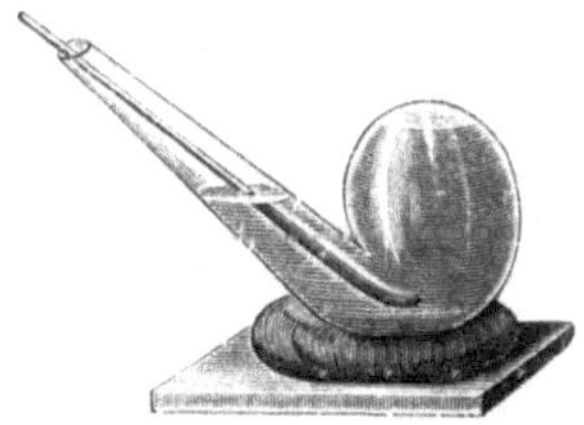

Fig. 14. Langsame Zersetzung des Wassers durch Chlor.

Auch das Wasser wird durch Chlor zersetzt, indem Sauerstoff frei wird:

$$2H_2O + 2Cl_2 = 4HCl + O_2.$$

Diese Reaktion erfolgt unter dem Einfluß des Sonnenlichtes; sie verläuft jedoch langsam. Ein geeigneter Apparat, um diesen Versuch zu zeigen, ist in Fig. 14 abgebildet. Eine Retorte wird mit verdünntem Chlorwasser gefüllt, umgekehrt und dann dem Sonnenlichte ausgesetzt. Nach einigen Tagen hat sich oben in derselben eine Gasblase angesammelt, die sich bei der Untersuchung mit einem glimmenden Holzspan als Sauerstoff erweist.

Auf dieser Zersetzung des Wassers beruht die bleichende und desinfizierende Wirkung des Chlors und solcher Substanzen, welche Chlor entwickeln. Beim Bleichen werden nämlich Farbstoffe — meist organischer Natur — durch Sauerstoff zu farblosen Körpern oxydiert. Bei der Oxydation werden auch die Bakterien getötet. Der gewöhnliche Luftsauerstoff übt diese Wirkung nicht aus. Lackmus z. B., das in feuchtem Chlorgas schnell entfärbt wird, hält sich vollkommen an der Luft. Die besonders energische Wirkung des Sauerstoffes, welcher durch Chlor aus Wasser entwickelt wird, schreibt man einem besonderen Zustand desselben zu, dem status nascens, worüber später (**38**) mehr berichtet wird. Vollkommen trockenes Chlorgas hat keine Bleichwirkung.

Wird Wasser mit Chlor bei 0° gesättigt, so scheiden sich Kristalle von der Zusammensetzung $Cl_2 + 8H_2O$, Chlorhydrat, ab. Bei höherer Temperatur zersetzen sich dieselben völlig in Chlor und Wasser.

Chlorwasserstoff.

28. Der Chlorwasserstoff (daß seine Formel HCl ist, wird in **31** bewiesen) ist ein Gas, welches auch in freiem Zustande in der Natur vorkommt, so in den Vulkangasen; er bildet einen wichtigen, wenn auch nur geringen Bestandteil des Magensaftes.

Von seinen Bildungsweisen wurde die direkte Synthese aus den Elementen in **27** bereits angegeben, wie auch, daß er durch Einwirkung von Chlor auf einige Wasserstoffverbindungen entsteht. Umgekehrt kann er auch entstehen durch Einwirkung von Wasserstoff auf einige Chlorverbindungen; Chlorsilber AgCl, Chlorblei $PbCl_2$ u. a. liefern beim Erhitzen im Wasserstoffstrom Metall und Chlorwasserstoff:

$$AgCl + H = Ag + HCl.$$

Die gewöhnliche Darstellungsweise ist die Einwirkung von Kochsalz auf konzentrierte Schwefelsäure:

$$\underset{\text{Kochsalz}}{NaCl} + \underset{\text{Schwefelsäure}}{H_2SO_4} = NaHSO_4 + HCl.$$

Nach dieser Methode wird sowohl in der Technik wie im Laboratorium Chlorwasserstoff gewonnen.

Vorstehende Reaktion erfolgt bei gewöhnlicher Temperatur. Soll die Schwefelsäure völlig ausgenutzt werden, also der gesamte Wasserstoff der Schwefelsäure mit dem Chlor des Kochsalzes als Chlorwasserstoff entweichen, so muß bei dem Prozeß die Temperatur erhöht werden (vgl. auch **226**). Er verläuft alsdann nach der Gleichung:

$$2NaCl + H_2SO_4 = Na_2SO_4 + 2HCl.$$

29. *Physikalische Eigenschaften.* Chlorwasserstoff ist ein farbloses Gas von stechendem Geruch; seine kritische Temperatur ist 52·3°, der kritische Druck 86 Atmosphären. Flüssiger Chlorwasserstoff kocht bei — 83·7°, fester schmilzt bei — 111·1°. Spez. Gewicht des Gases (Luft = 1) 1·2696. 1 l Chlorwasserstoff wiegt also bei 0° und 760 mm Druck 1·6533 g. Das Gas raucht stark an der Luft, indem es mit dem Wasserdampf der Luft Nebel bildet. Es ist in Wasser sehr löslich; 1 Vol. Wasser kann 503 Vol. Chlorwasserstoff bei 0° aufnehmen. Die wäßrige Lösung des Gases führt den Namen *Salzsäure*. Sie wird technisch in sehr großem Maßstab dargestellt (**226**). In Form dieser wäßrigen Lösung wird der Chlorwasserstoff fast ausschließlich verwendet. Die bei 15° gesättigte Lösung enthält 42·9% HCl und hat das spez. Gewicht 1·212; sie raucht stark an der Luft. Die gewöhnliche reine „konzentrierte" oder „rauchende" Salzsäure des Handels hat meist das spez. Gewicht 1·19 und enthält rund 38% HCl.

Der Chlorwasserstoff gehorcht in seinem Verhalten gegen Wasser nicht dem Henryschen Gesetz (**9**); denn seine Löslichkeit in Wasser ist durchaus nicht seinem Druck proportional. Bringt man kleine Mengen mit Wasser zusammen, so werden diese, unabhängig vom Druck, ganz aufgenommen; erst wenn eine große Menge des Gases in Berührung mit Wasser kommt, zeigt sich eine gewisse Abhängigkeit der Löslichkeit vom Druck, aber auch dann ist von Proportionalität keine Rede. Dieses Verhalten zeigt an, daß irgend eine Änderung mit der Verbindung beim Lösen in Wasser stattgefunden hat: welcher Art dieselbe ist, werden wir bald Gelegenheit haben zu betrachten (**65**, **66**).

Die gesättigte Lösung von Chlorwasserstoff in Wasser gibt beim Erwärmen HCl ab; bei der Destillation erhält man eine Fraktion, die konstant bei 110° siedet und auf etwa 1 Mol. HCl 8 Mol. H_2O enthält, was einem Gehalt von rund 20% HCl entspricht. Zu einer Lösung von gleicher Konzentration und demselben Siedepunkt gelangt man auch, wenn man eine verdünntere Salzsäure der Destillation unterwirft, indem alsdann zuerst soviel Wasser abdestilliert, bis die vorstehende Konzentration erreicht ist.

30. Die *chemischen Eigenschaften* vollkommen trockenen Chlorwasserstoffs (auch des verflüssigten) sind ganz andere wie die seiner wäßrigen Lösung. Ersterer wirkt auf Metalle nicht ein und verändert die Farbe von blauem Lackmus nicht. Die wäßrige Lösung dagegen greift Zink, Eisen und andere Metalle energisch an unter Entwicklung von Wasserstoff und rötet blaues Lackmus. Eine große Anzahl von Substanzen erleiden eine ähnliche Änderung ihrer Eigenschaften, wenn sie mit Wasser zusammentreffen, und ihre wäßrigen Lösungen besitzen ungefähr die gleichen Eigenschaften wie die hier für die Salzsäure angegebenen. Die Natur dieser Veränderung soll später (**65**) besprochen werden. Man bezeichnet diese Substanzen, wegen des sauren Geschmackes, welchen ihre wäßrige Lösung oft hat, mit dem gemeinsamen Namen „Säuren". Säuren besitzen ein oder mehrere Wasserstoffatome, welche durch Metalle ersetzbar sind; die auf solche Weise entstehenden Metallverbindungen heißen „Salze". Salze können nicht nur entstehen durch direkte Einwirkung des Metalls auf die Säure, sondern auch beim Zusammenbringen von Säuren mit „Basen". Unter

Basen versteht man Verbindungen vom allgemeinen Typus MOH, wo M ein Metall vorstellt. Ihre wäßrige Lösung hat meist laugenartigen Geschmack und bläut rotes Lackmuspapier (**240**, 2). Wenn man Natrium in Wasser wirft, so entwickelt sich Wasserstoff und es entsteht eine Base, das Natriumhydroxyd:

$$Na + H_2O = NaOH + H.$$

Wird nun dieses Hydroxyd mit Salzsäure zusammengebracht, so bilden sich Kochsalz und Wasser:

$$NaOH + HCl = NaCl + H_2O.$$

Wird eine Säure allgemein mit SH und eine Base mit BOH bezeichnet, so kann man die Salzbildung aus diesen beiden folgendermaßen formulieren:

$$BOH + HS = BS + H_2O.$$

Eine dritte Bildungsweise der Salze ist die Einwirkung einer Säure auf ein Metalloxyd, z. B.:

$$\underset{\text{Zinkoxyd}}{ZnO} + \underset{\text{Schwefelsäure}}{H_2SO_4} = \underset{\text{Zinksulfat}}{ZnSO_4} + H_2O.$$

Im allgemeinen bilden für Basen die Metalle, für Säuren die Metalloide die Grundlage.

Wenn Salzsäure zur Lösung eines Silbersalzes (z. B. Silbernitrat) zugegeben wird, so wird letzteres zerlegt entsprechend der Gleichung:

$$\underset{\text{Silbernitrat}}{AgNO_3} + HCl = \underset{\text{Salpetersäure}}{HNO_3} + \underset{\text{Silberchlorid}}{AgCl}.$$

Das unlösliche Chlorsilber scheidet sich dabei als weiße käsige Masse aus. Die Salzsäure hat die Salpetersäure aus ihrem Salz in Freiheit gesetzt. Man kann die Base eines Salzes auch durch eine andere Base frei machen:

$$AgNO_3 + NaOH = \underset{\text{Silberhydroxyd}}{AgOH} + \underset{\text{Natriumnitrat}}{NaNO_3}.$$

Solche Reaktionen nennt man e i n f a c h e Umsetzungen.

Es kommt auch vor, daß zwei Salze ihre Metalle austauschen, wenn man ihre Lösungen zusammenbringt:

$$\underset{\text{Natriumchlorid}}{NaCl} + AgNO_3 = AgCl + NaNO_3.$$

Dann erhält man zwei neue Salze. Eine derartige Reaktion zwischen zwei Salzen wird d o p p e l t e Umsetzung genannt.

Wir werden später (**65, 66**) Gelegenheit haben, die Gesetze kennen zu lernen, welche diese beiden Arten von Umsetzung bestimmen.

Zusammensetzung des Chlorwasserstoffes. Gesetze von GAY-LUSSAC und AVOGADRO.

31. Die Zusammensetzung des Chlorwasserstoffes geht aus folgenden Versuchen hervor:

a) Starke (d. h. mehr als 23 $^0/_0$ ige) Salzsäure wird der Elektrolyse unterworfen; bei zweckmäßiger Anordnung des Versuches ergibt sich dann, daß *gleiche Volumina* Wasserstoff und Chlor entwickelt werden.

b) Gleiche Volumina Chlor und Wasserstoff vereinigen sich völlig zu Chlorwasserstoff, ohne daß Chlor oder Wasserstoff unverbraucht zurückbleiben. Dabei entstehen 2 Vol. Chlorwasserstoff. In Anbetracht, daß das Gewicht von 1 Vol. Chlor 35·45 ist, wenn man das des Sauerstoffes = 16 setzt, ergibt sich, daß im Chlorwasserstoff 1 Gewichtsteil Wasserstoff mit 35·45 Gewichtsteilen Chlor verbunden ist.

Zur Elektrolyse von Salzsäure werden gewöhnlich Kohlenstäbe als Elektroden benutzt, weil Platin, das sonst meist dafür Verwendung findet, von Chlor angegriffen wird; auch kann nicht der Apparat Fig. 11 benutzt werden, weil die Löslichkeit des Chlors im Wasser bei zunehmendem Druck viel schneller steigt, als die des Wasserstoffes, und deshalb keine gleichen Volumina beider Gase erhalten werden. Man bedient sich deshalb eines Apparates, den LOTHAR MEYER angegeben hat (Fig. 15), bei welchem die Kompression des Chlors durch eine stets höher steigende Flüssigkeitssäule vermieden wird.

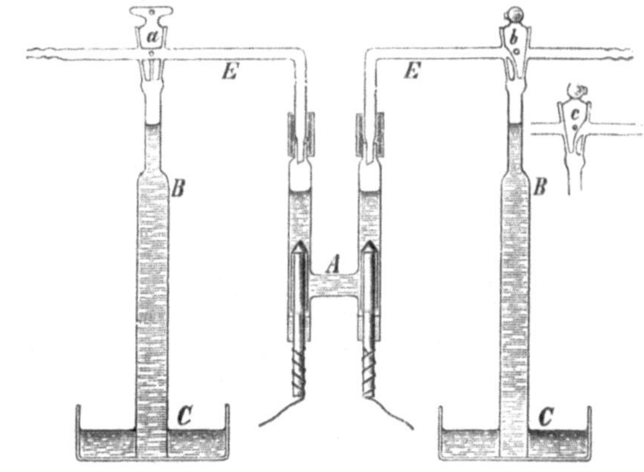

Fig. 15. Elektrolyse der Salzsäure.

In *A* wird Salzsäure elektrolysiert; Wasserstoff und Chlor werden in den Zylindern *B* aufgefangen, die mit gesättigter Kochsalzlösung gefüllt sind (**26**). Die Gase gelangen hier also unter verminderten Druck.

Daß aus Chlorwasserstoffgas die Hälfte seines Volums an Wasserstoff erhalten werden kann, läßt sich noch auf andere Weise zeigen. Wenn dasselbe mit Natriumamalgam (einer Lösung von Natrium in Quecksilber) zusammengebracht wird, so verbindet sich das Natrium mit dem Chlor, während Wasserstoff frei wird. Das Volumen desselben wird dann halb so groß gefunden, wie das des angewandten Chlorwasserstoffes.

Wasserstoff und Chlor vereinigen sich also in einem sehr einfachen Volumverhältnis (1 : 1); und das Volumen des gebildeten gasförmigen Produktes steht auch wieder in sehr einfachem Verhältnis zu dem seiner Komponenten (2 : 1 : 1). Bei der Besprechung der Zusammensetzung des Wassers (**19**) bemerkten wir bereits, daß auch Sauerstoff und Wasserstoff sich in einem einfachen Volumverhältnis, nämlich dem von 1 : 2 vereinigen. Daß ferner das Volum des entstehenden Wasserdampfes ebenfalls zu dem seiner Komponenten in einem einfachen Verhältnis steht, da aus 1 Vol. Sauerstoff + 2 Vol. Wasserstoff 2 Vol. Wasserdampf entstehen, ergibt sich, wenn man den Versuch (**19**) bei einer Temperatur von über 100° ausführt, bei welcher der Wasserdampf nicht zu Wasser kondensiert wird.

Zu diesem Zwecke dient folgende Vorrichtung. In dem geschlossenen Schenkel *B* des U-Rohres (Fig. 16) ist Knallgas über Quecksilber abgesperrt. *B* ist umgeben von einem Glasmantel, durch welchen die Dämpfe von kochendem Amylalkohol strömen (in *A* entwickelt), deren Temperatur ca. 130° ist. Die entweichenden Dämpfe werden in *C* kondensiert. Läßt man nun, nachdem das Knallgas diese Temperatur angenommen hat, den Induktionsfunken durchschlagen, so zeigt sich, daß das Volum des Wasserdampfes $^2/_3$ von dem des Knallgases ist.

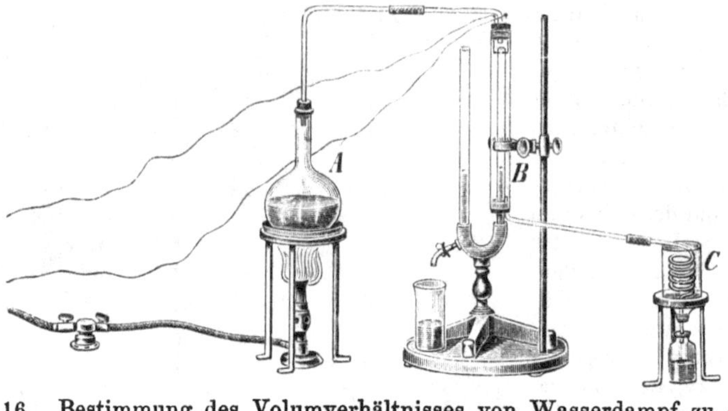

Fig. 16. Bestimmung des Volumverhältnisses von Wasserdampf zu dem seiner Komponenten (H und O).

Was im vorstehenden für Chlorwasserstoff und für Wasser dargetan ist, gilt allgemein. Gasförmige Elemente vereinigen sich nach einfachen Volumverhältnissen; der Raum eines zusammengesetzten Gases steht in einem einfachen Verhältnis zu dem Raum seiner Bestandteile. Dies Volumgesetz ist von Gay-Lussac im Jahre 1808 entdeckt worden.

Es führt, in Verbindung mit der Atomtheorie von Dalton, zu sehr wichtigen Schlüssen. Um dies einzusehen, wollen wir annehmen, daß die Formel des Chlorwasserstoffes HCl sei, mit anderen Worten, daß ein Atom Wasserstoff mit einem Atom Chlor vereinigt sei. Da sich auch ein Vol. Wasserstoff mit einem Vol. Chlor zu

Chlorwasserstoff vereinigt, so folgt aus der gemachten Annahme, daß in diesen gleichen Volumina Chlor und Wasserstoff gleichviele Atome zugegen sind.

Wäre die Formel eine andere, z. B. H_nCl_m, so würde die Anzahl Atome in den gleichen Volumina H und Cl zueinander im Verhältnis n : m stehen.

Bei der Synthese des Wassers liefern 2 Volumina Wasserstoff und 1 Vol. Sauerstoff 2 Vol. Wasserdampf. Ist die Formel des Wassers $H_{2n}O_p$, so würden in gleichen Volumina Wasserstoff und Sauerstoff die Anzahl Atome zueinander im Verhältnis n : p stehen.

Hieraus folgt, daß man bei Kenntnis des Verhältnisses der Anzahl Atome, die in gleichen Gasvolumina anwesend sind, die Formel ihrer Verbindungen kennen wird, wofern man nur weiß, in welchem Volumverhältnis sie sich vereinigt haben.

Hinsichtlich dieser Anzahl der in gleichen Gasvolumina vorhandenen Atome befand man sich anfangs im unklaren. Durch das völlig gleiche Verhalten der Gase bei Druck- und Temperaturänderungen war die einfache Annahme, daß sie für alle Gase gleich sein sollte, wohl gerechtfertigt; diese Annahme erwies sich sehr bald als unhaltbar. Bei der Synthese des Wassers geben 3 Vol. (2 Wasserstoff + 1 Sauerstoff) 2 Vol. Wasserdampf; die Anzahl der Atome pro Volumeinheit mußte also für Wasserdampf notwendig anders sein, als für die unverbundenen Elemente. Dagegen verschwanden alle Schwierigkeiten durch eine Hypothese, die Avogadro 1811 aussprach, daß in gleichen Volumina der verschiedenen Gase bei gleicher Temperatur und gleichem Druck gleichviele *Moleküle* enthalten seien.

Avogadro nimmt nämlich weiter an, daß die Moleküle von Sauerstoff, Wasserstoff, Chlor usw. aus zwei Atomen bestehen. Mit der Vereinigung von Wasserstoff und Chlor verhält es sich dann so:

Aus einem Molekül von beiden entstehen zwei Moleküle HCl:

$$\underset{1\text{ Vol.}}{H_2} + \underset{1\text{ Vol.}}{Cl_2} = \underset{2\text{ Vol.}}{2\,HCl}.$$

Die Gesamtzahl der Moleküle ist also nach der Vereinigung dieselbe geblieben, und da auch das Gesamtvolum keine Veränderung erlitten hat, sind wiederum in jedem der 2 Volumina HCl ebensoviele Moleküle anwesend, wie in jedem der beiden Volumina Wasserstoff und Chlor.

Bei der Verbindung von Wasserstoff und Sauerstoff hat man:

$$\underset{2\text{ Vol.}}{2\,H_2} + \underset{1\text{ Vol.}}{O_2} = \underset{2\text{ Vol.}}{2\,H_2O}.$$

Jedes Molekül Sauerstoff hat sich in seine zwei Atome gespalten, die sich mit je zwei Wasserstoffatomen vereinigen. Die Anzahl der Moleküle Wasser wird daher doppelt so groß, als die Anzahl der Moleküle des Sauerstoffes und gleich denen des Wasserstoffes; aber da das Volumen des Wasserdampfes auch doppelt so groß ist, als das des Sauerstoffes, müssen in gleichen Volumina wieder ebenso viele Wassermoleküle wie Sauerstoff- und Wasserstoffmoleküle sein.

32. Hieraus geht hervor, daß Avogadros Hypothese nach zwei Richtungen hin von Wichtigkeit ist: 1) indem sie uns das Mittel an die Hand gibt, die relativen Gewichte der Moleküle gasförmiger Stoffe kennen zu lernen; 2) indem sie uns in Stand setzt, eine Vorstellung davon zu gewinnen, wie viele Atome in den Molekülen vorhanden sind.

Betrachten wir beide Punkte näher. Zu 1) Da in gleichen Volumina aller Gase unter gleichen Umständen gleichviele *Moleküle* enthalten sind, gibt das Verhältnis der Gewichte dieser Volumina zugleich das der Molekulargewichte. Wenn das spez. Gewicht des Wasserdampfes 9 ist in bezug auf Wasserstoff als Einheit, und das des Chlorwasserstoffes 18·25, so ist das Verhältnis der Molekulargewichte von Wasser und Chlorwasserstoff = 9 : 18·25. Die Bestimmung des spez. Gewichtes der Gase und Dämpfe, *der Dampfdichte*, ist daher für die Chemie von der größten Bedeutung.

Das spez. Gewicht gasförmiger Stoffe wird so bestimmt, daß ein Glaskolben zuerst luftleer, sodann mit dem Gas gefüllt gewogen wird, mit allen Vorsichtsmaßregeln, welche in der Physik bei solchen Bestimmungen vorgeschrieben sind.

Für die Bestimmung der Dampfdichte von bei gewöhnlicher Temperatur flüssigen oder festen Verbindungen sind von A. W. Hofmann und von V. Meyer Methoden ausgearbeitet worden, welche gestatten, diese Bestimmungen schnell und bequem auszuführen. Dieselben sind in der „Org. Ch.“ *11* näher beschrieben.

Zu 2) Um einzusehen, daß Avogadros Hypothese Aufschluß geben kann über die Anzahl der Atome, welche in den Molekülen der Elemente und der Verbindungen vorhanden sind, greifen wir auf das Beispiel der Bildung von Chlorwasserstoff aus den Elementen zurück. 1 Vol. Wasserstoff vereinigt sich mit 1 Vol. Chlor zu 2 Vol. Chlorwasserstoff. Nach dem genannten Gesetz müssen nun in jedem der 2 Vol. Chlorwasserstoff ebensoviel Moleküle zugegen sein, wie Moleküle Wasserstoff und Chlor vorhanden waren. Dies ist nur dann möglich, wenn sich die Moleküle Chlor und Wasserstoff in zwei gleiche Teile gespalten haben. Denn wenn das Chlor- und das Wasserstoffmolekül nur aus einem Atom bestände, so könnte zufolge des Avogadroschen Gesetzes das Volum des Chlorwasserstoffes nicht das doppelte von dem der Elemente sein, sondern müßte ihm gleich sein. Hieraus geht hervor, daß in dem Chlor- und dem Wasserstoffmolekül eine gerade Anzahl von Atomen zugegen sein muß; ob diese Anzahl zwei ist, wie Avogadro annahm, kann offenbar noch nicht entschieden werden; wir werden die Wasserstoff- und Chlormoleküle also wiedergeben durch H_{2x} und Cl_{2y}. Zu dem gleichen Schluß kommt man hinsichtlich des Sauerstoffmoleküles auf Grund der Synthese des Wassers. Denn dabei vereinigen sich 2 Vol. Wasserstoff mit 1 Vol. Sauerstoff zu 2 Vol. Wasserdampf. In jedem dieser 2 Vol. Wasserdampf müssen nach dem Gesetz von Avogadro ebensoviel Moleküle zugegen sein, wie in dem einen Volum Sauerstoff. Dies ist wiederum nur dann möglich, wenn das Sauerstoffmolekül sich in zwei gleiche Teile gespalten hat, die sich jeder mit einem Molekül Wasserstoff vereinigt haben, so daß wir für das Wasser die Formel $H_{2x}O_z$ erhalten, und für das Molekül des Sauerstoffes O_{2z}.

33. Die Formeln für Chlorwasserstoff, Wasser und für die Moleküle des Wasserstoffes, Chlors und Sauerstoffes werden nun vollständig bekannt sein, wenn man die Größen x, y und z kennt. Zu diesen Werten gelangt man allgemein auf folgendem Wege: x muß mindestens $= 1$ sein; ist dies der Fall, so wird das Molekül des Wasserstoffes H_2. Weniger Atome kann es, wie die Synthese des Chlorwasserstoffes zeigt, nicht enthalten. Man bestimme nun bei einer Reihe von Wasserstoffverbindungen die Dampfdichte gegenüber der des Wasserstoffes; hieraus lernt man ihr Molekulargewicht bezogen auf das Wasserstoffmolekül als Einheit kennen. Darauf analysiere man diese Verbindungen und berechne, wieviel Wasserstoff in dem auf dieser Grundlage angenommenen Molekulargewicht zugegen ist; dann wird sich ergeben, daß darin niemals eine kleinere Menge auftritt, als die Hälfte derjenigen Menge Wasserstoff, welche ein Molekül des letzeren enthält. Da also in keiner Verbindung weniger Wasserstoff vorkommt, als ein halbes Molekül, so muß das Atomgewicht des Wasserstoffes die Hälfte des Molekulargewichtes sein, d. h. das Wasserstoffmolekül hat die Formel H_2. Auf analoge Weise kommt man zu dem Resultat, daß das Molekül des Sauerstoffes O_2, das des Chlors Cl_2 ist, also x, y und z sämtlich $= 1$ sind.

Beispiele. a) 1 l Chlorwasserstoff wiegt 18·25, wenn 1 l Wasserstoff 1 wiegt. Nun sind in 18·25 Gewichtsteilen Salzsäuregas 0·5 Gewichtsteile Wasserstoff enthalten, wie aus seiner Analyse (**31**, b) hervorgeht; im Salzsäuregas ist also pro Volumeinheit (Molekül) die halbe Gewichtsmenge Wasserstoff anwesend wie in einem Molekül des letzteren.

b) 1 l Wasserdampf wiegt 9, wenn 1 l Wasserstoff 1 wiegt. Nun bestehen 9 Gewichtsteile Wasser — zufolge Analyse und Synthese — aus 1 Gewichtsteil Wasserstoff und 8 Gewichtsteilen Sauerstoff. Die Gewichtsmenge Wasserstoff, die ein Molekül Wasser enthält, ist also gleich der eines Moleküls Wasserstoff. Die Gewichtsmenge Sauerstoff, die pro Volumeinheit (Molekül) im Wasser anwesend ist, ist jedoch nur die Hälfte von einem Molekül Sauerstoff; denn 1 l Sauerstoff wiegt 16, wenn das gleiche Volumen Wasserstoff 1 wiegt.

Regeln für die Bestimmung des Molekular- und Atomgewichtes.

34. Wenn das Atomgewicht des Wasserstoffes als Einheit angenommen wird, so ist das Molekulargewicht desselben $= 2$. Ist das spez. Gewicht eines anderen Gases bezogen auf Wasserstoff a, so wiegen seine Moleküle a-mal soviel wie die des Wasserstoffes, so daß das Molekulargewicht dieses Gases $= 2a$ wird. Man hat also für die Bestimmung des Molekulargewichtes die folgende Regel: *Man bestimmt die Dampfdichte der Verbindung bezogen auf Wasserstoff und multipliziert die gefundene Zahl mit 2; das Produkt ist das Molekulargewicht.*

Für die Bestimmung des Atomgewichtes gilt nach **33**: *Man bestimmt die Zusammensetzung der molekularen Gewichtsmenge von einer möglichst großen Anzahl von Verbindungen eines Elementes; die kleinste Gewichtsmenge, die darin vorkommt, ist sein Atomgewicht.*

35. Die Hypothese Avogadros hat vom physikalischen Standpunkt Bestätigung gefunden; sie ist gegenwärtig eines der Hauptgesetze der Chemie und Physik.

Welche physikalischen Gründe u. a. für sie anzuführen sind, mag hier kurz angegeben werden.

Die Moleküle der Körper, sowohl der festen wie der flüssigen und gasförmigen, befinden sich in fortgesetzter Bewegung, deren Intensität mit der Temperatur zu- und abnimmt. Bei verschiedenen Körpern von gleicher Temperatur muß eine bestimmte Beziehung zwischen der Intensität ihrer molekularen Bewegungen bestehen. Bei gasförmigen Körpern (22, 3) ist es gelungen, diese Beziehung aus der Theorie abzuleiten; man hat dargetan, daß bei gleicher Temperatur in allen Gasen die mittlere kinetische Energie der fortschreitenden Bewegung eines Moleküls gleich groß ist.

Der Druck, den ein Gas gegen die Wände seines Behälters ausübt, wird verursacht durch den Anprall der Moleküle. Nennen wir die Anzahl Moleküle, die in einem Volumen des Gases anwesend sind, n, ihre Masse m und ihre mittlere Geschwindigkeit u. Man sieht dann leicht ein, daß der Gasdruck mit n und m proportional sein muß; denn je mehr und je größere Moleküle gegen die Wand anprallen, desto größer der Druck; dieser ist ferner mit u^2 proportional, und dies wird begreiflich, wenn man bedenkt, daß bei Vermehrung der Geschwindigkeit die einschließenden Wände von den hin- und hergehenden Molekülen mehr Stöße erfahren und daß obendrein jeder Stoß heftiger wird.

Der Gasdruck p ist also proportional dem Produkt $n m u^2$; die Theorie lehrt, das $p = {}^1/_3\, n\, m\, u^2$, also $n = \frac{3\,p}{m\,u^2}$ ist.

In diesem Ausdruck ist $m u^2$ das Doppelte von der kinetischen Energie der fortschreitenden Bewegung der Moleküle, die bei der gleichen Temperatur für alle Gase gleich ist. Wird nun auch p für die verschiedenen Gase gleich gewählt, dann ist auch $\frac{3\,p}{m\,u^2}$, also n, die Anzahl der Moleküle in der Volumeneinheit, für alle Gase gleich groß.

Die Hypothese Avogadros wird oft in einer anderen Form ausgedrückt, welche sie zu Rechnungen sehr geeignet macht. Bekanntlich wird die Abhängigkeit eines Gasvolums V von seiner absoluten Temperatur T und von seinem Druck P durch die Gleichung

$$PV = RT \text{ oder } \frac{PV}{T} = R$$

dargestellt, in welcher R eine Konstante, die Gaskonstante, ist. Die Größe von R ist abhängig von der Quantität und der Art des Gases, welches in Betracht gezogen wird. R wird jedoch für alle Gase gleich, wenn man die Gleichung auf 1 Mol derselben anwendet. Denn nach Avogadro ist das Volum von 1 Mol aller Gase dasselbe, wenn Druck und Temperatur gleich sind. In obenstehender Formel bekommt daher V für alle Gase den gleichen Wert, woraus sich ohne weiteres die Gleichheit von R ergibt, da schon die Gleichheit von P und T vorausgesetzt wurde.

Man kann den Wert von R wie folgt berechnen. Betrachten wir 1 Mol Sauerstoff bei 0° und 760 mm Quecksilberdruck. Da 1 l dieses Gases unter diesen Umständen 1·4296 g wiegt und sein Molekulargewicht 32 ist, wird $V = \frac{32}{1 \cdot 4296} = 22 \cdot 384$ l oder 22384 ccm. Einem Quecksilberdruck von 760 mm entspricht ein Druck von 1033·6 g pro qcm; dies ist also P. Bei 0° ist die absolute Temperatur 273°. Setzen wir diese Zahlen in die Gleichung ein, so bekommen wir:

$$R = \frac{PV}{T} = \frac{1033 \cdot 6 \times 22384}{273} = 84746$$

in cm-g-Einheiten. Wird der Druck in mm Quecksilber angegeben, so wird

$$R = \frac{760 \times 22384}{273} = 62313.$$

Das Produkt PV stellt auch die äußere Energie vor, welche geliefert wird, wenn ein Gas unter konstantem Druck P sein Volum mit V vergrößert (z. B. durch Erwärmung), oder wenn ein Gas, sich unter dem Druck P entwickelnd, ein Volum V einnimmt. Denn wenn es in einem Zylinder von 1 qcm Querschnitt durch einen Stempel abgeschlossen ist, so wird durch diese Volumvergrößerung ein Gewicht P über einen Weg von V cm gehoben. Nun ist 1 g-Kalorie = 42400 g cm. Substituiert man diesen Wert in die Gleichung $PV = 84746\,T$, so wird

$$PV = \frac{84746}{42400}\,T\,\text{Kal. oder sehr nahe } PV = 2\,T\,\text{Kal.}$$

In dieser Form gibt die Gleichung die äußere Energie in Kalorien an, welche gewonnen werden kann, wenn 1 Mol einer willkürlichen Substanz bei der Temperatur T vergast wird.

Wir sahen oben, daß 1 Mol eines Gases bei 0° und 760 mm nahezu ein Volum von 22·41 hat; daraus ergibt sich, daß 1 ccm eines Gases unter diesen selben Umständen $\frac{1}{22 \cdot 4} = 0{\cdot}0446$ Millimol enthält.

Ozon.

36. van Marum hat bereits 1785 darauf hingewiesen, daß Sauerstoff beim Durchschlagen von elektrischen Funken einen eigenartigen „knoblauchartigen“ Geruch annimmt und eine spiegelnde Quecksilberfläche sofort blind macht. Diese Erscheinung hat Schönbein (1840) genauer untersucht und als Ursache derselben einen eigentümlichen Stoff erkannt, den er Ozon nannte.[1] Derselbe hat sich als eine besondere Art von Sauerstoff erwiesen. Daß er in der Tat nur aus Sauerstoff besteht, ergibt sich daraus, daß er aus vollkommen reinem trocknen Sauerstoff durch elektrische Entladung, z. B. durch Induktionsfunken, erhalten werden kann. Die Menge Ozon, welche hierbei entsteht, ist jedoch gering; größer ist sie, wenn man Sauerstoff der Einwirkung der dunklen elektrischen Entladung aussetzt. Dies ist eine der besten Methoden, um Ozon zu erhalten; sie liefert jedoch im günstigsten Falle nur 5·6%. Fig. 17 stellt einen hierfür geeigneten Apparat dar.

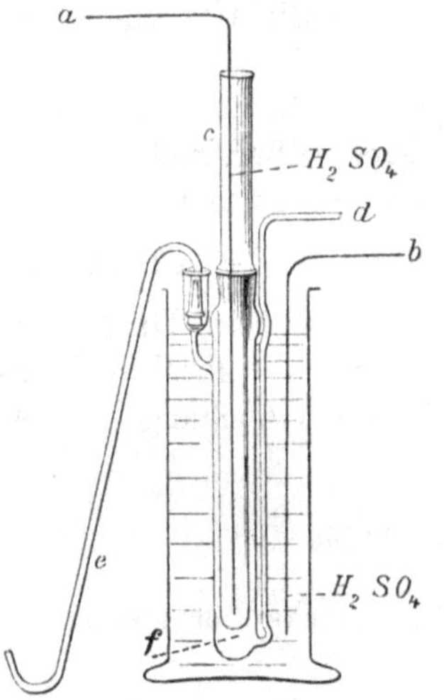

Fig. 17. Darstellung von Ozon.

[1] ὄζειν = riechen.

Das weite Rohr *f* mit dem Zuleitungsrohr *d* und Ableitungsrohr *e* befindet sich in einem Gefäß mit Schwefelsäure, in welche der Poldraht *b* des Induktoriums einmündet. Der Draht *a* des Induktoriums taucht in ein Rohr *c*, welches konzentrisch in das Rohr *f* eingesetzt ist und es fast ganz ausfüllt. Das Rohr *c* enthält ebenfalls Schwefelsäure. Die dunkle Entladung zwischen den zwei Schwefelsäuremengen geht somit durch eine dünne Sauerstoffschicht und wirkt daher kräftig ozonisierend.

Goldstein erhielt reines Ozon, als er reinen Sauerstoff unter einem Druck von 50—100 mm, in der Weise wie im Plückerschen Rohr (**263**), Induktionsentladungen exponierte. Wurde das Rohr in flüssige Luft getaucht, so bedeckte sich seine Innenwand bald mit einer dunkelblauen Flüssigkeitsschicht, und der Druck sank auf ca. $^1/_{10}$ mm. Dieser Druck blieb so lange konstant, als das Rohr mit einer Luftpumpe verbunden und die flüssige Schicht anwesend war. Dies beweist, daß der Druck den Druck des reinen flüssigen Ozons darstellt und nicht des Sauerstoffes, welcher noch unverändert im Rohr anwesend war.

Ozon entsteht bei manchen Reaktionen, so bei der langsamen Oxydation feuchten Phosphors; ferner in geringer Menge, wenn Wasserstoff in einer Sauerstoffatmosphäre verbrennt; der Sauerstoff, welcher durch Elektrolyse von verdünnter Schwefelsäure erhalten wird, ist stets ozonhaltig; beim Zusammenbringen von Kaliumpermanganat und konz. Schwefelsäure tritt durch die Zersetzung der in Freiheit gesetzten Übermangansäure Ozon auf usw. (siehe auch **52**).

Physikalische Eigenschaften. Ozon ist bei gewöhnlicher Temperatur gasförmig; es hat eigenartigen Geruch und in längeren Schichten bläuliche Farbe. Durch langsame Komprimierung (langsam, um Erwärmung zu vermeiden, welche Zersetzung bewirkt) bei niedriger Temperatur oder durch Abkühlung mit verdunstendem flüssigen Sauerstoff kann man das Ozon zu einer indigoblauen Flüssigkeit verdichten, welche durch fraktionierte Destillation vom niedriger siedenden Sauerstoff ziemlich befreit werden kann. Ozon siedet unter normalem Druck bei -119^0.

Chemische Eigenschaften. Ozon ist vor allem charakterisiert durch seine Eigenschaft, schon bei gewöhnlicher Temperatur kräftig oxydierend zu wirken, vornehmlich in feuchtem Zustande. Phosphor, Schwefel, Arsen werden zu Phosphorsäure, Schwefelsäure, Arsensäure, Ammoniak zu Salpetersäure oxydiert; Silber und Blei werden in Superoxyde verwandelt; aus einer Lösung von Jodkalium wird Jod abgeschieden:

$$2KJ + H_2O + O = 2KOH + 2J.$$

Organische Stoffe werden kräftig oxydiert: die Apparate, in denen sich Ozon befindet, dürfen keine Kautschukschläuche haben, da diese rasch zerstört werden. Farbstofflösungen wie Indigo und Lackmus werden entfärbt (durch Oxydation).

Ozon ist ein höchst wirksames Mittel zur Vernichtung von Mikroorganismen und wird deshalb zum Sterilisieren von Trinkwasser benutzt.

Der Nachweis des Ozons besonders in kleinen Mengen, welche den charakteristischen Geruch nicht mehr wahrzunehmen gestatten, ist deshalb schwierig, weil eine Anzahl anderer Oxydantien, z. B. Chlor und Brom bei Gegenwart von Wasser, ferner Stickstoffoxyde, Wasserstoffsuperoxyd, die gleichen Reaktionen geben; man muß sich daher zuvor von ihrer Abwesenheit überzeugen. Auf Ozon prüft man meistens so, daß man Streifen Filtrierpapier mit dem betreffenden Reagens tränkt und in das zu untersuchende Gas hineinhängt. Als solche Reagentien dienen z. B. Bleisulfid und Thalliumoxydulhydrat, welche man auf die Papierstreifen in der Weise aufträgt, daß man diese zuerst mit einer verdünnten Lösung von Bleiacetat bezw. Thallonitrat befeuchtet und darauf mit Schwefelwasserstoff oder Ammoniakgas behandelt. Das schwarze Bleisulfid wird durch Ozon weiß, indem sich Bleisulfat, das weiße Thalliumhydroxydul wird braun, indem sich Thallihydroxyd bildet. Doch treten diese Farbenänderungen auch mit anderen Oxydantien ein. Charakteristisch für das Ozon ist die Farbenänderung, welche eine organische Verbindung, das Tetramethyldiparadiamidodiphenylmethan, in essigsaurer Lösung durch dasselbe erleidet. Diese wird nämlich dabei violett, während sie mit Stickstoffdioxyd strohgelb, mit Chlor und Brom tiefblau wird und mit Wasserstoffsuperoxyd keine Färbung gibt.

Ozon ist bei gewöhnlicher Temperatur beständig; durch Erhitzen wird es leicht in gewöhnlichen Sauerstoff verwandelt; in Wasser ist es sehr wenig löslich. In der atmosphärischen Luft kommt es wahrscheinlich in sehr kleinen Mengen vor.

37. Die Bestimmung des Molekulargewichtes des Ozons wurde von Ladenburg wie folgt ausgeführt: Ein gläsernes Gefäß mit zwei Hähnen wird mit reinem Sauerstoff gefüllt und gewogen; darauf geschieht Gleiches bei derselben Temperatur und demselben Druck mit Ozon enthaltendem Sauerstoff. Der letztere wiegt mehr, nehmen wir a mg an. Diese Gewichtserhöhung wird dadurch veranlaßt, daß darin Moleküle Sauerstoff durch eine ebenso große Anzahl Moleküle Ozon ersetzt worden sind.

Das Volum, das das Ozon in dem Sauerstoff einnimmt, kann mit Hilfe von Terpentin, welches das Ozon absorbiert, ermittelt werden. Dieses Volum sei $v \cdot$ ccm.

Das Gewicht des Ozons in v ccm muß nun gleich sein dem Gewicht von einem Volum v Sauerstoff $+ a$ und folglich betragen $(v \times 1{\cdot}43 + a)$ mg, weil 1 ccm Sauerstoff bei 0^0 und 760 mm 1·43 mg wiegt. Das Gewicht g von 1 ccm Ozon ist daher

$$g = \frac{v \times 1{\cdot}43 + a}{v}.$$

Bei einem seiner Versuche fand LADENBURG $a = 16 \cdot 3$ mg und $v = 26 \cdot 0$ ccm, woraus $g = 2 \cdot 06$ mg folgt.

1 ccm Ozon wiegt folglich $\frac{2 \cdot 06}{1 \cdot 43} = 1 \cdot 45$ mal soviel als ein gleiches Volum Sauerstoff, d. h. fast $1\,{}^1/_2$ mal soviel. Wenn das Molekül Sauerstoff O_2 ist, muß daher das des Ozons durch O_3 ausgedrückt werden.

Bei der Oxydation durch Ozon bleibt das Volum des ozonhaltigen Gases unverändert; nur das dritte Atom in O_3 wirkt also oxydierend, nicht alle drei Sauerstoffatome des Moleküls.

In dem Ozon lernten wir Sauerstoff kennen, der ein von dem gewöhnlichen Sauerstoff verschiedenes Verhalten zeigt. Diese Erscheinung kennt man auch bei anderen Elementen; sie heißt *Allotropie* (ἀλλοτρόπος = anders beschaffen).

Wasserstoffsuperoxyd H_2O_2.

38. Diese Verbindung, bisweilen auch Hydroperoxyd genannt, wird gewöhnlich auf die Weise dargestellt, daß man Baryumsuperoxyd mit verdünnter Schwefelsäure behandelt:

$$\underset{\text{Baryumsuperoxyd}}{BaO_2} + H_2SO_4 = \underset{\text{unlöslich}}{BaSO_4} + H_2O_2.$$

Man trägt feingepulvertes Baryumsuperoxyd in die verdünnte Säure ein und erhält dadurch eine verdünnte Lösung von Wasserstoffsuperoxyd. Da das Baryumsuperoxyd stets Spuren von Eisen, Mangan, Aluminium und anderen Oxyden enthält, die beim Konzentrieren Zersetzung bewirken, müssen diese entfernt werden, was am besten durch Zusatz von ein wenig Barytwasser geschieht, wodurch sie gefällt werden. Man filtriert ab, fällt den überschüssigen Baryt mit verdünnter Schwefelsäure genau aus und kann nun durch Eindampfen die wäßrige Lösung konzentrieren. Um das Wasserstoffsuperoxyd wasserfrei zu erhalten, wird es im Vakuum fraktioniert. THÉNARD, der Entdecker dieser Verbindung, konzentrierte die wäßrige Lösung, indem er sie ins Vakuum über konzentrierte Schwefelsäure setzte.

Wasserstoffsuperoxyd entsteht noch bei vielen anderen Reaktionen, z. B. neben Ozon (**36**) bei der langsamen Oxydation des Phosphors, ferner bei der Verbrennung von Wasserstoff. Richtet man eine kleine Wasserstoffflamme gegen ein Stück Eis, welches sich auf einem Trichter befindet, so kann man in dem ablaufenden Schmelzwasser bald H_2O_2 nachweisen.

In vielen Fällen ist die Bildung der Verbindung konstatiert, wenn Wasserstoff im status nascens (Entstehungszustand) mit Sauerstoffmolekülen zusammentrifft. Man nimmt an, daß in dem Augenblick, wo der Wasserstoff aus einer Verbindung frei wird, sich nicht sofort Moleküle H_2 bilden, sondern seine Atome zunächst vorübergehend frei auftreten und deshalb auf die Sauerstoffmoleküle mit größerer Energie wirken können. (Dies gilt überhaupt als Erklärung des status nascens.) So sind von TRAUBE folgende Fälle der Bildung von Wasserstoffsuperoxyd beobachtet worden. Zinkspäne geben beim Schütteln mit Wasser und Sauerstoff oder Luft H_2O_2, weil das Zink mit dem Wasser ein wenig Wasserstoff entwickelt, der sich mit dem Sauerstoff vereinigt. Palladiumwasserstoff mit Wasser und Luft zusammengebracht, verhält sich ebenso. Viele Metalle, wie Kupfer, Blei, Eisen, geben beim Schütteln mit Luft und verdünnter Schwefelsäure H_2O_2 (die Erklärung hierfür ist dieselbe wie bei Zink und Wasser). Endlich entsteht H_2O_2, wenn bei der Elektrolyse des Wassers über die negative Elektrode (an welcher sich der Wasserstoff entwickelt) ein Luft- oder besser ein Sauerstoffstrom streicht.

Auch bei der Oxydation organischer Verbindungen ist in einigen Fällen nachgewiesen, daß dabei Wasserstoffsuperoxyd entsteht in einer Menge, welche dem ganzen Betrag des verbrauchten Sauerstoffes entspricht („Org. Ch.“ *382, 399*).

Die Tatsache, daß bei vielen Oxydationen Wasserstoffsuperoxyd auftritt, hat zu der Vermutung geführt, daß dieses bei Oxydationsvorgängen stets eine Rolle spiele, derart, daß zuerst Wasserstoffsuperoxyd entstehe, welches dann durch Abgabe von Sauerstoff die Oxydation bewirke. Nach dieser Auffassung sollte eine Oxydation nicht möglich sein, wenn kein Wasser oder keine Wasserstoffverbindung zugegen ist. In der Tat ist festgestellt worden, daß bei vollkommenem Ausschluß von Feuchtigkeit häufig keine Verbindung mit Sauerstoff zustande kommt. Ein Stück Phosphor z. B., welches sich in feuchter Luft bereits bei ziemlich niedriger Temperatur entzündet, kann in einer Atmosphäre von Sauerstoff, wenn derselbe durch Phosphorpentoxyd getrocknet ist, auf 150° erhitzt werden, ohne sich zu entzünden. Kohlenoxyd CO verbrennt in trocknem Sauerstoff viel schwieriger, als in feuchtem (187). Eine Röhre, welche mit sehr sorgfältig getrocknetem Knallgas gefüllt ist, kann auf Rotglut erhitzt werden, ohne daß Explosion eintritt. Aber gerade die Tatsache, daß die Verbrennung auch in trocknem Sauerstoff wirklich erfolgt, spricht gegen die vorerwähnte Annahme. Hiergegen läßt sich freilich einwenden, daß es niemals gelingt, jede Spur von Feuchtigkeit fernzuhalten; ein Molekül Wasser würde für das Zustandekommen der Reaktion genügen und die Verzögerung der Reaktion bei Anwendung von möglichst trocknem Sauerstoff wäre daraus zu erklären, daß nur äußerst geringe Spuren von Wasser zugegen sind.

Physikalische Eigenschaften. In reinem wasserfreien Zustand ist Wasserstoffsuperoxyd eine farblose, etwas zähe, sirupdicke Flüssigkeit vom spez. Gewicht 1·4584 bei 0°, bezogen auf Wasser von 4°. (Eine so berechnete Dichte bezeichnet man mit d_4^0.) Es kristallisiert bei starker Abkühlung und schmilzt wieder bei $-2°$.

Chemische Eigenschaften. Ist die wäßrige Lösung von Wasserstoffsuperoxyd von Verunreinigungen vollkommen frei, namentlich frei von schwebenden festen Körperchen, so ist sie beständig und kann im Vakuum destilliert werden. Zu Anfang geht dabei fast nur Wasser über; durch fraktionierte Destillation des Rückstandes wird Hydroperoxyd in reinem wasserfreien Zustand erhalten. Auch so ist es beständig; in unreinem Zustand zersetzt es sich jedoch ziemlich schnell in Wasser und Sauerstoff, auch in verdünnter Lösung, wobei es jedoch gegen Spuren von Säuren beständiger ist als gegen Basen. Bemerkenswert ist auch, daß es in Berührung mit pulverförmigen Stoffen sich schnell zersetzt, anscheinend ohne auf dieselben einzuwirken. In Berührung mit fein verteiltem Silber, Gold, Platin (Platinschwarz), Braunstein wird es unter Aufbrausen (infolge Entweichens von Sauerstoff) zersetzt. Selbst rauhe Oberflächen wirken zersetzend; BRÜHL beobachtete z. B., daß eine konzentrierte Lösung von Wasserstoffsuperoxyd, auf Mattglas gegossen, Sauerstoff entwickelte. Auch durch Erhitzen wird es in Wasser und Sauerstoff gespalten, bei konzentrierten Präparaten unter Explosion.

Weiter sind vom chemischen Verhalten des Wasserstoffsuperoxyds seine Oxydationswirkungen hervorzuheben. Dieselben verlaufen stets so, daß Wasser entsteht und das eine Sauerstoffatom, welches dadurch frei wird, oxydierend wirkt. Bleisulfid PbS wird durch eine verdünnte Lösung von Wasserstoffsuperoxyd zu Bleisulfat $PbSO_4$ oxydiert; aus Schwefelwasserstoff H_2S wird Schwefel abgeschieden und Wasser gebildet. Baryum-, Strontium- und Calciumhydroxyd $Ba(OH)_2$, $Sr(OH)_2$, $Ca(OH)_2$ werden aus ihren Lösungen durch verdünntes H_2O_2 als Peroxyde von der allgemeinen Formel $MO_2n \cdot aq$[1] gefällt. Die farblose Lösung von Titandioxyd TiO_2 in konzentrierter Schwefelsäure, mit Wasser verdünnt, wird durch Spuren von Wasserstoffsuperoxyd zitronengelb gefärbt, infolge Bildung des gelben TiO_3. Dies ist eine empfindliche Reaktion auf Wasserstoffsuperoxyd. Als solche dienen auch noch die folgenden Oxydationsvorgänge. Mit Stärkekleister versetzte Jodkaliumlösung wird durch Wasserstoffsuperoxyd sofort gebläut, wenn man ein wenig Ferrosulfat $FeSO_4$ zusetzt.

Das Ferrosulfat überträgt den wirksamen Sauerstoff des Wasserstoffsuperoxyds auf das Jodkalium. Hierbei werden zwei Atome Jod freigemacht, während zugleich das Ferrosulfat in Ferriverbindung übergeht. Wahrscheinlich entsteht dabei primär ein höheres Oxyd des Eisens.

Eine charakteristische Reaktion ist noch folgende: Chromsäurelösung (H_2CrO_4) gibt beim Schütteln mit Wasserstoffsuperoxyd Überchromsäure (**295**), welche sich in Wasser mit blauer Farbe löst und beim Schütteln mit Äther von diesem aufgenommen wird. Diese Reaktion ist jedoch nicht so empfindlich wie die beiden zuerst genannten.

[1] aq (von aqua), häufig gebrauchte Abkürzung für 1 Mol. H_2O.

Eine dritte Art der chemischen Wirkungen des Wasserstoffsuperoxyds pflegt man als auf seinem Reduktionsvermögen beruhend zu bezeichnen. Bringt man Silberoxyd in eine Lösung von H_2O_2, so entsteht eine heftige Sauerstoffentwicklung, während zugleich Wasser und metallisches Silber entstehen. Läßt man eine Lösung von Kaliumpermanganat ($KMnO_4$) einer mit Schwefelsäure angesäuerten H_2O_2-Lösung zufließen, so wird sie unter Aufbrausen entfärbt, indem Sauerstoff entweicht:

$$2KMnO_4 + 3H_2SO_4 + 5H_2O_2 = K_2SO_4 + 2MnSO_4 + 8H_2O + 5O_2.$$

Das braune Bleisuperoxyd PbO_2 wird zu rotgelbem Bleioxyd PbO reduziert.

Ozon und Wasserstoffsuperoxyd liefern Wasser und Sauerstoff; in verdünntem Zustand können sie jedoch nebeneinander bestehen.

Hierher gehört auch eine Reaktion des Wasserstoffsuperoxyds, welche an Empfindlichkeit die oben angeführten noch übertrifft. Ein Gemisch der Lösung von Eisenchlorid und rotem Blutlaugensalz hat braunrote Farbe. Wird hierzu Wasserstoffsuperoxyd hinzugefügt, so scheidet sich Berliner Blau ab; durch Spuren von Wasserstoffsuperoxyd wird die Flüssigkeit grün gefärbt. Die Reaktion versagt jedoch bei Gegenwart von freier Säure.

Daß ein so kräftig oxydierend wirkender Stoff wie Wasserstoffsuperoxyd auch reduzierend wirken kann, läßt sich folgendermaßen erklären. Das eine seiner beiden Sauerstoffatome ist lose gebunden, wie daraus hervorgeht, daß es so leicht abgegeben wird. Nun besitzen alle die Stoffe, welche durch Wasserstoffsuperoxyd reduziert werden, ebenfalls ein lose gebundenes Sauerstoffatom; Silberoxyd, Kaliumpermanganat, Ozon usw. geben ihren Sauerstoff bereits bei ziemlich niedriger Temperatur ab. Es ist daher möglich, daß die gegenseitige Anziehung der Sauerstoffatome, welche sie zu Molekülen vereinigt, stärker ist als die Kraft, durch welche sie einerseits in H_2O_2, anderseits in den vorerwähnten Sauerstoffverbindungen festgehalten werden.

Anwendungen des Wasserstoffsuperoxyds. Es wird unter anderem angewendet, den durch Alter dunkel gewordenen Farben von Ölgemälden ihre ursprüngliche Frische zurückzugeben; das Dunkeln der Farben beruht nämlich in vielen Fällen auf dem Übergang von Bleiweiß in schwarzes Schwefelblei; letzteres wird durch H_2O_2 zu weißem Bleisulfat oxydiert. Ferner dient das Wasserstoffsuperoxyd zum Bleichen von Elfenbein, Seide, Straußenfedern und Schwämmen. Auch in der Analyse wird es vielfach benutzt. Für therapeutische Zwecke ist ein 30%iges Wasserstoffsuperoxyd im Handel, welches vollkommen rein ist, und durch Vakuumdestillation aus einer verdünnten Lösung dargestellt wird. Die Konzentration einer Lösung von H_2O_2 wird oft durch Angabe des Volums Sauerstoff, die dieselbe zu liefern vermag, bezeichnet; gewöhnlich beträgt dies 10 Volumina, ca. 3% H_2O_2 entsprechend.

39. Die Zusammensetzung des Wasserstoffsuperoxyds ist bereits 1818 von Thénard ermittelt worden. Letzterer brachte

Wasserstoffsuperoxyd, das im Vakuum konzentriert war, in abgewogener Menge (in einem Fläschchen) über Quecksilber in eine graduierte Barometerröhre. Das Fläschchen wurde dann zerbrochen und sein Inhalt durch Erhitzen der Röhre von außen oder durch Aufsteigenlassen von feinem Braunsteinpulver zersetzt. Hierbei ergab sich, daß sehr nahe 17 Gewichtsteile Wasserstoffsuperoxyd, unter Bildung von Wasser, 8 Gewichtsteile Sauerstoff entwickeln. 1 Atom Sauerstoff (16 Gewichtsteile) wird also von 34 Gewichtsteilen des Wasserstoffsuperoxyds abgegeben, welches letztere hierbei selbst in 18 Gewichtsteile Wasser übergeht oder anders ausgedrückt: Wasserstoffsuperoxyd ist 1 Mol. H_2O + 1 Atom O. Im Wasserstoffsuperoxyd ist also auf ein Atom Wasserstoff ein Atom Sauerstoff anwesend. Seine einfachste Formel (die empirische, wie man sagt) ist deshalb HO. Ob diese auch das Molekül bezeichnet, oder ob letzteres ein Vielfaches hiervon ist, muß nun noch durch die Bestimmung des Molekulargewichtes ermittelt werden. Denn jede Verbindung $(HO)_n$ wird die gleiche Zusammensetzung besitzen, nämlich auf 1 Gewichtsteil Wasserstoff 16 Gewichtsteile Sauerstoff enthalten.

Nun würde zwar die Bestimmung der Dampfdichte bei dieser Verbindung nicht unmöglich sein; wegen ihrer Zersetzlichkeit hat man jedoch für die Bestimmung ihres Molekulargewichtes einen anderen Weg eingeschlagen, welcher auf Eigenschaften der verdünnten Lösungen basiert; auf diese Weise hat man für das Molekül des Wasserstoffsuperoxyds die Formel H_2O_2 gefunden. Wie man so zur Kenntnis des Molekulargewichtes kommen kann, wird im folgenden Abschnitt auseinandergesetzt.

Molekulargewicht aus der Gefrierpunktserniedrigung und Siedepunktserhöhung.

40. Gewisse Membranen besitzen die Eigentümlichkeit, wohl für ein Lösungsmittel, z. B. Wasser, durchlässig zu sein, nicht aber auch für die darin gelösten Stoffe. Sie werden deshalb *halbdurchlässige Membranen* genannt. Die Eigenschaft scheint weniger auf einer Art Siebwirkung zu beruhen, als vielmehr auf der Fähigkeit, nur das Lösungsmittel einerseits zu lösen, bezw. zu absorbieren oder lose zu binden, anderseits dasselbe wieder loszulassen. Man kann eine halbdurchlässige Scheidewand herstellen, indem man in eine poröse Tonzelle (wie solche zu galvanischen Elementen gebraucht werden) eine Lösung von gelbem Blutlaugensalz bringt und die Zelle dann in eine Kupfersulfatlösung eintaucht. Dabei setzt sich in der Wand der Zelle eine dünne Schicht Ferrocyankupfer ab, welches die Eigenschaft der Halbdurchlässigkeit besitzt. Füllt man in eine solche Zelle eine verdünnte Zuckerlösung, Salzlösung usw. und stellt sie in ein Gefäß mit dem Lösungsmittel, so diffundiert *nicht* die gelöste Substanz durch die in dieser Weise präparierte Zelle, sondern nur das Lösungsmittel. Der Stoffaustausch durch die poröse Zellwand hindurch heißt *Osmose*. Wird die Zelle mit einem Stopfen, durch welchen eine Steigröhre gesteckt ist, geschlossen und so tief in Wasser getaucht, daß sie vollkommen unter dem Flüssigkeitsniveau steht, so steigt das Wasser langsam in der Röhre, bis es eine bestimmte Höhe erreicht hat.

Der Druck, den diese Flüssigkeitssäule ausübt, wird der *osmotische Druck* der Lösung genannt. Hätte man in der Zelle einen gut schließenden Stempel angebracht, so würde man, um das Eindringen des Wassers in die Zelle zu verhindern, auf diesen einen Druck ausüben müssen, welcher dem der Flüssigkeitssäule gleich wäre, da ja das Wasser in der Röhre so lange steigen wird, bis der Druck dieser Flüssigkeitssäule dessen weiteres Eindringen verhindert. Wie VAN'T HOFF nachgewiesen hat, gehorcht der osmotische Druck ebenso den Gesetzen von BOYLE und GAY-LUSSAC, wie der Gasdruck.

Bringt man in ein Gefäß a kg eines Gases, welches bei einer bestimmten Temperatur einen Druck p ausübt, so wird der Druck np, wenn man bei derselben Temperatur na kg Gas in dasselbe Gefäß bringt. Die Konzentration (d. i. die Gewichtsmenge in der Volumeinheit) des Gases ist die n-fache geworden.

Bestimmt man den osmotischen Druck einer Lösung, welche $a^0/_0$ einer Substanz enthält und ist dieser p, so wird der osmotische Druck np, wenn man bei gleichbleibender Temperatur die Lösung na prozentig nimmt, d. h. die Konzentration auf das n-fache bringt.

Untersucht man die Drucke, welche, ein Gas bei konstantem Volum bei den absoluten Temperaturen T_1 und T_2 ausübt, so ergibt sich, daß diese sich verhalten wie T_1 zu T_2. Dasselbe Verhältnis ergibt sich, wenn man den osmotischen Druck einer Lösung von konstanter Konzentration bei denselben absoluten Temperaturen bestimmt.

41. Der strenge Beweis für diesen letzten Satz wird durch die Thermodynamik geliefert. Daß für verdünnte Lösungen der osmotische Druck der Konzentration proportional sein muß, kann man auf folgende Weise ersichtlich machen. Der Druck, den ein Gas auf die Wände eines Gefäßes, in das es eingeschlossen ist, ausübt, wird durch die Stöße der Gasmoleküle gegen die Wandungen verursacht. Man kann sich nun vorstellen, daß der osmotische Druck durch die Stöße der gelösten Substanz gegen die halbdurchlässige Wand zustande kommt. Die Moleküle des Lösungsmittels, die mit der Wand in Berührung kommen, werden keinen Druck verursachen können, da sie ungehindert durch dieselbe hindurch gehen können. Wird die Konzentration auf das n-fache gebracht, so werden in der Zeiteinheit n-mal soviel Moleküle des gelösten Stoffes gegen die Wand stoßen, der Druck also n-mal so groß werden. Hieraus geht auch hervor, daß das Gesetz von BOYLE nur für verdünnte Lösungen genau gilt, für konzentrierte ebensowenig, wie es für Gase unter höherem Druck zutrifft; dasselbe läßt sich auch vom GAY-LUSSACschen Gesetz behaupten.

Die Gesetze des osmotischen Druckes finden eine experimentelle Bestätigung durch Messungen, welche PFEFFER noch vor der Aufstellung derselben durch VAN'T HOFF ausführte. PFEFFER stellte seine Versuche mit verdünnten Zuckerlösungen an und gebrauchte einen Apparat, der dem soeben beschriebenen nicht unähnlich ist.

Die Gasgesetze werden durch die Gleichung ausgedrückt (**35**):

(1) $$P\,V = R\,T$$

Das Volumen V ist umgekehrt proportional der Konzentration C gemäß der oben dafür gegebenen Definition; für V kann man also $\frac{1}{C}$ einsetzen. Die obenstehende Gleichung wird dadurch:

$$\frac{P}{C} = R\,T$$

oder bei konstanter Temperatur:

$$\frac{P}{C} = \text{Konst.}$$

Diese Gleichung ist nun auch für den osmotischen Druck anwendbar. Dies war bei PFEFFERS Messungen an wäßrigen Zuckerlösungen verschiedener Konzentration in der Tat der Fall, wie aus der untenstehenden kleinen Tabelle ersichtlich ist. Die Temperatur betrug 13·5° bis 16·1°, war also nicht vollkommen konstant.

C	P	$\frac{P}{C}$
1 °/₀	535 mm	535
2 „	1016 „	508
4 „	2082 „	521
6 „	3075 „	513

Die Abweichungen, welche die Werte $\frac{P}{C}$ untereinander zeigen, müssen auf die nicht ganz konstante Temperatur und auf die außerordentlichen Schwierigkeiten zurückgeführt werden, mit welchen derartige Messungen verbunden sind.

Aus Gleichung (1) folgt weiter, wenn V (oder C) konstant ist,

$$\frac{P}{T} = \text{Konst.}$$

Auch diese Folgerung ist von PFEFFER für eine Zuckerlösung experimentell bewiesen worden, wie aus folgender Tabelle ersichtlich ist. Die Lösung war einprozentig.

P	T	$\frac{P}{T}$
510	287·15	1·78
520·5	288·5	1·80
544	305	1·78
567	309	1·83

van't Hoff hat weiter bewiesen, daß der numerische Wert des osmotischen Druckes dem des Gasdruckes gleich ist. Das will also sagen, daß, wenn in einem gegebenen Volum sich eine bestimmte Menge eines Stoffes in Gasform befindet, der Gasdruck, welchen dieselbe ausübt, ebensogroß ist, wie der osmotische Druck, der entstehen würde, wenn dieselbe Stoffmenge zu dem gleichen Volum in einer Flüssigkeit gelöst wäre.

Die Messungen von Pfeffer geben auch hierfür einen experimentellen Beweis. Er fand, daß eine 1 %ige Zuckerlösung bei 7° einen Druck von $^2/_3$ Atmosphären ausübt. Wenn wirklich Gleichheit zwischen osmotischem Druck und Gasdruck besteht, somit das Avogadrosche Gesetz auch für verdünnte Lösungen gilt, muß die Konstante R in der Gleichung $PV = RT$, angewandt auf verdünnte Lösungen, denselben Wert wie für Gase haben, P ist hier $^2/_3 \times 760 = 506$ mm Quecksilberdruck. Eine 1 %ige Zuckerlösung enthält in 100·6 ccm 1 g Zucker; da sein Molekulargewicht 342 ist, wird $V = 100{\cdot}6 \times 342 = 34\,406$ ccm; $T = 273 + 7 = 280°$. Man bekommt also für R

$$R = \frac{506 \times 34\,406}{280} = 62\,156,$$

während für Gase $R = 62\,313$ (siehe **35**) berechnet war. Diese zwei Zahlen stimmen innerhalb der Versuchsfehler miteinander überein, woraus die Gleichheit von Gasdruck und osmotischem Druck hervorgeht.

42. Demnach muß auch für verdünnte Lösungen das Gesetz von Avogadro gelten; denn wenn eine gleiche Anzahl Moleküle verschiedener Stoffe in einem gleich großen Volum bei der gleichen Temperatur aufgelöst sind, so weiß man (aus der Gleichheit von Gasdruck und osmotischem Druck), daß die verschiedenen Stoffe einen gleich großen osmotischen Druck ausüben werden; umgekehrt wird also in einem gleich großen Volum Lösung, bei Gleichheit von Temperatur und osmotischem Druck, eine gleiche Anzahl Moleküle vorhanden sein.

Hiermit ist eine sehr wichtige Erweiterung des Avogadroschen Gesetzes gegeben. Man kann nun nicht nur die Gewichte gleicher Gasvolumina bei gleicher Temperatur und gleichem Druck miteinander vergleichen, um daraus das Molekulargewicht abzuleiten, sondern man weiß auch, daß in Lösungen von gleicher Temperatur und gleichem osmotischen Druck die Gewichtsmengen der aufgelösten Substanzen, welche in einem gleichen Volum Lösung enthalten sind, sich wie ihre Molekulargewichte verhalten.

Ebenso wie man bei gasförmigen Körpern durch Bestimmung von Temperatur, Druck, Gewicht und Rauminhalt zur Kenntnis des Molekulargewichtes gelangt, so wird man letzteres für die verdünnte Lösung eines Stoffes ermitteln durch Bestimmung des Volums der Flüssigkeit, der Temperatur, der gelösten Stoffmenge und des *osmo-*

tischen Druckes. Von allen Stoffen, die in irgend einer Flüssigkeit sich auflösen, kann man auf diesem Wege das Molekulargewicht bestimmen; und da die Anzahl der löslichen Stoffe sehr groß ist, so ist eine ansehnliche Zahl von Verbindungen der Molekulargewichtsbestimmung zugänglich geworden, die es früher nicht waren.

Nur tritt hierbei eine praktische Schwierigkeit auf: Der osmotische Druck ist sehr schwer direkt bestimmbar. Hieran würde sogar die ganze Methode gescheitert sein, wenn für die Bestimmung des Molekulargewichtes nicht die Feststellung genügte, daß zwei Lösungen den *gleichen* osmotischen Druck haben, ohne daß man dessen absoluten Betrag zu kennen braucht; denn das Gesetz von Avogadro fordert bloß die Gleichheit des Volums, der Temperatur und des (osmotischen oder Gas-) Druckes, ohne auch zu verlangen, daß man weiß, welchen absoluten Wert (zwischen bestimmten Grenzen) diese Größen haben. Man kann nun leicht Größen messen, welche dem osmotischen Druck proportional sind, aus denen also abzuleiten ist, ob Gleichheit des osmotischen Druckes besteht oder nicht. Diese Größen sind die Gefrierpunktserniedrigung und die Siedepunktserhöhung. Sie bedürfen einer näheren Erklärung.

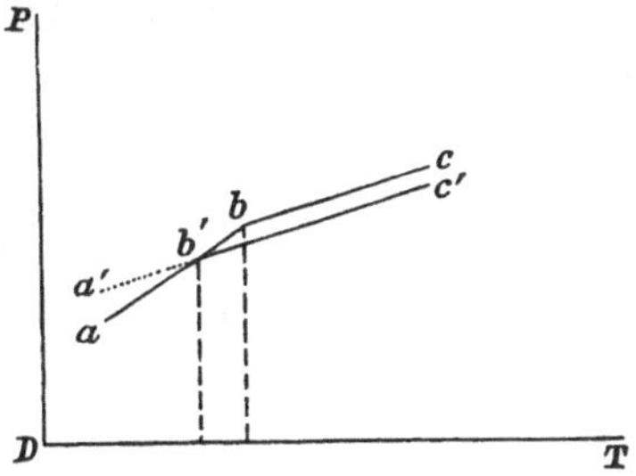

Fig. 18.

Wenn man in einer Flüssigkeit einen Stoff löst, so wird hierdurch die Maximaltension ihres Dampfes geringer. Die Teilchen des gelösten Körpers ziehen nämlich die Moleküle des Lösungsmittels an, werden also einerseits der Dampfbildung entgegenwirken, anderseits die Rückkehr von Molekülen aus dem Dampf in die Flüssigkeit erleichtern.

Diese Verminderung des Dampfdruckes bewirkt notwendigerweise eine Erniedrigung des Gefrierpunktes und eine Erhöhung des Siedepunktes, wie die folgenden Diagramme zeigen. In Fig. 18 ist abc die Dampfdruckkurve eines Lösungsmittels in der Nachbarschaft des Gefrierpunktes; das Stück ab gibt die Drucke für das erstarrte, das Stück bc für das flüssige Lösungsmittel. Dieses letztere Stück nähert sich stets dem horizontalen Verlauf mehr wie ersteres, was sich sowohl experimentell wie theoretisch nachweisen läßt. Der Gefrierpunkt einer Flüssigkeit ist die Temperatur, bei welcher der feste und flüssige Zustand beliebig lange nebeneinander existieren können. Diese Bedingung erfordert, daß der feste und der flüssige Stoff denselben Dampfdruck haben. Denn wenn z. B. die Dampfspannung des festen Stoffes größer wäre wie die des flüssigen, so würde bei konstanter Temperatur der Dampf des festen Teiles sich zur Flüssigkeit kondensieren und der feste Anteil sich allmählich in den flüssigen verwandeln. Wenn umgekehrt die Dampfspannung des festen Teiles kleiner wäre wie die des flüssigen, so müßte alsbald die ganze Flüssigkeit erstarren.

Der Gefrierpunkt *b* kann also angesehen werden als Schnittpunkt der Dampfdruckkurven *ab* des festen und *bc* des flüssigen Anteiles. Wir wollen jetzt die Kurve *a′ b′ c′* einer Lösung betrachten. Ihr Dampfdruck ist niedriger als der des reinen Lösungsmittels; daher muß ihr Schnittpunkt mit der Kurve *ab* mehr nach links liegen, d. h. der Gefrierpunkt wird erniedrigt.

Anderseits ist der Siedepunkt einer Lösung unter Atmosphärendruck diejenige Temperatur, bei welcher die Spannung ihres Dampfes dem Druck einer Atmosphäre gleich ist. Wenn *Od* in Fig. 19 diese Dampfspannung darstellt, wird eine Parallele *dd′* zur Abszissenachse die Dampfdruckkurve des reinen Lösungsmittels bei einer niedrigeren Temperatur schneiden, als die Kurve *a′ c′* der Lösung. Die letztere muß daher einen höheren Siedepunkt haben.

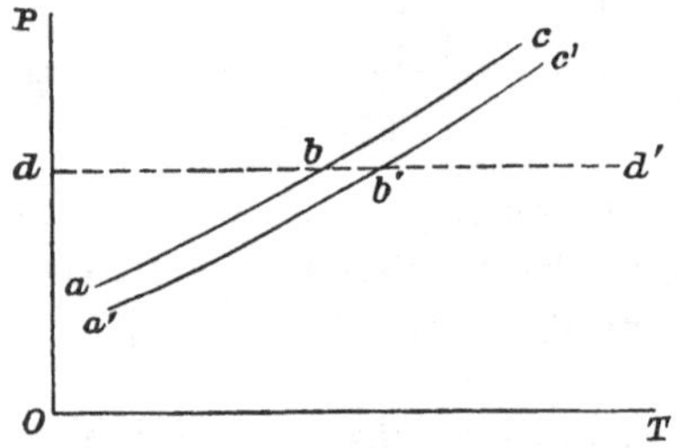

Fig. 19.

Die Differenz zwischen den Gefrier- bezw. Siedepunkten einer Flüssigkeit, vor und nach dem Lösen eines Stoffes, bezeichnet man als Gefrierpunktserniedrigung bezw. Siedepunktserhöhung.

43. Der Zusammenhang zwischen diesen Größen und dem osmotischen Druck erhellt aus den folgenden Ausführungen:

1. Lösungen vom gleichen Lösungsmittel, geschieden durch eine halbdurchlässige Wand, können sich nur dann im Gleichgewicht befinden, wenn sie isotonisch sind, d. h. gleichen osmotischen Druck besitzen.

Man denke sich die Lösungen in einem Apparate, welcher aus zwei Zylindern besteht, die durch eine mit einer halbdurchlässigen Wand versehenen Röhre verbunden sind. In den beiden Zylindern halte man das Flüssigkeitsniveau durch Zu- und Ablassen der beiden Auflösungen stets auf gleicher Höhe.

Die Lösung mit dem größeren osmotischen Druck wird der andren Lösungsmittel entziehen; denn durch den stärkeren Druck, den die in Lösung befindlichen Moleküle gegen die Flächeneinheit der freien Flüssigkeitsebene ausüben, wird das Volumen der ersten Lösung sich auf Kosten der zweiten zu vergrößern bestrebt sein. Gleichgewicht wird erst dann eintreten, wenn gegen die Flächeneinheit der freien Flüssigkeitsebenen von beiden Seiten der halbdurchlässigen Wand gleicher Druck durch die in Lösung befindlichen Moleküle ausgeübt wird, mit anderen Worten, wenn die Lösungen isotonisch sind.

2. Isotonische Lösungen vom gleichen Lösungsmittel besitzen bei gleicher Temperatur gleiche Dampfspannkraft.

Der Beweis hierfür wird dadurch erbracht, daß die Annahme verschieden großer Dampfspannungen isotonischer Lösungen zu einem Widerspruch führt. Die Figur 20 stelle ein geschlossenes Gefäß vor, das durch die halbdurchlässige Wand *HH* in zwei Teile geteilt ist, welche die isotonischen Lösungen *A* und *B* enthalten; oben stehen die zwei Teile des Gefäßes miteinander in Verbindung. Angenommen, die Dampfspannung von *A* wäre größer als die von *B*; dann würde Dampf aus *A* entweichen und sich bei *B* kondensieren. Die Folge davon würde sein, daß die Isotonie von *A* und *B* aufgehoben wäre, dadurch, daß *A* konzentrierter, *B* verdünnter geworden wäre. Umgekehrt müßte dann jedoch — gemäß dem ersten Satz — durch *HH* Lösungsmittel von *B* nach *A* übergehen. Einem Perpetuum mobile kann man hier nur durch die Annahme gleicher Dampfspannung ausweichen.

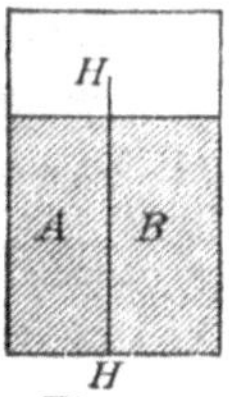

Fig. 20.

3. Isotonische Lösungen vom gleichen Lösungsmittel haben einen gleichen Gefrierpunkt.

Man nehme wieder denselben Apparat, worin sich aber außer den isotonischen Lösungen *A* und *B* noch ein Stück *C* des festen Lösungsmittels befindet (Fig. 21). Angenommen, *A* und *C* hätten dieselbe Dampfspannung, so hätten wir der Definition nach die Temperatur des Gefrierpunktes von *A*. Sind aber *A* und *B* isotonisch, dann haben sie dieselbe Dampfspannung; *B* wird daher auch dieselbe Dampfspannung besitzen wie *C*. Alsdann müssen auch *B* und *C* die Temperatur ihres Gefrierpunktes haben. *A* und *B* haben also bei ihrem Gefrierpunkte dieselbe Temperatur wie *C*, d. h. sie besitzen denselben Gefrierpunkt.

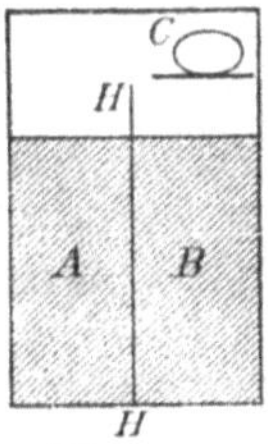

Fig. 21.

4. Isotonische Lösungen vom gleichen Lösungsmittel haben denselben Siedepunkt.

Wie wir in **42** sahen, ist der Siedepunkt einer Lösung diejenige Temperatur, bei der die Spannkraft ihres Dampfes einer Atmosphäre gleichkommt. Zwei Lösungen mit gleichem Lösungsmittel haben daher bei ihrem Siedepunkt gleiche Dampfspannung. Nun ist aber oben gezeigt worden, daß Lösungen derselben Dampfspannung und Temperatur isotonisch sind. Haben hier die Lösungen dieselbe Dampfspannung (bei ihrem Siedepunkt) und sind sie isotonisch, dann müssen sie auch dieselbe Temperatur haben.

Wenn also, wie oben bewiesen worden ist, die Isotonie gleichen Gefrier- und Siedepunkt verursacht, so ist es deutlich, daß auch die Gefrierpunktserniedrigung und Siedepunktserhöhung bei isotonischen Lösungen desselben Lösungsmittels gleich sein werden.

In der Gefrierpunktserniedrigung und in der Siedepunktserhöhung besitzt man daher ein Mittel, um zu beurteilen, ob Lösungen isotonisch sind. Man bedient sich dieser Tatsache zur Bestimmung des Molekulargewichtes in folgender Weise. Von einer Flüssigkeit, z. B. Wasser, Phenol usw., bestimmt man den Gefrierpunkt. Danach löst man ein Mol (**24**) eines Stoffes, dessen Molekulargewicht bekannt ist, in einer bestimmten Gewichtsmenge (also auch in einem bekannten Volumen) derselben auf. Der Gefrierpunkt erleidet hierdurch eine bestimmte Erniedrigung.

Diese Gefrierpunktserniedrigung wird stets dieselbe sein, gleichviel von welchem Körper auch man ein Mol bis zu dem gleichen Volum in der Flüssigkeit auflöst, denn solche Lösungen sind isotonisch. Die Gefrierpunktserniedrigung für das Mol ist also für das bestimmte in Betracht kommende Lösungsmittel eine konstante Größe.

Wenn man nun von einer Substanz, deren Molekulargewicht M unbekannt ist, eine 1 %ige Lösung herstellt und von dieser die Gefrierpunktserniedrigung bestimmt (sie betrage A), so bekommt man:

$$A\,M = \text{Konst.}$$

Diese Formel ist, wie leicht ersichtlich, auch für die Siedepunktserhöhung anwendbar. M ist hierin die einzige Unbekannte und ist also daraus zu berechnen.

Beispiel: Wird als Lösungsmittel Wasser benutzt, so beträgt, wie aus zahlreichen Beobachtungen hervorgeht, das Produkt aus der Gefrierpunktserniedrigung einer 1 %igen Lösung und dem Molekulargewicht 19. Man hat also für Wasser:

$$A\,M = 19.$$

Für Wasserstoffsuperoxyd betrug die Gefrierpunktserniedrigung einer 3·3 %igen wäßrigen Lösung 2·03°. Für eine 1 %ige Lösung würde diese Erniedrigung also $\frac{2 \cdot 03}{3 \cdot 3} = 0 \cdot 615^0$ betragen haben; deshalb ist $A = 0 \cdot 615$, woraus für das Molekulargewicht $\frac{19}{0 \cdot 615} = 30 \cdot 9$ folgt.

Da nun die Formel HO dem Molekulargewicht 17, H_2O_2 34 entspricht, so kommt die letztere dem gefundenen Molekulargewicht am nächsten; daher muß dem Wasserstoffsuperoxyd die doppelte empirische Formel — also H_2O_2 — zuerkannt werden.

Die Konstanten der Gefrierpunktserniedrigung (molekulare Gefrierpunktserniedrigung), sowie der Siedepunktserhöhung (molekulare Siedepunktserhöhung) einiger Substanzen, welche zu Bestimmungen dieser Art besonders geeignet sind, sind in der „Org. Ch." *13* erwähnt.

Die molekulare Gefrierpunktserniedrigung und Siedepunktserhöhung kann nach der Formel $\frac{0 \cdot 02\, T^2}{W}$ (von van't Hoff gefunden) berechnet werden, worin T die absolute Temperatur des Schmelz- bezw. Siedepunktes und W die latente Schmelz- bezw. Verdampfungswärme des Lösungsmittels bedeutet.

Die Bestimmung des Molekulargewichtes nach dem Gefrierpunktsverfahren wird kryoskopische Methode genannt.

Zur bequemen Bestimmung der Gefrierpunktserniedrigung hat Eijkman einen Apparat konstruiert, welchen er Depressimeter genannt hat (Fig. 22).

Derselbe besteht aus einem kurzen, in $^1/_{20}$ Grade geteilten Thermometer, welches unten in den Hals eines Kölbchens eingefügt ist, und wird in einem Glaszylinder oben durch einen Stopfen, unten durch Watte festgehalten. Letztere soll zugleich dazu dienen, die Abkühlung gleichmäßiger zu gestalten. In das Kölbchen bringt man eine abgewogene Menge eines Lösungsmittels und bestimmt dessen

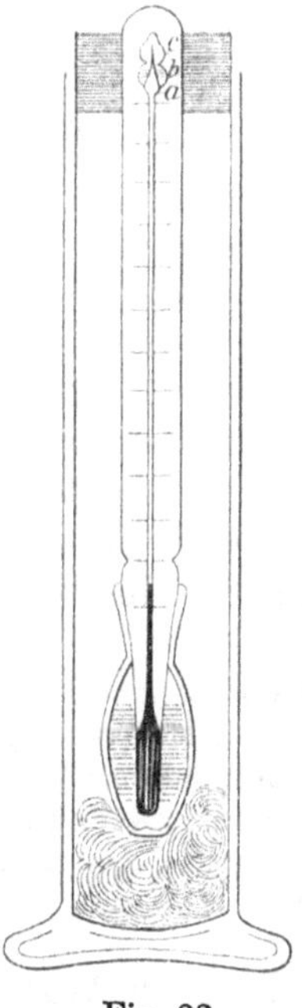

Fig. 22.
Depressimeter nach
Eijkman.

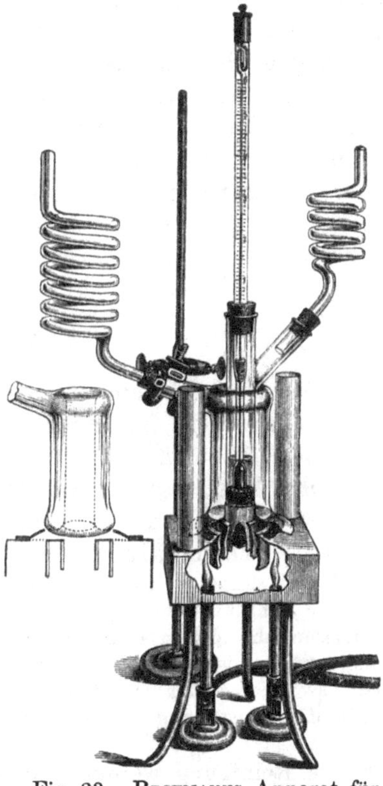

Fig. 23. Beckmanns Apparat für die Bestimmung der Siedepunktserhöhung.

Erstarrungspunkt. Sodann gibt man abgewogene Mengen der Substanz, deren Molekulargewicht zu bestimmen ist, hinzu und bestimmt nach jedem neuen Zusatz den Gefrierpunkt. Man erhält auf diese Weise die Gefrierpunktserniedrigung für verschiedene Konzentrationen, woraus sich Δ jedesmal berechnen läßt.

Ein Apparat für die Bestimmung der Siedepunktserhöhung (Fig. 23) ist von Beckmann angegeben worden. Er besteht in der Hauptsache aus einem gläsernen Gefäß, in welchem sich die Lösung, sowie, um regelmäßiges Sieden zu bewirken, Glasperlen befinden. Das Siedegefäß ist mit einem aufsteigenden Kühler und einem in $^1/_{100}$ Grade geteilten Thermometer versehen, das mit seinem Reservoir in die Flüssigkeit taucht, und von einem zweiten mit derselben Flüssigkeit beschickten Gefäß umgeben; unter letzteres wird die Flamme gestellt, deren Wärme von ihm auf das eigentliche „Siedepunktsgefäß" übertragen wird. Für die Erreichung einer konstanten Temperatur ist es notwendig, daß der Barometerstand unverändert bleibt, und daß die Flamme ganz konstant ist. Eine Konstanz der Temperatur ist hier um so mehr notwendig, als die molekulare Siedepunktserhöhung im allgemeinen kleiner ist, als die molekulare Gefrierpunktserniedrigung.

Über Eijkmans graphische Methode zur Bestimmung von A (der Formel $A\,M$ = Konst.) für unendliche Verdünnung vergl. „Org. Ch." *12.*

Brom.

44. Das Brom kommt infolge seiner starken Neigung, Verbindungen einzugehen, im freien Zustand in der Natur nicht vor; gebunden an Metalle in Form von Bromiden ist es ein Bestandteil der Salze des Meerwassers. Im Jahre 1826 wurde es darin von Balard entdeckt. Bromide kommen in größerer Menge in den Staßfurter Abraumsalzen vor.

Bei Staßfurt finden sich bedeutende Lager von Steinsalz (Kochsalz). Über diese sind die „Abraumsalze" geschichtet, so genannt, weil sie erst abgeräumt werden müssen, ehe man zu dem Steinsalz gelangt. Die Abraumsalze wurden früher als wertlos betrachtet; heute, wo man ihren Gehalt an Kaliumsalzen, Bromiden usw. kennt und zu verwerten versteht, bilden sie die vornehmste Quelle für die Darstellung vieler technisch und wissenschaftlich wichtiger Verbindungen.

Zwecks Reinigung werden die Staßfurter Salze in Wasser gelöst; durch Abdampfen wird alsdann ein großer Teil der gelösten Salze abgeschieden. Hierbei kristallisieren verschiedene Verbindungen aus. Die alsdann verbleibende Flüssigkeit, die Mutterlauge, enthält die leichtlöslichen Salze, unter diesen das Brommagnesium $MgBr_2$, und wird auf Brom verarbeitet. Die Gewinnung des letzteren beruht darauf, daß es durch Chlor aus den Bromiden in Freiheit gesetzt wird:

$$MBr + Cl = MCl + Br. \quad (M = \text{Metall.})$$

Bei dem auf Bromgewinnung gerichteten Verfahren wird die Mutterlauge durch einen mit runden Steinen gefüllten Turm herabgeleitet, wodurch die Oberfläche der Flüssigkeit sich sehr vergrößert. Von unten wird ein Chlorstrom entgegengeleitet, welcher emporsteigend mit der Mutterlauge sich innig mischt und das Brom austreibt. Das so gewonnene Brom enthält stets ein wenig Chlor. Um es davon zu befreien, wird es über Eisenbromid destilliert.

Eine andere Methode, Brom aus Mutterlauge abzuscheiden, nämlich durch Destillation mit Braunstein und Schwefelsäure, ist der Chlorgewinnung analog (**25**). Das so erhaltene Brom ist noch feucht, d. h. es enthält ein wenig Wasser gelöst. Um es davon zu befreien, schüttelt man es mit konzentrierter Schwefelsäure durch und destilliert es aufs neue.

Physikalische Eigenschaften. Das Brom ist neben Quecksilber das einzige bei gewöhnlicher Temperatur flüssige Element. Es erstarrt bei $-7{\cdot}3^0$ und siedet bei 59^0. Es ist von dunkel rotbrauner Farbe und nur in dünnen Schichten durchsichtig. Bei $20{\cdot}5^0$ absoluter Temperatur ($-252{\cdot}5^0$) ist Brom farblos, wie MOISSAN auch für Chlor und Fluor nachwies. Bereits bei gewöhnlicher Temperatur liefert es braune Dämpfe von eigenartigem Geruch (βρῶμος = Gestank). Es erzeugt auf der Haut sofort eine Wunde; seine Dämpfe reizen die Schleimhäute außerordentlich. Das spez. Gewicht des Broms ist 3·1883 bei 0^0. In 100 Teilen Wasser lösen sich 3·5 Gewichtsteile Brom; die Löslichkeit ist etwas größer, wenn das Wasser Bromkalium gelöst enthält. Die Dampfdichte beträgt 79·96 ($O = 16$).

Die chemischen Eigenschaften des Broms sind denen des Chlors völlig analog, jedoch reagiert das Brom weniger energisch. Während z. B. das Chlor sich mit Wasserstoff im Tageslicht bereits bei gewöhnlicher Temperatur verbindet, ist dies beim Brom nicht der Fall. Seine Affinität ist gleichwohl vielen Elementen gegenüber sehr stark; auf Phosphor wirkt es heftig ein; wirft man Arsen- und Antimonpulver auf Brom, so erfolgt Vereinigung unter Flammenerscheinung. Bemerkenswert ist, daß von den zwei so nahe verwandten Alkalimetallen Kalium und Natrium ersteres heftig, letzteres bei gewöhnlicher Temperatur nicht mit Brom reagiert.

Das *Brommolekül* besteht aus 2 Atomen. Da seine Dampfdichte 79·96 ist (s. oben), so beträgt das Molekulargewicht 159·82. In Anbetracht nun, daß im Mol von sehr zahlreichen Bromverbindungen niemals weniger als 79·96 g Brom gefunden worden sind, wohl aber einfache Vielfache hiervon, ist sein Atomgewicht 79·96 für $O = 16$. Das Molekül enthält also $\frac{159{\cdot}82}{79{\cdot}96} = 2$ Atome.

Bromwasserstoff HBr.

45. Diese gasförmige Verbindung kann durch direkte Synthese aus den Elementen erhalten werden; zu diesem Zwecke leitet man Wasserstoff und Bromdämpfe durch ein heißes Rohr, welches mit fein verteiltem Platin beschickt ist. Im Sonnenlicht hat die Vereinigung der Elemente schon bei 200° statt. Wenn man einen Wasserstoffstrom durch Brom hindurchgehen läßt, so daß er mit Bromdämpfen beladen wird, und ihn dann anzündet, entstehen dicke Wolken von Bromwasserstoff.

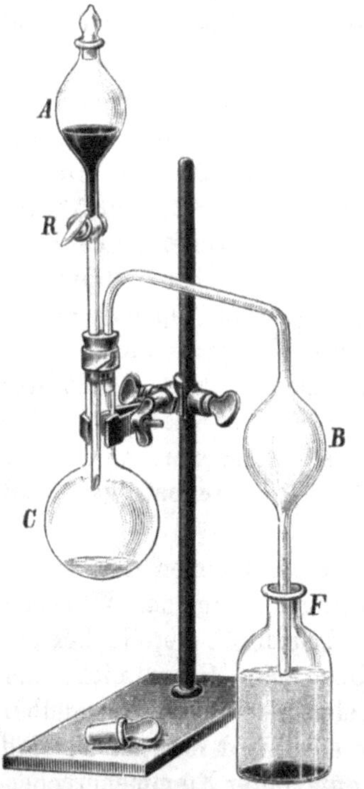

Fig. 24. Darstellung von HBr.

Der Bromwasserstoff kann ferner durch Einwirkung von Wasserstoff auf Bromverbindungen erhalten werden. Silberbromid AgBr z. B. gibt bei hoher Temperatur mit Wasserstoff HBr und metallisches Silber.

Umgekehrt kann Bromwasserstoff auch durch Einwirkung von Brom auf Wasserstoffverbindungen erhalten werden. Hierfür sind zahlreiche organische Verbindungen verwendbar. Gebrauch gemacht wird zuweilen von der Einwirkung von Brom auf Naphthalin $C_{10}H_8$, wodurch die gewünschte Verbindung bereits bei gewöhnlicher Temperatur (obschon etwas verunreinigt durch organische Stoffe) erhalten wird. Auch Schwefelwasserstoff gibt, in unter Wasser befindliches Brom geleitet, HBr unter Abscheidung von Schwefel:

$$H_2S + Br_2 = S + 2HBr.$$

Die gewöhnliche Darstellung des Bromwasserstoffes beruht jedoch auf der Zersetzung einer Brom- durch eine Wasserstoffverbindung; als erstere wählt man PBr_5, Phosphorpentabromid, als letztere Wasser:

$$PBr_5 + 4H_2O = 5HBr + \underset{\text{Phosphorsäure}}{H_3PO_4}.$$

Da Phosphorsäure nicht flüchtig ist, wohl aber HBr, so können die Produkte der Reaktion leicht getrennt werden.

Für die Darstellung von HBr nach dieser Reaktion ist es nicht nötig, zuerst PBr_5 zu bereiten. Es genügt, auf roten Phosphor, der sich unter

Wasser befindet, vorsichtig Brom zu tröpfeln, um regelmäßige Entwicklung von HBr zu erzielen.

Fig. 24 zeigt, wie dies ausgeführt wird. In dem Hahntrichter befindet sich bei *A* das Brom; durch vorsichtiges Öffnen des Hahnes *R* tropft es in den Kolben *C*, in welchem sich roter Phosphor unter Wasser befindet. Der sich entwickelnde Bromwasserstoff gelangt durch das zweimal umgebogene Rohr, welches bei *B* eine kugelförmige Erweiterung zeigt, in die Flasche *F*, wo er in Wasser aufgefangen wird. Die Kugel *B* dient dazu, ein Zurücksteigen des Wassers aus *F* in den Entwicklungskolben *C* zu verhüten.

Ein anderes Verfahren zur Darstellung von Bromwasserstoff besteht in der Einwirkung von verdünnter Schwefelsäure auf ein Bromid, z. B. KBr. Beim Erhitzen destilliert dann eine verdünnte Lösung von Bromwasserstoffsäure über.

Bromwasserstoff wirkt auf konzentrierte Schwefelsäure zersetzend ein. Sein Wasserstoff reduziert dieselbe zu Schwefeldioxyd während Brom in Freiheit gesetzt wird.

Physikalische Eigenschaften. Bei gewöhnlicher Temperatur ist der Bromwasserstoff gasförmig, durch Abkühlung wird er flüssig und siedet bei $-64{\cdot}9^0$ (unter 738·2 mm Druck); bei noch stärkerer Abkühlung erstarrt er zu farblosen Kristallen, welche bei $-88{\cdot}5^0$ schmelzen. Er hat einen stechenden Geruch und sauren Geschmack. An feuchter Luft bildet er starke Nebel wie HCl (**29**). In Wasser ist er in hohem Grade löslich, bei 10^0 lösen sich ungefähr 600 Volumina in 1 Vol. Wasser; seine Löslichkeit ist also noch größer als die des Chlorwasserstoffes.

Chemische Eigenschaften. Hier treten wieder die sauren Eigenschaften in den Vordergrund. Mit verschiedenen Metallen, wie Zink, Magnesium u. a. liefert die wäßrige Lösung von HBr unter Wasserstoffentwicklung Salze. Die meisten derselben sind in Wasser löslich; nur Silberbromid ist nicht und Bleibromid schwer löslich.

Erst bei sehr hoher Temperatur wird Bromwasserstoff in seine Elemente gespalten.

Die *Zusammensetzung des Bromwasserstoffes* kann auf dieselbe Weise ermittelt werden, wie die des Chlorwasserstoffes. Zunächst geht aus der Dampfdichte 40·48 hervor, daß das Molekulargewicht 80·96 beträgt. Da nun das Atomgewicht des Broms 79·96 ist (für O = 16), so folgt hieraus bereits, daß die Formel des Bromwasserstoffes nur HBr sein kann. Ferner kann man trocknes HBr-Gas durch Natriumamalgam zersetzen, wobei sich ergibt, daß es zur Hälfte seines Volums aus Wasserstoff besteht, was mit der genannten Molekularformel übereinstimmt.

Jod.

46. Dieses Element ist im Jahre 1812 von Courtois entdeckt, jedoch erst 1815 von Gay-Lussac als solches erkannt worden. Es kommt ebensowenig wie Chlor und Brom im freien Zustande, wohl aber an Metalle gebunden in der Natur vor. Eine Hauptquelle für Jodverbindungen bildet die Mutterlauge (**44**) des Chilisalpeters; ferner enthält die durch Verbrennen von im Meerwasser vorkommenden Tangen gewonnene Asche, welche in Schottland Kelp, in der Normandie Varech genannt wird, Jodide. Die Abscheidung des Jods wird entweder durch Einleiten von Chlor oder durch Destillation mit Braunstein und Schwefelsäure bewirkt, also auf dieselbe Weise, wie Brom und Chlor gewonnen werden. Um das im Handel befindliche Jod zu reinigen, erwärmt man es gelinde mit ein wenig beigemischtem Jodkalium; dabei sublimiert es in reinem Zustand und frei von den Spuren Chlor und Brom, die sich etwa darin befanden. Schließlich wird es in einem Exsikkator über Schwefelsäure getrocknet.

Physikalische Eigenschaften. Das Jod bildet flache Kristalle von schwarzgrauer Farbe, welche metallisch glänzend sind. Sein spez. Gewicht ist 4·948 bei 17°; es schmilzt bei 114·2°, siedet unter 760 mm Druck bei 183·05° und verwandelt sich dabei in einen violetten Dampf, was dem Element seinen Namen gegeben hat (*ἰώδης* = veilchenblau). Wasser, worin es nur in sehr geringer Menge löslich ist, färbt es gelb. Leicht löst es sich dagegen in wäßriger Jodkaliumlösung und zwar mit dunkelbrauner Farbe. Auch in verschiedenen anderen Flüssigkeiten, wie Alkohol, Äther, Schwefelkohlenstoff, Chloroform, ist es leicht löslich. Merkwürdigerweise ist die alkoholische und ätherische Lösung braun, die Lösung in Schwefelkohlenstoff und Chloroform violett gefärbt. In anderen Lösungsmitteln (z. B. Benzol) löst sich das Jod mit einer Zwischenfarbe; die verschiedene Farbe rührt wahrscheinlich daher, daß in den braunen Lösungen eine Verbindung des Jods mit dem Lösungsmittel vorliegt.

47. Die Dampfdichte des Jods beträgt 8·72 (Luft = 1) bei ca. 600°. Bei höheren Temperaturen wird dieselbe jedoch fortwährend kleiner. So beträgt sie bei:

Temperatur	Dampfdichte
878°	8·11
1030°	6·83
1250°	5·65
1390°	5·23
1500°	4·5

Sie ist also bei 1500° fast auf die Hälfte ihres Betrages bei 600° heruntergegangen. Da wir auf diese Erscheinung, die sogenannte Dissoziation, welche auch bei vielen anderen Körpern beobachtet worden ist, in **49** noch zu sprechen kommen, so möge hier nur angegeben werden, wie die Messung von Dampfdichten bei so hohen Temperaturen von V. Meyer und seinen Schülern ausgeführt worden ist.

Der dafür benutzte Apparat Fig. 25 besteht aus einem Zylinder von 200 mm Höhe und 36 mm Durchmesser; mit demselben ist eine 350 mm lange Röhre von 4 mm Durchmesser verbunden. Ferner führt eine Kapillarröhre bis auf den Boden des weiten Zylinders. Der ganze Apparat ist aus Platin angefertigt. Um eine Dampfdichte bei hoher Temperatur zu bestimmen, wird der Apparat (gegen direkte Berührung des Feuers gehörig geschützt) in einen Perrotschen Ofen gesetzt und zwar so, daß das Rohr weit genug aus dem Ofen herausragt, um Verbindungsstücke von Kautschuk anzubringen, mittels deren an den Apparat ein Rohr mit Seitenrohr zur Ableitung von Gasen angeschlossen ist. Der ganze Apparat entspricht also dem in „Org. Ch.“ *11* beschriebenen zur Bestimmung der Dampfdichte von V. Meyer. Wenn der untere Teil des Apparates die Temperatur des Ofens angenommen hat, wird die Dampfdichte in der gewöhnlichen Weise bestimmt, wofür natürlich die Kenntnis der Temperatur ebensowenig nötig ist wie dort.

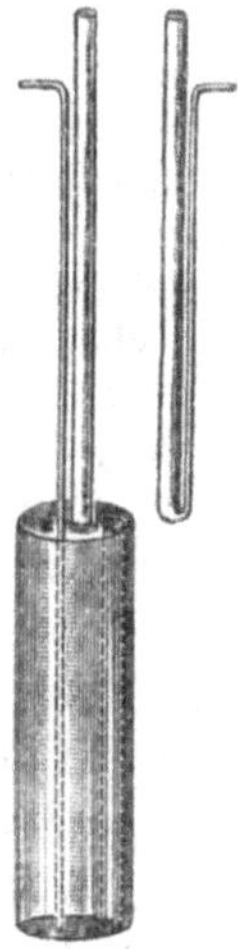

Fig. 25. Apparat zur Dampfdichtebestimmung des Jods (n. V. Meyer).

Es war V. Meyer jedoch nicht allein darum zu tun, die Dampfdichte zu bestimmen, sondern auch zu konstatieren, wie diese sich mit der Temperatur ändert. Dafür mußte natürlich jedesmal auch die Temperatur, bei welcher die Dampfdichte bestimmt wurde, gemessen werden. Zu diesem Zweck kann nun derselbe Apparat benutzt werden, und zwar folgendermaßen: Das Volumen Luft (oder Stickstoff), welches in dem Apparat bei gewöhnlicher Temperatur anwesend ist, wird gemessen, indem man es durch Kohlendioxyd, welches durch das enge Rohr auf den Boden des Gefäßes geleitet wird, verdrängt und in einer Meßröhre über Kalilauge auffängt, welche letztere das Kohlendioxyd völlig absorbiert. Diese Operation wird später wiederholt, wenn der Apparat glühend ist und zwar unmittelbar, nachdem die Bestimmung der Dampfdichte beendet und einige Zeit Luft durch den Apparat geleitet worden ist, um den Dampf des Stoffes, dessen Dichte bestimmt wurde, auszutreiben. Das Volumen Luft, welches jetzt in dem Apparat vorhanden ist, gestattet die Temperatur zu berechnen, da das Volumen, welches er bei gewöhnlicher (also einer gemessenen) Temperatur enthält, und der Ausdehnungskoeffizient der Luft bekannt sind. Eine Schwierigkeit macht sich hierbei jedoch bemerkbar. Nur der unterste Teil des Apparates hat die Temperatur, welche zu messen ist; das Ansatzrohr und die anderen Teile des Apparates (wie das gläserne Ansatzstück) jedoch nicht. Dem muß durch eine Korrektion Rechnung getragen werden, welche durch den *Kompensator* (Fig. 25, rechts) gefunden wird. Dieser besteht aus zwei Platinröhren, die genau dieselben Abmessungen (und daher auch denselben Inhalt) haben, wie die zwei Röhren, welche aus dem weiteren Teil des Apparates herausragen. An diesen letztgenannten Röhren wird der Kompensator mittels Platindraht befestigt; man darf dann annehmen, daß die Luft in demselben vollkommen dieselbe Temperatur wie in den entsprechenden Teilen des eigentlichen Apparates hat. Offenbar erhält man, wenn man das Volumen des Kompensators bei gewöhnlicher Temperatur und das bei der Temperatur, wo die Dampfdichte bestimmt wird, von dem entsprechenden Volumen des eigentlichen Apparates abzieht, das Luftvolumen, welches der untere weitere Teil bei der betreffenden Temperatur faßt.

Bei diesen Temperaturmessungen ist auch folgendes zu beachten. Die Methode basiert auf der Annahme, daß der Ausdehnungskoeffizient der Luft bei diesen hohen Temperaturen gleich bleibt; oder anders ausgedrückt, daß das spez. Gewicht der Luft konstant bleibt und nicht wie das des Joddampfes kleiner wird. Diese Annahme ist jedoch recht unsicher: um sie zu prüfen, würde es notwendig sein, das Volumen bei einer bekannten hohen Temperatur zu messen, während gerade die Temperatur unbekannt war und aus dem Volumen abgeleitet werden mußte. Um dieser Schwierigkeit zu entgehen, wurde die Temperaturmessung mit verschiedenen Gasen nach obenstehender Methode ausgeführt; die Ergebnisse waren die gleichen. Es war nun höchst unwahrscheinlich, daß alle die verwendeten Gase (wie Sauerstoff, Stickstoff, Kohlendioxyd, Schwefeldioxyd) eine Abnahme der Dichte, und zwar alle in gleichem Maße zeigen sollten; deshalb konnte angenommen werden, daß ihre Ausdehnung in normaler Weise erfolgt.

Die *chemischen Eigenschaften* des Jods sind in hohem Grade denen des Chlors und des Broms ähnlich. Die Verwandtschaft mit anderen Elementen ist jedoch im ganzen schwächer, als bei den genannten beiden Halogenen. Mit Metallen, z. B. Quecksilber, vereinigt Jod sich direkt zu Salzen, Jodiden. Charakteristisch für Jod ist, daß Stärkelösung dadurch intensiv blau gefärbt wird; hierdurch können die geringsten Jodmengen nachgewiesen werden. Die Färbung verschwindet beim Kochen und tritt beim Erkalten — wenn das Kochen nicht zu lange fortgesetzt wurde — wieder auf.

Das Molekül des Jods besteht, wie in vollkommen gleicher Weise wie beim Brom gefunden worden ist, aus 2 Atomen, ist also J_2 bei 600°; oberhalb 1500° besteht es jedoch nur aus einem Atom, weil die Dampfdichte dann nur den halben Wert besitzt.

Jodwasserstoff HJ.

48. Diese Verbindung kann durch direkte Synthese aus den Elementen gewonnen werden; es ist dies sogar die beste Methode, um sie in völlig reinem Zustand darzustellen. Man leitet zu diesem Zweck Wasserstoff und Joddampf über erhitztes Platinschwarz.

Jodwasserstoff kann ferner durch Einwirkung von Jod auf Wasserstoffverbindungen erhalten werden; namentlich organische Wasserstoffverbindungen sind brauchbar, besonders Kolophonium und Kopaivaöl. Diese Methode wird auch wohl zur Darstellung des Jodwasserstoffes benutzt, wobei derselbe jedoch mehr oder weniger durch organische Stoffe verunreinigt ist. Auch wenn Jod in Schwefelwasserstoffwasser gebracht wird, entsteht HJ, während S frei wird (**45**). Als Beispiel der Einwirkung von Wasserstoff auf eine Jodverbindung kann die Reduktion von AgJ durch Wasserstoff dienen, bei welcher HJ gebildet wird.

Die Einwirkung einer Jodverbindung auf eine Wasserstoffverbindung endlich ist die Zersetzung von PJ_3 oder PJ_5 mit Wasser. Wie in **45** beschrieben ist, kann man dabei von rotem Phosphor, Wasser und Jod ausgehen. Vornehmlich diese Methode wird in mancherlei Variationen der Ausführung gebraucht, um HJ zu bereiten.

Nach Gattermann bringt man am besten zunächst gelben Phosphor (4 g) in sehr kleinen Stücken mit 44 g Jod zusammen und zersetzt dann die Phosphorverbindung mit wenig Wasser. Um den Jodwasserstoff von freiem Jod zu reinigen, läßt man ihn über roten Phosphor streichen.

Die Zersetzung eines Alkalihalogenids mit Schwefelsäure ist hier noch weniger angängig wie zur Darstellung von Bromwasserstoff, da Jodwasserstoff noch leichter durch Schwefelsäure oxydiert wird.

Physikalische Eigenschaften. Jodwasserstoff ist ein farbloses Gas, dessen spez. Gewicht 62·94 ist (für O = 16). Er raucht stark an der Luft, besitzt stark saure Reaktion und stechenden Geruch. Bei 0° und 4 Atmosphären Druck kondensiert er sich zu einer farblosen Flüssigkeit, welche unter 730·4 mm Druck bei – 34·14° siedet und fest geworden bei – 50·8° schmilzt. Er ist im Wasser sehr löslich; bei 10° löst 1 Vol. 425 Vol. HJ auf. Diese Lösung raucht stark und färbt sich nach einiger Zeit infolge Freiwerdens von Jod dunkelbraun.

Chemische Eigenschaften. Die wäßrige Lösung des Jodwasserstoffes hat ganz den Charakter einer Säure; sie entwickelt mit Metallen Wasserstoff unter Bildung von Salzen (Jodiden). Diese sind fast alle löslich außer Jodsilber und Jodquecksilber; Bleijodid ist bei gewöhnlicher Temperatur wenig löslich. Außer seinem sauren Charakter besitzt der Jodwasserstoff jedoch noch eine Eigenschaft, welche HCl und HBr nicht aufweisen. Infolge seiner leichten Spaltbarkeit in H und J kann er nämlich kräftig reduzierend wirken, besonders bei höherer Temperatur. Wir sagten eben bereits, daß die wäßrige Lösung von HJ sich (durch Oxydation an der Luft) braun färbt unter Abscheidung von Jod. Letzteres erfolgt besonders unter dem Einfluß des Lichtes. Höherer Temperatur ausgesetzt zersetzt sich das Gas in H_2 und J_2, was an dem Auftreten der violetten Joddämpfe zu erkennen ist. Besonders in der organischen Chemie wird von dem Reduktionsvermögen des Jodwasserstoffes Gebrauch gemacht.

F o r m e l d e s J o d w a s s e r s t o f f e s. Die Dampfdichte dieses Stoffes wurde zu 62·94 gefunden. Sein Molekulargewicht ist daher

125·88. Da das Atomgewicht des Jods 125·91 (bezogen auf O = 16) ist, ergibt sich, daß das Molekulargewicht des Jodwasserstoffes der Formel HJ = 126·91 sehr nahe kommt und daß eine andere nicht möglich ist.

Dissoziation.

49. Wenn man Jodwasserstoffgas einer langsamen Temperaturerhöhung aussetzt, beginnt bei einer bestimmten Temperatur, die wenig über 180° liegt, eine Zersetzung in Wasserstoff und Joddampf. Bei stärkerem Erhitzen nimmt dieselbe zu, ohne zunächst vollständig zu werden; bei weiterer Temperatursteigerung erreicht man aber schließlich völlige Spaltung in die Elemente. Wird nun sehr langsam abgekühlt, dann durchläuft das Gasgemisch die umgekehrte Folge der Erscheinungen, so daß der Zersetzungsgrad bei jeder Temperatur gleich gefunden wird, einerlei, ob die Zersetzung durch Aufsteigen von einer niedrigeren oder durch Heruntergehen von einer höheren Temperatur erreicht wurde, wofern nur in beiden Fällen die bestimmte Temperatur, um welche es sich handelt, lange genug konstant gehalten wurde.

Eine solche Erscheinung, wie die hier beschriebene, wird bei sehr vielen Stoffen beobachtet; man nennt sie Dissoziation; sie ist zuerst im Jahre 1857 von H. Sainte-Claire Deville studiert worden.

Für eine bestimmte Temperatur wird also der Zersetzungsgrad von Jodwasserstoff stets gleich gefunden. Eine notwendige Folge hiervon ist, daß, wenn man von den unverbundenen Elementen Wasserstoff und Jod ausgeht und diese auf dieselbe bestimmte Temperatur lange genug zusammen erhitzt, ein Gasgemisch von genau derselben Zusammensetzung entstehen muß, wie das bei der Zersetzung des Jodwasserstoffes resultierende. Dies ist auch in der Tat der Fall; z. B. wurden äquivalente Mengen Jod und Wasserstoff in einem zugeschmolzenen Gefäß auf 445° erhitzt (durch Hineinhängen in den Dampf siedenden Schwefels). Die Menge Jodwasserstoff, die sich schließlich gebildet hatte, betrug 78·96%; es waren also 21·04% des Gasgemisches unverbunden geblieben. Als nun ein gleiches mit Jodwasserstoff gefülltes Gefäß auf dieselbe Temperatur erhitzt wurde, ergab sich, daß 21·5% davon zersetzt waren; eine Zahl, welche der bei dem vorangehenden Versuch erhaltenen sehr nahe kommt.

Solche Reaktionen, welche zu demselben Endzustand führen, gleichviel, ob man von dem einen System von Stoffen ($H_2 + J_2$) ausgeht oder von dem anderen ($2HJ$), heißen umkehrbare Reaktionen;

wenn der Endzustand erreicht ist, sagt man, daß die Systeme miteinander im Gleichgewicht sind.

Wir sahen (48), daß bei der Darstellung des Jodwasserstoffes Platinschwarz benutzt wird, um die Reaktion zu beschleunigen. Jedoch kann weder dieser noch ein anderer Katalysator das Mengenverhältnis, in welchem Verbindung erfolgt, ändern. Man hat z. B. empirisch gefunden, daß bei 350° 18·6% des Jodwasserstoffes zersetzt waren, wenn kein Platinschwarz zugegen war, und daß in Gegenwart des Katalysators die Zersetzung 19% betrug; die beiden Zahlenwerte sind also innerhalb der experimentellen Fehlergrenzen gleich. Es gibt einen theoretischen Grund, weshalb dies so sein muß. Wenn der Katalysator das Gleichgewicht verändern könnte, so würden wir zu einem Perpetuum mobile gelangen, wenn wir den Katalysator abwechselnd zusetzen und entfernen. Denn mit dem Wechsel der dadurch zur Verbindung kommenden Mengen würde Energie erhalten werden, die gebraucht werden könnte, um Arbeit ohne Sinken der Temperatur zu leisten, was nach den Regeln der Thermodynamik unmöglich ist.

Nun erhebt sich die Frage, wie ein solches Gleichgewicht zustande kommt, und warum die Zersetzung einer Verbindung, welche bei einer bestimmten Temperatur eintritt, nicht vollständig bis zu Ende verläuft. Die kinetische Gastheorie gibt hierauf eine befriedigende Antwort. Ihr zufolge sind die Moleküle der Gase fortdauernd in Bewegung; während bei jeder Temperatur eine konstante mittlere Geschwindigkeit der Moleküle anzunehmen ist, sind die Geschwindigkeiten der einzelnen Moleküle beträchtlich voneinander verschieden. Die Atome eines Moleküls muß man sich gegeneinander beweglich vorstellen, da sie durch das fortgesetzte Anprallen der Moleküle gegeneinander aus ihrem Gleichgewichtszustand gebracht werden. Diese Bewegungen der Atome werden also in dem Maße heftiger werden, wie die Geschwindigkeit der Moleküle größer wird. Man kann sich nun vorstellen, daß sie zuletzt so heftig werden, daß die Atome aus ihrer gegenseitigen Anziehungssphäre herauskommen; das Molekül fällt dann auseinander. Dies wird jedoch in einer Gasmasse von bestimmter Temperatur nur bei denjenigen Molekülen erfolgen, deren Geschwindigkeit oberhalb bestimmter Grenzen liegt; hierdurch ist also die teilweise Zersetzung erklärt. Die Erklärung für die teilweise Vereinigung ist völlig analog. Die aus den Molekülen freiwerdenden Atome gelangen in die Sphäre ihrer gegenseitigen Anziehung; sind ihre Geschwindigkeiten nicht so groß, daß sie die Anziehung überwinden können, so erfolgt Vereinigung zwischen ihnen.

Im Fall der Bildung und Zersetzung des Jodwasserstoffes kann man sich dies folgendermaßen vorstellen. Zwei Moleküle HJ treffen in einem derartigen Zustande der Atombewegung zusammen, daß die Atome H und die Atome J eins in die Anziehungssphäre des anderen kommen, wodurch H_2 und J_2 entstehen. Umgekehrt können diese Moleküle H_2 und J_2 wieder in einem solchen

Zustande zusammentreffen, daß die Atome H und J in die Anziehungssphäre voneinander kommen, wodurch zwei Moleküle HJ entstehen.

Den Gleichgewichtszustand muß man sich also nach dem Vorstehenden so vorstellen, daß in der Zeiteinheit ebensoviel vom ersten ins zweite, wie umgekehrt vom zweiten ins erste System übergeht. Ist der Gleichgewichtszustand noch nicht erreicht, so sind die Mengen, welche in der Zeiteinheit vom einen System in das andere übergehen, ungleich. Wenn man nun unter Reaktionsgeschwindigkeit die Menge in Molen versteht, welche von jedem System in der Zeiteinheit pro Raumeinheit umgewandelt wird (*Definition der Reaktionsgeschwindigkeit*), so kann man den Gleichgewichtszustand als den Zustand definieren, in welchem die Reaktionsgeschwindigkeiten bei beiden Systemen gleich geworden sind.

Zur Bestimmung der Reaktionsgeschwindigkeit hat man sowohl auf empirischem als theoretischem Wege ein Prinzip von sehr allgemeiner Gültigkeit gefunden, welches auch gestattet, diese Größe mathematisch auszudrücken. Es lautet: Die Reaktionsgeschwindigkeit in jedem Augenblick ist den in diesem Momente pro Raumeinheit vorhandenen Stoffmengen proportional. (*Gesetz der chemischen Massenwirkung.*)

50. Es werde angenommen, daß die Moleküle einer Verbindung durch Erhitzen in zwei andere gespalten werden, daß man also einen durch

$$A = B + C$$

ausdrückbaren Vorgang hat, und daß von dem Stoff A ursprünglich a Mole in Liter anwesend sind, während x Mole nach einer bestimmten Zeit t die genannte Zersetzung erlitten haben. Es handelt sich nun darum, die Reaktionsgeschwindigkeit in jedem Augenblicke auszudrücken. Wir betrachten dazu das sehr kleine Zeitteilchen Δt, welches dem Zeitabschnit t unmittelbar folgt; in diesem Zeitteilchen Δt werde eine sehr kleine Menge Δx des Stoffes A zersetzt. Dann ist nach der Definition die Reaktionsgeschwindigkeit $S = \frac{\Delta x}{\Delta t}$. Nach dem obengenannten Prinzip muß dieselbe dem in diesem Momente noch unzersetzten Teil von A also $a - x$ proportional sein. Die mathematische Formulierung für die Reaktionsgeschwindigkeit S ist also:

$$S = \frac{\Delta x}{\Delta t} = C(a - x),$$

wo C eine konstante Größe, die Reaktionskonstante, vorstellt. Dieser Ausdruck gibt nun noch nicht genau die Reaktionsgeschwindigkeit nach der Zeit t (d. h. in dem Moment, wo der Zeitabschnitt t beendet ist); wir betrachteten ja die Geschwindigkeit in dem darauf folgenden sehr kleinen Zeitteilchen Δt. Aber es ist klar, daß man sich diesem Werte beliebig nähern kann, wenn man Δt nur klein genug nimmt, so daß, wenn Δt unendlich klein wird, der Ausdruck $\frac{\Delta x}{\Delta t}$, der dann $\frac{dx}{dt}$ geschrieben wird, mit der Reaktionsgeschwindigkeit in dem Moment t zusammenfallend gedacht werden kann.

Die obenstehende Reaktion wird eine unimolekulare genannt; wenn bei einer Reaktion zwei (gleiche oder verschiedene) Moleküle aufeinander einwirken, nennt man sie bimolekular; sie kann dargestellt werden durch:

$$A + B = C \text{ oder } = C + D + \ldots$$

Die Formel für die Reaktionsgeschwindigkeit wird in diesem Falle eine andere. Es werde angenommen, daß anfänglich von A eine Menge von a Molen, von B eine Menge von b Molen pro Liter an der Reaktion teilnehmen und daß x Mole von A und von B nach der Zeit t umgesetzt sind. Es sind dann von beiden in diesem Moment $a - x$ und $b - x$ anwesend. Die Reaktionsgeschwindigkeit wird dann dem Produkte dieser Größen proportional sein, also:

$$s_1 = \frac{dx}{dt} = C'(a - x)(b - x);$$

wo C' wieder eine Konstante ist; denn nehmen wir an, daß von A nur ein Molekül anwesend war, so ist die Möglichkeit für dasselbe mit B in Reaktion zu treten, offenbar proportional der Anzahl $b - x$) Moleküle B. Gibt es jedoch $(a - x)$ Moleküle A, so ist diese Möglichkeit auch $(a - x)$ mal so groß.

Angenommen ist bei dem Vorstehenden, daß die Temperatur konstant ist. Wir werden in **104** sehen, daß die Temperatur einen großen Einfluß auf die Reaktionsgeschwindigkeit hat.

51. Wie nun der Gleichgewichtszustand ausgedrückt werden muß, ist klar. Es werde angenommen, daß die Reaktionsgeschwindigkeit des einen Systems S ist, die des anderen S', dann ist Gleichgewicht vorhanden, wenn

$$S = S'$$

wird.

Wenden wir diese Betrachtungen auf die Dissoziation des Jodwasserstoffes an. Dieselbe wird ausgedrückt durch die Gleichung:

$$2\,HJ = H_2 + J_2.$$

Will man andeuten, daß man mit einer umkehrbaren Reaktion zu tun hat, so schreibt man:

$$2\,HJ \rightleftarrows H_2 + J_2.$$

Sind anfänglich a Mole HJ pro Volumeinheit zugegen, und davon x nach einer bestimmten Zeit zersetzt, so ist die Zersetzungsgeschwindigkeit in diesem Moment (da die Reaktion offenbar bimolekular und jetzt $a = b$, ist):

$$S = C(a - x)^2,$$

wo C eine Konstante ist.

Aus den x Molen HJ sind $\frac{x}{2}$ Mole H_2 und ebenso viele Mole J_2 entstanden. Die Bildungsgeschwindigkeit für HJ aus H_2 und J_2 wird daher dargestellt durch:

$$S' = C'\left(\frac{x}{2}\right)^2,$$

worin C' eine Konstante ist; Gleichgewicht wird demnach bestehen, wenn

$$C(a - x)^2 = C'\left(\frac{x}{2}\right)^2 \quad \text{oder} \quad \left(\frac{x}{a - x}\right)^2 = K,$$

wo $K = \frac{4\,C}{C'}$ gesetzt ist.

Man kann diese Gleichung noch etwas anders schreiben, weil bei Gasen die Anzahl Moleküle pro Raumeinheit dem Druck proportional ist (**31**). Es werde angenommen, daß in einem gegebenen Augenblick der Druck des noch anwesenden HJ p, der des Wasserstoffes p_1 und der des Joddampfes p_2 ist, so kann die Gleichgewichtskonstante K auch durch den Ausdruck:

$$\frac{p_1 p_2}{p^2} = K$$

wiedergegeben werden.

Man hat nun konstatiert, daß, wenn dem Jodwasserstoffgas von vornherein Wasserstoff oder Joddampf beigemischt wird, die Dissoziation geringer ist. Daß dies der Fall sein muß, ergibt sich unmittelbar aus der obenstehenden Gleichung. Denn dieses Beimengen kommt auf eine Vergrößerung von p_1 oder p_2 hinaus; soll K konstant bleiben, so muß dann auch p, oder mit anderen Worten die Menge des unzersetzten Jodwasserstoffes zunehmen. Eine weitere Schlußfolgerung aus dieser Gleichung ist, daß, wenn p, p_1 und p_2 auf das n-fache gebracht werden, mit anderen Worten, wenn das im Zustand der Dissoziation befindliche Jodwasserstoffgas bei konstanter Temperatur komprimiert oder dilatiert wird, der Dissoziationsgrad unverändert bleiben muß, da ja:

$$\frac{n\,p_1 \cdot n\,p_2}{(n\,p)^2} = \frac{p_1\,p_2}{p^2}$$

ist. Auch dies wird durch das Experiment bestätigt.

Durch die Dissoziation von HJ verändert sich das Gasvolum nicht; denn 2 Moleküle HJ geben wieder 2 Moleküle (H_2 und J_2). In allen solchen Fällen muß der Dissoziationsgrad unabhängig vom Volum sein, weil durch seine Zu- oder Abnahme die Konzentration der aufeinander einwirkenden Gase proportional zueinander sich ändert, und daher der Faktor, der sie angibt, aus der Gleichung wegfällt.

Jodwasserstoff wird auch durch das Licht zersetzt; sehr merkwürdig ist, daß diese Zersetzung unimolekular ist ($HJ = H + J$), während die durch Temperaturerhöhung erfolgende bimolekular ist. Dies läßt sich nach der folgenden, sehr allgemeinen Methode dartun. Wenn die Reaktion monomolekular ist, wird die Gleichung der Zersetzungsgeschwindigkeit $\frac{dx}{dt} = K(a - x)$. Wenn sie jedoch bimolekular ist ($2\,HJ = H_2 + J_2$), wird die Gleichung der Zersetzungsgeschwindigkeit $\frac{dx}{dt} = K(a - x)^2$. Die Integralrechnung lehrt diese Gleichungen nach K auflösen; aus der ersten ergibt sich dann (l = natürlichem Logarithmus):

(1) $$K = \frac{1}{t}\, l\, \frac{a}{a - x},$$

aus der zweiten:

(2) $$K = \frac{1}{t}\, \frac{x}{a(a - x)}.$$

Wenn man nun x für verschiedene Werte von t bestimmt, lassen sich die Werte von K berechnen; sie müssen konstant bleiben. Je nachdem diese Konstanz bei (1) oder (2) auftritt, ist diese Reaktion uni- oder bimolekular.

Fluor.

52. Dieses Element ist zuerst von Moissan im Jahre 1886 aus seinen Verbindungen in Freiheit gesetzt worden. Es kommt in der Natur — an Kalk gebunden — hauptsächlich im Flußspat $CaFl_2$ und in einigen selteneren Mineralien vor.

Die große Schwierigkeit, freies Fluor zu erhalten, hat ihren Grund in dessen sehr großer Affinität, welche es fast mit allen anderen Elementen Verbindungen bereits bei gewöhnlicher Temperatur eingehen läßt. Seine Darstellung ist bis jetzt ausschließlich durch Elektrolyse von reiner wasserfreier Fluorwasserstoffsäure gelungen, welche mit etwas Fluorkalium versetzt wird, da die reine Säure den elektrischen Strom nicht leitet.

Im folgenden ist näher angegeben, wie Moissan dies ausführt. In eine U-Röhre (Fig. 26) aus Kupfer mit zwei seitlichen Ansatzröhren, welche etwa 300 ccm faßt, wird ein Gemisch von ungefähr 200 g wasserfreier Fluorwasserstoffsäure und 60 g Fluorwasserstofffluorkalium gebracht. Die offenen

Enden der U-Röhre werden mit den Stöpseln *FF* aus Flußspat geschlossen; sie sind mit sehr dünnem Platinblech umwickelt.

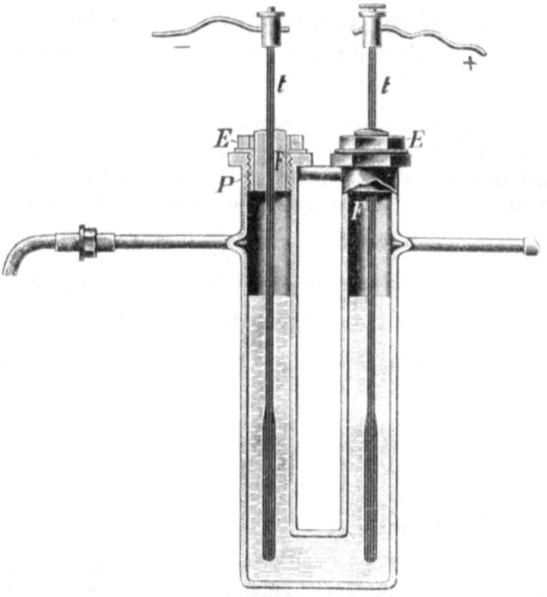

Fig. 26. Darstellung von Fluor durch Elektrolyse (nach MOISSAN).

Die Elektroden *t t* von Platin-Iridium gehen durch die Stöpsel hindurch und werden durch die kupfernen Schrauben *E*, welche dicht anschließend auf die U-Röhre aufgesetzt sind, mit Hilfe einer zwischengelegten bleiernen Scheibe *P* festgehalten.

Während der Elektrolyse wird der Apparat auf -23^0 gehalten (durch siedendes Chlormethyl).

Das freie Fluor, welches an der positiven Elektrode gasförmig entweicht, wird zuerst durch ein schlangenförmiges Platingefäß geleitet, welches durch ein Gemisch von fester Kohlensäure und Aceton abgekühlt ist, hauptsächlich um es von mitgeführtem Fluorwasserstoff zu befreien, welcher sich darin kondensiert. Von den letzten Resten des letzteren wird es dadurch befreit, daß man es noch durch ein an mehreren Stellen erweitertes Platinrohr leitet, welches mit Fluornatrium beschickt ist, das den Fluorwasserstoff bindet. Das freie Fluorgas wurde von MOISSAN in einer Platinröhre aufgefangen, deren beide Enden durch Platten aus Flußspat geschlossen waren, so daß man hindurchsehen konnte. Später fand er, daß man es auch in Glasgefäßen auffangen kann, da vollkommen reines, insbesondere trockenes Fluor Glas nur sehr langsam angreift.

Physikalische Eigenschaften. Das Fluor ist ein Gas von grünlichgelber Farbe, heller als Chlor, und von stechendem Geruch. In flüssigem Zustande siedet es bei -187^0 und hat hellgelbe Farbe; es kann in einem gläsernen Gefäß verdichtet werden, da die Flüssigkeit, wenn sie von jeder Spur HFl befreit ist, Glas selbst bei wochenlanger Berührung nicht angreift. Das spez. Gewicht des Fluors in Gasform ist 19 (O = 16), in flüssigem Zustand 1·14 (Wasser = 1).

Chemische Eigenschaften. Das Fluor hat von allen bis jetzt bekannten Elementen die stärkste Neigung Verbindungen einzugehen. Mit Wasserstoff verbindet es sich bereits im Dunkeln bei gewöhnlicher Temperatur unter Explosion. MOISSAN zeigte dies mit Hilfe des oben beschriebenen Apparates, indem er den elektrischen Strom umkehrte, als die Fluorentwicklung im Gange war; dadurch entstand ein Gemisch von Wasserstoff und Fluor, welches augenblicklich explodierte. Auch bei -210^0 verbindet sich Fluor noch augenblicklich mit Wasserstoff unter Lichterscheinung. Fein verteilter Kohlenstoff entzündet sich in Fluorgas momentan unter Bildung von CFl_4, während Chlor sich auch bei hoher Temperatur nicht direkt mit Kohlenstoff verbindet. Das Fluor vereinigt sich mit den meisten Metalloiden augenblicklich und heftig; gleichwohl verbindet es sich nicht mit Sauerstoff, selbst wenn es mit demselben auf 500^0 erhitzt, oder in flüssigem Zustande bei -190^0 mit flüssigem Sauerstoff gemischt wird. Die Alkalimetalle (Kalium und Natrium) und die alkalischen Erdmetalle (Calcium, Strontium, Baryum) entzünden sich in Fluorgas bei gewöhnlicher Temperatur unter Bildung von Fluoriden; fein verteiltes Eisen beginnt darin zu glühen. Kupfer bedeckt sich nur mit einer Schicht $CuFl_2$, welche es gegen weitere Einwirkung schützt; daher die Möglichkeit, das Gas in einem Apparat aus diesem Metall zu entwickeln. Gold und Platin werden von Fluor nicht angegriffen, was auffallend ist, weil diese Metalle wohl von Chlor angegriffen werden, welches sonst im allgemeinen schwächere chemische Verwandtschaft zeigt.

Fluor wirkt leicht auf Wasserstoffverbindungen ein; Wasser z. B. wird bei gewöhnlicher Temperatur dadurch in Fluorwasserstoff und Sauerstoff umgesetzt, welcher stark ozonisiert ist (bis 14 Volumprozent). Aus Chlorkalium macht es Chlor frei unter Bildung von Fluorkalium usw.

Das Molekül des gasförmigen Fluors wird durch die Formel Fl_2 dargestellt. Seine Dampfdichte beträgt 19, das Molekulargewicht ist daher 38. In Anbetracht, daß bei keiner Fluorverbindung in einem Mol weniger als 19 g Fluor gefunden werden, wohl jedoch ein Vielfaches hiervon, ist das Atomgewicht des Fluors 19 und sein Molekül Fl_2.

Fluorwasserstoff HFl.

53. Diese Verbindung hat Scheele im Jahre 1771 entdeckt als er Flußspat und Schwefelsäure zusammen erhitzte:

$$CaFl_2 + H_2SO_4 = CaSO_4 + 2HFl.$$

Dies ist noch immer die für die Darstellung dieses Stoffes gebräuchliche Methode. Man destilliert ein Gemisch von gepulvertem Flußspat und verdünnter Schwefelsäure in Retorten von Platin oder Blei, weil Glas durch Fluorwasserstoff augenblicklich angegriffen wird; als Destillat erhält man eine wäßrige Lösung von

Fluorwasserstoff, welche in Flaschen von Blei oder Kautschuk aufbewahrt wird.

Auch durch direkte Synthese aus den Elementen (**52**) kann man zu Fluorwasserstoff gelangen; ferner durch Einwirkung von Wasserstoff auf eine Fluorverbindung; z. B. gibt Fluorsilber AgFl im Wasserstoffstrom erhitzt HFl.

Weiter gehört die Einwirkung von Fluor auf Wasserstoffverbindungen hierher (**52**); endlich kann Fluorwasserstoff auch durch direkte Zersetzung von Verbindungen erhalten werden. Hierzu eignet sich das Fluorwasserstofffluorkalium KFl·HFl, welches beim Erhitzen Fluorwasserstoff abgibt unter Zurücklassung von KFl. Von diesem Vorgang macht man Gebrauch, wenn man wasserfreien Fluorwasserstoff darstellen will.

Physikalische Eigenschaften. Wasserfreier Fluorwasserstoff ist bei gewöhnlicher Temperatur eine farblose Flüssigkeit, welche bei 19·5^0 siedet und bei – 102·5^0 fest wird. Spez. Gewicht 0·9879 bei 15^0 (Wasser = 1). Es hat einen äußerst stechenden Geruch, und das Einatmen seiner Dämpfe ist sehr gefährlich. In Wasser ist es sehr löslich.

Chemische Eigenschaften. Die wäßrige Lösung des Fluorwasserstoffes — die Flußsäure — besitzt völlig den Charakter einer Säure; mit Metallen entwickelt sie Wasserstoff; die edlen Metalle werden nicht davon angegriffen, ebensowenig das Blei. Die Fluoride der meisten Metalle lösen sich in Wasser, einige jedoch, wie $CuFl_2$ und $PbFl_2$, schwierig; die der Erdalkalien (Ca, Sr, Ba) sind unlöslich. Eigenartig ist, daß die Fluoride der Alkalien sich mit einem Molekül Fluorwasserstoff verbinden können, wofür das oben erwähnte KFl·HFl ein Beispiel ist.

Die praktisch wichtigste Eigenschaft des Fluorwasserstoffes ist, daß er Glas angreift (siehe **193**). Infolgedessen findet Fluorwasserstoff ausgedehnte Anwendung zum Ätzen auf Glas.

Das Ätzen auf Glas kann auf zweierlei Art geschehen, vermittelst einer Lösung von Fluorwasserstoff oder mit dem Gas selbst. Im ersten Fall ist die Ätzung glänzend durchsichtig, im zweiten Fall matt. Die Glasplatte wird mit dem Ätzgrund, d. h. mit einer Schicht aus Wachs oder Kupferstecherfirnis, überzogen; in diesen Überzug werden mit einem Stichel die Zeichnungen eingeritzt; dann wird die Glasplatte entweder einige Zeit in verdünnte Flußsäure getaucht oder in einen bleiernen Apparat gesetzt, in welchem sich ein Gemenge von Schwefelsäure und Fluorkalium befindet, welches durch eine sehr kleine Flamme gelinde erwärmt wird. Wird nach stattgefundener Einwirkung der Überzug entfernt (mittels Terpentinöl oder Alkohol), so findet sich die Zeichnung in dem Glas eingeätzt vor.

Die Formel des Fluorwasserstoffes ist HFl, was auf ganz analoge Weise wie für Chlor- oder Bromwasserstoff bewiesen werden kann.

Verbindungen der Halogene untereinander.

54. Die Halogene oder Salzbildner, d. h. die Elemente Fluor, Chlor, Brom und Jod (so genannt, weil sie sich direkt mit Metallen zu Salzen verbinden), können sich untereinander zu wenig beständigen Verbindungen vereinigen, die hier nur flüchtig besprochen werden können.

Wenn man Chlorgas in Brom einleitet, welches unter 10° abgekühlt ist, so bildet sich eine rotbraune flüchtige Verbindung von der Formel ClBr. Mit Jod bildet Chlor zwei Verbindungen JCl und JCl_3, welche beide aus den Elementen erhalten werden können. Ob die erste oder die zweite entsteht, hängt von der Menge des angewandten Chlors ab.

JCl ist ein rotbraunes Öl, welches langsam zu Kristallen erstarrt, die bei 24·7° schmelzen; es siedet bei 101·3°; durch Wasser wird es leicht zersetzt in Jodsäure, Jod und HCl.

JCl_3, Jodtrichlorid, kann, außer durch direkte Synthese, auch aus Jodsäure und starker Salzsäure oder durch Einwirkung von PCl_5 auf J_2O_5 erhalten werden. Es kristallisiert in langen gelben Nadeln und dissoziiert sehr leicht in JCl und Cl_2. Diese Zersetzung beginnt bereits bei 25°. In wenig Wasser löst es sich fast unverändert auf; durch größere Mengen wird es teilweise zersetzt unter Bildung von Chlorwasserstoff und Jodsäure.

Jodpentafluorid, JFl_5, entsteht durch Einwirkung von Jod auf Fluorsilber und ist eine farblose, stark rauchende Flüssigkeit.

Sauerstoffverbindungen der Halogene.

Von den Halogenen, mit Ausnahme des Fluors, kennt man verschiedene Sauerstoffverbindungen, welche die gemeinsame Eigenschaft zeigen, leicht zersetzlich — unstabil — zu sein. Die meisten können sich mit Wasser verbinden und damit Säuren bilden. Oxyde, welche diese Eigenschaft zeigen, heißen Säureanhydride. Die Säuren, welche hierher gehören, besitzen alle nur ein Wasserstoffatom, und dieses kann durch Metall ersetzt werden; Säuren, in welchen ein Wasserstoffatom in dieser Weise substituiert werden kann, werden einbasische genannt.

Unterchlorigsäureanhydrid Cl_2O.

55. Diese Verbindung kann dargestellt werden, indem man Chlor bei niederer Temperatur über trocknes Quecksilberoxyd leitet:

$$2\,HgO + 2\,Cl_2 = Cl_2O + HgO \cdot HgCl_2.$$

Unterchlorigsäureanhydrid ist bei gewöhnlicher Temperatur ein gelbbraunes Gas; es kann durch starke Abkühlung zu einer dunkelbraunen Flüssigkeit kondensiert werden, welche bei + 5° siedet. Es ist ein äußerst gefährlicher Körper, besonders im flüssigen Zustande, weil es schon durch geringe mechanische Erschütterungen heftig explodiert, indem es sich in seine Elemente zersetzt. Nur wenn alles, womit es in Berührung kommt, vollkommen frei von organischer Substanz ist, kann es ohne Zersetzung destilliert werden. Es wirkt auf Schwefel, Phosphor und Kohlenstoffverbindungen mit explosionsartiger Heftigkeit ein.

Die Zusammensetzung dieser Verbindung ist von BALARD folgendermaßen bestimmt worden: er brachte 50 Vol. dieses Gases in ein Rohr über Quecksilber und zersetzte es durch gelindes Erwärmen. Hierdurch entstand ein Gemenge von Chlor und Sauerstoff, welches etwas weniger als 75 Vol. einnahm. Nachdem das Chlor durch Kali weggenommen war, blieben 25 Vol. Sauerstoff übrig; es waren also 50 Vol. Chlor vorhanden gewesen, da eine beobachtete geringe Differenz dem Umstand zugeschrieben werden muß, daß ein wenig Chlor sich mit dem Quecksilber des Zersetzungsrohres verbunden hatte. 1 Vol. der Verbindung lieferte also 1 Vol. Chlor und $^1/_2$ Vol. Sauerstoff. Dies entspricht der Formel Cl_2O:

$$\underset{2\text{ Vol.}}{2\,Cl_2O} = \underset{2\text{ Vol.}}{2\,Cl_2} + \underset{1\text{ Vol.}}{O_2}$$

Die Dampfdichte der Verbindung wurde zu 3·03, Luft = 1 oder 43·63 (O = 16), gefunden. Ihr Molekulargewicht ist daher 87·26, wodurch die Formel Cl_2O (2 Cl = 71 O = 16; zus. 87) bestätigt wird.

Unterchlorige Säure HClO.

56. Wenn man Cl_2O in Wasser leitet, wird es aufgenommen; die Lösung enthält unterchlorige Säure: $Cl_2O + H_2O = 2\,HClO$. Man kennt diese Verbindung nur in wäßriger Lösung; auf ihre Zusammensetzung wird aus der Zusammensetzung ihrer Salze geschlossen.

Eine solche wäßrige Lösung kann auch so gewonnen werden, daß man fein gepulvertes Quecksilberoxyd in Chlorwasser einträgt. Man kann dann destillieren und so eine reine wäßrige Lösung der Säure erhalten; oder man kann sogleich so viel HgO hinzugeben, daß das Oxychlorid $HgO \cdot HgCl_2$ entsteht, welches in Wasser unlöslich ist, so daß durch Filtration die wäßrige Lösung von HClO von der Quecksilberverbindung getrennt werden kann.

$$HgO + 2\,Cl_2 + H_2O = \underset{\text{löslich}}{HgCl_2} + 2\,ClOH.$$

$$2\,HgO + 2\,Cl_2 + H_2O = \underset{\text{unlöslich}}{HgO \cdot HgCl_2} + 2\,ClOH.$$

Eine andere Methode, um eine wäßrige Lösung von HClO zu bereiten, ist die, daß man Chlor zuerst bei niederer Temperatur auf eine Base, z. B. Kali, einwirken läßt, wodurch ein unterchlorigsaures Salz (Hypochlorit) entsteht:

$$2KOH + Cl_2 = KCl + KClO + H_2O.$$

Fügt man nun hierzu vorsichtig die dem Hypochlorit äquivalente Menge Salpetersäure, so wird unterchlorige Säure frei, welche dann durch Destillation von den Salzen getrennt werden.

In konzentriertem Zustande hat die wäßrige Lösung der unterchlorigen Säure eine goldgelbe Farbe; sie ist unbeständig; nur verdünnte Lösungen können ohne Zersetzung destilliert werden. Sie wirkt stark oxydierend, wobei sie sich in Sauerstoff und Salzsäure zersetzt:

$$2ClOH = 2HCl + O_2.$$

Beim Zusammenbringen mit Salzsäure wird das gesamte Chlor der beiden Verbindungen in Freiheit gesetzt:

$$HClO + HCl = Cl_2 + H_2O.$$

Die Hypochlorite wirken ebenso wie die freie Säure, da schon durch sehr schwache Säuren (die Kohlensäure der Luft z. B.) unterchlorige Säure frei wird. Sie dienen deshalb vielfach als Bleichmittel (**27**); eine Lösung von NaClO (Eau de Javelle) wird zu diesem Zweck verwendet, namentlich aber ist der Chlorkalk (**258**) hier zu nennen; er wird durch Behandlung von Kalk und Chlor bei gewöhnlicher Temperatur gewonnen. Die bleichende Wirkung der unterchlorigen Säure ist doppelt so groß, als die der Menge Chlor, welche sie enthält, sein würde, wenn diese im freien Zustand zur Wirkung käme:

$$2Cl + H_2O = 2HCl + O \text{ und } 2ClOH = 2HCl + 2O.$$

Dabei ist jedoch nicht zu vergessen, daß zur Bildung eines Moleküls HClO zwei Atome Chlor nötig gewesen sind:

$$2KOH + Cl_2 = KCl + KClO + H_2O.$$

Durch Schütteln einer wäßrigen Lösung von unterchloriger Säure mit Quecksilber entsteht ein gelbbrauner Niederschlag von Quecksilberoxychlorid $n HgO \cdot HgCl_2$, der in Salzsäure löslich ist. Chlorwasser gibt dagegen mit Quecksilber geschüttelt weißes Hg_2Cl_2 (Kalomel). Diese Reaktionen können zur Unterscheidung der beiden Stoffe dienen.

In einer verdünnten wäßrigen Chlorlösung hat man folgendes Gleichgewicht:

$$Cl_2 + H_2O \rightleftarrows HCl + HClO,$$

was u. a. daraus hervorgeht, daß die Lösung gegen Lackmus deutlich sauer reagiert, und daß die unterchlorige Säure durch Destillation von der Salzsäure getrennt werden kann. — Daß dennoch eine Chlorlösung anders mit Quecksilber reagiert als eine Lösung von unterchloriger Säure, hat seinen Grund darin, daß diese Spaltung des Chlormoleküls nur in geringem Umfange statthat.

Chlordioxyd ClO_2.

57. Dieses Gas entsteht, wenn Kaliumchlorat $KClO_3$ mit konzentrierter Schwefelsäure zusammengebracht wird. Die dabei zunächst frei werdende Chlorsäure zersetzt sich folgendermaßen:

$$\underset{\text{Chlorsäure}}{3HClO_3} = \underset{\text{Überchlorsäure}}{HClO_4} + 2ClO_2 + H_2O.$$

Chlordioxyd ist ein dunkelgelbes Gas. Es kann zu einer Flüssigkeit verdichtet werden, welche bei 9·9° siedet und bei −79° zu einer gelben Kristallmasse erstarrt; es hat einen eigenartigen Geruch nach Chlor und verbranntem Zucker.

Das Chlordioxyd ist ein äußerst explosiver Körper; durch Erwärmen, durch mechanischen Stoß, bei der Berührung mit organischen Stoffen explodiert es mit großer Heftigkeit; durch Licht wird es langsam zersetzt.

Von der Heftigkeit seiner oxydierenden Wirkung können die folgenden Versuche eine Vorstellung geben. 1) Man mische fein gepulverten Zucker vorsichtig mit Kaliumchlorat und füge hierzu einen Tropfen konzentrierter Schwefelsäure: die ganze Masse entzündet sich. Durch das frei werdende ClO_2 wird der Zucker bereits bei gewöhnlicher Temperatur verbrannt. 2) Man bringe einige Stückchen gelben Phosphor sowie einige Kristalle von Kaliumchlorat unter Wasser und lasse hierzu einige Tropfen konzentrierter Schwefelsäure zufließen. Der Phosphor verbrennt dann unter Wasser mit stark glänzendem Licht.

Chlordioxyd ist in Wasser löslich. Eine solche Lösung kann man bequem herstellen, indem man eine kleine Porzellanschale in eine geräumige Kristallisierschale mit flachgeschliffenem Rand setzt; in erstere gibt man 12 g Kaliumchlorat und ein abgekühltes Gemisch von 44 ccm konzentrierte Schwefelsäure mit 11 ccm Wasser; in letztere 220 ccm Wasser. Die Kristallisierschale wird dann mit einer Glasplatte bedeckt. Das sich entwickelnde Chlordioxyd löst sich in dem Wasser auf und gibt ihm gelbe Färbung. Fügt man zu einer solchen Lösung eine Base, so wird ein Chlorit (**58**) und ein Chlorat gebildet:

$$2KOH + 2ClO_2 = \underset{\text{Kaliumchlorit}}{KClO_2} + \underset{\text{Kaliumchlorat}}{KClO_3} + H_2O.$$

In verdünnter Lösung verläuft diese Reaktion sehr langsam.

Die Zusammmensetzung des Chlordioxyds hat Gay-Lyssac auf folgende Weise bestimmt: Er ließ das Gas durch eine Kapillarröhre strömen, welche an drei Stellen zu einer Kugel aufgeblasen war. Durch Erhitzen der Röhre vor den Kugeln zersetzte er das Gas, was in dem Kapillarraum der Röhre ohne Explosion erfolgt. In den Kugeln wird demnach ein Gemisch von Sauerstoff und Chlor erhalten in solchem Verhältnis, wie diese Stoffe in dem Gas vorhanden waren. Durch Kali wurde das Chlor weggenommen und der zurückbleibende Sauerstoff in eine Gasmeßröhre übergeführt. Da der Inhalt der Kugeln ebenfalls bekannt war, waren nunmehr die nötigen Daten gegeben, um das Volumverhältnis von Sauerstoff und Chlor zu ermitteln. Es ergab sich, daß in 100 Vol. 67·1 Vol. Sauerstoff und 32·9 Vol. Chlor vorhanden waren. Dieses Verhältnis ist sehr nahe gleich dem von 1 : 2, was mit der Formel ClO_2 übereinstimmt:

$$\underset{2\text{ Vol.}}{2ClO_2} = \underset{1\text{ Vol.}}{Cl_2} + \underset{2\text{ Vol.}}{2O_2}.$$

Dieser Formel entspricht auch die Dampfdichte, welche bei 10·5° zu 34·5 bestimmt wurde, während die Formel ClO_2 $\frac{35 \cdot 5 + 2 \times 16}{2} = 33 \cdot 7$ verlangt.

Chlorige Säure $HClO_2$.

58. Diese Säure ist in reinem Zustand nicht bekannt. Ihr Natriumsalz wird leicht erhalten durch Einwirkung von Natriumperoxyd auf die wäßrige Lösung von Chlordioxyd:

$$2ClO_2 + Na_2O_2 = 2NaClO_2 + O_2.$$

Fügt man zu dieser Lösung eine solche von Bleiacetat, so schlägt Bleichlorit $Pb(ClO_2)_2$ in Gestalt gelber Kristallblättchen nieder, welche schon bei 100° explodieren. Das Anhydrid der chlorigen Säure, welchem die Formel Cl_2O_3 zukäme, ist unbekannt.

Chlorsäure $HClO_3$.

59. Das Material für die Darstellung der Chlorsäure ist Kalium- oder Baryumchlorat $Ba(ClO_3)_2$. Setzt man der Lösung des letzteren verdünnte Schwefelsäure zu, so fällt Baryumsulfat nieder und man erhält eine verdünnte Lösung von Chlorsäure, welche von dem $BaSO_4$ abfiltriert und im Vakuumexsikkator über konzentrierter Schwefelsäure verdunstet wird. Man kann so eine 40 %ige Lösung Chlorsäure erhalten; sucht man dieselbe noch über diese Grenze hinaus zu konzentrieren, so tritt Zersetzung unter Entwicklung von Sauerstoff und Bildung von Überchlorsäure ein. Die konzentrierte Säure ist ein sehr kräftiges Oxydationsmittel; Holz oder Papier entzünden sich, wenn sie damit in Berührung kommen. Sie oxydiert

Salzsäure — dabei entwickelt sich Chlor — ferner Schwefelwasserstoff, schweflige Säure usw. — Dies alles auch in verdünntem Zustande. Gibt man zu einer verdünnten Lösung von Chlorsäure eine Indigolösung, so wird dieselbe nicht entfärbt; wohl aber, wenn ein wenig schweflige Säure hinzugebracht wird, durch welche die Chlorsäure zu einem niedrigeren Oxyd reduziert wird. Diese Reaktion ist für die Säure charakteristisch.

Die Salze sind alle in Wasser löslich, das Kaliumsalz jedoch schwierig.

Die Zusammensetzung dieser Säure hat Stas durch Analyse von Silberchlorat festgestellt. Eine genau gewogene Menge des letzteren wurde durch eine Lösung von schwefliger Säure zu Chlorsilber reduziert und dieses abfiltriert und gewogen. Da er die Zusammensetzung des Chlorsilbers durch seine früheren Untersuchungen genau kannte, war damit die Analyse des Silberchlorats vollendet. So fand Stas, daß Silberchlorat

	56·3948 %	Silber,
	18·5227 %	Chlor,
	25·0795 %	Sauerstoff,
Sa.	100·0000	

enthält. Das Atomgewicht des Silbers ist 107·93, das des Chlors 35·45, das des Sauerstoffes 16·0. Daraus ergibt sich für das Verhältnis der Atome in diesem Salze:

$$\frac{56\cdot3948}{107\cdot93} = 0\cdot52; \quad \frac{18\cdot5257}{35\cdot45} = 0\cdot52; \quad \frac{25\cdot0795}{16\cdot00} = 1\cdot58;$$

ein Verhältnis, welches sehr nahe gleich 1 : 1 : 3 ist, woraus demnach für das chlorsaure Silber die empirische Formel $AgClO_3$ und $HClO_3$ für die Säure selbst folgt.

Überchlorsäure $HClO_4$.

60. Diese Verbindung wird erhalten, indem man Kaliumperchlorat mit einem Überschuß von 96—97·5 %iger Schwefelsäure im Vakuum destilliert:

$$KClO_4 + H_2SO_4 = KHSO_4 + HClO_4.$$

Reine Überchlorsäure siedet bei 39° unter 56 mm Druck. Ihr spez. Gewicht D_4^{22} ist 1·764. Sie ist eine farblose Flüssigkeit, welche in einer Mischung von Kohlensäure und Alkohol nicht fest wird. Sie zersetzt sich langsam, wobei sie sich dunkel färbt. Mit Wasser bildet Überchlorsäure verschiedene Hydrate, wovon das bekannteste $HClO_4 + H_2O$ ist, welches kristallisiert ist und bei 50° schmilzt; mit mehr Wasser entsteht eine dicke, ölige Flüssigkeit, ähnlich wie konzentrierte Schwefelsäure. Eine solche Säure enthält 71·6 % $HClO_4$; sie destilliert konstant bei 203° und besitzt das spez. Gewicht 1·82. Die verdünnte Lösung der Überchlorsäure ist beständig.

Im konzentrierten Zustand ist Überchlorsäure ein sehr kräftiges Oxydationsmittel; auf Holz oder Papier getröpfelt verursacht sie explosionsartige Entzündung; auf der Haut erregt sie sehr schmerzhafte Wunden. In verdünntem Zustande dagegen gibt sie ihren Sauerstoff lange nicht so leicht ab wie Chlorsäure. Sie kann z. B. mit Salzsäure schwach erwärmt werden, ohne daß Chlor entwickelt wird, und auch durch schweflige Säure wird sie nicht reduziert. Hierdurch und daran, daß sie mit Schwefelsäure nicht ClO_2 liefert, kann man sie von der Chlorsäure unterscheiden.

Die überchlorsauren Salze, die *Perchlorate*, sind alle in Wasser löslich; Kalium- und noch mehr Rubidiumperchlorat sind jedoch in kaltem Wasser sehr schwer löslich.

Die Zusammensetzung der Überchlorsäure ist auf analoge Weise wie die der Chlorsäure durch die Analyse eines Salzes, hier des Kaliumsalzes, bestimmt worden. Eine gewogene Menge des letzteren wird erhitzt, wodurch aller Sauerstoff abgegeben wird. Der Gewichtsverlust zeigt die Menge desselben an. Die Analyse des zurückbleibenden Chlorkaliums KCl liefert den Kalium- und Chlorgehalt des Salzes. Aus diesen Daten läßt sich auf dieselbe Weise wie bei der Chlorsäure die empirische Formel $KClO_4$ für das Salz, und $HClO_4$ für die Säure selbst ableiten.

Chlorheptoxyd Cl_2O_7 ist das Oxyd, welches der Überchlorsäure entspricht:

$$2HClO_4 - H_2O = Cl_2O_7;$$

man erhält es, wenn man Überchlorsäure unterhalb −10° langsam mit Phosphorpentoxyd zusammenbringt. Durch Destillation auf dem Wasserbad wird es als farblose Flüssigkeit erhalten, die bei 82° siedet. Es ist beständiger wie die übrigen Oxyde des Chlors; es greift in der Kälte weder Papier noch Schwefel oder Phosphor an.

Sauerstoffverbindungen des Broms.

61. Vom Brom kennt man keine Verbindungen mit Sauerstoff allein, dagegen wohl zwei Sauerstoffsäuren, nämlich die unterbromige und die Bromsäure.

Unterbromige Säure, HBrO, kann auf dieselbe Weise erhalten werden wie unterchlorige Säure, nämlich durch Schütteln von Bromwasser mit Quecksilberoxyd; die verdünnte Lösung kann im Vakuum destilliert werden und hat völlig analoge Eigenschaften wie die unterchlorige Säure.

Bromsäure, $HBrO_3$, kann durch Schwefelsäure aus dem Baryumsalz oder aus dem Silbersalz mittels Bromwasser in Freiheit gesetzt werden:

$$5\,AgBrO_3 + 3\,Br_2 + 3\,H_2O = \underset{\text{unlöslich}}{5\,AgBr} + 6\,HBrO_3\,.$$

Sie bildet sich auch, wenn in Bromwasser Chlor eingeleitet wird:

$$Br_2 + 5\,Cl_2 + 6\,H_2O = 2\,HBrO_3 + 10\,HCl.$$

Sie stimmt in ihren Eigenschaften sehr mit der Chlorsäure überein; durch viele Reduktionsmittel, wie Schwefelwasserstoff, schweflige Säure usw. wird ihr der gesamte Sauerstoff entzogen. Die meisten Salze sind in Wasser schwer löslich; beim Erhitzen geben sie ihren ganzen Sauerstoff ab.

Sauerstoffverbindungen des Jods.

62. Gibt man Jod zu kalter verdünnter Kali- oder Natronlauge, so entsteht eine farblose Flüssigkeit, welche, frisch bereitet, andere Eigenschaften besitzt, wie später. Frisch bereitet bleicht sie Indigolösung; sehr schwache Säuren machen Jod frei. Später verschwinden diese beiden Eigenschaften. Man muß deshalb annehmen, daß zuerst das Hypojodit KOJ gebildet wird, welches sich langsam in KJ und KJO_3 umwandelt. Beim Kochen erfolgt diese Umwandlung fast augenblicklich.

Jodpentoxyd, J_2O_5, ist das Anhydrid der Jodsäure, da es durch Erhitzen dieser Säure auf 170° erhalten werden kann:

$$2\,HJO_3 = H_2O + J_2O_5,$$

und beim Lösen in Wasser Jodsäure zurückgibt. Es ist ein weißer, kristallinischer Körper, der sich bei 300° in die Elemente zersetzt.

Jodsäure, HJO_3, wird am besten durch Oxydation von Jod mit Salpetersäure dargestellt:

$$3\,J_2 + \underset{\text{Salpetersäure}}{10\,HNO_3} = 6\,HJO_3 + \underset{\text{Stickoxyd}}{10\,NO} + 2\,H_2O.$$

Jodsäure ist kristallisiert und in Wasser leicht löslich; sie ist ein sehr kräftiges Oxydationsmittel; Salzsäure z. B. liefert damit Chlor:

$$2\,HJO_3 + 10\,HCl = J_2 + 5\,Cl_2 + 6\,H_2O.$$

Mit Jodwasserstoff setzt sie sich in wäßriger Lösung augenblicklich um, unter Abscheidung des gesamten Jods beider Verbindungen:

$$5\,HJ + HJO_3 = 3\,H_2O + 6\,J.$$

Die meisten Salze der Jodsäure, die Jodate, sind in Wasser schwer löslich; ziemlich leicht löslich sind die der Alkalimetalle.

Überjodsäure, $HJO_4 + 2H_2O$, kann erhalten werden durch Einwirkung von Jod auf Überchlorsäure:

$$HClO_4 + J + 2H_2O = HJO_4 \cdot 2H_2O + Cl.$$

Sie bildet eine farblose Kristallmasse, die sich bei 140° völlig in Jodpentoxyd, Sauerstoff und Wasser zersetzt (**145**).

Nomenklatur.

63. Die Art der Benennung der verschiedenen Halogensauerstoffsäuren ist allgemein auch für die Säuren anderer Elemente im Gebrauch. Die bekannteste Säure trägt gewöhnlich den Namen des Elementes mit dem Zusatz: -„säure"; so Chlorsäure, Phosphorsäure, Schwefelsäure usw. Säuren, die mehr Sauerstoff enthalten, werden angedeutet durch ein vorgesetztes: „über", „hyper" (abgekürzt „per"); so Überchlorsäure (Hyper-, Perchlorsäure), Überschwefelsäure usw. Die Säuren, welche weniger Sauerstoff enthalten, heißen „...ige Säuren": Chlorige Säure, schweflige Säure, phosphorige Säure. Enthalten sie noch weniger Sauerstoff, so werden sie „unter....ige Säure" genannt: z. B. „unterchlorige Säure, unterschweflige Säure, unterphosphorige Säure".

Die Salze der am meisten bekannten Säuren haben im Auslaut -at: Kaliumchlorat, -sulfat, -phosphat. Die Salze der ....igen Säuren haben im Auslaut ....it: Kaliumchlorit, -sulfit, -phosphit. Die unter....igsauren Salze endlich werden durch Vorsatz von Hypo.... mit dem Auslaut it: Natriumhypochlorit, -hyposulfit, -hypophosphit gebildet.

Was die Oxyde anlangt, so bezeichnet man die bekanntere, gewöhnliche Sauerstoffverbindung als Oxyd schlechtweg: Kupferoxyd, Bleioxyd, Quecksilberoxyd. Sauerstoffverbindungen mit weniger Sauerstoff als diese heißen ....oxydule: Kupferoxydul, Quecksilberoxydul. Entstehen Sauerstoffverbindungen mit mehr Sauerstoff, als die als Oxyd bezeichnete Verbindung enthält, so nennt man sie Superoxyde oder Peroxyde: Bleisuperoxyd, Mangansuperoxyd. Häufig wird die Anzahl Sauerstoffatome eines Oxyds auch durch das lateinische oder griechische Zahlwort bezeichnet: Chlordioxyd, Jodpentoxyd usw.

Übersicht der Halogengruppe.

64. Aus dem Vorstehenden geht deutlich hervor, daß die Eigenschaften der Halogene und ihrer Verbindungen große Übereinstimmung untereinander zeigen. Bei näherer Betrachtung ergibt sich, daß mit steigendem Atomgewicht eine graduelle Veränderung der physikalischen und chemischen Eigenschaften Hand in Hand geht. Betrachten wir zunächst die physikalischen Eigenschaften:

	Fl	Cl	Br	J
Atomgewicht	19	35·45	79·96	126·85
Schmelzpunkt . . .	– 223 °	– 102·0	– 7·0	+ 113·0
Siedepunkt	– 187 °	– 33·0	+ 63·0	+ 200·0
Spez. Gew. . . .	(flüssig) 1·14	(flüssig) 1·33	(flüssig) 3·18	(fest) 4·97
Farbe . .	schwach gelbgrün	gelbgrün	braun	schwarz-violett

Man sieht, daß mit der Zunahme des Atomgewichtes auch die Zahlenwerte der physikalischen Konstanten im großen und ganzen ansteigen. Die rein metalloide Natur des Fl, Cl, Br findet man auch beim Jod wieder, wenn auch bei diesem ein äußerliches Kennzeichen der Metalle, der Metallglanz, ins Auge fällt.

Die Verwandtschaft zum Wasserstoff nimmt mit steigendem Atomgewicht ab; wir sahen, daß das Fluor sich bereits im Dunkeln und noch bei sehr niedriger Temperatur unter Explosion mit diesem Element verbindet; Jod vereinigt sich ausschließlich bei höherer Temperatur direkt mit Wasserstoff und diese Verbindung ist durch Wärme leicht zu zerlegen. Dagegen sind die Sauerstoffverbindungen um so beständiger, je höher das Atomgewicht des Halogens ist. Während ein Halogen mit niedrigerem Atomgewicht ein Halogen von höherem Atomgewicht aus dessen Wasserstoffverbindung verdrängt, z. B.:

$$HJ + Cl = HCl + J,$$

kann umgekehrt ein Halogen von höherem Atomgewicht ein solches von niedrigerem Atomgewicht aus dessen Sauerstoffverbindungen in Freiheit setzen:

$$KClO_3 + J = KJO_3 + Cl.$$

Die Lehre von der elektrolytischen Dissoziation.

65. In **30** wurde mitgeteilt, daß die Eigenschaften des trocknen Chlorwasserstoffes und diejenigen seiner wäßrigen Lösung sehr verschieden sind. Auch wurde schon erwähnt, daß viele Stoffe eine analoge Änderung erleiden, wenn sie in Wasser gelöst werden. Wir müssen jetzt die Natur dieser Änderung näher betrachten. Untersucht man die wäßrige Lösung einer Säure, einer Base oder eines Salzes von bekanntem Gehalt auf ihre Gefrierpunktserniedrigung und Siedepunktserhöhung, so stimmt diese nicht mit der berechneten überein. Beide sind höher als die dafür berechneten Werte (**43**). Eine 1 $^0/_0$ige Kochsalzlösung würde z. B., da die molekulare Gefrierpunktserniedrigung für Wasser 19 beträgt (**43**), also AM = 19 ist, eine Gefrierpunktserniedrigung von $\frac{19}{58 \cdot 5} = 0 \cdot 325^0$ zeigen müssen. (58·5 = Molekulargewicht von NaCl.) In Wirklichkeit ist diese aber 1·9mal größer und beträgt 0·617°. Da der osmotische Druck der Gefrierpunktserniedrigung proportional ist (**42**), so folgt daraus, daß auch dieser größer ist, als die Rechnung verlangt,

Eine analoge Erscheinung ist bei Gasen bekannt. In ziemlich zahlreichen Fällen ist in einem bestimmten Volum der Druck, den eine bestimmte Gewichtsmenge Gas bei einer bestimmten Temperatur ausübt, größer als die Berechnung angibt. Man erklärt dies durch die Annahme einer Spaltung der Gasmoleküle; die Anzahl frei sich bewegender Teilchen ist dann größer und demzufolge auch der Druck. Diese Erscheinung, Dissoziation genannt, wurde (**49**) schon näher beleuchtet.

Es liegt nahe, bei dem anormal großen osmotischen Druck an eine ähnliche Erklärung zu denken, also an eine Spaltung der Moleküle in mehrere sich frei bewegende Teilchen. Eine Schwierigkeit erhebt sich hierbei jedoch darin, wie man sich eine solche Spaltung vorstellen soll. Bei Lösungen von Salzen in Wasser würde man an eine hydrolytische Spaltung (d. h. in freie Base und Säure), denken können, die dann bei verdünnten Lösungen der Salze starker Säuren und Basen vollkommen sein müßte, da der osmotische Druck solcher Lösungen bei Konzentrationen von beispielsweise $^1/_{10}$ normal (**93**) ungefähr das Doppelte des berechneten Wertes beträgt. Gegen eine derartige Annahme bestehen jedoch gewichtige Bedenken, namentlich, daß es nicht geglückt ist, eine solche Lösung durch Diffusion in die vermeintlich darin anwesende freie Base und die freie Säure zu scheiden, und zweitens — was noch wichtiger ist —, daß auch Säuren und Basen für sich allein in wäßriger Lösung einen größeren osmotischen Druck, als der berechnete ist, ausüben; bei diesen ist jedoch hydrolytische Spaltung ausgeschlossen.

Die Frage, welcher Art die Spaltung dann sein müsse, hat ihre Beantwortung auf Grund der Beziehung gefunden, die zwischen dem anormalen osmotischen Druck und der elektrolytischen Stromleitung besteht. Arrhenius beobachtete, daß nur diejenigen Stoffe, welche in wäßriger Lösung den elektrischen Strom leiten, nämlich Säuren, Basen und Salze, die in Betracht kommenden Abweichungen im osmotischen Druck zeigen. Werden diese Stoffe jedoch statt in Wasser in einer andern Flüssigkeit gelöst, so leitet eine solche Lösung die Elektrizität nicht, aber ihr osmotischer Druck ist jetzt normal geworden. Hierdurch wird die Beziehung, die zwischen diesen scheinbar sehr heterogenen Erscheinungen besteht, erkennbar.

Um diese Beziehung zu verstehen, ist es notwendig zu wissen, welche Vorstellung man sich von der elektrolytischen Stromleitung macht. Betrachten wir z. B. Salzsäure. Vollkommen trocknes Salzsäuregas leitet den elektrischen Strom nicht; ebensowenig vollkommen reines Wasser. Wird jedoch Salzsäuregas in Wasser gelöst, so erhält man eine Flüssigkeit, welche die Elektrizität sehr gut leitet. Es muß also zwischen dem Wasser und dem Chlorwasserstoff eine gewisse Einwirkung stattgefunden haben. Wir sind früher (**29**) zum gleichen Schluß gekommen, als sich ergab, daß die Lösung von Salzsäuregas nicht dem HENRYschen Gesetze gehorcht. Da Chlorwasserstoff beim Durchgehen des Stromes in Wasserstoff und Chlor zerlegt wird, das Wasser dagegen unverändert bleibt, so muß man annehmen, daß es die Chlorwasserstoffmoleküle sind, die eine Veränderung erlitten haben.

Die Erscheinungen der elektrolytischen Stromleitung werden voll und ganz durch die Annahme erklärt, daß die Veränderung, welche die Salzsäure erlitten hat, in einer Spaltung ihrer Moleküle in elektrisch geladene Atome (Ionen) besteht. Diese Spaltung kann vollkommen oder teilweise erfolgt sein, was unter anderm von der Konzentration der Lösung abhängt. Geht ein Strom durch die Lösung, dann werden die negativ geladenen Chlorionen (die Anionen) nach der positiven Elektrode (Anode) gezogen, sie werden bei der Berührung mit derselben elektrisch neutral und entweichen aus der Flüssigkeit. Ebenso wandern die positiv geladenen Wasserstoffionen (Kationen) an die negative Elektrode (Kathode). Hierin besteht die Stromleitung, an der die ungespaltenen Moleküle keinen Anteil nehmen. Diese Spaltung der Moleküle führt den Namen elektrolytische Dissoziation oder Ionisation.

Daß freie Ionen in der Lösung eines Elektrolyten anwesend sind, ist von OSTWALD in folgender Weise gezeigt worden:

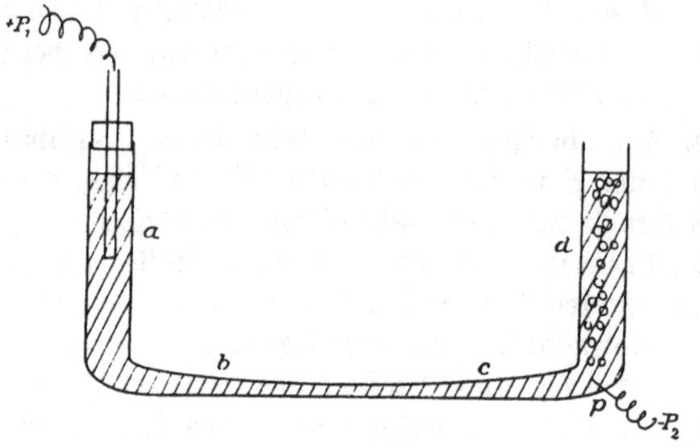

Fig. 27.

Das Rohr *abcd* enthält verdünnte Schwefelsäure, *bc* ist ungefähr 40 cm lang. In *a* befindet sich ein amalgamiertes (**271**) Zinkstäbchen, bei *p* ist ein Platindraht eingeschmolzen. Wenn man nun P_1 mit dem positiven Pol einer Akkumulatorenbatterie verbindet und P_2 mit dem negativen Draht in Berührung bringt, sieht man sofort Wasserstoff sich entwickeln.

Beim Durchgang des Stromes bildet sich Zinksulfat am Stäbchen in *a*: $Zn + H_2SO_4 = ZnSO_4 + H_2$. Wenn der Wasserstoff, welcher sich gemäß dieser Gleichung bildet, sich durch *bc* nach *p* bewegen sollte, so würde er einen Weg von mehr als 40 cm in sehr kurzer Zeit durchlaufen müssen. Nun ergibt sich aber sowohl durch Rechnung als durch darauf gerichtete Versuche, daß das Zurücklegen dieser Strecke viele Stunden dauern würde. Sieht man daher sofort nach Stromschluß eine Wasserstoffentwicklung an *p*, so muß diese bedingt werden durch H-Ionen, welche sich schon in der Nähe befinden; sie geben ihre Ladung an *p* ab und entweichen danach als freier Wasserstoff aus der Flüssigkeit.

Damit die Ionisation auch Rechenschaft von dem zu hohen osmotischen Druck gibt, muß man annehmen, daß die Ionen ganz frei sich bewegende Teilchen sind, ebenso wie wir uns dies von den Molekülen selber denken; die Anzahl der sich frei bewegenden Teilchen ist dann ja vergrößert. Wenn man nun einerseits aus dem elektrischen Leitvermögen und anderseits aus dem osmotischen Druck den Betrag der Ionenspaltung berechnet, dann müssen die beiden Verfahren zu demselben Werte führen, sofern die oben gemachte Annahme richtig ist. Dies ist tatsächlich der Fall.

Angenommen nämlich, daß jedes Molekül bei der Spaltung n Ionen liefert, und daß der Teil a von allen anwesenden Molekülen dissoziiert ist, so geben x Moleküle $x a \cdot n$ Ionen und die Anzahl der sich frei bewegenden Teilchen ist:

$$(x - a \cdot x) + x \cdot n a = x[1 + a(n - 1)].$$

Der osmotische Druck muß also $[1 + a(n - 1)]$ mal größer sein, als bei ungespaltenen Molekülen. Wenn dieser Druck p bei ungespaltenen Molekülen p_0 beträgt, dann ist:

$$p = p_0[1 + a(n - 1)],$$

woraus:

$$a = \frac{p - p_0}{(n - 1)p_0} \quad \ldots\ldots\ldots (1)$$

Aus dem elektrischen Leitvermögen gelangt man folgendermaßen zu dem Wert für a. Bei zunehmender Verdünnung nimmt das molekulare Leitvermögen zu. Hierunter versteht man das Leitvermögen der Lösung, multipliziert mit der Zahl, die angibt, in wieviel Litern ein Grammmolekül des Stoffes aufgelöst ist. Wird die Verdünnung stets weiter fortgesetzt, dann nähert sich das molekulare Leitvermögen einer bestimmten Grenze. Da die Leitung nur durch die gespaltenen Moleküle bewirkt wird, darf man annehmen, daß bei Erreichung dieses Grenzwertes alle Moleküle in Ionen gespalten sind. Wird das molekulare Leitvermögen bei unendliche Verdünnung mit λ_∞ bezeichnet und mit λ_v die Größe bei der Verdünnung v (1 Mol in v Litern), so sieht man leicht ein, daß

$$a = \frac{\lambda_v}{\lambda_\infty} \quad \ldots\ldots\ldots (2)$$

sein wird.

Nachstehend sind einige Werte von a angeführt, berechnet aus der beobachteten Gefrierpunktserniedrigung (a_v) und aus dem Leitvermögen (a_e) der Lösungen der angegebenen Salze, um eine Übersicht von der Übereinstimmung der auf beiden Wegen erhaltenen Werte zu geben. Die Zahlen gelten für Lösungen, die in einem Liter 1 g des Körpers gelöst enthalten.

	KCl	NH_4Cl	KJ	$NaNO_3$
a_v	0·82	0·88	0·90	0·82
a_e	0·86	0·84	0·92	0·82

66. Bei der elektrolytischen Dissoziation hat man mit einem Gleichgewichtszustande zu tun, nämlich zwischen den ungespaltenen Molekülen einerseits und den Ionen anderseits. Deutet man durch einen Punkt ein Kation, durch einen Strich ein Anion an, so kann man dieses Gleichgewicht für eine einbasische ausdrücken Säure durch:

$$\mathrm{SH} \rightleftarrows \mathrm{S}' + \dot{\mathrm{H}},$$

wo S′ der Säurerest (Anion) ist und $\dot{\mathrm{H}}$ das Wasserstoffion (Kation); für eine Base durch:

$$\mathrm{BOH} \rightleftarrows \dot{\mathrm{B}} + \mathrm{OH}'.$$

Man kann hierauf die Gleichung für den Gleichgewichtszustand anwenden, welche in **49** entwickelt ist. Es seien pro Volumeinheit a Mole SH vorhanden, und davon seien im Gleichgewichtszustand x in Ionen gespalten, dann wird das Gleichgewicht dargestellt durch

$$a - x = Kx^2.$$

Aus dieser Gleichung geht hervor, daß die Dissoziation zurückgedrängt werden muß (ebenso wie beim Jodwasserstoffgas), wenn ein Stoff mit gleichen Ionen in die Lösung gebracht wird, was man bei einem Salz dadurch bewirken kann, daß man ein anderes Salz mit derselben Base oder derselben Säure zusetzt. In der Tat lautet die Gleichung dann:

$$a - x = K \cdot x (x + p),$$

wo p die Konzentration des zugefügten Ions ist. K kann nur, wenn x abnimmt, konstant bleiben.

Ferner folgt daraus, daß der Dissoziationsgrad von der Konzentration abhängig ist. Wird diese auf das n-fache gebracht, so wird aus der Gleichung:

$$n(a - x) = Kn^2x^2 \quad \text{oder} \quad (a - x) = K \cdot n \cdot x^2.$$

Ist $n > 1$, so muß x abnehmen, d. h. mit zunehmender Konzentration nimmt die Ionisation ab. Ist $n < 1$, so muß x zunehmen, d. h. beim Verdünnen nimmt die Ionisation zu. Wird n unendlich klein, so wird:

$$a = x,$$

mit andern Worten, bei unendlicher Verdünnung wird die Ionisation vollständig.

Wir sind jetzt imstande, eine andere Definition für Säuren und Basen zu geben wie in **30**. Säuren sind solche Körper, welche in wäßriger Lösung H-Ionen liefern, Basen solche, welche OH-Ionen liefern.

Alle Eigenschaften der Säuren, Basen und Salze hängen eng mit dem Betrag ihrer Ionenspaltung zusammen, so unter anderm das, was man die Stärke einer Säure oder einer Base nennt, ein Ausdruck, welcher früher recht unbestimmt war.

Schon im achtzehnten Jahrhundert hatte man gefunden, daß eine Säure eine andere aus ihren Salzen vertreiben kann. Fügt man z. B. zu Soda Salzsäure, so wird Kohlensäure frei und es bildet sich Kochsalz. Dasselbe gilt auch für Basen: aus Eisenchlorid wird durch Hinzufügen von Kali Eisenhydroxyd und Kaliumchlorid erhalten. Die Säure oder Basis, welche imstande ist, eine andere aus ihren Salzen zu treiben, wurde die stärkere genannt.

Die Erfahrung hat nun gelehrt, daß diejenigen Säuren und Basen die stärksten sind, welche bei gleicher Verdünnung am meisten ionisiert sind. Salzsäure ist z. B. stärker als Flußsäure. Bei einer Verdünnung von 1 Mol pro 1 Liter ist die erstere zu 80 % in Ionen gespalten, die letztere nur zu 3 %.

Wir haben früher bemerkt (**30**), daß Säuren blaues Lackmus röten, Basen rotes Lackmus bläuen. Es liegt auf der Hand, die Ursache dieser gemeinsamen Eigenschaft der Säuren einerseits, der Basen anderseits in dem zu suchen, was alle Säurelösungen gemein haben, nämlich in den Wasserstoffionen, und in dem, was alle Lösungen von Basen gemein haben, nämlich in den Hydroxylionen. Man kann daher sagen, daß das H-Ion saure, das OH-Ion alkalische Reaktion verursacht.

Die Reaktionen zwischen Säuren, Basen und Salzen in wäßriger Lösung sind fast stets Reaktionen zwischen ihren Ionen. Wir werden dies später an vielen Beispielen dartun; hier vorläufig nur an folgendem: Wenn man die verdünnte Lösung einer Base und einer Säure mischt, erhält man eine Salzlösung (**30**). Um zu verstehen, welche Reaktion dabei stattfindet, ist es notwendig zu wissen, daß in verdünnter Lösung die meisten Salze fast ganz in Ionen gespalten sind. Das Wasser selbst jedoch ist nur für einen äußerst geringen Betrag ionisiert. Im Gleichgewicht

$$H_2O \rightleftarrows HO' + \dot{H}$$

ist also nur sehr wenig vom rechts stehenden System anwesend. Wenn man nun verdünnte Lösungen einer Säure und einer Basis miteinander mischt, so haben wir in einer Lösung zusammen $\dot{M} + OH'$ und $Z' + \dot{H}$. Von diesen vier Ionen können $\dot{M}$ und Z' frei nebeneinander existieren; nicht aber $\dot{H} + OH'$, denn diese müssen sich, nach dem eben Gesagten, fast völlig zu Wasser vereinigen.

Es ist nun auch leicht zu verstehen, wie es kommt, daß eine starke (d. h. fast ganz ionisierte) Säure eine schwache (d. h. wenig ionisierte) aus ihren Salzen austreiben kann. Versetzen wir z. B. eine Lösung von Fluornatrium mit Salzsäure, von beiden 1 Liter enthaltend 1 Mol, so haben wir zusammen:

$$H^{\cdot} + Cl' + Na^{\cdot} + Fl'.$$

Da jedoch das Gleichgewicht

$$H^{\cdot} + Fl' \rightleftarrows HFl$$

weit nach rechts verschoben liegt, so enthält die Lösung viel mehr dieser Ionen als im Gleichgewichtszustand möglich ist; während die Ionen Cl' und Na· nebeneinander existenzfähig sind, müssen jene sich also vereinigen. Das heißt in andern Worten: es hat sich Kochsalz und Flußsäure gebildet.

Wir können jetzt noch einen Schritt weiter gehen. Oben wurde erwähnt, daß Wasser selbst, sei es auch nur für einen äußerst geringen Betrag, ionisiert ist. Gesetzt, man löse in Wasser ein Salz von einer starken Basis, aber von einer sehr schwachen Säure. Ein solches Salz ist Cyankalium; es ist in wäßriger Lösung weitgehend ionisiert, wie z. B. auf kryoskopischem Weg bewiesen werden kann. Man hat also in der wäßrigen Lösung die Ionen des Cyankaliums neben denjenigen des Wassers:

$$K^{\cdot} + Cy' + H^{\cdot} + OH'.$$

Weil Cyanwasserstoffsäure eine äußerst schwache Säure ist, werden sich zuviel Cyanionen in der Lösung vorfinden als mit dem Gleichgewicht

$$H^{\cdot} + Cy' \rightleftarrows HCy'$$

verträglich ist; es müssen sich daher Wasserstoff- mit Cyanionen vereinigen zu ungespaltenen Molekülen HCy. Die Folge davon ist jedoch, daß dadurch ein Überschuß von OH'-Ionen in der Flüssigkeit anwesend ist; denn da KOH eine starke Basis ist, vereinigen sich die Ionen K und OH nicht. Das Wasser, welches selbst neutral reagiert, weil es ebensoviel H·- als OH'-Ionen enthält, welche ihre Wirkung auf Lackmus gegenseitig kompensieren, muß daher, wenn es Cyankalium aufgelöst enthält, alkalische Reaktion zeigen, wie auch wirklich wahrgenommen wird. Hieraus folgt, daß Wasser derartige Salze teilweise in freie Basis $K^{\cdot} + OH'$ und freie Säure (ungespaltenes HCy) spaltet.

Man nennt diese Erscheinung Hydrolyse; wir werden derselben noch manchmal begegnen.

Als ARRHENIUS im Jahre 1887 die Lehre von der elektrolytischen Dissoziation aufstellte, stieß dieselbe anfangs auf vielfachen Widerspruch. Sie brachte in manchen bis dahin geltenden Anschauungen geradezu eine Umwälzung hervor. Verbindungen, wie Salzsäure, Natronsalpeter und andere, die man als die stabilsten betrachtet hatte, sollten nach ARRHENIUS' Theorie schon beim Lösen in Wasser zerfallen; widersinnig erschien es geradezu, in einer Lösung wie von Jodkalium freies Kalium und freies Jod anzunehmen, da doch Kalium in Berührung mit Wasser augenblicklich Wasserstoff entwickelt und KOH gibt, und da eine KJ-Lösung farblos ist, während Jodlösungen braun sind.

Was den ersten Punkt betrifft, so ist zu bemerken, daß gerade die Lösungen derartiger, stark ionisierter Verbindungen am reaktionsfähigsten sind, was also eher auf eine Lockerung der Bindung ihrer Atome, als auf einen sehr festen Zusammenhang derselben hindeutet. Was ferner das Beispiel der Jodkaliumlösung und ähnliche Fälle anlangt, so darf man Atome und Ionen nicht verwechseln. Die Lösung von Jodkalium (um bei diesem Beispiel zu bleiben) enthält ebensowenig freies Kalium wie freies Jod, sondern Ionen Kalium und Ionen Jod. Die Atome aber müssen einen ganz andern Energieinhalt besitzen wie die mit einer starken elektrischen Ladung behafteten Ionen. Dieser Energieinhalt ist es, welcher die Eigenschaften der Körper bedingt; und da dieser augenscheinlich bei den Ionen ein ganz anderer ist wie bei den Atomen, so ist es durchaus natürlich, daß jene andere Eigenschaften zeigen als diese.

Schwefel.

67. Der Schwefel war schon den Alten bekannt. Er kommt in freiem Zustande in der Natur vor, hauptsächlich in der Nachbarschaft tätiger oder erloschener Vulkane. Sizilien ist eine Hauptfundstätte; aber auch in Spanien, auf Island, in Japan, in den Vereinigten Staaten von Amerika (Yellowstone Park) und in Mexiko werden große Mengen Schwefel gefunden.

Der gediegen vorkommende Schwefel wird erstmalig am Orte seines Vorkommens durch Ausschmelzen von seinen erdigen Beimengungen befreit und als Rohschwefel sodann in Verkehr gebracht.

Der Rohschwefel wird durch Destillation (Fig. 28) gereinigt. Dazu wird er in *B* abermals geschmolzen; er fließt in die Retorte *A*, verflüchtigt sich hier und gelangt in eine geräumige gemauerte Kammer, welche mit

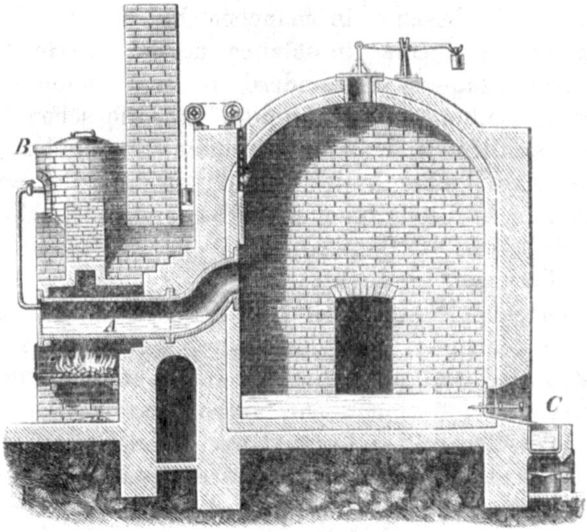

Fig. 28. Destillation des Schwefels (Längsschnitt).

Sicherheitsventilen versehen ist, um die bei der Hitze sich ausdehnende Luft entweichen zu lassen. Wird die Destillation langsam geleitet, so daß die Temperatur in der Kammer nicht den Schmelzpunkt des Schwefels erreicht, so sublimiert er, d. h. die Dämpfe verdichten sich zu einem zarten feinen Pulver, welches die Schwefelblume des Handels bildet (ebenso wie Wasserdampf, wenn man ihn plötzlich unter 0° abkühlt, Schnee gibt). Werden die Vorlagen nicht genügend gekühlt, so kondensieren sich die Dämpfe als flüssiger Schwefel, der, nach *C* abgelassen, in schwach konische Holzformen gegossen wird und als Stangenschwefel in den Handel kommt.

Von den zahlreichen Verbindungen, welche zum Teil zu seiner Gewinnung dienen, sei der Pyrit oder Schwefelkies FeS_2 erwähnt, welcher Schwefel beim Erhitzen abgibt:

$$3FeS_2 = Fe_3S_4 + 2S.$$

Verbindungen von Schwefel mit Metallen werden in Kiese, Blenden (Zinkblende) oder Glanze (Bleiglanz) unterschieden. Auch in den natürlichen Sulfaten kommt der Schwefel vor; deren Hauptvertreter ist der Gips ($CaSO_4 + 2H_2O$). Als Bestandteil der Eiweißstoffe (Albumine) kommt Schwefel in geringer Menge auch in der organischen Natur vor.

Physikalische Eigenschaften. Der Schwefel kann in verschiedenen Formen auftreten; die bei gewöhnlicher Temperatur stabile Form ist fest, von gelber Farbe und kristallisiert. Schmelzpunkt 114·5°; Siedepunkt 450°. Geschmolzener Schwefel ist etwas oberhalb seines Schmelzpunktes eine dünne hellgelbe Flüssigkeit, die bei weiterem Erhitzen dunkler und zähflüssig wird. Bei 250° kann sie nicht mehr ausgegossen werden; oberhalb 300° wird sie jedoch wieder dünnflüssig, doch bleibt die dunkle Farbe bestehen. Bei 450° tritt Sieden unter Entwicklung orangegelber Dämpfe ein; bei 500° ist der Dampf rot, oberhalb dieser Temperatur wird er wieder heller. Beim Abkühlen wiederholen sich diese Zustände in umgekehrter Reihenfolge. Bei − 80° ist der Schwefel fast farblos.

Schwefel ist unlöslich in Wasser, schwer löslich in Alkohol und Äther, er löst sich jedoch leicht in Schwefelkohlenstoff und Chlorschwefel (S_2Cl_2). 100 Gewichtsteile Schwefelkohlenstoff lösen 46 Gewichtsteile Schwefel bei 22° auf.

Das Molekulargewicht des Schwefels ist mehr als bei irgend einem andern Element von der Temperatur abhängig. Für den in Schwefelkohlenstoff und in geschmolzenem Naphthalin gelösten Schwefel hat die Bestimmung der Siedepunktserhöhung bezw. der Gefrierpunktserniedrigung die Molekularformel S_8 ergeben. Im gasförmigen Zustande ändert sich die Dichte von 7·937 bei 467·9° bis 2·23 bei 860° (Luft = 1) und bleibt dann konstant sogar bis 1040°. Bei der niedrigsten Temperatur besteht Schwefeldampf also aus S_8 Molekülen und bei 860° aus nur S_2 Molekülen.

68. Allotrope Zustände. Die Eigenschaft des Schwefels, Moleküle von verschiedener Größe zu bilden, ist wahrscheinlich die Ursache für die Existenz seiner vielen allotropen Formen; man kennt deren im festen Zustande mindestens vier, während im flüssigen Zustande die zähe Modifikation auch als Allotropie angesehen werden kann.

Die festen allotropen Zustände kann man in kristallinische und amorphe einteilen. Der Schwefel ist dimorph; er kristallisiert sowohl rhombisch wie monoklin. Durch Temperaturerhöhung geht die erste Form in die zweite über (**70**).

Schwefel kann man in schönen rhombischen Kristallen erhalten, wenn man eine Lösung von Schwefel in Schwefelkohlenstoff langsam verdunsten läßt. Monokliner Schwefel kann auf folgende Weise schön erhalten werden: Man schmilzt Schwefel in einem großen Tiegel und läßt langsam so weit erkalten, bis sich beim Erstarren eine Kruste über der Schmelze gebildet hat. Diese stößt man durch und gießt den noch flüssigen Schwefel aus. Die Wände des Tiegels findet man dann bedeckt mit langen, gelben, glashellen Nadeln. Diese werden nach Ablauf einiger Stunden matt und zerbrechlich und zerfallen dann bei der leisesten Berührung zu einem Pulver, das aus rhombischen Schwefelkristallen besteht.

Amorpher Schwefel kann auf zweierlei Weise erhalten werden und zeigt danach verschiedenes Verhalten; es gibt in Schwefelkohlenstoff löslichen und in Schwefelkohlenstoff unlöslichen amorphen Schwefel.

Der erstere wird durch Zersetzung einiger Schwefelverbindungen erhalten. Wenn Schwefelwasserstoff an der Luft steht, so scheidet sich Schwefel in der Form eines weißen Pulvers ab. Die Polysulfide (CaS_n, K_2S_n u.s.w.) liefern bei der Zersetzung durch eine Säure eine weiße, milchig getrübte Flüssigkeit, welche äußerst feine Teilchen amorphen Schwefels enthält. In beiden Fällen entsteht neben in Schwefelkohlenstoff löslichem, stets auch etwas unlöslicher Schwefel.

Der unlösliche Schwefel kann am besten folgendermaßen bereitet werden: Schwefel wird zum Kochen erhitzt und der Schwefeldampf zu flüssigen Schwefel verdichtet. Gießt man ihn dann in dünnem Strahl in kaltes Wasser, so erhält man die halbfeste plastische Modifikation, welche allmählich erstarrt. Ist der Schwefel in diesen Zustand gelangt, so ist er dann (bis auf einen sehr geringen Teil) in Schwefelkohlenstoff unlöslich; der plastische Schwefel geht nach einiger Zeit in den rhombischen über; bei 95° erfolgt diese Umwandlung plötzlich unter ziemlich beträchtlicher Wärmeentwicklung.

69. *Chemische Eigenschaften.* Schwefel kann sich direkt mit vielen Elementen verbinden, und zwar sowohl mit Metalloiden wie mit Metallen. In **10** wurde bereits angegeben, daß er an der Luft oder in Sauerstoff erhitzt mit blauer Flamme brennt. Mit den Halogenen, mit Wasserstoff u. a. vereinigt er sich direkt. Beim Erhitzen mit Eisenpulver erfolgt Reaktion unter heftiger Wärmeentwicklung (**20**). Kupfer verbrennt unter Lichtentwicklung im Schwefeldampfe. Reibt man Quecksilber in einem Mörser mit Schwefel zusammen, so entsteht schwarzes HgS.

Die Verbindungen von Schwefel mit Metallen oder Metalloiden heißen Sulfüre oder Sulfide, je nachdem sie den Oxydulen oder den Oxyden entsprechen; Cu_2S Kupfersulfür, CuS Kupfersulfid.

Der Umwandlungspunkt.

70. Wie in **68** bemerkt, kann der Schwefel in zwei Formen kristallisieren, rhombisch und monoklin. Diese Formen können ineinander übergehen; die eigentümlichen Erscheinungen, welche dabei auftreten, verdienen eine nähere Betrachtung. Bei gewöhnlicher Temperatur ist der Schwefel rhombisch und bleibt dies, bis die Temperatur 95·4° erreicht ist; oberhalb der letzteren erfolgt langsame, aber vollständige Umwandlung in die monokline Form. Umgekehrt geht die monokline Form, wenn man unter 95·4° abkühlt, völlig in die rhombische über. Bei der genannten Temperatur sind die zwei Formen nebeneinander beständig; oberhalb derselben kann nur die monokline, unterhalb nur die rhombische auf die Dauer bestehen. Derartige Erscheinungen kommen ziemlich häufig vor; die Temperatur, bei welcher das eine System in das andere übergeht, heißt der Umwandlungspunkt. Dieser Umwandlungspunkt zeigt große Ähnlichkeit mit dem Schmelz- und Erstarrungspunkt. Wie sich z. B. Wasser unterhalb 0° in Eis verwandelt und Eis oberhalb 0° wieder in Wasser, so ist bei einem System von Stoffen, die einen Umwandlungspunkt besitzen, unterhalb desselben nur das eine, oberhalb desselben nur das andere System beständig.

Die theoretische Erklärung ist für beide Vorgänge die ganz gleiche. Betrachten wir einen Körper, z. B. Eis, bei einer Temperatur, die sehr wenig niedriger als sein Schmelzpunkt liegt, und tragen wir die Dampfspannung (P) bei Veränderung der Temperatur (T) in ein Koordinatensystem OTP ein. Man erhält dadurch eine Linie, die in Figur 29 durch *Eis* bezeichnet ist. Setzt man diese Dampfspannungskurve über den Schmelzpunkt hinaus fort, so beobachtet man, daß sie bei diesem einen Knick bekommt, d. h. eine plötzliche Änderung ihrer Richtung erleidet, welche zwar für Eis und Wasser sehr gering, aber doch experimentell nachweisbar ist, und bei andern Stoffen, z. B. Benzol, deutlicher zutage tritt. Kühlt man Wasser vorsichtig ab, so kann es auch unter 0° flüssig bleiben; die Dampfspannung dieses unterkühlten Wassers ist bei derselben Temperatur größer als die des Eises und geht ohne plötzliche Richtungsänderung der betreffenden Kurve bei 0° in die des Wassers über. Wenn also unter 0° die Dampfspannung des unterkühlten Wassers größer ist, als die des Eises, so muß nach dem in **42** Gesagten bei diesen Temperaturen das Wasser in Eis übergehen, wenn beide nebeneinander zugegen sind. Umgekehrt wird bei einer Temperatur von wenig über 0° die Dampfspannung des Wassers kleiner als die des Eises; es muß also das Eis verschwinden und in Wasser übergehen. Man sieht daher, daß eines

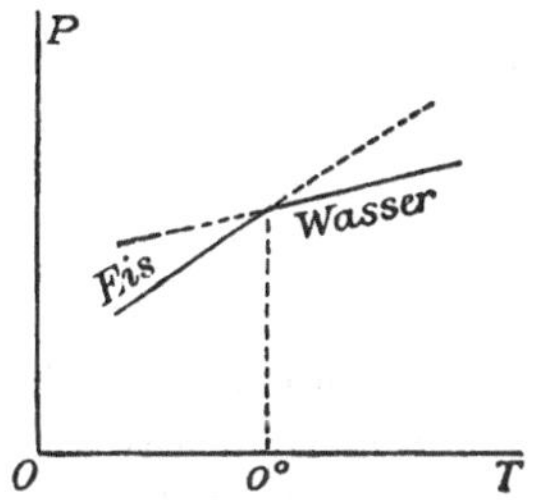

Fig. 29.

der Systeme über oder unter dem Schmelzpunkt notwendigerweise verschwinden muß.

Vollkommen die gleiche Erklärung kann man auf den Umwandlungspunkt anwenden.

Unterhalb 95·4° ist die Dampfspannung des rhombischen Schwefels kleiner als die des monoklinen, wenn man durch vorsichtige langsame Abkühlung bewirkt, daß die monokline Modifikation unterhalb dieser Temperatur noch bestehen bleibt; umgekehrt ist oberhalb 95·4° die Dampfspannung des rhombischen Schwefels größer, als die des monoklinen, wenn man die rhombische Form durch vorsichtiges Erwärmen einige Zeit noch oberhalb dieser Temperatur bestehen läßt. Es muß daher auch hier in der gleichen Weise wie bei der Überschreitung des Schmelzpunktes die Umwandlung des einen Systems in das andere eintreten, wenn die Temperatur eine andere als 95·4° ist. Und ebenso wie Eis und Wasser bei gewöhnlichem Druck allein bei 0° auf die Dauer *nebeneinander* bestehen können, werden nur gerade bei 95·4° beide Modifikationen beständig sein, weil dann die Dampfspannung in beiden Systemen gleich groß ist.

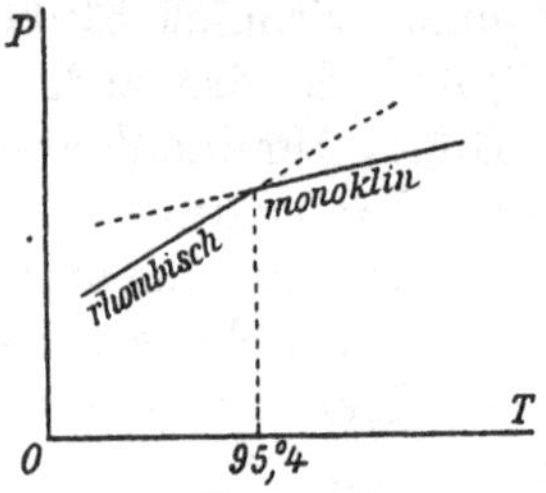

Fig. 30.

Zur Bestimmung des Umwandlungspunktes kann man die Tatsache benutzen, daß das spezifische Gewicht eines Körpers unter dem Umwandlungspunkt meist ein anderes ist, als oberhalb desselben. Bei dem Umwandlungspunkt wird also eine wesentliche Volumveränderung wahrzunehmen sein, die durch das Dilatometer, einen Apparat, der am besten mit einem Thermometer von sehr großen Dimensionen zu vergleichen ist, gemessen werden kann. Nachdem man in den Apparat z. B. rhombischen Schwefel gebracht hat, wird er mit einer Flüssigkeit, die darauf nicht einwirkt (Petroleum, Leinöl), gefüllt und in warmes Wasser eingetaucht, dessen Temperatur langsam erhöht wird. Unterhalb des Umwandlungspunktes nimmt man mit dem Steigen der Temperatur infolge der Ausdehnung der Körper im Dilatometer eine langsame und regelmäßige Ausdehnung ihres Volums wahr; ist jedoch die Temperatur ein wenig über 95·4° gestiegen, so nimmt der Rauminhalt an diesem Punkte sehr erheblich zu und zeigt bei weiterem Erwärmen wiederum seine frühere langsame Ausdehnung. Die erhebliche Volumänderung zeigt die Umwandlung des rhombischen in den monoklinen Schwefel an.

Die Phasenregel von Gibbs.

71. Sehr viele physikalische und chemische Vorgänge lassen sich durch einen Lehrsatz, welcher von Gibbs auf thermodynamischem Wege abgeleitet worden ist und den Namen Phasenregel erhalten hat, unter einem Gesichtspunkt zusammenfassen. Zu seiner Begründung ist es nötig, einige Definitionen vorauszuschicken.

Eine Lösung, z. B. von Salz in Wasser, befinde sich in einem mit einem beweglichen Stempel verschlossenen Gefäß; auf dessen Boden sei ein wenig festes Salz, über der Lösung ihr Dampf. Unter Komponenten, aus denen das System besteht, versteht Gibbs in diesem Falle Salz und Wasser, d. h. *diejenigen Bestandteile, welche sich in wechselndem Verhältnis miteinander vereinigen können* (hier zu einer Lösung). Offenbar besteht das System aus drei Teilen, die *mechanisch voneinander getrennt werden können*: festes Salz, Lösung und Wasserdampf. Solche Teile eines Systems nennt Gibbs *Phasen*. Das System, mit dem wir uns hier beschäftigen, besteht — im Sinne dieser Definitionen — aus zwei Komponenten und drei Phasen.

Bei konstant bleibender Temperatur wird der Dampf der Salzlösung eine bestimmte Spannung annehmen. Wird das Volum durch Heben des Stempels vergrößert, so wird eine bestimmte Menge Wasser verdampfen; da die Lösung gesättigt war, wird dies zur Folge haben, daß ein wenig Salz auskristallisiert; zum Schlusse werden daher die Mengen Dampf, Lösung und festes Salz verändert sein, aber die Zusammensetzung jeder Phase ist unverändert geblieben. Denn der Dampf hat, da die Temperatur konstant blieb, dieselbe Spannung, also dieselbe Konzentration; ebenso ist die Konzentration der Salzlösung unverändert. Das gleiche ist offenbar der Fall, wenn man das Volum verringert. Hieraus geht hervor, daß der Gleichgewichtszustand eines solchen Systems unabhängig ist von der Stoffmenge, die in den verschiedenen Phasen zugegen ist. Ein solches Gleichgewicht, wie das soeben betrachtete, nennt Gibbs ein vollständiges heterogenes Gleichgewicht. Es zeigt die folgende Eigentümlichkeit. Bei einer bestimmten konstanten Temperatur hat die Dampfspannung einen bestimmten Wert. Wird die letztere fortwährend (bei gleichbleibender Temperatur) etwas größer oder kleiner gehalten, sei es auch nur um sehr wenig, dann ist die Folge, daß eine der Phasen vollkommen verschwindet. Bei Vergrößerung des Druckes wird die gasförmige Phase sich völlig kondensieren und daher nur Lösung und Salz übrig bleiben. Bei Verkleinerung wird die Lösung völlig verdampfen, so daß zum Schluß nur Dampf und festes Salz vorhanden sind.

Das gleiche ist der Fall, wenn man den Druck konstant erhält und die Temperatur variiert.

Völlig anders verhält sich ein System, welches nur aus einer Salzlösung und ihrem Dampf besteht. Bei einer konstanten Temperatur und bei einer bestimmten Lage des Stempels hat auch hier die Dampfspannung einen bestimmten Wert. Wird jedoch das Dampfvolum verändert, so ändert sich zugleich die Spannung. Denn wenn z. B. das Volum vergrößert wird, so verdampft mehr Wasser; die Salzlösung wird daher konzentrierter und dadurch ihre Dampfspannung geringer. In dieses System gehört daher für eine bestimmte Temperatur nicht eine, sondern unendlich viele Dampfspannungen, bei denen Gleichgewicht vorhanden ist. Daraus folgt ferner, daß eine fortwährende kleine Veränderung von Druck oder Temperatur hier nicht das Verschwinden einer der Phasen bewirkt. Diese Art von Gleichgewicht hat GIBBS ein unvollständiges heterogenes Gleichgewicht genannt.

Es werde angenommen, daß man bei einer konstanten Temperatur unter den Stempel eine nicht völlig gesättigte Salzlösung bringt und den Stempel langsam aufhebt. Die Dampfspannung wird dadurch fortgesetzt abnehmen; zum Schlusse kommt man an den Punkt, wo die Lösung gesättigt ist. Eine weitere Volumzunahme hat dann keine Änderung der Dampfspannung mehr zur Folge, weil sich von da ab Salz abzuscheiden beginnt und daher die Konzentration der Lösung unverändert bleibt. In dem Moment, wo die Lösung gesättigt wird, geht das unvollständig heterogene Gleichgewicht in das vollständige über.

Die Phasenregel lautet nun folgendermaßen: *Es besteht vollständiges heterogenes Gleichgewicht, wenn n Stoffe n + 1 Phasen bilden; sind weniger Phasen vorhanden, so ist das Gleichgewicht unvollständig.*

Das Beispiel der Salzlösung entspricht dem; bei vollständigem Gleichgewicht gab es zwei Stoffe (Wasser und Salzen) und drei Phasen (festes Salz, Lösung und Dampf); bei unvollständigem waren auch zwei Stoffe vorhanden, aber nur zwei Phasen.

Wenden wir nun die Phasenregel auf Wasser und auf Schwefel an, um zu sehen, was bei dieser Betrachtungsweise aus dem Schmelz- und dem Umwandlungspunkt wird. In beiden Fällen hat man nur einen Stoff; vollständiges Gleichgewicht wird daher sein, wenn zwei Phasen zugegen sind; für Wasser sind deren drei möglich, nämlich Eis, Flüssigkeit und Dampf.

In der nachstehenden graphischen Darstellung (Fig. 31) sind die Temperaturen T auf der Abszisse, die Drucke P auf der Ordinate angegeben. Betrachten wir zuerst das flüssige Wasser oberhalb 0°. Zu jeder Temperatur gehört eine bestimmte Dampfspannung; die Ordinaten von jedem Punkt der Linie OB geben dieselbe an. War der Druck für eine bestimmte Temperatur größer, als die Ordinate angibt, so verschwindet die gasförmige Phase völlig. Die Linie OB gibt daher für die verschiedenen Temperaturen und Drucke die Grenze der flüssigen und gasförmigen Phase an. Jeder Punkt der Fläche COB vergegenwärtigt die flüssige, jeder Punkt von AOB die

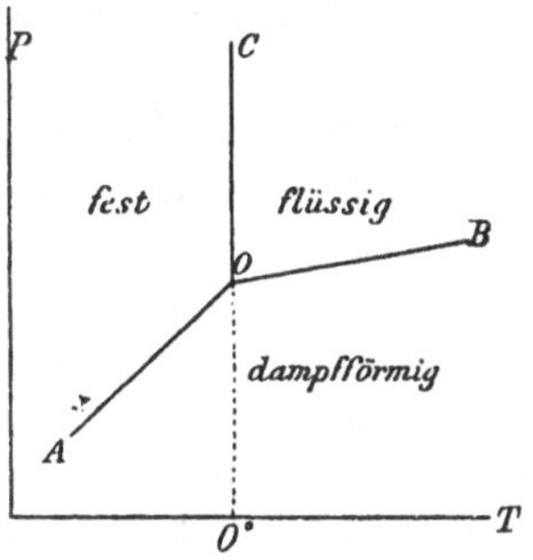

Fig. 31.
Phasen des Wassers.

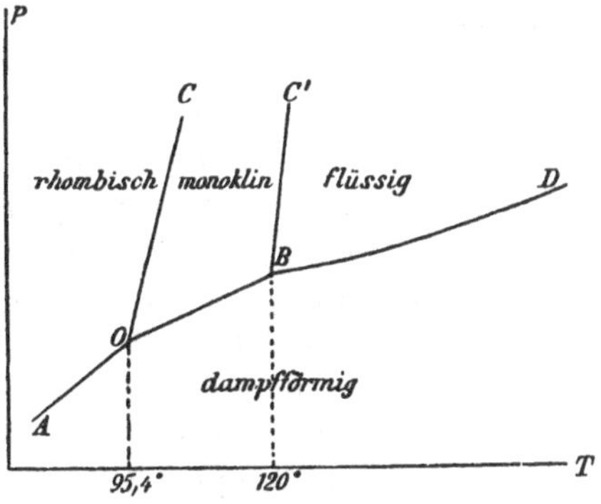

Fig. 32.
Phasen des Schwefels.

gasförmige Phase. Nur die Punkte der Linie OB vergegenwärtigen die Temperaturen und die zugehörigen Drucke, wo beide Phasen beständig sind. Die Linie OB endigt also einerseits bei 0°; ihr anderes Ende liegt bei der kritischen Temperatur, da bei dieser Dampf und Flüssigkeit identisch werden. — Lassen wir nun die Temperatur unter 0° sinken. Die flüssige Phase verschwindet und Eis tritt an ihre Stelle. Die Ordinaten der Punkte der Linie AO geben wieder die Dampfspannungen des Eises für verschiedene Temperaturen an. Aus demselben Grunde wie oben ist OA die Grenze der festen und der gasförmigen Phase. Nur längs dieser sind beide nebeneinander beständig. Die Linie OA geht bis zum absoluten Nullpunkt, weil dabei die Dampfphase verschwindet.

Der Schmelzpunkt des Eises ist vom Druck einigermaßen abhängig und wird durch zunehmenden Druck erniedrigt, pro Atmosphäre um 0·0075°. Die beiden Phasen Eis und Wasser werden daher nebeneinander beständig sein längs einer Linie OC, die für eine sehr geringe Temperaturerniedrigung eine ansehnliche Erhöhung des

Druckes anzeigt. Auch hier wird eine Veränderung des Druckes bei gleichbleibender Temperatur oder umgekehrt das völlige Verschwinden von einer der Phasen nach sich ziehen. Die Linie *OC* wird in einem Punkt endigen, wo die flüssige und feste Phase identisch werden, d. h. wo das ganze System zu einer homogenen amorphen Masse wird. Wo dieser Punkt liegt, ist noch nicht ermittelt worden.

Der Punkt *O*, der Schmelzpunkt des Eises, ist bei dieser Betrachtungsweise der Schnittpunkt der drei Linien, welche die Phasen begrenzen, und längs denen zwei Phasen nebeneinander bestehen; er wird Tripelpunkt genannt. Nur in diesem Punkt sind die drei Phasen nebeneinander beständig; er ist der gemeinschaftliche Punkt der Flächen, welche die Gebiete der drei Phasen angeben. Man sieht, welche allgemeine Bedeutung der Schmelzpunkt durch diese Betrachtungsweise erhält.

Beim Schwefel haben wir einen Stoff und vier mögliche Phasen: rhombisch, monoklin, flüssig, gasförmig. Figur 32 läßt den Zusammenhang dieser Phasen erkennen. Unterhalb 95·4 ° ist der Schwefel rhombisch; die zwei Phasen sind rhombischer Schwefel und Dampf. Die Linie *OA* ist die Grenze jedes einzelnen Gebietes. Bei 95·4° geht die rhombische Phase in die monokline über. Die Ordinaten der Linie *OB* geben den Dampfdruck des monoklinen Schwefels bei den Temperaturen 95·4—120° an. Die zwei kristallinischen Phasen können nebeneinander in dem Punkt *O* (dem Umwandlungspunkt) bestehen. Aus den Untersuchungen von REICHER geht hervor, daß dieser Umwandlungspunkt vom Druck abhängig ist; er wird bei Erhöhung des Druckes um eine Atmosphäre ca. 0·05° hinaufgerückt. Die Grenze der kristallinischen Phasen wird daher gegeben durch eine Linie *OC*, welche zeigt, daß mit sehr wenig steigender Temperatur eine sehr erhebliche Zunahme des Druckes erfolgt. Bei *O* haben wir demnach einen Tripelpunkt, d. h. einen gemeinschaftlichen Punkt der beiden kristallinischen und der gasförmigen Phase. Bei *B*, dem Schmelzpunkt des monoklinen Schwefels, liegt ein zweiter Tripelpunkt, welcher dem Schmelzpunkt des Eises vollkommen analog ist. Schließlich sei noch bemerkt, daß die Linie *BC'*, welche die flüssige und feste Phase trennt, hier für eine Zunahme des Druckes eine Erhöhung des Schmelzpunktes andeuten muß, weil Schwefel bei höherem Druck auch höher schmilzt. Die Linien *OC* und *BC'* sind nicht parallel, sondern schneiden sich, wie der Versuch lehrte, bei ca. 151° und 1281 Atmosphären.

Im Tripelpunkt kann man weder die Temperatur noch den Druck ändern, ohne die Art des Gleichgewichtes zu ändern. Man drückt dies auch wohl aus, indem man sagt: das System ist nonvariant oder es hat keinen Freiheitsgrad. Längs der Linien OA, OB, OC dagegen kann man die Temperatur willkürlich wählen, wobei sich, unter geeigneten Umständen, der Druck von selbst einstellt, oder umgekehrt. Dieses System ist daher univariant oder es hat einen Freiheitsgrad. Man wird leicht einsehen, daß eine ungesättigte Lösung ein divariantes System darstellt, weil hierbei (innerhalb gewisser Grenzen) Temperatur und Druck beide willkürlich gewählt werden können.

Wir sind nun imstande, die Phasenregel auch auf andere Weise auszudrücken. Im allgemeinen gibt es $n + 2$ Phasen, wenn ein System von n-Komponenten nonvariant ist. Nennen wir die Anzahl der Phasen P, die Anzahl der Komponenten B und den Freiheitsgrad F, so haben wir im allgemeinen:

$$P + F = B + 2.$$

Jede Phase weniger gibt also einen Freiheitsgrad mehr.

Schwefelwasserstoff H_2S.

72. Dieses Gas entströmt in vulkanischen Gegenden dem Boden; einige, Schwefelwässer genannte Mineralwässer, so das von Aachen, enthalten es; es tritt bei der Fäulnis organischer Stoffe auf.

Man kann es durch Synthese aus den Elementen erhalten. Wenn Schwefel mit Wasserstoff längere Zeit (etwa 168 Stunden) auf 310° erhitzt wird, findet fast vollständige Vereinigung statt.

H_2S kann ferner durch Einwirkung von Wasserstoff auf Schwefelverbindungen oder umgekehrt von Schwefel auf Wasserstoffverbindungen erhalten werden; ein Beispiel für ersteren Fall ist die Reduktion von Schwefelsilber Ag_2S durch Wasserstoff bei höherer Temperatur; für letzteren, daß beim Kochen von Terpentinöl $C_{10}H_{16}$ mit Schwefel Schwefelwasserstoff entsteht. Diese Methoden sind für die Darstellung von H_2S jedoch nicht geeignet.

Zu diesem Zweck bedient man sich der Einwirkung einer Wasserstoff- auf eine Schwefelverbindung, und zwar meistens der Einwirkung verdünnter Schwefel- oder Salzsäure auf Schwefeleisen:

$$FeS + 2HCl = FeCl_2 + H_2S.$$

Um Schwefelwasserstoffgas, auch Eisenvitriol genannt, stets zur Verfügung zu haben (zu analytischen Arbeiten wird es viel gebraucht, siehe **73**), ist von Kipp in Delft (Niederlande) ein Apparat erfunden worden, welcher zu diesem Zweck besonders geeignet ist und auch für die Entwicklung vieler anderer Gase bei gewöhnlicher Temperatur verwendet werden kann. Er ist folgendermaßen konstruiert.

Über dem unteren Doppelgefäß *B* und *C* (Fig. 33), von dem jedes einen seitlichen Hals hat, befindet sich ein Kugeltrichter *A*, dessen lange Röhre bis in den unteren Teil von *C* hinabreicht, ohne die Verbindung zwischen *B* und *C* zu versperren. Schwefeleisen wird in *B* gebracht und die verdünnte Säure in *A*. Wenn der Hahn *D* geöffnet ist, fließt die Säure aus *A* nach *C*. Sobald *C* gefüllt ist, wird der Hahn geschlossen und *A* noch etwa halb mit Säure nachgefüllt. Öffnet man jetzt den Hahn *D*, so sinkt die Flüssigkeit aus *A* nach *C*, wird nach *B* gedrückt und entwickelt mit dem Schwefeleisen Schwefelwasserstoff, welcher durch *D* entweicht. Schließt man den Hahn, so dauert die Entwicklung noch fort, verdrängt aber die Flüssigkeit aus *B*; sobald dies geschehen ist, hört die Entwicklung von selbst auf; der Apparat ist jederzeit imstande, beim Öffnen des Hahnes neue Mengen Gas zu liefern, bis die Säure oder das Schwefeleisen verbraucht ist. Die verbrauchte Säure wird durch den Hals unten in *C* leicht abgelassen.

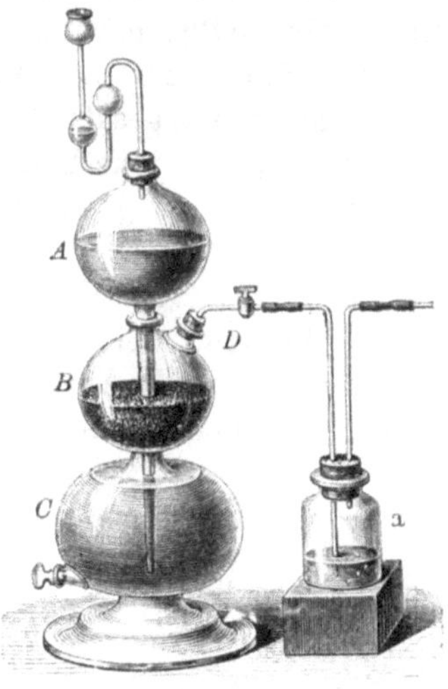

Fig. 33. Kippscher Apparat.

Da dem Schwefeleisen meist etwas metallisches Eisen beigemengt ist, so enthält das so bereitete Gas ein wenig Wasserstoff. Völlig reinen Wasserstoff gewinnt man durch Zersetzen von Schwefelantimon, Sb_2S_3, mit konzentrierter Salzsäure.

Physikalische Eigenschaften. Der Schwefelwasserstoff bildet ein farbloses Gas von widerlichem, an faule Eier erinnerndem Geruch. Unter einem Druck von etwa 17 Atmosphären wird er bei gewöhnlicher Temperatur zu einer farblosen Flüssigkeit verdichtet; flüssiger Schwefelwasserstoff siedet bei $-61 \cdot 8^0$ und erstarrt bei -85^0. In Wasser ist das Gas löslich, 1 Vol. Wasser löst 4·37 Vol. bei 0^0 („Schwefelwasserstoffwasser"). Er ist giftig; als Gegengift wird Einatmen von sehr verdünntem Chlor empfohlen.

Chemische Eigenschaften. Schwefelwasserstoff ist entzündlich und geht beim Verbrennen je nach der Luftzufuhr in Schwefeldioxyd und Wasser, oder in Wasser und Schwefel über:

$$H_2S + 3O = H_2O + SO_2; \quad H_2S + O = H_2O + S.$$

In wäßriger Lösung zersetzt er sich an der Luft in Schwefel und Wasser; die Zersetzung wird durch Licht befördert. Den Gasgehalt kann man durch Kochen aus dem Schwefelwasserstoffwasser austreiben. Will man Schwefelwasserstoffwasser unzersetzt erhalten, so muß man es in dunklen, völlig gefüllten und gut verschlossenen Flaschen aufbewahren. Am leichtesten wird guter Verschluß erzielt, wenn man die Flasche mit dem Stopfen nach unten in ein Becherglas mit Wasser setzt.

Schwefelwasserstoff ist ein kräftiges Reduktionsmittel. Bromwasser und Jodlösung werden dadurch entfärbt unter Abscheidung von Schwefel.

Dies erfolgt nach der Gleichung

$$H_2S + 2\,Br = 2\,HBr + S.$$

Da Schwefelwasserstoff, sei es auch wenig, in seiner wäßrigen Lösung ionisiert ist, so kann man diese Gleichung auch wie folgt schreiben:

$$2\,H^{\cdot} + S'' + 2\,Br = 2\,H^{\cdot} + S + 2\,Br' \quad (\mathbf{76}),$$

woraus hervorgeht, daß bei dieser Reaktion das Brom die Ladungen des Schwefels übernimmt, oder mit andern Worten, daß Brom sich auf Kosten des Schwefels ionisiert.

Verschiedene Sauerstoffverbindungen werden durch Schwefelwasserstoff in niedrigere Oxydationsstufen übergeführt, Chromsäure z. B. wird in saurer Lösung zu Chromoxydsalz (**295**) reduziert. Rauchende Salpetersäure wirkt so kräftig ein, daß eine schwache Explosion erfolgt. Leitet man H_2S über PbO_2, so entzündet er sich, während letzteres reduziert wird. Konzentrierte Schwefelsäure H_2SO_4 wird reduziert, weshalb sie zum Trocknen von H_2S nicht verwendet werden kann.

Schwefelwasserstoff hat den Charakter einer schwachen Säure; wenn man ihn über Zink, Kupfer, Zinn oder Blei leitet, so entstehen die entsprechenden Sulfide und Wasserstoff wird frei.

Zusammensetzung des Schwefelwasserstoffes. Wenn man in trocknem Schwefelwasserstoff — in einer Röhre über Quecksilber — ein Stückchen Zinn erhitzt (Fig. 34), so entstehen Schwefelzinn und Wasserstoff. Nach dem Erkalten zeigt sich, daß dessen Volum ebensogroß ist, wie das des Schwefelwasserstoffes. Zu demselben Resultat gelangt man, wenn in dem trocknen Gas ein Platindraht zum Glühen gebracht wird, wodurch es in die Elemente gespalten wird. Da das Molekül des Wasserstoffes H_2 ist, müssen im Molekül des Schwefelwasserstoffes zwei Atome Wasserstoff vorhanden sein. Nun ist für das spez. Gewicht des Schwefelwasserstoffes 1·1912 (Luft = 1) oder 17·15 (H = 1) gefunden worden. Das Mol wiegt daher 34·30 g, und da darin 2 g H vorhanden sind, bleiben für den Schwefel noch 32·3 g übrig. Diese Zahl kommt dem Atomgewicht des Schwefels sehr nahe. Daher kann im Molekül des Schwefelwasserstoffes nur ein Atom Schwefel zugegen sein. Wir gelangen so zu der Formel H_2S.

Fig. 34. Zersetzung von H_2S.

73. Gebrauch des Schwefelwasserstoffes in der Analyse. H_2S findet in der qualitativen Analyse ausgedehnte Anwendung. Eine große Anzahl Metalle werden aus saurer Lösung durch Schwefelwasserstoff als Sulfide niedergeschlagen. Dies sind (außer einigen seltenen Elementen) Gold, Platin, Arsen, Antimon, Zinn, Silber, Quecksilber, Blei, Wismut, Kupfer und Kadmium. Einige dieser Sulfide zeigen charakteristische Färbung, so das orangerote Schwefelantimon Sb_2S_3, das gelbe Schwefelkadmium CdS, das braune Zinnsulfür SnS, das gelbe Zinnsulfid SnS_2, das gelbe As_2S_3. Die übrigen der genannten Sulfide sind schwarz. Andere Metalle wie Nickel, Kobalt, Eisen, Mangan, Zink, Chrom, Aluminium usw., werden aus saurer Lösung durch H_2S nicht gefällt, wohl jedoch durch Schwefelammonium; noch andere Metalle wie Baryum, Strontium, Calcium, Magnesium und die Alkalien werden auch durch Schwefelammonium aus ihren Lösungen nicht gefällt, so daß man in dem Schwefelwasserstoff und seiner Ammoniumverbindung ein Mittel besitzt, eine Trennung dieser Elemente zu bewirken.

Auf die Frage, warum einige Elemente aus saurer Lösung durch Schwefelwasserstoff gefällt werden, andre nicht, gibt die Ionentheorie Antwort. Man habe eine verdünnte Lösung von Kupfersulfat und leite in dieselbe Schwefelwasserstoff ein; Kupfersulfat ist nahezu völlig ionisiert, Schwefelwasserstoff nur zu einem sehr geringen Teil (δ). Wir haben daher in der Lösung:

$$Cu^{\cdot\cdot} + SO_4'' + 2\delta H^{\cdot} + \delta S'' + (1 - \delta) H_2S,$$

wo die Kationen durch einen Punkt, die Anionen durch einen Strich oben rechts vorgestellt werden und die Anzahl dieser Punkte oder Striche ihre Valenz (**76**) andeutet.

Die Kupfer- und Schwefelionen können hier zu ungespaltenen Molekülen CuS zusammentreten, welche in Wasser sehr wenig löslich sind und daher niederfallen. Hierdurch wird jedoch das Gleichgewicht zwischen H_2S und seinen Ionen gestört; es wird aufs neue H_2S in Ionen gespalten werden; hierdurch werden wieder S-Ionen frei, welche sich mit Cu vereinigen können und so fort, so daß der Prozeß nach der Gleichung verläuft:

$$CuSO_4 + H_2S = \underset{\text{unlöslich}}{CuS} + H_2SO_4$$

oder wenn man nur die daran beteiligten Ionen schreibt:

$$Cu^{\cdot\cdot} + S'' = CuS$$

und zwar quantitativ, wenn die Kupferlösung verdünnt und ihr keine beträchtliche Menge einer starken freien Säure zugesetzt war.

Sind diese Voraussetzungen jedoch nicht erfüllt, und ist deshalb die Konzentration der Wasserstoffionen eine beträchtliche, so drängen diese die Ionisation von H_2S so sehr zurück (**66**), daß kein Niederschlag entstehen kann.

Ob dieser sich bilden wird, hängt nämlich von der folgenden Bedingung ab. Kupfersulfid löst sich in Berührung mit Wasser zu einem äußerst geringen Betrag auf; in dieser Lösung hat man den Gleichgewichtszustand:

$$Cu^{\cdot\cdot} + S'' \rightleftarrows CuS.$$

Wenn *a* und *b* die Konzentration der beiden Ionen, *c* die des ungespaltenen CuS ist, gilt hierfür die Gleichung:

$$a\,b = k \cdot c,$$

wo *k* bei gleichbleibender Temperatur eine Konstante ist (**66**).

Das Produkt *a b* führt den Namen *Löslichkeitsprodukt.* Es hat für jede gesättigte Lösung einen bestimmten Wert. Ist es in einem gegebenen Fall kleiner als dieser Wert, so kann sich aus der Lösung nichts abscheiden, weil die Lösung dann nicht gesättigt ist; wird es jedoch durch irgend welche Umstände größer, so scheidet sich der gelöste Stoff ab.

Sobald nun die Konzentration der S-Ionen so gering wird (infolge des Zurückgehens der Ionisation von H_2S durch die H-Ionen), daß dadurch der Wert von *ab* kleiner wird, als der des Löslichkeitsproduktes von CuS, wird kein Niederschlag entstehen. Verdünnt man jedoch die Flüssigkeit, so nimmt die Konzentration der H-Ionen ab; leitet man jetzt Schwefelwasserstoff ein, so nimmt diejenige der S-Ionen zu; der Wert des Löslichkeitsproduktes kann dann überschritten werden, wodurch CuS abgeschieden wird.

Wenn man einem in Wasser verteilten Niederschlag von CuS eine starke Säure zusetzt, wird nur eine sehr geringe Menge desselben sich lösen; die H-Ionen der starken Säure nehmen zwar einen Teil der S-Ionen weg, um etwas ungespaltenen H_2S zu liefern, so daß, um das Gleichgewicht herzustellen, eine Spur CuS mehr in Lösung gehen muß; aber bald wird der Punkt erreicht, bei dem so viele Cu- und S-Ionen in der Lösung sind, daß der Wert des Löslichkeitsproduktes von CuS erreicht wird. Von diesem Augenblick an geht kein CuS mehr in Lösung. Da der Wert des Löslichkeitsproduktes sehr klein ist, ist die Löslichkeit des Sulfids in verdünnten starken Säuren sehr gering, während anderseits infolgedessen die Fällung des CuS möglich wird.

Ist jedoch das Löslichkeitsprodukt eines Sulfids größer wie bei Schwefeleisen, so bewirkt der Zusatz von Schwefelwasserstoff zu der

Lösung eines Eisensalzes, z. B. Ferrosulfat $FeSO_4$, keinen Niederschlag von FeS, und wird umgekehrt FeS durch verdünnte starke Säuren aufgelöst. Denn wenn man in eine Lösung von $FeSO_4$ selbst bis zur Sättigung H_2S einleitet, ist wegen der geringen Ionisation des H_2S die Konzentration der S-Ionen doch noch nicht groß genug, um mit der der Fe-Ionen den Wert des Löslichkeitsproduktes von FeS zu erreichen; es entsteht daher kein Niederschlag. Und wenn verdünnte Salzsäure zu FeS zugegeben wird, bilden die H- und S-Ionen ungespaltene H_2S-Moleküle, wodurch die Konzentration der S-Ionen kleiner bleibt, als sie zufolge des Wertes des Löslichkeitsproduktes werden müßte, um ein Auflösen zu verhindern; deshalb geht bei genügendem Säurezusatz alles Schwefeleisen in Lösung.

Es ist nun auch klar, weshalb Eisenlösungen wohl durch Schwefelammonium niedergeschlagen werden; dies erfolgt nach der Gleichung:

$$FeSO_4 + (NH_4)_2S = FeS + (NH_4)_2SO_4.$$

Es sind hier also keine H-Ionen in der Lösung, die auf das FeS einwirken können.

Daß endlich Metalle wie Baryum usw. weder durch H_2S noch durch Schwefelammonium gefällt werden, hat in der Leichtlöslichkeit ihrer Sulfide seinen Grund.

Wasserstoffsupersulfid.

74. Wenn man Schwefel mit einer Base, Kali oder Kalk, kocht, so entstehen Polysulfide, d. h. Verbindungen wie K_2S_2, K_2S_3 u.s.f., bis K_2S_5 oder CaS_5. Wird eine Lösung dieser Stoffe in Salzsäure eingegossen, so scheidet sich eine dicke ölige Flüssigkeit ab, Wasserstoffpersulfid, deren Zusammensetzung annähernd der Formel H_2S_5 entspricht; sie ist jedoch sehr zersetzlich, läßt sich z. B. nicht destillieren, auch im Vakuum nicht.

Verbindungen des Schwefels mit den Halogenen.

75. Wenn Chlor über geschmolzenen Schwefel geleitet wird, so entsteht Chlorschwefel S_2Cl_2; seine Formel ergibt sich aus der Dampfdichte und der Analyse. Er bildet eine gelbe Flüssigkeit von sehr unangenehmem, stechendem und zu Tränen reizenden Geruch. Dieselbe siedet bei 139° und besitzt in hohem Maße das Vermögen, Schwefel zu lösen, bei gewöhnlicher Temperatur bis 66%. Diese Lösung bildet eine dicke, sirupartige Flüssigkeit. Man benutzt sie zum Vulkanisieren des Kautschuks.

Durch Wasser wird der Chlorschwefel langsam zersetzt:

$$2S_2Cl_2 + 2H_2O = SO_2 + 3S + 4HCl.$$

Es gibt noch zwei andere Verbindungen von Schwefel und Chlor, nämlich SCl_2 und SCl_4.

Schwefeldichlorid SCl_2 bildet sich langsam, wenn S_2Cl_2 und flüssiges Chlor in molekularem Verhältnis gemischt werden. Anfangs hat diese Mischung eine gelbe Farbe, welche jedoch in wenigen Tagen in rot umschlägt. Eine

Bestimmung der Dampfdichte und der Gefrierpunktserniedrigung, welche die rote Substanz in Eisessig oder Benzol verursacht, gibt die Formel SCl_2. Es muß aber bemerkt werden, daß ein Gemisch von $S_2Cl_2 + Cl_2$ dasselbe (scheinbare) Molekulargewicht zeigen würde, weil daraus auch wieder 2 Molekülen SCl_2 entstehen. Die Existenz von SCl_2 ist nicht nur durch den erwähnten Farbenwechsel wahrscheinlich, sondern auch durch folgende Beobachtungen: 1. Die Zusammensetzung des Dampfes, welcher sich aus einer frischen Mischung von S_2Cl_2 und Chlor entwickelt, ist ganz anders als aus einer alten, rot gewordenen. 2. Mischungen von S_2Cl_2 und Cl_2 verringern ihr Volum beim Stehen und die Abnahme des Volums erreicht für die Mischung in molekularem Verhältnis ihr Maximum. 3. Die Gefrierpunktskurve vom System Schwefel-Chlor gibt auch Andeutungen für die Existenz von SCl_2.

Schwefeltetrachlorid SCl_4 kristallisiert in sehr feinen Kristallen, wenn alte Mischungen von S_2Cl_2 und Chlor durch flüssige Luft abgekühlt werden. Es schmilzt bei etwa -30^0, doch dieser Punkt konnte nicht scharf bestimmt werden, weil die Kristalle nicht von ihrer Mutterlauge getrennt werden konnten. Daher konnten dieselben auch nicht analysiert werden. Die Gestalt der Gefrierpunktskurve läßt jedoch keinen Zweifel über die Formel SCl_4, siehe **237**.

Brom und Jod geben mit Schwefel ähnliche Verbindungen wie Chlor.

Fluor vereinigt sich mit Schwefel zu einer gasförmigen Verbindung von der Formel SF_6, deren Eigenschaften für einen Körper von dieser Zusammensetzung ganz unerwartet sind. Sie ist nämlich farb- und geruchlos und nicht entzündbar. Bei -55^0 geht sie in den festen kristallisierten Zustand über. In Wasser ist sie wenig löslich. Trotz ihres hohen Fluorgehaltes ist sie chemisch fast so indifferent wie Stickstoff, wird von schmelzenden Alkalien nicht zersetzt und ebensowenig von Kupferoxyd bei Dunkelrotglut. Mit Wasserstoff kann sie erhitzt werden, ohne daß Fluorwasserstoff entsteht; sogar Natrium kann darin geschmolzen werden, ohne daß seine Oberfläche blind wird; erst bei seinem Siededunkt wird es von dem Fluorid angegriffen.

Die Valenz oder die Wertigkeit der Elemente.

76. Einige Elemente zeigen die Eigentümlichkeit, mit einem ihrer Atome nur ein Atom eines andern Elementes binden zu können. Die Halogene einerseits und Wasserstoff anderseits können nur Verbindungen vom Typus HX liefern (X = Halogen). Diese einfache Bindungsfähigkeit wird als Einwertigkeit oder Univalenz bezeichnet.

Von anderen Elementen, wie Sauerstoff und Schwefel, kann je ein Atom mit zwei einwertigen Atomen Verbindungen eingehen (Beispiele H_2S, H_2O). Man nennt sie deshalb zweiwertig oder bivalent.

Die Anzahl einwertiger Atome, welche sich mit je einem Atom eines andern Elementes verbinden können, dient in entsprechender Weise als Maß der Valenz überhaupt; der Stickstoff z. B. bindet sich mit drei Atomen Wasserstoff und ist daher dreiwertig, Kohlenstoff ist vierwertig usf.

Die Valenz eines und desselben Elementes kann verschieden sein, je nach der Natur der einwertigen Elemente, mit denen es sich verbindet. Der Schwefel z. B. kann sich nur mit zwei Wasserstoffatomen vereinigen; mit dem einwertigen Chlor geht er jedoch die Verbindung SCl_4 ein, mit Fluor sogar SFl_6. Der Schwefel ist daher in diesen Fällen vier- und sechswertig. Verbindungen des Schwefels mit mehr als sechs einwertigen Atomen darzustellen ist nicht gelungen; seine maximale Wertigkeit ist daher sechs.

Auch die Halogene, welche sich dem Wasserstoff gegenüber einwertig verhalten, sind in Bezug aufeinander mehrwertig, man denke z. B. an die Verbindungen JCl_3 und JFl_5; man ist berechtigt anzunehmen, daß ihre maximale Wertigkeit sieben ist (**213**).

Man hat ziemlich allgemein beobachtet, daß, wenn die maximale Valenz eines Elementes gerade oder ungerade ist, seine niedrigeren Valenzen dies auch sind; die Halogene und der Schwefel sind hierfür Beispiele.

Die Anzahl zweiwertiger Atome, welche sich mit einem Atom eines andern Elementes verbinden, kann ebenfalls als Maß der Wertigkeit dienen. Wir werden alsbald Verbindungen des Schwefels, SO_2 und SO_3, kennen lernen, in welchen man denselben als vier- und sechswertig auffassen kann; man trägt dem durch die Formeln $S{\ll}^{O}_{O}$ und $S{\lll}^{O}_{O}{=}O$ Rechnung, wo jeder Strich eine Valenz (Bindungseinheit) bedeutet. Hierbei ist jedoch zu bedenken, daß in diesen Verbindungen der Schwefel auch als zweiwertig aufgefaßt werden kann, wie die Formel $S{<}^{O}_{O}{\big|}$ zeigt, welche sich von der vorigen durch die Annahme einer Bindung zwischen den Sauerstoffatomen unterscheidet. Welche der beiden Formeln für SO_2 die richtige ist, läßt sich zurzeit noch nicht sagen.

Die Grundlage für diese Art von Formeln bildet die aus der organischen Chemie entlehnte Vorstellung, daß die Atome eines Moleküls nicht jede willkürliche Gruppierung annehmen können, sondern in jedem Molekül in bestimmter Weise angeordnet sind.

Valenz der Ionen.

In der Lösung eines Elektrolyten muß die Summe aller positiven Elektrizitätsmengen der Summe aller negativen gleich sein; denn die Lösung verhält sich elektrisch neutral. In einer Lösung von Salzsäure muß daher die positive Ladung der H-Ionen gleich der negativen Ladung der Chlor-Ionen sein, und da von beiden gleichviel Ionen vorhanden sind, muß jedes derselben gleiche, aber entgegengesetzte Ladung besitzen. In einer Lösung von Schwefelsäure dagegen müssen die 2 H-Ionen zusammen ebensoviel positive Elektrizität besitzen wie SO_4 negative. Das Ion SO_4'' nennt man deshalb zweiwertig in bezug auf das Wasserstoffion. Man erkennt leicht, wie sich auf analoge Weise die Wertigkeit anderer Ionen bestimmen läßt; sie wird angegeben durch den numerischen Wert der Elektrizitätsmenge, mit der sie beladen sind, wenn diejenige des Wasserstoffions als Einheit angenommen wird.

Verbindungen des Schwefels mit Sauerstoff,

77. welche nur diese zwei Elemente enthalten, sind vier bekannt: S_2O_3, SO_2, SO_3 und S_2O_7; von besonderer Wichtigkeit sind jedoch nur SO_2 und SO_3; die beiden andern kennt man wenig.

Schwefelsesquioxyd S_2O_3

wird erhalten, wenn man Schwefel mit SO_3 zusammenbringt; es ist eine blaue Flüssigkeit, welche zu einer malachitgrünen Masse erstarrt und sich in rauchender Schwefelsäure mit blauer Farbe löst. Durch Erwärmen wird es in Schwefel und SO_2 zerlegt:

$$2S_2O_3 = 3SO_2 + S.$$

Von Wasser wird es zersetzt unter Bildung von Schwefel, schwefliger Säure, Schwefelsäure und Polythionsäuren.

Schwefligsäureanhydrid oder Schwefeldioxyd SO_2.

78. Dieses Gas kommt in den Vulkangasen vor. Es entsteht, wenn Schwefel an der Luft oder in Sauerstoff verbrennt; der bekannte Schwefelgeruch rührt daher. Bei dieser Verbrennung entsteht zugleich ein wenig Schwefeltrioxyd. Die Darstellung im Laboratorium besteht darin, daß man Schwefelsäure durch Kupfer zersetzt:

$$2H_2SO_4 + Cu = CuSO_4 + SO_2 + 2H_2O.$$

Zu diesem Zwecke erhitzt man konzentrierte Schwefelsäure mit Kupferspänen; bei gewöhnlicher Temperatur findet keine Einwirkung statt. Man kann sich den Vorgang so vorstellen, daß bei der hohen Temperatur das Kupfer zunächst Wasserstoff aus einem Molekül Schwefelsäure entwickelt, welcher dann auf ein zweites Molekül Schwefelsäure reduzierend einwirkt:

$$H_2SO_4 + 2H = SO_2 + 2H_2O.$$

In der Tat wird konzentrierte Schwefelsäure in der Hitze durch Einleiten von Wasserstoff zu Schwefeldioxyd zersetzt.

Auch durch Reduktion von konzentrierter Schwefelsäure mit Holzkohle läßt sich Schwefeldioxyd sehr bequem darstellen:

$$2H_2SO_4 + C = 2H_2O + 2SO_2 + CO_2.$$

Dabei erhält man jedoch, wie die Gleichung zeigt, das Gas zu einem Drittel seines Volums mit Kohlendioxyd gemischt, von dem es direkt nicht getrennt werden kann.

Ferner wird SO_2 durch Einwirkung von Sauerstoff auf Schwefelverbindungen gewonnen, so z. B. durch Rösten, d. h. Erhitzen in einem Luftstrom, von Pyrit:

$$\underset{\text{Pyrit}}{FeS_2} + 3O_2 = SO_2 + FeSO_4.$$

Diese Reaktion wird technisch in sehr großem Maßstabe bei der Schwefelsäurefabrikation benutzt.

Auch durch Einwirkung von Schwefel auf Sauerstoffverbindungen wird SO_2 erhalten, z. B. durch Erhitzen von Kupferoxyd oder Braunstein mit Schwefel:

$$2CuO + 2S = Cu_2S + SO_2; \quad MnO_2 + 2S = MnS + SO_2.$$

Endlich wird SO_2 durch Einwirkung einer Sauerstoff- auf eine Schwefelverbindung erhalten, z. B.:

$$CuS + 2CuO = 3Cu + SO_2.$$

Letztere Reaktion wird durch Erhitzen bewerkstelligt.

Physikalische Eigenschaften. Bei gewöhnlicher Temperatur und Druck ist Schwefeldioxyd ein Gas; es besitzt einen eigenartigen Geruch und Geschmack; es wird leicht flüssig und siedet bei -8^0; beim Verdampfen entsteht eine erhebliche Temperaturerniedrigung, welche -50^0 erreichen kann; bei -76^0 wird es fest. Flüssiges SO_2 löst viele Salze, bisweilen mit charakteristischer Farbe. In Wasser ist es leicht löslich; bei 0^0 löst 1 Vol. Wasser 79·79 Vol.; bei 20^0 39·37 Vol. Durch Kochen wird alles Gas ausgetrieben (**83**).

Chemische Eigenschaften. Schwefeldioxyd ist ein Säureanhydrid; seine wäßrige Lösung reagiert sauer und verhält sich auch im übrigen wie die einer Säure. Durch Oxydationsmittel wird SO_2 leicht weiter oxydiert zu SO_3. Dies geschieht z. B., wenn ein Gemisch von SO_2 und Luft oder Sauerstoff über erhitzten Platinschwamm oder Platinasbest geleitet wird. In wäßriger Lösung erfolgt diese Oxydation leicht bereits bei gewöhnlicher Temperatur. Ferner kann die Oxydation des SO_2 durch Chlorwasser, Brom und Jod bewirkt werden:

$$Cl_2 + 2H_2O + SO_2 = H_2SO_4 + 2HCl;$$

ferner durch Chromsäure, welche zu Chromsulfat, durch Kaliumpermanganat, welches zu einem Gemenge von Mangan- und Kaliumsulfat reduziert und daher entfärbt wird:

$$2KMnO_4 + 5SO_2 + 2H_2O = K_2SO_4 + 2MnSO_4 + 2H_2SO_4.$$

Bleisuperoxyd gerät im SO_2-Strom ins Glühen, wobei es — selbst braun — zu weißem Bleisulfat wird:

$$PbO_2 + SO_2 = PbSO_4.$$

Auf der reduzierenden Wirkung des SO_2 beruht auch seine bleichende Wirkung auf organische Farbstoffe. Eine rote Rose z. B. wird dadurch vollkommen weiß. SO_2 setzt sich hierbei wahrscheinlich mit Wasser um, so daß Wasserstoff frei wird, welcher die Entfärbung bewirkt:

$$SO_2 + 2H_2O = H_2SO_4 + H_2.$$

Das Bleichen beruht daher hier auf einer Reduktion; tatsächlich tritt in manchen Fällen die Farbe wieder auf, wenn man den gebleichten Stoff der oxydierenden Wirkung der Luft aussetzt. Seide, Wolle, Stroh, d. h. Stoffe, welche die Chlorbleiche nicht vertragen, werden in der Technik durch SO_2 gebleicht. Schwefeldioxyd wird auch als Antiseptikum verwendet.

Die Reduktion von Jodsäure durch SO_2 wird zuweilen zum Nachweis des letzteren benutzt; man tränkt zu diesem Zwecke Papierstreifen mit einer Lösung von Kaliumjodat und Stärke, welche bei Gegenwart von SO_2 gebläut werden (infolge von Jodabscheidung) (**47**).

Stellt man die Reaktion in verdünnter Lösung an, so beobachtet man eine eigenartige Erscheinung: die blaue Farbe der Jodstärke erscheint nicht direkt, wenn man Lösungen von SO_2 und HJO_3 zusammengibt, sondern erst nach einer für jede Verdünnung (bei konstanter Temperatur) bestimmten Anzahl von Sekunden, wo sie dann plötzlich auftritt. Folgende Reaktionen spielen sich dabei ab:

$$\text{I.}\quad 3\,SO_2aq + HJO_3 = 3\,H_2SO_4aq + HJ.$$

Die so entstehende Jodwasserstoffsäure wird durch noch anwesende Jodsäure sofort oxydiert:

$$\text{II.}\quad 5\,HJ + HJO_3 = 3\,H_2O + 6\,J.$$

Solange noch SO_2 anwesend ist, führt diese jedoch in dieser verdünnten Lösung Jod in HJ über:

$$\text{III.}\quad 2\,J + SO_2aq + 2\,H_2O = H_2SO_4aq + 2\,HJ.$$

Erst wenn durch die Reaktionen I und III alles SO_2 verbraucht ist, tritt nach II plötzlich freies Jod auf.

Durch manche Stoffe wird dem Schwefeldioxyd auch Sauerstoff entzogen; es kann also auch oxydierend wirken. Entzündetes Magnesiumband brennt in SO_2 weiter, wobei Schwefel und MgO entstehen. Schwefelwasserstoff wird durch SO_2 oxydiert (oder SO_2 durch H_2S reduziert); eine Reaktion, welche in der Hauptsache nach der Gleichung:

$$2H_2S + SO_2 = 2H_2O + 3S$$

verläuft.

Durch elektrische Funken wird SO_2 in Schwefel und SO_3 zerlegt.

Die Wirkung der elektrischen Funken ist ausschließlich der plötzlichen enormen Temperaturerhöhung, welche sie bewirken, und der unmittelbar darauf folgenden schnellen Abkühlung zuzuschreiben; denn die Gasteilchen, welche durch die Funken erhitzt sind, werden durch die Umgebung sofort wieder abgekühlt. Infolgedessen entfällt für die gebildeten Produkte die Gelegenheit, wieder umgekehrt zu reagieren. Daß diese Auffassung richtig ist, hat St. Claire Deville mit Hilfe eines Apparates bewiesen, welcher es ebenfalls ermöglicht, einer sehr hohen Temperatur eine sehr schnelle Abkühlung unmittelbar folgen zu lassen. Dieser Apparat, die kaltwarme Röhre, besteht aus einer ziemlich weiten Porzellanröhre, welche in einem Ofen zu starker Glühhitze gebracht wird, und in der sich konzentrisch ein dünneres Metallrohr befindet, durch welches kaltes Wasser so schnell hindurchfließt, daß es eine niedrige Temperatur behält. Als DEVILLE in den Raum zwischen den beiden Röhren SO_2 brachte, zeigte sich nach einiger Zeit, daß die innere Röhre, welche aus versilbertem Kupfer angefertigt war, sich geschwärzt hatte infolge der Bildung von Schwefelsilber, während zugleich die Bildung von SO_3 nachgewiesen werden konnte (dadurch, daß letzteres mit Wasser Schwefelsäure liefert, welche durch Chlorbaryum angezeigt wird).

Die Zusammensetzung des Schwefeldioxyds kann auf folgende Weise festgestellt werden. Wenn Schwefel in Sauerstoff verbrennt, so ist nach dem Erkalten keine Volumveränderung zu bemerken; es sind also ebensoviele Moleküle schweflige Säure entstanden, als zuvor Sauerstoffmoleküle verbraucht wurden. Das Molekül des Schwefeldioxyds muß daher 2 Atome Sauerstoff enthalten. Das spezifische Gewicht dieses Gases ist zu 2·2639 (Luft = 1) oder 32·6 (H = 1) gefunden worden, so daß sein Molekulargewicht 65·2 ist. Zieht man hiervon für zwei Atome Sauerstoff 2×16 ab, so bleiben für Schwefel 33·2 übrig, während dessen Atomgewicht 32 ist. Daraus geht hervor, daß nur ein Atom Schwefel im Molekül des Schwefligsäureanhydrids vorhanden ist; letzteres hat also die Formel SO_2.

Schwefelsäureanhydrid SO_3 (Schwefeltrioxyd).

79. Diese Verbindung entsteht neben SO_2 bei der Verbrennung des Schwefels in kleiner Menge (**78**); auch wurde bereits angegeben, daß bei Gegenwart von Platinasbest Sauerstoff und SO_2 sich zu SO_3 vereinigen. Eine solche Kontaktwirkung können auch Eisenoxyd Fe_2O_3, Chromoxyd Cr_2O_3 und einige andere Stoffe ausüben. Hierauf gründet sich ein technisches Verfahren zur Darstellung von Schwefeltrioxyd (**86**).

Die katalytische Wirkung dieser Stoffe muß in dem früher (**49**) besprochenen Sinne aufgefaßt werden, d. h. die Verbindung von SO_2 und O erfolgt auch ohne Katalysator, aber dann sehr langsam. Dies geht daraus hervor, daß beim Verbrennen von Schwefel eine kleine Menge SO_3 entsteht. Die Wirkung des Katalysators besteht also in einer Beschleunigung des Prozesses.

Schwefeltrioxyd kann ferner durch Erhitzen einiger Sulfate gewonnen werden:

$$Fe_2(SO_4)_3 = Fe_2O_3 + 3SO_3.$$

Aus „rauchender (Nordhäuser) Schwefelsäure“ (**89**), einer Lösung von SO_3 in Schwefelsäure, kann Schwefeltrioxyd durch Destillation gewonnen werden.

Physikalische Eigenschaften. Das völlig wasserfreie SO_3 schmilzt bei 17·7° und siedet bei 46°; es sieht sich wie Eis an. Meistens kommt es jedoch in einer andern Modifikation vor, nämlich in Form von langen Nadeln mit Seideglanz, ähnlich wie Asbest. Diese Kristalle schmelzen bei 40° und sublimieren beim Erhitzen. Da die eisartige Form spontan in die asbestartige übergeht, nennt man erstere die labile, die zweite die stabile Form. Der Übergang der einen in die andere Form wird durch Spuren von Wasser sehr beschleunigt. Die Bestimmung der Gefrierpunktserniedrigung, welche beide Formen, in Phosphoroxychlorid gelöst, verursachen, hat ergeben, daß die eisartige aus Molekülen SO_3, die asbestartige aus Molekülen $(SO_3)_2$ besteht. Letztere ist also ein Polymeres der ersteren. Merkwürdig ist noch, daß SO_3 sehr leicht, $(SO_3)_2$ dagegen nur langsam von konzentrierter Schwefelsäure gelöst wird.

Chemische Eigenschaften. Schwefeltrioxyd vereinigt sich sehr leicht mit Wasser zu Schwefelsäure:

$$H_2O + SO_3 = H_2SO_4 .$$

Es raucht stark an der Luft. In Wasser erfolgt die Vereinigung unter starkem Zischen und Wärmeentwicklung. Es reagiert auch mit Metalloxyden energisch unter Bildung von Sulfaten; Baryt, BaO, z. B. gerät in Berührung mit SO_3 ins Glühen, wobei $BaSO_4$, Baryumsulfat, entsteht. Wenn Dämpfe von SO_3 durch eine glühende Röhre geleitet werden, so zersetzt es sich in SO_2 und Sauerstoff.

Zusammensetzung. Die eben angegebene Zersetzung läßt die Zusammensetzung des Schwefelsäureanhydrids erkennen. Die Spaltungsprodukte SO_2 und O_2 entstehen nämlich im Volumverhältnis 2:1. Nun ist die Dampfdichte des Schwefelsäureanhydrids 2·75 (Luft = 1), woraus für das Molekulargewicht 79·1 folgt. Das letztere entspricht der Formel SO_3 ($32 + 3 \times 16$); und mit dieser Formel ist die vorstehende Spaltung auch in Einklang; denn man sieht, daß dann 2 Vol. SO_3, 2 Vol. SO_2 und 1 Vol. O_2 liefern müssen:

$$\underset{2\text{ Vol.}}{2\,SO_3} = \underset{2\text{ Vol.}}{2\,SO_2} + \underset{1\text{ Vol.}}{O_2} .$$

Schwefelheptoxyd S_2O_7

80. entsteht, wenn ein Gemenge gleicher Volumina von trocknem Sauerstoff und Schwefeldioxyd einer dunklen elektrischen Entladung von hoher Spannung ausgesetzt wird, in Form öliger Tröpfchen, welche unter 0° kristallisieren und sich wenig oberhalb 0° bereits in SO_3 und Sauerstoff zersetzen. Wird der Körper in Wasser gebracht, so entstehen Schwefelsäure und Sauerstoff:

$$4H_2O + 2S_2O_7 = 4H_2SO_4 + O_2 .$$

Sauerstoffsäuren des Schwefels.

81. Schwefel bildet mit Sauerstoff und Wasserstoff eine große Anzahl von Säuren, nämlich 9. Es sind die folgenden:

1. Thioschwefelsäure $H_2S_2O_3$.
2. Unterschweflige Säure $H_2S_2O_4$.
3. Schweflige Säure H_2SO_3.
4. Schwefelsäure H_2SO_4.
5. Überschwefelsäure $H_2S_2O_8$.
6. Dithionsäure $H_2S_2O_6$.
7. Trithionsäure $H_2S_3O_6$.
8. Tetrathionsäure $H_2S_4O_6$.
9. Pentathionsäure $H_2S_5O_6$.

Zu beachten ist hierbei jedoch, daß von diesen neun Säuren nur die Schwefelsäure für sich isoliert worden ist; die übrigen sind nur in wäßriger Lösung oder in Salzen bekannt. Die zwei Wasserstoffatome, welche jede von diesen Säuren besitzt, sind beide durch Metall ersetzbar; wir haben demnach hier mit zweibasischen Säuren zu tun. Bei solchen Säuren ist es jedoch auch möglich, daß nur ein Wasserstoffatom durch Metall ersetzt wird. Die so entstehenden Salze heißen saure Salze.

Durch verschiedene Methoden, u. a. durch die kryoskopische, ist gefunden, daß die wäßrige Lösung der zweibasischen Säuren H_2A der Hauptsache nach die Ionen $H^{\cdot}$ und $(HA)'$ enthält und erst bei größerer Verdünnung eine weitere Spaltung des Ions $(HA)'$ in $H^{\cdot}$ und A'' eintritt. Die Salze M_2A dagegen sind fast ausschließlich in 2 $M^{\cdot}$ und A'' ionisiert, und die sauren Salze MHA in $M^{\cdot}$ und $(HA)'$. Die weitere Ionisierung von $(HA)'$ ist nicht nur von der Konzentration, sondern auch in hohem Grade von der Stärke der Säure abhängig, so daß, bei gleicher Konzentration, $(HA)'$ bei starken Säuren mehr als bei schwachen gespalten ist.

Thioschwefelsäure $H_2S_2O_3$

82. ist nur in verdünnter wäßriger Lösung existenzfähig; sie ist auch dann sehr unbeständig und zersetzt sich in kurzer Zeit völlig. Die Salze sind jedoch beständig und können auf folgende Weise bereitet werden:

1. Durch Kochen der Lösung eines Sulfites mit Schwefel:

$$\underset{\text{Natriumsulfit}}{Na_2SO_3} + S = Na_2S_2O_3 \text{ oder in Ionen: } SO_3'' + S = S_2O_3''.$$

2. Durch Oxydation von Bisulfiden an der Luft:

$$\underset{\text{Calciumbisulfid}}{2\,CaS_2} + 3\,O_2 = 2\,CaS_2O_3\,.$$

3. Durch Einwirkung von Schwefeldioxyd auf die Lösung eines Sulfites:

$$4\,Na_2S + 6\,SO_2 = 4\,Na_2S_2O_3 + S_2.$$

Das wichtigste Salz ist das Natriumthiosulfat, früher und auch jetzt noch öfter unterschwefligsaures Natrium oder Natriumhyposulfit genannt. Es ist in Wasser sehr leicht löslich; die Lösung besitzt die Fähigkeit, die Halogenverbindungen des Silbers leicht zu lösen; daher rührt die ausgedehnte Anwendung, welche es in der Photographie (**247**) findet. Durch Oxydationsmittel wird es sehr leicht oxydiert, meistens zu Sulfat; dies geschieht z. B. durch Kaliumpermanganat, Salpetersäure und Chlor. Auch von letzterer Eigenschaft macht man praktischen Gebrauch, indem man das Natriumthiosulfat als Antichlor benutzt, d. h. um Stoffe von den letzten Spuren von Chlor zu befreien, welche nach dem Bleichen damit sehr hartnäckig haften bleiben und zerstörende Wirkung ausüben würden.

Silbernitrat fällt aus einer Lösung von Natriumthiosulfat ein weißes Silbersalz der Säure aus; wird der Niederschlag in der Flüssigkeit erwärmt, so wird er schwarz, indem sich Ag_2S bildet.

Gibt man zu einer verdünnten Lösung von Natriumthiosulfat eine verdünnte Säure hinzu, so erfolgt Zersetzung nach folgender Gleichung:

$$Na_2S_2O_3 + 2\,HCl = 2\,NaCl + H_2O + SO_2 + S$$

oder in Ionen:

$$S_2O_3'' + 2\,H^{\cdot} = HSO_3' + H^{\cdot} + S.$$

Es ist jedoch wahrscheinlich, daß die Ionen sich teilweise zu Molekülen H_2SO_3 vereinigen, und daß erst diese in H_2O, S und SO_2 zerfallen.

Merkwürdig ist, daß bei dieser Zersetzung in verdünnter Lösung die Schwefelabscheidung nicht sofort sichtbar wird, sondern erst nach einigen Sekunden oder bei großer Verdünnung sogar Minuten. Man hat früher gemeint, daß bis zu dem Sichtbarwerden des Schwefels die Thioschwefelsäure völlig unzersetzt bleibe und erst von diesem Moment an die Zersetzung erfolge. Dies ist jedoch unrichtig; denn wenn man zu einer verdünnten Lösung von Thiosulfat eine äquivalente Menge verdünnter Säure hinzufügt, und ehe die Schwefelabscheidung noch sichtbar wird, die Flüssigkeit wieder neutralisiert, so tritt doch einige Zeit später Schwefelabscheidung ein; es hatte sich daher zwar ein gewisser Teil der freien Thioschwefelsäure bereits zersetzt, aber der Schwefel befand sich in so außerordentlich fein verteiltem Zustand in der Flüssigkeit, daß er nicht gleich wahrgenommen werden konnte, sondern erst, nachdem er sich zu größeren Teilchen zusammengeballt hatte.

Unterschweflige Säure $H_2S_2O_4$.

83. Im achtzehnten Jahrhundert wurde bereits beobachtet, daß Zink von einer wäßrigen Lösung von Schwefeldioxyd ohne Wasserstoffentwicklung gelöst wird; jedoch zeigte erst Schützenberger, daß hierbei eine besondere Säure entsteht. Ein Salz derselben entsteht durch Einwirkung von Zink auf eine Lösung von saurem Natriumsulfit $NaHSO_3$ oder durch Elektrolyse einer solchen Lösung, wobei der freiwerdende Wasserstoff reduzierend wirkt.

Die unterschweflige Säure sowohl wie ihre Salze sind durch ihr energisches Reduktionsvermögen charakterisiert. Aus Sublimat- ($HgCl_2$), Silbernitrat- und Kupfersulfatlösungen fällt sie die Metalle aus. Jodlösung wird entfärbt (unter Bildung von HJ). Eine Lösung des rohen Natrium- oder Kalksalzes findet in der Blaufärberei zur Herstellung der Indigoküpe (Reduktion von Indigo zu Indigoweiß vgl. „Org. Ch." *399*) Verwendung. Auch durch freien Sauerstoff wird die Lösung sehr leicht oxydiert; sie wird daher benutzt, um den im Wasser gelösten Sauerstoff zu bestimmen.

Es gelang Bernthsen, das Natriumsalz der Säure in festem kristallisierten Zustand abzusondern, indem er seine konzentrierte wäßrige Lösung mit festem Kochsalz versetzte; es hat die Formel $Na_2S_2O_4 + 2H_2O$, so daß die Säure selbst die Formel $H_2S_2O_4$ hat.

Schweflige Säure H_2SO_3.

84. Man nimmt an, daß in der wäßrigen Lösung von SO_2 die schweflige Säure H_2SO_3 enthalten ist; denn diese Lösung reagiert sauer, leitet den elektrischen Strom, gibt mit Basen Salze und entwickelt mit einigen Metallen, z. B. Magnesium, Wasserstoff. Die wäßrige Lösung von Schwefeldioxyd gehorcht nicht dem Henryschen Gesetz (**9**), wenigstens nicht bei gewöhnlicher Temperatur; auch dies beweist das Bestehen einer Verbindung zwischen dem Lösungsmittel und SO_2. Bei höherer Temperatur jedoch besteht diese Abweichung vom genannten Gesetz nicht mehr. Dadurch erklärt sich, daß man durch Sieden alles SO_2 aus der Lösung austreiben kann, denn die Verbindung zwischen Wasser und SO_2 ist dann völlig zerlegt. Die Verbindung H_2SO_3 selbst hat man jedoch nicht isolieren können. Die Salze besitzen die Zusammensetzung M_2SO_3 und $MHSO_3$, ($M =$ einwertiges Metallatom). Die sauren Salze sind fast alle in Wasser löslich, von den neutralen nur die der Alkalien. Das saure Natriumsulfit $NaHSO_3$ wird in der organischen Chemie öfter verwendet. In Lösung gehen die Sulfite an der Luft durch Oxydation langsam in Sulfate über. Es ist sehr merkwürdig, daß sehr geringe Quantitäten organischer Stoffe, z. B. die Zufügung von nur $0 \cdot 1\,^0/_{00}$ Alkohol, diese Oxydation sehr bedeutend verzögern. Wir haben hier eins der wenigen Beispiele eines verzögernd wirkenden Katalysators.

Schwefelsäure H_2SO_4.

85. Die Schwefelsäure ist die wichtigste von den Säuren des Schwefels. Sie kann auf verschiedene Weise erhalten werden. Zunächst durch direkte Synthese aus ihren Elementen. Nach **79** kann SO_3 direkt aus Schwefel und Sauerstoff entstehen; wird Schwefeltrioxyd mit Wasser zusammengebracht, so bildet sich H_2SO_4.

Die Säure kann aus ihren Salzen gewonnen werden, indem man dieselbe mit Phosphorsäure destilliert. Ein Beispiel ihrer Bildung durch Einwirkung von Sauerstoff auf Schwefelverbindungen ist die Oxydation einer wäßrigen Lösung von SO_2 durch die Luft. Umgekehrt kann auch die Einwirkung von Schwefel auf Sauerstoffverbindungen Schwefelsäure liefern; so z. B. wenn konzentrierte Salpetersäure HNO_3 mit Schwefel gekocht wird; Kaliumsulfat entsteht durch Erhitzen von Schwefel mit Salpeter (KNO_3).

Von der Bildung durch Einwirkung einer Sauerstoff- auf eine Schwefelverbindung gibt die Oxydation von SO_2 durch Sauerstoffverbindungen des Stickstoffes weiter unten ein Beispiel.

86. Zur Darstellung der Schwefelsäure in großem Maßstabe werden zwei Verfahren angewandt: 1) das Bleikammerverfahren; 2) das Kontaktverfahren.

Das *Bleikammerverfahren* beruht auf folgenden Reaktionen: 1) der Oxydation von SO_2 mittels Salpetersäure bei Gegenwart von Wasserdämpfen; 2) der Oxydation der dabei aus der Salpetersäure entstehenden niedrigeren Sauerstoffverbindungen des Stickstoffes durch den Sauerstoff der Luft. Bei dem letzteren Vorgang wird teils Salpetersäure zurückgewonnen, teils werden solche Oxydationsstufen des Stickstoffes gebildet, welche SO_2 aufs neue zu Schwefelsäure oxydieren. Hierbei entstehen abermals die niedrigen Stickoxyde, welche wiederum durch den Sauerstoff der Luft oxydiert werden und so fort; dieser Theorie zufolge könnte man demnach durch eine bestimmte Menge Salpetersäure unbegrenzte Mengen SO_2 mit Hilfe des Luftsauerstoffes in Schwefelsäure überführen. In Wirklichkeit ist dies jedoch nicht der Fall; denn zu einem kleinen Teil werden die Stickstoffoxyde durch SO_2 noch weiter reduziert, so daß Stickoxydul oder Stickstoff entstehen, welche unter den Bedingungen des technischen Prozesses nicht mehr imstande sind, sich mit Sauerstoff zu verbinden.

Der der Schwefelsäurefabrikation zugrunde liegende chemische Prozeß ist sehr kompliziert; es ist noch nicht gelungen, ihn völlig aufzuklären.

Der Verlauf ist in der Hauptsache folgender:

I. Schwefeldioxyd wird durch Salpetersäure bei Gegenwart von Wasser zu Schwefelsäure oxydiert:

$$3SO_2 + 2HNO_3 + 2H_2O = 3H_2SO_4 + 2NO.$$

Das hierbei entstehende Stickoxyd NO wird durch Sauerstoff und Wasser wieder zu Salpetersäure oxydiert:

$$2NO + 3O + H_2O = 2HNO_3.$$

II. Das Stickoxyd kann jedoch noch nach einer andern Reaktion Sauerstoff aufnehmen:

$$NO + O = \underset{\text{Stickstoffdioxyd}}{NO_2}.$$

NO_2 vermag ebenfalls SO_2 zu oxydieren unter Rückbildung von NO:

$$SO_2 + H_2O + NO_2 = H_2SO_4 + NO.$$

III. SO_2 und Salpetersäure, oder SO_2, NO_2, Sauerstoff und Wasser können so miteinander reagieren, daß eine kristallinische feste Verbindung, die Nitrosylschwefelsäure $SO_2OH(ONO)$ („Bleikammerkristalle"), entsteht, welche durch Wasser in $NO + NO_2$ und Schwefelsäure zerlegt wird:

$$SO_2 + HNO_3 = SO_4H(NO).$$

$$2SO_2 + NO_2 + NO + O_2 + H_2O = 2SO_4H(NO).$$

$$2SO_4HNO + 2H_2O = 2SO_4H_2 + 2HNO_2$$

$$2HNO_2 = NO + NO_2 + H_2O.$$ (Vgl. **126**.)

Von mancher Seite wird angenommen, wobei man sich auf Versuche von Lunge stützt, daß die Bildung der Schwefelsäure nach III die Hauptreaktion ist.

Das Bleikammer-Verfahren zetzt sich aus drei verschiedenen Vornahmen zusammen:

1) aus der Darstellung von SO_2;

2) aus der Oxydation von SO_2;

3) aus der Konzentration der gewonnenen Schwefelsäure.

Zu 1. Das Ausgangsmaterial für die Gewinnung von SO_2 ist Schwefel oder Pyrit (Schwefelkies) FeS_2. Schwefel liefert eine reinere Säure als Pyrit; die mit Hilfe des letzteren bereitete Säure ist fast immer arsenhaltig. Da die Verwendung von Schwefel sich jedoch teurer stellt, als die von Pyrit, benutzt man fast ausschließlich den letzteren zur Schwefelsäurefabrikation; nur in einigen Fabriken wird zur Darstellung von Schwefelsäure für pharmazeutische Zwecke Schwefel verwandt.

Pyrit wird in Öfen besonderer Konstruktion unter Luftzutritt erhitzt, „geröstet“. Die Öfen sind so eingerichtet, daß mit dem gebildeten Schwefeldioxyd eine reichliche Menge Luft austritt. Die Röstgase werden zunächst durch eine leere Kammer geführt, worin sich die von dem Gasstrom mitgerissenen festen Teilchen („Flugstaub“) absetzen, und dann in die Fabrikanlage geleitet.

Zu 2. Zur Oxydation der schwefligen Säure dient eine in der Hauptsache aus 3 Teilen, dem Glover-Turm *A*, den Kammern *B*, *B'*, *B''* und dem Gay-Lussac-Turm *C*, bestehende Anlage (Fig. 35).

Die Gase treten von unten in den Glover-Turm, der mit säurefesten Steinen ausgesetzt ist, über denen eine Schicht von zerkleinerten Koks liegt. Von oben fließt ihnen aus einem Reservoir nitrose Schwefelsäure (s. S. 127) entgegen, die konzentriert werden soll. Sie fließt aus einer horizontal sich drehenden Röhre über die Füllung des Turmes herab.

Aus dem Glover-Turm treten die Gase durch Bleiröhren in die Kammern. Die Kammern sind drei oder vier an der Zahl mit einem Gesamtinhalt von 4—5000 Kubikmetern. Ihre Wandungen sind mit Bleiplatten ausgekleidet, weil Blei das einzige von den verbreiteten Metallen ist, welches durch Schwefelsäure verhältnismäßig nur wenig angegriffen wird. In die ersten beiden Kammern führen Rohre Wasserdampf aus den Dampfkesseln *D D* zu.

Der Gay-Lussac-Turm ist mit Koks beschickt, über welche Schwefelsäure von 60—62° Baumé (**88**) herabrieselt.

Betrachten wir jetzt, welche Aufgabe jedem dieser drei Apparate — Glover-Turm, Gay-Lussac-Turm und Bleikammern — zufällt.

Die Röstgase, welche aus dem Pyritofen kommen, bestehen aus einem Gemisch von SO_2 und Luft, von letzterer in größerer Menge als für die Oxydation nötig ist; sie besitzen eine Temperatur von etwa 300°, wenn sie bei ω in den Glover-Turm *A* eintreten. Der Gasstrom begegnet in dem Turm aufsteigend einem Säuregemisch, das aus dem Reservoir herabfließt; es besteht aus dem Gay-Lussac-Turm entstammender nitroser Schwefelsäure, verdünnt mit der Säure, welche sich in den Bleikammern ansammelt (Kammersäure), und ein wenig Salpetersäure, letztere um die bei der Fabrikation verloren gehenden Stickoxyde zu ersetzen. Man erreicht mit dem Glover-Turm folgendes: Erstens enthält die Säure, welche aus dem Turm unten abläuft, nur noch Spuren nitroser Produkte (**128**); diese sind verflüchtigt und durch die aus dem Pyritofen kommenden heißen Gase mit fortgeführt. Zweitens wird die Schwefelsäure von einem Teil des Wassers befreit, mit dem sie verdünnt war; das

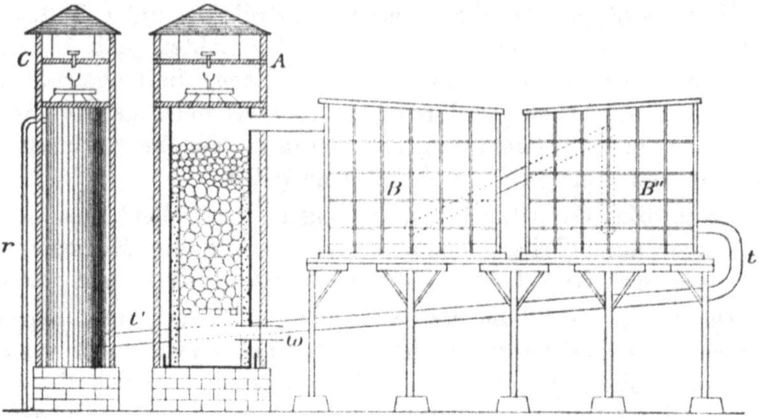

Schwefelsäurefabrik (Aufriß).

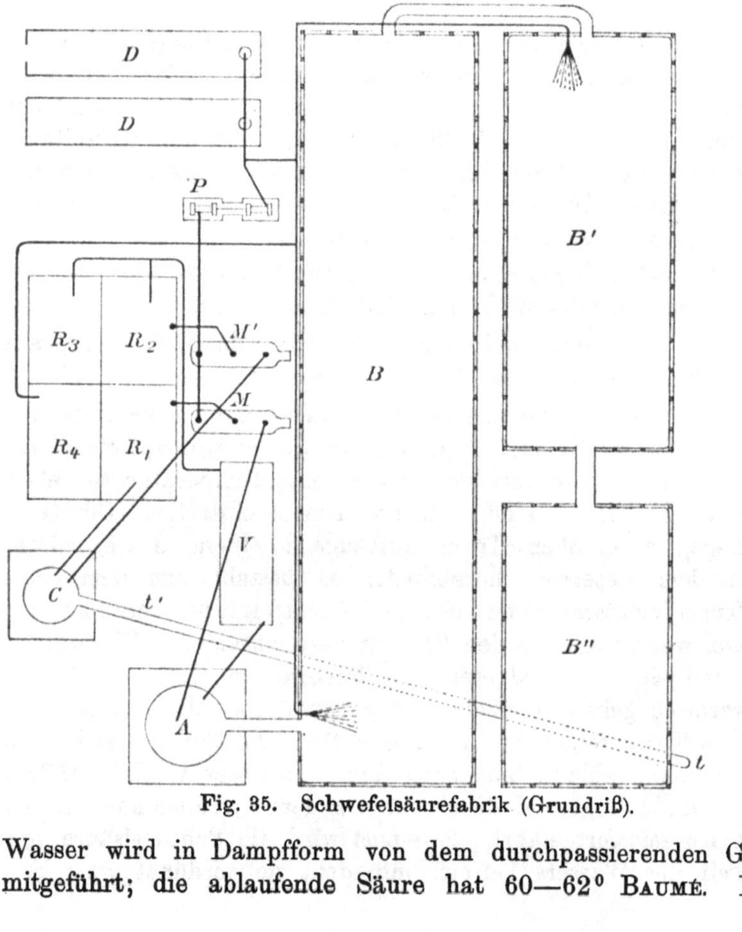

B B' B'' Blei-kammern

C Gay-Lussac-Turm

A Glover-Turm

D Dampf-kessel

r Rohr zum Schlot

t t' Dritte Kammer → Gay-Lussac

Fig. 35. Schwefelsäurefabrik (Grundriß).

Wasser wird in Dampfform von dem durchpassierenden Gasstrom mitgeführt; die ablaufende Säure hat 60—62° Baumé. Drittens sind die Gase nach dem Passieren des Turmes auf 60—80° abgekühlt und befinden sich im obersten Teil desselben bereits in dem für die Bildung von Schwefelsäure günstigen Zustand; der Glover-Turm liefert infolgedessen eine Säuremenge, welche mindestens so groß ist, wie der zehnte Teil des in den Kammern gebildeten Produktes.

Aus dem Glover-Turm gelangt das Gasgemisch, welches jetzt aus Stickoxyden, Luft, Wasserdampf und Schwefeldioxyd besteht, in die erste Kammer, in welcher ebenso wie in der zweiten die oben angegebenen Reaktionen erfolgen. Die dritte Kammer dient vornehmlich dazu, die Gase abzukühlen und zu trocknen, bevor sie in den Gay-Lussac-Turm gelangen; aus diesem Grunde ist sie auch nicht mit einem Rohr für Zuführung von Wasserdampf versehen.

Wenn die Gase die dritte Kammer verlassen, enthalten sie nitrose Produkte, welche noch ausgebeutet werden können. Der Gay-Lussac-Turm hat den Zweck, dieselben zurückzuhalten, indem sie dort in Säure von 62° Baumé gelöst werden. Die Gase werden durch das Rohr *tt'* von unten in den Turm geleitet, geben ihre Stickoxyde an die Schwefelsäure ab, mit welcher die in dem Turm aufgeschichteten Koks getränkt sind, und entweichen durch das Rohr *r*, welches in den Schlot mündet, wodurch ein kräftiger Zug zum Durchgang der Gase durch das ganze System hindurch unterhalten wird.

Zu 3. Die in den Kammern erzeugte Säure enthält ungefähr 67% H_2SO_4 (53° Baumé); in diesem Zustande wird sie direkt nur zur Darstellung von Kunstdünger (Superphosphat) verwendet. Für die meisten sonstigen Verwendungen muß sie konzentriert werden. Die gewöhnliche Schwefelsäure des Handels hat 66° B. (= Baumé) oder 96—98% H_2SO_4 und wird aus der Kammersäure bereitet, indem man diese zuerst in bleiernen Pfannen bis auf 78% (60° B.), sodann in einem Platingefäß eindampft.

Diese rohe Schwefelsäure des Handels (öfter auch „Englische Schwefelsäure" genannt) enthält noch verschiedene Verunreinigungen und ist gewöhnlich dadurch, daß Stückchen Stroh (von der Verpackung der Korbflaschen) hineinfallen und verkohlen, mehr oder weniger braun gefärbt. Man kann sie reinigen, indem man sie verdünnt, wodurch das gelöste Bleisulfat ausgefällt wird, und danach ein wenig Schwefelbaryum BaS hineinrührt; dadurch entstehen unlösliches $BaSO_4$ und H_2S, welcher etwa noch vorhandenes Blei sowie Arsen (**163**) niederschlägt. Man gießt von dem Ausgeschiedenen ab, konzentriert die Säure und destilliert sie zum Schluß.

Fabrikation nach dem *Kontaktverfahren.*

Wir haben bereits gesehen, daß SO_2 sich mit Sauerstoff direkt zu SO_3 vereinigt, eine Reaktion, welche durch katalytische Wirkung von platiniertem Asbest sehr befördert wird. Dieser Vorgang bildet die Grundlage eines technischen Verfahrens, bei welchem statt Sauerstoff Luft verwendet wird. Bei diesem Prozeß kann man vier Stufen unterscheiden: 1) Bereitung des Gemisches von Schwefeldioxyd und Luft; 2) Reinigung des Gasgemisches; 3) Bildung von SO_3; 4) Vereinigung von SO_3 mit Wasser zu H_2SO_4. Wir wollen diese vier Abschnitte kurz besprechen.

Zu 1. Das Gasgemisch („Röstgas") wird ebenso bereitet wie für den Bleikammerprozeß. Aus Gründen, die wir gleich kennen lernen werden, ist es notwendig, für einen großen Überschuß an Sauerstoff zu sorgen. Während der Gleichung $2SO_2 + O_2 = 2SO_3$ zufolge auf 2 Mol SO_2 nur 1 Mol Sauerstoff für die Bildung von SO_3 erforderlich ist, wendet man tatsächlich auf 2 Vol. SO_2 ca. 3 Vol. O_2 (= 15 Vol. Luft) an.

Zu 2. Die Kontaktmasse (der platinierte Asbest) ist nur dann dauernd wirksam, wenn die Röstgase völlig rein sind, d. h. nur aus einem Gemisch von SO_2 und Luft bestehen. Die vollständige Reinigung dieser Gase hat große Schwierigkeiten bereitet, welche jedoch durch die ausdauernde Arbeit von KNIETSCH in der „Badischen Anilin- und Sodafabrik" völlig überwunden worden sind. Das Röstgas muß völlig staubfrei sein, weil andernfalls die Kontaktmasse sich mit Staub bedecken und unwirksam werden würde. Man unterwirft das Röstgas nach seiner Befreiung von Staub der „optischen Prüfung", d. h. man läßt es eine Röhre passieren, welche an beiden Enden mit Glasplatten verschlossen ist, so daß man erkennen kann, ob noch Staubteilchen („Nebel") in dem Gase schweben. Aber auch wenn die optische Prüfung die vollkommene Abwesenheit von Staubteilchen anzeigt, verliert die Kontaktmasse doch ihre Wirksamkeit, wenn das Röstgas nicht vollkommen frei von Arsenverbindungen ist. Selbst sehr geringe Spuren der letzteren lähmen mit der Zeit die Kontaktwirkung. Diese Arsenverbindungen gelangen dadurch in das Röstgas, weil die meisten Pyrite, die man röstet, arsenhaltig sind (**86**, 1). KNIETSCH gelang es schließlich, das Arsen völlig zu entfernen, indem er Dampf einblasen ließ, um die arsenhaltigen Nebel niederzuschlagen.

Zu 3. Da bei hoher Temperatur SO_3 in SO_2 und O dissoziiert ist, so liegt in der Bildung von SO_3 aus diesen beiden Gasen ein umkehrbarer Prozeß vor; man muß also schreiben:

$$2SO_2 + O_2 \rightleftarrows 2SO_3 .$$

Nennt man den Druck von SO_2 im Gleichgewichtszustand p_1, den von O_2 p_2, von SO_3 p_3, so gilt nach **51** die Gleichgewichtsbeziehung

$$p^2{}_1 p_2 = k \cdot p^2{}_3,$$

in der k die Gleichgewichtskonstante ist. Aus dieser Gleichung folgt sofort, daß bei einem Überschuß von SO_2 oder von O_2 die Bildung von SO_3 zu einem größeren Betrage erfolgen muß; denn wenn p_1 oder p_2 wächst, so nimmt auch p_3 zu. Da es nun darauf ankommt, eine gegebene Menge SO_2 so vollständig wie möglich in SO_3 überzuführen, kann man dies erreichen durch Anwendung eines großen Überschusses an Sauerstoff, was in der Praxis auch geschieht (siehe oben unter 1).

Auch vom Druck muß der Gleichgewichtszustand abhängig sein, denn wenn man diesen auf das n-fache bringt, so wird aus der Gleichung

$$(np_1)^2 \cdot np_2 = k \cdot n^2 p^2{}_3 \quad \text{oder} \quad np^2{}_1 p_2 = kp^2{}_3,$$

woraus folgt, daß p_3 durch vermehrten Druck ($n > 1$) größer wird, d. h. die Bildung von SO_3 vollständiger ist (s. **102**, 5). Diesen Umstand nutzt man technisch jedoch nicht aus, weil die Apparate für höheren Druck viel komplizierter werden müßten.

Endlich ist noch der Einfluß der Temperatur zu erwähnen. Die Vereinigung von SO_2 und O_2 erfolgt leicht bei ca. 400°; bei dieser Temperatur ist also das Gleichgewicht im System

$$2SO_3 \rightleftarrows 2SO_2 + O_2$$

fast ganz nach links verschoben. Wird die Temperatur höher hinaufgetrieben, so nimmt die Menge SO_3, die sich bildet, erst langsam, dann von 600° bis 800° schnell ab, und bei ca. 1000° ist SO_3 vollständig dissoziiert, bildet sich also überhaupt nicht mehr. Diese Temperaturen gelten für ein Gemisch von SO_2 und soviel Luft, daß das Verhältnis $SO_2 : O_2$ etwa 2 : 3 ist und für gewöhnlichen Druck.

Will man also eine möglichst vollständige Umwandlung von SO_2 in SO_3 erzielen, so muß man die Temperatur in den Apparaten auf ca. 400° halten, und zwar müssen diese gekühlt werden, weil die Bildungswärme von SO_3 sehr groß ist:

$$SO_2 + O = SO_3 + 22600 \text{ Kal.}$$

(SO_2 = 1 Grammmolekül, O = 1 Grammatom **97**). Jene Temperatur würde sonst leicht überschritten. Zweckmäßig läßt man diese Kühlung durch das Gemisch von SO_2 und Luft selbst besorgen, welches kalt in den Apparat eintritt, darin auf etwa 400° vorgewärmt wird und darauf mit der Kontaktmasse in Berührung kommt, wodurch die Bildung von SO_3 erfolgt.

Der Apparat (Fig. 36) ist so eingerichtet: In den Röhren *a b* befindet sich der platinierte Asbest (bei *b*), welcher auf siebartigen Platten ausgebreitet ist, wie man sie in der mittleren Röhre erkennt. Das gereinigte Röstgas streicht zunächst an diesen Röhren außen entlang, wobei es durch die Wärme, welche innen frei wird, vorgewärmt wird und tritt dann selbst in diese Röhre ein, wo die Vereinigung zu SO_3 zustande kommt. Die Temperatur kann man durch Verlangsamung oder Beschleunigung des Gasstroms nach Bedarf regulieren.

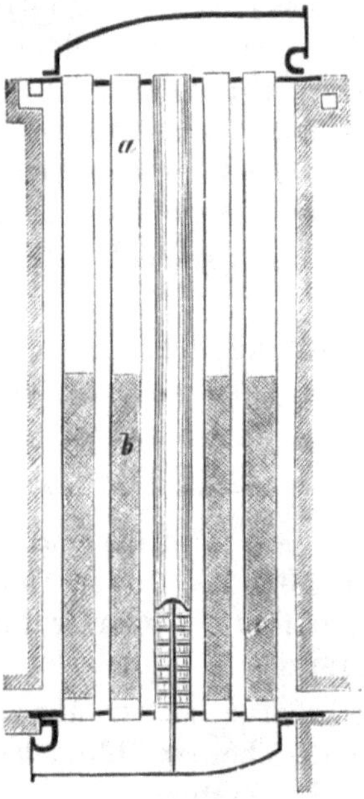

Fig. 36.
Darstellung der Schwefelsäure nach dem Kontaktverfahren.

Vor dem ersten Zulassen der Gase muß man den Apparat auf 400° vorwärmen.

Zu 4. Die Vereinigung von SO_3 und H_2O erfolgt sehr energisch (**79**). Die Erwartung, daß die Bereitung von H_2SO_4 aus SO_3 und H_2O keine besonderen Schwierigkeiten bieten würde, bestätigte sich gleichwohl nicht. Denn wenn SO_3 in verdünnte Schwefelsäure eingetragen wird, entweichen stets Nebel von SO_3, die natürlich einen Verlust bedeuten. Nur dann, wenn die absorbierende Flüssigkeit eine 97—98%ige Schwefelsäure ist und durch Zufließen von Wasser oder verdünnter Säure diese Konzentration stets erhalten bleibt, findet eine vollständige und momentane Absorption von SO_3 statt.

Theoretisch läßt sich dies aus zwei Gründen erklären; erstens dadurch daß Wasser SO_3 in sein Polymeres $(SO_3)_2$ überführt (**79**), welches nur langsam von Schwefelsäure absorbiert wird; zweitens dadurch, daß bei der erwähnten Konzentration die Dampfspannung des Systems $x\,SO_3 + y\,H_2O$ ein Minimum besitzt, welches sehr niedrig liegt.

87. Die reine Verbindung H_2SO_4 ist bei gewöhnlicher Temperatur eine ölige Flüssigkeit, welche bei niederer Temperatur fest wird und dann wieder bei + 10·0° schmilzt. Ihr spez. Gewicht im flüssigen Zustand ist 1·8500 bei 15°.

Die konzentrierte Säure, welche man durch Destillation gewinnt, stellt nicht die Verbindung H_2SO_4 vor, sondern enthält noch ca. 1·5% Wasser. Um die reine Verbindung H_2SO_4 zu erhalten, versetzt man die destillierte Säure mit der entsprechenden Menge SO_3. Wird reine H_2SO_4 erhitzt, so beginnt sie bereits bei 30° Dämpfe von SO_3 abzugeben; dies setzt sich so lange fort, bis der Siedepunkt, bei 317° (750 mm Druck), erreicht ist, wo dann eine Säure mit 1·5% Wasser destilliert. Wird der Dampf der Schwefelsäure über den Siedepunkt erhitzt, so tritt Dissoziation in H_2O und SO_3 ein; letztere wird bei 450° vollständig, denn die Dampfdichte ist bei dieser Temperatur zu 25·1 gefunden, während die für $SO_3 + H_2O$ berechnete Dampfdichte 24·5 ist.

Mischt man Schwefelsäure mit Wasser, so tritt eine sehr beträchtliche Wärmeentwicklung auf. Dies muß deshalb, zumal in Glasgefäßen, mit Vorsicht in der Weise ausgeführt werden, daß die Säure in das Wasser in dünnem Strahl und unter Umrühren eingegossen wird; bei umgekehrtem Verfahren, wenn man das Wasser in die Schwefelsäure gießt, kann die intensive Wärmeentwicklung ein Springen des Glases bewirken. Mischt man die Säure dagegen mit Eis in bestimmtem Verhältnis, so erfolgt starke Abkühlung.

Das Mischen von Schwefelsäure und Wasser geht mit einer Kontraktion einher; d. h. das Volum der verdünnten Säure ist kleiner als dasjenige der Summe der Volumina Wasser und Säure.

Die Schwefelsäure kann mit Wasser Hydrate bilden (**237**).

Schwefelsäure ist eine starke zweibasische Säure, jedoch nicht so stark wie Salzsäure, denn während die letztere bei einer Verdünnung von $^1/_{10}$ Mol pro Liter zu ca. 95% ionisiert ist, zeigt Schwefelsäure bei der nämlichen Verdünnung nur 55% Spaltung, wobei der ionisierte Teil ganz in $2H^{\cdot} + SO_4''$ gespalten ist. Bei größerer Konzentration sind auch Ionen HSO_4' nachweisbar. In Berührung mit vielen Metallen entwickelt sie Wasserstoff; wie schon erwähnt, macht man hiervon zur Darstellung von Wasserstoff Gebrauch. Die Säure muß jedoch verdünnt sein; denn wenn sie zu stark ist (oder beim Erwärmen), reduziert der gebildete Wasserstoff die Schwefelsäure zum Teil, so daß das entwickelte Gas Schwefelwasserstoff enthält. Beim Erhitzen von Kupfer mit Schwefelsäure entwickelt sich Schwefeldioxyd (**78**). Ebenso verhalten sich Quecksilber, Silber und einige andere Metalle. Platin und Gold werden nicht angegriffen.

In Papier, Leinwand, Kleiderstoffe und dergl. frißt die Schwefelsäure Löcher ein; überhaupt wirkt sie auf die meisten organischen Substanzen zerstörend und verkohlend. Dies beruht einerseits auf der großen Neigung der Schwefelsäure, sich mit Wasser zu vereinigen, vermöge welcher sie andern Stoffen nicht nur ihren Wassergehalt entzieht, sondern auch die Elemente des Wassers aus organischen Verbindungen unter Wasserbildung abspaltet; anderseits gibt die Schwefelsäure an die organischen Körper Sauerstoff ab, wird also selbst reduziert.

Um freie Schwefelsäure z. B. in Essig nachzuweisen, wird die Flüssigkeit auf dem Wasserbad mit ein wenig Zucker eingedampft. Die freie Schwefelsäure verkohlt denselben beim Konzentrieren.

Die meisten Salze der Schwefelsäure (Sulfate) sind in Wasser löslich. Unlöslich sind Baryum-, Strontium- und Bleisulfat, während Calciumsulfat oder Gips in Wasser wenig löslich ist. Die Bildung von Baryumsulfat, $BaSO_4$, wird als Reagens auf Schwefelsäure, oder wie man besser sagt, auf das Sulfation SO_4'' benutzt.

Die Sulfate sind im allgemeinen sehr beständig; sie können ohne Zersetzung auf recht hohe Temperaturen erhitzt werden. Die sauren Salze verlieren beim Erhitzen zuerst Wasser und gehen dadurch in Pyrosulfate über:

$$2NaHSO_4 = H_2O + \underset{\text{Natriumpyrosulfat}}{Na_2S_2O_7}.$$

Diese Pyrosulfate liefern bei weiterem Erhitzen Schwefeltrioxyd, wodurch neutrale Salze entstehen:

$$Na_2S_2O_7 = Na_2SO_4 + SO_3 .$$

88. Die Schwefelsäure findet verschiedenartigste Verwendung. In der chemischen Industrie kommt ihr fast die gleiche Bedeutung zu wie dem Eisen in der Maschinenfabrikation. Sie dient zur Darstellung der meisten andern Mineralsäuren aus deren Salzen. Für die Sodafabrikation nach LEBLANC wird sie in sehr beträchtlichen Mengen verbraucht; in fast allen andern Zweigen der chemischen Industrie findet sie Verwendung. Im Laboratorium benutzt man sie unter anderm zum Trocknen von Substanzen ohne Wärme. Die zu trocknende Substanz wird in ein luftdicht geschlossenes Glasgefäß, das eine Schale mit konzentrierter Schwefelsäure enthält, gebracht. Der diesem Zwecke dienende Apparat heißt Exsikkator.

Die Bestimmung des Gehaltes der Schwefelsäure macht sich sehr häufig erforderlich. Gewöhnlich wird dazu das spez. Gewicht benutzt, welches man mit Hilfe eines Aräometers (Flüssigkeitsmessers) leicht ermittelt. Aus dafür berechneten Tabellen ist zu ersehen, welchen Gehalt an H_2SO_4 oder an SO_3 eine verdünnte Säure besitzt, deren spez. Gewicht und Temperatur bekannt sind.

Antoine Baumé, ein Chemiker in der zweiten Hälfte des achtzehnten Jahrhunderts, hat ein Aräometer mit einer willkürlichen Skala, deren Teilstriche Grade genannt werden, konstruiert, dessen Nullpunkt reines Wasser angibt. Es ist so graduiert, daß Grad 10 der Skala in einer 10 °/₀ igen Kochsalzlösung erreicht wird. 100 °/₀ ige Schwefelsäure wird dann durch den Grad 66·6 angezeigt. In der Industrie, wo man die Säure oft Vitriolöl nennt, wird noch heutzutage der Gehalt der Schwefelsäure nach „Graden Baumé" angegeben.

Rauchende Schwefelsäure,

89. das „Oleum" des Handels, entsteht durch Mischung von SO_3 mit Schwefelsäure.

Sie ist eine dickliche Flüssigkeit, welche an der Luft stark raucht, indem sie SO_3-Dämpfe ausstößt; ihr spez. Gewicht beträgt 1·85—1·90.

Chloride der Schwefelsäure.

90. Durch Einwirkung von Phosphorpentachlorid auf Schwefelsäure entsteht eine Verbindung SO_3HCl, Chlorsulfonsäure:

$$H_2SO_4 + PCl_5 = SO_3HCl + POCl_3 + HCl\,.$$

Derselbe Körper entsteht auch durch direkte Vereinigung von SO_3 und HCl. Er bildet eine farblose, an der Luft stark rauchende Flüssigkeit, mit dem spez. Gewicht von 1·766 bei 18° und dem Siedepunkt 158°. Bringt man ihn mit Wasser zusammen, so entstehen unter heftiger Reaktion Salzsäure und Schwefelsäure:

$$SO_3HCl + H_2O = H_2SO_4 + HCl\,.$$

Eine Verbindung SO_2Cl_2, Sulfurylchlorid, wird durch direkte Vereinigung von SO_2 und Cl_2 erhalten, am leichtesten so, daß man zuerst Kampfer mit SO_2 sättigt (welches sich darin leicht löst) und dann Chlor darüber leitet, wobei der Kampfer unverändert bleibt. Es ist eine farblose Flüssigkeit, die bei 69·1° siedet, einen stechenden Geruch besitzt, an der Luft stark raucht und ein spez. Gewicht von 1·6674 bei 20° besitzt. Mit wenig Wasser liefert sie Chlorsulfonsäure und Salzsäure, mit viel Wasser Schwefelsäure und Salzsäure:

$$SO_2Cl_2 + H_2O = SO_3HCl + HCl\,;$$
$$SO_2Cl_2 + 2H_2O = H_2SO_4 + 2HCl\,.$$

Diese Zersetzungen des Sulfurylchlorids kann man in folgender Weise veranschaulichen:

$$SO_2\begin{array}{|l|l}\hline Cl + H & OH \\ \hline Cl + H & OH \\ \hline\end{array} = SO_2{}^{OH}_{OH} + 2HCl\,.$$

An die Stelle der beiden Chloratome sind demnach zwei OH-Gruppen (Hydroxyle) getreten. Auf Grund hiervon nimmt man in naher Analogie mit organischen Verbindungen an, daß die Schwefelsäure zwei Hydroxylgruppen enthält. Daraus ergibt sich für die Anordnung der Atome in dem Molekül der Schwefelsäure, als Struktur- oder Konstitutionsformel, das Schema:

$$SO_2\langle^{OH}_{OH},$$

in welchem die Gruppe SO_2 (Sulfuryl) mit zwei Hydroxylen verbunden ist.

Das Sulfurylfluorid SO_2Fl_2, welches durch direkte Vereinigung von SO_2 und Fl_2 erhalten werden kann, hat dieselbe merkwürdige Beständigkeit wie SFl_6 (75). Es ist ein farb- und geruchloses Gas, flüssig bei -52^0, fest unter -120^0. Es kann mit Wasser in einem zugeschmolzenen Rohr auf 150 erhitzt werden ohne sich zu zersetzen. Durch Laugen wird es nur sehr langsam angegriffen; Natrium kann in dasselbe geschmolzen werden ohne seinen Metallglanz zu verlieren.

Überschwefelsäure $H_2S_2O_8$.

91. Das Kaliumsalz $K_2S_2O_8$, oder noch besser das Ammoniumsalz $(NH_4)_2S_2O_8$, erhält man durch Elektrolyse einer kaltgesättigten Lösung des betreffenden Sulfats in Schwefelsäure vom spez. Gewicht 1·3. In einer solchen Lösung haben wir unter andern auch die Ionen $K^{\cdot}$ und HSO_4'; die letzteren entladen sich an der Anode und vereinigen sich zu $H_2S_2O_8$, welches mit den anwesenden Kaliumionen $K_2S_2O_8$ bildet, das schwer löslich ist und als weiße Kristallmasse sich abscheidet. Diese Vereinigung zweier HSO_4'-Gruppen findet jedoch nur dann statt, wenn ihre Konzentration an der Anode ziemlich groß ist; denn wenn dies nicht der Fall ist, so ist mehr Gelegenheit für Nebenreaktionen vorhanden, z. B. derart, daß mit Wasser 2 $KHSO_4$ und 2 OH entsteht, welches letztere H_2O und O gibt. Eine solche hohe Konzentration an der Anode erreicht man mit Hilfe einer sehr kleinen Elektrode. Man hat dann nämlich an der Anode eine hohe Stromdichte, d. h. eine große Menge Elektrizität muß durch eine kleine Elektrodenoberfläche strömen. Der Effekt ist daher der, daß eine große Menge HSO_4-Ionen innerhalb eines kleinen Radius entladen wird, also die Konzentration der HSO_4-Gruppen sehr hoch wird.

Schon bei 100° zersetzt sich Kaliumpersulfat in folgender Weise:

$$2K_2S_2O_8 = \underset{\text{K-Pyrosulfat}}{2K_2S_2O_7} + O_2.$$

Das Baryumsalz der Überschwefelsäure ist in Wasser löslich, ebenso die meisten andern der bis jetzt bekannten Salze.

Die Lösung des Kaliumpersulfats in Schwefelsäure heißt Caro's Flüssigkeit. Sie enthält wahrscheinlich eine Säure $H_2SO_5 = SO_2\langle^{OH}_{O_2H}$, da eine Flüssigkeit mit denselben Eigenschaften erhalten wird beim Mischen einer Lösung von Wasserstoffsuperoxyd mit überschüssiger starker Schwefelsäure:

$$SO_2\langle^{\boxed{OH + H}\,O_2H}_{OH} = SO_2\langle^{O_2H}_{OH} + H_2O.$$

Auf Grund dieser Bildungsweise gibt BAEYER der Verbindung den Namen Sulfomonopersäure und die vorstehende Formel. Sie besitzt sehr kräftiges Oxydationsvermögen. Aus Jodkalium macht sie Jod frei; sie oxydiert SO_2 zu SO_3, Ferro- zu Ferrisalz, und fällt aus Lösungen von Silber-, Kupfer-, Mangan-, Kobalt- und Nickelsalzen höhere Oxyde dieser Metalle. Dagegen entfärbt sie weder Permanganatlösung, noch vermag sie Chromsäure- und Titansäurelösung zu oxydieren; hierdurch unterscheidet sie sich von Wasserstoffsuperoxydlösung, mit der sie im übrigen viel Ähnlichkeit zeigt.

Polythionsäuren.

92. Unter diesem Namen faßt man vier Säuren von der allgemeinen Formel $H_2S_nO_6$ zusammen, wo die Zahl der Schwefelatome $n = 2, 3, 4$ und 5 sein kann und den Namen der einzelnen Säuren bestimmt.

Dithionsäure $H_2S_2O_6$. Das Mangansalz dieser Säure wird erhalten, wenn man feingepulverten Braunstein in Wasser aufschlemmt und SO_2 einleitet:

$$2SO_2 + MnO_2 = MnS_2O_6.$$

Gleichzeitig entsteht hierbei ein wenig Schwefelsäure. Zu der Flüssigkeit wird Barytwasser zugesetzt, wodurch die Schwefelsäure als $BaSO_4$ ausgefällt und das Mangansalz in das Barytsalz übergeführt wird:

$$MnS_2O_6 + Ba(OH)_2 = BaS_2O_6 + Mn(OH)_2.$$

Aus diesem Baryumsalz kann durch Schwefelsäure die Dithionsäure in Freiheit gesetzt werden. Die Lösung läßt sich im Vakuum über Schwefelsäure einengen, bis ihr spez. Gewicht 1·347 beträgt; bei weiterer Konzentration oder beim Erwärmen tritt Zersetzung ein:

$$H_2S_2O_6 = H_2SO_4 + SO_2.$$

Trithionsäure $H_2S_3O_6$. Kaliumtrithionat entsteht, wenn man in eine Lösung von Kaliumthiosulfat Schwefeldioxyd bis zur Sättigung leitet:

$$3SO_2 + 2K_2S_2O_3 = 2K_2S_3O_6 + S.$$

Die freie Säure ist unbeständig; schon bei gewöhnlicher Temperatur zersetzt sie sich in verdünnter Lösung in Schwefel, Schwefeldioxyd und Schwefelsäure:

$$H_2S_3O_6 = H_2SO_4 + S + SO_2.$$

Tetrathionsäure. Ihre Salze bilden sich durch Einwirkung von Jod auf die Lösung eines Thiosulfats:

$$2K_2S_2O_3 + 2J = 2KJ + K_2S_4O_6.$$

Die Säure selbst kann aus dem auf analoge Weise bereiteten Barytsalz durch Behandlung mit Schwefelsäure erhalten werden; gleichfalls nur in wäßriger Lösung. In verdünnter Lösung ist sie recht beständig, in konzentrierter zersetzt sie sich in Schwefel, Schwefeldioxyd und Schwefelsäure.

Pentathionsäure. Mischt man Lösungen von schwefliger Säure und Schwefelwasserstoff, so erfolgt in der Hauptsache eine gegenseitige Oxydation und Reduktion dieser Verbindungen unter Abscheidung von Schwefel (78). Der Vorgang ist jedoch viel komplizierter, indem sich daneben Polythionsäuren, unter diesen auch Pentathionsäure, bilden. Das Gemisch von H_2Saq und SO_2aq heißt WACKENRODERS Flüssigkeit. Von der Pentathionsäure sind gut kristallisierte Salze bekannt.

Anwendung des Natriumthiosulfats in der „Maßanalyse"; Jodometrie.

93. Gibt man Natriumthiosulfat zu einer Jodlösung, so wird die intensiv braune Flüssigkeit entfärbt, da Jodnatrium und Natriumtetrathionat entstehen, die beide farblos sind:

$$2Na_2S_2O_3 + 2J = Na_2S_4O_6 + 2NaJ;$$

oder wenn man nur die beteiligten Ionen berücksichtigt:

$$2S_2O_3'' + 2J = S_4O_6'' + 2J'.$$

Das Verschwinden der Jodfarbe kommt also darauf hinaus, daß die Jodmoleküle in Ionen übergeführt werden, indem sie zwei negative

Fig. 37. Pipette.

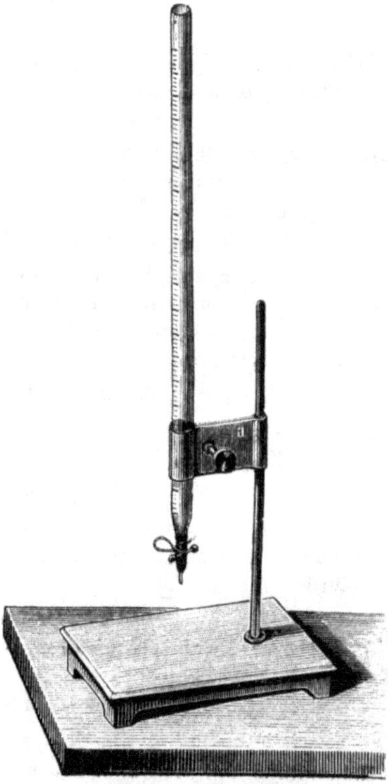

Fig. 38. Bürette.

Ladungen von $2S_2O_3''$ übernehmen. Hierauf beruht eine Methode, um die Menge des freien Jods in einer Lösung zu bestimmen. Man läßt zu diesem Zweck eine Lösung von $Na_2S_2O_3$, deren Konzentration (Titer) bekannt ist, zu einem genaubestimmten Volum der Jodlösung, welches mittels einer Pipette (Fig. 37) abgelassen ist, tropfenweise zufließen. Die Farbe wird allmählich hell, schließlich erreicht man einen Punkt, wo die Flüssigkeit noch sehr wenig gefärbt ist und der Zusatz eines weiteren Tropfens völlige Entfärbung bewirkt; dieser Übergang läßt sich sehr scharf erkennen. Das freie Jod ist jetzt vollkommen verschwunden. Da nun nach der obigen Gleichung auf ein Atom Jod ein Molekül Thiosulfat verbraucht wird, kann man aus dem verbrauchten Thiosulfat den Jodgehalt der Lösung berechnen.

Um die Berechnung einer solchen Bestimmung („Titration") möglichst einfach zu gestalten, „stellt" man die Thiosulfatlösung so „ein", daß sie einem Äquivalent Jod (= 127 g) entspricht, d. h. genau diese Menge entfärbt. Solche Lösungen von einem Äquivalent pro Liter heißen Normallösungen.

Um das Volum der Thiosulfatlösung, welches bis zur Entfärbung verbraucht wird, bequem zu bestimmen, bedient man sich einer Bürette (Fig. 38), d. h. eines Glasrohres, welches in $^1/_{10}$ ccm geteilt ist und an seinem unteren Ende durch einen Glashahn oder ein Kautschukröhrchen mit Quetschhahn verschlossen ist. Um die Jodlösung zu titrieren, läßt man durch Öffnen des Hahnes die Thiosulfatlösung langsam, zuletzt tropfenweise und unter Umrühren hinzufließen.

Beispiel: Auf 50 ccm einer Jodlösung, deren Konzentration bestimmt werden soll, habe man 27·30 ccm einer $^1/_{10}$ normalen Thiosulfatlösung verbraucht, um gerade Entfärbung zu bewirken. Gefragt wird, wieviel Gramm Jod 1 Liter dieser Lösung enthält.

1000 ccm $^1/_{10}$ normale Thiosulfatlösung (siehe oben) entfärben $^1/_{10}$ Äquivalent Jod (= 12·7 g); 27·3 ccm demnach $27{\cdot}3 \times \frac{12{\cdot}7}{1000}$ g Jod. Diese Menge ist in 50 ccm der zu untersuchenden Jodlösung enthalten; 1 Liter derselben enthält demnach $20 \times 27{\cdot}3 \times 12{\cdot}7 \times 10^{-3} = 6{\cdot}8842$ g Jod.

Verschiedene andere Stoffe, welche aus KJ Jod frei machen, lassen sich dadurch bestimmen, daß man die Menge des abgeschiedenen Jods titriert. So kann man z. B. Chlor und Brom bestimmen, da diese aus Jodkaliumlösung die äquivalente Menge Jod frei machen.

Selen.

94. Selen wurde 1817 von Berzelius entdeckt; es erhielt seinen Namen von *σελήνη* (Mond), um seine Zugehörigkeit zu dem kurz vorher entdeckten Element *Tellur* (genannt nach *tellus*, die Erde), mit dem es eine große Ähnlichkeit hat, anzudeuten. Es ist in der Natur ziemlich verbreitet, kommt jedoch stets nur in geringer Menge vor; außer in einigen seltenen Mineralien findet man es häufig im Pyrit. Wird solcher Pyrit für die Schwefelsäurefabrikation verwendet, so häuft sich das Selen im freien Zustand als rote schlammartige Masse, Selenschlamm, in den Bleikammern an; aus letzterem wird es meistens gewonnen.

Zu diesem Zweck wird der Selenschlamm mit Salpetersäure erhitzt, welche das Selen zu Selensäure H_2SeO_4 oxydiert; die so erhaltene Lösung wird zuerst mit Salzsäure gekocht, wodurch unter Chlorentwicklung selenige Säure H_2SeO_3 entsteht; letztere wird durch Einleiten von Schwefeldioxyd zu Selen reduziert, welches sich in roten amorphen Flocken abscheidet.

Das Selen zeigt in vieler Hinsicht Analogie mit dem Schwefel, so unter anderm auch darin, daß es in verschiedenen allotropen Zuständen vorkommt. Man kennt eine amorphe rote Modifikation, welche in Schwefelkohlenstoff löslich ist; aus dieser Lösung scheidet es sich in dunkelroten durchsichtigen Kristallen vom Schmelzpunkt 170—180° ab; ferner kennt man das Selen noch im metallischen Zustand, Schmelzpunkt 217°. Diese Modifikation entsteht, wenn man amorphes Selen auf 97° erhitzt, wobei plötzlich eine ansehnliche Temperaturerhöhung erfolgt, oder wenn geschmolzenes Selen rasch auf 210° abgekühlt und einige Zeit bei dieser Temperatur erhalten wird. In diesem metallischen Zustand ist das Selen metallglänzend, unlöslich in Schwefelkohlenstoff und Leiter der Elektrizität. Das Leitvermögen ist merkwürdigerweise sehr stark von der Intensität der Belichtung abhängig.

Der Siedepunkt des Selens liegt bei 680°. Wie beim Schwefel nimmt auch beim Selen die Dampfdichte mit steigender Temperatur ab, bis sie bei ca. 1400° konstant wird. Bei dieser Temperatur wird sie zu 81·5 ($O = 16$) gefunden, was einem Molekulargewicht von 163·0 entspricht. Da nun aus der Dampfdichte von Verbindungen des Selens für dieses das Atomgewicht 78·9 abgeleitet wird, kommt dieses Molekulargewicht der Formel Se_2 sehr nahe.

Selenwasserstoff H_2Se kann man direkt aus den Elementen erhalten, da sich diese bei 400° vereinigen; auch kann er analog wie Schwefelwasserstoff gewonnen werden, indem man Seleneisen FeSe mit Salzsäure zersetzt. Bei hoher Temperatur dissoziiert der Selenwasserstoff in seine Elemente. Er hat nur sehr schwach saure Eigenschaften und ist giftiger als Schwefelwasserstoff. Die Schwermetalle werden durch H_2Se aus ihren Lösungen als Selenide gefällt. Eine wäßrige Lösung von Selenwasserstoff trübt sich beim Stehen durch Abscheidung von Se.

Chlorverbindungen des Selens sind zwei, Se_2Cl_2 und $SeCl_4$, bekannt; letzteres ist viel beständiger als die entsprechende Schwefelverbindung SCl_4 (**75**). Selentetrachlorid $SeCl_4$ ist nämlich fest und sublimiert unzersetzt; erst bei 200° beginnt es zu dissoziieren.

Selendioxyd SeO_2 ist das einzige bekannte Oxyd des Selens; es entsteht durch Verbrennen von Selen an der Luft, wobei sich ein höchst unangenehmer Geruch verbreitet; dieser ist jedoch nicht dem SeO_2 eigen, sondern rührt vermutlich von der Bildung von Selenkohlenstoff CSe_2 her, da dieser Geruch nur wahrgenommen wird, wenn Selen in Gegenwart einer organischen Substanz (Filtrierpapier) zur Verbrennung gelangt. SeO_2 bildet lange weiße Nadeln, die bei 310° sublimieren.

Selendioxyd ist ein Säureanhydrid; löst man es in Wasser, so entsteht eine Säure, die selenige Säure H_2SeO_3, welche (im Gegensatz zu H_2SO_3) isoliert werden kann; sie kristallisiert in großen, farblosen Prismen; durch Erhitzen wird sie in H_2O und SeO_2 gespalten. Durch SO_2 oder durch Zinnchlorür wird sie zu freiem Se reduziert, welches sich in roten Flocken abscheidet:

$$H_2SeO_3 + 2SO_2 + H_2O = 2H_2SO_4 + Se.$$

Schwefelwasserstoff fällt aus der Lösung SeS Selensulfid, löslich in Schwefelammonium.

Leitet man Chlor in die Lösung der selenigen Säure oder setzt man Brom hinzu, so entsteht H_2SeO_4 Selensäure; im reinen Zustand ist dieselbe ein fester kristallisierter Körper, der bei 58° schmilzt; die 95 %ige Lösung ist eine ölige Flüssigkeit, welche äußerlich der konzentrierten Schwefelsäure gleicht. Das Baryumsalz der Selensäure ist wie das der Schwefelsäure äußerst schwer löslich.

Durch Kochen mit Salzsäure wird die Selensäure unter Chlorentwicklung zu seleniger Säure reduziert.

Tellur.

95. Tellur kommt in der Natur gediegen vor, besonders aber in Verbindung mit Gold und Silber (Schrifterz), sowie mit Wismut. Es wird hauptsächlich in Siebenbürgen und am Altai gefunden. In amorphem Zustand ist Tellur ein schwarzes Pulver; nach dem Schmelzen ist es jedoch silberweiß, metallglänzend und bildet einen guten Leiter für Wärme und Elektrizität. Die Dampfdichte nimmt auch bei diesem Element mit steigender Temperatur ab und wird erst bei ca. 1400° konstant; sie entspricht dann einem Molekül Te_2.

Tellurwasserstoff TeH_2 entsteht durch Einwirkung von Salzsäure auf Tellurzink ZnTe. Er ist sehr giftig und leicht dissoziierbar; aus den Lösungen der Schwermetalle schlägt er die Tellurverbindungen derselben (Telluride) nieder.

Tellurdioxyd TeO_2 entsteht durch Verbrennen von Tellur an der Luft; es ist in Wasser sehr schwer löslich.

Tellurige Säure H_2TeO_3 wird durch Auflösen von Tellur in Salpetersäure erhalten; sie ist in Wasser schwer löslich und zersetzt sich beim Erwärmen in TeO_2 und H_2O.

Tellursäure H_2TeO_4 wird durch Schmelzen von Te oder TeO_2 mit Soda und Salpeter und Abscheidung der Säure aus dem gebildeten Tellurat dargestellt. Aus der wäßrigen Lösung kristallisiert die Verbindung $H_2TeO_4 + 2H_2O$, welche bei 100° ihr Kristallwasser verliert; die freie Tellursäure H_2TeO_4 bildet, so bereitet, ein weißes, in kaltem Wasser schwer lösliches Pulver. Die Tellursäure besitzt nur schwach saure Eigenschaften.

Selen und Tellur verbinden sich beide mit Cyankalium, wenn sie zusammen mit diesem geschmolzen werden; es entstehen dabei KCNSe und KCNTe, welche der Verbindung KCNS entsprechen. Während jedoch Kaliumtellurcyanid durch den Sauerstoff der Luft direkt unter Abscheidung von Tellur zersetzt wird, ist Kaliumselencyanid beständiger und wird erst durch Kochen mit Salzsäure unter Abscheidung von Se zersetzt. Man hat hierin ein Mittel, Selen neben Tellur nachzuweisen und beide voneinander zu trennen.

Übersicht der Sauerstoffgruppe.

96. Die Elemente Sauerstoff, Schwefel, Selen und Tellur bilden wie die Halogene insofern eine natürliche Gruppe, als ihre Verbindungstypen einander entsprechen, während ihre physikalischen und chemischen Eigenschaften mit steigendem Atomgewicht sich stufenweise verändern. Ihre Wasserstoffverbindungen besitzen die Formel RH_2, ihre Sauerstoffverbindungen und ihre Säuren RO_2, RO_3, H_2RO_3 und H_2RO_4; das Ozon kann hierbei — soweit es sich um diese Formeltypen handelt — mit SO_2 in Parallele gesetzt werden: $O \cdot O_2$ Ozon, $S \cdot O_2$ Schwefeldioxyd.

Nachstehende Tabelle zeigt die stufenweise Änderung der physikalischen Eigenschaften:

	O	S	Se	Te
Atomgewicht	16·00	32·06	79·07	127
Spez. Gewicht	1·124 (bei −181°)	1·95—2·07	4·2—4·8	6·2
Schmelzpunkt	—	114°·5	217°	452°
Siedepunkt	−181°·4	450°	680°	Weißglühhitze
Farbe	hellblau	gelb	rot	schwarz

Mit dem Steigen des Atomgewichtes steigen, wie man sieht, die Werte der physikalischen Konstanten; zugleich nähert sich das äußere Ansehen dem der Metalle; beim Tellur ist letzteres schon in sehr hohem Grade der Fall.

Die Zersetzlichkeit der Wasserstoffverbindungen nimmt vom Sauerstoff zum Tellur hin zu, die Stärke der Sauerstoffsäuren schnell ab; die Schwefelsäure gehört zu den stärksten, die Tellursäure zu den schwachen Säuren.

Endlich sei noch hervorgehoben, daß von allen diesen Elementen allotrope Modifikationen bekannt sind.

Thermochemie.

97. In **20** war davon die Rede, daß das Zustandekommen einer chemischen Verbindung oder ihre Zersetzung mit einer Wärmeentwicklung oder -absorption, mit einem kalorischen Effekt, verknüpft ist. In sehr vielen Fällen ist dieser kalorische Effekt sorgfältig gemessen worden. Hierum haben sich vor allem Berthelot und Thomsen große Verdienste erworben. Der Teil der Chemie, welcher sich speziell mit diesen kalorischen Effekten beschäftigt, heißt Thermochemie.

Der kalorische Effekt wird stets für molekulare Mengen der aufeinander einwirkenden Stoffe angegeben, da nur diese vom chemischen Gesichtspunkt aus miteinander vergleichbar sind. Wenn man daher sagt, daß die Bildungswärme des Wassers 69·0 Kalorien (Kilogramm-Kalorien) beträgt, so ist gemeint, daß diese Anzahl Kalorien bei der Verbindung von 2 g Wasserstoff mit 16 g Sauerstoff entwickelt wird:

$$2H + O = H_2O + 69{\cdot}0 \text{ Kal.}$$

H und O bedeuten hier Grammatome. Bei der Angabe eines kalorischen Effekts muß gesagt werden, in welchem Aggregatzustand die aufeinander einwirkenden und die entstehenden Körper sich befinden, sofern dies nicht von selbst ersichtlich ist, weil auf die latente Schmelz- und Verdampfungswärme Rücksicht zu nehmen ist.

Der obenstehende Betrag von

$$2H + O - H_2O_{\text{flüssig}} = 69{\cdot}0 \text{ Kal.}$$

bezieht sich auf die Bildung von Wasser und seine Überführung in den flüssigen Zustand; er schließt also die Kondensationswärme mit ein. Da diese pro Gramm 0·536 Kal. beträgt, für die in der Gleichung stehenden 18 g daher 9·6 Kal., so ist der kalorische Effekt der Verbrennung von Wasserstoff zu gasförmigem Wasser von 100°:

$$2H + O = H_2O_{\text{gasförmig}} + 59{\cdot}4 \text{ Kal.}$$

Auch ob die Stoffe im gelösten oder festen Zustand zur Wirkung gelangen, ist auf den kalorischen Effekt von Einfluß, da das Lösen fast stets von einer Wärmeentwicklung oder -absorption begleitet ist. Wird z. B. Kochsalz NaCl gebildet durch Mischen verdünnter Lösungen von Natriumhydroxyd und Salzsäure (wie aq hinter der Formel der reagierenden Stoffe anzeigt), so ist der kalorische Effekt:

$$NaOH_{aq} + HCl_{aq} = NaCl_{aq} + H_2O + 13{\cdot}7 \text{ Kal.}$$

Stellt man jedoch Kochsalz so dar, daß man in eine verdünnte

Lösung von Natriumhydroxyd Salzsäuregas einleitet, so gilt die folgende Gleichung:

$$NaOH_{aq} + HCl_{gas} = NaCl_{aq} + H_2O + 31 \cdot 1 \text{ Kal.};$$

d. h. man erhält wieder 13·7 Kal., jedoch vermehrt um die Lösungswärme des Salzsäuregases in viel Wasser = 17·4 Kal.

Die Bildungswärme chemischer Verbindungen muß gleich ihrer Zersetzungswärme sein, aber entgegengesetztes Vorzeichen haben; denn wäre dies nicht der Fall, so würde, wenn man eine Verbindung erst entstehen und dann wieder sich zersetzen ließe, also zum Anfangszustand zurückgelangte, Wärme verloren oder gewonnen werden, was mit dem Prinzip von der Erhaltung der Energie in Widerspruch sein würde.

Es muß in vielen Fällen zwischen Wärme- und Energieentwicklung bei einer Reaktion unterschieden werden, nämlich überall, wo seitens der Umgebung positive oder negative Arbeit gegenüber dem System geleistet wird. Arbeit wird z. B. durch die Umgebung verrichtet, wenn die Reaktion unter Atmosphärendruck erfolgt und von einer Volumverminderung begleitet ist; in diesem Fall stellt sich die Wärmeentwicklung W als die Summe der Energieentwicklung E und der von außen geleisteten Arbeit A dar: $W = E + A$. Das Umgekehrte gilt für Reaktionen, die unter Volumvermehrung bei konstantem Druck erfolgen (A ist dann negativ, also $W = E - A$).

Der Unterschied, welcher für solche Fälle zwischen Energie- und Wärmeentwicklung besteht, ist nicht immer zu vernachlässigen, besonders dann nicht, wenn die Volumänderung Folge der Vermehrung oder Verminderung von Gasmolekülen ist. Dann wird die Differenz nicht unerheblich, ist jedoch dabei leicht zu berechnen. Die Wärmeentwicklung beträgt nämlich alsdann 0·6 Kal. mehr, als die Energieentwicklung für jedes gasförmige Mol, das bei der Reaktion verschwindet (d. h. mehr verschwindet, als Mole neu hinzukommen):

$$\text{Energieentwicklung } 2H + O - H_2O_{\text{flüssig}} = 69 \cdot 0 \text{ Kal.}$$

$$\text{Wärmeentwicklung } 2H + O - H_2O_{\text{flüssig}} = 69 \cdot 9 \text{ Kal.}$$

Differenz + 0·9 Kal., weil $1\,^1/_2$ gasförmige Mole verschwinden.

Die Erfahrung hat gelehrt, daß bei der Entstehung der meisten Verbindungen Wärme entwickelt, daß in manchen Fällen aber auch Wärme absorbiert wird. Chemische Vorgänge der ersteren Art heißen exotherme, die der zweiten endotherme Reaktionen. Ein Beispiel der zweiten Art ist die Bildung des Chlormonoxyds:

$$2Cl + O = Cl_2O_{\text{gasf.}} - 15 \cdot 1 \text{ Kal.}$$

98. Für die Bestimmung des kalorischen Effekts sind verschiedene Methoden in Gebrauch. Im allgemeinen sind nur solche Vorgänge für thermochemische Messungen geeignet, welche schnell und vollständig verlaufen. Für die Messung des kalorischen Effekts bei Flüssigkeiten oder Lösungen, so für die Bestimmung der Neutralisationswärme von Säuren und Basen, der Lösungs- oder Verdünnungswärme usw., bedient man sich meistens des gewöhnlichen Kalorimeters, wie es in der Physik für das

Mischungsverfahren benutzt wird, wobei zur Erzielung genauer Resultate die gleichen Vorsichtsmaßregeln wie dort zu beobachten sind.

Die Verbrennungswärme eines Stoffes wird meistens mittels der kalorimetrischen Bombe von BERTHELOT bestimmt. Letztere wird hauptsächlich für organische Verbindungen benutzt.

99. Das Gesetz von HESS. *Der kalorische Effekt (die gesamte Energieentwicklung) bei chemischen Vorgängen ist nur abhängig von der Natur des Anfangs- und Endzustandes, nicht von der Wahl der Zwischenzustände.*

Dieses 1840 von HESS aufgestellte Gesetz wird durch das Prinzip von der Erhaltung der Energie, welches erst später gefunden wurde, bestätigt. Würde des Gesetz nicht richtig sein, so müßte bei dem Übergang eines Systems in ein andres und darauf folgender Rückverwandlung in den Anfangszustand Arbeit gewonnen oder verloren werden, was dem genannten Prinzip widerspricht. Einige Beispiele mögen dieses Gesetz näher beleuchten.

a) Eine verdünnte Lösung von Natriumsulfat läßt sich aus Natriumhydroxyd, Schwefelsäure und Wasser auf verschiedene Weise bereiten. Man kann 2NaOH in verdünnter Lösung direkt mit 1 Mol verdünnter Schwefelsäure zusammenbringen, oder erst 1 Mol NaOH mit der Säure zusammengeben und danach das zweite hinzufügen. Dementsprechend erhält man die folgenden kalorischen Effekte:

1) $$2NaOH + H_2SO_{4\,aq} - Na_2SO_{4\,aq} - 2H_2O = 31{\cdot}4.$$

2) $$\begin{cases} NaOH_{aq} + H_2SO_{4\,aq} - NaHSO_{4\,aq} - H_2O = 14{\cdot}75 \\ NaOH_{aq} + NaHSO_{4\,aq} - Na_2SO_{4\,aq} - H_2O = 16{\cdot}65 \end{cases}$$

Summa 31·4.

b) Aus Ammoniak, Chlorwasserstoff und Wasser kann man eine verdünnte Lösung von Chlorammonium NH_4Cl bereiten, indem man entweder trocknes Ammoniakgas mit trocknem Chlorwasserstoff zusammenbringt und das gebildete NH_4Cl in Wasser löst, oder indem man erst Ammoniak und Chlorwasserstoff jedes für sich in Wasser löst und die Lösungen vermischt. Im ersteren Fall gelten die Gleichungen:

$$NH_{3\,gasf.} + HCl_{gasf.} - NH_4Cl_{fest} = 42{\cdot}6$$
$$NH_4Cl_{fest} + aq - NH_4Cl_{aq} = 6{\cdot}0$$

38·6 Kal.

Im zweiten Fall ist der kalorische Effekt:

$$NH_3 + aq - NH_{3\,aq} = 8{\cdot}82$$
$$HCl + aq - HCl_{aq} = 17{\cdot}40$$
$$NH_{3\,aq} + HCl_{aq} - NH_4Cl_{aq} = 12{\cdot}45$$

Summa 38·67 Kal.

Der Endeffekt ist also innerhalb der Fehlergrenzen in beiden Fällen gleich.

Auf Grund des Gesetzes von HESS ist die Bestimmung des kalorischen Effektes auch bei manchen Reaktionen möglich, welche sich nicht direkt darstellen lassen oder für kalorimetrische Messungen nicht geeignet sind. Im allgemeinen geschieht dies so, daß man eine Reihe von Prozessen, bei welchen die Reaktion eine Rolle spielt, thermochemisch mißt, und zum Schluß den kalorischen Effekt der Reaktion als einzige Unbekannte berechnet, wie in den untenstehenden Beispielen näher auseinandergesetzt ist.

Gesetzt, man wollte die Bildungswärme des Schwefelwasserstoffes bestimmen. Diese Verbindung läßt sich zwar direkt aus ihren Elementen darstellen (**72**), aber nur auf eine Weise, welche zur thermochemischen Untersuchung unbrauchbar ist. Wir gehen nun aus von dem System H, S, O und denken uns damit folgende Prozesse durchgeführt: 1) Wasserstoff und Schwefel werden zu Wasser und Schwefeldioxyd verbrannt; 2) Wasserstoff und Schwefel werden verbunden und der gebildete H_2S wird zu H_2O und SO_2 verbrannt. Da wir in beiden Fällen von demselben System ausgegangen und damit zu demselben Endzustand gelangt sind, muß zufolge dem HESSschen Gesetz der kalorische Effekt gleich sein.

Wir haben daher:

Verbrennungswärme v. H + Verbrw. von S =
Bildungswärme von H_2S + Verbrw. von H_2S:

$$(2H + O - H_2O) + (S + 2O - SO_2)$$
$$= (2H + S - H_2S) + (H_2S + 3O - SO_2 - H_2O).$$

$$69.0 + 69.26 = x + 133.46.$$

Folglich:

$$x = (S + 2H - H_2S) = 4.8.$$

Etwas komplizierter ist die Aufgabe, die Bildungswärme der unterchlorigen Säure zu bestimmen, also einer Verbindung, die direkt aus den Elementen nicht darzustellen ist. Man kann dieselbe in folgender Weise berechnen. Wenn man eine Lösung dieser Säure mit Jodwasserstoffsäure vermischt, so zersetzt sie sich nach folgender Gleichung:

$$HOCl_{aq} + 2HJ_{aq} = 2J + HCl_{aq} + H_2O + 50.41 \text{ Kal.}$$

Diese Wärmeentwicklung ist die algebraische Summe der folgenden kalorischen Effekte: 1) Zersetzung von $HOCl_{aq}$, Unbekannte; 2) Zersetzung von $2HJ_{aq} = -26.34$; 3) Bildung von $HCl_{aq} = 39.4$; 4) Bildung von Wasser $= 69.0$.

Die Gleichung wird daher:

$$-x - 26{\cdot}34 + 39{\cdot}4 + 69{\cdot}0 = 50{\cdot}41,$$

woraus:

$$x = +\,31{\cdot}65 \text{ Kal.}$$

100. Man muß bei solchen Angaben über Bildungs- und Zersetzungswärme im Auge behalten, daß die erhaltenen Ziffern nicht die bei der Verbindung der Atome zum Molekül auftretenden Wärmemengen angeben, sondern stets die Zersetzungswärmen der Moleküle der Elemente (d. h. die zur Zerlegung dieser Moleküle in Atome erforderlichen Wärmemengen) darin mit einbegriffen sind. Wenn z. B. Chlorwasserstoffgas aus Wasserstoff und Chlor entsteht, werden 22·0 Kal. entwickelt. Der kalorische Effekt setzt sich jedoch zusammen aus der Zersetzungswärme von je einem Mol Wasserstoff und Chlor und der Bildungswärme von 2 Molen HCl. Was man mißt, ist die Differenz der zwischen dem anfänglichen System $H_2 + Cl_2$ und dem daraus entstehenden 2HCl entwickelten Wärmemenge. Auch bei der indirekten Bestimmung einer Bildungswärme mit Hilfe des Hessschen Gesetzes schließt die berechnete Wärmeentwicklung die Zersetzungswärme der Moleküle der Elemente ein. Bei der Bestimmung der Bildungswärme von Schwefelwasserstoff z. B. auf die oben angegebene Weise setzt sich der kalorische Effekt der Verbrennung dieses Gases aus den folgenden Teilen zusammen. Die Verbrennung des Schwefelwasserstoffes aus:

$$2(2H + S - H_2S) + 3(2O - O_2) = 2SO_2 + 2H_2O + p \text{ Kal.}$$

Die Verbrennung des Wasserstoffes aus:

$$2(2H - H_2) + (2O - O_2) = 2H_2O + q \text{ Kal.},$$

die des Schwefels aus:

$$(2S - S_2) + 2(2O - O_2) = 2SO_2 + r \text{ Kal.},$$

worin $(2O - O_2)$ usw. die Zersetzungswärme der Moleküle der Elemente bedeutet.

Die Bildungswärme des Schwefelwasserstoffes ist $r + q - p$. Leitet man diesen Wert aus den obigen Gleichungen ab, so ergibt sich:

$$r + q - p = (2S - S_2) + 2(2H - H_2) - 2(2H + S - H_2S),$$

woraus hervorgeht, daß die Zersetzungswärmen der Schwefel- und der Wasserstoffmoleküle in der gefundenen Bildungswärme mit enthalten sind.

101. Die Erfahrung hat gezeigt, daß chemische Prozesse, welche exotherm, d. h. unter Wärmeentwicklung oder positiver Wärmetönung verlaufen, gewöhnlich eintreten, während solche, die endotherm, d. h. mit Wärmeverbrauch oder negativer Wärmetönung verlaufen müßten, in den meisten Fällen ausbleiben. Man hat hierin häufig ein brauchbares Mittel, um auf den Verlauf einer Reaktion zu schließen. Die Bildung von Wasser oder Chlorwasserstoff ist von einer ansehnlichen Wärmeentwicklung begleitet; die von Chlormonoxyd Cl_2O ist dagegen endotherm; in der Tat kann dieser Körper nicht direkt aus den Elementen erhalten werden, Wasser und HCl dagegen wohl.

Jod wird aus den Metalljodiden durch Chlor verdrängt, indem sich Chloride bilden und Jod frei wird; in der Tat ist

$$KJ + Cl = KCl + J + 25{\cdot}5 \text{ Kal.}$$

Umgekehrt kann Jod jedoch aus Chlorkalium kein Chlor frei machen, weil dieser Vorgang 25·5 Kal. verbrauchen würde. Beispiele von Reaktionen, welche, obwohl mehrere Arten des Verlaufes denkbar erscheinen, so verlaufen, daß Wärme entwickelt wird, ließen sich noch viele anführen.

Man hat daher geglaubt, daß man die bei einer Reaktion auftretende Wärme als ein Maß der dabei abgesättigten Affinität ansehen dürfe; aus der Thermodynamik geht jedoch hervor, daß dies nicht richtig ist. Die Anwendung thermodynamischer Betrachtungen hat überhaupt hier und in vielen andern damit zusammenhängenden Fragen zu einer klareren Auffassung geführt. Eine solche Anwendung haben wir schon in der Gibbsschen Phasenlehre kennen gelernt; auf ihre Bedeutung werden wir noch manchmal hinweisen müssen.

102. Eine andere wichtige Anwendung der Thermodynamik findet ihren Ausdruck in der Regel von Le Chatelier:

Jedes in physikalischem oder chemischem Gleichgewicht sich befindende System erleidet durch die Veränderung eines seiner Gleichgewichtsfaktoren eine Verschiebung in dem Sinne, daß sie, wenn diese Verschiebung primär erfolgte, die Veränderung, des betreffenden Gleichgewichtsfaktors im entgegengesetzten Sinne bewirken würde.

Diese Regel, welche Le Chatelier das Prinzip von dem Widerstand der Rückwirkung gegen die Wirkung genannt hat, bietet ein bequemes Mittel, um vorauszusagen, in welchem Sinne eine Reaktion verlaufen wird.

An einigen Beispielen werden wir ihre Bedeutung klar machen.

1) Übt man auf ein im Gleichgewicht befindliches Gemisch von Wasser und Eis einen Druck aus, so tritt Schmelzen des Eises ein, also ein mit Kontraktion verbundener Vorgang. Durch die Kontraktion wird der Druck teilweise wieder aufgehoben.

2) Monokliner Schwefel, beim Umwandlungspunkt (Gleichgewichtstemperatur) einem Druck ausgesetzt, geht infolge der eintretenden Volumverminderung in rhombischen Schwefel über; auch hier findet Verringerung des Druckes durch die eintretende Reaktion statt.

3) Beim Verdünnen einer Lösung nimmt der osmotische Druck nach dem Boyleschen Gesetze ab; bei der Lösung eines Elektrolyten wird Verdünnung weitere Ionisziation zur Folge haben, da dieser Prozeß an sich den osmotischen Druck erhöht.

4) Je mehr eine Flüssigkeit erhitzt wird, desto mehr Dampf bildet sich. Die Verdampfung verbraucht Wärme und wirkt somit der Wärmezufuhr entgegen.

5) Bei teilweise dissoziiertem N_2O_4 drängt Druckerhöhung die Dissoziation zurück, während Druckverminderung dieselbe vermehrt. Der erstgenannte Prozeß gibt von sich aus Druckerniedrigung, der andere Druckerhöhung.

103. Ein Spezialfall der Regel ist VAN'T HOFFS in unabhängiger Weise aus der Thermodynamik abgeleitetes *Prinzip des beweglichen Gleichgewichts*:

Das Gleichgewicht zwischen zwei verschiedenen Zuständen der Materie (Systeme) verschiebt sich bei konstant bleibendem Druck durch Temperatur$\frac{\text{erniedrigung}}{\text{erhöhung}}$ *nach demjenigen der zwei Systeme, durch dessen Bildung Wärme* $\frac{\text{entwickelt}}{\text{absorbiert}}$ *wird.*

Ein paar Beispiele sollen dies näher erläutern:

1) Über den Umwandlungspunkt erhitzt, wird rhombischer Schwefel monoklin, da bei der Umwandlung Wärme absorbiert wird; unterhalb dieser Temperatur erfolgt die umgekehrte Umwandlung. (Bei allem gewöhnlicher Druck vorausgesetzt.) Die Reaktion wirkt der von außen bewirkten Temperaturänderung entgegen.

2) Von einem Salz, dessen Lösungswärme negativ ist, geht durch Temperaturerhöhung mehr in Lösung; ist seine Lösungswärme positiv, so fällt es bei Temperaturerhöhung aus seiner gesättigten Lösung aus (**235**).

104. Noch eine andere Folgerung aus der Thermodynamik ist bemerkenswert. Ohne näher darauf einzugehen, wollen wir hervorheben, daß sie ein ganz allgemeines Mittel liefert, um zu bestimmen, ob eine Reaktion möglich ist oder nicht. Gleichwohl macht sie noch nicht nötig, daß diejenige Reaktion, welche *möglich* ist, auch *wirklich erfolgt*. Nun liegt die Vermutung sehr nahe, daß, wo Reaktionen, welche möglich sein sollten, nicht eintreten, Umstände vorliegen, welche bei der Anwendung der Thermodynamik außer Rechnung gelassen wurden und die das wirkliche Eintreten der Reaktion verhindern. Solche Umstände kann man zusammenfassend *passive Widerstände* nennen. Sie können zuweilen die Reaktionsgeschwindigkeit erheblich hemmen, besonders bei niedrigen Temperaturen. Wir lernten bereits ein Beispiel dieser Art kennen in einem Gemisch von Wasserstoff und Sauerstoff (**12**). Ferner hat PICTET gezeigt, daß Natrium, welches bei gewöhnlicher Temperatur auf Alkohol ziemlich heftig einwirkt, bei -80^0 ruhig darauf schwimmt, ohne daß irgend welche Reaktion bemerkbar ist. Selbst konzentrierte Salzsäure und Natrium reagieren bei sehr starker Abkühlung nicht miteinander, oder wenigstens nur sehr langsam. Im allgemeinen zeigt sich, daß die Reaktionsgeschwindigkeiten um so kleiner sind, je niedriger die Temperatur ist. Dem ist es zuzuschreiben, daß häufig, wenn in einem System nach der Thermodynamik die eine oder die andere Reaktion möglich ist, diese Reaktion nicht (d. h. nicht mit meßbarer Geschwindigkeit) erfolgt.

Die Änderung der Reaktionsgeschwindigkeit mit der Temperatur läßt sich allgemein so formulieren, daß, wenn diese in arithmetischer Reihe steigt, jene in geometrischer Reihe zunimmt. Die Erfahrung hat weiter gezeigt, daß für eine Zunahme der Temperatur um 10^0 ziemlich allgemein die Reaktionsgeschwindigkeit auf das Zwei- bis Dreifache kommt.

Man kann sich leicht klar machen, welche außerordentlich wichtige Rolle die obengenannten passiven Widerstände in der Natur spielen. Wären sie nicht vorhanden, so würden die Verbrennungen, die Oxydation der Metalle u. a. auch bei der gewöhnlichen Temperatur unserer Umgebung eintreten, d. h. es würde alles Brennbare auch wirklich verbrennen, so daß alles tierische und pflanzliche Leben auf dem Erdball unmöglich wäre.

Stickstoff.

105. Dieses Element kommt frei in der atmosphärischen Luft vor, welche aus ca. $80^0/_0$ Stickstoff und $20^0/_0$ Sauerstoff besteht, gebunden in den salpetersauren Salzen, so z. B. im Chilisalpeter ($NaNO_3$) und in den einen wichtigen Bestandteil des tierischen und pflanzlichen Organismus ausmachenden Eiweißstoffen.

Der Stickstoff läßt sich leicht aus der atmosphärischen Luft isolieren, indem man letzterer ihren Sauerstoff entzieht. Dies kann auf verschiedene Weise geschehen. Phosphor verbindet sich beim Verbrennen mit dem Sauerstoff der Luft zu P_2O_5; das übrigbleibende Gas ist — von geringen Beimengungen abgesehen (**110**) — Stickstoff. Leitet man Luft über glühendes Kupferpulver, so bildet sich Kupferoxyd und Stickstoff entweicht.

Da der Sauerstoff der Luft hierbei alles Kupfer sehr bald in CuO umwandelt, läßt sich natürlich nur eine beschränkte Menge Stickstoff mittels einer bestimmten Menge Kupferpulver erhalten. Man kann jedoch, wenn man die Luft zuerst durch Ammoniakwasser leitet, den Prozeß mit derselben Kupfermenge immer weiter fortsetzen, weil der Wasserstoff des Ammoniaks NH_3 das gebildete Kupferoxyd wieder reduziert.

Kupfer vermag auch bei gewöhnlicher Temperatur den Sauerstoff der Luft zu binden, wenn man es mit einer Lösung von Ammoniak und kohlensaurem Ammoniak in Berührung bringt. Ebenso verbindet sich feuchter Phosphor bereits bei gewöhnlicher Temperatur mit Sauerstoff, so daß Luft, welche einige Minuten mit Phosphorstücken in Berührung gewesen ist, ihren Sauerstoffgehalt verloren hat. Auch durch eine alkalische Pyrogallollösung wird der Sauerstoff bei gewöhnlicher Temperatur gebunden. Man macht von diesen Reaktionen in der Gasanalyse Gebrauch.

106. Durch direkte Zersetzung einiger Stickstoffverbindungen wird der Stickstoff rein gewonnen; so besonders durch Erwärmen einer konzentrierten Lösung von Ammoniumnitrit:

$$NH_4NO_2 = N_2 + 2H_2O.$$

Wenn der Lösung von Ammoniumnitrit ein wenig Ammoniak zugesetzt wird, erfolgt die Stickstoffentwicklung träger; dagegen wird sie durch ein wenig verdünnte Schwefelsäure sehr beschleunigt. Dies läßt sich so erklären: Es liegt Grund vor, in der Lösung von NH_4NO_2 die Gegenwart von geringen Mengen freien Ammoniaks und freier salpetriger Säure anzunehmen; d. h. das Salz ist schwach hydrolysiert (**66**). Da nun ein Zusatz von Schwefelsäure beschleunigend wirkt, wobei also HNO_2 in Freiheit gesetzt wird, ist es wahrscheinlich, daß auch in einer Lösung, die nur das Salz enthält, die geringe Menge freier Säure die Zersetzung bewirkt. Dieser Schluß findet eine Stütze darin, daß durch einen Zusatz von NH_3 die Stickstoffentwicklung verlangsamt wird, da dieses ja die freie salpetrige Säure wegnimmt.

Auch durch Erhitzen von Ammoniumchromat $(NH_4)_2CrO_4$ (oder bequemer eines Gemenges von Chlorammonium, NH_4Cl und Kaliumbichromat) entsteht freier Stickstoff:

$$K_2Cr_2O_7 + 2NH_4Cl = N_2 + Cr_2O_3 + 2KCl + 4H_2O.$$

Ein Beispiel der Gewinnung von Stickstoff durch indirekte Zersetzung seiner Verbindungen ist die Reduktion von Stickoxyden durch erhitztes Kupfer:

$$2NO + 2Cu = N_2 + 2CuO.$$

Physikalische Eigenschaften. Der Stickstoff ist ein farb-, geruch- und geschmackloses Gas; sein spez. Gewicht bezogen auf Luft ist 0·9682, seine Dichte gegen Wasserstoff demnach 13·93. 1 Liter Stickstoff wiegt 1·2521 g bei 0^0 und 760 mm. Er gehört zu den am schwierigsten zu kondensierenden Gasen; seine kritische Temperatur liegt bei -146^{0}, sein Siedepunkt bei -194^{0}; er ist fest bei -214^{0}. In Wasser ist er nur wenig löslich, weniger als Sauerstoff.

Chemische Eigenschaften. Der Stickstoff ist seinem chemischen Charakter nach sehr indifferent; d. h. er verbindet sich mit keinem Element bei gewöhnlicher Temperatur und auch bei höherer Temperatur nur mit wenigen. Bor, Silicium, Titan, Baryum, Strontium, Calcium, Magnesium, Chrom und auch einige seltene Erdmetalle verbinden sich bei Glühhitze direkt mit dem Stickstoff zu Nitriden; das Magnesiumnitrid hat die Formel Mg_3N_2. Mit Sauerstoff kann sich Stickstoff unter dem Einfluß von Induktionsfunken direkt vereinigen (es entsteht dadurch rotbraunes NO_2); ebenso mit Wasserstoff. Bringt man in ein Rohr über Quecksilber ein Gemisch von Wasserstoff und Stickstoff, sowie einen Tropfen konzentrierte Salzsäure, so sieht man beim Durchschlagen der Induktionsfunken Nebel von Chlorammonium NH_4Cl entstehen, da Stickstoff und Wasserstoff NH_3 bilden. Die beiden letztgenannten Reaktionen und die Tatsache, daß der Stickstoff die Verbrennung nicht zu unterhalten vermag, dienen zur Erkennung des gasförmigen Stickstoffes.

Das Molekül des Stickstoffes besteht aus 2 Atomen, was in ganz analoger Weise wie beim Sauerstoff und andern gasförmigen Elementen nachgewiesen worden ist.

Die atmosphärische Luft.

107. Die atmosphärische Luft wurde bis zum Ende des achtzehnten Jahrhunderts für ein Element gehalten; erst durch die Untersuchungen von Priestley und von Lavoisier hat sich herausgestellt, daß sie ein zusammengesetzter Stoff ist. Die richtige Erklärung der Verbrennungserscheinungen hat zu dieser Entdeckung geführt.

Vor Lavoisier glaubte man, daß alle brennbaren oder sich oxydierenden Körper einen gemeinsamen Bestandteil, das Phlogiston, besäßen. Die Verbrennung eines Körpers beruhte nach dieser von Stahl (1660—1734) aufgestellten Theorie auf dem Entweichen von Phlogiston; erfolgt dieselbe sehr heftig, so entsteht eine Feuererscheinung. Je brennbarer ein Stoff ist, um so größer sollte die Menge Phlogiston sein, die er enthält. Schwefel, Phosphor, Kohlenstoff, Wasserstoff galten demnach als sehr phlogistonreiche Stoffe.

Bezüglich der eigentlichen Natur dieses Phlogistons gingen die Meinungen weit auseinander. Verschiedene Male wurden Versuche angestellt, dasselbe zu isolieren. Einige Zeit glaubte man, nach dem Vorgang von Cavendish, daß der Wasserstoff reines Phlogiston sei.

Phlogistonreiche Körper können dasselbe auf andere, die es nicht besitzen oder arm daran sind, übertragen. Die Metalle z. B. sind Stoffe, welche einen bestimmten Gehalt an Phlogiston besitzen, den sie beim Erhitzen an der Luft abgeben; sie werden dadurch in Metallkalke (= Oxyde) verwandelt, die kein Phlogiston mehr enthalten. Wird ein solcher Metallkalk jedoch mit Kohlenstoff oder Wasserstoff erhitzt, so nimmt er aus diesen Stoffen Phlogiston auf und geht dadurch wieder in Metall über. Die Tatsache, daß Schwefel, Phosphor oder überhaupt brennbare Substanzen in einem geschlossenen Luftvolum bald aufhören zu brennen, wurde so erklärt, daß die Luft dann mit Phlogiston gesättigt sei, so daß dies nicht mehr aus den brennenden Körpern entweichen könne.

Man sieht hieraus, daß diese Theorie viele Erscheinungen von einem gemeinsamen Gesichtspunkt aus betrachten lehrte; sie hat der Chemie zweifellos wichtige Dienste gele stet.

Solange man die Verbrennungseigenschaften so auffaßte, lag keine Veranlassung vor, an der elementaren Natur der Luft zu zweifeln; denn man glaubte ja, daß die Körper bei der Verbrennung etwas abgäben, während wir jetzt wissen, daß umgekehrt dabei aus der Luft etwas aufgenommen wird. Nachdem experimentell festgestellt war, daß bei der Verbrennung eine Gewichtszunahme stattfindet, mußte die Phlogistontheorie, welche davon keine Rechenschaft zu geben vermag, fallen; Lavoisiers Verdienst ist es, die Bedeutung dieser Tatsache erkannt und zur allgemeinen Anerkennung gebracht zu haben. Am 1. August 1774 hatte Priestley den Sauerstoff entdeckt, welchen er selbst als völlig von Phlogiston befreite („dephlogistisierte") Luft ansah;[1] Lavoisier erkannte in diesem Stoff das für jede Verbrennung und Oxydation nötige Prinzip. Es war jetzt nur noch ein Schritt nötig, um einzusehen, daß die Luft kein Element sei, sondern neben dem Sauerstoff noch ein anderes Gas enthält, welches die Verbrennung nicht unterhalten kann. Dies hatten bereits Priestley und Scheele experimentell festgestellt. Der Versuch, durch den Lavoisier dies bewies, ist bereits in **9** beschrieben. Indem er die Menge Stickstoff maß, welche nach der Wegnahme des Sauerstoffes durch erhitztes Quecksilber übrig blieb, bestimmte er auch die Zusammensetzung der Luft ziemlich genau.

108. *Bestandteile der atmosphärischen Luft.* Außer Sauerstoff und Stickstoff enthält die Luft noch Wasserstoff (0·02 %), Argon und die andern in **110** aufgeführten Elemente; mehr oder weniger beträchtliche Mengen Wasserdampf, Kohlendioxyd (im Mittel 0·04 % mit nur geringen Abweichungen von diesem Mittel), Ammoniak, Ozon und vielleicht auch Wasserstoffsuperoxyd, letztere drei nur in äußerst geringer Menge. Als zufällige Bestandteile (z. B. in der Nachbarschaft von Vulkanen) finden sich Schwefeldioxyd und andere Gase. Die niederen Luftschichten enthalten stets auch schwebende Stoffteilchen, Mikroben usw.

Analyse der Luft. Das Mengenverhältnis von Sauerstoff und Stickstoff in sorgfältig getrockneter und von Kohlendioxyd usw. befreiter Luft ist wiederholt mit großer Sorgfalt bestimmt worden.

[1] Aus den 1892 von Nordenskiöld publizierten Laboratoriumsnotizen und Briefen Scheeles geht hervor, daß dieser den Sauerstoff eher als Priestley gekannt hat; er nannte ihn „Feuerluft". Jedoch ist er ebensowenig wie Priestley durch diese Entdeckung zur richtigen Erklärung der Verbrennungsprozesse gelangt.

Nach der Methode von DUMAS und BOUSSINGAULT geschieht dies in folgender Weise:

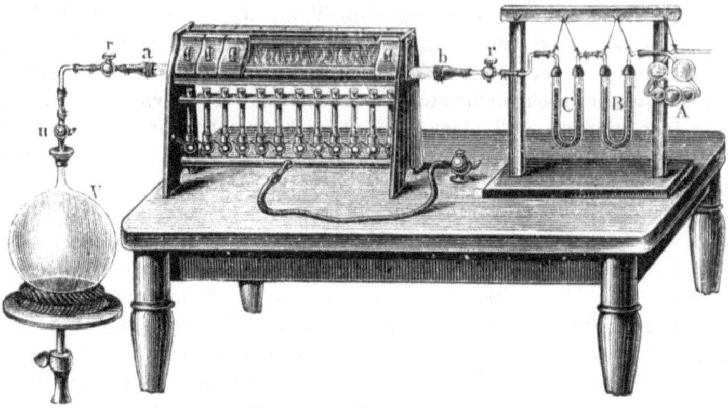

Fig. 39. Luftanalyse.

Der Ballon *V* (Fig. 39) ist luftleer gepumpt und mit dem Rohr *a b* verbunden, welches mit Kupferspänen beschickt ist und in einem Ofen erhitzt wird. Auch dieses Rohr wird evakuiert. Das Ende *b* desselben ist mit den Apparaten *C, B, A* verbunden, welche die eintretende Luft von Kohlendioxyd und Wasserdampf befreien sollen. Der luftleere Ballon *V* ist zuvor sorgfältig gewogen. Durch vorsichtiges Öffnen der Hähne *u* und *r* wurde ein langsamer Luftstrom durch das Rohr *a b* in den Ballon eingeführt, wobei das Kupfer den Sauerstoff absorbiert. Durch Wägen des Rohres vor und nach dem Versuch ist alsdann die Menge des aufgenommenen Sauerstoffes bestimmt worden, durch Zurückwägen des Ballons die Menge Stickstoff, welche dieser enthält; so ergab sich das Verhältnis des Stickstoffes zum Sauerstoff in der Luft.

Eine andere Methode ist die eudiometrische. Hierbei wird ein bekannter Raumteil Luft mit einem bekannten Raumteil reinen Wasserstoffes gemischt (erhalten durch Elektrolyse von Wasser). Durch dies Gemisch läßt man einen elektrischen Funken schlagen, wodurch Wasserstoff und Sauerstoff sich zu Wasser vereinigen, welches sich an den Wänden des Apparates kondensiert. Da 2 Vol. Wasserstoff mit 1 Vol. Sauerstoff zu Wasser sich verbinden, so ist $^1/_3$ des verschwundenen Volums Sauerstoff gewesen.

109. Durch diese und andere Untersuchungsmethoden hat man gefunden, daß die Zusammensetzung der Luft nahezu konstant ist; an allen Orten der Erde und auch in den höchsten Schichten, welche man mit dem Luftballon erreicht hat, besteht sie:

dem Raume nach aus 20·81 % Sauerstoff und 79·19 % Stickstoff,
„ Gewicht „ „ 23·01 „ „ „ 76·99 „ „

Die beobachteten Abweichungen von diesem Verhältnis betragen kaum ± 0·1 %. Auch zu verschiedenen Zeiten hat man dieselbe Zusammensetzung gefunden; unsere gegenwärtigen Analysen stimmen mit denen von Dumas und Boussingault aus dem Jahre 1841 überein.

Dieses Resultat scheint auf den ersten Blick überraschend, weil fortgesetzt Sauerstoff und Stickstoff aus der Atmosphäre verschwinden und wieder dahin zurückkehren und es keineswegs sicher, ja sogar eher unwahrscheinlich ist, daß die weggenommenen und zurückkehrenden Raumteile gleich sind.

Der Sauerstoff macht nämlich folgenden Kreislauf: Der freie Sauerstoff dient zu allen möglichen Oxydationen und zwar wohl hauptsächlich für die Atmung der Tiere und Pflanzen sowie zur Verbrennung von Brennstoffen; dabei entsteht Kohlendioxyd. Dieses Kohlendioxyd wird von den Pflanzen für ihren Assimilationsprozeß verbraucht, wodurch der Sauerstoff desselben wieder in die Atmosphäre zurückwandert; es wird also von der Intensität dieses Prozesses abhängen, ob ebensoviel Sauerstoff in die Luft zurückgelangt, als zuvor zur Bildung von Kohlendioxyd verbraucht ist. Der Sauerstoff, der zu anderweitigen Oxydationen gedient hat, kehrt nicht wieder in die Atmosphäre zurück.

Auch der Stickstoff macht einen Kreislauf durch. Der meiste Stickstoff, welcher in Form organischer Verbindungen im Tier- und Pflanzenkörper vorkommt, bleibt nach deren Absterben in gebundenem Zustand als Ammoniak, Salpetersäure usw. zurück. Bei Verwesungsprozessen wird der gebundene Stickstoff teilweise, beim Verbrennen von Pflanzen- und Tierresten völlig in Freiheit gesetzt. Dem steht gegenüber, daß einige Pflanzen, die Leguminosen, durch Symbiose mit Bakterien direkt freien Stickstoff aus der Luft zu binden vermögen; daß auch gewisse Bakterienarten für sich Stickstoff assimilieren können, daß bei Gewittern etwas Stickstoff sich mit Sauerstoff verbindet, daß ferner durch stille elektrische Entladung, wie sie häufig zwischen den Wolken und der Erde vorkommen muß, der Stickstoff Verbindungen eingehen kann usw. Auch hier erhebt sich die Frage, ob Gewinn und Verlust der Atmosphäre an Stickstoff einander die Wage halten.

Aus dem Vorstehenden erkennt man zur Genüge, daß es ein Zufall sein müßte, wenn der Luft genau soviel Sauerstoff und Stickstoff entzogen werden würde, wie dahin zurückwandert. Ungefähr mag wohl Kompensation stattfinden; aber auch wenn dies nicht der Fall sein sollte, würde sich die Zusammensetzung der

Luft auch in Jahrhunderten wegen ihrer enormen Menge nur wenig ändern können.

Durch folgende Rechnung kann man sich hiervon überzeugen. Der normale Luftdruck beträgt 760 mm Quecksilber; derselbe wird ausgeübt von dem Gewicht der Luft und dem in dieser enthaltenen Wasserdampf. Gesetzt, der Druck der letzteren betrage im Mittel 10 mm, so bleiben für den Druck der Luft selbst 750 mm über; d. h. das Gewicht der Luft beträgt soviel, wie das einer Quecksilberschicht von 750 mm Dicke, welche die ganze Erdoberfläche bedecken würde. Dieses Gewicht berechnet sich folgendermaßen: Der Inhalt einer Kugelschale beträgt, wenn der Radius der inneren Kugel R, die Dicke der Kugelschale r ist, $4\pi R^2 r$. Der Erdradius (R) ist im Mittel 6370348 m; r ist 0·75 m, daraus folgt mit Berücksichtigung des spez. Gewichtes des Quecksilbers 13·59 für das gesuchte Gewicht $5 \cdot 2 \times 10^{18}$ kg, oder 5·2 Trillionen Kilogramm; da 1 cm Luft bei 0° und 760 mm Druck 1·2932 kg wiegt, repräsentiert dies Gewicht ein Gasvolumen (bei 0° und 760 mm) von $4 \cdot 10^{18}$ cm oder an Sauerstoff von $\frac{4}{5} \times 10^{18} = 8 \times 10^{17}$ cm. Gegenüber diesen Massen ist die Sauerstoffmenge, welche der Luft durch Atmung, Verbrennung usw. entzogen wird, sehr gering. Ein erwachsener Mensch verbraucht in 24 Stunden ca. 600 Liter Sauerstoff, in 1 Jahre also 219×10^3 Liter oder 219 cm. Nun leben auf der Erde nicht ganz $1500 \cdot 10^6$ Menschen; diese benötigen daher in 1 Jahre $328 \cdot 5.10^9$ cm Sauerstoff. Man nehme ferner an, was sicher sehr hoch gegriffen ist, daß der totale Sauerstoffverbrauch zehnmal soviel beträgt, als für die Atmung aller Menschen nötig ist, so würden per Jahr aus der Atmosphäre $328 \cdot 5 \times 10^{10}$ cm d. h. der 416×10^{-6}. Teil der gesamten Menge verbraucht werden. Daß dies relativ sehr wenig ist, zeigt folgende Überlegung noch deutlicher. 0·1% des gesamten vorhandenen Sauerstoffes wäre 8×10^{14} cm. Bei dem oben berechneten jährlichen Verbrauch (also ohne Kompensation anzunehmen) würde diese Menge den Sauerstoffbedarf für etwa 244 Jahre decken. Da nun überdies eine beträchtliche Sauerstoffzufuhr durch den Assimilationsprozeß der Pflanzen stattfindet, so können Änderungen im Sauerstoffgehalt der Luft mittels unserer analytischen Hilfsmittel offenbar nicht wahrnehmbar sein.

Die Luft ist ein Gemenge; sie kann keine Verbindung von Stickstoff und Sauerstoff sein, und zwar aus folgenden Gründen: 1) Das Verhältnis von Stickstoff zu Sauerstoff ist ein anderes, als es für eine Verbindung zwischen diesen Elementen sein würde; denn dann müßte dieses Verhältnis gleich dem der Atomgewichte oder dem von einfachen Multiplen der letzteren sein. 2) Durch Mischen von Stickstoff und Sauerstoff in dem Verhältnis, wie sie Luft bilden, erhält man eine synthetische Luft, welche der uns umgebenden völlig gleicht; dies schließt die Möglichkeit aus, daß sie neben freiem Sauerstoff und Stickstoff noch eine Verbindung dieser beiden Elemente in merklicher Menge enthielte. 3) Das Verhältnis, in dem Sauerstoff und Stickstoff der Luft von Flüssigkeiten gelöst werden, ist ein anderes als dasjenige, in welchem sie in der Luft vorkommen. 4) Wenn flüssige Luft siedet, so destilliert zuerst hauptsächlich Stickstoff über.

Flüssige Luft ist eine leicht bewegliche Flüssigkeit von bläulichem Schimmer. Sie ist durch suspendierte Eisteilchen (von ihrem Feuchtigkeitsgehalt herrührend) meist etwas getrübt. Man kann sie von dieser Trübung befreien, indem man sie durch ein Papierfilter filtriert. Sie siedet bei etwa -190^{0}. Zur Erzeugung sowie zur Demonstration der Wirkungen von sehr niedrigen Temperaturen wird sie jetzt viel verwendet. Leitet man z. B. Kohlendioxyd in ein Gefäß ein, in dem sich flüssige Luft befindet, so fällt es in fester Form wie Schneeflocken nieder. Trotz ihrer niedrigen Temperatur kann man sie gefahrlos über die Hände gießen und hat dabei nicht einmal das Gefühl von Kälte (infolge des Leidenfrostschen Phänomens). Flüssige Luft enthält viel mehr Sauerstoff, als die gasförmige der Atmosphäre (gegen $50\,^0/_0$). Taucht man einen glimmenden Holzspan in dieselbe ein, so beginnt der Span unter heftiger Reaktion sehr lebhaft zu brennen. In Vakuumgefäßen (**9**) kann man sie ziemlich lange aufbewahren und sogar stundenweit mittels Eisenbahn transportieren.

Argon, Helium und ihre Begleiter.

110. Argon. Wie unzählige Male auch die Luft schon analysiert war, so ergaben doch erst im Jahre 1894 begonnene Untersuchungen von Rayleigh und Ramsay, daß die Luft noch andere Elemente als Sauerstoff und Stickstoff enthält, eins davon, das von seinen Entdeckern Argon genannte, sogar in einer Menge von $0\cdot9\,^0/_0$ (Vol.) oder $1\cdot2\,^0/_0$ (Gew.). Es war infolge seiner außerordentlichen Ähnlichkeit mit dem Stickstoff stets übersehen worden. Die erste Andeutung seiner Gegenwart ergab sich daraus, daß das spez. Gewicht des aus der Luft isolierten Stickstoffes stets etwas größer war, als das des aus Ammoniumnitrit und andern Verbindungen bereiteten. 1 Liter Stickstoff aus der Luft gewonnen wog 1·2572 g, 1 Liter aus chemischen Verbindungen dargestellt 1·2521 g, beide bei 0^0 und 760 mm. Es mußte daher in dem atmosphärischen Stickstoff noch ein Gas enthalten sein, welches schwerer ist als dieser.

Zwei Methoden wurden von den genannten beiden Forschern angewandt, um das Gas zu isolieren. Nach der einen wird die Luft zuerst über erhitztes Kupfer geleitet, um sie von Sauerstoff zu befreien, hernach über glühendes Magnesium, um den Stickstoff zu binden (**107**). Es blieb dann ein Rest des Gases übrig, welcher kein Stickstoff war. Nach der andern Methode wird ein Gemisch von Luft und Sauerstoff über Kali längere Zeit dem Induktionsfunken ausgesetzt. Der Sauerstoff verbindet sich dadurch mit dem Stickstoff zu Verbindungen, welche vom Kali absorbiert werden; zum Schlusse wird der überschüssige Sauerstoff durch ein Absorptionsmittel weggenommen (**107**). Auch hier bleibt von dem Gas ein Rest übrig. Noch verschiedene andere Methoden hat man gefunden, um Argon aus der Luft zu gewinnen. Eine der einfachsten ist, die Luft mit einem Gemisch von Magnesium und frisch geglühtem Kalk zu erhitzen. Durch die hohe Temperatur entsteht freies Calcium ($Mg + CaO = MgO + Ca$), welches in der feinen Verteilung, in der es erzeugt wird, sehr kräftig Sauerstoff aber auch Stickstoff aufnimmt, so daß nur Argon übrig bleibt.

Nachdem das Argon einmal entdeckt war, wurde es auch anderswo außer in der Atmosphäre gefunden; einige Mineralwässer z. B. enthalten es gelöst. Gewisse seltene Mineralien geben beim Erhitzen Argon ab u. a. m.

Das Argon ist ein farb-, geruch- und geschmackloses Gas vom spez. Gewicht 19·957. Das Molekulargewicht beträgt daher 40. Auf physikalischem Wege hat man gefunden, daß das Molekül nur aus 1 Atom besteht und daher das Atomgewicht des Argons ebenfalls 40 (O = 16) ist. Es ist durch Abkühlung mit flüssiger Luft unter etwa 50·6 Atmosphären Druck als farblose Flüssigkeit erhalten worden, die bei $-186 \cdot 9^0$ siedet und bei $-189 \cdot 6^0$ fest wird. In Wasser löst es sich etwas mehr als Stickstoff (bei 0^0 und 760 mm Druck 0·05780 Teile in 1 Vol.). In chemischer Hinsicht ist bemerkenswert, daß es bis jetzt noch nicht gelungen ist, gut definierte Verbindungen des Argons darzustellen.

Es ist sicher, daß das, was man jetzt Argon nennt, kein Gemisch und auch keine Verbindung, sondern ein Element ist. Denn Siede- und Schmelzpunkt sind völlig konstant, und der Dampfdruck des Argons blieb bei der Verflüssigung ebenfalls konstant, solange noch Gas vorhanden war. Als ferner ein gegebenes Volum Argon zu $^3/_4$ in Wasser gelöst wurde, zeigte das nicht gelöste Gas genau das gleiche Spektrum wie das gelöste; alles dies sind Kennzeichen eines einheitlichen Stoffes. Gegen die Annahme einer Verbindung spricht die außergewöhnliche Beständigkeit, welche das Argon gegen die verschiedensten Agentien zeigt.

111. Nach der Entdeckung des Argons fanden RAMSAY und TRAVERS noch vier andere Gase, deren Menge sehr gering ist, in der Atmosphäre. Dies sind Helium, Neon, Krypton und Xenon. Auf Grund spektralanalytischer Beobachtungen (**267**) hatte NORMAN LOCKYER schon seit längerer Zeit bei vielen Fixsternen, namentlich aber in der Atmosphäre der Sonne und zwar dort als einen der Hauptbestandteile, die Gegenwart eines auf der Erde noch nicht aufgefundenen Elementes vermutet. Es erhielt deshalb den Namen Helium. 1895 wiesen RAMSAY und TRAVERS nach, daß dieses Element auch auf unserer Erde vorkommt. Er erhielt es in geringer Menge beim Erhitzen des Cleveïts, eines seltenen Uranminerals. Später wurde Helium als Begleiter des Argons in einigen andern, namentlich in uranhaltigen Mineralien sowie auch in Mineralquellen angetroffen und schließlich auch in der Atmosphäre nachgewiesen.

Helium ist bei gewöhnlicher Temperatur ein farbloses Gas. Es verflüssigt sich, wenn es mit festem Wasserstoff gekühlt wird. In Wasser ist es weniger löslich wie das Argon. An seiner elementaren Natur ist nicht zu zweifeln; durch Diffusion konnte es nicht in zwei ungleiche Teile zerlegt werden. Das Helium ist leichter als Argon; sein spez. Gewicht beträgt 1·98 (O = 16).

Während Helium und Neon im flüchtigsten Teil der Luft gefunden werden, erhält man Krypton und Xenon dagegen aus den Rückständen, welche übrig bleiben, nachdem man eine große Menge flüssiger Luft langsam hat verdampfen lassen. Ihre Trennung wurde dadurch ermöglicht, daß das Krypton bei der Temperatur der flüssigen Luft noch eine ziemlich große Dampfspannung besitzt, während die Verdampfung des Xenons dann nicht merklich ist.

Von Krypton und Xenon enthält die Luft nur äußerst geringe Mengen. 1 Gewichtsteil Krypton ist in ungefähr 7 Millionen Gewichtsteilen, und 1 Gewichtsteil Xenon in ungefähr 40 Millionen Gewichtsteilen Luft anwesend.

Diese Elemente bilden, nach steigendem Atomgewicht geordnet, eine natürliche Gruppe:

	Helium	Neon	Argon	Krypton	Xenon
Dichte (O = 16)	1·98	9·97	19·96	40·88	64
Atomgewicht	4	20	40	81·7	128
Siedep. bei 760 mm in abs. Skala	—	—	86°·9	121°·33	163°·9

Diesen Gasen sind drei Eigentümlichkeiten gemeinsam, welche der Erwähnung wert sind. Erstens zeigen sie charakteristische Spektrallinien im PLÜCKERschen Rohr (**263**) auf, an denen man sie erkennen und ihre Reinheit kontrollieren kann.

Zweitens besitzen sie eine Eigentümlichkeit, auf welche beim Argon bereits hingewiesen wurde: ihr Molekül besteht nur aus einem Atom. Diese Tatsache hat man zwar nicht auf dem gewöhnlichen Weg ermitteln können, wie er in **33** und **34** angegeben ist, weil man von keinem dieser Gase Verbindungen mit andern Elementen kennt, sie ist jedoch aus dem Wert für die Molekularwärmen hergeleitet worden. Hierunter versteht man die Wärmemenge, welche einem Grammmolekül eines Gases zugeführt werden muß, um seine Temperatur um 1° zu erhöhen. Für ein zweiatomiges Gasmolekül beträgt die Molekularwärme gegen 5 Kal., für ein dreiatomiges 7·5 Kal., für Quecksilber, dessen Molekül im gasförmigen Zustand nur 1 Atom enthält (Nachweis entsprechend **33** und **34**), dagegen nur 2·5 Kal. Da nun für die Dichte des Argons (für O = 16) nahezu der Wert 20 gefunden wurde, ist sein Molekulargewicht 40; für dieses Gewicht in Grammen ergab sich ein Wert von 2·5 Kal. als Molekularwärme, woraus hervorgeht, daß das Argonmolekül nur ein Atom enthält und sein Atomgewicht also 40 ist. Derselbe Weg führte zu einem analogen Ergebnis für die andern seltenen Gase der Atmosphäre.

Eine dritte Eigentümlichkeit dieser Elemente ist, daß sie nicht in Verbindungen übergeführt werden können, wie namentlich beim Argon wiederholt festgestellt wurde. Sie sind also nullwertig (**221**).

Verbindungen von Stickstoff und Wasserstoff.

112. Man kennt jetzt fünf Verbindungen von Wasserstoff und Stickstoff: Ammoniak NH_3, Hydrazin N_2H_4 und Stickstoffwasserstoffsäure N_3H, sowie die Verbindungen der letzteren mit Ammoniak und Hydrazin: $NH_3 \cdot N_3H$ und $N_2H_4 \cdot N_3H$. Von diesen fünf Verbindungen ist die am längsten bekannte, das Ammoniak, weitaus die wichtigste.

Ammoniak.

Ammoniak wird aus den Ammoniaksalzen, die als Nebenprodukt der Koks- und Leuchtgasfabrikation gewonnen werden, dargestellt. Das Ammoniakgas, welches bei der trocknen Destillation der Steinkohlen entweicht, wird in Wasser geleitet, welches dasselbe absorbiert.

Um hieraus die Verbindung im reinen Zustand zu erhalten, wird das Ammoniakwasser mit Kalkmilch erhitzt und das dadurch ausgetriebene Ammoniak in konzentrierte Schwefelsäure geleitet. Auf diese Weise wird Ammoniumsulfat $(NH_4)_2SO_4$ in Kristallen gewonnen. Es wird durch Umkristallisieren gereinigt und zur Gewinnung des freien Ammoniaks wiederum mit Kalk destilliert.

Das Ammoniak kann synthetisch nach folgenden, bis jetzt für die Praxis ohne Bedeutung gebliebenen Methoden gewonnen werden. Die direkte Synthese aus den Elementen ist bereits angegeben worden (**107**). Auch für die Bildung durch direkte Zersetzung seiner Verbindungen lassen sich Beispiele anführen; so entsteht es beim Erhitzen der Ammoniakverbindungen einiger Salze wie $x\,CaCl_2 \cdot y\,NH_3$, $x\,AgCl \cdot y\,NH_3$. Eine Anzahl organischer Verbindungen gibt beim Erhitzen Stickstoff in der Form von Ammoniak ab. Ferner entsteht NH_3 durch Einwirkung von Wasserstoff auf einige Stickstoffverbindungen; so z. B. wenn Salpetersäure HNO_3 mit nascentem Wasserstoff (aus Zink- oder Eisenpulver und verdünnter Schwefelsäure entwickelt) in Berührung kommt; oder wenn ein Gemenge von Stickoxyd NO zusammen mit Wasserstoff über Platinschwarz geleitet wird:

$$2\,NO + 5\,H_2 = 2\,NH_3 + 2\,H_2O.$$

Die Bildung von Ammoniak durch Einwirkung von freiem Stickstoff auf Wasserstoffverbindungen hat nicht bewirkt werden können, dagegen wohl die Bildung durch Einwirkung einer Wasserstoff- auf eine Stickstoffverbindung. Ein Beispiel hierfür ist die Zersetzung von Magnesiumnitrür (**107**) durch Wasser:

$$Mg_3N_2 + 3\,H_2O = 2\,NH_3 + 3\,MgO.$$

Auch durch Fäulnis organischer Stoffe (Fäces, Urin usw.) entsteht Ammoniak. Durch Einwirkung elektrischer Funken auf feuchte Luft entsteht Ammoniumnitrat. Diese letzten beiden Bildungsweisen sind die Ursache, daß in der Luft geringe Spuren von Ammoniak vorhanden sind.

Physikalische Eigenschaften. Das Ammoniak ist bei gewöhnlicher Temperatur ein Gas von eigentümlichem, zu Tränen reizendem Geruch. Sein spez. Gewicht ist 8·5 (O = 16) oder 0·589 (Luft = 1); 1 Liter NH_3 wiegt also bei 0^0 und 760 mm Druck 0·76193 g. Es kann leicht verflüssigt werden, siedet bei $-33 \cdot 7^0$ und wird bei -75^0 fest; es bildet dann weiße durchscheinende Kristalle. In Wasser ist es äußerst leicht löslich; bei 0^0 und normalem Druck löst 1 Vol. Wasser 1148 Vol. oder 0·875 Gewichtsteile Ammoniak auf. Das spez. Gewicht der Lösung von NH_3 in Wasser ist um so kleiner, je mehr NH_3 dieselbe enthält.

Flüssiges Ammoniak verdampft unter beträchtlichem Wärmeverbrauch. Hierauf beruht seine Anwendung zur Darstellung von künstlichem Eis.

Chemische Eigenschaften. Die charakteristische Eigenschaft dieser Verbindung ist, daß sie sich mit Säuren direkt zu Salzen vereinigt:

$$NH_3 + HCl = \underset{\text{Chlorammonium}}{NH_4Cl}; \qquad NH_3 + HNO_3 = \underset{\text{Ammoniumnitrat}}{NH_4NO_3};$$

$$2\,NH_3 + H_2SO_4 = \underset{\text{Ammoniumsulfat}}{(NH_4)_2SO_4}.$$

In diesen Salzen (welche fast sämtlich in Wasser leicht löslich sind) spielt die Atomgruppe NH_4 die Rolle eines Metalls; sie entsprechen also den Verbindungen KCl, KNO_3, K_2SO_4 usw. Die Atomgruppe NH_4 hat deshalb einen besonderen Namen erhalten, sie heißt Ammonium. Es hat nicht an Versuchen gefehlt, dieses Ammonium zu isolieren; dieselben sind aber mißlungen. Wenn man jedoch Natriumamalgam in eine konzentrierte Salmiaklösung bringt, schwillt das Quecksilber zu einer weichen, schwammigen Masse an, welche bereits bei gewöhnlicher Temperatur schnell in Ammoniak und Wasserstoff zerfällt und wegen dieser und andern Eigenschaften als Ammoniumamalgam zu betrachten ist. Wenn Natriumamalgam auf Jodammonium, gelöst in flüssigem Ammoniak, bei -39^0 reagiert, wird eine harte metallische Masse erhalten, welche bei Erhöhung der Temperatur anschwillt, da sie sich in Quecksilber, 1 Vol. Wasserstoff und 2 Vol. Ammoniak zersetzt:

$$2\,NH_4 = 2\,NH_3 + H_2.$$

Die wäßrige Lösung des Ammoniaks reagiert stark basisch; auch die feuchten Dämpfe des NH_3 tun dies. Man muß daher annehmen, daß in dieser Lösung eine Verbindung NH_4OH, Ammoniumhydroxyd, vorhanden ist und folglich auch Ionen NH_4 und OH, analog wie bei andern löslichen Basen, z. B. beim Kaliumhydroxyd KOH. Für diese Annahme spricht ferner, daß diese Lösung den elektrischen Strom leitet, wenn auch viel weniger als eine Kali- oder Natronlösung vom gleichen Titer (**234**). Isolieren hat man jedoch Ammoniumhydroxyd nicht können; beim Eindampfen seiner Lösung zerfällt es in NH_3 und H_2O. Damit hängt zusammen, daß man Ammoniak durch Kochen völlig aus seiner wäßrigen Lösung austreiben kann.

Ammoniak ist an der Luft nicht brennbar, wohl aber verbrennt es in Sauerstoff; dabei entstehen neben Wasser und Stickstoff auch Spuren von Ammoniumnitrit NH_4NO_2 und Stickstoffdioxyd NO_2; ein

Gemisch von NH_3 und Sauerstoff explodiert heftig, wenn es entzündet wird. Auch bei der durch Bakterien (welche u. a. in der Ackererde vorkommen) bewirkten Sauerstoffübertragung kann NH_3 oxydiert werden; dabei entsteht Salpetersäure HNO_3. Chlor in Ammoniakgas geleitet, entzündet sich; es entstehen N_2 und HCl, welches letztere sich mit dem noch übrigen Ammoniak zu Salmiak (NH_4Cl) vereinigt. Der Wasserstoff des NH_3 kann auch durch Metalle ersetzt werden; Magnesium z. B. verbrennt darin unter Bildung von Mg_3N_2. Wenn man NH_3 über erhitztes Kalium oder Natrium leitet, entsteht NH_2K bezw. NH_2Na Kalium(Natrium)amid. Diese und analoge Metallverbindungen werden durch Wasser zersetzt unter Rückbildung von NH_3 und Bildung von Metalloxyd oder Hydroxyd. Durch hohe Temperatur (unter der Wirkung von Induktionsfunken) wird NH_3 fast vollständig in die Elemente gespalten; das Volum verdoppelt sich dabei:

$$\underset{2\text{ Vol.}}{2NH_3} = \underset{1\text{ Vol.}}{N_2} + \underset{3\text{ Vol.}}{3H_2}.$$

Umgekehrt können Stickstoff und Wasserstoff unter der Wirkung von Induktionsfunken sich zu NH_3 vereinigen (**107**); Gleichgewicht ist erreicht, wenn 2% Ammoniak gebildet worden sind. Aus diesem Grunde kann man Ammoniak nicht weiter als zu 98% spalten:

$$\underset{2\%}{2NH_3} \rightleftarrows \underbrace{N_2 + 3H_2}_{98\%}$$

Man kann gleichwohl $N_2 + 3H_2$ durch Induktionsfunken völlig in NH_3 überführen, wenn man diese Gase mit einer Säure in Berührung bringt. Denn dadurch wird dem gasförmigen System $N_2 + 3H_2 \rightleftarrows 2NH_3$ fortgesetzt Ammoniak entzogen; das noch übrig bleibende Gasgemisch wird daher aufs neue NH_3 bilden, um das Gleichgewicht wieder herzustellen u.s.f., bis aller Stickstoff und Wasserstoff verbunden sind.

113. Zusammensetzung des Ammoniaks. Wird eine wäßrige Ammoniaklösung (welcher ein wenig Kochsalz zugesetzt ist, damit sie den Strom besser leitet) der Elektrolyse unterworfen, so entwickeln sich Stickstoff und Wasserstoff im Raumverhältnis 1 : 3; hieraus folgt, daß in dem Molekül auf 1 Atom N 3 Atome H vorhanden sein müssen; die empirische Formel ist daher NH_3. Da das spez. Gewicht des Ammoniakgases 8·5 (O = 16), das Molekulargewicht daher 17 ist, entspricht diese Formel auch dem Molekül.

Hydrazin oder Diamid N_2H_4.

114. Diese Verbindung kann durch Einwirkung von schwefliger Säure auf Kaliumnitrit erhalten werden. Hierbei entsteht eine Verbindung $K_2SO_3N_2O_2$ Stickoxydkaliumsulfit; wird dieselbe in wäßriger Lösung mit Natriumamalgam reduziert, so entsteht Hydrazin:

$$K_2SO_3N_2O_2 + 3H_2 = N_2H_4 + K_2SO_4 + H_2O.$$

Ungleich leichter ist die Darstellung des Hydrazins aus einem organischen Körper, dem Amidoguanidin, sowie aus Cyankalium, worauf hier nicht eingegangen werden kann.

Durch fraktionierte Destillation der wäßrigen Lösung erhält man das Hydrat $N_2H_4 \cdot H_2O$, welches bei 118·5° siedet, bei gewöhnlicher Temperatur flüssig ist und bei −40° fest wird.

Das freie Hydrazin kann man in reinem Zustand gewinnen, wenn man durch Zufügen von Baryumoxyd dem Hydrat das Molekül Wasser entzieht und danach unter vermindertem Druck destilliert. Es ist bei gewöhnlicher Temperatur flüssig, schmilzt bei 1·4° und siedet bei 113·5° unter gewöhnlichem Druck. Sein spez. Gewicht beträgt 1·014 bei 15°. Es vereinigt sich unter Wärmeentwicklung mit Wasser zu dem genannten Hydrat. Sowohl das freie Hydrazin wie seine wäßrige Lösung wirken sehr stark reduzierend. Ersteres oxydiert sich allmählich an der Luft, reagiert heftig mit den Halogenen usw.; die wäßrige Lösung fällt aus Lösungen von Kupfer-, Quecksilber-, Silbersalzen usw. bei gewöhnlicher Temperatur die Metalle.

Hydrazin vereinigt sich wie Ammoniak direkt mit Säuren zu Salzen: $N_2H_4 \cdot HCl$ und $N_2H_4 \cdot 2HCl$, also sowohl mit 1 wie 2 Molekülen einer einbasischen Säure; die wäßrige Lösung reagiert stark alkalisch. Die Salze des Hydrazins sind in Wasser leicht löslich, das Sulfat jedoch ziemlich schwer (charakteristisch).

Stickstoffwasserstoffsäure N_3H.

115. Diese interessante Verbindung wurde wie die vorige zuerst von Curtius auf organischem Wege erhalten; sie kann auf rein anorganische Weise gewonnen werden, indem man über Natriumamid $NaNH_2$ bei höherer Temperatur (**119**) Stickstoffoxydul leitet:

$$2\,NaNH_2 + N_2O = NaN_3 + NaOH + NH_3$$

oder durch Behandlung von Hydrazinsulfat (**114**) mit salpetriger Säure:

$$\begin{aligned} &3\,N_2H_4 \cdot H_2SO_4 + 6\,KNO_2 + 3\,H_2SO_4 \\ &\quad = 2\,N_3H + 8\,H_2O + 6\,KHSO_4 + 2\,O + 2\,N + 2\,N_2O. \end{aligned}$$

Die freie Säure wird in wäßriger Lösung am besten durch Destillation von Stickstoffblei $Pb(N_3)_2$ mit verdünnter Schwefelsäure erhalten.

Reine HN_3 ist eine bei 37° siedende Flüssigkeit von durchdringendem, unerträglichem Geruch; sie ist äußerst explosiv, selbst in wäßriger Lösung.

Merkwürdigerweise zeigt die Stickstoffwasserstoffsäure eine große Ähnlichkeit mit den Halogenwasserstoffsäuren; sie gibt wie diese schwer lösliche Silber-, Merkuro- und Bleisalze (Metallazide), die sich jedoch in starken Mineralsäuren auflösen. Die Salze sind ebenfalls sehr explosiv, daher äußerst gefährlich; NaN_3 ist dies noch am wenigsten. Eine 1%ige wäßrige Lösung der Säure ist nur zu 0·008 ionisiert; Stickstoffwasserstoffsäure ist also eine schwache Säure. Mit einigen Metallen entwickelt sie Wasserstoff, so z. B. Fe, Zn, Cd und Mg. Charakteristisch für die Metallazide ist, daß dieselben wasserfrei kristallisieren und beim Erhitzen reines Metall zurücklassen.

Verbindungen des Stickstoffes mit den Halogenen.

116. Durch Einwirkung von Chlorgas auf eine konzentrierte Salmiaklösung, am einfachsten, wenn man einen mit Chlor gefüllten

Kolben umgekehrt in die auf 30—40° erwärmte Lösung setzt, entstehen ölige Tröpfchen, die man am besten in einer bleiernen Schale auffängt, welche unter die Mündung des Kolbens gestellt wird. Dieselben enthalten, wie GATTERMANN zeigte, außer Stickstoff und Chlor auch noch Wasserstoff; durch nochmaliges Behandeln mit Chlor erhält man reinen Chlorstickstoff NCl_3, als ein gelbliches Öl von unangenehmem, stechendem Geruch und dem spez. Gewicht 1·65. Derselbe ist einer der gefährlichsten Körper, weil er beim Erschüttern usw. häufig auch von selbst, und bei der Berührung mit vielen organischen Stoffen (z. B. Terpentin) äußerst heftig explodiert. In Schwefelkohlenstoff, Benzol u. a. löst er sich mit gelber Farbe auf; diese Lösungen sind ungefährlich; sie zersetzen sich am Sonnenlicht.

Durch konzentrierte Salzsäure wird der Chlorstickstoff zersetzt nach der Gleichung:

$$NCl_3 + 4HCl = NH_4Cl + 3Cl_2;$$

durch wäßriges Ammoniak ebenfalls:

$$NCl_3 + 4NH_3 = 3NH_4Cl + N_2.$$

Der Chlorstickstoff ist stark endotherm:

$$N + 3Cl - NCl_3 = -41{\cdot}9 \text{ Kal.}$$

117. Jodstickstoff. Man kennt verschiedene Verbindungen, welche aus Stickstoff, Jod und Wasserstoff bestehen, und als Jodstickstoff bezeichnet werden; je nach den Versuchsbedingungen ist ihre Zusammensetzung verschieden. Vermischt man eine Lösung von J in KJ mit Ammoniaklösung, so erhält man meistens einen Niederschlag von der Zusammensetzung NJ_2H; unter wenig veränderten Bedingungen scheidet sich jedoch $N_2J_3H_3$ (d. h. $NH_3 + NJ_3$) ab, welches durch fortgesetztes Behandeln mit Wasser in NH_3 und NJ_3 zerlegt wird. In trocknem Zustand sind diese Körper sehr explosiv.

Eine andere Methode der Darstellung besteht darin, daß man fein gepulvertes Jod mit konzentrierter Ammoniakflüssigkeit übergießt; das Produkt explodiert häufig schon in feuchtem Zustand, beim Auswaschen mit Wasser oder bei Einwirkung von Salzsäure; in Berührung mit Ammoniaklösung ist es beständig.

Wird Jod mit flüssigem Ammoniak von -80^0 bis -30^0 behandelt, so erhält man Verbindungen von Ammoniumtrijodid $(NH_4)J_3$ mit mehreren Molekülen Ammoniak. Sie geben dies Ammoniak allmählich ab.

Jodstickstoff wird durch verdünnte Salzsäure unter Bildung von Ammoniak und Chlorjod zersetzt:

$$NHJ_2 + 2HCl = NH_3 + 2JCl.$$

Auch der Jodstickstoff ist stark endotherm.

Hydroxylamin NH_2OH.

118. Hydroxylamin entsteht durch Reduktion vieler Sauerstoffverbindungen des Stickstoffes als Zwischenprodukt der völligen Reduktion zu Ammoniak, z. B. wenn Zinn auf verdünnte Salpetersäure einwirkt. Der frei werdende Wasserstoff bewirkt hier die Reduktion:

$$HNO_3 + 3H_2 = NH_3O + 2H_2O.$$

Durch elektrolytische Reduktion von in Schwefelsäure gelöster Salpetersäure kann es billig dargestellt werden.

Hydroxylamin kann in reinem wasserfreien Zustand dargestellt werden; zu diesem Zweck gibt man zu der Lösung des salzsauren Salzes in absolutem (d. h. wasserfreiem) Methylalkohol Natriummethylat zu, und erhält so eine methylalkoholische Lösung von freiem Hydroxylamin. Durch Filtration wird diese Lösung vom abgeschiedenen Chlornatrium getrennt und dann durch Destillation zuerst unter gewöhnlichem Druck der Alkohol entfernt; das freie NH_2OH wird darauf durch Fraktionieren unter vermindertem Druck rein erhalten. Es ist fest, kristallisiert, schmilzt bei 30° und siedet unter 60 mm Druck bei 70°. An der Luft erhitzt, explodiert es mit einer gelben Feuererscheinung.

Hydroxylamin löst sich in Wasser zu einer alkalisch reagierenden Flüssigkeit auf; es bildet Salze in der gleichen Weise wie das Ammoniak, d. h. indem es sich an die Säuren addiert: $NH_2OH \cdot HCl$, $NH_2OH \cdot HNO_3$ usw. Diese Salze sind ziemlich beständig; das Chlorhydrat muß über Kalk aufbewahrt werden, weil es sich sonst langsam zersetzt. Dieses Salz ist nämlich zu einem sehr geringen Betrage in Chlorwasserstoff und Hydroxylamin gespalten, und freie Salzsäure beschleunigt katalytisch seine Zersetzung. Wenn daher der Kalk die Salzsäure absorbiert, so wird die Zersetzung verlangsamt, und zwar so sehr, daß sie unmerklich wird. Das freie Hydroxylamin und seine wäßrige Lösung sind ziemlich unbeständig, besonders in Gegenwart von Alkalien; es zersetzt sich leicht in Ammoniak, Wasser und Stickstoff.

Charakteristisch für das Hydroxylamin ist ferner sein starkes Reduktionsvermögen; aus alkalischer Kupferlösung scheidet es bei gewöhnlicher Temperatur und auch noch bei starker Verdünnung gelbrotes Kupferoxydul Cu_2O ab; Quecksilberchlorid $HgCl_2$ wird zu $HgCl$, Kalomel, reduziert; aus Silbernitratlösung scheidet es Silber ab.

Für das Hydroxylamin ist ferner sehr charakteristisch, daß es mit bestimmten organischen Verbindungen unter Bildung von sogenannten Oximen reagiert (siehe „Org. Ch." *112*).

Eigentümlich ist noch die folgende Reaktion: Eine Lösung von Eisenvitriol wird mit überschüssiger Natronlauge gefällt und erwärmt; fügt man nun zu dem grünen Eisenoxydulhydrat Hydroxylamin (oder ein Salz desselben), so wird sehr schnell rotes Eisenoxydhydrat gebildet, da Hydroxylamin in dieser alkalischen Lösung zu Ammoniak reduziert wird. Nun säure man an, wodurch eine saure Ferrisalzlösung erhalten wird; setzt man zu dieser ein Hydroxylaminsalz, so wird sie infolge von Reduktion zu Ferrosalz sehr schnell entfärbt, weil jetzt das Hydroxylamin oxydiert wird.

Verbindungen des Stickstoffes mit Sauerstoff.

119. Die hierher gehörenden Verbindungen sind: Stickstoffoxydul N_2O; Stickstoffoxyd NO; Stickstofftrioxyd oder Salpetrigsäureanhydrid N_2O_3, Stickstoffdioxyd NO_2, Stickstofftetroxyd N_2O_4 und Stickstoffpentoxyd oder Salpetersäureanhydrid N_2O_5.

Stickstoffoxydul N_2O

kann nicht durch direkte Synthese aus den Elementen gewonnen werden; man erhält es durch Erhitzen von Ammoniumnitrat auf ca. 250°:

$$NH_4NO_3 = N_2O + 2H_2O.$$

Seine Bildungsweise ist daher analog der des Stickstoffes aus Ammoniumnitrit (**107**). Erhitzt man höher als 250°, so zersetzt sich das gebildete Gas zum Teil.

Physikalische Eigenschaften. Stickstoffoxydul ist ein farb- und geruchloses Gas, welches sich unter Druck zu einer Flüssigkeit verdichtet, die bei − 87° siedet und bei − 102° kristallisiert. Beim Verdampfen des flüssigen Gases tritt starke Abkühlung ein, die unter vermindertem Druck − 140° erreichen kann. Sein spez. Gewicht ist 1·52 (Luft = 1), also 21·89 für O = 16. 1 Liter Stickoxydul wiegt bei 0° und 760 mm 1·9657 g. In Wasser ist es ziemlich löslich, nämlich in 1 Vol. bei 0° 1·305 Vol.; man muß es deshalb über heißem Wasser auffangen. In Alkohol ist es löslicher.

Chemische Eigenschaften. Stickstoffoxydul unterhält die Verbrennung leicht entzündlicher Körper. Phosphor, Kohlenstoff, ein glimmender Holzspan verbrennen darin wie im Sauerstoffgas; mit Wasserstoff gemischt, explodiert es beim Entzünden wie Knallgas, nur ein wenig schwächer. Diese Eigenschaften könnten bei oberflächlicher Prüfung zu einer Verwechslung von Stickstoffoxydul und Sauerstoff führen. Es ist von letzterem jedoch leicht daran zu unterscheiden, daß es beim Mischen mit NO keine rotgelben Dämpfe gibt (**120**) und bei der Verbrennung einen Gasrest hinterläßt, welcher Stickstoff ist. Schwach brennender Schwefel erlischt darin. Stickstoffoxydul ist endotherm:

$$2N + O - N_2O = -17 \cdot 7 \text{ Kal.}$$

Berthelot hat beobachtet, daß allgemein endotherme Körper eine explosive Zersetzung erleiden können; hier gelingt dies, wenn man das Gas mit explodierendem Knallquecksilber in Berührung bringt.

Diese Beobachtung ist leicht zu verstehen. Wenn eine endotherme Verbindung sich zersetzt, so wird Wärme frei. Wir wissen aber (**12, 104**), daß chemische Reaktionen durch Temperatursteigerung in hohem Grade beschleunigt werden. Nehmen wir nun an, daß eine plötzliche Zersetzung an irgend einem Punkt innerhalb der Masse einer endothermischen Verbindung bewirkt wird. Die umgebenden Moleküle werden dadurch erhitzt und spalten sich plötzlich, wobei sie noch mehr Hitze entwickeln und dieser Vorgang wird weiter um sich greifen. Die ganze Masse wird also unter die Bedingungen einer plötzlichen Zersetzung gelangen, d. h. explodieren. Um dies zu erreichen ist es nur notwendig, daß der erste Anstoß kräftig genug ist, um so viele Moleküle zur plötzlichen Zersetzung zu bringen, daß die entwickelte Hitze ausreicht, die Moleküle in ihrer Umgebung auf die Zersetzungstemperatur zu bringen.

Zusammensetzung des Stickstoffoxyduls. Unter anhaltender Wirkung von Induktionsfunken spaltet sich das Gas in ein Gemisch von Stickstoff und Sauerstoff, dessen Volum $1^1/_2$ mal so groß ist wie das des Stickstoffoxyduls. Wenn Kalium oder Natrium in dem Gas verbrannt werden, bilden sich K_2O bezw. Na_2O und Stickstoff; das Gasvolum ist dann nach dem Erkalten unverändert. Diese beiden Beobachtungen lassen auf die Formel N_2O schließen, womit auch das spezifische Gewicht des Gases übereinstimmt, welches dann $\frac{2 \times 14 + 16}{2} = 22$ $(O = 16)$ sein muß, während $21 \cdot 89$ gefunden wurde.

Stickstoffoxyd NO

120. wird nur durch Reduktion von Salpetersäure oder salpetriger Säure erhalten. Es wird gewöhnlich dargestellt, indem man auf Kupferspäne Salpetersäure einwirken läßt, oder auch wohl dünne Kupferblechstreifen mit einer gesättigten Salpeterlösung übergießt und hierzu konzentrierte Schwefelsäure tröpfelt (**127**):

$$3Cu + 8HNO_3 = 3Cu(NO_3)_2 + 4H_2O + 2NO.$$

Hierbei verbindet sich der Wasserstoff der Salpetersäure mit dem Sauerstoff eines andern Anteils zu Wasser.

Um, zur Darstellung von NO, Salpetersäure oder ein Nitrat zu reduzieren, kann man auch sehr gut eine kochende Lösung von Eisenchlorür $FeCl_2$ in Salzsäure verwenden; das Eisenchlorür geht dabei in das Chlorid $FeCl_3$ über:

$$HNO_3 + 3FeCl_2 + 3HCl = 3FeCl_3 + 2H_2O + NO.$$

Vollkommen reines NO wird erhalten, wenn man zu einem Gemisch von gelbem Blutlaugensalz und Kaliumnitrit Essigsäure hinzufügt:

$$\underset{\text{gelbes Blutlgsalz}}{2K_4FeCy_6} + \underset{\text{K-nitrit}}{2KNO_2} + \underset{\text{Essigsäure}}{4C_2H_4O_2} = \underset{\text{rot. Blutlaugensalz}}{K_6Fe_2Cy_{12}} + \underset{\text{K-acetat}}{4KC_2H_3O_2} + 2H_2O + 2NO.$$

Physikalische Eigenschaften. Stickstoffoxyd ist ein farbloses Gas, dessen spez. Gewicht zu 1·039 (Luft = 1) gefunden wurde. Es ist zu einer farblosen Flüssigkeit verdichtbar, welche unter gewöhnlichem Druck bei $-153 \cdot 6^0$ siedet; die kritische Temperatur ist $93 \cdot 5^0$, der kritische Druck 71·2 Atm. In Wasser ist es wenig löslich, dagegen löst es sich leicht in einer Lösung von Ferrosulfat $FeSO_4$; diese Lösung ist eigentümlicherweise dunkelbraun gefärbt, obgleich Ferrosalzlösung nur schwach grün und Stickoxyd farblos ist. Es ist wahrscheinlich, daß man es hier mit einem komplexen Eisen-Stickoxydion zu tun hat.

Chemische Eigenschaften. Besonders charakteristisch für dieses Gas ist, daß es sich mit Sauerstoff sofort zu NO_2 verbindet, welches rotbraune Farbe hat.

Bei Rotglühhitze setzt sich NO in NO_2 und N_2 um; bei Erhitzen mit Wasserstoff tritt keine Explosion ein; das Gemisch verbrennt mit weißer Flamme unter Bildung von Stickstoff und Wasser. Angezündeter Phosphor verbrennt in dem Gas. Eine brennende Kerze erlischt darin; auch Schwefel und Kohlenstoff verbrennen nicht darin. Ein Gemisch von NO und Schwefelkohlenstoff brennt mit stark leuchtender blauer Flamme, die sehr reich an chemisch wirksamen Strahlen ist.

Stickstoffoxyd ist eine stark endotherme Verbindung; durch Explodierendes Knallquecksilber kann es zur Explosion gebracht werden (**119**).

Zusammensetzung des Stickoxydes. Wenn man Natrium in einer abgemessenen Menge Stickstoffoxyd erhitzt, entstehen Na_2O und Stickstoff; letzterer nimmt genau die Hälfte des Raumes des ursprünglichen Gases ein. Das spez. Gewicht des Stickstoffoxydes ist 15 (H = 1); sein Molekulargewicht ist daher 30. Zufolge der obenstehenden Zersetzung enthält das Gas 1 Atom Stickstoff = 14 Gewichtsteile. Es bleiben demnach für den Sauerstoff noch 16 Gewichtsteile, d. h. 1 Atom übrig. Die Formel ist daher NO.

Da der Stickstoff drei- oder fünfwertig ist (letzteres in den Ammoniumsalzen, z. B. NH_4Cl) und der Sauerstoff zweiwertig, muß man annehmen, daß in NO eine Bindungseinheit frei ist: —N=O. Letzteres muß auch für NO_2 angenommen werden. Solche freie Bindungseinheiten trifft man sehr selten.

Salpetrigsäureanhydrid N_2O_3

121. ist nur bei niederer Temperatur bekannt; es wird als blaue Flüssigkeit erhalten, wenn man in flüssiges N_2O_4 bei -21^0 Stickstoffoxyd leitet. In festem Zustande ist es schwach blau und schmilzt bei -111^0 zu einer tiefblauen Flüssigkeit. In gasförmigem Zustande dissoziiert die Verbindung bereits bei niedriger Temperatur fast völlig in NO_2 und NO, wie die Dampfdichte anzeigt. Durch Einwirkung von Arsenigsäureanhydrid As_2O_3 auf Salpetersäure (spez. Gewicht 1·3) entsteht ein Gasgemisch, welches ziemlich genau die Zusammensetzung N_2O_3 d. i. $NO_2 + NO$ hat.

Stickstoffdioxyd und -tetroxyd NO_2 und N_2O_4.

122. NO_2 entsteht aus NO + Sauerstoff, oder bequemer beim Erhitzen von gut getrocknetem Bleinitrat:

$$Pb(NO_3)_2 = PbO + O + 2NO_2 .$$

Man erhält es so als intensiv dunkelbraun gefärbtes Gas; leitet man dasselbe in ein stark abgekühltes Gefäß, so verdichtet es sich zu einer hellgelben Flüssigkeit, welche beim Abkühlen auf -20^0 zu farblosen Kristallen erstarrt, die bei -12^0 schmelzen. Die Flüssigkeit nimmt beim Erwärmen dunklere Farbe an und beginnt bei $+26^0$ zu sieden, wobei sie wieder in das braune Gas übergeht. Bestimmt man die Dampfdichte dieses Gases bei 26^0, so ergibt sich der Wert 38·0, während die für N_2O_4 berechnete Dampfdichte 45·9, für NO_2 22·9 ist (H = 1). Da der gefundene Wert zwischen beiden liegt, darf man annehmen, daß der Dampf bei dieser Temperatur zum Teil aus N_2O_4- und zum Teil aus NO_2-Molekülen besteht, und zwar — wie eine einfache Rechnung zeigt — zu 34·4 % aus Molekülen N_2O_4. Bei höherer Temperatur nimmt die Dampfdichte fortgesetzt ab, bis sie bei ca. 150^0 konstant wird und dann 22·9 ist. Man hat hier offenbar mit einer Dissoziation der N_2O_4-Moleküle zu tun:

$$\underset{1\text{ Vol.}}{N_2O_4} \rightleftarrows \underset{2\text{ Vol.}}{2NO_2},$$

und muß, da die Farbe des Gases um so dunkler wird, je mehr diese Dissoziation fortschreitet, annehmen, daß NO_2 dunkelbraun, N_2O_4 farblos ist, wie es letzterer Körper im festen Zustand in der Tat ist. Hierfür spricht, daß sich nach der Intensität der Farbe nicht nur der Dissoziationsgrad beurteilen, sondern sogar quantitativ bestimmen läßt.

Nach **51** wird der Gleichgewichtszustand zwischen den beiden Gasen ausgedrückt durch:

$$P - x = k x^2,$$

wo P den Gesamtdruck des Gasgemisches und x den von NO_2 bezeichnet. Aus dieser Gleichung geht hervor, daß die Dissoziation (bei konstanter Temperatur) abhängig vom Druck sein muß, was auch wirklich konstatiert worden ist. Dies folgt auch aus dem Prinzip von Le Chatelier (**102**).

Beim Zusammenbringen von N_2O_4 mit Wasser oder besser mit Alkalien entstehen salpetrige Säure und Salpetersäure, bezw. deren Salze; man darf N_2O_4 deshalb als ein gemischtes Anhydrid dieser beiden Säuren ansehen:

$$\begin{matrix} NO_2 \\ NO \end{matrix} > O + H_2O = \underset{\text{Salpetersäure}}{NO_2 \cdot OH} + \underset{\text{Salpetrige Säure}}{NO \cdot OH}.$$

NO_2 und N_2O_4 besitzen starkes Oxydationsvermögen; viele Stoffe verbrennen in ihren Dämpfen; aus den löslichen Jodiden scheiden sie Jod ab.

Die Zusammensetzung des Stickstoffdioxydes ergibt sich aus seiner Bildungsgleichung $2NO + O_2$ und aus der Dampfdichte.

Stickstoffpentoxyd N_2O_5

123. kann durch Einwirkung von Chlor auf Silbernitrat oder durch Destillation von rauchender Salpetersäure mit Phosphorpentoxyd gewonnen werden. Es ist fest, kristallisiert und farblos; es schmilzt bei 30° und zersetzt sich bei 45—50° unter Entwicklung brauner Dämpfe. Geschieht das Erhitzen ziemlich rasch, so nimmt diese Zersetzung explosionsartigen Charakter an; mitunter explodiert der Körper sogar von selbst; man kann ihn daher nicht aufbewahren. Da Stickstoffpentoxyd eine stark endotherme Verbindung ist, muß seine Fähigkeit, spontan zu explodieren, entsprechend **119** erklärt werden. Nur haben wir anzunehmen, daß in diesem Fall die Zersetzung bei gewöhnlicher Temperatur ausreicht, um die Nachbarmoleküle mit zu ergreifen.

Mit Wasser verbindet es sich unter starker Erwärmung zu Salpetersäure. Es besitzt, wie nicht anders zu erwarten, stark oxydierende Eigenschaften; Phosphor und Kalium z. B. verbrennen mit großem Glanz in schwach erwärmtem Anhydrid.

Die Zusammensetzung des Stickstoffpentoxyds wird durch Erhitzen mit Kupferpulver ermittelt; hierbei entwickelt sich soviel Stickstoff wie der Formel N_2O_5 entspricht.

Sauerstoffsäuren des Stickstoffes.

124. Man kennt drei Säuren des Stickstoffes: Untersalpetrige Säure $H_2N_2O_2$, salpetrige Säure HNO_2 und Salpetersäure HNO_3; die salpetrige Säure ist nur in verdünnter wäßriger Lösung, die beiden andern sind auch im reinen Zustand bekannt.

Von den oben besprochenen Sauerstoffverbindungen des Stickstoffes können nur einige als Säureanhydride aufgefaßt werden; sicher trifft dies für N_2O_5 zu; N_2O_4 kann als ein gemischtes Anhydrid der Salpetersäure und salpetrigen Säure gelten (**122**). N_2O_3 gibt bei niedriger Temperatur mit Wasser gemischt eine Lösung von HNO_2, welche sich jedoch schon bei gewöhnlicher und noch rascher bei höherer Temperatur zersetzt, indem Salpetersäure und Stickstoffoxyd entstehen:

$$3HNO_2 = HNO_3 + 2NO + H_2O.$$

Eine NO entsprechende Säure ist nicht bekannt, von N_2O ebenfalls nicht, obgleich die untersalpetrige Säure die Formel $N_2O + H_2O = H_2N_2O_2$ hat, und wirklich auch N_2O zu liefern vermag. Es ist jedoch noch nicht gelungen, umgekehrt aus N_2O und Wasser untersalpetrige Säure zu bereiten.

Untersalpetrige Säure $H_2N_2O_2$

125. entsteht, wenn man in eine methylalkoholische Lösung von Hydroxylamin Stickstofftrioxyd bringt. Nach dem Neutralisieren läßt sich aus dieser Lösung durch Silbernitrat gelbes, schwer lösliches Silberhyponitrit $Ag_2N_2O_2$ fällen. Die freie Säure wird aus diesem Salz gewonnen, indem man dasselbe mit Äther behandelt, welcher mit Chlorwasserstoff gesättigt ist und den Äther verdampft; sie bleibt dann in Form von weißen Kristallblättchen zurück, welche sehr explosiv sind und sich in Wasser sehr leicht lösen. Die Gefrierpunktserniedrigung der wäßrigen Lösung hat gezeigt, daß die Molekularformel $H_2N_2O_2$ ist. Beim Erwärmen der wäßrigen Lösung erfolgt fast vollständige Zersetzung in Stickstoffoxydul und Wasser. In Freiheit gesetzt (durch Eintragen von überschüssigem $Ag_2N_2O_2$ in kalte verdünnte Salzsäure), macht die Säure aus Jodkalium direkt kein Jod frei, sondern erst nach einiger Zeit, vermutlich infolge einer Zersetzung, bei welcher salpetrige Säure entsteht.

Die untersalpetrige Säure gehört zu den schwachen Säuren; ihre wäßrige Lösung leitet den elektrischen Strom nur wenig. Es sind saure und neutrale Salze dieser Säure bekannt.

Salpetrige Säure HNO_2.

126. Oben wurde bereits bemerkt, daß diese Säure nur bei gewöhnlicher oder niederer Temperatur in verdünnter wäßriger Lösung bekannt ist; ihre Salze sind jedoch beständig; für ihre Darstellung geht man meistens von Kalium- oder Natriumnitrat aus, welches beim Erhitzen Sauerstoff abgibt und in Nitrit übergeht; leichter erfolgt diese Zersetzung, wenn man Blei als sauerstoffentziehendes Mittel zusetzt:

$$KNO_3 + Pb = KNO_2 + PbO.$$

Ihre Salze sind sämtlich leicht in Wasser löslich, mit Ausnahme des Silbernitrits $AgNO_2$, welches bei gewöhnlicher Temperatur ziemlich schwer löslich ist; es wird als gelber kristallinischer Niederschlag erhalten, wenn man nicht zu verdünnte Lösungen von $AgNO_3$ mit einem Nitrit vermischt.

Gibt man starke Schwefelsäure zu einem Nitrit, so entweichen augenblicklich rote Dämpfe; hieran kann man ein Nitrit von einem Nitrat unterscheiden, denn letzteres liefert solche Dämpfe nicht. Man darf annehmen, daß bei dieser Reaktion primär freie salpetrige Säure entsteht, welche jedoch direkt in Wasser und N_2O_3 gespalten wird; N_2O_3 wiederum zerfällt sofort in $NO_2 + NO$, welches letztere sich mit dem umgebenden Sauerstoff augenblicklich zu NO_2 verbindet; die roten Dämpfe bestehen danach lediglich aus NO_2.

Übergießt man festes Natriumnitrit mit verdünnter Schwefelsäure, so entwickelt sich ein farbloses Gas, welches an der Luft rotbraun wird, jedoch ebenfalls als ein Gemenge von NO und NO_2 (bezw. N_2O_4) anzusehen ist. Daß es vor der Berührung mit Luft farblos erscheint, ist daraus zu erklären, daß das rotbraune Stickstoffdioxyd durch farbloses NO stark verdünnt ist und ersteres außerdem zum Teil noch in der Form von N_2O_4 vorhanden ist (vgl. **122**).

Wird zu einer sehr verdünnten Nitritlösung die äquivalente Menge Schwefelsäure hinzugefügt, so erhält man eine verdünnte Lösung von freier salpetriger Säure. Diese Lösung kann sowohl oxydierend wie reduzierend wirken. Beispiele für ersteres sind die Abscheidung von Jod aus einer Lösung von Jodkalium; die Oxydation von schwefliger Säure zu Schwefelsäure in verdünnter Lösung, die Oxydation von Ferrosulfat $FeSO_4$ zu Ferrisulfat $Fe_2(SO_4)_3$; der Übergang von gelbem Blutlaugensalz in rotes. In allen diesen Fällen entstehen niedrigere Oxyde des Stickstoffes, meist NO. Ein Beispiel einer reduzierenden Wirkung (bei welcher die salpetrige Säure zu Salpetersäure oxydiert wird) ist die Entfärbung von Kaliumpermanganat $KMnO_4$ in schwefelsaurer Lösung:

$$2KMnO_4 + 5HNO_2 + 3H_2SO_4 = K_2SO_4 + 2MnSO_4 + 5HNO_3 + 3H_2O.$$

Diese Reaktion bietet ein Mittel, den Gehalt einer verdünnten Lösung von salpetriger Säure quantitativ (maßanalytisch) zu bestimmen.

Salpetersäure HNO_3,

127. auch Scheidewasser genannt, ist die bekannteste Säure des Stickstoffes. Sie wird in großem Maßstabe dargestellt, da sie mannigfaltige Anwendung findet; bei der Herstellung organischer Farbstoffe z. B. werden große Massen Salpetersäure verwendet. Die technische Darstellung beruht auf der Zersetzung von „Chilisalpeter“ $NaNO_3$ durch starke Schwefelsäure:

$$NaNO_3 + H_2SO_4 = NaHSO_4 + HNO_3;$$

man vermischt Salpeter und Schwefelsäure im Mengenverhältnis dieser Gleichung in gußeisernem Kessel und destilliert die Salpetersäure mit vorgelegtem Kühler (Schlangenrohr mit Wasserkühlung) ab.

Man erhält auf diese Weise eine Flüssigkeit vom spez. Gewicht 1·35, welche ca. 60% Säure enthält. Wenn der Salpeter zuvor getrocknet und konzentrierte Schwefelsäure angewandt wird, erhält man eine Salpetersäure von 1·52 spez. Gewicht, welche nahezu 100%ig ist.

Bisweilen wendet man auf 1 Molekül Schwefelsäure 2 Mol Salpeter an; bei mäßigem Erhitzen verläuft dann der Prozeß zunächst nach obenstehender Gleichung. Wird stärker erhitzt, so wirkt das gebildete $NaHSO_4$ auf das zweite Molekül $NaNO_3$ unter Bildung von Salpetersäure ein:

$$NaNO_3 + NaHSO_4 = Na_2SO_4 + HNO_3 .$$

Die Salpetersäure zersetzt sich dabei jedoch zu einem großen Teil folgendermaßen:

$$2HNO_3 = 2NO_2 + H_2O + O$$

und die NO_2-Dämpfe lösen sich in dem Destillat auf; man erhält so eine rotgefärbte Flüssigkeit vom spez. Gewicht 1·52—1·54, welche an der Luft stark raucht, die rote rauchende Salpetersäure.

Die Destillation von Salpeter mit Schwefelsäure wird auch im Vakuum ausgeführt; die Ausbeute an Säure kommt dabei der theoretischen nahe und man gewinnt ein wasserhelles Produkt, welches von Stickstoffoxyden völlig frei ist.

Salpetersäure entsteht in geringer Menge bei einigen Verbrennungsvorgängen in der Luft, z. B. wenn Wasserstoff mit Luft zur Explosion gebracht wird; wenn Funken längere Zeit durch feuchte Luft schlagen; bei der Verbrennung von Ammoniak usw. Rayleigh zeigte, daß Stickstoff brennbar ist. Wenn man zwischen zwei Platinspitzen eine Potentialdifferenz von 2000—4000 Volt erzeugt und dieselben aneinander nähert, so erfolgt (nach Versuchen von Muthmann) der Ausgleich der Elektrizität nicht in Form einer Funkenentladung, sondern in Form einer Flamme; die Luft entzündet sich, bezw. der Stickstoff, und brennt mit kräftiger Flamme unter Bildung von salpetriger und Salpetersäure weiter. Der Grund, weshalb die Flamme sich nicht weiter verbreitet und die Erdoberfläche dadurch mit Salpetersäure überschwemmt wird, liegt darin, daß die Entzündungstemperatur bedeutend höher liegt wie die Temperatur der Flamme. Ferner entsteht Salpetersäure unter dem Einfluß einiger Bakterienarten, welche sauerstoffübertragend wirken, wenn organische stickstoffhaltige Stoffe in Berührung mit basischen Stoffen (Kalk) an der

Luft liegen bleiben; dies war früher die Methode, um Salpeter im großen zu bereiten.

Physikalische Eigenschaften. Vollkommen reine oder absolute Salpetersäure wird durch Vakuumdestillation der nahezu reinen Säure des Handels (spez. Gewicht 1·5) mit konzentrierter Schwefelsäure bereitet. Das flüssige Destillat hat bei 0° ein spez. Gewicht von 1·559 und wird bei —40° fest; es siedet unter gewöhnlichem Druck bei 86°; dabei findet jedoch teilweise Zersetzung statt.

Chemische Eigenschaften. Salpetersäure, zumal absolute, ist eine wenig beständige Verbindung, die schon bei gewöhnlicher Temperatur durch das Sonnenlicht zu einem kleinen Teil zersetzt wird: sie färbt sich gelb dadurch, daß ein wenig NO_2 entsteht. Auch bei erhöhter Temperatur zersetzt sich die Säure; bei 260° ist die Zersetzung vollständig (in NO_2, H_2O und O).

Wird starke Salpetersäure unter Atmosphärendruck wiederholt der Destillation unterworfen, so steigt ihr Siedepunkt fortgesetzt, während die Säure stets schwächer wird, so daß zum Schluß eine wäßrige Lösung von HNO_3 resultiert, welche 68% Säure enthält und konstant bei 120·5° kocht. Dasselbe Gemenge erhält man auch, wenn man von verdünnter Säure ausgeht und diese destilliert; man hat hier analoge Erscheinungen wie bei der Destillation der Salzsäure (**29**). Es sind dies also Beispiele von Flüssigkeitsgemischen, welche ein Maximum in ihrer Siedepunktskurve haben, was in der „Org. Ch.“ *22* behandelt wird

Die Salpetersäure ist in wäßriger Lösung zu einem sehr großen Betrag in Ionen gespalten; sie ist eine der stärksten Säuren, die man kennt.

Wird die Salpetersäure mit Metallen in Berührung gebracht, so entstehen die salpetersauren Salze (Nitrate), aber ohne Wasserstoffentwicklung, weil ein Teil der vorhandenen Säure durch den nascenten Wasserstoff reduziert wird. Die Nitrate sind alle in Wasser leicht löslich. Die Einwirkung von Salpetersäure auf die Metalle ist verschiedenartig. Gold und Platin werden nicht davon angegriffen. Silber, Quecksilber und Kupfer werden bei gewöhnlicher Temperatur nicht, beim Erwärmen unter Entwicklung von Stickoxyd gelöst. Dieses und die andern Stickoxyde beschleunigen katalytisch die Auflösung solcher Metalle in hohem Grade, denn Salpetersäure, welche vollkommen frei von Stickoxyden ist, löst diese Metalle nicht auf; die Reaktion beginnt jedoch augenblicklich, wenn ein wenig von diesen Stoffen hinzugefügt wird. Man kann annehmen, daß beim Erwärmen von Salpetersäure eine Spur von Stickoxyden entsteht, welche zusammen mit der Temperaturerhöhung die Auflösung beschleunigt. Eisen, Zink, Magnesium reduzieren Salpetersäure zu Stickoxydul und selbst zu Ammoniak. Durch Einwirkung von Eisenpulver und verdünnter Schwefelsäure erfolgt die Reduktion der Salpetersäure zu NH_3 in verdünnter Lösung sogar quantitativ. Es sind auch verschiedene denitrifizierende Bakterienarten bekannt; von ihnen ist der Bac. pyocyaneus am besten studiert.

Salpetersäure wirkt häufig als kräftiges Oxydationsmittel, besonders bei höherer Temperatur. Wird Schwefel damit gekocht, so geht er über in Schwefelsäure, Phosphor in Phosphorsäure; wird ein Stückchen glühende Holzkohle auf die konzentrierte Säure geworfen, so brennt es weiter unter starkem Glühen; in allen diesen Fällen entstehen die höchsten Oxydationsstufen. Technisch wird die Salpetersäure besonders auf organischem Gebiete verwendet.

Die Zusammensetzung der Salpetersäure kann aus der ihres Anhydrides abgeleitet werden. Eine abgewogene Menge davon wird in Wasser gebracht; es bildet sich Salpetersäure, welche mit Barytwasser neutralisiert wird. Durch Eindampfen kann man bestimmen, wieviel Gewichtsteile Baryumoxyd BaO sich mit N_2O_5 vereinigt haben. Es ergibt sich, daß 153·2 Gewichtsteile = 1 BaO sich mit 108·08 Gewichtsteilen = $1 N_2O_5$ verbinden; die Formel des Baryumnitrats ist demnach $Ba(NO_3)_2$, daher muß die der Salpetersäure selbst HNO_3 sein.

Derivate der Stickstoffsäuren.

128. Bei der Besprechung der Schwefelsäurefabrikation (**86**) ist bereits von Bleikammerkristallen HSO_5N die Rede gewesen; sie bilden sich bisweilen in den Bleikammern, wenn nicht genug Wasserdampf zugeführt wird; man kann ihre Entstehung nach der folgenden Gleichung formulieren:

$$2SO_2 + N_2O_4 + O + H_2O = 2SO_5NH.$$

Die gewöhnliche Darstellungsweise für diese Substanz ist, daß man sorgfältig getrocknete schweflige Säure in abgekühlte rauchende Salpetersäure leitet:

$$SO_2 + HNO_3 = SO_5NH.$$

Die erhaltene Kristallmasse wird auf porösem Ton im Exsikkator von der anhängenden Flüssigkeit befreit.

Die Kammerkristalle bilden eine grob kristallisierte farblose Masse, welche bei 73° schmilzt.

Durch Wasser werden sie augenblicklich in Schwefelsäure und salpetrige Säure zerlegt:

$$SO_5NH + H_2O = H_2SO_4 + HNO_2.$$

Aus diesem Grunde faßt man die Verbindung als das gemischte Anhydrid der Schwefelsäure und der salpetrigen Säure auf. Nach **90** kann der Schwefelsäure die Struktur $SO_2\langle{}^{OH}_{OH}$ zugeschrieben werden. Der salpetrigen Säure kommt die Struktur HO·NO zu, weil man in derselben eine Hydroxylgruppe annimmt (**129**). Für die Kammerkristalle folgt daraus:

$$SO_2\langle{}^{OH}_{OH} + HONO \longrightarrow SO_2\langle{}^{OH}_{ONO};$$

da die Atomgruppe NO den Namen Nitrosyl erhalten hat, ist der rationelle Name für die Verbindung Nitrosylschwefelsäure.

Von konzentrierter Schwefelsäure wird Nitrosylschwefelsäure unverändert gelöst; diese Lösung ist sehr beständig; sie kann z. B. ohne Zersetzung destilliert werden. Sie entsteht bei der Schwefelsäurefabrikation im Gay-Lussac-Turm und heißt nitrose Säure. Durch Verdünnen mit Wasser wird diese Lösung anfänglich nicht verändert, bis ihr spez. Gewicht 1·55 bis 1·50 (51 bis 48° B.) beträgt; dann entweichen, vornehmlich beim Erwärmen, die Stickstoffoxyde. Durch Einwirkung von Wasser und schwefliger Säure auf die nitrose Säure tritt die folgende Umsetzung ein:

$$2SO_2\langle{}^{ONO}_{OH} + 2H_2O + SO_2 = 3SO_2\langle{}^{OH}_{OH} + 2NO.$$

Diese Reaktion findet im Glover-Turm statt.

Es ist in der Technik von großer Wichtigkeit, die Menge Stickstoff, welche die nitrose Säure enthält, zu bestimmen; dies geschieht z. B. so: man schüttelt die Säure mit Quecksilber, wobei alle gelösten Stickstoffverbindungen in Form von NO abgegeben werden, und mißt das entwickelte Gas.

Eine andere Methode besteht in der Zersetzung von nitroser Säure mit sehr viel Wasser und Titration der gebildeten HNO_2 mit Permanganat (**126**).

129. Nitrosylchlorid NOCl ist bei gewöhnlicher Temperatur ein gelbes Gas; durch Abkühlen verdichtet es sich zu einer gelbroten Flüssigkeit, die bei − 5·6° siedet. Diese Verbindung entsteht durch direkte Vereinigung von NO und Cl; wenn man hierbei Tierkohle als Katalysator verwendet, ist dies eine praktische Darstellungsweise derselben; eine andere ist die, daß man Kammerkristalle mit sorgfältig getrocknetem Kochsalz vorsichtig erwärmt:

$$SO_2\langle{}^{ONO}_{OH} + NaCl = SO_2\langle{}^{ONa}_{OH} + NOCl.$$

Durch Wasser wird NOCl in salpetrige Säure und Salzsäure zersetzt:

$$NOCl + H_2O = NO\cdot OH + HCl;$$

man darf es deshalb als das Chlorid der salpetrigen Säure (**130**) auffassen.

Beim Vermischen von Salzsäure und Salpetersäure entsteht eine Flüssigkeit, welche neben diesen beiden Säuren Chlor und Nitrosylchlorid enthält:

$$HNO_3 + 3HCl = 2H_2O + NOCl + Cl_2.$$

Diese Flüssigkeit löst (vermöge ihres Chlorgehaltes) die edlen Metalle, sogar den König der Metalle, das Gold, auf; sie hat daher den Namen Königswasser (aqua regia) erhalten. Bereits die Alchimisten bereiteten Königswasser durch Auflösen von Salmiak NH_4Cl in Salpetersäure.

Einige andere Stickstoffverbindungen.

130. In der organischen Chemie kennt man Derivate der Säuren, welche dadurch entstehen, daß ihre Hydroxylgruppe durch Halogen oder durch die Amidogruppe ersetzt ist. Erstere Körper heißen Säurechloride, letztere Säureamide. Von anorganischen Säurechloriden lernten wir bereits die der Schwefelsäure kennen (**90**). Ferner ist Nitrosylchlorid ein Säurechlorid. Einige anorganische Säureamide sollen hier noch kurz aufgeführt werden.

Durch Einwirkung von Ammoniakgas auf eine Lösung von Sulfurylchlorid in Chloroform entsteht unter anderm das Sulfamid $SO_2(NH_2)_2$:

$$SO_2\begin{array}{|c|c} Cl\ \ H & NH_2 \\ \hline Cl + H & NH_2 \end{array} \longrightarrow SO_2\begin{cases} NH_2 \\ NH_2 \end{cases}.$$

Diese Verbindung bildet große farblose Kristalle, die sich sehr leicht in Wasser lösen und bei 81° schmelzen. Durch Alkali wird sie in das Salz der Amidosulfonsäure $SO_2\begin{cases} OH \\ NH_2 \end{cases}$ umgewandelt. Diese Säure ist sehr beständig, in Wasser wenig löslich und bildet farblose rhombische Prismen.

Durch Einwirkung von Kaliumsulfit auf Kaliumnitrit entsteht ein kristallinischer Niederschlag; diese Verbindung wird, da man ihr nach Raschig die Strukturformel $N(SO_3K)_3 + 2H_2O$ gibt, aufgefaßt als Ammoniak, in welchem drei Wasserstoffatome durch Sulfogruppen (SO_3K) ersetzt sind:

$$KNO_2 + 3K_2SO_3 + 2H_2O = N(SO_3K)_3 + 4KOH.$$

Sie führt den Namen nitrilosulfonsaures Kali Wenn dieselbe kurze Zeit mit Wasser gekocht wird oder besser, wenn man sie mit verdünnter Schwefelsäure befeuchtet einen Tag stehen läßt, bildet sich imidosulfonsaures Kali:

$$N(SO_3K)_3 + H_2O = NH(SO_3K)_2 + KHSO_4.$$

Setzt man das Kochen mit Wasser längere Zeit fort, so erhält man Amidosulfonsäure:

$$N(SO_3K)_3 + 2H_2O = NH_2SO_3H + K_2SO_4 + KHSO_4.$$

Derartige Derivate sind auch vom Hydroxylamin bekannt; das Kaliumsalz der Hydroxylamindisulfonsäure $HO\cdot N(SO_3K)_2 + 2H_2O$ entsteht, wenn Lösungen von saurem Kaliumsulfit und Kaliumnitrit vermischt werden:

$$KNO_2 + 2KHSO_3 = HON(SO_3K)_2 + KOH.$$

Durch Kochen mit Wasser bildet sich aus dieser Verbindung Hydroxylamin

$$HON(SO_3K)_2 + 2H_2O = HONH_2 + 2SO_4KH.$$

Das Amid der Salpetersäure, das Nitramid $NH_2—NO_2$ ist bisher nur aus einer organischen Verbindung, dem Nitrourethan $CO\begin{cases}NH—NO_2\\OC_2H_5\end{cases}$ von THIELE erhalten worden. Es ist kristallisiert, farblos und schmilzt unter Zersetzung bei 72°. Die wäßrige Lösung reagiert stark sauer; es ist äußerst unbeständig, schon beim Mischen mit Kupferoxyd, Glaspulver und dergl. zersetzt es sich. Durch Alkalien, sogar durch Natriumacetat, wird es bei gewöhnlicher Temperatur augenblicklich in Stickstoffoxydul und Wasser zerlegt.

Phosphor.

131. Der Phosphor findet sich in der Natur nur in gebundenem Zustand vor. Phosphorsaure Salze sind sehr verbreitet und kommen in großen Mengen vor. Tricalciumphosphat $Ca_3(PO_4)_2$, Phosphorit, wird in beträchtlichen Lagern angetroffen; viel vorkommende Phosphate sind ferner: Apatit $3Ca_3(PO_4)_2 + CaCl_2$ (oder $CaFl_2$), Wavellit $4AlPO_4 + 2Al(OH)_3 + 9H_2O$, und Vivianit $Fe_3(PO_4)_2 + 8H_2O$. Phosphate kommen in kleiner Menge auch in allen Gesteinsarten vor, und infolgedessen auch in der durch Verwitterung derselben entstandenen Ackererde. Land von mittlerer Fruchtbarkeit enthält Phosphate in einer Menge von ca. 0·1 %, berechnet als P_2O_5. Die Knochen der Wirbeltiere bestehen zu einem beträchtlichen Teil aus Tricalciumphosphat.

Der Phosphor ist schon lange bekannt; 1674 entdeckte ihn der Alchimist BRAND in Hamburg, als er eingedampften Urin mit Sand in einer irdenen Retorte erhitzte. SCHEELE bereitete den Phosphor zuerst aus Knochen nach einem Verfahren, welches in der Hauptsache noch jetzt angewandt wird.

Zur Gewinnung des Phosphors dienen hauptsächlich gebrannte Knochen oder Phosphorit. Man behandelt dasselbe mit Schwefelsäure:

$$Ca_3(PO_4)_2 + 2H_2SO_4 = 2CaSO_4 + CaH_4(PO_4)_2.$$

Das entstehende Mono-Calciumphosphat wird in inniger Mischung mit Kohle erhitzt. Zunächst geht es dabei in Metaphosphat über:

$$CaH_4(PO_4)_2 = Ca(PO_3)_2 + 2H_2O.$$

Schließlich wird das Gemenge in Tonretorten zur Rotglut erhitzt, wobei folgende Reaktion eintritt:

$$3Ca(PO_3)_2 + 10C = Ca_3(PO_4)_2 + 10CO + 4P.$$

Der Phosphor wird durch Destillation gereinigt und unter Wasser geschmolzen.

Neuerdings wird der Phosphor auch auf elektrischem Wege gewonnen, indem man ein Gemenge von Calciumphosphat, Sand (SiO_2) und Kohle im elektrischen Ofen erhitzt, wobei folgende Reaktion sich vollzieht:

$$2Ca(PO_3)_2 + 2SiO_2 + 10C = 2CaSiO_3 + 10CO + 4P.$$

Vor der Verarbeitung auf Phosphor werden die zerkleinerten Knochen zuerst entfettet, indem man sie mit Benzol oder Schwefelkohlenstoff extrahiert. Die entfetteten Knochen werden mit Wasserdampf von hoher Spannung behandelt, wobei die Knorpelsubstanz, der organische Bestandteil derselben, gelöst und nunmehr auf Leim verarbeitet wird. Der Rückstand besteht fast nur aus phosphorsaurem und kohlensaurem Kalk und wird, wie angegeben, auf Phosphor verarbeitet.

In andern Fällen werden die Knochen einer trocknen Destillation unterworfen, wodurch Dippels Tieröl erhalten wird, welches eine Anzahl wichtiger organischer Basen enthält. In den Retorten bleibt Knochenkohle („Tierkohle") zurück, welche in großem Maßstab in den Zuckerfabriken gebraucht wird, um die Zuckerlösungen zu entfärben. Erst wenn sie hier abgenutzt ist, wird die Tierkohle auf Phosphor verarbeitet.

Der so gewonnene Phosphor ist durch mechanisch beigefügte Kohleteilchen geschwärzt und enthält noch andere Verunreinigungen. Man kann ihn reinigen, indem man ihn unter Wasser schmilzt und durch ein Stück Gemsleder preßt; dem geht meist noch eine Behandlung mit einer verdünnten Lösung von Schwefelsäure und Kaliumdichromat voraus, wodurch die Verunreinigungen wegoxydiert werden. Zum Schluß wird der Phosphor in Stangen gegossen und gelangt so in den Handel.

132. *Physikalische Eigenschaften.* Phosphor ist bei gewöhnlicher Temperatur fest, kristallinisch, von lichtgelber Farbe und hat das spez. Gewicht 1·83 bei 10°. In der Kälte ist er infolge seines kristallinischen Zustandes spröde; über 15° wird er wachsweich und schmilzt bei 44·4° zu einer gelben, stark lichtbrechenden Flüssigkeit. Sein Siedepunkt liegt bei 290°; er verwandelt sich dabei in einen farblosen Dampf. Durch das Sonnenlicht wird er gelb und bedeckt sich mit einer undurchsichtigen, rötlich-weißen Schicht. Der Phosphor ist in Wasser unlöslich, wenig löslich in Alkohol und Äther, aber leicht in Schwefelkohlenstoff, aus dem er in regulären Kristallen kristallisiert.

Die Dampfdichte des Phosphors beträgt bei Temperaturen zwischen 515 und 1040° 4·58 bis 4·50 für Luft = 1. Sein Molekulargewicht ist daher 123·84. Da nun die kleinste Menge Phosphor, die in 1 Mol der zahlreichen untersuchten Phosphorverbindungen vorkommt, 31 g ist, diese Zahl daher das Atomgewicht dieses Elementes vorstellt, so muß sein Molekül aus $\frac{123\cdot84}{31}$, d. h. aus 4 Atomen bestehen. Erst bei Temperaturen zwischen 1500 bis 1700° nimmt die Dampfdichte beträchtlich ab, ohne jedoch noch den Wert für Moleküle P_2 völlig zu erreichen. Durch die kryoskopische Methode (**43**) hat man gefunden, daß auch bei gewöhnlicher Temperatur das Molekül des Phosphors aus 4 Atomen besteht.

133. *Allotrope Zustände.* Der gewöhnliche oder gelbe Phosphor kann durch Erhitzen auf 250 bis 300° (natürlich bei Luftausschluß) in ein rotbraunes Pulver umgewandelt werden, den roten Phosphor. Setzt man dem gelben Phosphor ein wenig Jod zu, so erfolgt diese Umsetzung bereits unter 200°. Roter Phosphor wird in großem Maßstabe dargestellt, indem man gelben in geschlossenen eisernen Zylindern einige Minuten auf 250 bis 300° erhitzt. Nach dem Erkalten wird das Produkt mit Schwefelkohlenstoff und mit Natronlauge behandelt, um die geringe Menge nicht veränderten gelben Phosphors zu entfernen.

Der rote Phosphor weicht in seinen Eigenschaften beträchtlich von dem gelben ab; ersterer ist nicht, letzterer sehr giftig; der rote Phosphor verändert sich nicht an der Luft und ist nicht schmelzbar. Sein spez. Gewicht ist 2·106; er löst sich nicht in Schwefelkohlenstoff. Retgers hat gezeigt, daß er zum Teil kristallisiert ist. Ferner ist er geruchlos, während der gelbe Phosphor infolge der Bildung von Ozon (**36**) einen eigentümlichen Geruch verbreitet. Beim Erhitzen an der Luft entzündet er sich erst bei 260°; überhaupt ist er viel weniger reaktionsfähig als der gelbe Phosphor.

Gelber Phosphor kann bei gewöhnlicher Temperatur unbegrenzt lange erhalten werden; trotzdem muß derselbe als metastabile Modifikation aufgefaßt werden; denn bei erhöhter Temperatur, und um so rascher, je höher die Temperatur wird, geht er unter Wärmeentwicklung in einen mehr stabilen Zustand über. Die relative Beständigkeit des metastabilen Zustandes ist nur eine Folge der außerordentlich geringen Geschwindigkeit, mit welcher die Umwandlung bei gewöhnlicher Temperatur erfolgt.

Gelber Phosphor kann zurückgewonnen werden aus rotem, wenn man letzteren destilliert und die Dämpfe rasch abkühlt. Diese gelangen nämlich bei dieser plötzlichen Abkühlung in ein Temperaturgebiet, wo die Umwandlungsgeschwindigkeit von gelb in rot nahezu Null ist; sie kondensieren sich dann in erstgenannter Form. Denn eine allgemeine Regel sagt, daß, wenn eine Substanz in verschiedenen Modifikationen existiert, die wenigst stabile Form zuerst auftritt.

Schenck entdeckte vor kurzem noch eine andere Modifikation, den scharlachroten Phosphor. Er erhielt denselben durch Kochen einer Lösung von gelbem Phosphor in Phosphortribromid. Es scheidet sich dann daraus ein sehr feines Pulver, aus der neuen Modifikation bestehend, ab. Es hält das Tribromid sehr hartnäckig fest, welches nur durch wiederholtes Auskochen mit Wasser zu entfernen ist. Nach dieser Reinigung enthält das Präparat jedoch phosphorige Säure. Es ist, wie roter Phosphor, nicht giftig, ist an der Luft vollkommen beständig, ist jedoch reaktionsfähiger wie roter Phosphor. Aus einer Lösung von Kupfersulfat fällt es nämlich sofort Kupfer; und mit Alkalien entwickelt es lebhaft Phosphorwasserstoff (PH_3), unter gleichzeitiger Bildung von Hypophosphit. Es scheint nicht ausgeschlossen, daß es in der Fabrikation von Zündhölzern, die auf jeder rauhen Oberfläche angestrichen werden können, Verwendung finden wird.

134. *Chemische Eigenschaften.* Der Phosphor besitzt eine große Affinität zu vielen Elementen; er verbindet sich direkt mit allen Elementen außer Stickstoff und Kohlenstoff; und zwar geschieht dies in manchen Fällen mit großer Heftigkeit, so wenn gelber Phosphor mit Schwefel oder mit Brom zusammengebracht wird. Einige Metallverbindungen (Metallphosphüre) heißen Phosphorbronzen (**199**). Besonders charakteristisch ist die sehr starke Affinität des Phosphors zum Sauerstoff; gelber Phosphor entzündet sich bereits bei 40^0 an der Luft, so daß Berührung mit einem heißen Glasstab genügt, um ihn zu entzünden. Er verbrennt hierbei unter intensiver Licht- und Wärmeentwicklung zu Phosphorpentoxyd, P_2O_5. Infolge dieser starken Affinität zum Sauerstoff ist der Phosphor ein sehr kräftiges Reduktionsmittel. Schwefelsäure wird durch Erwärmen mit Phosphor zu SO_2 reduziert; konzentrierte Salpetersäure wirkt mit explosiver Heftigkeit oxydierend ein; verdünnte Säure entwickelt nitrose Dämpfe, indem sie den Phosphor zu Phosphorsäure oxydiert. Aus vielen Metallsalzen scheidet der Phosphor die Metalle ab, zum Teil unter Bildung von Phosphüren. Silbernitrat z. B. gibt mit Phosphor Ag und Ag_3P; beim Erwärmen mit einer Lösung von Kupfersulfat scheidet sich Cu_3P_2 Kupferphosphür ab.

135. Die langsame Oxydation von Phosphor durch Sauerstoff bei gewöhnlicher Temperatur ist von einer bläulichen Lichterscheinung begleitet. Dieses Leuchten des Phosphors ist namentlich im Dunkeln sehr deutlich zu erkennen.

Das Auftreten dieses Leuchtens ist von verschiedenen Umständen abhängig, von denen einige noch sehr rätselhaft sind. Die Oxydation und damit das Leuchten wird z. B. gehemmt durch die Anwesenheit von Spuren einiger Stoffe, wie Kohlenwasserstoffe, Ammoniak usw. Ferner ist das Leuchten abhängig von der Temperatur; unter 10^0 wird es äußerst schwach. Sehr merkwürdig ist der Einfluß des Gasdruckes; bei gewöhnlicher Temperatur leuchtet der Phosphor in reinem Sauerstoff von Atmosphärendruck nicht; wird der Druck jedoch verringert, so erreicht man eine Grenze, bei der das Leuchten beginnt; diese beträgt bei 15° 666 mm, bei 19·2° 760 mm Quecksilber; die Oxydation erfolgt daher in verdünntem Sauerstoff (wie man ihn z. B. auch durch Mischen mit einem andern Gas, z. B. Stickstoff, erhält) kräftiger, als in konzentriertem. VAN MARUM hat schon 1798 beobachtet, daß ein Stückchen Phosphor in einem geschlossenen Gefäß auf Watte gelegt (welche als schlechter Wärmeleiter dient) um so stärker leuchtet, je weiter man den Sauerstoff auspumpt und in sehr verdünntem Gas sich sogar entzünden kann.

Die Erscheinung, daß Oxydationen bei Verminderung des Sauerstoffdruckes energischer verlaufen, ist noch in manchen andern Fällen (s. z. B. **137**) wahrgenommen worden.

Nachweis des Phosphors. Vergiftungen durch gelben Phosphor kommen zuweilen vor; zu ihrem Nachweis benutzt man die Eigenschaft des Phosphors, im Dunkeln zu leuchten. Der Mageninhalt, der auf Phosphor geprüft werden soll, wird mit Wasser verdünnt in einen Destillierkolben gebracht, welcher durch ein zweimal rechtwinklig gebogenes Rohr mit einem Kühler verbunden ist. Beim Erhitzen des Kolbens destilliert Wasser mit ein wenig Phosphordampf über; wenn der ganze Apparat ins Dunkle gesetzt wird, nimmt man bei dieser Destillation ein ringförmiges Leuchten an der Stelle wahr, wo sich der Wasserdampf in dem Kühler verdichtet, d. h. wo der Phosphordampf mit Luft zusammentrifft. Das Destillat enthält Phosphorsäure (Probe von MITSCHERLICH).

Verwendung. Phosphor dient hauptsächlich zur Fabrikation von Zündhölzchen. Bei dem älteren Verfahren wurden die Hölzchen mit dem einen Ende in geschmolzenen Schwefel, sodann in eine breiige, aus Gummi, einem Oxydationsmittel (z. B. Braunstein) und gelbem Phosphor bestehende Masse getaucht. Durch Reiben an einer rauhen Fläche entzündeten sie sich. Diese Zündhölzchen waren infolge ihres Gehaltes an gelbem Phosphor sehr giftig und daneben auch feuergefährlich. Auch war ihre Fabrikation für die dabei beschäftigten Arbeiter sehr gesundheitsschädlich. In Deutschland und in den Niederlanden ist daher die Herstellung solcher Zündhölzchen verboten worden. Sie sind fast vollständig durch die schwedischen Zündhölzchen (zuerst in Jönköping hergestellt), welche in ihren Köpfen keinen Phosphor enthalten, ersetzt. Bei diesen besteht die Zündmasse des Kopfes hauptsächlich aus einem Gemisch von Kaliumchlorat und Schwefelantimon. Sie entzünden sich nur an der zugehörigen Reibfläche, welche unschädlichen roten Phosphor enthält, an anderen rauhen Oberflächen nicht; dadurch ist Entzündung durch zufällige Reibung ausgeschlossen. Neuerdings werden Zündhölzchen in den Handel gebracht, welche gerade so angefertigt werden wie die älteren und keiner besonderen Reibfläche bedürfen, aber statt gelbem Phosphor eine ungiftige Schwefelphosphorverbindung enthalten. Siehe auch **133**.

Verbindungen von Phosphor mit Wasserstoff.

Es sind drei Verbindungen von Phosphor und Wasserstoff bekannt: 1) gasförmiger Phosphorwasserstoff PH_3 (bisweilen Phosphin genannt), 2) flüssiger Phosphorwasserstoff P_2H_4 und 3) fester Phosphorwasserstoff $(P_2H)_x$.

Phosphorwasserstoff PH_3 (Phosphin).

136. Diese Verbindung kann aus den Elementen dargestellt werden, indem Phosphor mit Zink und verdünnter Schwefelsäure, also mit nascentem Wasserstoff, in Berührung gebracht wird; sie ist dann jedoch mit einer großen Menge Wasserstoff vermischt.

Vollkommen rein erhält man PH_3 durch Zersetzung von Jodphosphonium PH_4J (s. hierunter); dieser Stoff spaltet sich, wenn er mit Wasser (oder mit Kali) in Berührung kommt, in PH_3 und HJ; Phosphorwasserstoff entweicht und HJ bleibt in der Flüssigkeit zurück.

Auch die Bildung von Phosphorwasserstoff beim Erhitzen von phosphoriger und unterphosphoriger Säure ist ein Beispiel für dessen Entstehung durch direkte Zersetzung von Phosphorverbindungen:

$$\underset{\text{Phosphorige Säure}}{4H_3PO_3} = PH_3 + \underset{\text{Phosphorsäure}}{3H_3PO_4}.$$

Die gewöhnliche Darstellungsweise von Phosphin ist die Einwirkung von Phosphor auf Kali:

$$P_4 + 3KOH + 3H_2O = PH_3 + \underset{\text{K-hypophosphit}}{3H_2KPO_2}.$$

Die Reaktion ist in Wirklichkeit komplizierter, als diese Gleichung angibt; denn es entstehen zugleich auch Wasserstoff, P_2H_4 u. a.

Infolge Anwesenheit von dampfförmigem P_2H_4, welches selbstentzündlich ist, entzündet sich jede Gasblase, sobald sie mit der Luft in Berührung kommt, sofort, wobei sich ein meist ringförmiger Rauch von P_2O_5 bildet (Fig. 40), der in die Luft emporsteigt. Wegen dieser Selbstentzündlichkeit muß das Gefäß, in welchem aus Kali und Phosphor das Gas entwickelt wird, mit Flüssigkeit möglichst gefüllt sein oder ein Wasserstoffstrom durch den Apparat hindurchgeleitet werden; ferner muß das Gasentwicklungsrohr in warmes Wasser ausmünden, damit es nicht durch mitgerissenen Phosphor verstopft wird. Wenn man das Gas durch Salzsäure oder Alkohol leitet, wird der Phosphorwasserstoff von P_2H_4 befreit und ist dann nicht mehr selbstentzündlich.

Eine Bildung von Phosphorwasserstoff durch Einwirkung von Wasserstoff auf Phosphorverbindungen ist nicht bekannt; dagegen wohl seine Bildung durch Einwirkung von Phosphor- auf Wasserstoffverbindungen. Denn Phosphorcalcium wird durch Wasser oder verdünnte Salzsäure unter Bildung von Phosphin zersetzt:

$$Ca_3P_2 + 6\,HCl = 3\,CaCl_2 + 2\,PH_3 .$$

Auch die Phosphüre des Zinks, Eisens, Zinns oder Magnesiums werden durch verdünnte Säuren unter Bildung von Phosphorwasserstoff zersetzt.

Physikalische Eigenschaften. PH_3 ist bei gewöhnlicher Temperatur ein Gas; er ist flüssig bei -85^{0} und fest bei $-133{\cdot}5^{0}$. Er hat

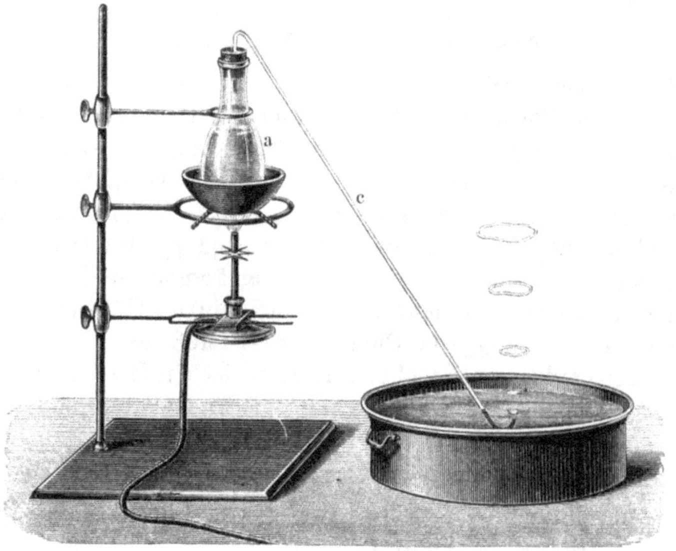

Fig. 40. **Darstellung von selbstentzündlichem Phosphorwasserstoffgas.**

einen eigenartigen unangenehmen, an faule Fische erinnernden Geruch. In Wasser ist er wenig löslich, mehr in Alkohol. Er ist sehr giftig.

137. *Chemische Eigenschaften.* Der Phosphorwasserstoff verbrennt sehr leicht, dabei entsteht Phosphorsäure. Mit Sauerstoff von gewöhnlichem Druck gemischt bleibt er unverändert; wird der Druck des Gasgemisches jedoch vermindert, so erfolgt eine Explosion. Dieses Verhalten erinnert an das des Phosphors, bei dem das Leuchten (Oxydation) auch erst unterhalb einer bestimmten Druckgrenze erfolgt (**135**).

Die Verbrennung des Phosphorwasserstoffes wird summarisch durch die Gleichung:

$$2PH_3 + 4O_2 = P_2O_5 + 3H_2O$$

ausgedrückt. Danach würde der Prozeß hexamolekular sein (**50**). Das erste Stadium der Reaktion ist jedoch bimolekular, wie mittels einer Methode, welche der in **51** erwähnten ähnlich ist, nachgewiesen werden kann. Es entspricht scharf der folgenden Gleichung:

$$PH_3 + O_2 = \underset{\text{meta-phosphorige Säure}}{PO_2H} + H_2 .$$

wenn die Gase im verdünnten Zustande langsam ineinander diffundieren.

Allgemein hat sich, soweit die bisherigen Erfahrungen reichen, ergeben, daß die Reaktionsmechanismen überaus einfach sind und die chemischen Prozesse fast immer mono- oder bimolekular verlaufen. Wird demnach der quantitative Verlauf einer Reaktion durch eine Gleichung wiedergegeben, welche ein Zusammenwirken mehrerer Moleküle ausdrückt, so sind darin wahrscheinlich mehrere nacheinander sich abspielende Vorgänge zusammengefaßt.

Der Phosphorwasserstoff kann sich direkt mit Halogenwasserstoffsäuren zu Verbindungen PH_4X (X = Halogen) vereinigen; er zeigt darin also Analogie mit NH_3. Die bekannteste dieser Verbindungen ist PH_4J Jodphosphonium, eine gut kristallisierte farblose Verbindung, welche entsteht, wenn HJ und PH_3 trocken gemischt werden.

Leichter kann diese Verbindung erhalten werden, wenn man eine Lösung von gelbem Phosphor in Schwefelkohlenstoff mit Jod versetzt, den Schwefelkohlenstoff abdestilliert und nun langsam unter gelindem Erwärmen Wasser zufügt; Jodphosphonium sublimiert dann. Die Bildung erfolgt nach der Gleichung:

$$5J + 9P + 16H_2O = 5PH_4J + 4H_3PO_4 .$$

Das Phosphoniumjodid ist, wie in **136** bereits erwähnt, sehr zersetzlich; dies gilt noch mehr vom Bromphosphonium, welches ebenfalls fest ist, aber bereits bei 30° völlig in PH_3 und HBr dissoziiert ist; Chlorphosphonium ist sogar bei gewöhnlicher Temperatur und Druck dissoziiert und kann nur unterhalb 14° oder bei über 20 Atmosphären Druck existieren. Bei diesen Eigenschaften ist es nicht zu verwundern, daß Phosphonium PH_4 — ebensowenig wie Ammonium NH_4 — nicht isoliert werden kann. Mit andern als Halogenwasserstoffsäuren vereinigt sich PH_3 nicht. Aus allem diesem geht hervor, daß PH_3 sehr viel schwächer basenbildend ist als NH_3.

Der Phosphorwasserstoff besitzt reduzierende Eigenschaften. Aus Lösungen von Silbernitrat oder Kupfersulfat schlägt er ein Gemenge von Metall und Phosphür nieder; man kann hiervon Gebrauch machen, um aus einem Gasgemisch PH_3 wegzunehmen. —

Beim Mischen mit Chlor explodiert er heftig unter Bildung von HCl und PCl_3.

Die Zusammensetzung des Phosphorwasserstoffes ist dadurch bestimmt worden, daß ein bekanntes Volum dieses Gases durch ein erhitztes Rohr geleitet wurde, in dem sich Kupferdrehspäne befanden. Das Kupfer vereinigt sich dabei mit dem Phosphor zu Phosphür, so daß die Gewichtszunahme des Rohres den Phosphorgehalt angibt; der entstehende freie Wasserstoff wird aufgefangen und gemessen. Bei diesem Versuch ergab sich, daß in 34 Gewichtsteilen dieses Gases 31 Gewichtsteile P und 3 Gewichtsteile H vorhanden waren, so daß bei bekanntem Atomgewicht dieser Elemente die empirische Zusammensetzung des Phosphorwasserstoffes durch die Formel PH_3 ausgedrückt wird. Dieselbe gilt auch für das Molekül, weil das spezifische Gewicht dieses Gases 17 (H = 1), also sein Molekulargewicht 34 ist. Dem entspricht der Befund bei der Zersetzung des Phosphorwasserstoffes durch Induktionsfunken oder durch den elektrischen Lichtbogen; es entstehen aus 1 Vol. PH_3 $1\,^1/_2$ Vol. Wasserstoff und amorpher Phosphor, welcher sich an den Wänden des Rohres und auf den Platindrähten bezw. Kohlenspitzen absetzt:

$$\underset{\text{2 Vol.}}{2PH_3} = \underset{\text{3 Vol.}}{3H_2} + \underset{\text{fest.}}{2P}\,.$$

Flüssiger Phosphorwasserstoff P_2H_4.

138. Diese Verbindung entsteht in einigen Fällen als Nebenprodukt bei der Darstellung von PH_3. Vornehmlich entsteht sie bei der Zersetzung von Calciumphosphür mit Wasser. Sie entsteht auch aus PH_3 durch Einwirkung von verschiedenen Oxydationsmitteln, u. a. von NO_2, durch welches der gewöhnliche Phosphorwasserstoff selbstentzündlich gemacht werden kann. Aus dem Gemisch von PH_3 und P_2H_4 kann man letzteres isolieren, wenn man das Gasgemisch durch ein stark abgekühltes Rohr leitet; P_2H_4 verdichtet sich dann zu einer farblosen Flüssigkeit, die bei 57—58° siedet (unter 735 mm) und das spez. Gewicht 1·01 hat. Sie ist sehr zersetzlich und läßt sich nicht aufbewahren, da sie sich rasch in PH_3 und festen Phosphorwasserstoff umwandelt. Die gleiche Zersetzung wird auch durch Salzsäure bewirkt. Die Verdichtung muß im Dunkeln erfolgen, da im Tageslicht Zersetzung erfolgt. Die empirische Zusammensetzung der Verbindung entspricht der Formel PH_2; da der Phosphor jedoch dreiwertig ist, nimmt man P_2H_4, d. h. $PH_2—PH_2$ als Formel des Moleküls an; der flüssige Phosphorwasserstoff wird dadurch in Parallele mit dem Hydrazin gesetzt.

Fester Phosphorwasserstoff $(P_2H)_x$.

139. Diese Verbindung wird durch Zersetzung von P_2H_4 erhalten; am leichtesten, wenn man PH_3, beladen mit P_2H_4-Dampf, in konzentrierte Salzsäure leitet; es scheidet sich dann ein gelbes Pulver von der empirischen Zusammensetzung P_2H ab, dessen Molekulargewicht bisher nicht bestimmt werden konnte. Durch Erhitzen (in CO_2) wird er in Phosphor und Wasserstoff zerlegt; an der Luft erhitzt, entzündet er sich bei 160°. Er ist in Wasser nicht löslich.

Halogenverbindungen des Phosphors.

Mit allen vier Halogenen vereinigt sich der Phosphor zu Verbindungen von der Form PX_3 und PX_5; am wichtigsten sind die Chloride.

Phosphortrichlorid PCl_3.

140. Diese, auch Phosphorchlorür genannte Verbindung wird durch direkte Vereinigung der Elemente dargestellt. Zu diesem Zweck wird über gelben Phosphor, der in einer Retorte schwach

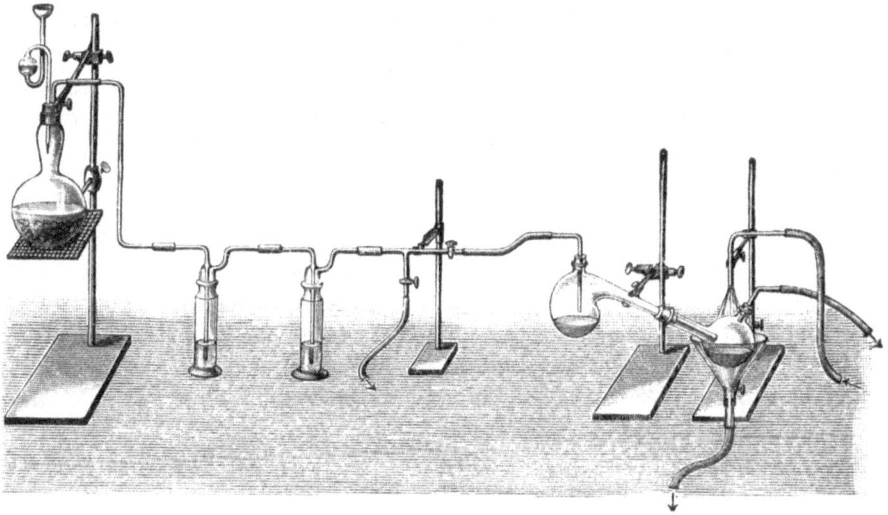

Fig. 41. Darstellung von Phosphortrichlorid.

erhitzt wird, ein kräftiger Strom trocknes Chlorgas geleitet (Fig. 41). Der Phosphor verbrennt mit fahler Flamme und es destilliert in die gekühlte Vorlage ein Gemisch von PCl_3 und PCl_5 über. In dieses bringt man ein wenig gelben Phosphor, um PCl_5 in PCl_3 überzuführen, und destilliert aufs neue.

Physikalische Eigenschaften. PCl_3 ist eine farblose Flüssigkeit von sehr stechendem Geruch, die bei 76° siedet, bei −115° noch nicht fest ist und bei 0° das spez. Gewicht 1·6129 hat.

Chemische Eigenschaften. Durch Wasser wird PCl_3 sehr schnell zersetzt unter Bildung von Salzsäure und phosphoriger Säure:

$$PCl_3 + 3H_2O = H_3PO_3 + 3HCl;$$

infolge dieser Zersetzung raucht es an feuchter Luft. Durch weitere Behandlung mit Chlor wird es in PCl_5 verwandelt.

Phosphorpentachlorid PCl_5.

141. Zur Darstellung dieses Stoffes leitet man Chlor über PCl_3. Alsbald beginnt die Bildung feiner gelbweißer Kristalle, schließlich wird die ganze Masse fest; alles ist dann in PCl_5 übergeführt. Dieser Körper raucht an feuchter Luft stark, weil er durch Wasser augenblicklich zersetzt wird, indem Salzsäure und Phosphorsäure entstehen. Beim Erhitzen sublimiert er, ohne zu schmelzen; beim Übergang in den gasförmigen Zustand spaltet er sich schon bei niedriger Temperatur in PCl_3 und Cl_2; diese Dissoziation wird bei 300° vollständig, denn dann beträgt die Dampfdichte die Hälfte der für PCl_5 berechneten. Der Dampf des PCl_5, welcher bei niederer Temperatur nahezu farblos ist, nimmt dadurch bei höherer Temperatur die Farbe des Chlors an. Die Dissoziationsprodukte PCl_3 und Cl_2 lassen sich durch Diffusion voneinander trennen. In einer Atmosphäre von PCl_3 verdampft PCl_5 fast ohne jede Zersetzung (**51**).

Durch Zusammenbringen mit wenig Wasser geht PCl_5 in $POCl_3$ Phosphoroxychlorid über:

$$PCl_5 + H_2O = POCl_3 + 2HCl.$$

Mit viel Wasser gibt es Phosphorsäure und Salzsäure.

PCl_5 findet in der organischen Chemie Verwendung, um Hydroxylgruppen durch Chlor zu ersetzen. Zu demselben Zwecke kann es auch für anorganische Verbindungen gebraucht werden. Schwefelsäure z. B. reagiert mit PCl_5 in folgender Weise (**93**):

$$SO_2\begin{matrix}\diagup OH\\ \diagdown OH\end{matrix} + PCl_5 = SO_2\begin{matrix}\diagup Cl\\ \diagdown OH\end{matrix} + POCl_3 + HCl.$$

Phosphoroxychlorid $POCl_3$.

142. Zur Darstellung dieser Verbindung oxydiert man Phosphortrichlorid mit Natriumchlorat:

$$3PCl_3 + NaClO_3 = 3POCl_3 + NaCl.$$

Die Reaktion ist sehr heftig. Um sie zu mäßigen, überschichtet man Natriumchlorat mit schon vorhandenem Phosphoroxychlorid und läßt das Trichlorid langsam zutropfen. Neben diesem Verfahren dient Erhitzen von PCl_5 mit P_2O_5 als Darstellungsmethode:

$$3PCl_5 + P_2O_5 = 5POCl_3.$$

Phosphoroxychlorid ist eine farblose rauchende Flüssigkeit, die bei 107·2° siedet und, wenn erstarrt, bei —1·5° schmilzt. Es besitzt das spez. Gewicht 1·7118 bei 0°.

In Berührung mit Wasser, mit dem es sich nicht mischt, verwandelt es sich langsam in Phosphorsäure und Salzsäure:

$$POCl_3 + 3H_2O = H_3PO_4 + 3HCl.$$

Die Verbindungen des Phosphors mit den übrigen Halogenen

143. sind den Chlorderivaten sehr ähnlich. Sie werden ebenfalls durch direkte Synthese aus den Elementen dargestellt; da die Vereinigung jedoch sehr lebhaft vor sich geht, muß man sie mäßigen, indem man den Phosphor und das Halogen getrennt in Schwefelkohlenstoff löst, diese Lösungen langsam zusammengießt und sodann das Lösungsmittel abdestilliert. Für die Fluoride hat man besondere Darstellungsmethoden. Durch Wasser werden diese Verbindungen ebenso wie die entsprechenden Chloride zersetzt, die Fluoride nur langsam.

Die Zusammensetzung dieser Verbindungen kann in folgender Weise ermittelt werden. Bei der Zersetzung durch Wasser liefern sie Phosphorsäure oder phosphorige Säure und Halogenwasserstoffsäure, so daß durch die Bestimmung der Mengen dieser Säuren die Mengen Phosphor und Halogen, welche vorhanden sind, gefunden werden. Ferner gelangt man durch Messung der Dampfdichte zum Molekulargewicht, wobei jedoch im Auge zu behalten ist, daß die Verbindungen vom Typus PX_5 in Dampfform meistens dissoziiert sind.

Sauerstoffverbindungen des Phosphors.

144. Drei Verbindungen dieser Art sind bekannt: P_2O_3 Phosphorigsäureanhydrid, P_2O_4 Phosphortetroxyd und P_2O_5 Phosphorpentoxyd oder Phosphorsäureanhydrid. Nur die letztere hat größere Wichtigkeit.

Phosphortrioxyd P_2O_3.

Diese Verbindung entsteht, wenn Phosphor in einem langsamen, trocknen Luftstrom in einem Rohre verbrennt; Hauptprodukt ist hierbei P_2O_5, welches durch einen Pfropfen von Glaswolle zurückgehalten werden kann; das P_2O_3 geht in Dampfform fort und wird in einem abgekühlten Rohre kondensiert. Es bildet eine weiße wachsartige Substanz; auch in Kristallen wird es erhalten; dieselben schmelzen bei 22·5° und sieden bei 173·1° (in einer Stickstoffatmosphäre). Seine Dampfdichte ist zu 109·7 gefunden worden, während für P_4O_6 110 berechnet wird. Durch Erhitzen auf 440° wird es in roten Phosphor und Phosphortetroxyd zerlegt. Am Licht wird es gelb, wodurch es sich auch erklärt, daß P_2O_5 zuweilen gelbe Farbe annimmt. In kaltem Wasser löst es sich langsam auf unter Bildung von phosphoriger Säure; mit heißem Wasser entstehen unter heftiger Reaktion roter Phosphor, selbstentzündlicher Phosphorwasserstoff und Phosphorsäure. An der Luft auf 50—60° erhitzt, entzündet es sich unter Bildung von P_2O_5.

Phosphortetroxyd P_2O_4

entsteht, wie oben angegeben, aus P_2O_3; es bildet farblose glänzende Kristalle, die beim Eintragen in Wasser phosphorige Säure und Phosphorsäure geben. In dieser Beziehung ist sein Verhalten analog dem von N_2O_4, welches mit Wasser Salpeter- und salpetrige Säure liefert.

Phosphorpentoxyd P_2O_5.

Diese Verbindung entsteht, wenn Phosphor in überschüssiger trockner Luft oder in Sauerstoff verbrannt wird. Sie besteht aus einer weißen, schneeähnlichen, flockigen Masse, die rasch Wasserdampf anzieht, wobei Phosphorsäure gebildet wird. P_2O_5 ist das kräftigste Wasserentziehungsmittel, welches man kennt. Es sind zwei Modifikationen desselben bekannt; sie entstehen gleichzeitig bei der obigen Darstellungsweise: eine kristallinische, welche bei 250° sublimiert, und eine amorphe, die erst bei Rotglühhitze flüchtig ist; der Dampf kondensiert sich kristallinisch. Über 250° erhitzt, geht die kristallinische Modifikation in die amorphe über.

Durch Erhitzen mit Kohle läßt sich P_2O_5 zu Phosphor reduzieren.

Das Molekulargewicht des Phosphorpentoxyds ist bei heller Rotglut zu $(P_2O_5)_2$ gefunden.

Säuren des Phosphors.

145. Von den oben besprochenen Oxyden des Phosphors bilden nur zwei entsprechende Säuren, nämlich P_2O_3 und P_2O_5, und zwar können sie sich mit verschiedenen Mengen Wasser zu Säuren vereinigen. Von P_2O_5 leiten sich her:

$$P_2O_5 + H_2O = 2HPO_3 \text{ Metaphosphorsäure.}$$
$$P_2O_5 + 2H_2O = H_4P_2O_7 \text{ Pyrophosphorsäure und}$$
$$P_2O_5 + 3H_2O = 2H_3PO_4 \text{ Orthophosphorsäure.}$$

Von P_2O_3 sind abzuleiten die metaphosphorige Säure HPO_2 und die phosphorige Säure H_3PO_3. Außerdem gibt es noch zwei andere Säuren des Phosphors, deren Anhydride man nicht kennt, nämlich unterphosphorige Säure H_3PO_2 und Unterphosphorsäure $H_4P_2O_6$.

Der Zusammenhang zwischen Ortho-, Pyro- und Metaphosphorsäure kann noch auf eine andere Weise angegeben werden, welche zu einer allgemeinen Betrachtung Veranlassung gibt. In **141** ist mitgeteilt, daß Phosphorpentachlorid durch Wasser in Phosphorsäure und Salzsäure umgewandelt wird. Man kann sich die Einwirkung von Wasser auf PCl_5 so verlaufend denken, daß zunächst alle 5 Chloratome durch Hydroxyl ersetzt werden:

$$P\boxed{Cl_5 + 5H}OH = 5HCl + P(OH)_5.$$

Diesen Körper, welchem eigentlich die Bezeichnung als Orthophosphorsäure zukommen sollte, kennt man nicht; vielmehr entsteht durch Abspaltung eines Moleküls Wasser sogleich die gewöhnliche Phosphorsäure H_3PO_4, welche man tatsächlich als Orthophosphorsäure zu bezeichnen pflegt; ebenso kann man die Metaphosphorsäure durch Abspaltung von 2 Mol Wasser aus der Säure $P(OH)_5$ ableiten:

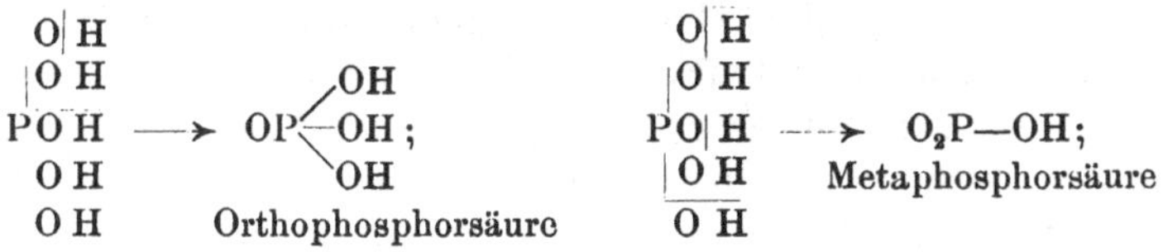

während Pyrophosphorsäure aus zwei Molekülen $P(OH)_5$—3 Mol. Wasser entstanden gedacht werden kann:

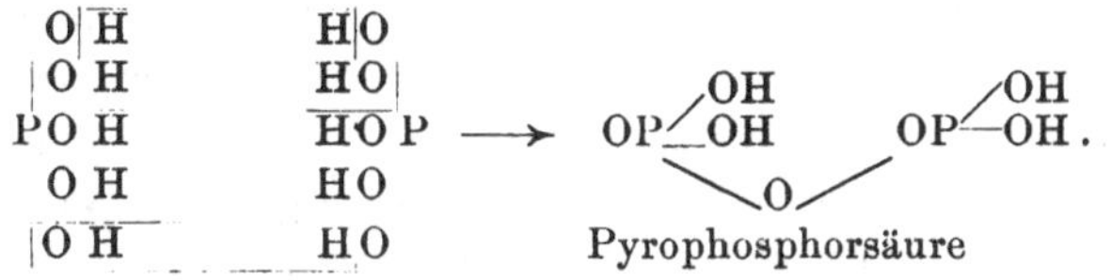

Orthophosphorsäure kann auch aus Phosphoroxychlorid entstehen:

$$OP|Cl_3 + 3H|OH \longrightarrow OP(OH)_3 .$$

Diese Betrachtungsweise erklärt daher nicht allein den Zusammenhang zwischen den verschiedenen Säuren, sondern liefert auch ihre Strukturformeln. Das gleiche leistet sie auch in vielen andern Fällen. Als Beispiel mögen noch die Überjodsäuren herangezogen werden; in **62** wurde nur eine Überjodsäure aufgeführt. Es gibt jedoch Salze von verschiedenen Überjodsäuren: MJO_4; M_3JO_5; M_5JO_6' usw. Dieselben lassen sich von einer hypothetischen Säure $J(OH)_7$ ableiten, in welcher demnach das Jod soviel Hydroxyle bindet, als seiner maximalen Valenz entspricht. Denn M_5JO_6 entspricht $J(OH)_7—H_2O$; M_3JO_5 ferner $J(OH)_7—2H_2O$; MJO_4 endlich $J(OH)_7—3H_2O$.

Orthophosphorsäure H_3PO_4.

146. Orthophosphorsäure kann durch direkte Synthese aus den Elementen gewonnen werden; denn P_2O_5 entsteht durch Verbrennen von Phosphor und gibt beim Auflösen in Wasser jene Säure. Bezüglich ihrer Bildung durch Einwirkung von Phosphor auf Salpetersäure siehe **134.** Auch durch Oxydation von Verbindungen, welche bereits Phosphor und Wasserstoff enthalten, kann sie gewonnen werden; PH_3 und die niederen Säuren des Phosphors gehen durch Oxydation in Phosphorsäure über.

Gewöhnlich stellt man diese Säure durch Oxydation von Phosphor mit Salpetersäure dar, oder indem man sie aus ihren Salzen in Freiheit setzt; namentlich dient hierzu das Kalksalz $Ca_3(PO_4)_2$. Dasselbe wird mit der berechneten Menge verdünnter Schwefelsäure angerührt, wodurch $CaSO_4$ entsteht, welches in Wasser wenig löslich ist, und Phosphorsäure, die in Lösung geht; beim Eindampfen dieser Lösung bleibt die Säure zurück.

Orthophosphorsäure ist bei gewöhnlicher Temperatur fest und kristallisiert; sie schmilzt bei 38·6°, ist völlig geruchlos und äußerst leicht in Wasser löslich. Diese Lösung reagiert stark sauer.

Sie hat völlig den Charakter einer starken Säure; mit verschiedenen Metallen entwickelt sie Wasserstoff. Sie ist jedoch beträchtlich weniger ionisiert wie Salzsäure; eine Lösung von 1 Grammmolekül Phosphorsäure in 10 Liter Wasser enthält etwa $^1/_4$ soviel H-Ionen wie die Lösung von einem Grammmolekül Chlorwasserstoff in ebensoviel Wasser. Die Dissoziation liefert hauptsächlich $H^{\cdot}$- und $H_2PO_4{}'$-Ionen. Die drei Wasserstoffatome sind sämtlich durch Metall ersetzbar; sie ist dreibasisch. Es sind daher drei Reihen von Salzen möglich und auch wirklich bekannt, je nachdem ein, zwei oder alle drei Wasserstoffatome durch Metall ersetzt werden; man bezeichnet diese Salze als primäre, sekundäre und tertiäre. Von den Alkalisalzen sind alle drei Arten löslich; von den alkalischen Erden sind die tertiären und sekundären unlöslich in Wasser, die primären löslich. Die übrigen Phosphate sind unlöslich in Wasser, lösen sich jedoch in Mineralsäuren.

Letzteres wird dadurch verursacht, daß die Phosphorsäure eine schwächere Säure ist, als die starken Mineralsäuren, Salzsäure, Salpetersäure, Schwefelsäure. Bringt man eine dieser Säuren (z. B. Salzsäure) mit einem in Wasser unlöslichen Phosphat zusammen, so werden in der Flüssigkeit ungespaltene Moleküle Phosphorsäure entstehen, und zwar um so mehr, je mehr Salzsäure zugefügt wird, da diese die Ionisation der Phosphorsäure zurückdrängt. Es sind also Ionen $H_2PO_4{}'$ und $H^{\cdot}$ verschwunden, und wenn nur genug Salzsäure zugegen ist, werden die übrigbleibenden $H_2PO_4{}'$-Ionen nicht mehr genügen, um mit den anwesenden Metall-Ionen die Grenze des Löslichkeitsproduktes zu erreichen; es muß daher alles Phosphat in Lösung gehen (**73**).

Aus demselben Grunde werden sich allgemein in Wasser unlösliche Salze nur in solchen Säuren auflösen, welche stärker sind als die Säure des Salzes. Dies wird nur dann nicht geschehen, wenn der Wert des Löslichkeitsproduktes des unlöslichen Salzes sehr gering ist, wofür wir bei einigen Sulfiden bereits Beispiele kennen lernten (**73**).

Auf 213° erhitzt gibt die Orthophosphorsäure Wasser ab; dabei entsteht in der Hauptsache Pyrosäure, jedoch bildet sich auch von Anfang an etwas Metasäure. Pyrosäure ihrerseits wird durch weiteres Erhitzen in die Metasäure übergeführt.

Orthophosphate geben mit Silbernitrat einen gelben Niederschlag von Silberphosphat Ag_3PO_4, löslich in Salpetersäure und in Ammoniak. Hat man mit einem primären oder sekundären Phosphat zu tun, so ist der Niederschlag nicht vollständig, weil bei der Reaktion Salpetersäure frei wird:

$$Na_2HPO_4 + 3\,AgNO_3 = Ag_3PO_4 + 2\,NaNO_3 + HNO_3,$$

oder in Ionen formuliert:

$$HPO_4'' + 3\,Ag^{\cdot} \rightleftarrows Ag_3PO_4 + H^{\cdot}.$$

Setzt man jedoch einen Überschuß von Natriumacetat zu, so ist die Fällung, praktisch genommen, vollständig.

Der Grund hierfür ist leicht ersichtlich. Der Zusatz des Acetats nötigt die Essigsäure-Ionen $C_2H_3O_2'$ mit den $H^{\cdot}$-Ionen zusammenzutreten, denn die Essigsäure ist nur sehr wenig ionisiert und ihre Ionisation ist zudem durch den Überschuß von Natriumacetat beträchtlich vermindert. Das Resultat ist, daß die H-Ionen aus dem oben formulierten Gleichgewicht entfernt werden. Die umgekehrte Reaktion $\longleftarrow$ ist somit nicht mehr möglich, und die Reaktion $\longrightarrow$ muß daher vollständig werden, oder mit andern Worten, die gesamte Phosphorsäure muß in Form von Silberphosphat ausfallen.

Oben wurde erwähnt, daß die Alkalisalze der Phosphorsäure in Wasser löslich sind. Die Reaktion ihrer wäßrigen Lösung ist sehr verschieden; denn diejenige des primären Phosphats reagiert sauer, die des sekundären Phosphats schwach basisch, die des tertiären Phosphats stark basisch. Die Ursache hiervon verdient näher beleuchtet zu werden. Die saure Reaktion eines Salzes KH_2PO_4 ist darin zu suchen, daß sein Anion H_2PO_4' (analog dem Ion HSO_4') noch imstande ist, sich zu ionisieren in $H^{\cdot}$ und HPO_4'', wodurch freie $H^{\cdot}$-Ionen in die Lösung kommen. Die schwach alkalische Reaktion eines Salzes K_2HPO_4 muß an seiner Hydrolyse (**66**) zugeschrieben werden. Dieses Salz ist nämlich in verdünnter Lösung größtenteils in $2\,K^{\cdot}$ und HPO_4'' ionisiert. Während H_3PO_4 in erheblichem Maße ionisiert ist (in $H^{\cdot}$ und H_2PO_4'), ist dagegen die Tendenz zur elektrolytischen Dissoziation von H_2PO_4' in $H^{\cdot}$ und HPO_4'' sehr gering. Dieses letztere verhält sich daher wie das Anion einer sehr schwachen Säure. Gibt es also viele HPO_4''-Ionen in der Lösung des Salzes K_2HPO_4, so müssen sich dieselben mit Wasserstoffionen zu vereinigen streben, denn im Gleichgewicht $H^{\cdot} + HPO_4'' \rightleftarrows H_2PO_4'$ herrscht H_2PO_4' sehr stark vor. Das Wasser ist die Quelle dieser Wasserstoffionen, da es für einen sehr geringen Teil in $H^{\cdot}$ und OH' gespalten ist. Vereinigen sich aber $H^{\cdot}$ und HPO_4'', so kommen OH'-Ionen in die Lösung, welche ihre alkalische Reaktion zeigen können, da dieselbe nicht länger durch eine gleichwertige Menge H˙-Ionen verdeckt wird. Ganz analog ist die Erklärung für die stark alkalische Reaktion der tertiären Phosphate, wie K_3PO_4. In ihrer wäßrigen Lösung befinden sich die Ionen PO_4''', welche eine noch stärkere Vereinigungstendenz mit Wasserstoffionen haben, also die Anwesenheit von einer noch größeren Anzahl nicht durch H˙ kompensierter OH'-Ionen verursachen, d. h. eine stark alkalische Reaktion bedingen.

Aus einer ammoniakalischen Lösung wird die Phosphorsäure durch ein Magnesiumsalz als weißer kristallinischer Niederschlag von Magnesiumammoniumphosphat $NH_4MgPO_4 + 6aq$ gefällt.

Eine weitere sehr charakteristische Reaktion auf Phosphorsäure ist, daß in salpetersaurer Lösung durch molybdänsaures Ammoniak besonders beim Erwärmen ein gelber, fein kristallinischer Niederschlag gefällt wird, welcher annähernd die Zusammensetzung $14MoO_3 + (NH_4)_3PO_4 + 4H_2O$, d. h. eines phosphormolybdänsauren Ammoniums besitzt. Ein großer Vorteil dieser Art der Fällung ist, daß sie in saurer Lösung erfolgt, da eben die meisten Phosphate nur in Säuren löslich sind.

Pyrophosphorsäure $H_4P_2O_7$.

147. Eine Bildungsweise dieser Säure wurde im vorigen Paragraphen bereits mitgeteilt. Zu ihrer Darstellung ist es jedoch zweckmäßiger, das sekundäre Natriumphosphat (d. h. das gewöhnliche phosphorsaure Natron des Handels) zu erhitzen, weil hier nicht mehr als 1 Mol H_2O aus 2 Mol Salz ausgetrieben werden kann:

$$2Na_2HPO_4 = H_2O + Na_4P_2O_7 .$$

Nach dem Erhitzen wird das Natriumpyrophosphat in Wasser gelöst und mittels Bleiacetat pyrophosphorsaures Blei ausgefällt, welches sodann durch Schwefelwasserstoff zerlegt wird.

Pyrophosphorsäure kann aus ihrer Lösung durch Eindampfen bei niedriger Temperatur im luftleeren Raum als farblose, glasartige Masse erhalten werden. In Wasser von gewöhnlicher Temperatur gelöst, ist die Säure längere Zeit beständig; beim Erwärmen dieser Lösung geht sie, besonders nach Zusatz von ein wenig Mineralsäure, in die Orthosäure über (**145**).

Alle vier Wasserstoffatome sind durch Metall ersetzbar; man sollte daher die Existenz von vier Reihen von Salzen erwarten; tatsächlich sind jedoch nur zwei bekannt von der Formel $M_4P_2O_7$ und $M_2H_2P_2O_7$. Die neutralen wie die sauren Alkalisalze sind in Wasser löslich; die neutralen Salze der andern Basen sind unlöslich, die sauren meistens löslich.

Pyrophosphorsäure unterscheidet sich von der Orthophosphorsäure darin, daß die Lösungen ihrer Salze mit Silbernitrat rein weiße Fällung von $Ag_4P_2O_7$ geben, und von der Metaphosphorsäure darin, daß sie Eiweiß nicht gerinnt und mit Chlorbaryum keinen Niederschlag gibt.

Metaphosphorsäure HPO_3

148. wird erhalten, wenn die Ortho- oder Pyrophosphorsäure so lange erhitzt wird, bis kein Wasser mehr entweicht, oder durch Glühen von Ammoniumphosphat $(NH_4)_2HPO_4$. Auch durch Auflösen von P_2O_5 in kaltem Wasser entsteht anfangs vorwiegend die Metaphosphorsäure.

Bei gewöhnlicher Temperatur ist die Metaphosphorsäure eine glasartige durchsichtige Masse (daher der Name glasartige Phosphorsäure), welche in der Hitze schmilzt und sich leicht in Fäden ziehen läßt. Bei starkem Erhitzen verflüchtigt sie sich unzersetzt, ohne sich in P_2O_5 und H_2O zu spalten. Durch Kochen der wäßrigen Lösung geht sie in Orthophosphorsäure über. Sie zieht sehr stark Wasser an; von dieser Eigenschaft macht man zuweilen Gebrauch.

Die Metaphosphorsäure ist einbasisch, entsprechend der Formel HPO_3; nur ihre Alkalisalze sind in Wasser löslich. In Lösung unterscheidet sich die Metaphosphorsäure von der Ortho- und Pyroverbindung durch ihr Vermögen, Eiweiß zum Gerinnen zu bringen und mit Baryum- und Calciumchlorid weiße Niederschläge zu liefern.

Bei heller Rotglut enthält der Dampf von Metaphosphorsäure hauptsächlich Moleküle $H_2P_2O_6$ (Dimetaphosphorsäure), welche teilweise dissoziiert sind.

Es sind noch Salze von Säuren bekannt, welche man als Polymere der Metaphosphorsäure ansehen muß, z. B. $K_2P_2O_6$, Kaliumdi-metaphosphat; ferner existieren Tri-, Tetra- und Hexa-metaphosphate, d. h. Salze der Säuren $H_3P_3O_9$, $H_4P_4O_{12}$ und $H_6P_6O_{18}$.

Unterphosphorsäure $H_4P_2O_6$.

149. Man setzt Phosphorstangen (wie sie im Handel vorkommen) der langsamen Oxydation in feuchter Luft aus (Fig. 42 und 43). Jede einzelne Stange befindet sich in einer Glasröhre (*ab* Fig. 42) (wegen der Gefahr der Entzündung); man bringt die Röhren alsdann in einen Glastrichter, welcher lose auf eine Flasche gesteckt ist, die in einer Schale mit Wasser steht. Das Ganze wird mit einer offenen Glasglocke bedeckt. Es entsteht eine saure Flüssigkeit, welche Phosphorsäure, phosphorige Säure und Unterphosphorsäure enthält.

Letztere kann aus der Flüssigkeit gewonnen werden, indem man dieselbe mit Soda neutralisiert und eindampft; es scheidet sich dann das schwer lösliche saure Natriumsalz der Unterphosphorsäure $Na_2H_2P_2O_6 + 6\,H_2O$ ab. Löst man dieses Salz in Wasser und setzt Chlorbaryum zu, so entsteht ein Niederschlag von Baryumhypophosphat, aus welchem mittels verdünnter Schwefelsäure eine wäßrige Lösung der freien Säure zu erhalten ist. Diese kann bei 30° ohne Zersetzung bis zu Sirupdicke eingedampft werden und liefert im Vakuum Kristalle der Säure. Bei erhöhter Temperatur und bei Anwesenheit einer Mineralsäure entstehen in der Lösung phosphorige und Phosphorsäure. Dies Verhalten berechtigt dazu, die Unterphosphorsäure als ein gemischtes Anhydrid der letztgenannten beiden Säuren anzusehen.

Fig. 42.

Fig. 43.

Darstellung von Unterphosphorsäure.

Phosphor- Phosphorige Säure Unterphosphorsäure

Außerdem entsteht diese Verbindung bei der Oxydation von Phosphor mittels Kupfersulfatlösung (**134**); ihr Silbersalz gewinnt man auch durch Oxydation von Phosphor mit Salpetersäure bei Gegenwart von Silbernitrat.

Die Unterphosphorsäure ist vierbasisch, denn es sind vier Reihen von Salzen derselben bekannt.

Metaphosphorige Säure HPO_2.

150. Diese Verbindung ist beobachtet bei langsamer Oxydation von Phosphin unter geringem Druck (**137**):

$$PH_3 + O_2 = H_2 + HPO_2\,.$$

Die Wände des Gefäßes bedecken sich hierbei mit federförmigen Kristallen von HPO_2; dieselben schmelzen viel höher als die Kristalle der phosphorigen Säure und gehen bei Einwirkung von Wasserdampf in letztere über.

Phosphorige Säure H_3PO_3.

151. In **149** wurde angegeben, daß diese Säure sich durch langsame Oxydation von Phosphor an feuchter Luft bildet. Leicht wird sie beim Zersetzen von PCl_3 mit kaltem Wasser bereitet:

$$PCl_3 + 3\,H_2O = H_3PO_3 + 3\,HCl\,.$$

Nach Verdunsten der Lösung (über freiem Feuer bis 180°), wodurch HCl ausgetrieben wird, erhält man beim Erkalten die phosphorige Säure in kristallinischem Zustand. Dieselbe zeigt den Schmelzpunkt 70·1° und ist sehr hygroskopisch. Durch Erhitzen wird sie zersetzt, wobei Phosphorsäure und PH_3 entstehen. Sie wirkt stark reduzierend, wobei sie selbst zu Phosphorsäure oxydiert wird. Der Sauerstoff der Luft oxydiert sie nur langsam; aus Lösungen von Goldchlorid, Quecksilberchlorid, Silbernitrat usw. werden die Metalle abgeschieden; charakteristisch ist auch die Reduktion von Schwefeldioxyd zu Schwefel, welche schon bei gewöhnlicher Temperatur (wiewohl langsam) eintritt, wenn Lösungen beider Stoffe vermischt werden.

Die phosphorige Säure verhält sich trotz ihrer drei Wasserstoffatome nur wie eine zweibasische Säure. Die Phosphite oxydieren sich nicht an der Luft, wohl aber unter der Wirkung von Oxydationsmitteln; sie machen z. B. aus den Salzen der Edelmetalle diese frei. Beim Erhitzen zersetzen sie sich meist in Wasserstoff, Pyrophosphat und Phosphür. Mit Baryt oder Kalkwasser geben die in Wasser löslichen Phosphite Niederschläge.

Unterphosphorige Säure H_3PO_2.

152. Salze dieser Säure entstehen beim Erhitzen von Natronlauge, Kalkmilch oder Barytwasser mit Phosphor (**136**):

$$3\,Ba(OH)_2 + 8\,P + 6\,H_2O = 3\,Ba(H_2PO_2)_2 + 2\,PH_3\,.$$

Aus diesen Salzen kann sie durch Schwefelsäure in Freiheit gesetzt werden; ihre wäßrige Lösung wird eingedampft bis 140°, worauf bei starker Abkühlung die Säure auskristallisiert; sie schmilzt bei 17·4°. Beim Erhitzen liefert sie Phosphin und Phosphorsäure.

Unterphosphorige Säure ist ein sehr starkes Reduktionsmittel. Gold, Silber, Quecksilber werden sowohl durch die freie Säure wie durch deren Salze aus den Lösungen ihrer Salze gefällt. SO_2 wird bei gewöhnlicher Temperatur zu Schwefel reduziert. Bei diesen Reaktionen geht sie selbst in Phosphorsäure über. Von der phosphorigen Säure unterscheidet sie sich durch ihr Verhalten gegen Kupfersulfatlösung; beim Erwärmen mit letzterer entsteht ein roter Niederschlag von Kupferwasserstoff Cu_2H_2. Die unterphosphorige Säure ist einbasisch.

Verbindungen des Phosphors mit Schwefel.

153. Verschiedene Verbindungen dieser Art sind bekannt; sie werden sämtlich durch Zusammenschmelzen der beiden Elemente gewonnen. Da die Vereinigung des gelben Phosphors mit Schwefel mit heftiger Reaktion verbunden ist, bedient man sich meist des roten.

Die Verbindung P_2S_5, welche in der organischen Chemie Verwendung findet, ist gelb, kristallinisch, schmilzt bei 274—276° und siedet bei 518°. Beim Erwärmen mit Wasser liefert sie Phosphorsäure und Schwefelwasserstoff. Mit 3 Molekülen K_2S vereinigt sich P_2S_5 zu einem Sulfophosphat K_3PS_4 (d. h. einem Phosphat, dessen Sauerstoff durch Schwefel ersetzt ist).

Verbindungen, welche neben Phosphor und Schwefel Halogen enthalten, sind verschiedene bekannt, so z. B. $PSCl_3$. Dies Phosphorsulfochlorid kann so bereitet werden, daß man PCl_5 mit H_2S behandelt, eine Bildungsweise, welche der von $POCl_3$ aus PCl_5 und H_2O entspricht; bequemer ist die Darstellung durch Einwirkung von PCl_5 auf P_2S_5, welche ebenfalls bei den Sauerstoffverbindungen ihr Analogon hat (142):

$$3PCl_5 + P_2S_5 = 5PSCl_3 .$$

Es bildet eine farblose Flüssigkeit, die bei 125° siedet und von Wasser in Phosphorsäure, Salzsäure und Schwefelwasserstoff zersetzt wird.

Verbindungen, welche Phosphor und Stickstoff enthalten.

154. Auch viele Verbindungen dieser Klasse sind bekannt. Hierher gehören u. a. Amidophosphorsäure $OP{(OH)_2 \atop NH_2}$ und Diamidophosphorsäure $OP{OH \atop (NH_2)_2}$. Wie schon ihr Name andeutet, verhalten sich diese Verbindungen wie Säuren.

Wenn trocknes Ammoniak über PCl_5 geleitet wird, erhält man eine weiße Masse, welche vermutlich aus Salmiak (NH_4Cl) und $PCl_3(NH_2)_2$ besteht. Bringt man dieselbe in Wasser, so bildet sich Phosphamid $PO(NH)(NH_2)$, ein weißes unlösliches Pulver; durch Kochen mit Wasser entsteht daraus sekundäres Ammoniumphosphat:

$$PO(NH)(NH_2) + 3H_2O = OP{OH \atop (ONH_4)_2} .$$

Mit dem Namen Phospham bezeichnet man eine Verbindung $P_3H_3N_6$, welche aus dem Produkt der Einwirkung von NH_3 auf PCl_5 entsteht, wenn dasselbe bei Luftabschluß solange erhitzt wird, als noch Salmiakdämpfe entweichen. Es ist unlöslich in Wasser; durch Schmelzen mit Kali wird es in folgender Weise zersetzt:

$$P_3H_3N_6 + 9KOH + 3H_2O = 3K_3PO_4 + 6NH_3 .$$

Arsen.

155. Arsen kommt in der Natur gediegen vor; es heißt dann Scherbenkobalt. Häufiger findet es sich in Verbindung mit Schwefel als Rauschgelb (Realgar As_2S_2, Auripigment As_2S_3) oder mit Metallen (Arsenkies FeSAs, Glanzkobalt CoSAs); auch in Verbindung mit Sauerstoff als As_2O_3 (Arsenikblüte).

Die Gewinnung ist einfach; der Arsenkies (Mispickel) gibt schon beim bloßen Erhitzen unter Luftabschluß Arsen ab, welches sublimiert. Aus Arsenikblüte wird es durch Reduktion mit Kohle bereitet:

$$As_2O_3 + 3C \doteq 2As + 3CO .$$

Physikalische Eigenschaften und allotrope Zustände. Arsen kommt gewöhnlich in kristallinischem Zustand vor; es ist dann von stahlgrauer Farbe, hat spez. Gewicht 5·727 bei 14° und ist ein guter Leiter der Elektrizität. Es sublimiert bei gewöhnlichem Druck, ohne zu schmelzen; bei erhöhtem Druck schmilzt es bei 500°. Durch Sublimation im Wasserstoffstrom kann eine zweite kristallinische Form erhalten werden zugleich mit einer schwarzen Modifikation, welche nach RETGERS ebenfalls kristallinisch ist. Eine amorphe Modifikation entsteht beim Zerlegen von Arsenwasserstoff durch Erhitzen, wobei das Arsen sich dunkelbraun an der Glaswand absetzt. Endlich gibt es noch eine gelbe Modifikation, welche sich bildet, wenn Arsenikdämpfe stark abgekühlt werden. Sie gleicht äußerlich sehr dem gelben Phosphor. Sie ist löslich in Schwefelkohlenstoff (zu etwa 7 $^0/_0$) und oxydiert sich rasch an der Luft unter schwachem Leuchten, und verbreitet einen knoblauchartigen Geruch. Gegen Licht und Wärme ist dieselbe sehr wenig beständig; dagegen ist sie bei -180^0 lange haltbar. Sie ist sehr flüchtig und wird leicht in die schwarze Modifikation umgewandelt. Bei höherer Temperatur (360^0) verwandeln sich alle diese Modifikationen in die gewöhnliche kristallisierte Form.

Dampfdichte. Der zitronengelbe Dampf des Arsens hat bei ca. 860^0 die Dichte 10·2 (Luft = 1), woraus als Molekulargewicht 293·8 folgt. Bei 1600—1700^0 ist die Dampfdichte jedoch bis auf etwa die Hälfte dieses Betrages gesunken; sie beträgt dann 5·40. Da das Atomgewicht des Arsens 75 ist, besteht sein Molekül demnach bei ca. 860^0 aus vier, bei 1600—1700^0 aus zwei Atomen.

Chemische Eigenschaften. In trockner Luft verändert sich das Arsen bei gewöhnlicher Temperatur nicht; in feuchter bedeckt es sich oberflächlich mit einer Oxydschicht. Bei 180^0 verbrennt es mit bläulicher Flamme, indem es einen eigentümlichen, knoblauchartigen Geruch verbreitet, zu As_2O_3. Es verbindet sich bei höherer Temperatur mit vielen Elementen direkt; mit Chlor, auch ohne Wärmezufuhr, unter Funkensprühen.

Arsenwasserstoff AsH_3.

156. Durch direkte Synthese aus den Elementen hat man diese Verbindung nicht erhalten können; sie entsteht aus den meisten Arsenverbindungen, wenn diese mit nascentem Wasserstoff (aus Zink und Schwefelsäure) in Berührung kommen. Man erhält sie alsdann in mit Wasserstoff verdünntem Zustand. Reiner Arsenwasserstoff wird gewonnen durch Behandlung von Arsenzink oder Arsennatrium mit verdünnter Schwefelsäure:

$$As_2Zn_3 + 3H_2SO_4 = 2AsH_3 + 3ZnSO_4 .$$

Physikalische Eigenschaften. Arsenwasserstoff ist gasförmig, wird bei -40^0 flüssig, aber bei -110^0 noch nicht fest. Sein spez. Gewicht beträgt 38·9 (H = 1). Man muß sehr vorsichtig mit demselben umgehen, weil er beim Einatmen sehr giftig ist. Seine

Gegenwart ist leicht an dem eigentümlichen unangenehmen Geruch zu erkennen.

Chemische Eigenschaften. AsH_3 läßt sich durch Erhitzen in seine Bestandteile spalten. Wenn Arsenwasserstoff durch eine erhitzte Glasröhre geleitet wird, so setzt sich das ausgeschiedene Arsen als metallglänzender Belag an den Wänden ab (Arsenspiegel). Durch Induktionsfunken wird er ebenfalls zersetzt; hierbei zeigt sich, daß das erhaltene Volum Wasserstoff das $1\,^1/_2$ fache von dem des Gases selbst ist, wie es der Formel AsH_3 entspricht. Die Verbindung ist endotherm:

$$As + 3H - AsH_3 = -36{\cdot}7 \text{ kal.}$$

Es ist gelungen, sie durch Knallquecksilber zur Explosion zu bringen (**119**).

Arsenwasserstoff verbrennt mit fahler Flamme zu Wasser und As_2O_3, wenn genügend Luft vorhanden ist; im andern Falle, oder wenn man die Flamme abkühlt, setzt sich Arsen ab. Durch Erhitzen von Kalium oder Natrium in dem Gas werden die Arseniüre AsK_3 und $AsNa_3$ gebildet. Aus einer sehr konzentrierten Lösung von Silbernitrat fällt Arsenwasserstoff die gelbe Verbindung $AsAg_3 \cdot 3AgNO_3$ aus:

$$AsH_3 + 6AgNO_3 = AsAg_3 \cdot 3AgNO_3 + 3HNO_3\,.$$

Durch Wasserzusatz wird dieselbe unter Bildung von arseniger Säure und Abscheidung von metallischem Silber zerlegt (GUTZEITsche Probe).

Man führt sie gewöhnlich so aus: Ein Tropfen einer 50%igen Silbernitratlösung wird auf ein Stück Filtrierpapier gebracht und die feuchte Stelle über ein Reagenzglas gehalten, welches etwas Zink, verdünnte Schwefelsäure und die auf Arsen zu prüfende Substanz enthält. Im oberen Teile des Glases wird ein Wattepfropfen angebracht, um das Papier gegen nach oben spritzende Flüssigkeit zu schützen. Bei Gegenwart von Arsen entsteht ein gelber Fleck, der, mit Wasser befeuchtet, schwarz wird.

Zusammensetzung des Arsenwasserstoffes. Wenn man AsH_3 über erhitztes Kupferoxyd leitet, entstehen Wasser und Kupferarseniür. Hierdurch läßt sich das Verhältnis von Wasserstoff und Arsen ermitteln; es kommt 1 Gewichtsteil Wasserstoff auf 24·97 Gewichtsteile Arsen. Da nun dem spez. Gewichte zufolge (s. oben) das Molekulargewicht der Verbindung 77·9 und das Atomgewicht des Arsens 75 ist, muß ihre Formel AsH_3 sein.

Nachweis des Arsens.

157. Die meisten Arsenverbindungen sind sehr giftig. Manche davon, z. B. Auripigment (As_2S_3 auch Operment genannt), Schweinfurter Grün (Kupferarsenit), sind im Handel allgemein erhältlich, und so kommen Vergiftungen zuweilen vor. Einige Arsenverbindungen werden wegen ihrer schönen grünen Farbe noch immer zum Färben von Tapeten, Vorhängen usw. verwendet; Zimmer, in welchen sie sich finden, enthalten meistens arsenhaltige Staubteilchen, die einen nachteiligen Einfluß auf die Gesundheit der Bewohner ausüben können. Ein Schimmelpilz, Penicillium brevicaule, vermag auf derartigen Tapeten usw. flüchtige, sehr giftige Arsenverbindungen zu entwickeln. Nicht selten ist daher die Frage zu beantworten, ob in einer gegebenen Probe (gefärbte Stoffe usw. oder Mageninhalt) Arsen aufzufinden ist. Hierfür ist eine Methode ausgearbeitet worden, welche gestattet, selbst äußerst geringe Mengen Arsen mit Sicherheit nachzuweisen. Das Verfahren ist in der Hauptsache folgendes: Die organische Substanz, die untersucht werden soll, wird zunächst möglichst zerstört und zwar durch Digerieren mit Salzsäure auf dem Wasserbade unter gleichzeitigem, ab und zu erneutem Zusatz von ein wenig Kaliumchlorat. Das mit Wasserdämpfen flüchtige $AsCl_3$ (**158**) wird dabei in die nicht flüchtige Arsensäure übergeführt. Nachdem das Chlor durch

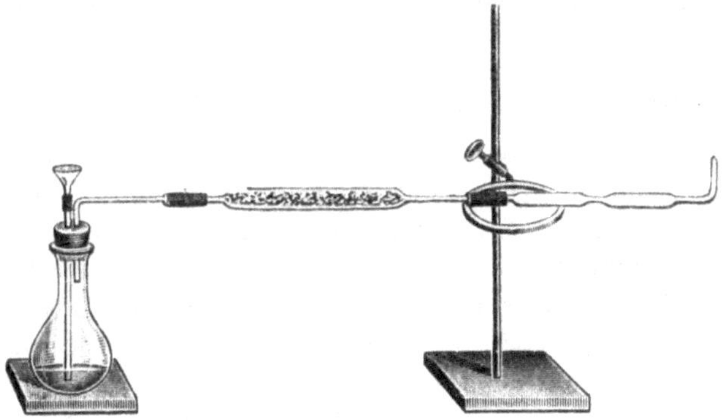

Fig. 44. Marshscher Apparat.

Erwärmen ausgetrieben ist, wird abfiltriert und geraume Zeit Schwefelwasserstoff eingeleitet, wodurch das Arsen als Sulfid ausfällt. Letzteres wird in Salpetersäure gelöst (vermutet man, daß auch Antimon zugegen ist, so muß dies erst entfernt werden); diese Lösung wird völlig eingedampft, um die überschüssige Säure fortzuschaffen, der trockene Rückstand in Wasser gelöst und nun diese Flüssigkeit im Marshschen Apparat geprüft (Fig. 44).

Derselbe besteht aus einem Kolben, in welchem durch Einwirkung von Zink auf Schwefelsäure Wasserstoff entwickelt wird; durch das Trichterrohr wird die zu untersuchende Lösung eingegossen; bei Gegenwart von Arsen entsteht dann AsH_3. Das Gemisch von Wasserstoff und Arsenwasserstoff wird in dem erweiterten Rohr durch Chlorcalcium getrocknet, gelangt dann in ein Rohr aus schwer schmelzbarem Glas, welches an mehreren Stellen durch Ausziehen verengt ist, und verläßt den Apparat durch die aufwärts gebogene Spitze des letzteren. Hier steckt man es an. Darauf erhitzt man das Rohr vor den Verengungen durch eine Flamme: der Arsenwasserstoff wird zerlegt und es bildet sich ein Arsenspiegel an der verengten Stelle. Nach der Form und Dicke des Niederschlages läßt sich ungefähr abschätzen, wieviel Milligramm Arsen vorhanden sind. Wird das Rohr nicht erhitzt, so gelangt der Arsenwasserstoff in die Flamme und verbrennt dort. Hält man in die letztere eine kalte

Porzellanschale, so setzt sich das Arsen als dunkler Fleck darauf ab; dieser Fleck löst sich leicht in Natriumhypochloritlösung (indem arsensaures Natrium entsteht); daran ist das Arsen vom Antimon zu unterscheiden.

Gegenüber der Häufigkeit des Vorkommens von Arsen, wennschon in sehr kleinen Mengen, muß man mit der Möglichkeit rechnen, daß es in den verwendeten Reagenzien und Glasgefäßen spurenweise vorhanden sein könnte. Um darauf zu prüfen, macht man einen blinden Versuch, d. h. alle Operationen werden mit denselben Mengen der gebrauchten Chemikalien ausgeführt, aber ohne Zusatz von dem zu untersuchenden Stoff. Erst wenn auf diese Weise die Abwesenheit von Arsen konstatiert ist, dürfen die betreffenden Chemikalien zur Untersuchung benutzt werden.

Ob grüne Tapeten, Gewebe und dergl. mit Schweinfurter Grün (arsenigsaures Kupfer) gefärbt sind, kann man mit der GUTZEITschen Probe leicht feststellen, oder man benutzt das Verhalten des oben schon erwähnten Penicillium brevicaule. Man züchtet ihn auf Brot, welches mit der zu prüfenden Flüssigkeit getränkt wird. Die leisesten Spuren von Arsen verraten sich durch einen charakteristischen Knoblauchgeruch, verursacht durch Entwicklung arsenhaltiger Gase.

Verbindungen des Arsens mit den Halogenen.

158. Vom Arsen kennt man drei Halogenverbindungen vom Typus AsX_5, nämlich $AsFl_5$, AsJ_5 und $AsCl_5$, welches letztere durch Behandlung von $AsCl_3$ mit Chlor bei -30^0 erhalten wird. Von den Trihalogenverbindungen sei das Arsentrichlorid $AsCl_3$ erwähnt. Es kann durch direkte Synthese oder durch Einwirkung von Salzsäure auf As_2O_3 gewonnen werden. Die letztgenannte Bildungsweise entspricht der von Metallchloriden aus Oxyd und Salzsäure. $AsCl_3$ ist eine farblose, ölige Flüssigkeit, die ein spez. Gewicht von 2·205 (d_4^0) hat. Es wird fest bei -18^0 und siedet bei $130{\cdot}2^0$. Es ist äußerst giftig; an der Luft stößt es dicke weiße Nebel aus. Durch Einwirkung von wenig Wasser entsteht ein Oxychlorid $As(OH)_2Cl$, mit viel Wasser, Salzsäure und As_2O_3. Bei Erhöhung der Temperatur wird in diesem System jedoch $AsCl_3$ teilweise zurückgebildet, welches mit den Wasserdämpfen flüchtig ist. Es scheint das Gleichgewicht zu bestehen:

$$As_2O_3 + 6HCl \rightleftarrows 2AsCl_3 + 3H_2O.$$

Sauerstoffverbindungen des Arsens.

Zwei derartige Verbindungen sind bekannt: As_2O_3 Arsenigsäureanhydrid und As_2O_5 Arsensäureanhydrid.

Arsenigsäureanhydrid oder Arsentrioxyd As_2O_3.

159. Arsenigsäureanhydrid, weißer Arsenik, kommt in der Natur als Arsenikblüte vor. Es entsteht bei der Verbrennung von Arsen in

Sauerstoff oder an der Luft, oder durch Oxydation von Arsen mit verdünnter Salpetersäure. Technisch wird es in großem Maßstabe beim Rösten arsenhaltiger Erze gewonnen. Hierbei verflüchtigt es sich und wird in gemauerten Kanälen (Giftfängen) aufgefangen, in denen es sich zu einem weißen Pulver (Giftmehl) verdichtet. Behufs Reinigung wird es aus eisernen Zylindern sublimiert und so als durchsichtige, amorphe Masse (Arsenikglas) erhalten.

Physikalische Eigenschaften. As_2O_3 ist ein fester geruchloser Körper, der unter gewöhnlichem Druck nicht schmilzt, sondern sublimiert; unter erhöhtem Druck läßt es sich jedoch schmelzen. Bis 800° beträgt seine Dampfdichte 198 (H = 1), woraus die Molekularformel As_4O_6 folgt. Oberhalb dieser Temperatur beginnt Dissoziation einzutreten und bei 1800° entspricht die Dampfdichte der Formel As_2O_3. Durch die Methode der Siedepunktserhöhung hat man gefunden, daß die Molekularformel bei 205° (in kochendem Nitrobenzol) ebenfalls As_4O_6 ist. Demnach ist die häufig gebrauchte Bezeichnung des Arsenigsäureanhydrids als Arsentrioxyd nur für die empirische Formel zutreffend.

Verschiedene Modifikationen. Arsenigsäureanhydrid ist in glasiger oder amorpher Form, sowie regulär und monoklin (von rhombischem Habitus) kristallisiert bekannt.

Wenn die durch Sublimation erhaltene glasige Masse (spez. Gew. 3·738) längere Zeit bei gewöhnlicher Temperatur aufbewahrt wird, wird sie undurchsichtig, weiß, porzellanartig und verwandelt sich in den regulär kristallisierten Zustand. Die reguläre Form wird besser so erhalten, daß man die glasartige Modifikation in Wasser oder in Salzsäure löst und auskristallisieren läßt. Hierbei ist die merkwürdige Erscheinung zu beobachten, daß diese Kristallisation von starkem Leuchten begleitet ist; dieses Leuchten tritt nicht auf, wenn kristallisiertes As_2O_3 umkristallisiert wird. Die Umwandlung der amorphen in die reguläre Form erfolgt unter Wärmeentwicklung (5·330 Kal.). Die monokline Modifikation wird erhalten, wenn die Kristallisation nicht bei gewöhnlicher Temperatur, sondern oberhalb 200° vor sich geht. Wenn eine geschlossene Glasröhre mit Arsentrioxyd zur Hälfte auf 400° erhitzt wird, so befindet sich nach dem Erkalten im untersten erhitzten Teil glasiges, im mittelsten monoklines, im obersten oktaëdrisches Arsentrioxyd.

Da die Umwandlung von amorphem in kristallisiertes As_2O_3 bereits bei gewöhnlicher Temperatur stattfindet (schnell bei 100°) und zwar unter Wärmeentwicklung, so ist die oktaëdrische Form als die bei gewöhnlicher Temperatur stabile zu betrachten; die glasige kann dabei nur deshalb bestehen, weil ihre Umwandlungsgeschwindigkeit dann sehr gering ist. Bei allmählichem Erwärmen von oktaëdrischem Arsentrioxyd wird nach dem Vorstehenden erst ein Übergang in die monokline, sodann in die amorphe Form erfolgen müssen. Wo der Umwandlungspunkt zwischen den zwei kristallisierten Formen liegt, ist noch nicht bestimmt.

Chemische Eigenschaften. Arsentrioxyd ist leicht reduzierbar zu Arsen, z. B. durch Erhitzen mit Kohle oder mit Wasserstoff in statu nascendi. Es ist auch leicht zu Arsensäureanhydrid oxydierbar und wird deshalb als Reduktionsmittel benutzt. Diese Oxydation erfolgt durch Chlor, Brom (Bromwasser), Jodlösung, Kaliumpermanganat, starke Salpetersäure u. a. In Wasser ist es wenig löslich; die Lösung hat salzartig metallischen Geschmack und schwach saure Reaktion. In Säuren löst es sich viel leichter auf, indem es diesen gegenüber gewissermaßen die Rolle eines basischen Oxyds spielt; es wurde schon erwähnt, daß aus einer Lösung von Arsentrioxyd in Salzsäure $AsCl_3$ entweicht (**158**). Auch weißer Arsenik ist ein heftiges Gift; als Gegenmittel dient frisch gefälltes Ferrihydroxyd.

Arsensäureanhydrid $(As_2O_5)_x$.

160. Diese Verbindung kann nicht (wie die entsprechende Phosphorverbindung) durch Verbrennen von Arsen an der Luft bereitet werden, denn die Oxydation geht dabei nicht weiter als bis As_2O_3. Man kann As_2O_5 nur durch Erhitzen von Arsensäure gewinnen:

$$2H_3AsO_4 - 3H_2O = As_2O_5 .$$

Es ist ein weißer glasiger Körper, der sich in Wasser langsam auflöst, indem er in Arsensäure übergeht. Durch Erhitzen mit Kohle läßt es sich leicht zu Arsen reduzieren. Bei hoher Temperatur wird es in Sauerstoff und Arsenigsäureanhydrid gespalten. Sein Molekulargewicht ist nicht bekannt; die Formel As_2O_5 ist eine empirische.

Sauerstoffsäuren des Arsens.

Es sind zwei solche Säuren bekannt: arsenige Säure H_3AsO_3 nur in wäßriger Lösung und in Salzen; Arsensäure H_3AsO_4 auch in reinem Zustand.

Arsenige Säure.

161. Dieser Körper ist in der wäßrigen Lösung des Anhydrids vorhanden; es ist unentschieden, ob sich darin H_3AsO_3, $HAsO_2$ oder ein anderes Hydrat befindet. Beim Eindampfen scheidet sich jedoch das Anhydrid, nicht die Säure, ab. Von dieser Säure sind drei Reihen von Salzen bekannt, je nachdem ob ein, zwei oder drei ihrer Wasserstoffatome durch Metalle ersetzt sind; sie ist daher dreibasisch. Einige Salze leiten sich von einer metarsenigen Säure $HAsO_2$ ab.

Die Alkalisalze sind in Wasser löslich; die der andern Metalle nicht; die letzteren lösen sich jedoch leicht in Säuren. Eine neutrale Arsenitlösung gibt mit Silbernitrat einen gelben Niederschlag von arsenigsaurem Silber Ag_3AsO_3.

Die Lösung der freien Säure wird durch Jodlösung sehr leicht zu Arsensäure oxydiert:

$$H_3AsO_3 + J_2 + H_2O = H_3AsO_4 + 2HJ.$$

Man kann daher eine solche Lösung auch zur Titration von Jod benutzen (**93**).

Arsensäure H_3AsO_4.

162. Diese Säure wird durch Oxydation einer Lösung von arseniger Säure, am leichtesten durch Erwärmen mit Salpetersäure, erhalten. Beim Einengen der Lösung scheidet sich (unterhalb 15°) die Verbindung $2H_3AsO_4 + H_2O$ ab, welche bei 100° ihr Kristallwasser abgibt und Orthoarsensäure H_3AsO_4 liefert; letztere kristallisiert in feinen Nadeln. Bei weiterem Erhitzen auf 180° spaltet dieselbe Wasser ab und geht in Pyroarsensäure $H_4As_2O_7$ über, welche in harten glänzenden Kristallen zurückbleibt. Bei noch stärkerem Erhitzen verliert auch diese noch 1 Mol H_2O und es resultiert schließlich eine weiße kristallisierte Masse, Metarsensäure $HAsO_3$. Dieses Verhalten ist also völlig entsprechend dem der Phosphorsäure; während die Metaphosphorsäure jedoch nicht durch Erhitzen in das Anhydrid verwandelt werden kann, gelingt dieses wohl bei der Arsensäure (**160**). Die Pyro- und Metarsensäure sind nur in festem Zustande beständig; beim Eintragen in Wasser gehen sie wie die entsprechenden Phosphorsäuren — aber viel schneller — in die Orthosäure über.

Orthoarsensäure ist in Wasser leicht löslich; ihre Salze, die Arsenate, existieren in drei Reihen; von den tertiären sind nur die der Alkalien in Wasser löslich. Die Reaktionen der Arsensäure sind denen der Phosphorsäure (**146**) sehr ähnlich; durch ein Gemisch von Ammoniak, Ammoniumchlorid und Magnesiumsulfat (Magnesiagemisch) wird ebenso ein weißes kristallinisches Ammonium-Magnesiumsalz, $Mg(NH_4)AsO_4 + 6H_2O$, ausgefällt. Mit molybdänsaurem Ammoniak entsteht ein gelber, fein kristallinischer Niederschlag, dessen Zusammensetzung und Aussehen der entsprechenden Phosphorsäureverbindung entspricht. Verschieden in der Farbe sind dagegen die mit Silbernitrat entstehenden Niederschläge: Ag_3PO_4 ist gelb, Ag_3AsO_4 rotbraun.

Schwefelverbindungen des Arsens.

163. Man kennt deren drei: As_2S_2 Arsendisulfid (Realgar), As_2S_3 Arsentrisulfid (Auripigment) und As_2S_5 Arsenpentasulfid.

Arsendisulfid As_2S_2.

Dieses kommt in der Natur als Realgar (**155**) vor. Derselbe bildet schöne rubinrote Kristalle vom spez. Gewicht 3·5; es wird als Farbe verwendet. Künstlich stellt man ihn durch Zusammenschmelzen von Schwefel und Arsen dar; die so entstehenden Produkte haben jedoch wechselnde Zusammensetzung.

Arsentrisulfid As_2S_3.

Arsen wird aus der sauren Lösung von Arsentrioxyd durch Schwefelwasserstoff als Sulfid gefällt; auch in dieser Hinsicht verhält es sich also wie ein Schwermetall. Das Arsentrisulfid scheidet sich dann als amorphes gelbes Pulver ab. Wird aber Schwefelwasserstoff in eine nicht angesäuerte Lösung von As_2O_3 geleitet, so entsteht kein Niederschlag, sondern nur eine Gelbfärbung (**195**). In der Natur kommt dasselbe als Auripigment (**155**) vor, eine blättrig kristallinische Substanz, welche diesen Namen ihrem schönen Goldglanz verdankt. Durch Schmelzen von künstlich bereitetem As_2S_3 erhält man eine Masse, welche dem natürlichen Auripigment sehr gleicht, aber ein kleineres spez. Gewicht hat (2·7 gegenüber 3·4). Technisch wird As_2S_3 durch Zusammenschmelzen von Arsenigsäureanhydrid und Schwefel dargestellt. Das Produkt erhält jedoch noch As_2O_3 und ist dadurch giftig. — Im Wasser und in Säuren ist As_2S_3 unlöslich.

Arsenpentasulfid As_2S_5.

Wenn in eine warme angesäuerte Lösung von Arsensäure längere Zeit Schwefelwasserstoff eingeleitet wird, fällt alles Arsen als amorphes gelbes Pulver von der Zusammensetzung As_2S_5 aus. Es wird auch durch Zusammenschmelzen von As_2S_3 mit der nötigen Menge Schwefel erhalten; bei Luftabschluß kann es unzersetzt sublimiert werden. In Wasser und in Säuren ist es unlöslich.

Sulfosalze des Arsens.

164. Arsentri- und pentasulfid sind leicht in Schwefelalkalien löslich; hierbei entstehen Salze von Sulfosäuren:

$$As_2S_3 + 3K_2S = 2\underset{\text{K-Sulfoarsenit}}{K_3AsS_3}$$

und

$$As_2S_5 + 3K_2S = 2\underset{\text{K-Sulfoarsenat}}{K_3AsS_4}.$$

Die Bildung dieser Sulfosalze kann man in Parallele setzen mit der eines Sauerstoffsalzes aus einem basischen Oxyd und einem Säureanhydrid, z. B.:

$$BaO + SO_3 = BaSO_4.$$

Arsentrisulfid und Pentasulfid sind daher als Anhydrosulfide jener Sulfosäuren anzusehen.

Die Sulfoarsenate können auch aus Arsentrisulfid erhalten werden, wenn man ein Alkalipolysulfid anwendet:

$$As_2S_3 + K_2S_3 = \underset{\text{K-Sulfometarsenat}}{2KAsS_3}.$$

Man kann dies so auffassen, daß durch den überschüssigen Schwefel As_2S_3 in As_2S_5 übergeführt wird, was der Oxydation von As_2O_3 zu As_2O_5 entspricht.

Sie entstehen auch, wenn ein arsensaures Salz mit Schwefelwasserstoff behandelt wird:

$$K_3AsO_4 + 4H_2S = K_3AsS_4 + 4H_2O.$$

Die Sulf-arsenite und -arsenate der Alkalien lösen sich leicht in Wasser und können aus der Lösung kristallisiert gewonnen werden, die der übrigen Metalle sind unlöslich. Die freien Sulfosäuren sind unbekannt. Wird zu der Lösung eines Sulfosalzes eine Säure gegeben, so zersetzt sich die freiwerdende Sulfosäure in H_2S und As_2S_3 oder As_2S_5.

Antimon.

165. Antimon kommt außer in vielen weniger bekannten Mineralien in der Natur im Grauspießglanz Sb_2S_3 vor; letzterer war schon im Altertum bekannt. In Japan wird er in prächtigen großen Kristallen gefunden. Antimon wurde von den Alchimisten viel gebraucht; schon BASILIUS VALENTINUS gab in einer „Triumphwagen des Antimonii“ betitelten Monographie — veröffentlicht Anfang des 17. Jahrhunderts, vielleicht aber schon im 15. Jahrhundert verfaßt — die Gewinnung dieses Elementes aus Sb_2S_3 an.

Das Element wird gegenwärtig nach zwei Verfahren aus dem Grauspießglanz gewonnen. Nach der einen Methode wird das Mineral geröstet, wodurch es in Sb_2O_3 übergeführt wird; dieses Oxyd wird dann mit Kohle zu metallischem Antimon reduziert:

$$\text{I. } 2Sb_2S_3 + 9O_2 = 2Sb_2O_3 + 6SO_2; \quad \text{II. } 2Sb_2O_3 + 3C = 4Sb + 3CO_2,$$

oder das Mineral wird nach dem andern Verfahren mit Eisen zusammengeschmolzen:

$$Sb_2S_3 + 3Fe = 2Sb + 3FeS.$$

Dieses Rohantimon enthält meistens noch Arsen, Blei, Schwefel u. a. Es kann durch Schmelzen mit ein wenig Salpeter gereinigt werden; jene Beimengungen werden dabei oxydiert.

Physikalische Eigenschaften. Das Antimon ist silberweiß, stark metallglänzend und von blättrig-kristallinischer Struktur (Rhomboëder); infolge davon ist es sehr spröde und läßt sich daher leicht zu Pulver zerstoßen. Es hat das spez. Gewicht 6·71 bis 6·86. Sein Schmelzpunkt ist ca. 630°, sein Siedepunkt 1450°. MENSCHING und V. MEYER ist es gelungen, eine Bestimmung der Dampfdichte bei 1437°, also etwas unterhalb des Siedepunktes, auszuführen, welche zeigte, daß das Molekül — anders wie bei Phosphor und Arsen — aus weniger als 4 Atomen besteht.

Chemische Eigenschaften. Bei gewöhnlicher Temperatur wird das Element von der Luft nicht verändert; beim Erhitzen verbrennt es mit bläulich weißer Flamme zu Sb_2O_3; mit Halogen vereinigt es sich direkt unter Feuererscheinung (**27**). Von kochender Salzsäure wird es, wenn auch sehr langsam, unter Wasserstoffentwicklung gelöst; es bekundet darin den Charakter eines Metalles. Durch Königswasser wird es leicht gelöst.

Anwendungen. Das Antimon ist ein Bestandteil verschiedener Metallegierungen. Die wichtigste von diesen ist das Letternmetall, aus welchem die Lettern für den Buchdruck hergestellt werden. Dasselbe enthält Blei [50 %], Antimon [25 %] und Zinn [25 %]. Die Zusammensetzung ist jedoch öfter auch eine etwas andere.

Antimonwasserstoff SbH_3.

166. Dieses Gas entsteht, wenn nascenter Wasserstoff auf eine lösliche Antimonverbindung einwirkt. Am besten bereitet man ihn so, daß man eine Legierung von 2 Gewichtsteilen Magnesium, mit 1 Gewichtsteil Antimon unter Abkühlung mit verdünnter Salzsäure behandelt. Diese Methode liefert, wie alle andern, ein Produkt, das zwar eine reichliche Beimengung von Wasserstoff enthält, jedoch auch 10—14 % SbH_3. Läßt man es durch eine U-Röhre hindurchpassieren, welche in flüssige Luft eingetaucht ist, so kondensiert sich der Antimonwasserstoff zu einer weißen festen Masse, welche alsbald schmilzt, wenn sie aus dem Kühlmittel herausgenommen wird. Sie verflüchtigt sich zu einem ziemlich beständigen Gas. Die geringsten Spuren von Sauerstoff dagegen verursachen eine Abscheidung von Antimon.

Läßt man einen elektrischen Funken durch das Gas hindurchschlagen, so explodiert es, Antimon scheidet sich ab und es zeigt sich, daß das freigewordene Volum Wasserstoff $1\frac{1}{2}$ so groß ist wie das des Antimonwasserstoffes, was der Formel SbH_3 entspricht. Beim Erhitzen über 150° zersetzt es sich rasch.

Antimonwasserstoff hat einen charakteristischen fäuligen Geruch, der ganz anders ist, wie der des Phosphor- und Arsenwasserstoffes.

Wenn das Gemisch von Wasserstoff und Antimonwasserstoff erhitzt wird, wie im Marshschen Apparat (**157**), so gibt es einen Metallspiegel; und die Flamme liefert Flecken auf kaltem Porzellan analog wie AsH_3. Dieser Metallanflug unterscheidet sich jedoch von Arsenflecken durch dunklere Farbe, Unlöslichkeit in Hypochloritlösung und geringere Flüchtigkeit beim Erhitzen im Wasserstoffstrom. Aus Silberlösung fällt SbH_3 einen schwarzen Niederschlag, der aus einem Gemisch von Ag_3Sb und Ag besteht.

Halogenverbindungen des Antimons.

167. Zwei Verbindungen des Chlors mit diesem Element sind bekannt: $SbCl_3$ und $SbCl_5$.

Antimontrichlorid $SbCl_3$ wird erhalten, wenn Schwefelantimon oder Antimonoxyd mit konzentrierter Salzsäure behandelt wird. Es ist eine farblose, blättrig kristallinische und zugleich weiche Masse, welche aus diesem Grunde früher den Namen „Antimonbutter" (butyrum antimonii) führte. Ihr Schmelzpunkt ist 73·5°, ihr Siedepunkt 223·5°; die Dampfdichte 7·8 (Luft = 1) entspricht der Formel $SbCl_3$.

In salzsäurehaltigem Wasser ist $SbCl_3$ löslich; durch reines Wasser wird es zersetzt unter Bildung von Oxychloriden. Die Zusammensetzung des Oxychlorids hängt von der Menge und der Temperatur des zur Zersetzung verwendeten Wassers ab. Bewiesen ist die Existenz der Verbindungen SbOCl und $Sb_4O_5Cl_2$($= 2SbOCl, Sb_2O_3$), welche beide kristallisiert erhalten sind. Wenn man diese Niederschläge wiederholt mit Wasser kocht, so verlieren sie zum Schluß alles Chlor und gehen in das Trioxyd Sb_2O_3 über. Algarotpulver, früher als Heilmittel verwendet, wird erhalten beim Zersetzen von $SbCl_3$ durch Wasser; es hat sehr nahe die Zusammensetzung des zweiten der obengenannten Oxychloride.

Antimonpentachlorid $SbCl_5$ wird bereitet, indem man Antimon im Chlorstrom erhitzt oder geschmolzenes $SbCl_3$ mit Chlor behandelt. Es ist eine gelbe, rauchende, unangenehm riechende Flüssigkeit, welche bei — 6° kristallisiert. In der Hitze dissoziiert es in $SbCl_3$ und Cl_2. Es vereinigt sich mit Wasser zu $SbCl_5 \cdot H_2O$ und $SbCl_5 \cdot 4H_2O$. Von heißem Wasser wird es in Salzsäure und Pyroantimonsäure zerlegt.

Sauerstoffverbindungen des Antimons.

168. Es sind deren drei bekannt: Antimontrioxyd Sb_2O_3, Antimontetroxyd Sb_2O_4 und Antimonpentoxyd Sb_2O_5.

Antimontrioxyd kommt als Mineral vor, Senarmontit; es kann durch Verbrennen von Antimon an der Luft erhalten werden, sowie durch Oxydation desselben mit verdünnter Salpetersäure. Es ist dimorph, da sowohl reguläre wie rhombische Kristalle vorkommen.

Es stellt ein lichtgelbes kristallinisches Pulver dar, das in Wasser nahezu unlöslich ist. Bei 1560° ist es flüchtig; die Dampfdichte bei dieser Temperatur entspricht der Formel Sb_4O_6. Es ist in Schwefel- und Salpetersäure unlöslich, wird jedoch leicht von Salzsäure, Weinsäure und Alkalien gelöst. Beim Erhitzen an der Luft wird es in Sb_2O_4 verwandelt.

Dem Trioxyd entspricht das Hydroxyd $Sb(OH)_3$. Dieses Hydrat scheidet sich ab, wenn Brechweinstein (s. unten) mit verdünnter Schwefelsäure zerlegt wird. Es gibt leicht 1 Mol Wasser ab und geht in das Hydrat SbO·OH, die metantimonige Säure über. Letztere erhält man bequemer, wenn man eine Lösung von $SbCl_3$ mit Sodalösung versetzt:

$$2\,SbCl_3 + 3\,Na_2CO_3 + H_2O = 2\,SbO{\cdot}OH + 6\,NaCl + 3\,CO_2\,.$$

Es bildet einen weißen Niederschlag, welcher durch Kochen mit Wasser in Antimonoxyd übergeführt wird. Diese metantimonige Säure ist in Alkalien löslich unter Bildung von metantimonigsauren Salzen. Kristallisiert ist z. B. das Metantimonit $NaSbO_2 + 3\,H_2O$ erhalten worden; dasselbe ist in Wasser schwer löslich; beim Verdampfen seiner Lösung zersetzt es sich.

Anderseits zeigt das Antimonhydroxyd basische Eigenschaften, insofern es sich mit Säuren zu Salzen vereinigt. Es sind sowohl Salze von $Sb(OH)_3$ wie von SbO(OH) bekannt. Beispiele ersterer Art sind das kristallisierte Antimonsulfat $Sb_2(SO_4)_3$, das Nitrat $Sb(NO_3)_3$ usw. Wie von andern dreiwertigen Metallen sind auch Doppelsulfate, z. B. $KSb(SO_4)_2$ bekannt. Bezüglich der Salze, welche sich von SbO·OH ableiten, kann man sich denken, daß die Gruppe SbO die Stelle eines einwertigen Metalles einnimmt. SbO·OH ist demnach mit K·OH u. a. zu vergleichen. Man hat aus diesem Grunde die Gruppe (SbO) mit dem Namen Antimonyl belegt. Ein Salz desselben ist das Antimonylsulfat $(SbO)_2SO_4$. Die bekannteste Antimonylverbindung ist der Brechweinstein oder Kaliumantimonyltartrat:

$$\begin{matrix}K\\(SbO)\end{matrix}C_4H_4O_6 + \tfrac{1}{2}H_2O\,,$$

welcher in der Medizin verwendet wird; er wird durch Kochen von saurem weinsauren Kali (Weinstein) mit Antimonoxyd und Wasser dargestellt; der Brechweinstein ist in Wasser leicht löslich.

Antimonpentoxyd und Antimonsäure.

Antimonsäure H_3SbO_4 wird durch Erwärmen von Antimon mit konzentrierter Salpetersäure und durch Zersetzung von $SbCl_5$ mit Wasser gewonnen. Sie bildet ein weißes, in Wasser und in Salpetersäure fast unlösliches Pulver; doch färbt sie in feuchtem Zustande Lackmuspapier rot. Wenn Kalisalpeter mit Antimonpulver erhitzt wird, so entsteht unter explosiver Reaktion das Kaliumsalz der Metaantimonsäure $KSbO_3$. Beim Kochen mit Wasser löst sich dieses auf und gibt Monokaliumorthoantimoniat KH_2SbO_4; durch Schmelzen mit Kali entsteht daraus Kaliumpyroantimoniat $K_4Sb_2O_7$, welches sich in Wasser zu $2KOH$ und $K_2H_2Sb_2O_7 + 6H_2O$ auflöst. Letzteres wird als Reagens auf Natrium gebraucht, da das Salz $Na_2H_2Sb_2O_7 + 6H_2O$ in kaltem Wasser nahezu unlöslich ist. Beim Antimon begegnen wir also wie beim Phosphor drei Arten von Säuren, welche der höchsten Oxydationsstufe angehören; sie entsprechen in ihren Formeln denen des Phosphors.

Antimonpentoxyd Sb_2O_5 (von unbekannter Molekulargröße) kann durch Erhitzen von Antimonsäure auf 300° erhalten werden. Es bildet ein gelbes amorphes Pulver, das sich in Salzsäure löst. Bei starkem Erhitzen gibt es seinen Sauerstoff zum Teil ab und geht in Antimontetraoxyd Sb_2O_4 (s. oben) über, ein weißes, beim Erhitzen gelb werdendes Pulver, das beim Erkalten diese Färbung wieder verliert. Man kann es als metantimonsaures Antimonyl auffassen: $SbO_3 \cdot SbO$.

Schwefelverbindungen des Antimons.

169. Antimontrisulfid Sb_2S_3 kommt in der Natur als Grauspießglanzerz vor (**165**). Künstlich erhält man es durch Einleiten von Schwefelwasserstoff in eine salzsaure Lösung des Trichlorids. Es scheidet sich dabei als amorphes rotes Pulver ab. Dasselbe läßt sich schmelzen; beim Erkalten kristallisiert es dann wie das Mineral.

Eine Verbindung von der Zusammensetzung Sb_2S_2O kommt in der Natur als Rotspießglanzerz vor; eine Verbindung von vermutlich der gleichen Zusammensetzung erhält man durch Erwärmen einer Lösung von $SbCl_3$ mit Natriumthiosulfat; das so erhaltene Präparat führt den Namen Antimonzinnober.

Antimonpentasulfid Sb_2S_5, Goldschwefel, fällt nieder, wenn in die angesäuerte Lösung von Antimonsäure Schwefelwasserstoff eingeleitet wird; leichter wird es durch Zersetzung von sulfantimonsaurem Natrium mittels verdünnter Schwefelsäure erhalten. Es bildet ein orangerotes amorphes Pulver, das durch starkes Erhitzen in Sb_2S_3 und S_2 gespalten wird. In verdünnten Säuren ist es unlöslich; durch starke Salzsäure wird es in der Siedehitze gelöst unter Bildung von

$SbCl_3$, H_2S und Schwefel. In wäßrigen Alkalien und deren Sulfiden löst es sich leicht unter Bildung von Sulfantimoniaten M_3SbS_4. Von diesen ist das bekannteste das Natriumsulfantimoniat $Na_3SbS_4 + 9H_2O$, SCHLIPPES Salz. Es kann durch Kochen von Sb_2S_3 mit Schwefel und Natronlauge erhalten werden. Es kristallisiert in großen farblosen Tetraëdern, ist in Wasser leicht löslich (1 Gewichtsteil in 2·9 Gewichtsteilen Wasser bei 15°) und reagiert alkalisch. Durch Säuren wird es unter Abscheidung von Sb_2S_5 zersetzt. Letzteres geschieht auch schon durch Kohlensäure; daher bedecken sich die Kristalle, an der Luft, nach einiger Zeit mit einer gelbroten Schicht von Sb_2S_5. Die freie Sulfantimonsäure ist nicht bekannt.

Wismut.

170. Dieses Element gehört in physikalischer Hinsicht völlig zu den Metallen, und auch nach seinen chemischen Eigenschaften schließt es sich diesen nahezu völlig an, insofern seine Hydroxyde hauptsächlich basische Eigenschaften haben.

Die Menge des vorkommenden Wismuts ist nicht sehr groß. In der Natur kommt es vornehmlich gediegen vor; jedoch auch in der Form des Sulfids Bi_2S_3, Wismutglanz. Durch Rösten wird das letztere in Wismutoxyd Bi_2O_3 verwandelt, aus welchem das Element durch Reduktion mit Kohle gewonnen werden kann. Das gediegen vorkommende Metall ist meistens sehr rein. Eine etwa nötige Reinigung wird so vorgenommen, daß man das geschmolzene Metall über eine erhitzte, schräg gestellte Eisenplatte fließen läßt, wobei die Verunreinigungen sich oxydieren.

Physikalische Eigenschaften. Das Wismut gleicht äußerlich sehr dem Antimon; es kristallisiert wie dieses, ist glänzend, ziemlich hart und sehr spröde, unterscheidet sich von ihm jedoch durch seine rötlichsilberweiße Farbe. Sein spez. Gewicht ist 9·823. Es schmilzt bei 286·3° und siedet oberhalb 1090°; im Wasserstoffstrom kann es destilliert werden.

Chemische Eigenschaften. Bei gewöhnlicher Temperatur ist das Wismut an der Luft unveränderlich. Beim Erhitzen an der Luft verwandelt es sich in Bi_2O_3; es verbindet sich direkt mit den Halogenen; von Salzsäure und Schwefelsäure wird es bei gewöhnlicher Temperatur nicht angegriffen; in Salpetersäure löst es sich dagegen leicht unter Bildung des Nitrats. Beim Erhitzen mit Schwefelsäure entweicht SO_2 und es entsteht Sulfat. Eine Wasserstoffverbindung des Wismuts ist nicht bekannt.

Wismut dient zur Herstellung leicht schmelzbarer Metalllegierungen, wie sie zu Klischees von Holzschnitten, für Druckformen und Stereotypplatten gebraucht werden. Die bekanntesten wismuthaltigen Legierungen sind Newtons Metall (8 Wismut, 5 Blei, 3 Zinn), Schmelzpunkt 94·5°; Roses Metall (2 Wismut, 1 Blei, 1 Zinn) Schmelzpunkt 93·75°; Woods Metall (4 Wismut, 2 Blei, 1 Zinn, 1 Cadmium), Schmelzpunkt 60·5°.

Halogenverbindungen.

171. Es sind nur Verbindungen vom Typus BiX_3 bekannt.

Wismutchlorid $BiCl_3$ entsteht durch direkte Synthese aus den Elementen, leichter durch Auflösen von Wismut in Königswasser. Es ist weiß und kristallinisch; sein Schmelzpunkt liegt zwischen 225—230°, sein Siedepunkt bei 435°. Seine Dampfdichte beträgt 11·35 (Luft = 1) entsprechend der Formel $BiCl_3$. In wenig Wasser löst es sich zu einer sirupdicken Flüssigkeit auf; mit viel Wasser liefert es Wismutoxychlorid BiOCl und HCl. Dieses Oxychlorid ist ein weißes Pulver, das nicht in Wasser, aber in Säuren löslich ist.

Sauerstoffverbindungen.

172. Vier Oxyde sind bekannt: BiO, Bi_2O_3, BiO_2 und Bi_2O_5.

Wismutoxydul BiO wird erhalten durch Vermischen von alkalischer Zinnchlorürlösung mit einer Lösung von $BiCl_3$. Es fällt dabei ein braunschwarzer Niederschlag von BiO aus. An der Luft erhitzt verglimmt es wie Zunder. Es ist fraglich, ob dieser Niederschlag ein einheitlicher Körper ist, oder ein Gemisch von Bi_2O_3 mit feinverteiltem Wismut.

Wismuttrioxyd Bi_2O_3 ist das bekannteste Oxyd dieses Elementes; es hat ausschließlich basische Eigenschaften. Man kann es durch Erhitzen des Nitrats oder Karbonats bereiten oder auch so, daß man aus der Lösung eines Wismutsalzes mittels einer Base das Hydroxyd fällt und dieses erhitzt. Wird die kochende Lösung eines Wismutsalzes mit Kali versetzt, so scheidet sich das Trioxyd in mikroskopisch kleinen glänzenden Nadeln ab. Wie die übereinstimmenden Oxyde des Arsens und Antimons ist es dimorph.

Wismutdioxyd BiO_2 ist wenig untersucht; es ist ein gelbrotes Pulver.

Wismutpentoxyd Bi_2O_5 erhält man durch Erhitzen von Wismutsäure (173) auf 130°. Es stellt ein braunes Pulver dar, welches sehr unbeständig ist und beim Erhitzen Sauerstoff abgibt, ebenso wenn es mit Schwefelsäure erwärmt wird. Mit Salzsäure entsteht nicht das entsprechende Pentachlorid $BiCl_5$, sondern freies Chlor und $BiCl_3$.

Hydroxyde und Salze.

173. Wismuthydroxyd $Bi(OH)_3$ wird durch Fällen eines Wismutsalzes mit Alkali gewonnen; es ist ein weißes amorphes Pulver, unlöslich in Kali oder Ammoniak. Durch Erwärmen auf 100° geht es unter Verlust eines Moleküls Wasser in BiO·OH über. Diese beiden Hydroxyde haben ausschließlich basischen Charakter; die Salze, welche sich von $Bi(OH)_3$ ableiten, heißen neutrale, die des BiO·OH basische.

Das neutrale Nitrat $Bi(NO_3)_3$ wird durch Auflösen von Wismut in Salpetersäure erhalten. Es kristallisiert mit 5 Mol Kristallwasser in großen durchscheinenden triklinen Prismen; es zerfließt an der Luft. Durch Wasser wird es in basische Nitrate verwandelt, wovon verschiedene bekannt sind. Wird es mit ± 20 Teilen heißem Wasser übergossen, so wird ein Produkt von nicht ganz konstanter Zusammensetzung erhalten, welches jedoch nahe der Formel $(Bi_2O_3)_6(N_2O_5)_5 \cdot 9H_2O$ oder $2BiO \cdot NO_3 + Bi(NO_3)_2 + 3Bi(OH)_3$ liegt. Es ist unter dem Namen Magisterium bismuti (Bismutum subnitricum) bekannt und wird für medizinische und kosmetische Zwecke verwendet.

Wismutsulfat $Bi_2(SO_4)_3$ wird als eine amorphe weiße Masse erhalten, wenn das Metall mit konzentrierter Schwefelsäure erhitzt wird. Mit Wasser gibt es ein basisches Sulfat $Bi_2(OH)_4SO_4$.

Das Kaliumsalz der Wismutsäure $KBiO_3$ wird erhalten, wenn eine fast kochende Lösung von Kali (spez. Gewicht 1·43) und Chlorkalium, in der Bi_2O_3 suspendiert ist, elektrolysiert wird. Es scheidet sich dann ein fester Beschlag von dunkelroter Farbe auf der Wand der Platinschale ab (Anode), welcher die angegebene Zusammensetzung hat. Durch ganz kurzes Aufkochen mit konzentrierter Salpetersäure wird daraus die scharlachrote Wismutsäure $HBiO_3$ gewonnen. Bei einer Temperatur von 100—120° verliert die Säure ihr Hydratwasser, die Farbe geht von Rot in Braun und schließlich in Schwarz über unter allmählicher Sauerstoffabgabe. Erhitzt man nun vorsichtig weiter, so wird bei etwa 300° die ganze Menge plötzlich intensiv ziegelrot. Es ist dies eine allotrope Modifikation des gewöhnlichen Trioxyds Bi_2O_3. Bi_2O_4 (d. i. $2BiO_2$) kann als ein basisches Wismutsalz dieser Säure angesehen werden: $BiO \cdot BiO_3$.

Schwefelverbindungen.

174. Wismuttrisulfid kommt in der Natur vor (**170**); künstlich wird es durch Erhitzen von Wismut mit Schwefel erhalten oder durch Einleiten von H_2S in die wäßrige Lösung eines Wismutsalzes. Im letzteren Falle wird ein amorphes schwarzes Pulver ausgefällt, welches sich in warmer verdünnter Salpetersäure leicht löst. Es ist unlöslich in Alkalien oder deren Sulfiden, bildet also keine Sulfosalze. Wenn es mit Alkalisulfidlösung auf 200° erhitzt wird, wandelt es sich in eine kristallinische Form um, welche dem natürlichen Mineral gleicht.

Es ist auch eine Verbindung Bi_2S_2 bekannt; graue nadelförmige Kristalle; man erhält dieselben durch Zusammenschmelzen der Elemente im Verhältnis ihrer Atomgewichte und schnelles Abkühlen.

Übersicht der Stickstoffgruppe.

175. Wie die Halogene und die Elemente der Sauerstoffgruppe bilden die zuletzt behandelten Elemente, Stickstoff, Phosphor, Arsen, Antimon und Wismut, eine natürliche Gruppe. Ihre Zusammengehörigkeit zeigt sich schon in den Formeltypen ihrer Verbindungen. Die Wasserstoffverbindungen haben den Typus RH_3 (fehlt bei Bi), die Halogenverbindungen RX_3 und RX_5 (letztere fehlt wiederum bei Bi), die Sauerstoffverbindungen R_2O_3 und R_2O_5. Mit andern Worten, die Elemente dieser Gruppe sind drei- oder fünfwertig. Gerade wie in den früher besprochenen Gruppen findet man auch hier beim Steigen des Atomgewichtes eine schrittweise Änderung der physikalischen Eigenschaften, wie die nachstehende Tabelle zeigt:

	N	P	As	Sb	Bi
Atomgewicht .	14·04	31·0	75	120	208·5
Spez. Gewicht (Wasser = 1)	0·885 flüssig	1·8—2·1	4·7—5·7	6·7	9·8
Schmelzpunkt .	—	+ 44·4	ca. 500°	+630°	+268°
Siedepunkt . .	−194·4	+278°	—	bei Glühhitze	
Farbe	farblos	gelb oder rot	grau	weiß	rötlich-weiß

Auch in den chemischen Eigenschaften sind regelmäßige Änderungen wahrzunehmen, welche sich allgemein dahin zusammenfassen lassen, daß mit steigendem Atomgewicht der metalloide Charakter des Elementes sich dem metallischen nähert. Vom Stickstoff kennt man nur indifferente und säurebildende Oxyde; ebenso noch vom Phosphor. Das Arsen bekundet dagegen in As_2O_3 bereits einen sehr schwach basischen Charakter, da dasselbe mit Salzsäure $AsCl_3$ geben kann, welches umgekehrt durch Wasser unter Bildung von Salzsäure und As_2O_3 zersetzt wird. In Sb_2O_3 ist dieser basische Charakter noch etwas verstärkt; einzelne Salze und Doppelsalze desselben mit Säuren sind bekannt; das entsprechende Chlorid erleidet durch Wasser nicht sofort eine vollständige hydrolytische Spaltung, sondern es entstehen Oxychloride, welche erst von sehr viel Wasser völlig in Sb_2O_3 umgewandelt werden. Während die höchsten Oxyde des Arsens und Antimons noch ausschließlich saure Eigenschaften besitzen, ist beim Wismut der saure Charakter so gut wie vollständig verschwunden; das Oxyd Bi_2O_3 hat ausschließlich basische Eigenschaften, und Bi_2O_5 verhält sich wie ein Superoxyd, d. h. es gibt leicht Sauerstoff ab (entwickelt mit Salzsäure Chlor) und geht in Bi_2O_3 über. $BiCl_3$ liefert mit Wasser BiOCl, welches von mehr Wasser nicht weiter zersetzt wird.

Auch bei den Wasserstoffverbindungen ist die graduelle Änderung der Eigenschaften sehr deutlich; zunächst hinsichtlich der Beständigkeit. NH_3 wird erst durch sehr starkes Erhitzen zerlegt, PH_3, AsH_3 und SbH_3 in gleicher Reihenfolge bei niedrigeren Temperaturen, und die Wasserstoffverbindung des Wismuts ist so unbeständig, daß man ihre Bildungs- und Existenzbedingungen bis jetzt noch nicht hat ermitteln können. Eine analoge Abstufung bemerkt man in ihrem Vermögen in wäßriger Lösung Ionen XH_4 zu bilden. Dieses ist stark bei Ammoniak, viel schwächer bei Phosphin, und verschwindet bei den Wasserstoffverbindungen des Arsens und Antimons.

Bei den Schwefelverbindungen ist schrittweise Farbenänderung zu bemerken. P_2S_5 ist hellgelb, As_2S_5 intensiv gelb, Sb_2S_5 rot, Bi_2S_3 schwarz. Die drei erstgenannten sind Anhydrosulfide von Sulfosäuren (**164**), das Wismutsulfid dagegen nicht, worin sich wiederum die mehr basische Natur des Wismuts zu erkennen gibt.

Kohlenstoff.

176. Kohlenstoff kommt in der Natur in freiem wie in gebundenem Zustande vor.

Gebunden findet sich der Kohlenstoff in großen Mengen in den kohlensauren Salzen, vor allem in kohlensaurem Kalk, dem Kalkstein, aus welchem ganze Gebirge bestehen. Ferner ist der Kohlenstoff eines der Elemente, aus welchem die Tier- und Pflanzenkörper aufgebaut sind. Er kommt darin in zahlreichen Verbindungen vor. Noch größer ist wohl die Zahl der künstlich dargestellten Kohlenstoffverbindungen. Die Zahl der Kohlenstoffverbindungen übertrifft weit die aller andern Verbindungen. Aus diesem Grunde und wegen der Eigentümlichkeiten der Kohlenstoffverbindungen pflegt man dieselben getrennt für sich, als „organische Chemie", zu behandeln. Um einen allgemeinen Überblick über die Elemente zu ermöglichen, ist es trotzdem zweckmäßig, auch in der unorganischen Chemie einige Kohlenstoffverbindungen zu besprechen.

Allotrope Formen des Kohlenstoffes.

Man kennt drei allotrope Modifikationen: Diamant, Graphit und amorphen Kohlenstoff.

a) Diamant. Lavoisier hat gezeigt, daß dieses Mineral aus Kohlenstoff besteht.

Schon im siebzehnten Jahrhundert vermuteten Anselmus de Boot und Newton wegen des starken Lichtbrechungsvermögens des Diamanten, daß derselbe verbrennbar sein müsse; doch erst im Jahre 1694 wurden auf Anregung Cosmos' III, Großherzogs von Toskana, von Avarani und Targioni, Mitgliedern der Academia del Cimento zu Florenz, Versuche hierüber angestellt; dieselben ergaben, daß der Diamant im Brennpunkt eines Hohlspiegels, welcher nach der Sonne gewendet war, verflüchtigt wird. Später nahm auch François Etienne de Lorraine wahr, daß derselbe im Schmiedefeuer verbrennt. Da indessen der Diamant zur damaligen Zeit fast allgemein für eine sehr reine Art Quarz gehalten wurde, so fanden die genannten Beobachtungen keinen Glauben. In den Jahren 1766—1772 wurden jedoch von vielen französischen Gelehrten (unter anderen d'Arcet, Rouelle, Cadet, Macquer und Lavoisier) gemeinschaftlich mit bewundernswerter Sorgfalt und Genauigkeit abermals Versuche angestellt, zu denen anfänglich die großen Pariser Juweliere unentgeltlich Diamanten lieferten; dieselben bewiesen, daß der Diamant bei Abschluß der Luft beim Erhitzen unverändert bleibt, bei Luftzutritt aber verbrennt. Später hat Lavoisier gezeigt, daß Diamant bei der Verbrennung in Kohlendioxyd übergeht; und im Jahre 1814 zeigte Davy, daß bei der Verbrennung von Diamant nichts anderes als CO_2 entsteht und dieser alsso reiner Kohlenstoff ist. Ferner hat Krause im Jahre 1890 gefunden, daß, wenn man das durch Verbrennung von Diamant erhaltene Kohlendioxyd mit Natron verbindet, Soda entsteht, welche in jeder Hinsicht mit der gewöhnlichen Soda identisch ist. Endlich ist es gelungen, Diamant aus amorphem Kohlenstoff herzustellen (siehe unten).

Der Diamant kristallisiert im regulären System. Meistens ist er farblos, aber man kennt auch gelbe und schwarze Diamanten; der undurchsichtige dunkle Diamant wird als Carbonado bezeichnet und zum Steinschleifen usw. verwandt. Das spez. Gewicht der Diamanten beträgt 3·50—3·55; sie sind schlechte Leiter für Wärme und Elektrizität. Der Brechungsindex ist sehr hoch: $n = 2 \cdot 42$. Diamant besitzt eine so große Härte, daß man alle andern Mineralien damit ritzen kann. Wenn Diamant bei Luftabschluß einer sehr hohen Temperatur ausgesetzt wird, so geht er in Graphit über. Durch die stärksten Oxydationsmittel, z. B. durch ein Gemenge von Salpetersäure und Kaliumchlorat, wird er nicht angegriffen.

Im Jahre 1893 ist es Moissan gelungen, Diamanten auf künstlichem Wege durch Auflösen von Kohle in geschmolzenem Eisen darzustellen, wobei allerdings nur mikroskopisch kleine Kristalle gewonnen wurden; die größten hatten ca. 0·5 mm Durchmesser.

Das Eisen wurde von Moissan im elektrischen Ofen bei hoher Temperatur mit reinem (durch Verkohlen von Zucker erhaltenem) Kohlenstoff in Berührung gebracht. Nachdem es sich damit (bei ca. 3000°) gesättigt hatte, wurde die geschmolzene Masse plötzlich abgekühlt, indem sie in die axiale Bohrung eines durch Wasser gekühlten Kupferblockes gegossen wurde.

Roozeboom erklärt die hierbei stattfindende Diamantbildung folgendermaßen: Aller Wahrscheinlichkeit nach ist der Übergang von Diamant in Graphit von Wärmeabsorption begleitet. Demnach ist Diamant der bei niedrigerer, Graphit der bei höherer Temperatur beständige Zustand, analog dem, was bei der rhombischen und monoklinen Form des Schwefels zu beobachten ist. Während jedoch in diesem Fall die Umwandlungsgeschwindigkeit der monoklinen Form bei niedriger Temperatur ziemlich groß und diese daher nur kurze Zeit unterhalb des Übergangspunktes existenzfähig ist, ist die Umwandlungsgeschwindigkeit von Graphit in Diamant bei Temperaturen unter 1000° schon unmerkbar geworden. Kohlenstoff, der sich als Graphit aus geschmolzenem Eisen absetzt, kann deshalb nicht mehr in Diamant übergehen. Die plötzliche Abkühlung des geschmolzenen Eisens bewirkt, daß der Kohlenstoff rasch in ein Temperaturgebiet gebracht wird, in welchem Diamant die stabile Form ist, so daß sich diese aus der Lösung absetzen kann.

Wenn das Eisen vollkommen erkaltet ist, wird es mit Hilfe von Säuren weggenommen; der Kohlenstoff, welcher sich nicht mit dem Eisen verbunden hatte, bleibt übrig. Er besteht zum Teil aus kleinen Diamanten, welche an Härte, Kristallform usw. dem natürlichen Diamant vollkommen gleichen. Die nebenstehenden Figuren (Fig. 45) geben ein vergrößertes Bild derselben. Die künstlichen Diamanten zeigen dieselben Eigenschaften, wie die natürlichen rohen Diamanten, nämlich die abgerundeten Kanten und Winkel und die Streifen.

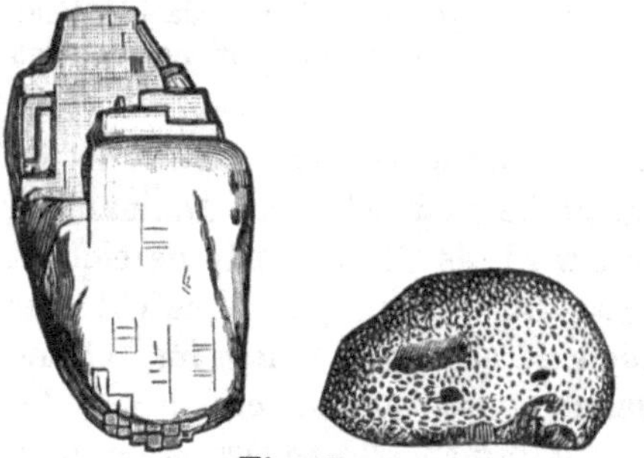

Fig. 45.
Künstliche Diamanten (vergr.).

Der elektrische Ofen, den Moissan zu diesen und zahlreichen andern Versuchen gebrauchte, ist von sehr einfacher Konstruktion. Er besteht aus zwei gut aufeinander schließenden Blöcken von ungelöschtem Kalk. In dem unteren Block ist eine Rinne, in welche die Kohlenspitzen hineingelegt werden. Der obere Block ist an seiner unteren Seite schwach konkav ausgehöhlt, um die Wärmestrahlen nach dem Tiegel zurückzuwerfen. Figur 46 zeigt den Durchschnitt eines elektrischen Ofens, Figur 47 eine Abbildung des Ofens in Tätigkeit.

Die Temperaturen, die in dem elektrischen Ofen erhalten werden, sind die folgenden:

Strom von	30	Ampère und	55	Volt mit Dampfmaschine von	4	Pferdekr.	2250°.
„ „	100	„ „	45	„ „ „ „	8	„	2500°.
„ „	450	„ „	70	„ „ „ „	50	„	3000°.

Die letzte Temperatur kann jedoch nur während kurzer Zeit angewendet werden, da hierbei der ungelöschte Kalk schmilzt und flüssig wie Wasser wird. Bei 2500° nimmt der Kalk in wenigen Minuten eine kristallinische Struktur an.

b) Graphit ist ebenfalls eine kristallisierte Form des Kohlenstoffes. Im Gegensatz zum Diamant besitzt er nur geringe Härte; er ist undurchsichtig und leitet Wärme und Elektrizität gut. Sein spez. Gewicht beträgt 2·09 bis 2·23. Graphit kann künstlich hergestellt werden, indem man Kohle aus geschmolzenem Eisen durch langsame Abkühlung kristallisieren läßt. Oben wurde schon erwähnt, daß Diamant durch starkes Erhitzen in Graphit umgewandelt wird. Es gibt verschiedene Arten von Graphit. Wird Graphit mit einem Gemisch von vollkommen trocknem Kaliumchlorat und sehr konzen-

Fig. 46. Durchschnitt von Moissans elektrischem Ofen.

Fig. 47. Moissans elektrischer Ofen in Tätigkeit.

trierter Salpetersäure behandelt, so geht er in eine gelbe kristallisierte Substanz über, die außer Kohlenstoff noch Wasserstoff und Sauerstoff enthält und den Namen Graphitsäure bekommen hat. Diese Substanz zeigt die Eigentümlichkeit, daß sie sich beim Erhitzen unter Explosion zersetzt und dabei ein sehr großes Volum äußerst feinen amorphen Kohlenstoffes liefert. Graphit findet Verwendung für die Darstellung von Bleistiften, Schmelztiegeln usw.

c) Amorpher Kohlenstoff. Vollkommen rein erhält man amorphen Kohlenstoff durch Verkohlen von Zucker. Die erhaltene Masse kocht man zum Entfernen von Mineralstoffen mit Säuren aus und glüht zum Schluß, um allen Wasserstoff zu entfernen, längere Zeit im Chlorstrom. Man kann zu seiner Darstellung auch vom Ruß ausgehen. Der amorphe Kohlenstoff bildet ein undurchsichtiges schwarzes und unschmelzbares Pulver. Nur bei der höchsten Temperatur, die Moissan mit seinem Ofen erreichen konnte, indem er einen elektrischen Strom von 2000 Ampère und 80 Volt (erhalten mit einer Dampfmaschine von 300 Pferdekräften) in Anwendung brachte, glückte es ihm, Kohlenstoff zu sublimieren; das Sublimat war Graphit. Das spez. Gewicht des amorphen Kohlenstoffes beträgt 1·5—2·3.

Man kennt verschiedene Arten des amorphen Kohlenstoffes. Gaskohle und Koks werden als Rückstand bei der trocknen Destillation der Steinkohle erhalten und leiten Wärme und Elektrizität. Holzkohle ist sehr porös und kann in ihren Poren bedeutende Mengen von Gasen verdichten, von Ammoniak z. B. das 90fache Volum. Beim Erwärmen oder bei Druckverminderung entweichen diese Gase wieder vollkommen. Knochenkohle wird durch Erhitzen von Knochen unter Luftabschluß erhalten; die erhaltene schwarze Masse wird mit Salzsäure von den anwesenden Phosphaten und Karbonaten befreit. Sie besitzt die Fähigkeit, aus Flüssigkeiten Farbstoffe und gewisse Salze, z. B. Bleisalze, aufzunehmen. Die Kohle, die man bei der trocknen Destillation von Zucker erhält, wird ihres eigentümlichen Glanzes wegen Glanzkohle genannt. Diese verschiedenen Arten von Kohle bestehen nicht aus reinem Kohlenstoff, sondern enthalten auch andere Stoffe in größerer oder geringerer Menge. Im allgemeinen sind diese Arten desto bessere Leiter für Wärme und Elektrizität, je länger und höher dieselben erhitzt worden sind.

177. Die verschiedenen Kohlenarten finden jede ihre besondere Verwendung.

Ruß dient zur Herstellung von Tusche, Druckerschwärze usw. Gaskohle wird wegen ihres elektrischen Leitvermögens in der Elektrotechnik verwendet. Holzkohle wird bei der Schießpulverfabrikation gebraucht; Knochenkohle als Filter, um Farbstoffe, schlechtriechende Gase oder schädliche Salze (Bleisalze) aus dem Trinkwasser zu entfernen; ferner wird sie in großem Maßstabe in den Zuckerfabriken benutzt, um Rohzuckerlösungen zu entfärben.

Weitaus den stärksten Gebrauch macht man jedoch von der Kohle als Heizstoff. Die durch Verbrennen von Kohle erzeugte Wärme dient zum Erwärmen unserer Wohnungen, zum Betrieb von Dampfmaschinen usw.

Als Brennstoffe werden vornehmlich Holzkohle, Koks, Steinkohle (in ihren verschiedenen Arten), Braunkohle und Torf benutzt.

Holzkohle wird durch Erhitzen von Holz in eisernen Retorten dargestellt. Wertvoll sind hierbei die Nebenprodukte Holzteer und Holzessig („Org. Ch.“ *89*).

Koks werden durch Erhitzen von Steinkohle in besonderen Öfen (Verkoker) in großen Mengen erzeugt; sie bilden den Destillationsrest der Steinkohlen bei der Leuchtgasfabrikation.

Torf, Braunkohle und Steinkohle verdanken ihre Bildung dem gleichen geologischen Prozeß, nämlich der langsamen Verwesung von Pflanzenresten bei Luftabschluß. Braunkohle und Torf sind die jüngste, Steinkohle und vornehmlich Anthracit die älteste Formation. Bei diesem Übergang entwickeln sich Kohlendioxyd und Methan CH_4 und die zurückbleibende Masse wird reicher an Kohlenstoff und ärmer an Wasserstoff und Sauerstoff als die entsprechende Hauptmasse des Pflanzenkörpers, die Cellulose.

Dies zeigt die folgende Tabelle:

	Prozente		
	Kohlenstoff	Wasserstoff	Sauerstoff
Cellulose	50·0	6·0	44·0
Torf	60·0	5·9	34·1
Braunkohle	67·0	5·8	27·2
Stein(Kannel-)kohle .	85·8	5·8	8·3
Anthracit	94·0	3·4	2·6

Die Pflanzen, aus denen diese Formationen ursprünglich bestanden, sind verschieden. Torf ist nach seiner Struktur vornehmlich aus Sumpfgewächsen, Moosarten und dergl. entstanden, Steinkohle aus vorweltlichen Pflanzen, riesigen Schachtelhalmen, Lepidodendren und Sigillarien.

Molekular- und Atomgewicht des Kohlenstoffes. Chemische Eigenschaften.

178. Das Kohlenstoffmolekül besteht aus einer großen Anzahl von Atomen. Wie groß diese Anzahl ist, konnte bis jetzt noch nicht ermittelt werden. Man nimmt an, daß der Graphit eine größere Anzahl Atome in seinem Molekül enthält als der amorphe Kohlenstoff, und der Diamant mehr als der Graphit, weil Graphit und Diamant durch chemische Reagenzien schwerer angreifbar sind, und weil ihr spez. Gewicht größer ist.

Von einer Bestimmung der Dampfdichte des Kohlenstoffes kann natürlich keine Rede sein. Auch die Bestimmung der Schmelzpunktserniedrigung, die Kohlenstoff in geschmolzenem Eisen hervorruft, ist unausführbar; es ist jedoch gewiß, daß ein kleiner Gehalt an Kohlenstoff eine sehr erhebliche Schmelzpunktserniedrigung verursacht. (Siehe **304.**)

Daß die Zahl der Atome im Kohlenstoffmolekül jedoch groß sein muß, kann man sich in folgender Weise klar machen. Bei der Oxydation von amorphem Kohlenstoff mit Kaliumpermanganat entsteht namentlich Mellithsäure, welche 12 Kohlenstoffatome in ihrem Molekül enthält. Hierdurch wird es ziemlich wahrscheinlich, daß das Kohlenstoffmolekül wenigstens 12 Atome enthält, weil bei der Oxydation organischer Körper beinahe immer Stoffe entstehen, die entweder eine kleinere oder die gleiche Anzahl Kohlenstoffatome in ihrem Molekül enthalten. Aus folgendem Grunde ist jedoch anzunehmen, daß die Zahl der Atome in dem Kohlenstoffmolekül viel größer als 12 ist. Wenn man durch eine erhitzte Röhre Grubengas CH_4 leitet, entsteht unter anderm Äthylen C_2H_4. Wird dieses auf dieselbe Weise behandelt, so erhält man Acetylen C_2H_2 und daraus wieder Benzol C_6H_6. Benzoldämpfe durch eine glühende Röhre geleitet geben Naphthalin $C_{10}H_8$, Pyren $C_{16}H_{10}$ usw. Erhitzt man Naphthalin oder Pyren noch höher (bei Luftaschluß), so bildet sich Kohlenstoff. Man sieht hieraus, daß bei steigender Temperatur die Anzahl der Kohlenstoffatome im Molekül der entstehenden Verbindungen stets zunimmt. Das Endprodukt dieser Operationen, der Kohlenstoff, wird daher wahrscheinlich eine noch beträchtlich größere Anzahl Atome in seinem Molekül enthalten, als Naphthalin oder Pyren.

Der Kohlenstoff kann sich direkt mit manchen Elementen verbinden. Bei gewöhnlicher Temperatur vereinigt er sich nur mit Fluor. MOISSAN brachte Ruß in Fluorgas; der Kohlenstoff geriet ins Glühen und bei Gegenwart von überschüssigem Fluor entstand CFl_4, Kohlenstofftetrafluorid.

Wasserstoff verbindet sich direkt mit Kohlenstoff zu Acetylen C_2H_2, wenn man einen elektrischen Lichtbogen zwischen Kohlenspitzen in Wasserstoffgas entzündet. Daneben entstehen kleine Mengen Methan CH_4 und Äthan C_2H_6. Unter ähnlichen Versuchsbedingungen vereinigt sich Kohlenstoff auch direkt mit Chlor zu C_2Cl_6 (Perchloräthan) und C_6Cl_6 (Hexachlorbenzol).

Mit Sauerstoff verbindet sich der Kohlenstoff zu Kohlenoxyd CO oder Kohlendioxyd CO_2, je nachdem die Temperatur sehr hoch oder weniger hoch ist. Wenn man Schwefeldampf über glühende Kohlen leitet, entsteht CS_2 Schwefelkohlenstoff.

Die Elemente der Stickstoffgruppe N, P, As, Sb, Bi vereinigen sich nicht direkt mit Kohlenstoff. — Silicium und Kohlenstoff verbinden sich bei der Hitze des elektrischen Ofens zu CSi, Carborundum, welches so hart ist, daß es in Pulverform zum Schleifen von Glas und Edelsteinen dienen kann.

MOISSAN hat ferner gefunden, daß viele Metalle sich bei sehr hoher Temperatur mit Kohlenstoff verbinden können (Karbide). Bekannt war dies schon früher vom Eisen und von einzelnen andern Metallen.

Merkwürdig ist das verschiedene Verhalten der Karbide gegen Wasser; Eisenkarbid wird davon nicht angegriffen; Calciumkarbid liefert Acetylen C_2H_2, Aluminiumkarbid dagegen Methan, andere Karbide Gemische von beiden, Urankarbid Methan neben flüssigen und festen Kohlenwasserstoffen.

179. Das Atomgewicht des Kohlenstoffes ist mit großer Genauigkeit von DUMAS und STAS bestimmt worden. Sorgfältig getrockneter Sauerstoff wurde durch eine Porzellanröhre geleitet, in der sich ein Platinschiffchen befand, welches Graphit oder Diamant enthielt und vorher mit seinem Inhalt gewogen war. Die Röhre wurde zum Glühen erhitzt und das durch Verbrennung der genannten Substanzen gebildete Kohlendioxyd in Kalilauge aufgefangen. Durch Zurückwägen des Schiffchens mit Inhalt nach dem Versuche wird die Menge verbrannten Kohlenstoffes bestimmt; durch Wägung des Absorptionsapparates vor und nach dem Versuche die des gebildeten Kohlendioxyds. Das Mittel von verschiedenen, unter sich sehr gut übereinstimmenden Versuchsreihen war:

Gewichtsverhältnis von Kohlenstoff zu Sauerstoff in Kohlendioxyd bei Verbrennung von:

natürlichem Graphit	2·9994 : 8·0000
künstlichem „	2·9995 : 8·0000
Diamant	3·0002 : 8·0000

Das Verhältnis von C zu O im Kohlendioxyd liegt also sehr nahe bei 3 : 8. Da das spez. Gewicht des Kohlendioxyds zum Molekulargewicht 44 für dieses Gas führt, so müssen darin bei dem Verhältnis 3 : 8 auf 12·00 Gewichtsteile Kohlenstoff 32 Gewichtsteile Sauerstoff vorhanden sein.

Die Formel ist daher C_xO_2. Da man jedoch keine Kohlenstoffverbindung kennt, deren Mol weniger als 12 g Kohlenstoff enthält, so ergibt sich die Formel CO_2, und es muß das Atomgewicht des Kohlenstoffes 12 sein für (O = 16).

Verbindungen mit Wasserstoff.

180. Der Kohlenstoff bildet mit dem Wasserstoff eine sehr große Zahl von Verbindungen, welche in der organischen Chemie näher betrachtet werden; hier soll nur einiges wenige darüber mitgeteilt werden. Das **Methan** CH_4, auch **Sumpfgas** und **Grubengas** genannt, ist die einzige Verbindung von Kohlenstoff und Wasserstoff, welche nur 1 Atom Kohlenstoff enthält. Es kommt unter den Vulkangasen vor. Bei Baku entströmt es in der Nachbarschaft der Petroleumquellen der Erde. In Nord-Holland entweicht es an einigen Orten aus Brunnen in solchen Mengen, daß es zur Beleuchtung benutzt werden kann. Den Namen Sumpfgas verdankt es dem Umstande, daß es aus Morästen, wenn die auf dem Grund angesammelten organischen Zersetzungsprodukte aufgewühlt werden, aufsteigt.

Fig. 48. Auffangen von Sumpfgas.

Grubengas heißt es nach seinem Vorkommen in Kohlenflözen (**177**); bei deren Aufschließung entweicht es in die Gruben und Stollen; mit atmosphärischer Luft gemischt bildet es ein explosives Gemenge und verursacht beim Betreten der Räume mit offnem Licht heftige Explosionen („schlagende Wetter"). Methan entsteht bei der trocknen Destillation vieler organischen pflanzlichen Stoffe; daher kommt es auch in beträchtlicher Menge im Leuchtgas vor (30—40 %). Eine direkte Synthese desselben wurde bereits in **178** erwähnt; gewöhnlich stellt man es durch Erhitzen von essigsaurem Natron mit Natronkalk dar:

$$\underset{\text{Na-acetat}}{C_2H_3O_2Na} + NaOH = CH_4 + Na_2CO_3 .$$

Berthelot hat es erhalten, indem er ein Gemisch von Schwefelwasserstoff und Schwefelkohlenstoff über glühendes Kupfer leitete:

$$2H_2S + CS_2 + 4Cu = 4CuS + CH_4 .$$

Da CS_2 und H_2S beide aus ihren Elementen durch direkte Synthese zu erhalten sind, stellt diese Reaktion eine Synthese des Methans vor.

Physikalische Eigenschaften. Methan ist ein farb- und geruchloses Gas, spez. Gewicht 7·98 (H = 1), entsprechend der Formel CH_4. Verflüssigt siedet es bei -155^0 unter gewöhnlichem Druck;

es ist fest bei -185^0. In Wasser ist es wenig löslich (0·06 Vol. bei 6^0).

Chemische Eigenschaften. Das Methan brennt mit schwach leuchtender Flamme; es wird erst bei sehr hoher Temperatur zerlegt; durch die Funken eines kräftigen Induktors oder im elektrischen Lichtbogen wird es in seine Komponenten gespalten, wobei jedoch auch Acetylen C_2H_2 gebildet wird. Beim Vermischen mit Chlor wird der Wasserstoff schrittweise durch Chlor ersetzt; man erhält demnach CH_3Cl, CH_2Cl_2, $CHCl_3$ und CCl_4. Ein Gemisch von 1 Vol. CH_4 und 2 Vol. Cl_2 explodiert im Sonnenlicht unter Bildung von $4HCl$ und Abscheidung von Kohlenstoff. Methan hat weder basische noch saure Eigenschaften.

Äthylen C_2H_4 wird durch Erhitzen von Schwefelsäure mit Alkohol erhalten; es ist ein Gas, welches sich zu einer Flüssigkeit kondensieren läßt, die bei -103^0 kocht und bei -160^0 erstarrt. Es besitzt einen etwas süßlichen Geruch und brennt mit leuchtender Flamme. Beim Einleiten in Brom bildet sich rasch $C_2H_4Br_2$. In Wasser und Weingeist ist es wenig löslich. Es ist ein Bestandteil des Leuchtgases.

Acetylen C_2H_2 ist ein farbloses Gas von unangenehmem Geruch, in 1 Volum Wasser von 18^0 löslich und unter 83 Atmosphären Druck bei 18^0 flüssig. Seine Wasserstoffatome sind durch Metall ersetzbar. Es wird technisch durch Zersetzung von Calciumkarbid CaC_2 mit Wasser dargestellt:

$$CaC_2 + 2H_2O = Ca(OH)_2 + C_2H_2.$$

Calciumkarbid wird durch Erhitzen von Kohle mit ungelöschtem Kalk (CaO) im elektrischen Ofen dargestellt. Das Calcium, welches bei der Einwirkung von Kohlenstoff auf CaO entsteht, vereinigt sich bei der hohen Temperatur des Ofens mit dem Kohlenstoff zu CaC_2. Acetylen, welches unter Druck aus einer kleinen Öffnung strömend mit sehr hell leuchtender Flamme brennt, wird gegenwärtig, wo es aus Calciumkarbid ziemlich billig dargestellt werden kann, für Beleuchtungszwecke vielfach benutzt. Doch läßt sich noch nicht mit Sicherheit sagen, ob die mit seiner Handhabung verknüpften Gefahren von der Beleuchtungstechnik völlig überwindbar sind. Mit Luft gemischt explodiert es nämlich beim Entzünden sehr heftig; auch die Metallverbindungen sind explosiv. Es ist endotherm; durch explodierendes Knallquecksilber kann es zur Explosion gebracht werden.

Die Verbrennung des Acetylens ist ein anderes Beispiel für die Regel von **137**, daß die Reaktionen meistens einfacherer Natur sind als die chemischen Gleichungen anzeigen. Nach der Gleichung

$$2C_2H_2 + 5O_2 = 4CO_2 + 2H_2O$$

wäre diese Reaktion heptamolekular. Die Untersuchung hat jedoch gezeigt, daß sie in verschiedenen Stufen erfolgt, deren erste bimolekular ist entsprechend der Formulierung:

$$C_2H_2 + O_2 = 2CO + H_2.$$

CO und H_2 verbrennen dann weiter zu CO_2 und H_2O.

Vom kinetischen Standpunkt aus ist es le c t verständlich, daß polymolekulare Reaktionen selten sind. Denn die Wahrscheinlichkeit, daß eine größere

Anzahl von Molekülen gleichzeitig so zusammentreffen, daß Reaktion erfolgt, ist in der Tat sehr klein. Eine Reaktion wird daher eher auf eine Weise erfolgen, welche nur die Beteiligung eines oder sehr weniger Moleküle erfordert.

Verbindungen mit den Halogenen.

181. Von diesen sei hier nur der Tetrachlorkohlenstoff CCl_4 angeführt, welcher unter anderm durch fortgesetzte Einwirkung von Chlor auf Methan erhalten werden kann. Er ist eine beständige Verbindung, flüssig und von chloroformähnlichem Geruch; Siedepunkt 76°, spez. Gewicht 1·593 bei 20°.

Bei gewöhnlicher Temperatur wird er durch Wasser nicht angegriffen; beim Erhitzen damit auf 250° (im geschlossenen Rohre) bilden sich jedoch Kohlendioxyd und Salzsäure.

Verbindungen mit Sauerstoff.

Zwei Sauerstoffverbindungen des Kohlenstoffes sind bekannt: Kohlenoxyd CO und Kohlendioxyd oder Kohlensäuranhydrid CO_2.

Kohlenoxyd CO.

182. Dieses Gas bildet sich, wenn Kohle bei ungenügendem Luft- oder Sauerstoffzutritt verbrennt. Eine Anzahl von Verbindungen des Kohlenstoffes geben ebenfalls, wenn sie bei schwacher Sauerstoffzufuhr verbrannt werden, Kohlenoxyd. Auch durch Einwirkung von Kohlenstoff auf Sauerstoffverbindungen kann man dieses Gas gewinnen; z. B. durch Erhitzen von Zinkoxyd ZnO mit Kohlenstoff; wenn Wasserdampf über glühende Kohlen geleitet wird, entsteht ein Gemisch von Wasserstoff und Kohlenoxyd:

$$C + H_2O = CO + H_2 .$$

Dasselbe ist bekannt unter dem Namen Wassergas; es wird namentlich in Amerika in sehr großem Maßstabe für Heizung und Beleuchtung verwendet; zu letzterem Zwecke wird es beladen mit Dämpfen von Kohlenwasserstoffen von hohem C-Gehalt, da es beim Brennen selbst nicht leuchtet. Durch das Gasglühlicht ist diese „Karburierung“ unnötig geworden. Da es zu 50 Vol.-Prozent aus Kohlenoxyd besteht, ist es sehr giftig (siehe unten).

Ferner entsteht Kohlenoxyd durch Reduktion von Kohlendioxyd durch glühende Kohle:

$$C + CO_2 = 2CO .$$

Die Reaktion ist durch die entgegengesetzte begrenzt entsprechend dem Gleichgewicht

$$C + CO_2 \rightleftarrows 2CO .$$

Das Experiment zeigte, daß die Menge des Kohlenoxyds mit steigender Temperatur rasch steigt, das Gleichgewicht sich also nach rechts verschiebt; bei 1000° ist nur noch sehr wenig CO_2 vorhanden; bei 445° dagegen ist alles Kohlenoxyd in C und CO_2 umgesetzt. Daß dennoch CO unterhalb dieser Temperatur existenzfähig ist, muß hier, wie in ähnlichen Fällen, der großen Verzögerung der Reaktionsgeschwindigkeit in der Richtung ⟵ zugeschrieben werden, welche bei niedriger Temperatur sich einstellt. Durch einzelne feinverteilte Metalle, wie Nickel, wird diese Reaktionsgeschwindigkeit erhöht, so daß sie schon bei 256° meßbar wurde.

Diese Messung hat gezeigt, daß die Zersetzung des Kohlenoxyds in Kohlendioxyd und Kohle keine bimolekulare Reaktion ist, wie man nach obiger Gleichung erwarten würde, sondern eine monomolekulare. Dies kann durch die Annahme erklärt werden, daß die Zersetzung in zwei Phasen verläuft:

$$\text{I. } CO = C + O\,; \qquad \text{II. } CO + O = CO_2\,.$$

Wenn man weiter annimmt, daß die zweite Reaktion äußerst rasch vor sich geht, wird faktisch nur die Geschwindigkeit der ersten gemessen, welche eine molekulare Reaktion darstellt.

Auch durch Reduktion von kohlensauren Salzen kann Kohlenoxyd bereitet werden. Erhitzt man Kreide ($CaCO_3$) oder Magnesit ($MgCO_3$) mit Zinkstaub, so entsteht reines Kohlenoxyd:

$$CaCO_3 + Zn = CaO + ZnO + CO\,.$$

Physikalische Eigenschaften Kohlenoxyd ist ein farb- und geruchloses Gas; spez. Gewicht 0·967 (Luft = 1). Es ist schwer kondensierbar; seine kritische Temperatur liegt bei − 139·5°, der kritische Druck bei 35·5 Atmosphären; es siedet bei − 190° und ist bei − 211° fest. Es ist in Wasser nur wenig löslich.

183. *Chemische Eigenschaften.* Kohlenoxyd verbrennt mit charakteristischer blauer Flamme zu Kohlendioxyd.

Bemerkenswert ist, daß die Verbrennung von CO zu CO_2 nur bei dem feuchten Gas leicht erfolgt, dagegen mit sorgfältig getrocknetem Gas und ebenso behandeltem Sauerstoff äußerst schwer eintritt. Eine Kohlenoxydflamme geht aus, wenn sie in einen mit Sauerstoff gefüllten Kolben gebracht wird, dessen Wände mit konzentrierter Schwefelsäure befeuchtet sind (**38**).

Kohlenoxyd kann sich ferner direkt mit Chlor zu $COCl_2$ Phosgengas vereinigen, ferner mit Schwefel bei höherer Temperatur zu COS Kohlenstoffoxysulfid; beide Verbindungen sind Gase. Es verbindet sich ferner direkt mit Nickel und Eisen zu den Verbindungen $Ni(CO)_4$ und $Fe(CO)_5$ (**214** und **311**).

Infolge seiner Neigung, sich mit dem Sauerstoff zu verbinden, zeigt es namentlich bei hoher Temperatur starkes Reduktionsvermögen. So werden Metalloxyde wie Fe_2O_3, CuO u. a. in der Hitze leicht dadurch in Metalle übergeführt. Einige Verbindungen werden durch CO bereits bei gewöhnlicher Temperatur reduziert; aus Palladiumchlorür wird in wäßriger Lösung Palladium abgeschieden; eine ammoniakalische Silberlösung (bereitet, indem in wäßrigem Ammoniak Ag_2O bis zur Sättigung gelöst wird) wird durch CO gebräunt infolge von Metallabscheidung. Beide Reaktionen dienen zum Nachweis des Kohlenoxyds.

Eine ammoniakalische Kupferchlorürlösung absorbiert das Gas infolge Bildung einer auch kristallisiert isolierbaren Verbindung $Cu_2Cl_2 \cdot CO + 2H_2O$, welche sich sehr leicht wieder zersetzt.

Kohlenoxyd wirkt schon in geringer Menge eingeatmet giftig; es verbindet sich mit dem Hämoglobin des Blutes zu Kohlenoxydhämoglobin und verhindert dadurch die Vereinigung des Hämoglobins mit Sauerstoff zu Oxyhämoglobin.

Die *Zusammensetzung* des Kohlenoxyds kann so bestimmt werden, daß man das Gas mit Sauerstoff gemischt explodieren läßt; es zeigt sich dann, daß 2 Vol. Kohlenoxyd sich mit 1 Vol. Sauerstoff zu 2 Vol. Kohlendioxyd vereinigen. In Verbindung mit dem Resultat der Dampfdichte ergibt dies die Formel CO.

Kohlendioxyd oder Kohlensäureanhydrid CO_2.

184. Diese Verbindung kommt sowohl im freien wie im gebundenen Zustande in der Natur vor. Sie ist ein stets vorhandener Bestandteil der Atmosphäre (**108**). Viele Mineralquellen enthalten freies CO_2; es entströmt in einigen Gegenden aus Rissen und Spalten der Erde (z. B. in der Hundsgrotte bei Neapel und aus den alten Kraterbecken der Eifel) und findet sich unter den Vulkangasen. Die meisten Gesteinsarten enthalten eine große Menge äußerst kleiner Hohlräume, welche zum Teil mit flüssigem Kohlendioxyd gefüllt sind. Gebunden kommt es in sehr großer Menge im kohlensauren Kalk und in kohlensaurer Magnesia vor (**176**).

Kohlendioxyd entsteht bei der Verbrennung von Kohlenstoff mit überschüssigem Sauerstoff; ferner bei der direkten Zersetzung vieler kohlensaurer Salze (Karbonate) durch Erhitzen:

$$\underset{\text{saures kohlensaures Natron}}{2NaHCO_3} = Na_2CO_3 + H_2O + CO_2\,; \qquad CaCO_3 = CaO + CO_2\,.$$

Es entsteht auch, wenn man ein kohlensaures Salz durch eine Säure zersetzt:

$$Na_2CO_3 + 2HCl = 2NaCl + H_2O + CO_2\,.$$

Unter der Einwirkung von Sauerstoff bei höherer Temperatur verbrennen alle Kohlenstoffverbindungen unter Bildung von CO_2. Auch durch Einwirkung von Kohlenstoff auf Sauerstoffverbindungen entsteht es, z. B. beim Erhitzen von Kohlenpulver mit überschüssigem Kupferoxyd; endlich auch durch Einwirkung von Kohlenstoff- auf Sauerstoffverbindungen. Auf letzterer Tatsache beruht die allgemeine Methode zur Bestimmung des Kohlenstoffgehaltes organischer Stoffe; man erhitzt sie zu diesem Zwecke mit Kupferoxyd und fängt das gebildete Kohlendioxyd in einer gewogenen Menge Ätzkali auf.

Physikalische Eigenschaften. Kohlendioxyd ist unter gewöhnlichem Druck und bei gewöhnlicher Temperatur ein Gas von etwas stechendem Geruch und säuerlichem Geschmack. Es hat das spez. Gewicht 1·529 (Luft = 1). Da es demnach rund $1\,^1/_2$ mal so schwer ist wie die Luft, bleibt es an den Stellen, wo es dem Boden entströmt, wie in der Hundsgrotte bei Neapel, in den untersten Luftschichten, so daß darin z. B. ein Hund erstickt, während ein Mensch ungehindert atmen kann. CO_2 ist leicht kondensierbar; es wird bei 0° unter 35 Atmosphären Druck flüssig; seine kritische Temperatur ist 31·35°; der kritische Druck beträgt 72·9 Atmosphären. Flüssiges Kohlendioxyd (gewöhnlich „flüssige Kohlensäure" genannt) wird im großen dargestellt und in schmiedeeisernen Flaschen in den Handel gebracht. Es bildet eine leicht bewegliche Flüssigkeit, die mit Wasser nicht in allen Verhältnissen mischbar ist; läßt man sie schnell ausströmen, indem man die Flasche umgekehrt hält und das Ventil öffnet, so verdampft ein Teil, was eine derartige Abkühlung bewirkt, daß der Rest in Form weißer Flocken erstarrt. Ein Gemisch von diesem festen CO_2 mit Äther, Alkohol oder Aceton wird häufig als Kältemischung verwendet; man kann damit eine Temperatur von — 80° erzielen, im Vakuum sogar von — 140°. Wird flüssiges CO_2 in einem zugeschmolzenen Rohr abgekühlt, so erstarrt es zu einer eisartigen Masse, die bei — 65° schmilzt.

Kohlendioxyd löst sich bei 15° in seinem eigenen Volum Wasser auf (genauer 1·0020 Vol.); bei 0° 1·7967 Vol.; in Alkohol löst es sich noch reichlicher.

Chemische Eigenschaften. Das Kohlendioxyd ist eine sehr beständige Verbindung; es wird erst bei hoher Temperatur (1300°) oder wenn es eine Zeitlang dem Induktionsfunken ausgesetzt wird, in Sauerstoff und Kohlenoxyd zerlegt. Wird diese Zersetzung durch Induktionsfunken bewirkt, so ist sie niemals vollständig, denn sobald eine bestimmte Menge dieser Gase gebildet ist, vereinigen sie sich unter Explosion wieder zu CO_2. In diesem Moment ist nämlich die Menge des noch vorhandenen Kohlendioxyds nicht mehr genügend, um das

Gemenge von CO und O_2 derart zu verdünnen, daß keine Explosion eintreten könnte; die Explosionsgrenze war erreicht.

Kohlendioxyd läßt sich nicht weiter oxydieren, ist daher nicht brennbar und kann im allgemeinen die Verbrennung auch nicht unterhalten. Es gibt jedoch einige Stoffe, welche demselben in der Hitze Sauerstoff entziehen; wird CO_2 gemischt mit Wasserstoff durch ein glühendes Rohr geleitet, so bilden sich Kohlenoxyd und Wasser; beim Leiten über glühenden Kohlenstoff oder beim Erhitzen mit Phosphor entsteht Kohlenoxyd. Wird brennendes Magnesiumband in CO_2 eingetaucht, so entsteht Metalloxyd unter Abscheidung von Kohlenstoff; dasselbe findet statt, wenn Kalium oder Natrium in trocknem Kohlendioxyd erhitzt werden.

Die wäßrige Lösung des Kohlendioxyds reagiert schwach sauer; man nimmt darin eine Verbindung H_2CO_3 an, von der man viele Salze kennt. Diese Säure, die Kohlensäure, hat jedoch im freien Zustande nicht isoliert werden können, da sowohl beim Kochen wie beim Gefrieren einer solchen Lösung gasförmiges CO_2 entweicht. Auch wenn man ihre Salze (Karbonate) mittels einer Säure zerlegt, erhält man keine H_2CO_3, denn diese zerfällt augenblicklich in H_2O und CO_2. Die Kohlensäure ist eine sehr schwache Säure; durch die meisten andern Säuren wird sie aus ihren Salzen in Freiheit gesetzt. Gibt man Salzsäure zu einem Karbonat, so bringt man in die Flüssigkeit H-Ionen, welche sich mit den Ionen CO_3' zu ungespaltenen Molekülen H_2CO_3 vereinigen. Diese zerfallen aber zu einem sehr großen Teil in H_2O und CO_2, welches letztere bei konstantem Druck nur zu einem bestimmten Betrage in der Flüssigkeit gelöst bleiben kann, so daß weitere Mengen gasförmig entweichen. Daher kann die Konzentration der Moleküle H_2CO_3 eine bestimmte, und zwar niedrige Grenze nicht übersteigen. Da außerdem die Ionisation dieser Moleküle sehr gering ist, wird faktisch alles Karbonat durch die starke Säure zersetzt (**66**).

Die neutralen Karbonate der Alkalien sind in Wasser mit alkalischer Reaktion löslich; sie sind teilweise hydrolysiert (**146**). Die Säure H_2CO_3 ist nämlich sehr wenig ionisiert, ihre Salze wie K_2CO_3 sehr weitgehend, wie die Gefrierpunktserniedrigung ihrer verdünnten wäßrigen Lösung lehrt. In einer solchen Lösung sind deshalb eine große Menge CO_3''-Ionen vorhanden, welche sich teilweise mit den $H^{\cdot}$-Ionen des Wassers vereinigen müssen, damit das Gleichgewicht zwischen der Kohlensäure und ihrer Ionen erreicht wird. Durch die Wegnahme der $H^{\cdot}$-Ionen wird eine neue Menge Wasser sich in Ionen spalten müssen. Dadurch entstehen eine gewisse Anzahl OH'-Ionen, deren Reaktion nicht durch eine äquivalente Menge H˙-Ionen kompensiert wird, d. h. die Lösung zeigt alkalische Reaktion.

Die Karbonate der anderen Metalle sind in Wasser unlöslich; die sauren Karbonate sind in Wasser größtenteils löslich; kohlensaurer Kalk z. B. löst sich in kohlensäurehaltigem Wasser auf. Die Lösung solcher saurer Karbonate gibt jedoch bereits beim Kochen Kohlendioxyd ab, wobei sich die neutralen Karbonate abscheiden. Auch in festem Zustande geben die sauren Karbonate beim Erwärmen sehr leicht Kohlensäure ($CO_2 + H_2O$) ab.

Für die Ermittelung der Zusammensetzung des Kohlendioxyds ist in Verbindung mit dem **179** Gesagten noch von Bedeutung, daß keine Volumänderung eintritt, wenn man Kohlenstoff in überschüssigem Sauerstoff verbrennt:

$$C + \underset{1\text{ Vol.}}{O_2} = \underset{1\text{ Vol.}}{CO_2}.$$

Man kennt noch eine höhere Sauerstoffverbindung des Kohlenstoffes, wenn schon nur in der Form eines Salzes, des Kaliumperkarbonats $K_2C_2O_6$. Die Synthese kann als analog der Bildung von Überschwefelsäure angesehen werden (**91**). Dasselbe entsteht nämlich durch Elektrolyse einer gesättigten Pottaschelösung bei -15^0. Die Pottasche ist in K˙ und CO_3'-Ionen gespalten; die letzteren entladen sich an der Anode, wobei sie sich zu zweien vereinigen zu $K_2C_2O_6$. Das Salz scheidet sich als himmelblauer Niederschlag ab, welcher, im Exsikkator über Phosphorpentoxyd getrocknet, ein lichtblaues Pulver bildet und ein Gemisch von K_2CO_3 und $K_2C_2O_6$ ist. Bereits durch gelindes Erwärmen wird das Perkarbonat zerlegt:

$$K_2C_2O_6 = K_2CO_3 + CO_2 + O.$$

Es wirkt als kräftiges Oxydationsmittel; PbS oxydiert es zu $PbSO_4$; es bleicht Indigo usw.; MnO_2 und PbO_2 werden unter heftiger Reaktion in $MnCO_3$ und $PbCO_3$ umgewandelt, wobei es demnach reduzierend wirkt.

Einige andere Kohlenstoffverbindungen.

185. Der Schwefelkohlenstoff CS_2 wird durch direkte Synthese bereitet, indem man Schwefeldampf über glühende Kohlen leitet. Er ist eine stark lichtbrechende, nahezu farblose Flüssigkeit, welche bei 46^0 siedet, und besitzt in reinem Zustande ätherischen Geruch. Er ist unlöslich in Wasser und hat das spez. Gewicht 1·262 bei 20^0. Der Schwefelkohlenstoff ist giftig und äußerst leicht entzündlich; deshalb muß man beim Arbeiten mit demselben sehr vorsichtig sein. Er ist ein ausgezeichnetes Lösungsmittel für Fette und Öle und wird daher im großen Maßstabe zum Extrahieren dieser Stoffe benutzt; auch findet er Anwendung zum Vulkanisieren von Kautschuk. Schwefelkohlenstoff ist endotherm; durch explodierendes Knallquecksilber kann man ihn zur Explosion bringen; trotzdem verhält er sich unter den meisten Bedingungen wie ein beständiger Körper.

CS_2 ist ein Anhydrosulfid (vgl. **164**). Durch Addition von Schwefelalkalien entstehen Sulfosalze, Trithiokarbonate:

$$\underset{\text{Ba-trithiokarbonat}}{BaS + CS_2 = CaCS_3.}$$

Das Baryumsalz ist gelb und in kaltem Wasser schwer löslich; die freie Trithiokohlensäure H_2CS_3 kann aus ihren Salzen durch verdünnte Säuren als leicht zersetzliches Öl erhalten werden. Das Kaliumsalz wird zur Vertilgung der Reblaus benutzt.

Cyangas $(CN)_2$ kann durch Erhitzen von Quecksilbercyanid $Hg(CN)_2$ bereitet werden, oder indem man eine Lösung von Cyankalium mit einer Lösung von Kupfervitriol versetzt. Man kann annehmen, daß hierbei zunächst Kupfercyanid entsteht, welches jedoch sofort in Kupfercyanür und Cyan zerfällt:

$$4KCN + 2CuSO_4 = 2K_2SO_4 + Cu_2(CN)_2 + (CN)_2.$$

Cyan zeigt stechenden Geruch; verflüssigt siedet es bei $-20 \cdot 7^0$. Es ist gegen hohe Temperaturen beständig. In Wasser löst es sich; die Lösung setzt nach einiger Zeit braune amorphe Flocken ab. Es brennt mit purpurgesäumter Flamme:

$$C_2N_2 + 2O_2 = 2CO_2 + N_2;$$

die Reaktion ist indessen nicht trimolekular, sondern in ihrem ersten Stadium ein bimolekularer Prozeß:

$$C_2N_2 + O_2 = 2CO + N_2.$$

In chemischer Hinsicht bekundet Cyan Analogie mit den Halogenen. Kalium verbrennt in Cyangas wie in Chlor; dabei entsteht KCN. Wird Cyan in Kalilauge geleitet, so entstehen Cyankalium KCN und cyansaures Kalium KCNO, analog der Bildung von KCl und KClO beim Einleiten von Chlor in Kali (**56**). Cyansilber ist käsig, unlöslich in Wasser und verdünnten Säuren, löslich in Ammoniak, wie Chlorsilber.

Die Blausäure HCN ist wichtig für die anorganische Chemie wegen der zahlreichen komplexen Salze, die sie bildet; viele von ihnen, namentlich die alkalihaltigen, sind in Wasser löslich und kristallisieren sehr schön. Salze der Blausäure entstehen allgemein, wenn Kohlenstoff, Stickstoff und eine starke Base bei Glühhitze miteinander in Berührung sind, so wenn ein Gemenge von Kohlenstoff und Kaliumkarbonat in einem Stickstoffstrom geglüht wird.

Beim Erhitzen von stickstoffhaltigen organischen Stoffen mit einem Alkali entstehen Cyanide. Beim Überleiten von NH_3 über glühende Kohle entsteht Cyanammonium. Wenn ein Gemisch von Acetylen und Stickstoff der elektrischen Entladung durch Induktionsfunken ausgesetzt wird, bildet sich Blausäure. Gewöhnlich stellt man die Blausäure durch Erhitzen von gelbem Blutlaugensalz (**308**) mit verdünnter Schwefelsäure dar. Man erhält als Destillat eine wäßrige Lösung, welche beim Fraktionieren, zuletzt über Phosphorpentoxyd, wasserfreie Blausäure liefert. Wasserfreie Blausäure ist eine farblose Flüssigkeit, deren Geruch an den bitterer Mandeln erinnert; sie siedet bei 26°; ihr Schmelzpunkt ist − 14°. Die reine Blausäure ist beständig; in wäßriger Lösung zersetzt sie sich jedoch, indem sich unlösliche amorphe braune Stoffe abscheiden. Sie ist wie die meisten Cyanverbindungen ein sehr gefährliches Gift. Als Gegengift wird das Einatmen von chlorhaltiger Luft empfohlen; auch Wasserstoffsuperoxyd soll als Gegenmittel wirken.

Das elektrische Leitvermögen einer wäßrigen Blausäurelösung ist sehr gering; sie gehört daher zu den schwächsten Säuren.

Von ihren Salzen sind die der Alkalien, Erdalkalien und außerdem noch Quecksilbercyanid in Wasser löslich, die andern unlöslich.

Die Flamme.

186. Eine Flamme entsteht, wenn ein Gas brennt; feste Körper, wie Eisen, Kohlenstoff u. a., verbrennen ohne Flamme. Wird beim Verbrennen von Steinkohle, einer Kerze usw. eine Flamme beobachtet, so ist dieselbe dadurch verursacht, daß bei der hohen Temperatur gasförmige Zersetzungsprodukte entstanden sind, welche brennbar sind. Verbrennt Gas an der Luft, so nennt man es ein brennbares Gas und bezeichnet den Sauerstoff der Luft als das die Verbrennung unterhaltende Agens. Diese Ausdrücke des gewöhnlichen Sprachgebrauches bezeichnen nur relative Begriffe; man kann umgekehrt Sauerstoff anzünden und mit einer Flamme in einem Gase brennen lassen, welches man sonst brennbar nennt. Diese Erscheinung stellt gewissermaßen eine umgekehrte Flamme dar.

Man kann sie mittels des folgenden Apparates (Fig. 49) leicht erhalten: Ein Lampenzylinder wird an der unteren Öffnung mit einem doppelt durchbohrten Kork verschlossen. Durch die engere Bohrung des letzteren geht ein Röhrchen *a* zum Zuführen des Gases, durch die weitere ein Rohr *b* für die Luftzufuhr. Man nimmt zuerst den Zylinder ab, zündet das aus dem Rohr *a* strömende Gas an und läßt es mit kleiner Flamme brennen. Dann wird der Lampenzylinder aufgesetzt; das Flämmchen brennt ruhig fort, da durch das weitere Rohr genügend Luft eintritt. Jetzt verstärkt man langsam die Gaszufuhr; in einem bestimmten Moment sieht man das Flämmchen aus *a* erlöschen und dafür eine große fahle Flamme aus *b* brennen; es ist die Luft, welche in dem völlig mit Leuchtgas gefüllten Zylinder brennt. Dies ist die umgekehrte Luftflamme in der Leuchtgasatmosphäre; zugleich hat sich auch das aus der oberen Zylinderöffnung im Überschuß entweichende Leuchtgas entzündet, so daß der Apparat dann eine umgekehrte und eine gewöhnliche Flamme zugleich veranschaulicht. Daß an der Mündung von *b* wirklich Luft brennt, zeigt sich, wenn man ein aus dem Rohr *c* brennendes sehr kleines Gasflämmchen in die Luftflamme des weiten Rohres *b* bringt; es brennt darin ruhig fort.

Körper, welche Sauerstoff entwickeln, können brennen, wenn sie von einem brennbaren Gas umgeben sind. Für chlorsaures Kali kann man dies in folgender

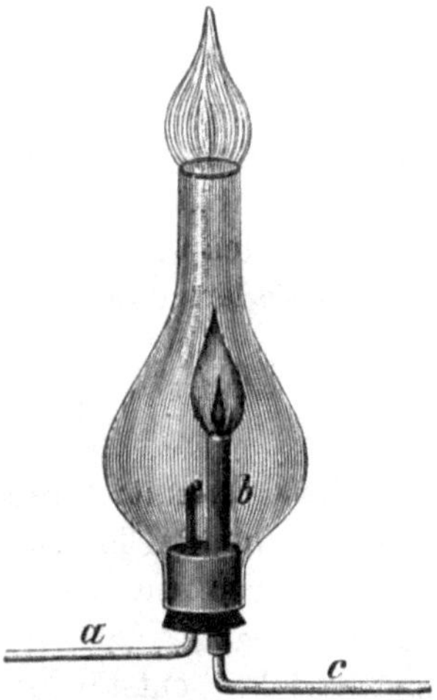

Fig. 49. Umgekehrte Flamme.

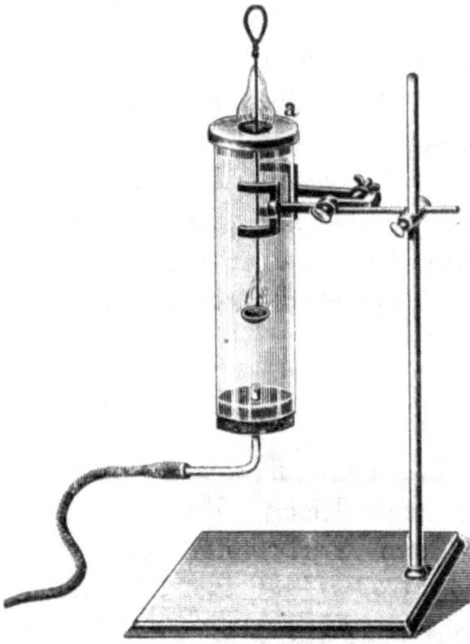

Fig. 50. Verbrennung von chlorsaurem Kali in Leuchtgas.

Weise vorführen: In einen Glaszylinder (Fig. 50) wird unten Leuchtgas eingeleitet und oben, wo der Zylinder durch eine Blechplatte mit Öffnung verschlossen ist, angezündet. Man bringt nun in einem Metallschälchen ein wenig $KClO_3$ in die Flamme und erhitzt es bis zur lebhaften Sauerstoffentwicklung. Wenn man das Schälchen jetzt in den Zylinder eintaucht, so brennt der Sauerstoff mit blauvioletter Flamme, welche Farbe durch Verflüchtigung von etwas Kaliumsalz verursacht wird.

Wir sahen (27), daß eine Wasserstoffflamme in Chlor unter Bildung von HCl weiterbrennt; umgekehrt kann man auch Chlor in Wasserstoff brennen lassen. Hierzu füllt man einen oben geschlossenen Zylinder mit Wasserstoff und zündet denselben am unteren Rande an. Man bringt nun ein Rohr, aus dem Chlor strömt, mit dieser Flamme in Berührung und sodann in den Zylinder. Das Chlor brennt in dem Zylinder fort.

187. Eine Flamme kann leuchtend oder nicht leuchtend sein. Sie leuchtet, wenn feste Teilchen darin vorhanden sind. Eine gewöhnliche Gasflamme leuchtet dadurch, daß Kohlenteilchen, welche sich bei der Verbrennung abscheiden, zum Glühen kommen. Dieselben setzen sich als Ruß ab, wenn man einen kalten Gegenstand in die Flamme hält. Das Licht des AUERschen Gasglühlichts wird durch den feuerfesten Glühkörper (**291**) erzeugt.

Solche Flammen zeigen ein kontinuierliches Spektrum (**263**). Viele Gase, bei deren Verbrennung nur gasförmige Körper entstehen, leuchten gar nicht oder nur sehr schwach; so Wasserstoff, Kohlenoxyd u. a. Wenn Wasserstoff jedoch in Sauerstoff von 20 Atmosphären Druck brennt, so ist seine Flamme stark leuchtend. Andere glühende Gase, z. B. die Dämpfe einiger Metalle, können eine Flamme auch bei gewöhnlichem Druck leuchtend machen, und zwar verleihen sie derselben eine bestimmte Farbe. Derartig gefärbte Flammen haben ein Linienspektrum (**263**).

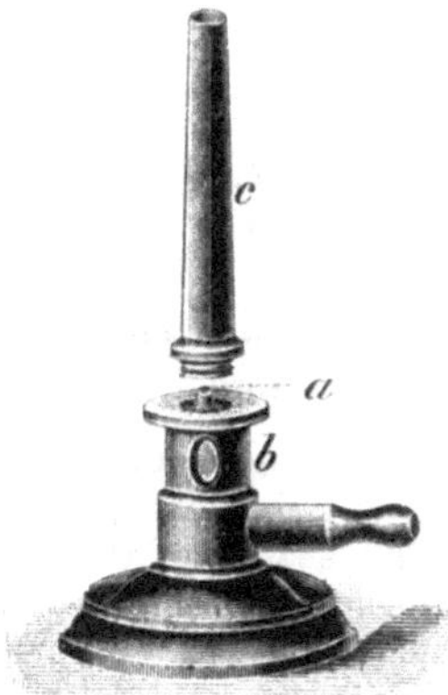

Fig. 51. Bunsenbrenner.

Eine Gasflamme, deren Licht von den glühenden Kohlenteilchen herrührt, wird nichtleuchtend, wenn das Gas vor der Verbrennung mit Luft gemischt wird. Hierauf beruht der BUNSENsche Brenner (Fig. 51), welcher im Laboratorium allgemein gebraucht wird und auch sonst in mannigfacher Abänderung der Form zu Koch- und Heizapparaten (Gasöfen) vielfach Verwendung findet.

Das Leuchtgas wird bei dem Bunsenbrenner durch ein auf einem Fuße befestigtes Rohr zugeführt, durch dessen enge Mündung bei *a* es ausströmt. Hier wird es mit Luft gemischt, welche durch die Seitenöffnungen *b* von dem aufsteigenden Gasstrom angesaugt wird. Dies Gemisch brennt dann, oben in *c* entzündet, mit farbloser Flamme.

Man war anfangs der Meinung, daß die Entfärbung der Flamme nur dem Sauerstoff der Luft zuzuschreiben sei, indem derselbe die vollständige Verbrennung der Kohlenteilchen bewirke. Doch spielt hierbei, wie sich später herausgestellt hat, auch die Verdünnung des verbrennenden Gases durch den Stickstoff eine Rolle; vermischt man Leuchtgas mit dem zwei- bis dreifachen Volum Stickstoff, so brennt es ebenfalls mit farbloser Flamme.

Durch ein Kupferdrahtnetz kann man ein verbrennendes Gasgemisch so stark abkühlen, daß die Verbrennung sich nicht durch dasselbe hindurch fortzusetzen vermag, mit andern Worten, die Flamme schlägt nicht durch das Drahtnetz hindurch. Läßt man aus einem Bunsenbrenner Gas austreten und hält dann quer in diesen Gasstrom in einiger Entfernung von der Mündung ein Draht-

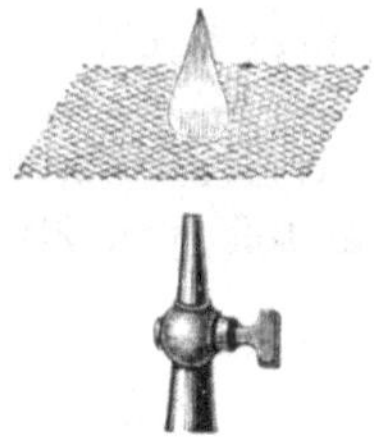

Fig. 52. Wirkung eines Drahtnetzes auf die Flamme.

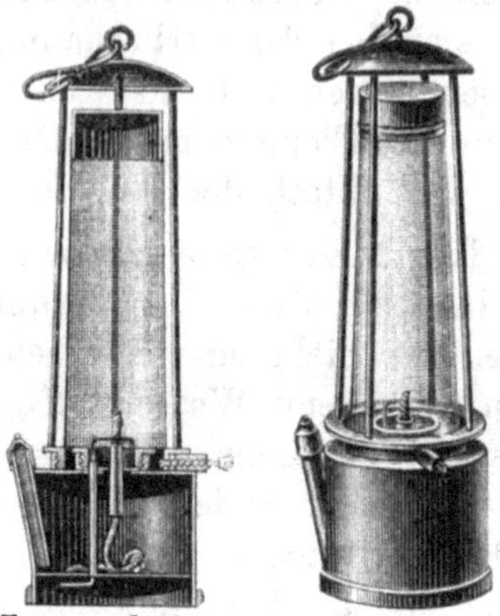

Längsschnitt.
Fig. 53. DAVYS Sicherheitslampe.

netz, so läßt sich das Gas über dem Drahtnetz anzünden, ohne daß die Flamme zum Brenner zurückspringt (siehe Fig. 52).

Hierauf beruht die von DAVY erfundene Sicherheitslampe der Bergleute. Wie Fig. 53 zeigt, besteht dieselbe aus einer Öllampe, deren Flamme von Metallgaze umgeben ist. Ein brennbares Gasgemisch kann sich wohl innerhalb der Laterne entzünden, die Verbrennung pflanzt sich jedoch nicht nach außen fort.

188. Die Temperatur der Flamme ist viel niedriger, als man vermuten möchte. Durch die Verbrennung von Wasserstoff in Sauerstoff z. B. werden von je 18 g des Gemisches 57·2 kg-Kalorien gebildet. Da nun die spez. Wärme des Wasserdampfes 0·48 ist, sollte diese Wärmemenge die 18 g Wasserdampf auf eine Temperatur von $\frac{57\cdot2}{0\cdot018\cdot0\cdot48} = 6600^0$ bringen. In Wirklichkeit steigt die Temperatur der Flamme nicht viel über 2000^0. Diese Differenz zwischen Berechnung und Beobachtung wird dadurch verursacht, daß infolge der Dissoziation in jedem Punkte der Flamme nur eine teilweise Verbindung von Wasserstoff und Sauerstoff zustande kommt. Man würde in der Tat an einem Punkte die Temperatur von 6600^0 erhalten, wenn die Gase sich an diesem Punkte völlig und augenblicklich verbänden; aber dies ist nicht möglich, denn oberhalb 1300^0 ist das Zustandekommen der Verbindung begrenzt durch den entgegengesetzten Prozeß, die Dissoziation des Wasserdampfes. Demnach muß folgendes eintreten: Sauerstoff und Wasserstoff an der Ausströmungsöffnung zusammengebracht verbinden sich und bewirken eine bestimmte Temperaturerhöhung; in dem Maße, wie sich das im Gleichgewicht befindliche System Wasserstoff, Sauerstoff, Wasserdampf bei seiner Weiterbewegung abkühlt, verbindet sich eine neue Menge der Gase. Ihre Vereinigung kann also nicht an einem Punkte erfolgen, sondern erst allmählich über die ganze Ausdehnung der Flamme hin, und an jedem Punkte kann die Temperatur eine bestimmte Grenze nicht überschreiten, welche durch den Dissoziationsgrad des Verbrennungsproduktes bestimmt wird.

189. Zonen einer leuchtenden Flamme. Betrachten wir als Beispiel eine Kerzenflamme. Im Kern der Flamme (Zone 1 der schematischen Zeichnung Fig. 54) findet keine Verbrennung statt. Das Stearin der Kerze wird hier durch die Hitze der übrigen Flammenteile in flüchtige brennbare Produkte verwandelt. Bei einer großen Kerze kann man dies auf die in der Figur angegebenen Weise zeigen; das enge Rohr führt brennbare Gase weg; sie können an dessen Mündung angezündet werden. Daß eine Flamme hohl ist, läßt sich in verschiedener Weise dartun; bei einem Bunsenbrenner z. B. dadurch, daß sich der Kopf eines Streichholzes in das Innere bringen läßt, ohne Feuer zu fangen, oder dadurch, daß man einen sehr dünnen Platindraht quer in die Flamme hält; der Draht gerät nur an den Rändern der Flamme ins Glühen. Der dunkle Kern der Flamme ist umgeben von einem leuchtenden Mantel (2). Hier wird der verflüchtigte Kohlenwasserstoff zersetzt unter Abscheidung von Kohlenstoff, weil hier die Luftzufuhr für vollständige Verbrennung noch nicht ausreicht. Diese Kohlenstoffpartikelchen geraten ins Glühen und bewirken das Leuchten der Flamme. Endlich ist noch der äußere, sehr wenig Licht ausstrahlende, blaue Mantel (3) zu unterscheiden, in welchem durch direkte Berührung mit der Luft die Verbrennung der glühenden Kohlenstoffteilchen erfolgt.

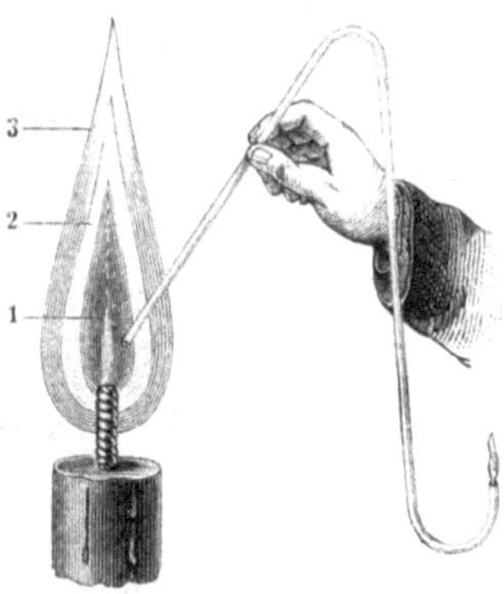

Fig. 54. Zonen einer leuchtenden Flamme.

Die Menge festen Kohlenstoffes, welche in einer Flamme zum Glühen gelangt und dadurch Licht ausstrahlt, ist sehr gering, wie die folgende Rechnung lehrt. Die Stoffe, welche sich in brennendem Leuchtgase unter Kohlenstoffabscheidung zersetzen, sind vornehmlich Benzol und Äthylen. Von ersterem enthält das Leuchtgas ca. 1, von letzterem ca. 4 Volumprozente. Nimmt man an, es werde das Benzol völlig und das Äthylen zur Hälfte zerlegt, so ist die gesamte Kohlenstoffmenge, welche von 1 Liter brennenden Leuchtgases abgeschieden wird, ca. 54 mg. Das Volum des leuchtenden Teiles einer Gasflamme mit 150 Liter Gasverbrauch per Stunde, beträgt ungefähr 2 ccm (reduziert auf 0°), so daß darin nur $\frac{2 \times 54}{1000}$ d. h. ungefähr 0·1 mg festen glühenden Kohlenstoffes vorhanden ist.

Silicium.

190. Dieses Element bildet, gebunden an Sauerstoff, einen der Hauptbestandteile der Erdrinde (8). Im freien Zustande kommt es nicht in der Natur vor, sondern fast ausschließlich als Kieselsäureanhydrid SiO_2 oder in den kieselsauren Salzen (Silikaten). Sand, Quarz, Bergkristall, Amethyst u. a. sind verschiedene Formen des natürlichen Siliciumdioxyds; die Anzahl der Silikate ist sehr groß.

Silicium erhält man durch Erhitzen von Kieselfluornatrium Na_2SiFl_6 mit Natrium:

$$Na_2SiFl_6 + 4Na = 6NaFl + Si,$$

oder durch die Einwirkung von Fluorsilicium $SiFl_4$ auf erhitztes Natrium:

$$4Na + SiFl_4 = 4NaFl + Si.$$

Das Fluornatrium läßt sich durch Wasser entfernen.

Eine andere Methode, welche weit bequemer ist, ist folgende: Man mischt 400 g Aluminiumfeile, 500 g Schwefel und 360 g Sand (SiO_2). Diese Mischung läßt sich durch eine Zündpille anstecken und brennt dann mit großer Flamme ab, wonach im Tiegel eine weißglühende Masse hinterbleibt. Diese besteht wesentlich aus Aluminiumsulfid und Silicium. Nach dem Abkühlen bringt man sie in verdünnte Salzsäure, welche das Sulfid zersetzt und Silicium zurückläßt (Verfahren von Kühne).

Allotrope Zustände. Das nach den ersten Prozessen gewonnene Silicium bildet ein braunes amorphes Pulver; es läßt sich unter einer Schicht geschmolzenen Kochsalzes schmelzen und kristallisiert beim Erkalten. In dieser Form wird es am leichtesten nach Kühnes Verfahren erhalten. Die Kristalle sind regulär, schwarz und stark glänzend. Erhitzt man Silicium im elektrischen Ofen, so verdampft es und kondensiert sich in kleinen Kügelchen.

Chemische Eigenschaften. Silicium verbrennt, an der Luft erhitzt, nur bei sehr hoher Temperatur zu SiO_2. Mit Fluor vereinigt es sich bei gewöhnlicher Temperatur unter Aufglühen, mit Chlor beim gelinden Erhitzen. Bei hoher Temperatur verbindet es sich auch mit dem Stickstoff und einigen Metallen; solche Silicide sind zumeist von MOISSAN in seinem elektrischen Schmelzofen dargestellt worden.

Von Schwefel-, Salpeter- oder Salzsäure wird es nicht angegriffen; in Flußsäure löst es sich jedoch unter Wasserstoffentwicklung. Chlorwasserstoffgas erzeugt bei hoher Temperatur $SiCl_4$ und $SiHCl_3$ Silicochloroform. In heißer Kali- oder Natronlauge löst es sich unter Wasserstoffentwicklung und Bildung von Silikat:

$$Si + 2KOH + H_2O = K_2SiO_3 + 2H_2.$$

Siliciumwasserstoff SiH_4.

191. Dieses Gas wird durch Eintragen von frisch dargestelltem Magnesiumsilicid in Salzsäure erhalten. Letzteres wird bereitet, indem man Sand mit einem Überschuß von Magnesiumpulver erhitzt, besser jedoch so, daß man 40 Gewichtsteile des wasserfreien $MgCl_2$ mit einem Gemisch von 35 Gewichtsteilen Na_2SiFl_6, 10 Gewichtsteilen NaCl und 20 Gewichtsteilen Na zusammenschmilzt. Der Siliciumwasserstoff ist dann jedoch mit Wasserstoff vermischt. Rein wird er aus einem organischen Derivat des Siliciums, dem Triäthylsilicoformiat, erhalten:

$$4SiH(OC_2H_5)_3 = 3Si(OC_2H_5)_4 + SiH_4.$$

Siliciumwasserstoff ist ein Gas, welches unter 100 Atmosphären Druck bei -1^0 flüssig wird. Er besitzt einen unangenehmen Geruch. An der Luft entzündet er sich; jede Blase, die aus dem Apparat entweicht, bildet dabei einen ringförmigen Rauch von SiO_2 aq. Wenn der Siliciumwasserstoff jedoch völlig rein ist, entzündet er sich bei gewöhnlicher Temperatur nicht an der Luft, wohl aber bei vermindertem Druck. Die Entzündung des unreinen Gases ist der Beimischung von geringen Mengen der Dämpfe einer Verbindung Si_2H_6, Silico-aethan, einer Flüssigkeit vom Siedepunkt 52^0, zuzuschreiben. Man hat hier also ähnliche Erscheinungen wie bei PH_3 (**137**). Durch Erhitzen wird SiH_4 leicht in Si und $2H_2$ zerlegt; er verbrennt auch in einer Chloratmosphäre. Durch Alkalilösung wird er zersetzt nach der Gleichung:

$$SiH_4 + 2KOH + H_2O = 4H_2 + K_2SiO_3.$$

Halogenverbindungen des Siliciums.

192. Chlorsilicium $SiCl_4$ wird bereitet durch Erhitzen von Silicium im Chlorstrom auf 300—310°. $SiCl_4$ ist eine Flüssigkeit vom spez. Gewicht 1·5241, bei 0° und dem Siedepunkt 59·57°. Von Wasser wird es momentan unter Bildung von HCl und $SiO_2 \cdot aq$ zerlegt.

Silicochloroform $SiCl_3H$ wird in kleiner Menge, neben viel $SiCl_4$, erhalten durch Erhitzen von Si im Chlorwasserstoffstrom (**190**); es ist eine farblose, stark riechende Verbindung, welche an der Luft raucht, bei 34° kocht und durch Wasser zersetzt wird.

193. Siliciumfluorid $SiFl_4$ erhält man durch Erwärmen eines Gemisches von Sand und Fluorcalcium mit konzentrierter Schwefelsäure:

$$2CaFl_2 + SiO_2 + 2H_2SO_4 = SiFl_4 + 2CaSO_4 + 2H_2O.$$

Es ist ein farbloses Gas von sehr stechendem und erstickendem Geruch, das sich unter 9 Atmosphären Druck oder beim Abkühlen auf — 160° verdichtet. Vollkommen trocknes Glas wird davon nicht angegriffen.

$SiFl_4$ entsteht auch bei der Einwirkung von Fluorwasserstoff auf Silikate. Hierauf beruht das Ätzen des Glases (**53**).

Durch längeres Eindampfen von Silikaten mit wäßriger Flußsäure läßt sich die gesamte Kieselsäure in Form von $SiFl_4$ verflüchtigen. Die Basen, welche an die Kieselsäure gebunden waren, bleiben dabei als Fluoride zurück. Durch Erwärmen mit Schwefelsäure werden sie in Sulfate verwandelt und sind dann in eine für die Analyse geeignete Form übergeführt. Man hat hierin ein sehr brauchbares Mittel, um die in den Silikaten anwesenden Metalle zu bestimmen.

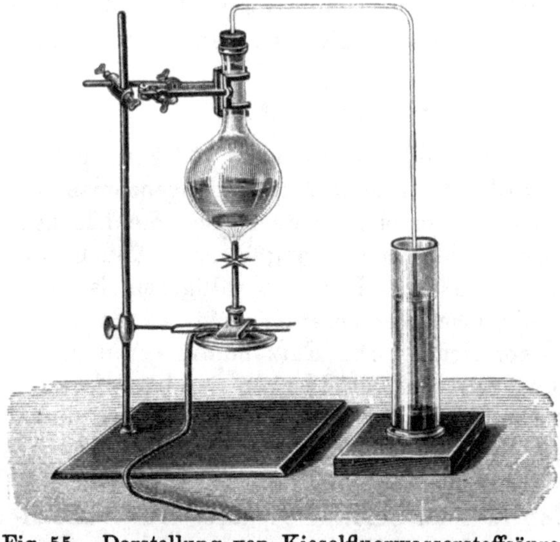

Fig. 55. Darstellung von Kieselfluorwasserstoffsäure.

Von Wasser wird Fluorsilicium in folgender Weise zersetzt:

$$3SiFl_4 + 3H_2O = H_2SiO_3 + 2H_2SiFl_6.$$

Die Verbindung H_2SiFl_6 heißt Kieselfluorwasserstoffsäure; dieselbe ist nur in wäßriger Lösung bekannt. Dampft man die letztere ein, so entweicht $SiFl_4$ und HFl bleibt in der Lösung, wenn dieselbe konzentriert ist. Beträgt ihre Konzentration 13.3 % H_2SiFl_6, so enthält der Dampf gerade 2 HFl auf 1 $SiFl_4$, so daß dann scheinbar die Kieselfluorwasserstoffsäure als solche flüchtig ist. Verdünnte Lösungen entwickeln beim Erhitzen einen Dampf, der viel mehr HFl enthält. Wird daher eine konzentrierte Lösung von H_2SiFl_6 teilweise verdampft, so kann der Rückstand SiO_2 auflösen, weil er freie Flußsäure enthält. Anderseits wird eine verdünnte Lösung von H_2SiFl_6, nach teilweiser Verdampfung, einen Rückstand hinterlassen, aus welchem sich SiO_2aq ausscheidet, weil er einen Überschuß an $SiFl_4$ enthält, welches gemäß obiger Gleichung durch das Wasser zersetzt wird.

Die Zersetzung von $SiFl_4$ durch Wasser wird gewöhnlich durch den folgenden Versuch gezeigt; in dem Kolben von Fig. 55 wird in der beschriebenen Weise $SiFl_4$ entwickelt. Dieses wird durch ein zweimal rechtwinkelig umgebogenes Glasrohr in einen Zylinder geleitet, in welchem sich unten ein wenig Quecksilber (unter welchem das Rohr ausmündet) und auf diesem Wasser befindet. Jede Gasblase, welche aus dem Quecksilber in das Wasser tritt, erzeugt darin eine Wolke von $SiO_2 \cdot aq$. Wenn das Glasrohr direkt in Wasser eintauchte, so würde es bald durch die Kieselsäure verstopft sein.

Die Lösung der Kieselfluorwasserstoffsäure reagiert sauer; sie löst Metalle unter Wasserstoffentwicklung auf und verhält sich demnach völlig wie eine Säure. Ein Hydrat $H_2SiFl_6 + 2aq$ ist im festen Zustande bekannt. Es schmilzt bei 19°; man erhält es durch Einleiten von $SiFl_4$ in die konzentrierte wäßrige Lösung von Fluorwasserstoffsäure. Die meisten Salze der Kieselfluorwasserstoffsäure sind in Wasser löslich; das Kaliumsalz ist schwer, das Baryumsalz nicht löslich.

Die Kieselfluorwasserstoffsäure wird zum Härten von Gipsgegenständen (dies beruht wahrscheinlich auf der Bildung von $CaFl_2$) sowie in der analytischen Chemie verwendet.

Sauerstoffverbindungen des Siliciums.

194. Man kennt nur eine solche Verbindung, das Siliciumdioxyd oder Kieselsäureanhydrid.

Siliciumdioxyd SiO_2.

Diese Verbindung kommt in erstaunlichen Mengen und in einer großen Anzahl von Varietäten in der festen Erdrinde vor: kristallisiert als Bergkristall, Quarz (wenn bräunlich gefärbt, Rauchquarz genannt), Amethyst (die schöneren Sorten desselben dienen als Schmucksteine), Tridymit, Onyx, Katzenauge; Sand ist zum größten Teil SiO_2; auch der Sandstein gehört hierher, ferner der durch Eisenoxyd rotgefärbte Jaspis mit muscheligem Bruch. Die amorphen Varietäten sind wasserhaltig oder wasserfrei; zu den ersteren gehört der Opal, zu den letzteren der Achat.

Künstlich kann man SiO_2 durch Erhitzen von Kieselsäure als amorphes weißes Pulver erhalten.

Physikalische Eigenschaften. Im kristallisierten Zustande ist SiO_2 sehr hart, unlöslich in Wasser und hat das spez. Gewicht 2·6. Es ist sehr schwer schmelzbar; in der Knallgasflamme wird es weich und geht in eine glasartige Modifikation über. Diese läßt sich, nachdem sie stark erhitzt ist, zu äußerst feinen Fäden ausziehen, welche ein sehr großes Tragvermögen haben und sehr regelmäßig tordieren, weshalb sie zum Aufhängen von Magneten usw. in physikalischen Instrumenten häufig verwendet werden. Im elektrischen Ofen kann es zum lebhaften Sieden gebracht werden; die Dämpfe kondensieren sich als wollige Flocken.

Quarz hat in seiner glasigen Modifikation einen sehr kleinen Ausdehnungskoeffizienten, nur ca. $^1/_{17}$ von dem des Platins; dies erklärt, daß Objekte, welche daraus gemacht sind, sehr raschen Temperaturwechsel ertragen können. Sie können, zur hellen Rotglut erhitzt, in kaltes Wasser gebracht werden, ohne zu springen. Da solches Material sehr wertvoll für die Anfertigung allerlei chemischer Geräte ist, zumal es gegen verschiedene andere Einflüsse auch sehr widerstandsfähig ist, und nur durch metallische Oxyde bei hoher Temperatur angegriffen wird, hat man sich bemüht es dazu zu verwenden. Es ist der Firma Heraeus in der Tat gelungen, mit Überwindung vieler Schwierigkeiten solche Geräte herzustellen.

Chemische Eigenschaften. Besonders im kristallisierten Zustande wird SiO_2 von Säuren außer HFl (**193**) sehr wenig angegriffen. Von schmelzenden Alkalien wird es unter Bildung von Alkalisilikaten gelöst. Im elektrischen Ofen ist es durch Kohle reduzierbar, wobei zugleich Carborundum (**178**) entsteht. Auch durch Erhitzen mit Magnesium läßt es sich reduzieren (**190**).

Kieselsäure.

195. Wenn man eine Lösung von Kalium- oder Natriumsilikat (*Wasserglas*) mit Salzsäure versetzt, scheidet sich eine sehr voluminöse, gelatinöse Masse ab; dieselbe besteht aus wasserhaltiger Kieselsäure, entsprechend der allgemeinen Formel SiO_2aq. Mit Wasser gewaschen und an der Luft getrocknet stellt sie ein amorphes, feines, weißes Pulver dar von der ungefähren Zusammensetzung H_2SiO_3. Die frisch gefällte Kieselsäure ist in Wasser wenig, etwas mehr in verdünnter Salzsäure löslich. Gibt man daher umgekehrt zu überschüssiger Salzsäure Wasserglas, so bleibt die Kieselsäure gelöst und kann von dem gleichzeitig entstehenden Chlornatrium nach folgendem Verfahren befreit werden:

Die Lösung wird in einen niedrigen Zylinder oder einen unten abgesprengten Kolben gebracht (Fig. 56), welcher unten durch ein

Stück Pergamentpapier oder tierische Blase verschlossen ist. Dieser Kolben hängt in einem weiteren Gefäß, in welchem das Wasser mittels eines Hebers fortgesetzt erneuert werden kann. Das Kochsalz geht durch das Pergamentpapier hindurch, die Kieselsäure nicht. Dieser Vorgang heißt Dialyse und der Apparat Dialysator. GRAHAM hat gefunden, daß kristallisierende gelöste Stoffe (kristalloide) solche Membranen zu passieren vermögen, andere Stoffe, die er kolloide nannte, dagegen nicht. Zu den letzteren gehören Leim, Gummiarten, Gelatine, Eiweiß, kurz viele amorphe Stoffe, die im Pflanzen- und Tierreich vorkommen. Die Reinigung mittels Dialyse ist außer bei der Kieselsäure auch bei einigen andern anorganischen Stoffen möglich.

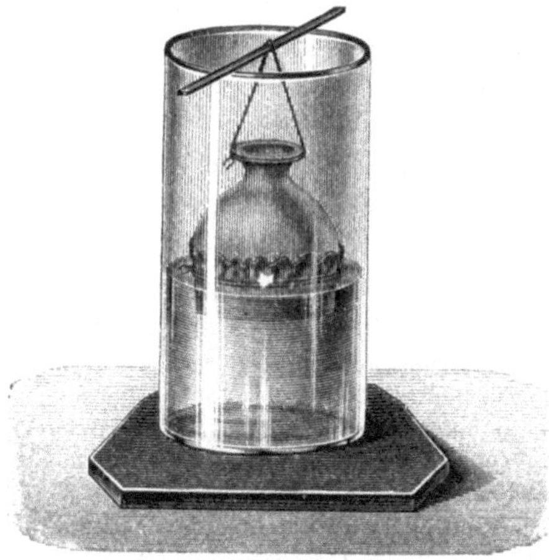

Fig. 56. Dialysator.

Eine reine Lösung von Kieselsäure — man nennt sie kolloidale Lösung — wird nur erhalten, wenn die Dialyse während fünf bis sechs Wochen fortgesetzt wird. Sie enthält dann nur noch wenig Kieselsäure, da ein Teil langsam durch die Membran gegangen ist. Durch vorsichtiges Verdampfen kann sie konzentriert werden; doch schon bei einem Gehalt von $1^1/_2{}^0/_0$ fängt sie an zu koagulieren. Wird jedoch eine geringe Menge eines Alkalis oder von Salzsäure zugesetzt, so läßt sie sich viel weiter konzentrieren (bis $12^0/_0$) ohne zu koagulieren. Die aus der kolloidalen Lösung abgeschiedene Säure trocknet an der Luft langsam zu einem amorphen weißen Pulver ein, welches noch eine beträchtliche Menge Wasser enthält; letzteres wird im Exsikkator über Schwefelsäure langsam abgegeben.

Kolloidale Lösungen zeigen auch noch andere Eigentümlichkeiten. Beim Eindampfen kristallisieren sie nicht, sondern liefern amorphe, leimartige Massen, welche in Wasser nicht mehr vollständig löslich sind. Wenn der Siede- oder Gefrierpunkt einer kolloidalen Lösung bestimmt wird, so findet man ihn fast identisch mit dem des Lösungsmittels. Daraus schließen wir, daß eine solche Lösung keine wirkliche „Lösung“ ist, sondern nur eine Suspension von äußerst feinen Teilchen. Diese Auffassung wird durch andere Erscheinungen bestätigt. Wenn eine Flüssigkeit, welche zweifellos solche Teilchen enthält, z. B. in Wasser suspendierter Lehm, oder Wasser, welches mit ein paar Tropfen Milch versetzt ist, von einem Bündel Lichtstrahlen durchsetzt wird, so leuchtet der Teil der Flüssigkeit, durch welchen die Lichtstrahlen hindurchgehen und das diffuse Licht selbst erweist sich als polarisiert. Eine Flüssigkeit von speziell diesen Eigenschaften erhält man, wenn Schwefelwasserstoff in eine Lösung von arseniger Säure eingeleitet wird. Daß diese gelbe Flüssigkeit in der Tat eine kolloidale Lösung von Arsensulfid ist, ergibt sich unter anderm daraus, daß dieses Sulfid auf Zusatz von Salzsäure oder einer Salzlösung ausfällt.

Solche amorphe, gelatinöse Niederschläge, wie sie die Kieselsäure bildet, sind auch bei andern Verbindungen bekannt. Sie heißen Hydrogele und haben besondere Eigenschaften. Frisch gefällt und auf einer porösen Platte getrocknet besitzen sie noch einen beträchtlichen Wassergehalt. Bringt man sie alsdann in den Exsikkator, so geben sie ihr Wasser mit konstanter Geschwindigkeit ab (d. h. in jeder Zeiteinheit gleich viel) und die Dampfspannung während dieses Vorganges weicht von der des Wassers nicht merklich ab.

Bei einem bestimmten Wassergehalt beginnt jedoch die Dampfspannung und mit ihr auch die Geschwindigkeit des Wasserverlustes abzunehmen und zwar regelmäßig, ohne Sprünge, so daß eine Kurve, welche die Zusammensetzung des Hydrogels zur Abszisse und seine Dampfspannung zur Ordinate hat, keine Knicke zeigt.

Wenn ein solches Hydrogel sein Wasser verloren hat, so hat es dabei auch eine Veränderung seines molekularen Baues erlitten; denn es kann zwar wieder Wasser aufnehmen, wenn es in feuchte Luft gebracht wird, aber die Dampfspannungen, welche der gleichen Zusammensetzung bei der Entwässerung entsprechen, sind jetzt größer, mit andern Worten das Wasser ist weniger fest darin gebunden.

Eine weitere Eigentümlichkeit der Hydrogele ist, daß sie aus Lösungen von Alkalien und von Salzen dieselben derartig absorbieren, daß die Konzentration dieser Stoffe in dem Hydrogel größer wird, als die Konzentration der Lösung. Dies Absorptionsvermögen nimmt ab, wenn das frische Hydrogel durch Stehen unter Wasser oder durch Trocknen modifiziert wird.

Da $SiCl_4$ durch Wasser in Kieselsäure verwandelt wird, kann man analog wie bei dem Übergang von PCl_5 in Phosphorsäure (**145**) die Verbindung $Si(OH)_4$ als die Grundform ansehen, von der sich die übrigen Kieselsäuren ableiten. Dieselben werden allgemein durch die Formel $m\,Si(OH)_4 - n\,H_2O$ repräsentiert.

Diese Polykieselsäuren sind zwar nicht isoliert worden, wohl aber kennt man von ihnen viele Salze und Doppelsalze, welche in der Natur als Mineralien vorkommen. Merkwürdig ist, daß, während die große Fähigkeit des Kohlenstoffatomes, sich mit andern Kohlenstoffatomen zu verbinden, die Grundlage für die organische Welt darstellt, das ebenfalls vierwertige und dem Kohlenstoff verwandte Silicium mit seinem Vermögen zusammengesetzte Silikate zu bilden, die Basis eines sehr umfangreichen Teiles der anorganischen Welt bildet.

Die kieselsauren Salze von Kalium und Natrium sind in Wasser löslich, die der übrigen Metalle unlöslich, ebenso die meisten Doppelsilikate der Alkalien.

In der Ackererde kommen wasserhaltige Silikate (Zeolithe) vor, deren Basen gewöhnlich Kalk und Tonerde sind. In Berührung mit Alkalisalzen erleiden diese eine doppelte Umsetzung, derart, daß z. B. ein unlösliches Tonerde-Kali-Silikat gebildet wird, während zugleich Chlorcalcium entsteht, das mit dem Grundwasser weggeht. Man nennt diese Erscheinung das Absorptionsvermögen der Ackererde; es spielt bei der Wertbestimmung des Bodens eine große Rolle. Durch dasselbe wird das Kali, welches in Form von Kalisalzen dem Boden zugeführt wird, festgehalten, während sonst dieser für die Pflanzen unentbehrliche Nährstoff infolge seiner Löslichkeit rasch vom Regen weggeschwemmt wird.

Ebenso werden lösliche Phosphate von der Ackererde „absorbiert"; größtenteils ist dies ihrem Kalkgehalt zuzuschreiben, durch welchen unlösliches Tri- oder Di-calciumphosphat entsteht; zu einem kleinen Teil kann diese Absorption auch durch basische Kalksilikate verursacht werden.

Siliciumverbindungen anderer Elemente.

196. Schwefelsilicium SiS_2 entsteht, wenn über ein Gemisch von Kohle und SiO_2 bei Glühhitze Dampf von Schwefelkohlenstoff geleitet wird. Es bildet lange seidenglänzende Nadeln, welche durch Wasser in $SiO_2 \cdot aq$ und in H_2S zerlegt werden.

Siliciumnitrür Si_2N_3, eine weiße amorphe Substanz, entsteht, wenn Silicium in einer Stickstoffatmosphäre erhitzt wird. (Über Metallsilicide siehe **190.**)

Germanium.

197. Dieses Element kommt nur äußerst selten vor. Es ist von Winkler in einem silberhaltigen Mineral, dem Argyrodit $GeS_2 \cdot 3Ag_2S$, welcher bei Freiberg in Sachsen gefunden wird, entdeckt worden. Das Germanium wird aus dem Mineral gewonnen, indem man dieses mit Wasserstoff oder Kohlenstoff erhitzt. Es bildet grauweiße, metallglänzende Oktaëder, deren spez. Gewicht 5·469 bei 20° ist; es schmilzt bei 900°. Bei gewöhnlicher Temperatur ist es an der Luft sehr beständig; bei Glühhitze verbrennt es unter Bildung weißer Dämpfe zu Germaniumoxyd GeO_2. In Salzsäure löst sich das Germanium ebensowenig wie Silicium, durch Salpetersäure wird es dagegen wie das Zinn in das Hydrat eines Dioxyds verwandelt. Von schmelzenden Alkalien wird es gelöst. Es färbt die Flamme eines Bunsenbrenners nicht; dagegen gibt es ein Funkenspektrum (**263**). Man kennt von diesem Element zwei Reihen von Verbindungen, welche sich von den Oxydationsstufen GeO und GeO_2 ableiten; die Oxydulverbindungen gehen durch Oxydation sehr leicht in die Oxydform (Germaniumsäure) über. Von Wasserstoffverbindungen des Germaniums sind GeH_4 und $GeHCl_3$ bekannt.

Von den Chlorverbindungen ist $GeCl_2$ wenig bekannt; $GeCl_4$ Germaniumchlorid kann direkt aus den Elementen bereitet werden; feingepulvertes Germanium entzündet sich in Chlorgas. Es ist eine leicht bewegliche an der Luft rauchende Flüssigkeit, die bei 87° kocht. Durch Wasser wird es unter Bildung von $Ge(OH)_4$ zersetzt.

Germaniumtetrafluorid $GeFl_4$, ein Gas, verhält sich dem Wasser gegenüber völlig wie $SiFl_4$; es entsteht nämlich H_2GeFl_6, Germaniumfluorwasserstoffsäure, deren Kaliumsalz ebenfalls schwer löslich ist.

Sauerstoffverbindungen des Germaniums.

Germaniumoxydul GeO entsteht durch Erhitzen des zugehörigen Hydroxyds als schwarzgraues Pulver. $Ge(OH)_2$ bildet sich, wenn zur Lösung des Dichlorids Kali hinzugefügt wird.

Germaniumdioxyd GeO_2 entsteht ebenfalls durch Erhitzen des entsprechenden Hydroxyds, oder durch Rösten des Elementes oder seines Sulfids, oder durch deren Behandlung mit Salpetersäure. Es ist ein feuerbeständiges weißes Pulver vom spez. Gewicht 4·703 bei 18°. In Wasser ist es wenig löslich (1 Gewichtsteil in 95 Gewichtsteilen Wasser bei 100°) und verleiht demselben saure Reaktion. Das Hydroxyd hat ausschließlich sauren Charakter, da es nur mit Basen Salze bildet. Es löst sich auch in kohlensauren Salzen zumal beim Schmelzen auf; in Säuren ist es unlöslich.

Schwefelverbindungen des Germaniums.

Germaniumsulfür GeS entsteht durch Erhitzen des Sulfids im Wasserstoffstrome und kann daher direkt aus Argyrodit erhalten werden. Es sublimiert in dünnen Tafeln, welche im auffallenden Lichte grauschwarz und metallglänzend, im durchscheinenden Lichte gelbrot sind.

Germaniumdisulfid GeS_2 fällt als weißer Niederschlag, wenn Schwefelwasserstoff in die stark salzsaure Lösung von GeO_2 eingeleitet wird; in feuchter Luft zersetzt es sich unter Entwicklung von H_2S. In Alkalien und Schwefelalkalien löst es sich unter Bildung von Sulfosalzen.

Über Germanium vgl. ferner 218.

Zinn.

198. Zinn ist ein sehr selten gediegen vorkommendes Metall; es wurde schon im Altertum vielfach verwandt. In Europa gibt es hauptsächlich in Cornwall Zinngruben; schon die Phöniker holten das Metall von dort. Die wichtigsten Fundstätten sind auf der Inselgruppe im Malaiischen Archipel, welche östlich von Sumatra liegt (Banka, Biliton, Singkep u. a.), in China und in Australien, wo es in der Form von Zinnstein (Kassiterit) SnO_2 vorkommt. Zinnstein bildet quadratische Kristalle, welche durch einen geringen Eisengehalt meist braun oder schwarz gefärbt sind. Für die Gewinnung des metallischen Zinns wird der Zinnstein zunächst geröstet und dadurch von darin vorkommendem Schwefel und Arsen befreit. Sodann wird er mit Kohle erhitzt. Das so gewonnene Rohzinn schmilzt man zum Zwecke der Reinigung aufs neue bei niedriger Temperatur, wobei das Zinn abfließt, während Eisen und Arsen als Legierung mit Zinn zurückbleiben. Es wird dann nochmals umgeschmolzen und mit einer Holzstange umgerührt, um noch vorhandenes Oxyd zu reduzieren. Das Bankazinn ist nahezu chemisch rein.

Physikalische Eigenschaften. Zinn ist silberweiß, fast glänzend, schmilzt bei 232·7° und verflüchtigt sich zwischen 1450° und 1600°. Das spez. Gewicht ist 7·293 bei 13°. Es ist kristallinisch; dies zeigt sich namentlich, wenn die Oberfläche von gegossenem Zinn mit Salzsäure geätzt wird; es erscheinen dann eisblumenartige Figuren (Moiré métallique), entsprechend dem kristallinischen Bau. Beim Biegen von Zinn vernimmt man ein eigentümliches Knirschen (Zinngeschrei); es rührt wahrscheinlich von den sich aneinander reibenden Kriställchen her. Zinn ist sehr geschmeidig; es läßt sich bei gewöhnlicher Temperatur zu dünnen Blättchen auswalzen (Zinnfolie oder Stanniol, Stannum foliatum); bei 100° kann man es zu Draht ziehen. Bei sehr niedriger Temperatur, speziell in Berührung mit einer alkoholischen Pinksalzlösung (**201**), geht das Zinn spontan in eine andere Form, das graue Zinn, über, welches ein geringeres spezifisches Gewicht, nämlich 5·8 besitzt. Erst oberhalb 20° wandelt sich dieses wieder in weißes Zinn um. Wenn dieses letztere bei gewöhnlicher Temperatur (unter + 20°) mit grauem Zinn in Berührung kommt, so wandelt es sich sehr langsam in graues Zinn um und zerfällt in Pulver (Zinnpest). Ist es nicht mit der grauen Form in Berührung, so findet die Umwandlung bei gewöhnlicher Temperatur überhaupt nicht statt, oder erst nach Jahrhunderten. Offenbar hat man bei 20° einen Umwandlungspunkt der beiden Formen. Daraus ergibt sich das merkwürdige Resultat, daß das Zinn, außer an warmen Sommertagen, sich im metastabilen Zustand (**237**) befindet.

Im allgemeinen nimmt die Geschwindigkeit des Überganges einer metastabilen Form in die stabile mit der Entfernung vom Umwandlungspunkt zu. Bei abnehmender Temperatur aber wird dieser Geschwindigkeitszunahme durch die Verkleinerung der Reaktionsgeschwindigkeit bei Temperaturerniedrigung entgegengewirkt. Das Resultat wird also sein, daß in manchen Fällen, wie hier bei — 48°, ein Maximum der Geschwindigkeit der Umwandlung besteht (siehe oben).

Auch bei 200° ist Zinn spröde und läßt sich dann leicht zu Pulver stampfen; vermutlich liegt auch dieser Erscheinung ein allotroper Zustand zugrunde.

Chemische Eigenschaften. Das Zinn ist bei gewöhnlicher Temperatur an der Luft beständig; erst bei starkem Erhitzen verbrennt es mit weißem intensivem Licht zu SnO_2. Durch Salzsäure wird es unter Wasserstoffentwicklung zu $SnCl_2$ gelöst. Auch von Salpetersäure wird es angegriffen (**201**). Von kochender Kali- oder Natronlauge wird es unter Wasserstoffentwicklung in zinnsaures Salz oder Stannat verwandelt:

$$Sn + 2KOH + H_2O = K_2SnO_3 + 2H_2.$$

Gegen schwache Säuren (Essigsäure) und Alkalien ist es sehr beständig.

199. Anwendungen. Wegen seiner Beständigkeit an der Luft wird Zinn zum Überziehen anderer Metalle verwendet, welche gegen die Luft oder die eben genannten Agentien nicht beständig sind; viele Gefäße für den Küchengebrauch sind verzinnt. Eisenblech wird, um es vor dem Rosten zu schützen, verzinnt, d. h. mit einer Zinnschicht überzogen (**280**) und heißt dann Weißblech oder im gewöhnlichen Leben auch „Blech" schlechtweg.

Legierungen des Zinns sind vielfach in Gebrauch. Lötmetall besteht aus Zinn und Blei (im Verhältnis 2:1 oder 1:1 oder 1:2) und ist härter als seine beiden Komponenten, aber leichter schmelzbar. Mit Kupfer bildet das Zinn Legierungen, die Bronze heißen; ihre Zusammensetzung wechselt je nach dem Zwecke, welchem sie dienen. Gegenwärtig enthalten die Bronzearten meistens auch ein wenig Blei und Zink. Bronze ist hart und zäh, läßt sich gut bearbeiten und stellt geschmolzen eine bewegliche Flüssigkeit dar; deshalb eignet sie sich außerordentlich für Gießarbeit. Kanonen- oder Geschützebronze enthält 90% Kupfer und 10% Zinn; Glockenmetall 20—25% Zinn (der Rest ist Kupfer). Phosphorbronze wird dargestellt, indem man Kupfer mit Zinnphosphür (**202**) zusammenschmilzt. Die Masse wird außerordentlich homogen und enthält 0·25—2·5% Phosphor und 5—15% Zinn. Wegen ihrer großen Härte und Festigkeit findet sie besonders für Maschinenteile (Achsenlager) Verwendung. Siliciumbronze enthält an Stelle von Phosphor Silicium, ist sehr fest und leitet den elektrischen Strom gut, deshalb wird sie zur Herstellung von Telephondraht benutzt. Zinnamalgam wird zur Belegung von Glasspiegeln verwandt.

Verbindungen des Zinns.

Das Zinn bildet zwei Verbindungsstufen; sie entsprechen den Sauerstoffverbindungen SnO (Zinnoxydul) und dem Oxyd SnO_2.

Oxydulverbindungen.

200. Zinnchlorür $SnCl_2$ wird durch Auflösen von Zinn in Salzsäure bereitet:

$$Sn + 2HCl = 2SnCl_2 + H_2.$$

Es kristallisiert mit 2 Mol Wasser, welche bei 100° entweichen. Es ist in Wasser sehr leicht löslich (in 0·37 Teilen bei gewöhnlicher Temperatur). Wasserfreies Zinnchlorür ist weiß, durchscheinend, schmilzt bei 250° und siedet bei 606°. Etwas oberhalb des Siedepunktes entspricht die Dampfdichte der Formel Sn_2Cl_4, oberhalb 900° dagegen der Formel $SnCl_2$.

Die wäßrige Lösung wirkt stark reduzierend. Sie nimmt Sauerstoff aus der Luft auf unter teilweiser Bildung von basischem Chlorür (einem weißen Pulver), wenn die Flüssigkeit nicht zu sauer ist:

$$3SnCl_2 + H_2O + O = SnCl_4 + \underset{\text{basisches Chlorür}}{2Sn(OH)Cl}.$$

Ist die Flüssigkeit jedoch stark sauer, so bildet sich bei dieser Oxydation nur Tetrachlorid $SnCl_4$.

Dasselbe basische Chlorür entsteht auch durch hydrolytische Spaltung bei starker Verdünnung einer neutralen Zinnchlorürlösung:

$$SnCl_2 + aq = Sn(OH)Cl + HCl + aq.$$

Die reduzierenden Eigenschaften des Zinnchlorürs äußern sich ferner gegenüber Kaliumpermanganat, Kaliumbichromat, Kupferchlorid, Quecksilberchlorid usw., welche sämtlich in saurer Lösung in niedere Oxydationsstufen übergeführt werden.

Es mag hier bemerkt werden, daß, vom Standpunkt der Ionenlehre aus, Oxydation in vielen Fällen darauf hinaus kommt, daß ein Ion auf ein höheres positives Potential gebracht wird und Reduktion auf den entgegengesetzten Effekt. Betrachten wir z. B. die Reaktion zwischen Stannochlorid und Quecksilberchlorid. Man kann sie durch die Gleichung formulieren:

$$SnCl_2 + HgCl_2 = SnCl_4 + Hg.$$

Stannochlorid wird zu Stannichlorid oxydiert, Mercurichlorid zu Metall reduziert. In Ionen haben wir die Formulierung:

$$Sn^{\cdot\cdot} + Hg^{\cdot\cdot} = Sn^{\cdot\cdot\cdot\cdot} + Hg,$$

d. h. die elektrische Ladung des Mercuriions wird von dem zweiwertigen Zinnion aufgenommen, indem ersteres seine elektrische Ladung abgibt.

Ein anderes Beispiel ist die Einwirkung von Chlor auf Stannochlorid, bei welcher dieses zu Stannichlorid oxydiert wird:

$$SnCl_2 + Cl_2 = SnCl_4.$$

Die Ionenformulierung lautet:

$$Sn^{\cdot\cdot} + 2Cl' + Cl_2 = Sn^{\cdot\cdot\cdot\cdot} + 4Cl'.$$

Das Zinnion nimmt zwei positive Ladungen mehr auf; dies nötigt zwei Chloratome in den Ionenzustand überzugehen; sie bemächtigen sich also zweier negativer Ladungen, was eben zwei positive Ladungen disponibel macht.

Da $SnCl_4$ sehr wenig ionisiert ist, vereinigen sich aber $Sn^{\cdot\cdot\cdot\cdot}$ und 4 Cl' zu ungespaltenen Molekülen $SnCl_4$ (**201**).

Bei der Darstellung von Chlor wird Chlorwasserstoff durch Mangandioxyd „oxydiert“:

$$MnO_2 + 4HCl = MnCl_2 + 2H_2O + Cl_2$$

oder

$$MnO_2 + 4H^{\cdot} + 4Cl' = Mn^{\cdot\cdot} + 2Cl' + 2H_2O + Cl_2.$$

Diese positive Ladung der vier $H^{\cdot}$ wird also zur einen Hälfte auf das Mangan übertragen, zur andern Hälfte dient sie dazu zwei Chlorionen zu entladen, d. h. deren negative Ladungen auszugleichen.

Man kennt verschiedene Doppelsalze des Zinnchlorürs, wie $SnCl_2 \cdot 2KCl$, $SnCl_2 \cdot 2NH_4Cl$ u. a.

Stannohydroxyd $Sn(OH)_2$ fällt aus, wenn man die Lösung von $SnCl_2$ mit Soda versetzt:

$$SnCl_2 + Na_2CO_3 + H_2O = Sn(OH)_2 + 2NaCl + CO_2.$$

Dieses Hydroxyd ist unlöslich in Ammoniak, aber löslich in Alkalien; beim Kochen dieser Lösung wird Zinn abgeschieden und Alkalistannat K_2SnO_3 gebildet. Das Hydroxyd ist auch in Säuren löslich, besitzt also sowohl basischen wie sauren Charakter. Solche Körper können also einerseits Hydroxylionen bilden ($Sn^{\cdot\cdot} + 2OH'$), anderseits Wasserstoffionen ($SnO_2'' + 2H^{\cdot}$). Sie heißen amphotere Stoffe.

Zinnoxydul wird durch Erhitzen des Hydroxyds im Kohlensäurestrom erhalten; es ist ein braunschwarzes Pulver, welches an der Luft von selbst zu SnO_2 verbrennt.

Außer dem bereits genannten Chlorür sind noch andere Salze des Zinnoxyduls bekannt. Das Sulfat z. B. wird durch Lösen des Hydroxyds oder des Metalles in verdünnter Schwefelsäure erhalten Es bildet leicht ein basisches Salz.

Zinnsulfür SnS fällt beim Einleiten von Schwefelwasserstoff in die Lösung von Zinnoxydulsalzen als amorphes braunes Pulver nieder; in Schwefelkalium K_2S ist es unlöslich. Gleichwohl löst es sich unter Bildung eines Sulfostannats auf, wenn es mit Kalium- oder Ammoniumpolysulfid K_2S_x ($x = 2$ bis 5) in Berührung gebracht wird:

$$SnS + K_2S_2 = K_2SnS_3.$$

SnS kann auch durch Schmelzen von Zinn mit Schwefel bereitet werden; es bildet dann eine blaugraue kristallinische Masse.

Oxydverbindungen des Zinns.

201. Zinnchlorid $SnCl_4$ ist schon i. J. 1605 dargestellt worden; nach seinem Entdecker trägt es den Namen Spiritus fumans Libavii. Es wird durch Einwirkung von Chlor auf Zinn oder Zinnchlorür erhalten und stellt eine an der Luft stark rauchende Flüssigkeit dar, welche bei 113·9° kocht und bei 15° das spez. Gewicht 2·234 zeigt. Mit wenig Wasser in Berührung gebracht oder durch Anziehung von Feuchtigkeit aus der Luft geht es in eine halbfeste, kristallisierte Masse $SnCl_4 \cdot 3H_2O$, die sog. Zinnbutter, über. Eine frisch bereitete Lösung von Stannichlorid ist ein sehr schlechter Leiter der Elektrizität. Die Leitfähigkeit nimmt jedoch langsam bei gewöhnlicher, schnell bei höherer Temperatur zu. Nach einigen Tagen erreicht sie ein Maximum, welches bei verdünnten Lösungen höher liegt wie bei stärkeren. Dieses Faktum läßt sich durch die Annahme erklären, daß das $SnCl_4$-Molekül der Ionisation nur sehr wenig fähig ist, und mit Wasser in folgender Weise reagiert:

$$SnCl_4 + 4H_2O \rightleftarrows Sn(OH)_4 + 4HCl,$$

d. h. hydrolytischer Dissoziation (**66**) unterliegt. Die freiwerdende Salzsäure ist Ursache des Leitvermögens. Die Lösung enthält Zinnhydroxyd im kolloidalen Zustande. Zinnchlorid bildet gut kristallisierte Doppelsalze mit den Chloriden der Alkalien, z. B. $SnCl_4 \cdot 2KCl$ und $SnCl_4 \cdot 2NH_4Cl$; das letztere trägt den Namen Pinksalz (weil es schwach rosa gefärbt ist; rosa = engl. pink) und dient als Beizmittel in der Färberei. Auch mit den Chloriden von Metalloiden vereinigt sich das Zinntetrachlorid zu kristallisierten Körpern, z. B. $SnCl_4 \cdot PCl_5$; $SnCl_4 \cdot POCl_3$; $SnCl_4 \cdot SCl_4$ u. a. Mit Salzsäure vereinigt es sich zu $H_2SnCl_6 \cdot 6aq$, einer blätterig-kristallinischen Masse, die bei 9° schmilzt.

Zinnfluorid $SnFl_4$ ist selbst nicht bekannt, wohl aber die Verbindung K_2SnFl_6, welche dem Kieselfluorkalium entspricht; die Salze der Zinnfluorwasserstoffsäure sind isomorph mit den entsprechenden Siliciumverbindungen.

Zinnoxyd SnO_2 kann synthetisch durch Erhitzen von Zinn an der Luft dargestellt werden. Es ist ein amorphes weißes Pulver, unlöslich in Säuren und Alkalien; von den letzteren wird es jedoch beim Schmelzen gelöst unter Bildung zinnsaurer Salze.

Zinnsäure und Metazinnsäure. Die dem SnO_2 entsprechenden Hydroxyde haben nur sehr schwach basische Eigenschaften; die sauren treten hier in den Vordergrund. Das normale Hydrat $Sn(OH)_4$ ist nicht bekannt, wohl aber ein Hydrat von der empirischen Zusammensetzung $H_2SnO_3 = Sn(OH)_4 - H_2O$ (dasselbe entspricht also der Kohlensäure H_2CO_3). Merkwürdigerweise existiert es in zwei Modifikationen, welche sich sowohl in chemischer wie in physikalischer Hinsicht voneinander unterscheiden; man bezeichnet sie als Zinnsäure und Metazinnsäure.

Die Zinnsäure fällt aus, wenn man zu einer wäßrigen Lösung von $SnCl_4$ Ammoniak gibt, oder Salzsäure zu einer Lösung von Kaliumstannat. Dieser Niederschlag reagiert im feuchten Zustande sauer, ist löslich in konzentrierter Salz- und Salpetersäure, sowie in Alkalien. Er wandelt sich langsam in Metazinnsäure um.

Metazinnsäure wird gewöhnlich durch Behandlung von Zinn mit starker Salpetersäure dargestellt; sie entsteht dann unter heftiger Reaktion als ein schweres weißes Pulver. Metazinnsäure ist in Natronlauge unlöslich, verbindet sich damit jedoch zu metazinnsaurem Natron, welches von Wasser — wenn auch schwierig — gelöst wird, aber in der Lauge unlöslich ist. Beim Kochen mit Salzsäure geht Metazinnsäure in ein Chlorid über, welches in der konzentrierten Säure nicht, wohl aber in Wasser löslich ist. Diese Lösung enthält nicht das gewöhnliche Zinnchlorid, sondern ein anderes, das Metazinnchlorid, ebenfalls von der Zusammensetzung $SnCl_4$. Es unterscheidet sich vom gewöhnlichen Zinnchlorid dadurch, daß es mit Zinnchlorürlösung eine gelbe Färbung gibt; die Lösung des gewöhnlichen Chlorids tut dies erst, wenn sie geraume Zeit aufbewahrt wurde, weil dann Metazinnchlorid darin entsteht.

Die Zinnsäure und das entsprechende Chlorid gehen also spontan in die Metaverbindungen über; die Metazinnsäure kann umgekehrt in die gewöhnlichen Zinnverbindungen übergeführt werden, wenn man sie längere Zeit mit Ätzalkalien kocht oder damit schmilzt.

Den Unterschied zwischen Zinnsäure und Metazinnsäure hat Berzelius bereits im Anfang dieses Jahrhunderts festgestellt; dennoch ist bis zum heutigen Tage eine ganz ausreichende Erklärung der Erscheinung nicht gefunden worden. Da die Salze der Metasäure jedoch meist eine sehr komplizierte Zusammensetzung haben, ähnlich wie die Polysilikate (**195**), ist es wahrscheinlich, daß die Metazinnsäure ein Polymeres der gewöhnlichen Zinnsäure ist.

Von den Salzen der Zinnsäure ist besonders das Natriumsalz $Na_2SnO_3 + 3H_2O$ bekannt. Es kommt unter dem Namen Präpariersalz in den Handel und wird in der Färberei als Beizmittel verwendet. Es wird durch Schmelzen von Zinnstein mit Natron erhalten und kristallisiert in hexagonalen Kristallen, welche in kaltem Wasser löslicher sind als in heißem.

202. Zinnsulfid SnS_2 fällt als amorphes gelbes Pulver nieder, wenn in die saure Lösung einer Zinnoxydverbindung Schwefelwasserstoff eingeleitet wird. Synthetisch bereitet man es durch Erhitzen von Zinnamalgam mit Schwefel und Salmiak; es wird so in Form goldglänzender, durchscheinender Blättchen erhalten und trägt den Namen Musivgold; es dient zum Bronzieren von Gips, Bilderrahmen und dergl. Das Zinnsulfid ist ein Anhydrosulfid; die entsprechende Sulfosäure H_2SnS_3 ist im freien Zustande nicht bekannt, wohl aber in ihren Salzen.

Natriumsulfostannat $Na_2SnS_3 + 2H_2O$ kristallisiert in farblosen Oktaëdern. Versetzt man die Lösung desselben mit einer Säure, so fällt SnS_2 aus.

Zinnphosphür dient, wie oben angegeben, zur Herstellung von Phosphorbronze. Es sind verschiedene Verbindungen von Zinn und Phosphor bekannt; beim Erhitzen gehen sie sämtlich in die Verbindung Sn_9P über; diese bildet eine grobkristallinische Masse, welche bei 170° schmilzt.

Blei.

203. Von den Bleierzen ist der Bleiglanz PbS das wichtigste; er kommt in graphitfarbigen regulären Kristallen (Würfeln) vor. Weitere Erze sind Weißbleierz $PbCO_3$, Rotbleierz $PbCrO_4$, Gelbbleierz $PbMoO_4$ u. a. Für die Gewinnung des Metalles dient fast ausschließlich der Bleiglanz. Dieser wird geröstet, wobei das Sulfid zum Teil in Oxyd, zum Teil in Sulfat übergeht:

$$PbS + 3O = PbO + SO_2\,; \qquad PbS + 2O_2 = PbSO_4\,.$$

Beim Rösten trägt man Sorge, daß ein erheblicher Teil des Erzes als Sulfid übrig bleibt. Bei weiterem Erhitzen wirkt dies auf die Sauerstoffverbindungen in folgender Weise ein:

$$2\,PbO + PbS = 3\,Pb + SO_2 \text{ und } PbSO_4 + PbS = 2\,Pb + 2\,SO_2.$$

Physikalische Eigenschaften. Blei ist blaugrau, stark glänzend, weich und dehnbar; an der Luft wird es sehr rasch glanzlos, indem es sich mit einer sehr dünnen Oxydschicht bedeckt. Es hat das spez. Gewicht 11·254, schmilzt bei 334° und destilliert bei Weißglut.

Chemische Eigenschaften. Durch die feine Oxydschicht, die sich bald auf seiner glänzenden Oberfläche bildet, wird das Blei vor dem weiteren Angriff der Luft geschützt; stellt man es jedoch in sehr feiner Verteilung dar, z. B. durch vorsichtiges Erhitzen von weinsaurem oder zitronensaurem Blei unter Luftabschluß, so fängt es schon bei gewöhnlicher Temperatur an der Luft Feuer (pyrophorisches Blei). Auch andere Metalle können, wenn man sie auf ähnliche Weise in einen solchen Zustand feinster Verteilung bringt, pyrophorisch werden. Beim Schmelzen bedeckt sich das Blei mit einer Schicht roten Bleioxyds; wird letzteres fortgesetzt entfernt, so läßt sich alles Blei oxydieren. Von Schwefelsäure und Salzsäure wird es in kompakter Masse nicht angegriffen, wohl aber wenn es fein verteilt ist, wobei sich die entsprechenden Salze bilden; von Salpetersäure wird es leicht zu Nitrat gelöst. Auch Essigsäure und verschiedene Pflanzensäuren greifen es an. Da Bleisalze gefährliche chronische Vergiftungen durch fortgesetzte Aufnahme von an sich ungefährlichen Mengen verursachen können, darf bleihaltiges Zinn zum Verzinnen von Gefäßen für den Küchengebrauch nicht verwendet werden. Durch Zink und durch Eisen wird aus Bleilösungen das Metall ausgefällt. Stellt man in die Lösung einen Zinkstab, so scheidet sich an ihm das Blei als verzweigte Kristallmasse, als „Bleibaum“ ab. Diese Reaktion kann man formulieren:

$$Zn + Pb^{\cdot\cdot} = Zn^{\cdot\cdot} + Pb,$$

d. h. Zink geht in den ionisierten Zustand über und die Bleiionen werden entladen.

Wie es kommt, daß ein Metall die elektrische Ladung eines andern übernimmt, kann nach einer von NERNST herrührenden Hypothese erklärt werden. Sie beruht auf der Annahme, daß jedes Metall, welches mit Wasser oder einer Lösung in Berührung ist, sich bestrebt, positive Ionen auszusenden. Die Kraft, mit der dieser Lösungsdruck sich betätigt, ist für die einzelnen Metalle sehr verschieden; sie ist viel größer beim Zink als beim Blei. Wenn daher ein Stück Zink in eine Lösung hineingebracht wird, welche Bleiionen enthält, werden Zinkionen in die Lösung hineingetrieben, wodurch das Zink selbst negativ geladen wird. Die Bleiionen sind jetzt imstande, sich an dem Zinkstück zu entladen, und da sie nicht mit derselben Kraft in die Lösung zurückgetrieben werden wie die Zinkionen, muß der Effekt der sein, daß alle Bleiionen verschwinden und durch Zinkionen ersetzt werden.

Destilliertes und durch Kochen von Luft befreites Wasser ist völlig ohne Bildung auf Blei. Von lufthaltigem Wasser jedoch wird es unter Bildung von Bleihydroxyd angegriffen. Durch Kohlensäure wird es in unlösliches basisches Bleikarbonat (Cerussit) verwandelt.

Diese Eigenschaften des Bleis sind vom Standpunkte der Hygiene aus von großer Bedeutung, weil das Trinkwasser vielfach durch bleierne oder aus bleihaltigem Material hergestellte Röhren (Kompositionsmetall) geleitet wird. Ob das Trinkwasser aus derartigen Rohrleitungen Blei aufnimmt und dies andauernd weiter geschieht, hängt in hohem Grade von dem Salzgehalt desselben ab. Im allgemeinen löst Trinkwasser um so mehr Blei auf, je ärmer es an Salzen ist. Von Regenwasser, welches fast gar keine festen Salze, wohl aber Sauerstoff, Kohlensäure und Spuren von Ammoniakverbindungen enthält, wird das Blei daher am ehesten gelöst. Die bleiernen Dachrinnen, welche früher viel in Gebrauch waren, sind deshalb da, wo Regenwasser als Trinkwasser dient, zu verwerfen. Quellwasser enthält meist saures Calciumkarbonat und Gips. Infolge davon bedecken die Bleiröhren sich bald mit einer unlöslichen Schicht von Bleisulfat und basischem Karbonat (auch wohl mit Calciumkarbonat), so daß nach einiger Zeit vom Trinkwasser kein Blei mehr aufgenommen werden kann.

Das Blei wird für viele Zwecke verwendet, auch in Form von Legierungen; vgl. darüber **199**.

Oxyde des Bleis.

204. Vom Blei kennt man folgende Oxyde: Pb_2O, PbO, Pb_2O_3, Pb_3O_4 und PbO_2.

Bleisuboxyd Pb_2O ist ein sammetschwarzes Pulver, welches beim Erhitzen an der Luft leicht in Bleioxyd übergeht.

Das Bleioxyd ist von diesen Oxyden das einzige mit basischen Eigenschaften; es entsteht durch direkte Synthese aus den Elementen (**203**). Es ist schmelzbar und erstarrt dann wieder zu einer rotgelben Masse, der Bleiglätte. Durch vorsichtiges Erhitzen von Blei, Bleihydroxyd $Pb(OH)_2$ oder Bleinitrat wird es als ein amorphes gelbes Pulver erhalten (Massicot). In Wasser löst es sich etwas unter Bildung von Hydroxyd. In heißer Kalilauge ist es löslich und kristallisiert daraus beim Erkalten in rhombischen Prismen.

Bleihydroxyd $Pb(OH)_2$ entsteht durch Fällung einer Bleilösung mit Alkali; es ist in Ätzalkalien löslich, ist also amphoter (**200**), aber unlöslich in Ammoniak. Beim Erwärmen auf 145° gibt es Wasser ab und geht in das Oxyd über; es ist in Wasser etwas löslich, wobei es demselben alkalische Reaktion verleiht, und nimmt Kohlensäure aus der Luft auf.

Mennige Pb_3O_4 wird bereitet, indem man Bleioxyd oder Bleiweiß an der Luft längere Zeit auf 300—400° erhitzt. Es besitzt eine schöne rote Farbe und wird deshalb als Malerfarbe verwendet. Bei schwachem Erhitzen wird die Farbe zuerst lebhafter rot, bei stärkerem Erhitzen violett und schließlich schwarz; beim Erkalten erscheint jedoch die ursprüngliche Farbe wieder. Beim Behandeln mit verdünnter Salpetersäure entstehen Bleinitrat und Bleisuperoxyd PbO_2; man darf die Mennige deshalb als $2PbO \cdot PbO_2$ ansehen.

Bleisuperoxyd PbO_2 wird auf die eben angegebene Weise erhalten, leichter jedoch, wenn man in eine alkalische Bleilösung Chlor einleitet oder einem Bleisalz ein Hypochlorit zusetzt:

$$2PbCl_2 + Ca(OCl)_2 + 2H_2O = 2PbO_2 + CaCl_2 + 4HCl.$$

Man setzt dabei noch Kalkmilch zu, um die freiwerdende Säure zu binden.

Das Bleisuperoxyd ist ein schwarzbraunes amorphes Pulver; es hat mit den meisten Peroxyden die Fähigkeit gemein, leicht Sauerstoff abzugeben. Bei hoher Temperatur spaltet es sich in PbO und Sauerstoff. Beim Erwärmen mit Schwefelsäure entstehen Bleisulfat und Sauerstoff; beim Erwärmen mit Salzsäure Chlor und $PbCl_2$.

Das Bleisuperoxyd hat (wie CO_2 und SnO_2) den Charakter eines Säureanhydrids; denn es ist in heißer konzentrierter Kalilauge löslich; aus letzterer scheiden sich beim Erkalten Kristalle von der Zusammensetzung $K_2PbO_3 + 3H_2O$ ab (welche demnach dem Kaliumstannat völlig analog zusammengesetzt sind); diese Verbindung wird jedoch von Wasser leicht in Kali und PbO_2 zerlegt.

Wenn ein Gemenge von Bleiglätte und Calciumkarbonat in einem Luftstrom auf 700° erhitzt wird, entweicht CO_2 und es bildet sich unter Sauerstoffaufnahme Calciumplumbat Ca_2PbO_4. Wird dieses Plumbat bei ungefähr derselben Temperatur mit CO_2-Gas behandelt, so bilden sich Calciumkarbonat und Bleioxyd zurück, während Sauerstoff entweicht:

$$Ca_2PbO_4 + 2CO_2 = 2CaCO_3 + PbO + O.$$

Dieser von Kassner aufgefundene Prozeß ist eine technische Darstellung von Sauerstoff.

Betrachtet man das Bleisuperoxyd als ein Säureanhydrid, so kann man dieses Salz von einer normalen Bleisäure $Pb(OH)_4$ ableiten: $Pb(O_2Ca)_2$. Analog kann man die Mennige als entsprechendes Bleisalz Pb_2PbO_4 auffassen. Doch enthält sie meistens viel mehr PbO als dieser Formel entspricht.

Das Oxyd Pb_2O_3 wird erhalten, indem man einer Lösung von Bleioxyd in Kali Natriumhypochlorit zusetzt. Es kann als das Bleisalz einer Bleisäure H_2PbO_3, d. h. als $Pb \cdot PbO_3$ aufgefaßt werden; denn bei der Behandlung mit verdünnter Salpetersäure entstehen PbO_2 (das Anhydrid von H_2PbO_3) und Bleinitrat.

Halogenverbindungen.

205. Die Halogenverbindungen des Bleis von der Formel PbX_2 sind in kaltem Wasser schwer löslich; Bleifluorid ist nahezu unlöslich und bei den drei andern nimmt die Löslichkeit mit steigendem Atomgewicht des Halogens ab.

Bleichlorid $PbCl_2$ wird als weißer Niederschlag erhalten, wenn man zu der Lösung eines Bleisalzes verdünnte Salzsäure zusetzt. Bei 12·5° löst es sich in 135, bei 100° in weniger als 30 Gewichtsteilen Wasser auf und kristallisiert aus der heißen Lösung in Form von weißen seidenglänzenden Nadeln oder Blättchen. Wenn man wäßrige Bleichloridlösung mit verdünnter Salzsäure versetzt, fällt $PbCl_2$ nieder, denn durch den Zusatz von Cl-Ionen wird das Löslichkeitsprodukt von $PbCl_2$ überschritten; doch ist Bleichlorid in konzentrierter Salzsäure leicht löslich. Dies muß durch die Bildung einer Verbindung von $PbCl_2$ mit HCl verursacht sein, zu der ein Analogon, nämlich $PbJ_2 \cdot HJ + 10H_2O$, hat isoliert werden können. Charakteristisch für das Blei ist das Jodid PbJ_2, welches durch Jodkalium aus Bleilösungen gefällt wird. In kaltem Wasser ist es sehr schwer, in heißem mäßig löslich. Aus einer Lösung in verdünnter Essigsäure kristallisiert es sehr schön in goldglänzenden Kristallflittern.

Bleitetrachlorid $PbCl_4$ erhält man, wenn in eine Lösung von $PbCl_2$ in starker Salzsäure Chlor bis zur Sättigung eingeleitet wird. Chlorammonium fällt aus dieser Flüssigkeit einen zitronengelben kristallinischen Körper $2NH_4Cl \cdot PbCl_4$ von analoger Zusammensetzung wie das Pinksalz (**201**) aus. Analoge Doppelsalze bildet $PbCl_4$ auch mit den Alkalimetallen, wie Kalium und Rubidium (Rb_2PbCl_6). Übergießt man ein solches Doppelsalz unter Kühlung mit konzentrierter Schwefelsäure, so scheidet sich allmählich Bleitetrachlorid als schweres gelbes Öl (spez. Gewicht 3·18) ab, das bei niedriger Temperatur beständig ist und bei −15° fest wird. Schon bei gewöhnlicher Temperatur, noch rascher beim Erwärmen, zerfällt es in $PbCl_2$ und Chlor.

Andere Bleisalze.

206. Bleinitrat $Pb(NO_3)_2$ wird durch Auflösen von Blei in verdünnter Salpetersäure gewonnen; es ist farblos, kristallisiert regulär und ist in 8 Gewichtsteilen Wasser löslich. Durch Erhitzen wird es zerlegt (**122**). Es sind verschiedene basische Bleinitrate bekannt.

Bleisulfat $PbSO_4$ ist in Wasser nahezu unlöslich und kann deshalb in der Weise erhalten werden, daß man eine Bleilösung mit verdünnter Schwefelsäure oder mit einem löslichen Sulfat fällt. Es kommt als Mineral in kristallisierter Form als Bleivitriol (Anglesit) vor; dasselbe ist mit Baryumsulfat isomorph. In konzentrierter Schwefelsäure ist es löslich; daher enthält die rohe Schwefelsäure, welche beim Bleikammerverfahren in Bleipfannen konzentriert worden ist, Bleisulfat; beim Verdünnen solcher Säure mit Wasser fällt dasselbe nieder. Es wird von konzentrierter Alkalilauge gelöst. Durch Glühen mit Kohle wird es leicht zu Sulfid reduziert.

Bleikarbonat $PbCO_3$ fällt aus, wenn man eine Lösung von Bleinitrat mit kohlensaurem Ammoniak versetzt. Ein basisches Karbonat ist das Bleiweiß, welches zur Darstellung weißer Ölfarbe dient; seine Verwendung hat jedoch den Nachteil, daß die Farbe durch Einwirkung von Schwefelwasserstoff (der aus Kanalisationsanlagen u. dergl. entweicht) schwarz wird; es ist auch gesundheitsschädlich, da es von damit bemalten Wandflächen leicht abstaubt und dadurch bei der Atmung in den Organismus gelangt. Ein Hauptvorzug des Bleiweißes ist sein gutes Deckvermögen (d. h. um eine Fläche usw. zu weißen, braucht die Farbe nur in sehr dünner Schicht aufgetragen zu werden), welches dasjenige anderer weißer Farben, wie Zinkweiß und Baryumsulfat, die man, da sie unschädlich sind, als Ersatz für Bleiweiß verwendet, weit übertrifft.

Die Fabrikation des Bleiweißes erfolgt noch vielfach nach der holländischen Methode. Dieselbe besteht darin, daß spiralförmig aufgerollte, dünne Bleiplatten in Töpfe gesetzt werden, in denen sich ein wenig Essigsäure befindet. Die Gefäße werden mit einer Bleiplatte lose verschlossen und unter Pferdemist vergraben. Durch die Wärme, welche beim Faulen des Mistes entwickelt wird, verdampft ein Teil der Essigsäure und verwandelt das Blei in basisches Bleiacetat, welches dann durch das Kohlendioxyd, das der faulende Mist abgibt, in Bleiweiß übergeführt wird. Nach vier bis fünf Wochen sind die Platten fast ganz in Bleiweiß umgewandelt; dieses wird sodann feucht gemahlen, ausgewaschen, um Bleiacetat zu entfernen, und getrocknet. So gelangt es in den Handel.

Bleisulfid PbS ist schwarz und fällt amorph nieder, wenn Schwefelwasserstoff in eine Bleilösung eingeleitet wird. Eine Flüssigkeit, die nur Spuren von Blei enthält, wird durch H_2S braun gefärbt; dies ist ein sehr empfindliches Mittel, um Blei nachzuweisen. Durch starke Salpetersäure wird PbS leicht zu Bleisulfat oxydiert.

Übersicht der Kohlenstoffgruppe.

207. Die Elemente Kohlenstoff, Silicium, Germanium, Zinn und Blei bilden eine natürliche Gruppe, wie aus einem Ver-

	C	Si	Ge	Sn	Pb
Atomgewicht . . .	12·00	28·4	72	118·5	206·9
Spez. Gewicht . .	{ 2·25 3·6	2·49	5·5	7·29	11·39
Schmelzpunkt . .	—	sehr hoch	ca. 900°	233°	334°
Siedepunkt . . .	—	—	—	ca. 1500°	ca. 1600°

gleiche ihrer physikalischen und chemischen Eigenschaften hervorgeht. In der vorstehenden Tabelle sind die wichtigsten physikalischen Konstanten zusammengestellt; man erkennt, wie bei andern natürlichen Gruppen, deren graduelle Änderung beim Steigen des Atomgewichtes.

Was die chemischen Eigenschaften betrifft, so bemerkt man zunächst, daß alle diese Elemente die gleichen Verbindungstypen MX_2 und MX_4 zeigen, mit andern Worten, zwei- oder vierwertig sind; dies ist auch beim Blei der Fall (PbO_2, $PbCl_4$ usw.), welches im übrigen in das Schema der physikalischen Eigenschaften mit seinem Schmelz- und Siedepunkt nicht hineinpaßt; ferner bemerkt man im allgemeinen einen Übergang vom metalloiden in den metallischen Charakter, was sich durch die folgenden Sätze schärfer fixieren läßt:

1. Nur vom Kohlenstoff und Silicium sind Wasserstoffverbindungen (von indifferentem Charakter) bekannt.

2. Von den Sauerstoffverbindungen des Typus MO ist die des Kohlenstoffes indifferent, die andern (vom Silicium ist dieselbe nicht bekannt) zeigen mit zunehmendem Atomgewicht mehr und mehr basischen Charakter derart, daß Bleihydroxyd sogar ziemlich stark alkalische Eigenschaften besitzt.

3. Die Sauerstoffverbindungen RO_2 dagegen haben beim Kohlenstoff und Silicium ausgesprochenen Säurecharakter, auch noch beim Germanium, während beim Blei die Salze der Säure H_2PbO_3 durch Wasser augenblicklich zersetzt werden, so daß die sauren Eigenschaften hier sehr geschwächt erscheinen.

4. Von den Halogenverbindungen sind die des Kohlenstoffes gegen kaltes Wasser beständig; die übrigen Halogenverbindungen MX_4 werden durch Wasser zersetzt.

Das Blei bekundet in einigen seiner physikalischen und chemischen Eigenschaften nicht die graduelle Abstufung, welche sonst bei den Elementen einer Gruppe angetroffen wird; diese Erscheinung trifft man mehrfach bei Elementen mit sehr hohem Atomgewicht an. In der Stickstoffgruppe sahen wir dies beim Wismut.

Methoden der Atomgewichtsbestimmung.

208. Bis jetzt wurde nur eine Methode der Atomgewichtsbestimmung erwähnt (**34**). Diese besteht darin, daß man von einem Elemente eine möglichst große Anzahl gasförmiger Verbindungen auf ihre Dampfdichte und empirische Zusammensetzung untersucht und dann berechnet, wieviel Gramm von dem Element im Mol der Verbindungen zugegen sind. Die kleinste so gefundene Zahl wird als das Atomgewicht angesehen. Diese Methode ist sehr allgemein; sie hat jedoch den Nachteil, daß man nur eine gewisse Wahrscheinlichkeit bezüglich der Größe des Atomgewichts erhält, welche desto größer ist, je mehr Verbindungen des Elementes in der angegebenen Richtung untersucht worden sind; denn dadurch wird die Aussicht, eine Verbindung zu finden, in deren Molekül ein einfaches Unterteil des bis jetzt angenommenen Atomgewichts sich vorfindet, sehr gering.

Es gibt jedoch noch andere Methoden. Sie besitzen zwar keine so allgemeine Verwendbarkeit, haben dagegen einen mehr absoluten Charakter, und sind in den vielen Fällen, in denen sie angewandt werden konnten, von großem Nutzen gewesen, weil sie eine sehr erwünschte Kontrolle der nach der allgemeinen Methode ausgeführten Bestimmungen ermöglicht haben.

Für diese Methoden kommen in Betracht:

1) Das Gesetz von Dulong und Petit. Das Produkt aus dem Atomgewicht und der spezifischen Wärme der im **festen** Zustande befindlichen Elemente beträgt ungefähr 6·4. Dies ergibt sich aus der folgenden Tabelle:

Element	Spezifische Wärme	At.-Gew.	Produkt	Bemerkungen
Wasserstoff	6	1·01	6	in flüssiger Form.
Lithium	0·941	7·03	6·6	
Beryllium	0·408	9·1	3·7	bei 257° ist die spez. W. 0·58, das Prod. daher 5·2.
Bor	0·254	11	2·8	amorph. — Bei 400° ist die sp. W. 0·58, das Prod. 6·4.
Kohlenstoff, amorph	0·174	12·00	2·1	
Kohlenstoff, Diamant	0·143	12·00	1·7	über 900° ist die spez. W. 0·459, das Prod. also 5·5.
Stickstoff	0·43	14·0	6	in flüssiger Form.
Natrium	0·293	23·05	6·7	
Magnesium	0·250	24·36	6·1	
Aluminium	0·214	27·1	5·8	
Silicium	0·165	28·4	4·6	kristallis.; über 200° spez. W. 0·204; Prod. 5·8.
Phosphor	0·189	31·0	5·9	gelb; spez. W. des roten 0·1698, Prod. 5·24.
Schwefel	0·178	32·06	5·7	rhombisch.
Kalium	0·166	39·15	6·5	
Calcium	0·170	40·0	6·8	
Scandium	0·153	44·1	6·7	
Chrom	0·121	52·1	6·3	
Mangan	0·122	55·0	6·7	
Eisen	0·114	56·0	6·4	
Kobalt	0·107	59·0	6·3	
Nickel	0·108	58·7	6·4	
Kupfer	0·095	63·6	6·0	

Element	Spezifische Wärme	At.-Gew.	Produkt	Bemerkungen
Zink	0·094	65·4	6·1	
Gallium	0·079	70	5·5	
Germanium . .	0·077	72	5·6	
Arsen . . .	0·082	75	6·9	kristallisiert.
Selen	0·080	79	6·3	desgl.
Brom	0·084	79·96	6·7	fest.
Zirkonium . .	0·066	90·7	6·0	
Molybdän . . .	0·072	96·0	6·9	
Ruthenium . . .	0·061	101·7	6·3	
Rhodium . . .	0·058	103·0	6·0	
Palladium . . .	0·059	106	6·3	
Silber	0·057	107·93	6·1	
Cadmium . . .	0·054	112·4	6·0	
Indium . . .	0·057	114	6·5	
Zinn	0·054	118·5	6·5	
Antimon . . .	0·051	120	6·1	
Tellur	0·047	127	6·0	
Jod	0·054	126·85	6·8	
Lanthan . . .	0·045	138·0	6·2	
Cer	0·045	140	6·3	
Wolfram . . .	0·033	184	6·1	
Osmium	0·031	191	5·9	
Iridium	0·032	193·0	6·1	
Platin	0·032	194·8	6·2	
Gold	0·032	197·2	6·3	
Quecksilber . .	0·032	200·3	6·4	fest.
Thallium . . .	0·033	204·1	6·7	
Blei	0·031	206·9	6·4	
Wismut	0·030	208·5	6·2	
Thor	0·027	232·5	6·2	
Uran	0·027	239·5	6·5	

Die meisten Werte des Produktes liegen, wie man sieht, bei 6·4; das Maximum ist 6·9, das Minimum 5·0. Wenn man dies Produkt die Atomwärme nennt, kann man das Gesetz von Dulong und Petit einfach so formulieren: Die Atomwärme der festen Elemente ist nahezu konstant und beträgt ca. 6·4.

Auf einige Abweichungen ist in der Spalte „Bemerkungen“ bereits hingewiesen; in solchen Fällen hat sich jedoch häufig gezeigt, daß bei höherer Temperatur die Atomwärme sich dem Wert 6·4 nähert. Dies muß wohl dem Umstande zugeschrieben werden, daß bei der Temperatur (der gewöhnlichen), bei welcher die Messungen der spez. Wärme meistenteils ausgeführt worden sind, die Elemente sich nicht in völlig vergleichbarem physikalischen Zustande befinden. Es sind vor allem die Elemente mit einem Atomgewicht unter 35, welche die größten Abweichungen zeigen.

In diesen Abweichungen ist übrigens eine gewisse Regelmäßigkeit nicht zu verkennen; sie werden nämlich um so beträchtlicher in dem Maße, wie die Valenz steigt:

Element	Li	Be	B	C	Na	Mg	Al	Si	P	S
Valenz	1	2	3	4	1	2	3	4	3(5)	2(4,6)
Atomwärme	6·6	3·7	2·8	1·9	6·7	6·1	5·8	4·6	5·9	5·7

Es ist klar, wie das Gesetz von DULONG und PETIT zur Bestimmung des Atomgewichtes benutzt werden kann. Umgekehrt ist ja $\frac{6\cdot 4}{\text{spez. W.}}$ = Atomgewicht.

Man erhält so natürlich das Atomgewicht nur ungefähr, weil das Produkt 6·4 nicht völlig konstant ist. Dies ist jedoch genügend, um zu entscheiden, welches Vielfache vom Äquivalentgewicht (**23**) (dessen genauen Wert man auf analytischem Wege findet) das Atomgewicht ist.

209. 2) Dem eben besprochenen Gesetze schließt sich das von NEUMANN an, welches von REGNAULT und KOPP näher untersucht worden ist. Dieses Gesetz sagt, daß in seinen festen Verbindungen jedes Element eine konstante Atomwärme besitzt, welche wenig von der des Elementes im freien Zustande abweicht. Die Molekularwärme ist daher gleich der Summe der Atomwärmen der das Molekül bildenden Elemente. Wenn man die Molekularwärme fester Verbindungen durch die Anzahl ihrer Atome dividiert, so muß sich ungefähr die Zahl 6·4 ergeben. In der Tat betrug dieser Quotient für Bromverbindungen RBr 6·9, RBr_2 6·5, für Jodverbindungen RJ 6·7, RJ_2 6·5. Für manche Elemente, von denen man die spez. Wärme im festen Zustande nicht hat bestimmen können, gilt das Gesetz von NEUMANN ebenfalls durchweg; so für Chlorverbindungen; denn für Verbindungen RCl betrug der in Rede stehende Quotient 6·4, für RCl_2 6·2, für einige Doppelchloride 6·1 bis 6·2. Für andere Elemente, wie Sauerstoff, findet man aus der Molekularwärme ihrer Verbindungen zwar noch eine konstante Atomwärme, aber diese beträgt nicht mehr ca. 6·4, sondern ca. 4·0. So auch beim Wasserstoff, dessen mittlere Atomwärme in festen Verbindungen 2·3 ist. Man hat diese Zahlen so gefunden, daß man von verschiedenen Sauerstoff- oder Wasserstoffverbindungen die Molekularwärme bestimmte und die bekannte Atomwärme der andern Elemente davon abzog.

Teilt man die so gefundene Atomwärme durch das Atomgewicht, so erhält man die spezifische Wärme des Elementes in seinen Verbindungen.

In welcher Weise das Gesetz von Neumann für Atomgewichtsbestimmungen benutzt werden kann, zeigt das folgende Beispiel.

Es handle sich darum, das Atomgewicht des Calcium festzustellen mit Hilfe der spezifischen Wärme des schwefelsauren Kalkes $CaSO_4$, die nach Regnault 0·1966 beträgt.

Durch die Analyse hat man gefunden, daß 1 kg wasserfreien Calciumsulfats 0·294 kg Calcium, 0·235 kg Schwefel und 0·471 kg Sauerstoff enthält. Die Atomwärme des Sauerstoffes in Verbindungen ist 4·0 (s. oben) und da sein Atomgewicht 16 ist, beträgt die spez. Wärme des Sauerstoffes in seinen Verbindungen $\frac{4 \cdot 0}{16} = 0 \cdot 25$; auf dieselbe Weise findet man für die spez. Wärme des Schwefels in Verbindungen $\frac{5 \cdot 4}{32} = 0 \cdot 169$.

Die Wärmekapazität von 0·235 kg Schwefel in Verbindungen ist also	$0 \cdot 235 \times 0 \cdot 169 = 0 \cdot 0397$
Die Wärmekapazität von 0·471 kg Sauerstoff in Verbindungen ist also	$0 \cdot 471 \times 0 \cdot 25 = 0 \cdot 1177$
	Summa 0·1574

Diese Summe, abgezogen von der spez. Wärme des wasserfreien Calciumsulfats (0·1966) gibt die Wärmekapazität von 0·294 kg Calcium; folglich ist die letztere:

$$0 \cdot 1966 - 0 \cdot 1574 = 0 \cdot 0392.$$

Die spez. Wärme des Calciums in seinen Verbindungen ist daher:

$$\frac{0 \cdot 0392}{0 \cdot 294} = 0 \cdot 133 .$$

Für das Calcium, als ein Metall, darf man mit großer Wahrscheinlichkeit die Annahme machen, daß seine Atomwärme nicht weit von 6·4 abliegt. Das Atomgewicht wird daher gegen $\frac{6 \cdot 4}{0 \cdot 133} = 48$ betragen.

Nun ist das Äquivalentgewicht des Calciums durch die Analyse des Chlorcalciums bekannt; es beträgt 20·0, denn 35·45 Gewichtsteile Chlor sind darin mit 20 Gewichtsteilen Calcium verbunden. Das Atomgewicht muß entweder ebensoviel oder ein einfaches Vielfache davon betragen; offenbar kommt nun das doppelte Äquivalentgewicht 40·0 von allen Vielfachen der Zahl 48 am nächsten, so daß 40·0 als Atomgewicht angenommen werden muß.

Der Wert des Atomgewichtes, welcher aus dem Gesetz von Neumann abgeleitet wird, dient daher nur dazu, um zu entscheiden, welches Vielfache des Äquivalentgewichts genommen werden muß; dafür ist die so erhältliche Zahl genau genug.

210. 3. Das Gesetz von Mitscherlich. Die Kristallform chemisch analog zusammengesetzter Verbindungen ist die gleiche; oder anders ausgedrückt: chemisch analog zusammengesetzte Verbindungen sind isomorph. KCl, KJ, KBr z. B. haben analoge Zusammensetzung; sie kristallisieren alle drei in Würfeln. H_2KPO_4, H_2KAsO_4, $H_2(NH_4)PO_4$ sind analog zusammengesetzt und kristallisieren sämtlich im tetragonalen System. Die analogen Verbindungen $KClO_4$ und $KMnO_4$ kristallisieren beide rhombisch.

Man darf jedoch den vorstehenden Satz nicht ohne weiteres umkehren, da namentlich im regulären System Substanzen infolge gleicher Kristallform vereinigt sind, bei denen von chemischer Analogie keine Rede sein kann.

Hat man von zwei Verbindungen festgestellt, daß sie isomorph sind, so darf man auf analoge Zusammensetzung derselben schließen; und daraus folgt das Atomgewicht. Nehmen wir den Fall an, daß man das Atomgewicht des Mangans nicht kenne; nun ist Kaliumpermanganat isomorph mit Kaliumperchlorat, für welches letztere man die Formel $KClO_4$ festgestellt hat. Aus der Analyse von Kaliumpermanganat hat sich ergeben, daß es die Formel KMn_xO_4 hat, wo x noch unbekannt ist; denn 39 Gewichtsteile K (1 At.) sind darin mit 64 Gewichtsteilen O (4 At.) und 55 Gewichtsteilen Mn (x At.) verbunden. Aus der Isomorphie mit $KClO_4$ folgt, daß seine Formel $KMnO_4$ (also $x = 1$) sein muß, woraus für das Mangan 55 als Atomgewicht folgt.

Für die Bestimmung des Atomgewichtes vom Zink würde man die Isomorphie von kristallisiertem Magnesium- und Zinksulfat zugrunde legen können. Die Formel des ersteren Salzes ist $MgSO_4 + 7H_2O$. Auf Grund der Analyse des Zinksulfats und jener Isomorphie ergibt sich die Formel $ZnSO_4 + 7H_2O$, woraus das Atomgewicht in derselben Weise wie oben folgt.

211. Das Gesetz des Isomorphismus ist bereits 1819 entdeckt worden. Da zu jener Zeit das Gesetz von Avogadro noch wenig Beachtung fand und die Bestimmung der spezifischen Wärme in vielen Fällen unmöglich war, bildeten die Erscheinungen der Isomorphie das wichtigste Hilfsmittel, um über die Größe des Atomgewichtes Entscheidung zu treffen. Später ist es für diesen Zweck sehr in den Hintergrund getreten, vor allem weil man einfachere Mittel für die Atomgewichtsbestimmung fand, aber auch weil es sich in vielen Fällen als sehr schwierig erwies, festzustellen, ob Stoffe isomorph seien. Überdies fand man, daß auch einige nicht analog zusammengesetzte Verbindungen isomorph sind.

212. Für die Bestimmung des Isomorphismus dienen gegenwärtig die folgenden Methoden:

1. Die Bestimmung der Kristallform. Es hat sich gezeigt, daß diese für zweifellos isomorphe Stoffe fast niemals vollkommen gleich ist; daher ist es schwer eine Grenze zu ziehen, von der ab man keine Gleichheit mehr annehmen soll. Auch kann die Form der Kristalle scheinbar völlig gleich sein, während doch keine Isomorphie besteht, weil der eine Kristall hemiëdrisch, der andere holoëdrisch ist. Dies ist z. B. bei KCl und NaCl der Fall, welche mit Unrecht lange für isomorph gehalten wurden. Es gibt indessen verschiedene Methoden, um diesen Unterschied im Symmetriegrade zu entdecken, z. B. die Herstellung von Ätzfiguren; auf den glatten Kristallflächen entstehen nämlich charakteristische Streifen oder andere Figuren, wenn sie mit einer Flüssigkeit befeuchtet werden, welche die Kristallsubstanz angreift. Sind diese Ätzfiguren

bei Kristallen, deren Form im übrigen übereinstimmt, identisch, so besitzen beide denselben Symmetriegrad.

2. Ein anderes Kennzeichen des Isomorphismus ist, daß isomorphe Kristalle das Vermögen besitzen, Mischkristalle zu bilden, sei es in allen Verhältnissen oder innerhalb bestimmter Grenzen, zwischen welchen dann alle Verhältnisse möglich sind. Aus Lösungen, in denen sich zwei isomorph kristallisierende Salze befinden, schießen Kristalle an, deren Gehalt an beiden Salzen in allen Verhältnissen oder wenigstens zwischen bestimmten Grenzen in allen Verhältnissen wechseln kann. Die Bildung dieser Mischkristalle ist das wichtigste Kennzeichen des Isomorphismus. Hierbei ist jedoch zu beachten, daß zwischen vollkommener Mischbarkeit einerseits und völligem Fehlen dieses Vermögens anderseits, sowohl bei Kristallen wie bei Flüssigkeiten, alle möglichen Zwischenstufen vorkommen, so daß auch hier die Grenze in manchen Fällen schwer zu ziehen ist.

3. Ein sehr empfindliches Erkennungsmittel für den Isomorphismus ist endlich, daß eine übersättigte Lösung nicht allein durch eine äußerst geringe Menge der aufgelösten Substanz selber, sondern auch durch andere isomorphe Körper zum Kristallisieren gebracht wird.

Das periodische oder das natürliche System der Elemente.

213. Bei den bisher besprochenen Elementen hat sich gezeigt, daß sie sich in Gruppen von Elementen gleicher Wertigkeit ordnen lassen, deren Glieder Übereinstimmung miteinander zeigen. Das physikalische und chemische Verhalten der Elemente einer Gruppe zeigt dann im großen und ganzen eine graduelle Änderung mit steigendem Atomgewicht. Die Frage erhebt sich nun, ob alle Elemente sich in derartige Gruppen einordnen lassen. Die Antwort lautet im allgemeinen bejahend.

An Versuchen, die Elemente in Gruppen einzuordnen, deren Glieder Übereinstimmung untereinander zeigen, hat es im Laufe des vorigen Jahrhunderts nicht gefehlt. Döbereiner machte bereits im Jahre 1817 auf eine einfache Beziehung zwischen den Atomgewichten verwandter Elemente aufmerksam und stellte 1829 die Lehre von den Triaden auf, d. h. er zeigte, daß es verschiedene Gruppen von drei Elementen gibt, die bei konstanter Differenz der Atomgewichte untereinander große Ähnlichkeit haben; z. B. Cl, Br, J; Ca, Sr, Ba usw. Im Jahre 1865 stellte Newlands das Gesetz der Oktaven auf, als er entdeckt hatte, daß, wenn die Elemente nach steigenden Atomgewichten geordnet werden, nach einer Reihe von 7 Elementen jedesmal ein solches folgt, welches analoge Eigenschaften wie das Element mit derselben Nummer der vorhergehenden Reihe aufweist. 1869 haben Mendelejeff und Lothar Meyer etwa gleichzeitig Anschauungen entwickelt, welche gegenwärtig unter der Bezeichnung „periodisches System“ zusammengefaßt werden.

Ordnet man die Elemente nach steigendem Atomgewicht, also folgendermaßen:

Li 7·03	Be 9·1	B 11	C 12·00	N 14·04	O 16	Fl 19
Na 23·05	Mg 24·36	Al 27·1	Si 28·4	P 31·0	S 32·06	Cl 35·45

so zeigt sich eine regelmäßige Änderung der Eigenschaften in der wagerechten Reihe; vom Fl ab hat jedoch eine kleine Zunahme des Atomgewichts eine plötzliche Änderung der Eigenschaften zur Folge, während diejenigen Elemente, welche untereinander stehen, eine große Übereinstimmung zeigen, wie wir bereits sahen von C und Si, N und P usw.

Diese regelmäßige Veränderung offenbart sich in der Wertigkeit gegenüber dem Sauerstoff, welche von eins (bei Li und Na) steigt auf zwei (Be,Mg), drei (B und Al), vier (C und Si), fünf (für N und P), sechs (für S) und sieben (für Cl in der Überchlorsäure $HClO_4$ und in ihrem Anhydrid Cl_2O_7). Die Wertigkeit gegenüber Wasserstoff bezw. Halogen steigt dagegen von eins (Li) bis vier (C) und fällt dann wieder auf eins (bei Fl). Eine solche regelmäßige Änderung ist auch hinsichtlich der physikalischen Eigenschaften, z. B. des spezifischen Gewichts und des Atomvolums, wahrzunehmen.

	Na	Mg	Al	Si	P(rot)	S	Cl(flüssig)
Spez. Gewicht	0·97	1·75	2·67	2·49	2·14	2·06	1·33.
Atomvolum	24	14	10	11	14	16	27.

Unter Atomvolum versteht man das Atomgewicht, dividiert durch das spezifische Gewicht; es ist also die Anzahl Kubikzentimeter, die ein Gramm-Atom einnimmt (**219**).

Man sieht hier eine Zunahme des spezifischen Gewichts bis zum Aluminium, dann wieder Abnahme bis zum Chlor, während umgekehrt das Atomvolum vom Beginn der Reihe bis Al abnimmt und dann wieder steigt. Eine regelmäßige Änderung der gleichen physikalischen Eigenschaften beobachtet man auch bei den Verbindungen der vorstehenden Elemente. Für die Oxyde hat man z. B.:

	Na_2O	MgO	Al_2O_3	SiO_2	P_2O_5	SO_3	Cl_2O_7
Spez. Gewicht	2·8	3·7	4·0	2·6	2·7	1·9	?
Atomvolum	22	22	25	45	55	82	?

Auch wenn man mit einem andern einwertigen Metall beginnend eine Reihe von Elementen nach steigendem Atomgewicht niederschreibt, gelangt man zu Regelmäßigkeiten von ganz derselben Art wie die obenstehende. Als Beispiel hierfür sei noch die folgende Reihe angeführt:

	Ag	Cd	In	Sn	Sb	Te	J
Atomgewicht	107·93	112·4	114	119·0	120·2	127·6	126·85.
Spez. Gewicht	10·5	8·6	7·4	7·2	6·7	6·2	4·9.

Wir finden auch hier wieder das regelmäßige Ansteigen der Wertigkeit von Ag, das ein- bis J das siebenwertig ist, den schrittweisen Übergang von Metall in Metalloid und für die spezifischen Gewichte ein kontinuierliches Abnehmen. Noch mehr; setzen wir diese letzte Reihe unter die beiden zuerst betrachteten:

Li 7·03	Be 9·1	B 11	C 12·00	N 14·04	O 16	Fl 19
Na 23·05	Mg 24·36	Al 27·1	Si 28·4	P 31·0	S 32·06	Cl 35·45
Ag 107·93	Cd 112·4	In 114	Sn 119·0	Sb 120·2	Te 127·6	J 126·85

so sieht man, daß die untereinanderstehenden Elemente wieder zu einer Gruppe gehören; für die letzten vier senkrechten Reihen ist dies bereits dargelegt, für die andern wird sich dies weiterhin noch ergeben.

Dadurch drängt sich der Gedanke auf, daß die physikalischen und chemischen Eigenschaften der Elemente Funktionen ihrer Atomgewichte sind; und wenn man die mit Li und Na beginnenden Reihen betrachtet und bemerkt, daß hier jedesmal nach einem Unterschied von ca. 16 wieder ein Element mit entsprechenden Eigenschaften auftritt, erhebt sich die Vermutung, daß diese Eigenschaften periodische Funktionen der Atomgewichte sind.

Unter einer Funktion versteht man allgemein eine Abhängigkeitsbeziehung zwischen zwei oder mehr Größen derart, daß, wenn die eine verändert wird, dies auch mit der andern der Fall ist. In den Gleichungen $y = a \pm x$; $y = ax$; $y = x^n$ usw. ist y daher eine Funktion von x. Unter einer periodischen Funktion versteht man eine solche, in der bei fortdauernder Zunahme der einen Veränderlichen, die andere nach regelmäßigen Intervallen wieder denselben Wert zurückerhält. Ein Beispiel dieser Art sind die goniometrischen Funktionen $y = \sin x$ usw. Denn jedesmal, wenn x um 2π zugenommen hat, tritt für y derselbe Wert wieder auf.

Wenn man die eben genannte Vorstellung näher begründen will, wird man zunächst die Länge jeder Periode zu untersuchen, mit andern Worten zu bestimmen haben, nach wieviel Elementen, bei der Anordnung nach steigendem Atomgewicht, wieder solche mit analogen Eigenschaften auftreten.

Für die Elemente bis zum Chlor ist oben bereits gezeigt worden, daß die Periode jedesmal 7 Elemente umfaßt. Auf Chlor folgt Kalium mit 39, welches daher in der angenommenen Gruppierung unter Natrium zu stehen kommt; die folgenden Elemente:

K 39·15 Ca 40·1 Sc 44·1 Ti 48·1 V 51·2 Cr 52·1 Mn 55·0

schließen sich ganz gut der vorhergehenden Reihe an:

Na 23·05 Mg 24·36 Al 27·1 Si 28·4 P 31·0 S 32·06 Cl 35·45,

wenigstens was die Valenz und die Verbindungsform betrifft (Al_2O_3 und Sc_2O_3; TiO_2 und SiO_2; K_2CrO_4 und K_2SO_4; $KMnO_4$ und $KClO_4$), obgleich die Übereinstimmung dieser Elemente sonst nicht groß ist.

Die Elemente, welche dem Mangan folgen, nämlich: Fe 55·9, Co 59·0, Ni 58·7, passen jedoch durchaus nicht unter K, Ca, Sc.

Lassen wir diese beiseite, so folgt danach wieder eine Reihe von 7 Elementen, die sich an die mit K beginnende Reihe anschließen läßt:

Cu 63·6 Zn 65·4 Ga 70 Ge 72·5 As 75·0 Se 79·2 Br 79·96.

Wir gelangen daher zu dem Schluß, daß nach den ersten zwei Perioden von 7 Elementen, die mit dem Chlor endigen, eine von 17 Elementen folgen muß (zwei von je 7 und die 3 beiseite gesetzten Elemente), wenn die untereinanderstehenden Elemente Übereinstimmung der Eigenschaften aufweisen sollen.

Diese große Periode von 17 Elementen schließt sich daher folgendermaßen an die vorhergehende kleine Periode von 7 Elementen an:

Kleine Periode:

Na23·05 Mg24·36 Al27·1 Si28·4 P31·0 S32·06 Cl35·45.

Große Periode:

K39·15 Ca40·0 Sc44·1 Ti48·1 V51·2 Cr52·1 Mn55·0 Fe55·9 Co59·0 Ni58·7
Cu63·6 Zn65·4 Ga70 Ge72·5 As75·0 Se79·2 Br79·96.

Versucht man die Elemente mit 80 übersteigendem Atomgewicht in Perioden abzuteilen, so muß man bei ihnen ebenfalls große Perioden annehmen und ferner einige Plätze unausgefüllt lassen. Man kommt auf diesem Wege zu dem folgenden Schema der Tabelle Mendelejeffs (s. S. 267).

Über den Platz des Wasserstoffes in dieser Tabelle gehen die Meinungen auseinander. Mendelejeff stellte ihn in die erste Gruppe über das Lithium; nach seinen chemischen Eigenschaften schließt es sich in der Tat an die Metalle dieser Gruppe an. Dagegen hat Orme Masson Gründe beigebracht, welche seine Einreihung an die Spitze der Gruppe VII rechtfertigen, unter andern folgende: Das Molekül des Wasserstoffes besteht aus zwei Atomen wie das der Halogene, während die Alkalimetallmoleküle einatomig sind. Der sehr niedrige Siedepunkt des Wasserstoffes schließt sich sehr gut an die Halogene an, während die Siedepunkte der Alkalimetalle mit steigendem Atomgewicht fallen (**232**). — Die Differenz der Atomgewichte zweier aufeinander folgender Elemente ist rund 3; durch Einreihung in die Gruppe VII schließt sich der Wasserstoff also gut an Helium (Atomgewicht 4) an (siehe unten), sowie auch an Fluor, weil die Differenz der in einer senkrechten Reihe aufeinander folgenden Elemente im Mittel ca. 16 ist. Fl — H = 18, dagegen ist Li — H = 6, welche kleine Differenz ohne Analogie dastehen würde. — Flüssiger und fester Wasserstoff haben keine metallischen Eigenschaften. — Der wichtigste Grund, weshalb man

Tabelle nach Mendelejeff (mit den gegenwärtig angenommenen Atomgewichten).

Gruppe	I	II	III	IV	V	VI	VII	VIII			O
Typus d. Verbindungen: mit Wasserstoff bezw. Halogen (X)	MX	MX_2	MX_3	MX_4	MX_3	MX_2	MX				
mit Sauerstoff	M_2O	MO	M_2O_3	MO_2	M_2O_5	MO_3	M_2O_7	MO_3	MO_2	MO	
Erste Periode Reihe 1							H 1·008				He 4
" 2	Li 7·03	Be 9·1	B 11	C 12·00	N 14·04	O 16·00	Fl 19				Ne 20
Zweite " " 3	Na 23·05	Mg 24·36	Al 27·1	Si 28·4	P 31·0	S 32·06	Cl 35·45				Ar 39·9
Dritte " { " 4	K 39·15	Ca 40·1	Sc 44·1	Ti 48·1	V 51·2	Cr 52·1	Mn 55·0	Fe 55·9	Co 59·0	Ni 58·7	—
" 5	Cu 63·6	Zn 65·4	Ga 70	Ge 72·5	As 75·0	Se 79·2	Br 79·96				Kr 81·8
Vierte " { " 6	Rb 85·4	Sr 87·6	Y 89·0	Zr 90·6	Nb 94	Mo 96·0	—	Ru 101·7	Rh 103·0	Pd 106·5	—
" 7	Ag 107·93	Cd 112·4	In 114	Sn 119·0	Sb 120·2	Te 127·6	J 126·85				X 128
" 8	Cs 133	Ba 137·4	La 138·9	Ce 140	Nd 143·6	—	Sa 150	—	—	—	—
" 9	—	—	—	Er 166	—	—	—				
" 10	—	—	Yb 173·0	—	Ta 183	W 184·0	—	Os 191	Ir 193·0	Pt 194·8	—
" 11	Au 197·2	Hg 200·0	Tl 204·1	Pb 206·9	Bi 208·5	—	—				
" 12	—	—	—	Th 232·5	—	Ur 238·5	—				

geneigt ist, den Wasserstoff in die erste Gruppe einzufügen, ist seine Anwesenheit in den Säuren, welche man als Wasserstoffsalze anzusehen hat, weshalb auch ein Salz und eine Säure analoge Verbindungen sind. Jedoch kann in organischen Verbindungen Wasserstoff durch Chlor vertreten werden, wodurch einander ganz entsprechende Verbindungen erhalten werden; dieses „organische" Argument kompensiert somit jenes „anorganische".

Was die in der Atmosphäre seit 1894 entdeckten Elemente Helium, Neon, Argon, Krypton und Xenon anbetrifft, so bilden sie eine natürliche Gruppe, denn in ihren Eigenschaften zeigen sie große Analogie. Da sie, soweit die bisherige Erfahrung reicht, Verbindungen mit andern Elementen zu bilden nicht befähigt sind, kann man sie als nullwertig ansehen und sie hinter die achte oder vor die erste Gruppe stellen (vgl. Tabelle S. 267), wodurch sie den Übergang von den stärksten elektronegativen zu den stärksten elektropositiven Elementen bilden würden. Doch ist hierbei zu beachten, daß Argon mit dem Atomgewicht 40 dann vor Kalium mit 39 steht (221). Ihre Atomvolumina lassen sich dagegen sehr gut in LOTHAR MEYERS Kurve (220) einfügen.

214. Die VIII. Gruppe hat, wie gesagt, ihr Entstehen dem Beiseitesetzen der von ihr umfaßten Elemente zu danken; denn dadurch konnten die gleichartigen Elemente der Gruppen I—VII untereinander gesetzt werden. Eine Stütze für das System wird es also sein, wenn die neun Elemente dieser Gruppe soviel Analogie untereinander zeigen, daß ihre Zusammenstellung wirklich gerechtfertigt erscheint. Dies ist nun in der Tat der Fall, wie aus der folgenden Aufzählung ihrer Eigenschaften hervorgeht:

1. Alle diese Elemente sind von grauer Farbe und schwer schmelzbar; das Osmium gehört zu den äußerst schwer schmelzbaren Metallen (2500°); Iridium schmilzt bei 1950°, Eisen bei 1600° usw. Der Schmelzpunkt des Eisens ist höher als der des Kobalts und dieser höher als der des Nickels; ein analoges Sinken dieser Konstante findet man bei Ruthenium, Rhodium, Palladium und bei Osmium, Iridium, Platin.

2. Sie besitzen ein geringes Atomvolum im Vergleich mit den benachbarten Elementen. Das Atomvolum von Mo ist 11·2, von Ru, Rh, Pd ungefähr 9; von Ag 10·3, von Cd 13·0.

3. Sie zeigen in hohem Maße das Vermögen, in glühendem Zustande Wasserstoff durchzulassen, oder diesen bei gewöhnlicher Temperatur in sich zu kondensieren; erstere Eigenschaft ist besonders beim Eisen und Platin ausgeprägt, die letztere beim Palladium.

4. Nur bei diesen Metallen trifft man die Verbindungsform RO_4 an, mit andern Worten, nur sie können achtwertig sein; man kennt

z. B. OsO_4 und RuO_4; ferner die Verbindungen mit Kohlenoxyd wie $Ni(CO)_4$ und $Fe(CO)_4$. Überhaupt trifft man hier das Vermögen, Verbindungen mit Kohlenoxyd zu bilden, z. B. $PtCl_2 \cdot 3\,CO$; in der letztgenannten Verbindung kann Pt auch als achtwertig angesehen werden.

5. Sie bilden beständige und meist sehr schön kristallisierende Doppelsalze mit Cyankalium. Fe, Ru, Os geben Verbindungen K_4RCy_4; Co, Rh, Ir bilden K_3RCy_3, während die Elemente der letzten Kolumne Ni, Pd, Pt Doppelsalze K_2RCy_4 geben.

6. Sie liefern sämtlich gefärbte Salze; die des Kobalts sind rot oder blau, Nickelsalze grün, alle übrigen braun in verschiedenen Abstufungen.

7. Sie besitzen alle das Vermögen, auch andere Gase als Wasserstoff in größerer oder geringerer Menge auf sich zu verdichten; dies gilt besonders von den Platinmetallen; Platin und Palladium absorbieren sehr kräftig Kohlenoxyd.

215. Betrachten wir nun die ersten sieben Gruppen der senkrechten Reihen näher. Behalten wir im Auge, was über die großen Perioden gesagt worden ist, so ist klar, daß nicht alle Elemente in einer solchen Gruppe vollkommene chemische Analogie zeigen; wohl aber ist dies der Fall, wenn man nur die Elemente untereinander vergleicht, welche in den geraden und in den ungeraden Reihen der großen Perioden stehen. Die Übereinstimmung der Elemente dieser Abteilungen untereinander ergibt sich bei den großen Perioden u. a. aus dem Folgenden:

1. Nur die Elemente der ungeraden Reihen geben Wasserstoff- oder Alkylverbindungen.

2. In den geraden Reihen treten die basischen, in den ungeraden Reihen die sauren Eigenschaften der Hydroxyde mehr hervor.

Im allgemeinen kann man sagen, daß man, in der Tabelle von links nach rechts gehend, zuerst zu den die stärksten Basen bildenden und dann allmählich zu den säurebildenden Elementen gelangt; letztere Eigenschaft ist am meisten bei den Halogenen ausgebildet, da aus diesen bereits durch die Vereinigung mit Wasserstoff starke Säuren entstehen. Ähnliches zeigt sich, wenn man im System von oben nach unten geht. Mit zunehmendem Atomgewicht wird in jeder Gruppe der metallische (basenbildende) Charakter der Elemente ausgesprochener.

Das periodische Gesetz der Elemente findet nach vier verschiedenen Richtungen Anwendung:

1. Zur natürlichen Gruppierung der Elemente.

2. Zur Bestimmung des Atomgewichtes von Elementen, von denen nur das Äquivalentgewicht bestimmt werden konnte.

3. Zur Vorausbestimmung der Existenz und der Eigenschaften von noch unentdeckten Elementen.

4. Zur Korrektion der Atomgewichte.

Wir wollen dieses jetzt näher betrachten.

Die Anwendung des periodischen Systemes für die natürliche Gruppierung der Elemente.

216. Durch einen sorgfältigen Vergleich der Elemente ist Mendelejeff zu dem folgenden wichtigen Resultat gekommen: Der gesamte Charakter eines Elementes, wie er sich sowohl in seinen physikalischen wie chemischen Eigenschaften offenbart, wird bestimmt durch den Platz, den es im System einnimmt, und namentlich durch die *vier* angrenzenden Elemente, die *Atomanalogen.* Steht ein Element in einer geraden Reihe, dann sind die Elemente in den angrenzenden geraden Reihen seine Atomanalogen. Entsprechendes gilt von den ungeraden Reihen. Hieraus folgt, daß man, bei genauer Kenntnis der Eigenschaften eines Elementes, ihm seinen Platz im System wird anweisen können. Ein paar Beispiele mögen dies erläutern.

Das Element Beryllium hat einerseits viel Analogie mit dem Aluminium, anderseits mit dem Magnesium; deshalb ist sehr lange darüber gestritten worden, ob man seinem Oxyd die Formel BeO oder Be_2O_3 zuschreiben muß. Da nach der Analyse sich 9·4 Gewichtsteile Be mit 16 Gewichtsteilen O vereinigen, würde im ersteren Falle das Atomgewicht 9·4, im zweiten $^3/_2 \times 9{\cdot}4 = 14{\cdot}1$ sein. Mit dem Atomgewicht 14·1 würde das Element zwischen Stickstoff und Sauerstoff zu stehen kommen; da der Stickstoff und auch die Elemente der Schwefelgruppe nur säurebildende Oxyde aufweisen, müßte dann auch Berylliumoxyd ein Säureanhydrid sein, was jedoch nicht der Fall ist, denn es ist im Gegenteil basisch. Das Beryllium würde daher mit diesem Atomgewicht nicht in das System hineinpassen. Hat es jedoch das Atomgewicht 9·4, so steht es in horizontaler Reihe zwischen dem stark basischen Lithium und dem schwach sauren Bor, ferner über Mg, mit dem es tatsächlich Analogie zeigt. In der Tat steht das Element hier völlig auf seinem Platze, d. h. es besitzt solche Eigenschaften, wie sie einem Elemente auf diesem Platze eigen sein müssen (siehe die Tabelle). Zunächst verhalten sich die Eigenschaften von Be zu denen des Li, wie die des

B zu denen des Be; schreiben wir dies in der übersichtlichen Form Be : Li = B : Be. Denn ebenso wie Li ein stärker basisches Oxyd bildet als Be, ist die basische Natur von BeO stärker als die von B_2O_3; ferner ist $BeCl_2$ flüchtiger als LiCl, BCl_3 flüchtiger als $BeCl_2$.

Sodann gilt die Beziehung Be : Mg = Li : Na = B : Al; denn BeO ist weniger basisch als MgO, Li_2O weniger als Na_2O, B_2O_3 weniger als Al_2O_3. — $BeFl_2$ ist löslich in Wasser, $MgFl_2$ nicht; ebenso ist BFl_3 wohl, $AlFl_3$ nicht in Wasser löslich.

Endlich ist Be : Al = Li : Mg = B : Si. Die Hydroxyde von Be und Al gleichen einander sehr; sie sind gelatinös und in Alkalien löslich. Beide Metalle werden von Salpetersäure fast nicht angegriffen und lösen sich unter Wasserstoffentwicklung in Alkalien; die Chloride beider können auf die gleiche Weise aus den Oxyden dargestellt werden (Erhitzen mit Kohle im Chlorstrom). Ebenso zeigen Li und Mg in einigen Punkten Analogie; Li-phosphat und -karbonat sind, wie die entsprechenden Mg-Salze, sehr schwer löslich, in starkem Gegensatz zu den andern Metallen der Li-Gruppe. B und Si bilden beide feuerbeständige Oxyde und Salze; ihre Fluorverbindungen werden durch Wasser in analoger Weise zersetzt, usw.

Die Schlußfolgerung, nach welcher dem Beryllium sein jetziger Platz im System angewiesen wurde, ist später auf direktem Wege bestätigt worden durch die Dampfdichtebestimmung des Chlorids, welche zu der Formel $BeCl_2$ führte, und der Be-Verbindung einer organischen Substanz, des Acetylacetons, welche ebenfalls zu dem Atomgewicht 9·4 für Beryllium führte.

Als zweites Beispiel möge das Thallium dienen. Dieses Element zeigt sowohl mit den Alkalimetallen wie mit Aluminium sowie Blei und Quecksilber Analogie. Nach seinem Atomgewichte muß es zwischen den letztgenannten stehen und gehört in die Aluminiumgruppe. Dieser Platz ist in der Tat gerechtfertigt, wenn man das folgende Verhältnis in Anschlag bringt:

$$Tl : Al = Hg : Mg = Pb : Si.$$

Die höchsten Oxydationsstufen zeigen unverkennbar Analogie, da die Oxyde paarweise dieselben Eigenschaften haben. Al_2O_3 und Tl_2O_3 sind schwach basisch, HgO und MgO stärker, PbO_2 und SiO_2 schwach sauer. — Tl, Hg und Pb geben alle drei niedere Oxyde von stark basischem Charakter (Tl_2O, Hg_2O, PbO), wozu Al, Mg und Si nicht imstande sind. — Tl_2O ist in seinen basischen Eigenschaften mit K_2O vergleichbar, PbO mit CaO (Tl : K = Pb : Ca) siehe die Tabelle. Was die physikalischen Eigenschaften anlangt, so ist zu beachten, daß Tl hinsichtlich seiner Flüchtigkeit zwischen Quecksilber und Blei steht.

Anwendung des Systems zur Bestimmung des Atomgewichtes von Elementen, von denen nur das Äquivalentgewicht bekannt ist.

217. Als Beispiel diene das Indium. Von diesem kannte man, ehe das periodische System aufgestellt wurde, nur das Äquivalentgewicht durch die Analyse des Chlorids als 38, das heißt, man wußte, daß 38 Gewichtsteile Indium sich mit 35·4 Gewichtsteilen Chlor verbinden. Wenn dies das Atomgewicht und folglich In_2O die Formel des Oxyds wäre, müßte das Element an dem Platze stehen, wo jetzt das Kalium steht. Dieser Platz ist also besetzt; zudem ist das Oxyd nur schwach basisch, während es stark basische Eigenschaften haben müßte, wenn es in die erste Gruppe gehören sollte. — Wäre das Atomgewicht 76, entsprechend dem Oxyd InO, so müßte das Element in der Tabelle zwischen As und Se stehen; sein Oxyd könnte dann jedoch nicht die Formel InO, sondern nur die Formeln In_2O_5 oder In_2O_3 haben mit sauren Eigenschaften; umgekehrt ist für ein Metall mit dem Atomgewicht 76 und einem Oxyd InO in der zweiten Gruppe, wo die Oxyde eine entsprechende Formel haben, kein Platz. — Wenn das Oxyd In_2O_3 ist, muß das Atomgewicht des Indiums 114 sein. Nun ist wirklich im System zwischen Cd = 112 und Sn = 119 ein Platz offen für ein Element mit dem Oxyd R_2O_3. Ebenso wie es hier für die Oxyde R_2O und RO angegeben ist, läßt sich auch zeigen, daß das Indium mit einem Oxyd InO_2, In_2O_5, InO_3 usw. nicht in der Tabelle untergebracht werden könnte. Es bleibt also keine andere Möglichkeit, als dem Oxyd die Formel In_2O_3 und dem Element das Atomgewicht 114 zu geben.

Sehen wir nun zu, ob die Eigenschaften des Elementes und seiner Verbindungen diesem Platze entsprechen. Zwei seiner Atomanalogen sind für diesen Platz Cd und Sn. Von beiden sind die Oxyde leicht reduzierbar; dies gilt auch vom Indiumoxyd. Wenn wir die Metalle

Ag, Cd, In, Sn, Sb (7. Reihe)

hinsichtlich ihrer Eigenschaften vergleichen, so bemerken wir zunächst, daß der Schmelzpunkt des Silbers höher liegt als der des Cd; ebenso schmilzt Sb höher als Sn:

$$Ag > Cd; \quad Sn < Sb.$$

Das Indium muß daher, wenn es in diese Reihe paßt, von diesen fünf Metallen den niedrigsten Schmelzpunkt haben. Dies ist auch wirklich der Fall; sein Schmelzpunkt liegt bei 176°. — Ferner ist in der Farbe der Metalle Analogie vorhanden; Ag, Cd, Sn sind weiß, ebenso Indium. — Bezüglich des spez. Gewichts ist zu be-

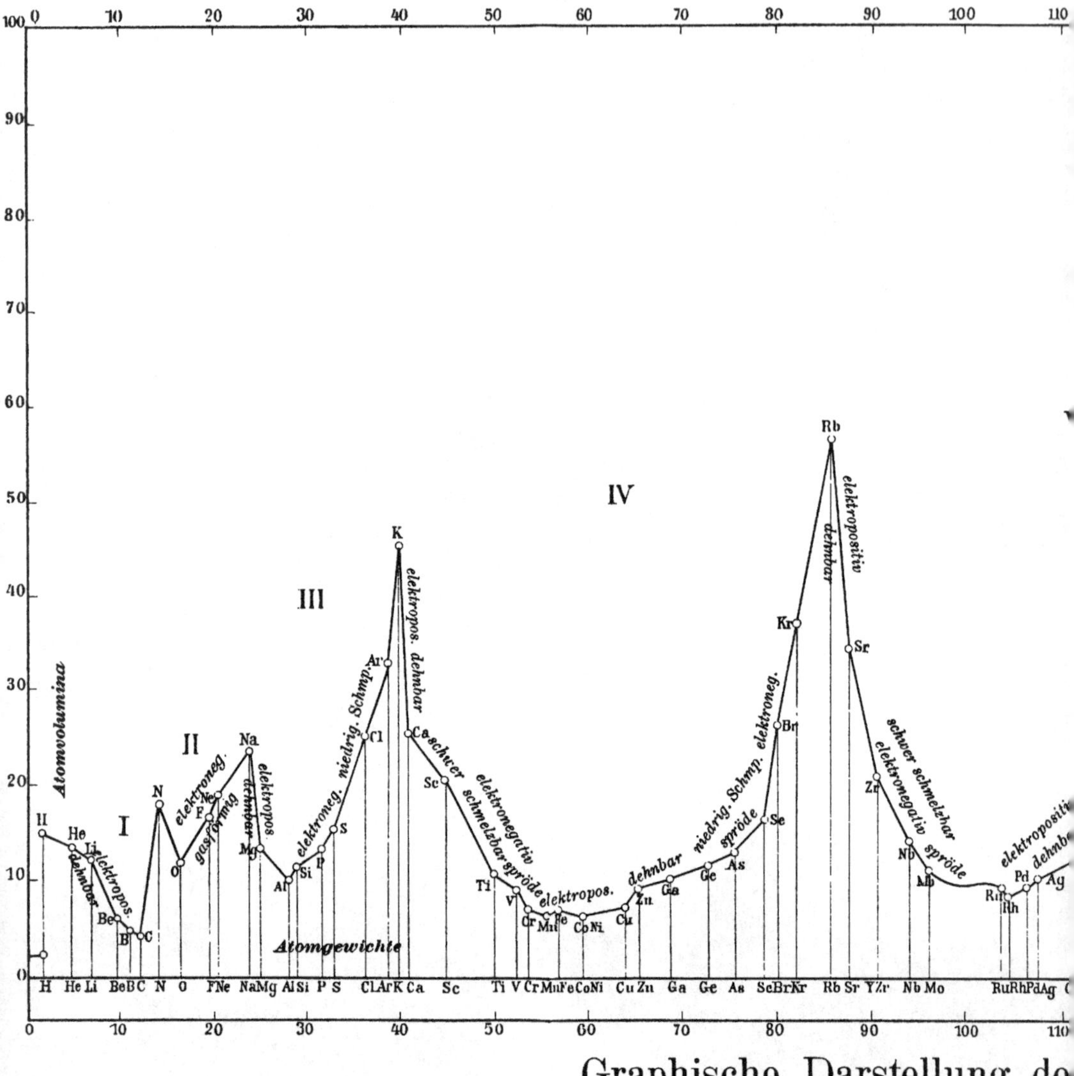

Graphische Darstellung de

als Kurve der zusammengehör

Ve

Taf. I.

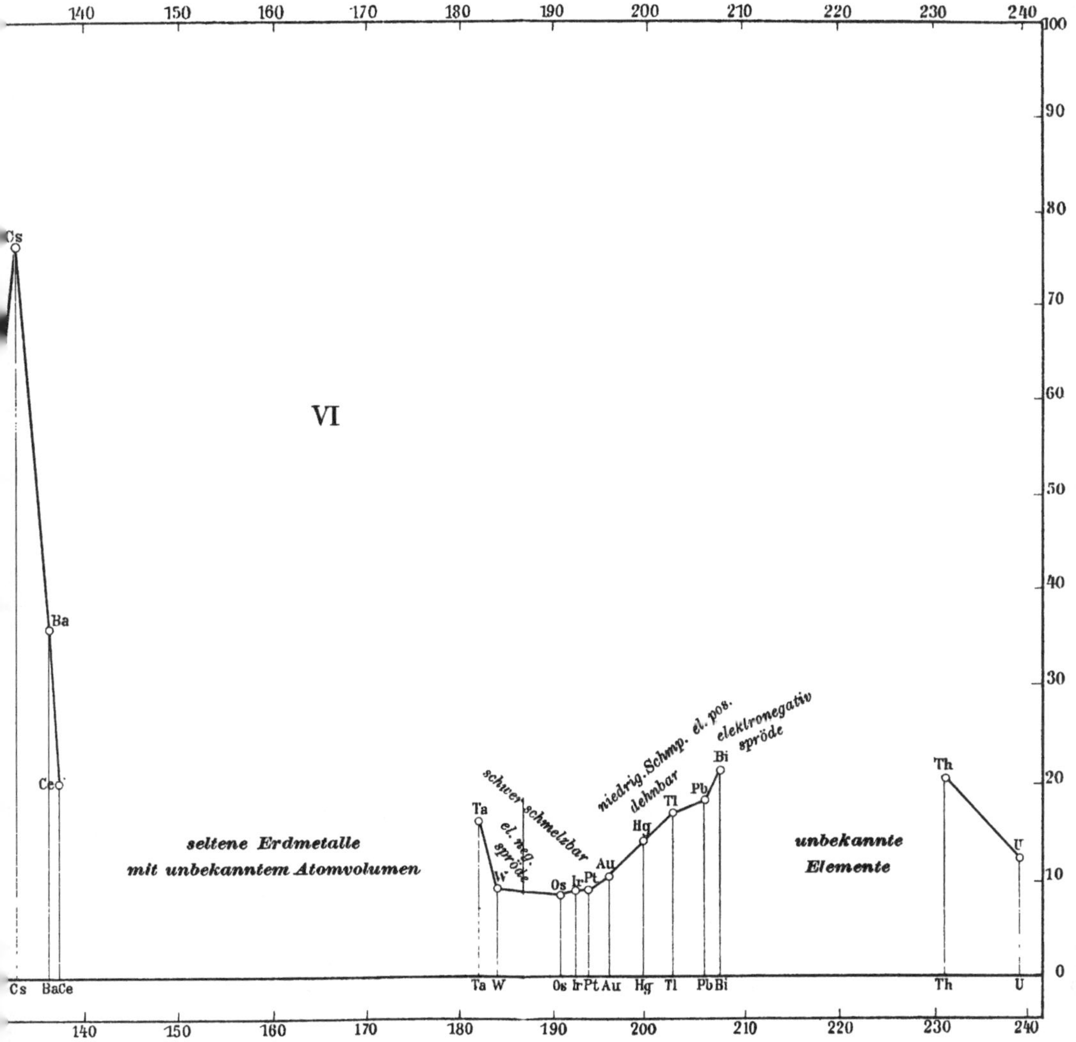

Lith. Anst. v. E. A. Funke, Leipzig.

hen Systems der Elemente

tomvolumen und Atomgewicht.

pzig.

merken: Cd hat das spez. Gewicht 8·6, Ag 10·5; Differenz demnach 1·9. Die Differenz der spez. Gewichte von Sn und Sb ist dagegen nur klein, 7·3 — 6·7 = 0·6. Wenn das Indium zwischen diesen zwei Elementpaaren steht, soll sein spez. Gewicht kleiner als das Mittel aus Cd und Sn, d. h. kleiner als $\frac{8 \cdot 6 + 7 \cdot 3}{2} = 7 \cdot 9$ sein. In der Tat ist sein spez. Gewicht 7·42.

Der Platz des Metalles verlangt, daß sein Oxyd schwach basisch sei und zwar schwächer als die Oxyde des Cd und Tl (Tl_2O_3), weil Cd nach links, Tl weiter unten im System steht (**215**); dagegen wird es stärker basisch sein müssen als Al_2O_3 und SnO_2. Auch diese Forderung ist erfüllt, wie sich aus folgendem ergibt: Die Oxyde des Al und Sn lösen sich vermöge ihrer schwach sauren Natur in Alkalien auf, indem sie mit letzteren bestimmte Verbindungen bilden. Die Oxyde von Cd und Tl sind dagegen in Alkalien unlöslich; sie sind ausschließlich basisch. In_2O_3 nun ist wohl löslich in Alkalien, bildet damit aber keine bestimmte Verbindung.

Endlich spricht auch das Verhalten der Indiumsalze gegen Schwefelwasserstoff für die Einordnung des Elementes zwischen Cd und Sn; denn In wird ebenfalls aus saurer Lösung durch H_2S niedergeschlagen.

Voraussagung der Existenz und der Eigenschaften von noch unbekannten Elementen.

218. Als Mendelejeff seine Tabelle aufstellte, waren die Elemente Gallium und Germanium (5. Reihe) noch unbekannt. Aus den Eigenschaften der Atomanalogen hat er jedoch schon damals die Eigenschaften dieser Elemente vorhergesagt; dreizehn Jahre später entdeckte Winkler ein Element mit dem Atomgewicht 72 (ein solches hatte Mendelejeff mit dem Namen Ekasilicium bezeichnet, der Entdecker nannte es Germanium); und in der Tat ergab sich eine recht genaue Übereinstimmung zwischen den wirklichen und den vorausgesagten Eigenschaften, wie die nachstehende Übersicht zeigt:

Von Mendelejeff vorhergesagte Eigenschaften des Ekasiliciums	Von Winkler gefundene Eigenschaften des Germaniums
1. Das Atomgewicht muß das Mittel sein aus den vier Atomanalogen Si, Sn, Zn, Se, d. i. $\frac{1}{4}(28 \cdot 4 + 118 \cdot 5 + 65 \cdot 4 + 79 \cdot 1) = 72 \cdot 8$.	1. Atomgewicht 72.
2. Das spez. Gewicht, abgeleitet wie oben für In, muß 5·5 sein.	2. Spez. Gewicht 5·469 bei 20°.

Von MENDELEJEFF vorhergesagte Eigenschaften des Ekasiliciums	Von WINKLER gefundene Eigenschaften des Germaniums
3. Das Atomvolum muß zwischen dem von Si (13) und Sn (16) liegen, aber nur wenig größer als 13 sein.	3. Atomvolum 13·1.
4. Da es zu einer ungeraden Reihe gehört, muß es Alkylverbindungen geben können. Auf Grund von Analogien muß der Siedepunkt von $Es(C_2H_5)_4$ 160°, sein spez. Gewicht 0·96 sein.	4. Alkylverbindungen erhalten. $Ge(C_2H_5)_4$ siedet bei 160° und hat ein spez. Gewicht, das wenig kleiner ist als 1.
5. Die sauren Eigenschaften von EsO_2 müssen stärker sein als die von SnO_2.	5. Dem GeO_2 fehlen gänzlich die basischen Eigenschaften, die bei SnO_2 noch einigermaßen angetroffen werden.
6. Das spez. Gewicht von EsO_2 ist 4·7.	6. Das spez. Gewicht von GeO_2 ist 4·703 bei 18°.
7. Da die Oxyde von In und von As leicht zu reduzieren sind, muß dies auch bei EsO_2 der Fall sein.	7. GeO_2 ist leicht durch Erhitzen mit C oder in H zu Metall zu reduzieren.
8. EsS_2 wird wegen seiner Analogie mit SnS_2, vermutlich in NH_4SH löslich sein.	8. GeS_2 löst sich leicht in NH_4SH.
9. $EsCl_4$ ist flüssig, siedet unter 100° (da der Siedepunkt von $SiCl_4$ = 57°, von $SnCl_4$ = 115° ist) und hat ein spez. Gewicht von 1·9.	9. $GeCl_4$ ist flüssig, siedet bei 86° und hat ein spez. Gewicht von 1·887.
10. Da sich K_2SnFl_6 leichter in Wasser löst als K_2SiFl_6, wird auch die Löslichkeit von K_2EsFl_6 größer sein müssen als die von K_2SiFl_6.	10. K_2SiFl_6 ist in Wasser fast unlöslich; K_2GeFl_6 löst sich in 34 Gewichtsteilen kochendem Wasser.

Anwendung des periodischen Systems zur Korrektion von Atomgewichten.

219. In der Gruppe der Platinmetalle waren früher von BERZELIUS und von FREMY die Atomgewichte wie folgt bestimmt: Os 199, Pt 198, Ir 197. In dieser Reihenfolge passen diese Metalle jedoch nicht in das System; wegen seiner Analogie mit Fe und Ru sollte Os voranstehen, es müßte also das kleinste Atomgewicht von den drei Elementen besitzen. Pt dagegen, welches sich mehr an Pd anschließt, müßte das größte Atomgewicht haben. Eine sorgfältige Untersuchung von SEUBERT hat in der Tat gezeigt, daß dem Osmium das Atomgewicht 191, dem Iridium 193·0 und dem Platin 194·8 zukommt, welche Reihenfolge in das System paßt.

Daß die Anordnung der Elemente nach steigendem Atomgewicht auch die regelmäßige Änderung der physikalischen Eigenschaften hervortreten läßt, erkennt man am deutlichsten aus einer graphischen Darstellung, wie Lothar Meyer sie entworfen hat, in der die Atomgewichte Abszissen, die Atomvolumina Ordinaten sind (siehe die Tafel I).

Bei der Betrachtung der Tafel fällt zunächst das regelmäßige Steigen und Fallen der Atomvolumina ins Auge. Beim Anfang jeder Periode hat das Atomvolum ein Maximum, erreicht bei der großen Periode halbwegs (bei den Elementen der 8. Gruppe) ein Minimum und steigt dann wieder an. Auf den absteigenden Ästen stehen die schwer schmelzbaren, auf den aufsteigenden Ästen die spröden Elemente. Auf den aufsteigenden Ästen befinden sich ferner die gasförmigen und die leicht schmelzbaren Elemente, auf den absteigenden im Minimum die schwer und sehr schwer schmelzbaren. Auf den absteigenden Ästen stehen die elektropositiven, auf den aufsteigenden die elektronegativen Elemente. Die Periodizität der physikalischen Eigenschaften tritt also auf das deutlichste hervor.

220. Durch die Entdeckung des periodischen Systems ist eine Frage wieder mehr in den Vordergrund getreten, welche bereits uralt ist, nämlich die nach der Einheit der Materie.

Die so auffällige Abhängigkeit aller Eigenschaften der Elemente von ihrem Atomgewicht deutet unabweisbar auf eine Urmaterie hin; von welcher Art diese jedoch ist, dafür fehlt vorläufig jede Andeutung. Prout wollte 1815 den Wasserstoff dafür ansehen. Er bemerkte nämlich, daß die (damals angenommenen) Atomgewichte vieler Elemente, bezogen auf Wasserstoff als Einheit, ganze Zahlen sind. Spätere äußerst genaue Atomgewichtsbestimmungen, namentlich die von Stas, welche in der Absicht, diese Hypothese zu begründen, unternommen wurden, haben indessen mit Sicherheit ihre Unhaltbarkeit dargelegt.

221. Das periodische System der Elemente ist eine der wichtigsten Entdeckungen auf dem Gebiete der anorganischen Chemie; es wird seine Bedeutung stets behalten, wenn es sich auch immer deutlicher zeigt, daß es in seiner gegenwärtigen Form die Beziehungen der Elemente untereinander in nicht mehr als erster und roher Annäherung darstellt.

In der Tat sind gewichtige Bedenken gegen das periodische System vorzubringen, der Art, daß einige, etwas voreilig, es für völlig bedeutungslos erklären. Solche Bedenken betreffen zunächst den Platz, welchen einige Elemente in dem System einnehmen, und der mit ihren Eigenschaften wenig stimmt. Dies gilt für das Kupfer und das Gold, die in ihren Oxydulverbindungen allerdings einige Analogie mit Li und Na zeigen, aber im übrigen sehr von letzteren abweichen. Das Gleiche trifft für die Metalle der Cer-Gruppe

(Ce, La, Nd, Pr usw.) zu; die Analogie mit den in der gleichen Gruppe stehenden Elementen ist schwach. Zwar sind einige dieser Elemente infolge des großen Müheaufwandes, welchen ihr Studium erfordert, noch relativ wenig bekannt, doch gilt das Vorstehende auch für die besser bekannten wie das Cer. Wenn diese Elemente sich als Komplexe von mehreren erweisen würden (was nicht unwahrscheinlich ist), ist es sehr fraglich, ob für Elemente mit annähernd den Eigenschaften, wie wir sie zur Zeit von La, Nd, Pr usw. kennen, im System Platz sein wird; es sei denn, daß man mehr als ein Element auf einen Platz stellen will, wie vorgeschlagen wurde.

Die Unmöglichkeit, alle Elemente im System unterzubringen, erhebt sich namentlich im Hinblick auf das Tellur. Vermöge seiner chemischen und physikalischen Eigenschaften gehört dieses offenbar in die Schwefelgruppe und würde in diese auch hineinpassen, wenn sein Atomgewicht ca. 125 oder wenigstens kleiner als das des Jods wäre (126·85). Wiederholte und genaue Untersuchungen haben aber das Atomgewicht auf 127·6 bestimmt.

Lithium.

222. Dieses Metall kommt in der Natur nicht im freien Zustande vor, im gebundenen ist es jedoch sehr verbreitet, doch immer nur in kleinen Mengen anzutreffen. In vielen Mineralwässern ist es enthalten. Es findet sich namentlich in dem Silikat Lepidolith oder Lithionglimmer, ferner als Phosphat im Triphyllin und mit Al, Na, und Fl zusammen im Amblygonit. Endlich begegnet man dem Lithium auch in der Asche einiger Pflanzen, wie des Tabaks, ein Zeichen, daß es auch in der Ackererde vorhanden ist. Durch das Spektroskop läßt es sich in sehr vielen Mineralien nachweisen.

Aus dem Lepidolith kann das Lithium mittels des folgenden einfachen Verfahrens gewonnen werden. Das Mineral wird geschmolzen und dann in diesem Zustande in kaltes Wasser getaucht; es wird dadurch sehr spröde und kann nun durch Salzsäure zersetzt werden. Man kocht die feingepulverte Masse mit Salzsäure und fällt aus der erhaltenen Lösung (nach dem Abfiltrieren von der Kieselsäure) mittels Soda die Metalle Ca, Al, Mg usw.; hierbei bleiben Lithium und die andern Alkalimetalle gelöst. Durch Eindampfen erhält man nun eine Salzmasse, aus der durch Alkohol fast nur das Chlorlithium extrahiert wird, während die darin wenig löslichen Chloride des Natriums und Kaliums zurückbleiben.

Lithium-Metall wird durch Elektrolyse des geschmolzenen Chlorids erhalten. Es ist nach festem Wasserstoff der leichteste aller festen Stoffe; sein spez. Gewicht beträgt nur 0·59, so daß es auf Petroleum schwimmt; es ist silberweiß, läuft aber in feuchter Luft sehr schnell an. Schmelzpunkt 180°. An der Luft erhitzt, verbrennt es mit intensiv weißem Lichte zu Oxyd; bei gewöhnlicher Temperatur ist es nicht so oxydabel wie Natrium und Kalium. Auf Wasser geworfen, zersetzt es dies unter Wasserstoffentwicklung; aber die Wärmeentwicklung reicht nicht hin, um das Metall zu schmelzen.

Lithiumoxyd Li_2O und -hydroxyd LiOH. Ersteres wird durch starkes Erhitzen des Nitrats erhalten. In Wasser löst es sich langsam unter Bildung von Hydroxyd. Letzteres ist eine weiße kristallinische Masse, dem NaOH ähnlich; es löst sich in Wasser mit stark alkalischer Reaktion.

Lithiumchlorid LiCl kristallisiert wasserfrei in regulären Oktaëdern; unterhalb 0° jedoch mit 2 Mol. Kristallwasser. In Wasser löst es sich sehr leicht und zerfließt an feuchter Luft.

Lithiumkarbonat Li_2CO_3 ist im Gegensatz zu den Karbonaten der andern Alkalien in Wasser schwer löslich (in 100 Gewichtsteilen Wasser von 13° 0·769 Gewichtsteile); es kann daher aus der konzentrierten Lösung des Chlorids durch kohlensaures Ammoniak gefällt werden.

Lithiumphosphat Li_3PO_4 ist ebenfalls in Wasser schwer löslich (1 Gewichtsteil in 2539 Gewichtsteilen Wasser), während die Phosphate der übrigen Alkalien leicht löslich sind. Die Bildung dieses Salzes dient als Reaktion auf Lithium. Das Lithiumspektrum besteht aus zwei roten Streifen, von denen namentlich der eine deutlich zu erkennen ist.

Natrium.

223. Dieses Metall kommt in der Natur nicht frei vor; in gebundenem Zustand wird es jedoch in ungeheuren Mengen und sehr verbreitet angetroffen. Es bildet einen Bestandteil zahlloser Silikate und gelangt durch deren Verwitterung in die Ackererde, von da in die Pflanzen und schließlich auch in den tierischen Organismus. Das Nitrat ist als Chilisalpeter, das Chlorid als Steinsalz, das Karbonat als Soda bekannt; ein Natrium-Aluminiumfluorid ist der in Grönland vorkommende Kryolith (Eisstein). Kochsalz NaCl bildet die Hauptmenge vom Salzgehalt des Meerwassers. Einige Gewässer, wie das Tote Meer in Palästina und der Salt Lake in den Vereinigten Staaten von Amerika, sind fast gesättigte Kochsalzlösungen.

Das Metall wurde zuerst im Jahre 1807 von Davy durch Elektrolyse von geschmolzenem Natriumhydroxyd gewonnen. Gay-Lussac und Thénard erhielten es, indem sie NaOH mit Eisenpulver zur Weißglut erhitzten. Die erstgenannte Methode wird gegenwärtig, wo elektrischer Strom ziemlich billig erzeugt werden kann, für die technische Darstellung angewandt.

Das Metall ist silberweiß, schmilzt bei 95·6° und siedet bei 900°, indem es sich in einen farblosen Dampf verwandelt. Es ist bei gewöhnlicher Temperatur sehr weich, so daß es leicht mit dem Messer zerschnitten werden kann; auch kann man es leicht durch eine enge Öffnung hindurchpressen und so in Drahtform erhalten. Es hat bei 13·5° das spez. Gewicht 0·9735.

Das Natriummolekül enthält nur ein Atom, wie durch Bestimmung des Gefrierpunktes einer Lösung in Zinn bewiesen worden ist. Viele andere Metalle haben dieselbe Eigenschaft.

In feuchter Luft läuft die blanke Metalloberfläche eines frisch durchschnittenen Stückes schnell an. In Luft, die durch P_2O_5 getrocknet ist, behält es jedoch tagelang seinen metallischen Glanz. Es kann an der Luft geschmolzen und sogar noch höher erhitzt werden, ohne sich zu entzünden. Letzteres tritt erst bei starkem Erhitzen ein; es verbrennt dann mit sehr intensiv gelbem Lichte (namentlich in einer Sauerstoffatmosphäre). Wenn es auf Wasser geworfen wird, entwickelt sich Wasserstoff und zugleich entsteht NaOH; hält man es dabei an einer Stelle fest (z. B. indem man es auf ein Stück Filtrierpapier, das auf dem Wasser schwimmt, oder auf Eis legt), so entzündet sich der Wasserstoff durch die Lokalisierung der Wärmeentwicklung.

Das Natrium findet vielfache Verwendung; es wird wegen seines starken Reduktionsvermögens oft benutzt, um aus Oxyden die Elemente abzuscheiden. In der organischen Chemie wird es ebenfalls häufig zu verschiedenen Zwecken verwendet.

Oxyde und Hydroxyde des Natriums.

224. Durch Verbrennen von Natrium in trocknem Sauerstoff entsteht ein Gemisch von zwei Oxyden, Na_2O und Na_2O_2. Ersteres wird auch durch Erhitzen von NaOH mit Natrium erhalten. Es bildet eine graue Masse, die sich in Wasser unter heftiger Wärmeentwicklung zu NaOH löst.

Das Superoxyd Na_2O_2 wird erhalten, indem man Natrium im Sauerstoffstrom erhitzt, bis es nichts mehr aufnimmt. Mit Wasser bildet es ein Hydrat $Na_2O_2 + 8H_2O$. Da es mit verdünnten Säuren Wasserstoffsuperoxyd liefert und ein energisches Oxydationsmittel ist, wird es technisch bereitet. Auch zur Herstellung medizinischer Seifen wird es neuerdings verwendet.

Natriumhydroxyd NaOH entsteht — unter Abscheidung von Natrium —, wenn Wasserstoff über Na_2O geleitet wird. Die gewöhnliche Darstellung des Ätznatrons besteht in der Umsetzung von Soda mit Ätzkalk:

$$Na_2CO_3 + Ca(OH)_2 = 2NaOH + CaCO_3, \text{ oder in Ionen}$$
$$2Na^{\cdot} + CO_3'' + Ca^{\cdot\cdot} + 2OH' = 2(Na^{\cdot} + OH') + CaCO_3.$$

Da das Löslichkeitsprodukt (**73**) von $CaCO_3$ sehr klein ist, müssen sich die $Ca^{\cdot\cdot}$- und CO_3''-Ionen verbinden und $CaCO_3$ fällt aus. Um die Zersetzung von Na_2CO_3 vollständig zu machen, setzt man einen kleinen Überschuß von Kalkhydrat zu. Gleichwohl enthält die Lösung keine nennenswerte Menge von $Ca(OH)_2$. Der Grund ist klar: die Lösung enthält eine große Anzahl von OH-Ionen; daher kann die Anzahl der Ca-Ionen nur sehr klein sein, denn der Wert des Löslichkeitsproduktes wird schon bei sehr kleiner Konzentration der letzteren erreicht.

Durch Eindampfen erhält man das Hydroxyd, welches häufig in Stangenform gegossen in den Handel gelangt. Über seine Reinigung siehe **228**. Es ist eine strahlig kristallinische Masse und sehr hygroskopisch; in Wasser löst es sich unter beträchtlicher Wärmeentwicklung. NaOH ist eine sehr starke Base, die für zahlreiche Zwecke technisch verwendet wird, unter anderm für die Seifenfabrikation.

Salze des Natriums.

225. Die Natriumsalze sind von großer technischer Wichtigkeit; viele werden in enormen Mengen dargestellt. Das Ausgangsmaterial hierfür ist gewöhnlich das Kochsalz.

Chlornatrium, NaCl, Kochsalz, wird als Steinsalz in mächtigen Lagern angetroffen, z. B. in Staßfurt, bei Wieliczka in Galizien, bei Reichenhall, und bergmännisch abgebaut.

Beträchtliche Mengen werden aus Meerwasser und aus dem Sole genannten Wasser der Salzquellen gewonnen. Um Kochsalz aus dem Meerwasser abzuscheiden, läßt man letzteres in warmen Ländern (z. B. an den Küsten des Mittelmeeres) in flache Bassins von sehr großer Oberfläche eintreten (Salzgärten). In diesen verdampft das Wasser durch die Sonnenwärme, und es kristallisiert zunächst fast reines Kochsalz aus. Später scheiden sich auch die andern Salze des Meerwassers ab, deren Gewinnung ebenfalls fabrikmäßig betrieben wird. In Ländern mit kaltem Klima (am Weißen Meer z. B.) läßt man das Meerwasser in flachen Bassins gefrieren. Hierbei scheidet sich nur Eis ab, welches kein Salz enthält, so daß die übrig bleibende Flüssigkeit auf diese Weise konzentriert wird.

In den Ländern der gemäßigten Zone konzentriert man Sole in den Salinen (Salzsudwerken), indem man sie zunächst gradiert, d. h. in sehr feiner Verteilung der Verdunstung aussetzt. Man erreicht dies mit Hilfe von Gradierhäusern (Fig. 57). Diese bestehen hauptsächlich aus einem hausartig aufgeschichteten Haufen von Reisigbündeln, auf dem sich oben in der Längsrichtung eine Laufrinne, in welche die Sole durch ein Pumpwerk geleitet wird, mit kleinen Öffnungen befindet; die Sole verteilt sich beim Herabtropfen an den Dornenwänden sehr fein, das Wasser verdunstet und die fremden Bestandteile (Dornstein) setzen sich an den Dornen ab. Unten sammelt sich eine sehr konzentrierte Salzlösung an.

Aus dieser konzentrierten Salzlösung wird das Salz selbst durch Einkochen (Salzsieden) gewonnen. Das Kochsalz ist in kaltem Wasser fast ebenso löslich wie in heißem; beim Abkühlen der heiß gesättigten Lösungen kristallisiert es daher nicht aus, sondern scheidet sich in dem Maße, wie die Salzlösung verdampft, schon in der Siedehitze ab. Das durch diese erste Kristallisation gewonnene Salz ist natürlich noch nicht völlig rein; es enthält kleine Mengen von Magnesiumchlorid und ist dadurch hygroskopisch. Um es zu

Fig. 57. Gradierhaus.

reinigen, wird es aufs neue in Wasser gelöst und abermals durch Eindampfen zur Abscheidung gebracht.

Chemisch reines Chlornatrium erhält man, indem man in eine gesättigte Kochsalzlösung Chlorwasserstoff einleitet oder derselben konzentrierte Salzsäure zusetzt. Das Chlornatrium wird dadurch ausgefällt, weil es in Salzsäure viel weniger löslich ist als in Wasser (**205**).

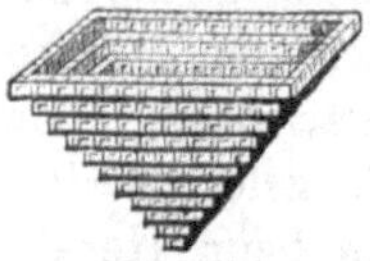

Fig. 58. Kochsalzkristalle.

Das Kochsalz kristallisiert in Würfeln; bei langsamem Verdunsten der Lösung entstehen die bekannten hohlen vierseitigen Pyramiden (Fig. 58). Es hat das spez. Gewicht 2·16 und schmilzt bei 776°. 100 Gewichtsteile Wasser lösen 36 Gewichtsteile NaCl bei 0°, 39 Teile bei 100°; eine gesättigte Lösung enthält ca. 26 % Salz. Die Kristalle schließen häufig Mutterlauge ein; daher rührt es, daß sie beim Erhitzen mit knisterndem Geräusch auseinanderspringen (dekrepitieren). Bei Abkühlen unter -10^0 scheiden sich aus einer gesättigten Lösung Kristalle von der Zusammensetzung $NaCl + H_2O$ ab, die bei 0^0 ihr Wasser verlieren. Chemisch reines Chlornatrium ist nicht hygroskopisch. In absolutem Alkohol ist das Kochsalz unlöslich.

Bromnatrium NaBr und **Jodnatrium** NaJ sind in Wasser leichter löslich als NaCl. Aus heißen Lösungen kristallisieren sie wasserfrei in Würfeln, unterhalb 30^0 in monoklinen Kristallen mit 2 Mol. H_2O. NaBr ist schwer, NaJ leicht in Alkohol löslich.

Natriumthiosulfat $Na_2S_2O_3 + 5\,H_2O$ wird in der Photographie verwendet, ferner als Antichlor (**81**) und um Jod zu titrieren (**93**). Es schmilzt bei 45^0 in seinem Kristallwasser und bildet sehr leicht übersättigte Lösungen.

Natriumsulfat $Na_2SO_4 \cdot 10\,H_2O$ — *sal mirabile Glauberi*, Glaubersalz, nach seinem Entdecker genannt — kann auf verschiedene Weise gewonnen werden: 1) durch Erhitzen von Kochsalz mit konzentrierter Schwefelsäure; 2) indem man über erhitztes Kochsalz ein Gemisch von Luft, SO_2 und Wasserdampf leitet (Methode von Hargreaves):

$$2\,NaCl + SO_2 + O + H_2O = Na_2SO_4 + 2\,HCl;$$

3) durch doppelte Umsetzung von Magnesiumsulfat und Chlornatrium bei niederer Temperatur (Winterkälte):

$$MgSO_4 + 2\,NaCl = MgCl_2 + Na_2SO_4.$$

Dieser Prozeß wird in Staßfurt ausgeführt, wo große Mengen Magnesiumsulfat vorkommen.

Bei gewöhnlicher Temperatur kristallisiert das Glaubersalz mit 10 Mol. H_2O; oberhalb 33^0 geht es in ein Gemenge von Wasser und wasserfreiem Salz über; unterhalb 33^0 entsteht wieder Na_2SO_4, 10 aq; das System

$$Na_2SO_4,\,10\,aq \rightleftarrows Na_2SO_4 + 10\,H_2O$$

hat daher bei 33^0 seinen Umwandlungspunkt. In Zusammenhang damit steht, daß die Löslichkeit dieses Salzes in Wasser bei 33^0 sich plötzlich ändert, nämlich von stark zunehmend bei steigender Temperatur in schwach abnehmend übergeht.

Auch das Glaubersalz bildet leicht übersättigte Lösungen; die bei 33^0 gesättigte Lösung kann auf gewöhnliche Temperatur abgekühlt werden, ohne daß sich etwas abscheidet, wenn man sorgfältig darauf achtet, daß sie mit keinem Kriställchen des Salzes in Berührung kommt (Weiteres siehe **237**).

Wenn ein Kristall von Glaubersalz an der Luft liegt, verwittert er, d. h. er gibt Wasserdampf ab und wird weiß, kreideartig, während er anfangs durchsichtig, wasserhell war. Offenbar tritt Verwitterung dann ein, wenn die Dampfspannung des Kristallwassers im Durchschnitt größer ist als diejenige des Wasserdampfes der Luft. Wenn das Umgekehrte der Fall ist, und der Kristall Wasserdampf aus der Luft an sich zieht, so sagt man, daß er zerfließt.

Man hat jedoch gefunden, daß ein ganz intakter Glaubersalzkristall nicht verwittert, daß die Verwitterung jedoch, wenn sie einmal begonnen hat, sich über den ganzen Kristall ausdehnt. Die Phasenregel gibt eine befriedigende Erklärung für diese Erscheinung. Wir haben in dem Glaubersalz zwei Substanzen Na_2SO_4 und H_2O; in dem Falle, daß ein völlig unverwitterter Kristall der Luft ausgesetzt ist, haben wir also nur zwei Phasen, $Na_2SO_4 \cdot 10\,aq$ und H_2O (Feuchtigkeit der Luft). Entsprechend der Gleichung $P + F = B + 2$ (**71**) besitzt dieses System zwei Freiheitsgrade; die Spannung des Wasserdampfes und die Temperatur können also beide willkürlich gewählt werden (innerhalb gewisser Grenzen). Wenn dagegen ein wenig verwittertes Salz zugegen ist, haben wir drei Phasen; dann gibt es nur einen Freiheitsgrad, oder mit andern Worten, jeder Temperatur entspricht nur eine Dampfspannung und jeder Dampfspannung nur eine Temperatur.

Glaubersalz wird in der Medizin angewendet; in der Technik wird es hauptsächlich für die Sodafabrikation gebraucht.

Natriumnitrat $NaNO_3$, nach seinem massenhaften Vorkommen in Chile Chilisalpeter genannt, kristallisiert in Rhomboëdern und schmilzt bei 318°. Es ist etwas hygroskopisch. Es wird in großen Mengen als Kunstdünger verwendet, ferner zur Darstellung von Salpetersäure und Kalisalpeter.

Natriumnitrit $NaNO_2$ wird durch Erhitzen des Nitrats, am besten unter Zusatz von Blei oder Eisen, als Reduktionsmittel erhalten (**126**). Es ist in Wasser sehr löslich und wird in großem Maßstabe in der Technik der Anilinfarbstoffe verwendet.

Natriumphosphate. (Siehe **146**.) Trinatriumphosphat $Na_3PO_4 + 12\,H_2O$ ist in wäßriger Lösung größtenteils in NaOH und das sekundäre Salz gespalten; denn die Lösung reagiert stark alkalisch und zieht Kohlensäure aus der Luft an. Das gewöhnliche „phosphorsaure Natrium" ist das Dinatriumphosphat Na_2HPO_4, welches sich aus seiner wäßrigen Lösung bei gewöhnlicher Temperatur mit 12 Mol. H_2O in großen schnell verwitternden Kristallen abscheidet. 100 Gewichtsteile Wasser lösen bei 20° 9·3, bei 30° 24·1 Gewichtsteile des Salzes. Er reagiert schwach alkalisch. Durch Einleiten von Kohlensäure erhält man eine Flüssigkeit von amphoterer Reaktion, welche sowohl blaues Lackmuspapier rot, wie rotes blau färbt. — Mononatriumphosphat $NaH_2PO_4 + H_2O$ reagiert sauer. Durch Erhitzen wird es in Metaphosphat übergeführt.

226. Natriumkarbonat $Na_2CO_3 + 10\,H_2O$, Soda, ist neben dem Kochsalz das wichtigste Natriumsalz und wird technisch in ungeheuren Mengen dargestellt. In der Natur kommt es in Ägypten, in Nord- und Südamerika, am Kaspischen Meer usw. vor; auch in der Asche vieler Seepflanzen ist es enthalten.

Für die Sodafabrikation sind drei Methoden in Gebrauch.

1. Der LEBLANC-Sodaprozeß.

Dieser besteht aus drei Teilen. Zuerst wird Kochsalz mit starker Schwefelsäure (Kammersäure) erwärmt, wodurch Salzsäure und Natriumsulfat entstehen:

$$2\,NaCl + H_2SO_4 = NaCl + NaHSO_4 + HCl;$$
$$NaCl + NaHSO_4 = Na_2SO_4 + HCl.$$

Im zweiten Abschnitt des Prozesses wird Natriumsulfat mit Kohle und Kalkstein erhitzt; dabei treten die folgenden Reaktionen ein:

$$Na_2SO_4 + 2\,C = Na_2S + 2\,CO_2;$$
$$Na_2S + CaCO_3 = CaS + Na_2CO_3.$$

Der dritte Teil des Sodaprozesses besteht darin, daß man die zuletzt erhaltene Masse mit Wasser auslaugt, wodurch das Natriumkarbonat gelöst wird. Aus dieser Lösung gewinnt man es durch Kristallisation.

2. Der Ammoniaksodaprozeß von SOLVAY.

Dieser Prozeß, welcher anfänglich auf viele technische Schwierigkeiten stieß, ist jetzt so sehr vervollkommnet worden, daß er den von LEBLANC zu verdrängen droht; wenigstens in Deutschland wird fast alle Soda nach dem SOLVAY-Prozeß gewonnen. In chemischer Hinsicht ist er sehr einfach. In eine kalte konzentrierte Kochsalzlösung wird unter Druck abwechselnd Ammoniak und Kohlendioxyd eingeleitet. Dabei tritt folgende Reaktion ein:

$$NaCl + (NH_4)HCO_3 = NaHCO_3 + NH_4Cl.$$

Das so entstehende saure Natriumkarbonat (gewöhnlich Bikarbonat genannt) scheidet sich hierbei ab, da es in der kalten konzentrierten Salmiaklösung sich sehr schwer löst. Es wird durch Erhitzen in Na_2CO_3, H_2O und CO_2 zerlegt, welches letztere in den Betrieb zurückkehrt. Die Salmiaklösung wird mit Kalk oder Magnesia destilliert, wodurch das Ammoniak zurückgewonnen wird. Einziges Abfallprodukt ist daher Chlorcalcium oder Chlormagnesium, welche man in verschiedener Weise auf Salzsäure oder Chlor verarbeitet. Das Chlormagnesium z. B. liefert beim Erhitzen in einem Luftstrom Chlor und geht dabei in Magnesiumoxyd über, welches wiederum für die Zersetzung der Salmiaklösung benutzt werden kann.

3. Sodafabrikation durch Elektrolyse.

Dieselbe beruht darauf, daß eine wäßrige Kochsalzlösung bei der Elektrolyse an der Anode Chlor, an der Kathode Wasserstoff und NaOH liefert, letzteres infolge der Zersetzung des Wassers durch primär gebildetes Natrium. Die Anode wird aus Retortengraphit hergestellt, weil dieser gegen die Wirkung des nascenten Chlors recht widerstandsfähig ist, die Kathode ist von Eisen. (Nimmt man statt des letzteren Quecksilber, so bildet sich Natriumamalgam, aus welchem durch Destillation das Quecksilber zurückgewonnen werden kann.) Man erhält hierbei also zunächst Natriumhydroxyd; es wird durch Einleiten von CO_2 in Karbonat verwandelt.

Der scheinbar so einfache Prozeß der Elektrolyse einer Kochsalzlösung, wie er durch die Gleichungen:

$$NaCl = Na + Cl \quad \text{und} \quad Na + H_2O = NaOH + H$$

gewöhnlich ausgedrückt wird, ist in Wirklichkeit ziemlich kompliziert. Das entstandene NaOH wird als Elektrolyt zum Teil selbst in Na und OH zerlegt. Das Natrium liefert natürlich sogleich wieder NaOH, vermehrt jedoch die Alkalität nicht, da es bereits vorher als Ätzkali vorhanden war. Der praktische Erfolg ist daher eine Wasserzersetzung und es geht die letzterer entsprechende Strommenge ungenutzt verloren. Ferner wirken die Produkte der Elektrolyse, NaOH und Cl, unter Bildung von NaClO chemisch direkt aufeinander ein. Das Hypochlorit verteilt sich in der Flüssigkeit und kann auf dreierlei Weise durch den Strom verändert werden. Durch direkte Elektrolyse wird es, wie jedes Salz einer Sauerstoffsäure, unter Knallgasentwicklung in Base und Säure gespalten; ferner kann es an der Kathode zu NaCl reduziert und drittens an der Anode zu Natriumchlorat oxydiert werden. Dieses letztere kann jedoch seinerseits wieder elektrolysiert oder reduziert werden.

Natriumkarbonat kristallisiert bei gewöhnlicher Temperatur mit 10 Mol. Kristallwasser in großen, wasserhellen monoklinen Kristallen, welche jedoch bald verwittern. Es schmilzt bei 60° in seinem Kristallwasser; bei weiterem Erwärmen scheidet sich das Hydrat $Na_2CO_3 + 2H_2O$ ab; dasselbe verliert in trockner Luft 1 Mol. H_2O und bei 100° sein ganzes Kristallwasser. Bei 30—50° kristallisieren aus der wäßrigen Lösung rhombische Prismen von der Zusammensetzung $Na_2CO_3 + 7H_2O$ aus. 100 Gewichtsteile Wasser lösen bei 0° 6.97 Gewichtsteile, bei 38° 51·67 Gewichtsteile des wasserfreien Salzes. Die wäßrige Lösung reagiert stark alkalisch (**184**), was durch hydrolytische Spaltung verursacht wird. Nach dem, was darüber in **146** mitgeteilt ist, muß diese stets stattfinden, wenn ein Salz aus einer schwachen Basis oder aus einer schwachen Säure gebildet wird, während seine Säure oder seine Basis stark ist. Natürlich wird Hydrolysis um so mehr auftreten, wenn von einem Salz sowohl Säure als Basis schwach ist. Welche Reaktion die Lösung eines solchen Salzes zeigen wird, ist von der relativen Stärke der Basis und der Säure abhängig.

Soda wird technisch in großem Maßstabe in der Seifen- und Glasfabrikation gebraucht.

Saures Natriumkarbonat. $NaHCO_3$ Natriumbikarbonat wird beim Solvay-Prozeß als primäres Produkt gewonnen. Es löst sich bei gewöhnlicher Temperatur in 10—11 Gewichtsteilen Wasser und reagiert alkalisch. Bereits bei gelindem Erwärmen zerfällt es in CO_2, H_2O und Na_2CO_3; diese Zersetzung erfolgt schon beim Erwärmen der wäßrigen Lösung; und sogar, wenn man bei gewöhnlicher Temperatur einen Luftstrom durch die konzentrierte Lösung leitet, geht CO_2 mit fort.

Natriumsilikat oder Natriumwasserglas wird dargestellt, indem man Sand mit Glaubersalz und Kohle zusammenschmilzt. Es bildet eine glasige Masse, welche von kochendem Wasser gelöst wird. Die konzentrierte Lösung hat leimartige Konsistenz. Es wird in der Kattundruckerei gebraucht, ferner zum Imprägnieren von brennbaren Gegenständen, wie Theaterdekorationen und anderm, um deren Entzündlichkeit zu beseitigen; auch dient es zum „Füllen“ von Seifen usf.

Die Sulfide des Natriums entsprechen denen des Kaliums und werden auf die gleiche Weise bereitet; siehe **231.**

Natriumborat siehe bei Borax **283.**

Kalium.

227. Verbindungen des Kaliums kommen in der Natur sehr zahlreich vor, aber nicht in so großer Menge wie die des Natriums. Es findet sich vornehmlich in Silikaten, besonders im Feldspat und Glimmer. Aus diesen gelangt es durch Verwitterung in die Ackererde und wird von den Pflanzen aufgenommen, für deren Gedeihen Kaliumverbindungen unentbehrlich sind, weshalb sie auch dem Boden künstlich zugefügt werden. Auch im Seewasser kommen Kaliumsalze vor; die größte Quelle für solche bilden jedoch die Staßfurter „Abraumsalze“ (**44**), meist Doppelsalze von Kalium und Magnesium, wie Carnallit $MgCl_2$, KCl, 6aq, Kainit K_2SO_4, $MgSO_4$, $MgCl_2 + 6H_2O$ u. a. Kalium ist zuerst von Davy durch Elektrolyse von geschmolzenem Ätzkali erhalten worden. Die fabrikmäßige Darstellungsmethode besteht im Glühen einer Mischung von kohlensaurem Kali mit feinverteiltem Kohlenstoff, welche man am besten durch Verkohlen von Weinstein (saurem weinsaurem Kali) bereitet. Die Gewinnung des Metalles ist also derjenigen des Natriums analog; bei der Darstellung des Kaliums kann jedoch unter gewissen Umständen Kohlenoxydkalium $C_6(OK)_6$ entstehen, welches beim Liegen an der Luft explosive Eigenschaften annimmt.

Das Kalium besitzt silberweißen Metallglanz, ist bei gewöhnlicher Temperatur fast wachsweich und hat bei 13° das spez. Gewicht 0·875. Es schmilzt bei 62·5°, siedet bei ca. 720° und verwandelt sich dabei in einen grünen Dampf. Die glänzende Oberfläche des Metalles wird an der Luft sofort matt; an der Luft erhitzt, verbrennt es mit intensiv violettem Lichte. Wasser zersetzt es mit großer Heftigkeit; die hierbei entstehende Wärme genügt, um den sich entwickelnden Wasserstoff zu entzünden, wobei das Stückchen Kalium auf dem Wasserspiegel sich rasch bewegt.

Sauerstoffverbindungen des Kaliums.

228. Kaliumoxyd K_2O entsteht durch Oxydation von dünnen Scheiben Kalium in trockner Luft oder durch Erhitzen des Peroxyds mit Kalium. Es bildet eine weiße Masse, die sich mit Wasser unter heftiger Wärmeentwicklung zum Hydroxyd vereinigt.

Kaliumperoxyd KO_2 entsteht neben K_2O beim Verbrennen von Kalium an der Luft. Es besitzt dunkelgelbe Farbe. In Wasser gebracht liefert es KOH, H_2O_2 und freien Sauerstoff.

Kaliumhydroxyd KOH entsteht durch Einwirkung von Kalium auf Wasser und wird gewöhnlich auf die gleiche Weise wie NaOH bereitet, nämlich durch Behandeln von Kaliumkarbonatlösung mit Kalkmilch. Es wird auch wohl durch Erhitzen von Kalisalpeter mit Kupferpulver gewonnen, wobei Kupferoxyd und K_2O entstehen; beim Eintragen in Wasser entsteht KOH, welches vom CuO durch Filtration getrennt wird. Es kommt in Stangenform in den Handel.

Das Handelsprodukt, meist nach ersterer Methode erhalten, enthält gewöhnlich (neben Karbonat, welches langsam aus KOH an der Luft entsteht) ein wenig Sulfat, Chlorid usw. Hiervon befreit man es, indem man das Kali in starkem Alkohol löst, welcher die genannten Salze nicht löst. Man filtriert und dampft die alkoholische Lösung in einer silbernen Schale ein. Auf die gleiche Weise wird auch das Ätznatron gereinigt.

Das Kaliumhydroxyd gehört zu den stärksten Basen. In festem Zustande zieht es begierig Wasser und Kohlendioxyd aus der Luft an und zerfließt schließlich zu einer konzentrierten Lösung von K_2CO_3, während NaOH dabei in eine feste weiße Masse von Na_2CO_3 übergeht. Deshalb ist Ätzkali ein viel geeigneteres Absorptionsmittel für CO_2 bei Analysen als Natron, da bei Benutzung des letzteren die Apparate sich leicht verstopfen.

Kaliumhydroxyd wird besonders für die Fabrikation von weichen Seifen (grünen oder Schmierseifen) verwendet.

Kaliumsalze.

229. Chlorkalium KCl kommt bei Staßfurt als Mineral Sylvin vor. Das Salz kristallisiert in Würfeln und schmilzt bei 730°. Es ist bei hoher Temperatur leicht flüchtig. 100 Gewichtsteile Wasser lösen bei 0° 25·5 Gewichtsteile, bei 100° 57 Gewichtsteile des Salzes. Wie NaCl wird KCl aus der gesättigten wäßrigen Lösung durch Salzsäure niedergeschlagen. Mit vielen Salzen vereinigt es sich zu Doppelsalzen.

Bromkalium. KBr findet therapeutische Verwendung; es wird dargestellt durch Zusammengeben von Brom und Kalilauge, wobei Bromid und Bromat (je nach den Bedingungen auch Hypobromit) entstehen; das Bromat reduziert man durch Erhitzen der Salzmasse mit Kohlenpulver. Es kristallisiert in Würfeln und löst sich in Wasser leicht auf.

Jodkalium KJ, welches ebenfalls in der Medizin verwendet wird, kann wie das Bromid bereitet werden, ferner auch so, daß man Jod und Eisenfeile unter Wasser zusammenbringt; es entsteht dann eine Lösung von Fe_3J_8; hierzu setzt man Pottaschelösung, wodurch Fe_3O_4 ausfällt, CO_2 entweicht und KJ in Lösung geht. Durch Filtrieren und Eindampfen wird das Salz gewonnen. Es kristallisiert in Würfeln und ist in Wasser sehr löslich; bei 0° löst 1 Teil Wasser 1·278 Gewichtsteile KJ auf. Dem Licht und der Luft ausgesetzt werden die Kristalle durch Jodabscheidung allmählich gelb.

In **46** wurde erwähnt, daß Jod, obgleich in Wasser selbst nur wenig löslich, sich erheblich auflöst, wenn das Wasser Kaliumjodid enthält. Das Jod wird gebunden, derart, daß die Lösung J_3'-Ionen enthält. Daß das Jod eine Verbindung eingegangen ist, kann man daraus schließen, daß Schwefelkohlenstoff, welcher einer wäßrigen Jodlösung beim Schütteln damit fast alles Jod zu entziehen vermag, einer Auflösung von Jod in verdünnter KJ-Lösung nur wenig Jod entzieht. Der Teilungskoeffizient für Jod zwischen Wasser und Schwefelkohlenstoff beträgt 1 : 410. Dividiert man daher die Konzentration des Jods im Schwefelkohlenstoff durch 410, so bekommt man die Konzentration des freien Jods in der Jodkaliumlösung. Zieht man dies von der totalen Konzentration des Jods in dieser Lösung ab, so weiß man, wieviel gebundenes Jod darin anwesend ist; daraus ergibt sich, daß 1 JK, oder besser 1 J′, 1 J_2 gebunden hat. Gleichwohl verhält sich eine Lösung von Jod in wäßrigem Jodkalium in mancher Hinsicht so, wie wenn alles Jod im freien

Zustande zugegen wäre, z. B. bei der Titration mit Thiosulfat. Man muß daher ein Gleichgewicht

$$J_3' \rightleftarrows J' + J_2$$

annehmen. Wenn man das freie Jod wegnimmt, wird das Gleichgewicht gestört, eine neue Menge J_3' muß sich also spalten usf., bis alles Jod verschwunden ist.

Fluorkalium KFl besitzt eine merkwürdige Eigenschaft, welche bei den übrigen Halogenverbindungen des Kaliums in ihrem Verhalten entsprechenden Säuren gegenüber fehlt; es vereinigt sich nämlich begierig mit HFl zu KFl·HFl.

Cyankalium KCN (auch wohl KCy geschrieben) wird im großen durch Schmelzen von gelbem Blutlaugensalz mit Pottasche dargestellt:

$$K_4FeCy_6 + K_2CO_3 = 5\,CNK + KCNO + CO_2 + Fe,$$

wobei das freiwerdende Eisen das Kaliumcyanat zu KCN reduziert.

Es ist in Wasser sehr leicht und mit stark alkalischer Reaktion löslich. Wegen seiner großen Fähigkeit, Doppelsalze zu bilden, wird es in der Galvanoplastik verwendet; es dient ferner zum Extrahieren von Gold aus Erzen (**248**).

Chlorsaures Kali $KClO_3$ kann dargestellt werden, indem man Chlor in eine heiße Lösung von Ätzkali leitet (**56**); es wird jetzt aber fast ausschließlich durch Elektrolyse einer heißen Kochsalzlösung bereitet, wodurch zunächst Natriumchlorat entsteht, welches mittels Chlorkalium in das Kaliumsalz umgesetzt wird. Der Vorteil dieser Methode besteht darin, daß Natriumchlorat in Wasser viel löslicher ist als Kaliumchlorat und deshalb in Lösung bleibt, während die Abscheidung des Kaliumsalzes während der Elektrolyse störend auf den Betrieb einwirkt.

Chlorsaures Kali ist ein schön kristallisiertes, wenig lösliches Salz, welches zur Gewinnung von Sauerstoff (**9**) benutzt wird; ferner wird es in der Zündholzfabrikation, zur Herstellung von Feuerwerksmischungen und in der Medizin als Antiseptikum in der Form von Gurgel- und Mundwässern verwendet. Beim Erhitzen gibt es Sauerstoff ab, während zugleich ein Teil des Salzes in Kaliumperchlorat $KClO_4$ übergeht.

Letzteres ist in Wasser noch schwerer löslich. Es wird zuweilen im rohen Chilisalpeter angetroffen, welcher dann zum Düngen mancher Kulturpflanzen untauglich ist, weil das überchlorsaure Kali schädlich auf dieselben wirkt.

Kaliumsulfat K_2SO_4 wird durch Einwirkung von Schwefelsäure auf Chlorkalium gewonnen; es kristallisiert in schönen, glänzenden, rhombischen Prismen und löst sich ziemlich schwer in kaltem Wasser (1 Teil in 10 Gewichtsteilen H_2O bei gewöhnlicher Temperatur).

Es dient vornehmlich zur Darstellung von K_2CO_3 nach der Methode von LEBLANC. Saures Kaliumsulfat $KHSO_4$ ist in Wasser sehr leicht löslich; es schmilzt bei 200° und verliert dabei Wasser, wodurch es in Kaliumpyrosulfat $K_2S_2O_7$ übergeht. Letzteres wird durch weiteres Erhitzen in K_2SO_4 und SO_3 zerlegt.

Kaliumnitrat KNO_3 ist in der Natur sehr verbreitet, — obschon meist nur in geringen Mengen anzutreffen — da es ganz allgemein da entsteht, wo stickstoffhaltige organische Stoffe in Berührung mit Kaliumverbindungen verwesen. Darauf beruht eine künstliche Darstellungsweise des Salpeters, welche früher in Gebrauch war.

Eine andere Darstellung des Kalisalpeters beruht auf doppelter Umsetzung von Chilisalpeter $NaNO_3$ mit KCl, welches in Staßfurt in großen Mengen gewonnen wird:

$$KCl + NaNO_3 = KNO_3 + NaCl.$$

Zu diesem Zwecke werden heißgesättigte Lösungen der beiden Salze vermischt; da NaCl bei Siedehitze viel weniger löslich ist als KNO_3, kristallisiert es beim Eindampfen zunächst aus. Beim Erkalten der Lösung kristallisiert jedoch der Kalisalpeter aus, welcher von kaltem Wasser viel weniger gelöst wird als NaCl.

Kalisalpeter kristallisiert wasserfrei in Prismen und zwar je nach der Temperatur rhomboëdrisch oder rhombisch. In der Nähe des Schmelzpunktes ist erstgenannte Form beständig, bei gewöhnlicher Temperatur letztgenannte. Wo der Übergangspunkt der beiden Formen liegt, ist noch nicht ermittelt. 100 Gewichtsteile Wasser lösen 13·3 Gewichtsteile dieses Salzes bei 0°, 247 bei 100°. Es schmilzt bei 238° und wird durch weiteres Erhitzen in KNO_2 und Sauerstoff zerlegt. Es schmeckt kühlend.

230. Kalisalpeter wird in großem Maßstabe zur Herstellung von Schießpulver verwendet.

Schießpulver ist eine Mischung von Schwefel, Kalisalpeter und Holzkohle, deren Mengenverhältnis in den verschiedenen Ländern variiert; meistens besteht es aus ca. 75% KNO_3, 10% S und 15% Holzkohle.

Dieses Verhältnis der drei Bestandteile entspricht nahezu dem von 2 Mol KNO_3, 1 Atom S und 3 Atomen C, welches die Zusammensetzung 74·8% KNO_3, 11·8% S und 13·4% C haben würde.

Man könnte deshalb geneigt sein, die Zersetzung des Schießpulvers in der Hauptsache durch die Reaktionsgleichung:

$$2KNO_3 + S + 3C + K_2S + N_2 + 3CO_2$$

wiedergeben zu wollen.

Die chemischen Reaktionen, welche sich bei der Explosion des Schießpulvers abspielen, sind jedoch in Wirklichkeit viel komplizierter. ABEL und NOBEL haben die Produkte untersucht, welche entstehen, wenn Schießpulver auf analoge Weise wie in einem Geschütz explodiert. Sie fanden, daß ca. 55—58% an festen Stoffen dabei zurückbleiben, also etwa 45—42% an gasförmigen Produkten entstehen. Die festen Stoffe bestehen reichlich zur Hälfte aus K_2CO_3, während auch K_2SO_4 und $K_2S_2O_3$ in beträchtlicher Menge gefunden werden. Die Gase sind vornehmlich CO_2, N_2 und CO in geringerer Menge. Die Spannung der gasförmigen Produkte betrug ca. 6400 Atmosphären und die erreichte Temperatur ca. 2200°.

Die festen Verbrennungsprodukte des Schießpulvers werden bei der Explosion sehr fein verteilt und bleiben infolge davon als Rauch längere Zeit in der Luft schweben. Schießpulversorten dieser Art („Schwarzpulver") werden hauptsächlich nur noch für Jagdzwecke und dergl. verwendet. In der modernen Sprengtechnik, insbesondere für Militärzwecke, bedient man sich gegenwärtig fast ausschließlich des rauchlosen Pulvers. Dasselbe besteht aus organischen Substanzen, die bei der Explosion nur gasförmige Verbrennungsprodukte und daher auch keinen Rauch hinterlassen. (Näheres s. „Org. Ch." *231*.)

Kaliumphosphate. Die drei K-Salze der Phosphorsäure sind bekannt; sie sind in Wasser sehr leicht löslich.

Kaliumkarbonat K_2CO_3, Pottasche. Dieses Salz wurde früher ausschließlich aus Holzasche gewonnen, indem man diese mit Wasser auszog und die Lösung eindampfte. Gegenwärtig wird es vielfach nach dem Leblanc-Prozeß aus KCl bereitet; eine andere Quelle für die Pottasche bildet die Melasse der Rübenzuckerfabriken, welche die Kaliumsalze enthält, an denen die Zuckerrübe reich ist.

Nach einem Patent des Salzbergwerks Neustaßfurt wird es daselbst aus Kaliumchlorid wie folgt dargestellt: In einer Lösung von diesem Salz wird Magnesiumkarbonat $MgCO_3 \cdot 3H_2O$ suspendiert; es wird Kohlendioxyd eingeleitet, wobei folgende Reaktion statthat:

$$3MgCO_3 \cdot 3H_2O + 2KCl + CO_2 = MgCl_2 + 2MgCO_3 \cdot KHCO_3 \cdot 4H_2O.$$

Das Kaliummagnesiumkarbonat fällt aus und wird durch Erwärmen auf einer 80° nicht übersteigenden Temperatur in Magnesiumkarbonat und Pottasche zersetzt. Erstgenanntes Salz wird hierbei wieder mit 3 Molekülen Kristallwasser erhalten, welches für obige Umsetzung das allein geeignete ist.

Kaliumkarbonat bildet ein weißes Pulver, welches an der Luft zerfließt und in Wasser sehr leicht löslich ist (bei 20° in 1 Gewichtsteil Wasser 1·12 Gewichtsteile des Salzes); die Lösung reagiert stark alkalisch. Das Salz schmilzt bei 838°. Es wird zur Herstellung von Schmierseifen und von schwer schmelzbarem Glas (Kaliglas) verwendet.

Kaliumsilikat, Kaliwasserglas, entsteht, wenn Sand mit Pottasche geschmolzen wird. Es werden verschiedene Salze dieser Art beschrieben. In Wasser lösen sie sich zu einer dicken gummiartigen Masse auf, welche beim Eintrocknen in ein glasartiges, später undurchsichtig werdendes Produkt übergeht. Kaliwasserglas wird zu denselben Zwecken verwendet wie Natronwasserglas.

Sulfide des Kaliums.

231. Kaliummonosulfid K_2S wird bereitet durch Reduktion von Kaliumsulfat mittels Kohle. Es löst sich in Wasser sehr leicht auf und kristallisiert daraus mit 5 Mol. Kristallwasser. Es zieht Sauerstoff aus der Luft an und geht dabei in Thiosulfat und Kali über:

$$2K_2S + H_2O + 2O_2 = K_2S_2O_3 + 2KOH.$$

Säuren entwickeln daraus Schwefelwasserstoff.

Kaliumhydrosulfid KSH wird durch Sättigen von Kalilauge mit Schwefelwasserstoff erhalten:

$$KOH + H_2S = KSH + H_2O.$$

Es ist in Wasser sehr löslich und reagiert alkalisch; im Vakuum eingedampft hinterläßt die Lösung Kristalle von $2KSH + H_2O$. Mit Kalilauge zusammengebracht gibt es K_2S:

$$KSH + KOH = K_2S + H_2O.$$

Kaliumpolysulfide. Wenn man eine Lösung von K_2S mit Schwefel kocht, so bilden sich die Verbindungen K_2S_3, K_2S_4, K_2S_5. Ein Gemisch dieser Körper erhält man auch durch Schmelzen von Pottasche mit Schwefel; es enthält außerdem Sulfat und Thiosulfat und heißt wegen seiner leberbraunen Farbe Schwefelleber (hepar sulfuris). Durch Säuren werden diese Polysulfide unter Entwicklung von Schwefelwasserstoff und Abscheidung von Schwefel zersetzt:

$$K_2S_x + 2HCl = 2KCl + H_2S + (x - 1)S.$$

Rubidium und Cäsium.

232. Diese Elemente sind sehr verbreitet, kommen jedoch stets nur in äußerst geringer Menge vor. Das Silikat Lepidolith oder Lithionglimmer enthält manchmal ein wenig Rubidium; das sehr seltene Mineral Pollux von der Insel Elba ist ein Aluminium- und Cäsiumsilikat und enthält ca. 30% Cäsiumoxyd. Allgemein werden diese Elemente dort angetroffen, wo Kaliumsalze gefunden werden, in Mineralquellen, in den Staßfurter Salzen (Karnallit z. B. enthält Rubidium) usf. Sie wurden 1860 von Bunsen und Kirchhoff mit Hilfe der Spektralanalyse entdeckt (**263**); sie sind von ihnen nach den wichtigsten Linien ihrer Spektra benannt worden (rubidus = dunkelrot; caesius = himmelblau). Die Spektrallinien dienten den beiden großen Forschern als Führer bei der Trennung dieser Elemente von den andern; nach jeder Trennungsmethode, die versucht wurde, prüften sie, in welchem Teil sich die Linien am intensivsten zeigten. Dieser wurde dann weiter untersucht.

Um sie von der großen Menge von K-Salzen zu trennen, mit denen sie gewöhnlich zusammen vorkommen, führt man sie in Chloride über, dampft ein und zieht den trocknen Rückstand mit starkem Alkohol aus. Fast das ganze NaCl und KCl bleiben dabei zurück, während die Chloride von Rubidium und Cäsium in Lösung gehen. Man setzt Platinchlorid zu, wodurch K_2PtCl_6, Rb_2PtCl_6 und Cs_2PtCl_6 gefällt werden; die Löslichkeit dieser Doppelsalze in Wasser ist sehr verschieden (bei 10° lösen sich in 100 Gewichtsteilen Wasser 0·9 K_2-; 0·154 Rb_2- und 0·05 Cs_2-Salz), so daß sie durch fraktioniertes Auskochen getrennt werden können.

Rubidiumeisenalaun leistet gute Dienste für die Reinigung der Rubidiumsalze besonders für ihre Trennung von Kaliumsalzen, weil er leicht in heißem und nur wenig in kaltem Wasser löslich ist und dazu schön kristallisiert; Kaliumeisenalaun dagegen ist auch in kaltem Wasser sehr leicht löslich.

Rubidium- und Cäsium-Metall werden am besten gewonnen, indem man ihre Hydroxyde mit Magnesiumpulver in einem eisernen Rohr erhitzt. Rubidium ist silberglänzend, schmilzt bei 38·5° und zeigt bei 15° das spez. Gewicht 1·522. Das Metall oxydiert sich an der Luft oder in Sauerstoff sehr leicht zu dem Peroxyd RbO_2, welches dunkelbraune Kristalle bildet. Beim Erhitzen im Wasserstoffstrom liefert es Hydroxyd und freien Sauerstoff:

$$2RbO_2 + 2H_2 = 3RbOH + H_2O + O.$$

Das Hydroxyd ist eine sehr starke Base; seine Salze zeigen viele Ähnlichkeit mit den entsprechenden Kaliumverbindungen; sie sind häufig schwer löslich, so z. B. Rb-alaun, Rb-perchlorat (**60**) u. a.

Cäsium ist ein silberweißes Metall, spez. Gewicht 1·85, Schmelzpunkt 26·5°, Siedepunkt 270°, das sich, der Luft ausgesetzt, sehr bald von selbst entzündet. Die Cäsiumsalze gleichen denen des Rubidiums sehr; einige von ihnen sind noch schwerer löslich und werden deshalb zur Darstellung reiner Cäsiumverbindungen benutzt. Das letztere gilt namentlich von dem schon erwähnten Platindoppelsalz, dem Cäsium-aluminium-alaun und dem sauren Tartrat.

Rubidiumbromid und -jodid und noch mehr die entsprechenden Cäsiumverbindungen sind befähigt, sich mit zwei Atomen Jod zu vereinigen; sie bilden mit diesen Halogenen gelb- oder braungefärbte kristallisierte Verbindungen; möglicherweise sind diese Metalle also trivalent.

Übersicht über die Gruppe der Alkalimetalle.

233. Die allmähliche Änderung der physikalischen Eigenschaften dieser Metalle mit steigendem Atomgewicht geht aus der nachstehenden Tabelle deutlich hervor.

	Li	Na	K	Rb	Cs
Atomgewicht .	7·03	23·05	39·15	85·4	133
Spez. Gewicht .	0·59	0·97	0·865	1·52	1·85
Schmelzpunkt .	180·0	97·6	62·5	38·5	26—27
Siedepunkt . .	Rotglut	742	667	—	270°
Atomvolum .	11·8	23·7	45·3	56·7	71·9

Die spezifischen Gewichte nehmen mit steigendem Atomgewichte zu, ebenso die Atomvolumina; dagegen fallen die Schmelz- und Siedepunkte.

In chemischer Hinsicht ist an erster Stelle der gleichartige Typus der Verbindungen hervorzuheben, demzufolge alle diese Elemente einwertig sind. Die Hydroxyde haben sämtlich die Formel R·OH, die Halogenverbindungen RX usf. Die Salze von allen, namentlich auch die Karbonate und Phosphate sind in Wasser (wenn auch in verschiedenem Grade) löslich, erstere mit alkalischer Reaktion. Die Metalle oxydieren sich sämtlich sehr leicht an der Luft usw.

Anderseits ist nicht zu verkennen, daß die Metalle K, Rb, Cs, welche untereinander große Analogie besitzen, in mehrfacher Hinsicht von Na und Li abweichen. Letzteres zeigt, wie wir sehen werden, in wichtigen Punkten Analogie mit dem Magnesium, weicht sohin von den Elementen seiner eigenen Gruppe ab. Ein derartiges etwas abweichendes Verhalten der ersten Gruppenglieder ist beinahe allgemein wahrzunehmen. Man denke nur an den Kohlenstoff, das erste Glied der vierten Gruppe, welcher durch die Fähigkeit seiner Atome, sich miteinander zu verbinden, in charakteristischer Weise vom Silicium u. d. a. absticht — ferner an das Fluor mit seiner löslichen Silberverbindung; andern Beispielen dieser Art werden wir später noch begegnen.

Das Natrium unterscheidet sich von der spezielleren Gruppe K, Rb, Cs durch die Löslichkeit seiner Salze; die Natriumsalze sind fast sämtlich in Wasser leicht löslich; dies gilt auch von dem Platindoppelsalz Na_2PtCl_6, von dem sauren weinsauren Natrium und andern mehr. Die Soda verwittert, während die Pottasche an der Luft zerfließt. Auch die Spektra des Natriums einerseits und der andern Alkalimetalle anderseits zeigen keine Gleichartigkeit.

Ammoniumsalze.

234. Bei der Besprechung des Ammoniaks (**112**) wurde bereits bemerkt, daß dieses sich an Säuren direkt addiert und dadurch Salze entstehen, welche viele Ähnlichkeit mit den Kaliumsalzen besitzen; in diesen Salzen nimmt man die Gruppe NH_4, Ammonium (auch Am abgekürzt), als vertreten an. Im Anschluß an die Gruppe der Alkalien seien daher noch einige Ammoniumsalze besprochen.

Die wäßrige Lösung des Ammoniaks muß, wegen ihres Leitvermögens für den elektrischen Strom und wegen ihrer alkalischen Reaktion, NH_4- und OH-Ionen und demnach auch ungespaltene

Moleküle Ammoniumhydroxyd AmOH enthalten. Während jedoch die Lösungen der Alkalien KOH, NaOH u. a. den elektrischen Strom sehr gut leiten, ist dies bei einer Ammoniaklösung nicht der Fall; sie leitet schlecht. Eine Lösung von 1 g NH_3 in 1 Liter Wasser enthält nur 1 % ionisierte Moleküle NH_4OH, während eine Lösung von 1 g Kali in 1 Liter Wasser 93 % ionisierte Moleküle enthält.

In der wäßrigen Lösung von Ammoniak hat man anzunehmen: 1) freies NH_3; 2) Hydrate des Ammoniaks, $NH_3 \cdot n\,aq$; 3) Ammoniumhydroxyd NH_4OH; 4) Ionen $NH_4^{\cdot}$ und OH'.

Die Existenz dieser Hydrate neben freiem NH_3 ergibt sich aus dem Verhalten von Ammoniaklösungen beim Ausschütteln mit Chloroform. Nach dem Berthelotschen Gesetz („Org. Ch." *25*) sollte hierbei das Teilungsverhältnis konstant sein. Dies ist es aber nicht. Ebenso wie man aus Abweichungen vom Henryschen Gesetz auf einen besonderen Zustand schließen kann, in welchem ein Gas in einer Lösung sich befindet, kann man dies auch bei Abweichungen vom Berthelotschen Gesetz tun; im Grunde bringt jenes Gesetz ja nur das Teilungsverhältnis eines Gases zwischen einer Flüssigkeit und dem leeren Raum, dieses dasjenige zwischen zwei Flüssigkeiten zum Ausdruck.

Da, was Ammoniak betrifft, diese Abweichung vom Berthelotschen Gesetz sich nur zeigt, wenn eine der beiden Flüssigkeiten Wasser ist, so muß man schließen, daß Wasser es ist, womit sich Ammoniak vereinigt hat. Daß man hier Hydrate annimmt und nicht die Bildung von NH_4OH, ist einerseits durch das analoge Verhalten von Ammoniak und Aminen, anderseits durch das durchaus abweichende Verhalten der organischen quaternären Ammoniumbasen begründet. Während nämlich die wäßrigen Lösungen von primären, sekundären und tertiären Aminen, wie dies beim Ammoniak der Fall ist, den elektrischen Strom schlecht leiten, leitet eine Lösung einer quaternären Ammoniumbasis ebensogut wie die von Kali oder Natron. Hieraus darf man schließen, daß NH_4OH, wenn es in einer Lösung dieselbe Konzentration haben könnte wie die quaternäre Basis, dann auch gerade so gut den elektrischen Strom leiten würde. Ungleich dieser zerfällt es jedoch größtenteils in NH_3 und H_2O, was eben bei jener nicht stattfinden kann.

Daß jedoch in einer wäßrigen Lösung von Ammoniak auch NH_4OH vorkommt, sei es denn auch in geringer Quantität, darf schon aus der Anwesenheit seiner Ionen geschlossen werden, wodurch notwendig das Gleichgewicht $NH_4OH \rightleftarrows NH_4^{\cdot} + OH'$ existieren muß, obwohl dies sehr weit nach rechts verschoben sein könnte.

Die große Neigung von NH_4OH in NH_3 und H_2O zu zerfallen, ist der Grund dafür, daß eine wäßrige Ammonlösung sich nur schwach basisch zeigt; denn NH_4OH, insofern es sich gebildet hat, ist ohne Zweifel weit ionisiert, also eine starke Basis. Dies geht u. a. aus der neutralen Reaktion der Ammoniumsalze mit starken Säuren, wie NH_4Cl, NH_4NO_3, hervor, und aus der alkalischen von Am-karbonat und -cyanid, in Übereinstimmung mit derselben Reaktion der entsprechenden Alkalisalze.

Chlorammonium NH_4Cl, Salmiak, wird aus dem Ammoniakwasser der Gasfabriken gewonnen (**112**); man treibt das Ammoniak durch Erwärmen daraus aus und fängt es in Salzsäure auf. Die

Lösung wird abgedampft und der feste Rückstand sublimiert, wodurch der Salmiak in kompakten Massen von faseriger Struktur erhalten wird. Er löst sich in 2·7 Gewichtsteilen kalten und in 1 Gewichtsteil siedenden Wassers auf und kristallisiert aus der Lösung in kleinen, meist federartig angeordneten Oktaëdern oder Würfeln von scharf saurem Geschmack.

Salmiak ist leicht zu verdampfen und dissoziiert dabei in NH_3 und HCl, wie die Dampfdichte zeigt, welche bei 350° die Hälfte der für NH_4Cl berechneten beträgt.

Man kann die Dissoziation auf folgende Weise leicht nachweisen. In ein an einem Ende zugeschmolzenes Rohr wird ein wenig Salmiak und in einiger Entfernung von diesem ein Stück blaues Lackmuspapier gebracht; man schiebt einen Wattepropfen davor und endlich ein Stückchen rotes Lackmuspapier. Wenn man nun den Salmiak erhitzt, so geht, da HCl eine geringere Diffusionsgeschwindigkeit als NH_3 besitzt, letzteres zuerst durch den Wattepropfen hindurch und färbt das rote Papier blau; dadurch bleibt am andern Ende ein Überschuß von HCl, welcher das dort befindliche blaue Papier rötet.

Sehr merkwürdig ist die von Baker entdeckte Tatsache, daß völlig trockner, d. h. längere Zeit über umsublimiertem P_2O_5 getrockneter Salmiak die normale Dampfdichte hat; anderseits hat derselbe Forscher nachgewiesen, daß ebenso getrocknetes NH_3- und HCl-Gas sich nicht zu Salmiak vereinigen (**38**). Eine Spur Wasser bewirkt also eine ansehnliche katalytische Beschleunigung sowohl bei der Bildung, wie bei der Zersetzung von Ammoniumchlorid. Wir haben hier ein Beispiel für die allgemeine Regel, daß ein Katalysator, der bei einem umkehrbaren Prozeß die Reaktion in der einen Richtung beschleunigt, auch die Reaktion aus der entgegengesetzten Richtung beschleunigen muß. Der Beweis für diese Regel liegt darin, daß das Gegenteil unmöglich ist, weil sonst eine Änderung des Gleichgewichts erfolgen müßte (**49**).

Ammoniumsulfat $(NH_4)_2SO_4$ kristallisiert in großen rhombischen Prismen und löst sich sehr leicht in Wasser. Beim Erhitzen der wäßrigen Lösung entweicht etwas Ammoniak, wobei zugleich saures Sulfat gebildet wird.

Ammoniumnitrat $(NH_4)NO_3$ zerfließt an der Luft; beim Erhitzen zerfällt es in Wasser und Stickstoffoxydul (**119**). Von diesem Salz kennt man drei kristallisierte Formen, deren Umwandlungspunkte (**70**) bestimmt worden sind.

Ammoniumphosphate. Tertiäres Ammoniumphosphat Am_3PO_4 scheidet sich beim Mischen der konzentrierten Lösungen von Phosphorsäure und Ammoniak kristallinisch ab; beim Trocknen verliert es Ammoniak und geht in das sekundäre Am_2HPO_4 über, das beim

Kochen seiner Lösung nochmals Ammoniak abgibt und sich in das primäre Salz umwandelt.

Das wichtigste Salz dieser Art ist das Ammoniumnatriumphosphat $NaAmHPO_4 + 4H_2O$, „Phosphorsalz“ (Sal microcosmicum); es bildet große durchsichtige Kristalle. Beim Erhitzen schmilzt es, gibt Wasser und Ammoniak ab und bildet ein durchsichtiges Glas, Natriummetaphosphat $NaPO_3$.

Ammoniumkarbonat (Ammonium carbonicum) wurde früher durch trockne Destillation von stickstoffhaltigen organischen Stoffen wie Horn, Leder und dergl. gewonnen. Im Handel führt es deshalb den Namen Hirschhornsalz. Gegenwärtig wird es meist durch Sublimation eines Gemenges von Ammoniumchlorid oder -sulfat mit Calciumkarbonat (Kreide) bereitet. Das Produkt ist ein Gemisch von gleichviel Molekülen saurem Salz $AmHCO_3$ und karbaminsaurem Ammoniak $NH_2 \cdot CO_2 \cdot NH_4$ (letzteres ist neutrales Salz weniger $1 H_2O$). Nach seiner Zusammensetzung, welche der Formel $(NH_3)_3 CO_2)_2 \cdot H_2O$ entspricht, heißt es auch Ammoniumsesquikarbonat. Wenn man in eine konzentrierte wäßrige Lösung desselben Ammoniakgas einleitet, scheidet sich das neutrale Salz Am_2CO_3 als kristallinisches Pulver ab; dasselbe riecht sehr stark nach Ammoniak und geht an der Luft langsam in das saure Salz $AmHCO_3$ über, ein weißes, geruchloses Pulver, das in Wasser schwer löslich ist. Dieses saure Salz entsteht auch aus dem Sesquikarbonat direkt, da dieses an der Luft CO_2 und NH_3 abgibt, daher nach NH_3 riecht und in das ersterwähnte Salz übergeht.

Schwefelammonium (Ammoniumsulfid) findet im Laboratorium ausgedehnte Verwendung (**73**). Man erhält eine Lösung von Ammoniumhydrosulfid NH_4SH, wenn man wäßriges Ammoniak mit Schwefelwasserstoff sättigt, als anfangs farblose Flüssigkeit, die sich jedoch bald durch Bildung von Ammoniumpolysulfiden gelb färbt. Der Sauerstoff der Luft oxydiert nämlich einen Teil des Schwefelwasserstoffes, wobei Schwefel frei wird, der sich mit AmHS zu Polysulfiden vereinigt. Ammoniumpolysulfide erhält man auch, wenn man in Ammoniumhydrosulfidlösung Schwefel auflöst.

Durch Vermischen von 2 Vol. NH_3 und 1 Vol. H_2S bei -18^0 wird eine weiße Kristallmasse erhalten, welche bereits bei gewöhnlicher Temperatur in NH_4SH und NH_3 zerfällt. Die Verbindung NH_4SH scheidet sich kristallinisch ab, wenn man in alkoholischen Ammoniak Schwefelwasserstoff einleitet. Bereits bei 45^0 ist sie völlig in gleiche Volumina NH_3 und H_2S dissoziiert.

Über Salzlösungen.

235. Jeder feste Stoff ist in jeder Flüssigkeit löslich; die Menge, die sich löst, kann jedoch wechseln von unendlich wenig zu unendlich viel mit allen denkbaren Zwischenstufen. Wenn nur unendlich wenig des festen Stoffes in Lösung geht, sagt man gewöhnlich, daß er in der Flüssigkeit „unlöslich" sei; es unterliegt jedoch keinem Zweifel, daß durch Vervollkommnung unserer Hilfsmittel und bei Verwendung großer Mengen Flüssigkeit Löslichkeit zu konstatieren sein wird. Für viele sogenannte unlösliche Stoffe ist es gelungen, dies mit Sicherheit nachzuweisen. Wenn wir nun unsere Betrachtungen auf wäßrige Lösungen von Salzen (Säuren und Basen) beschränken, finden wir auch hier dieselbe Verschiedenheit der Löslichkeit, die allgemein wahrgenommen wird. Stoffe wie Sand, Baryumsulfat (**262**), Jodsilber u. a. sind „unlöslich", andere wie Kali können sich bei bestimmten Temperaturen in jedem Verhältnis in Wasser lösen.

Die Löslichkeit, d. h. die Menge Salz, die im Maximum in Lösung gehen kann, hängt von der Temperatur und dem Druck ab; bei steigender Temperatur nimmt in weitaus den meisten Fällen die Löslichkeit zu. Wenn man die Temperatur als Abszisse und die Salzmenge, welche sich in 100 Gewichtsteilen Wasser löst, als Ordinate nimmt, so erhält man Löslichkeitskurven (Fig. 59), welche das eben Gesagte veranschaulichen.

Bei einigen Salzen, so bei KNO_3, steigt die Löslichkeit sehr beträchtlich mit der Temperatur, beim Kochsalz bleibt sie ungefähr gleich; in einigen Fällen, wie bei $Ca(OH)_2$ und beim Gips (innerhalb bestimmter Temperaturgrenzen) vermindert sich die Löslichkeit mit steigender Temperatur. Diese Erscheinungen hängen, wie schon in **103** auseinandergesetzt ist, mit der Lösungswärme zusammen, d. h. dem kalorischen Effekt, welcher den Lösungsvorgang begleitet, und zwar nach dem von VAN'T HOFF aufgestellten Prinzip des beweglichen Gleichgewichtes. In der Tat löst sich z. B. der Kalisalpeter, dessen Löslichkeit mit steigender Temperatur sehr stark zunimmt (siehe Fig. 59), unter beträchtlicher Abkühlung in Wasser auf.

236. Unter Lösungswärme wird verschiedenerlei verstanden. Man hat zu unterscheiden: erstens den kalorischen Effekt bei der Auflösung eines Salzes in einer sehr großen Menge Wasser; zweitens den kalorischen Effekt der Lösung eines Salzes in seiner nahezu gesättigten Lösung; drittens die totale Lösungswärme, d. h. den gesamten kalorischen Effekt beim Lösen eines Salzes in Wasser, bis dies damit gesättigt ist. Im allgemeinen werden diese drei Größen auseinandergehende Werte haben, ja sie können sogar von verschiedenem Vorzeichen sein. Dies ist z. B. der Fall bei $CuCl_2 \cdot 2H_2O$; 1 Mol aufgelöst in 198 Molen Wasser von 11° gibt einen kalorischen Effekt von + 3·71 Kal.; 19·56 Mole in derselben Menge Wasser − 3·129 Kal.

Die Lösungswärme, die in VAN'T HOFFS Prinzip gemeint ist, ist die des Salzes in seiner gesättigten Lösung. Denn man hat das System Salz + gesättigte Lösung; durch Temperaturänderung verschiebt sich das Gleichgewicht; d. h. entweder geht Salz in Lösung oder es kristallisiert aus, welches letztere numerisch einen ebenso großen kalorischen Effekt bedeutet, wie das Auflösen in der gesättigten Lösung, aber von umgekehrtem Vorzeichen. Indem man vorstehendes nicht beachtete, hat man anfänglich geglaubt, Ausnahmen von dem Prinzip zu finden, die bei näherer Untersuchung sich als nicht vorhanden erwiesen.

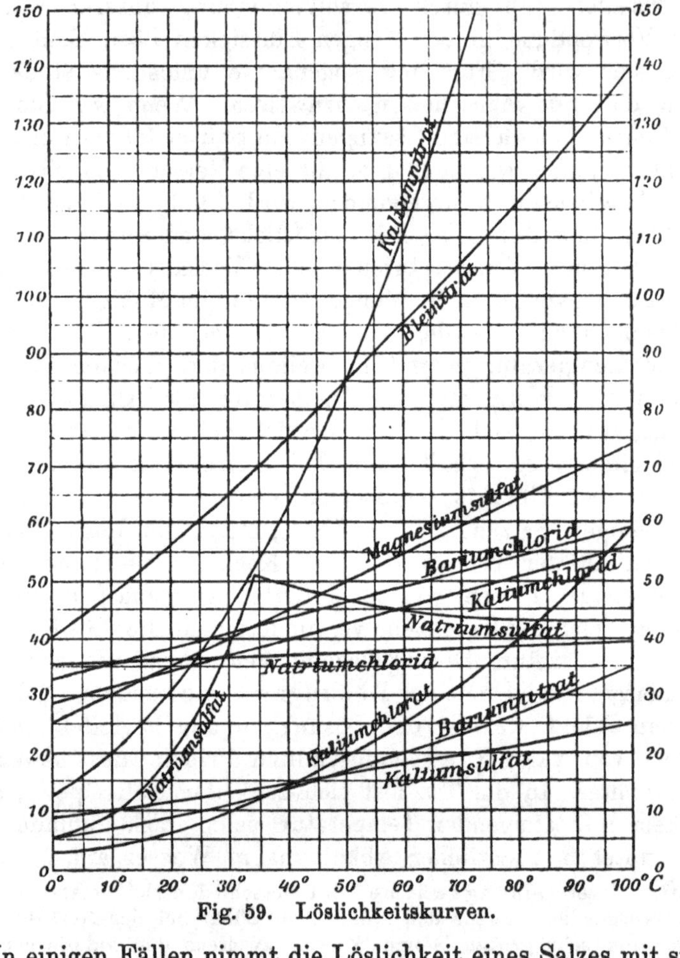

Fig. 59. Löslichkeitskurven.

In einigen Fällen nimmt die Löslichkeit eines Salzes mit steigender Temperatur erst allmählich zu und dann allmählich wieder ab, so daß die Löslichkeitskurve ein Maximum zeigt (siehe Fig. 60). Völlig in Übereinstimmung mit VAN'T HOFFS Prinzip steht, daß die Lösungswärme in dem aufsteigenden Ast der Kurve negativ ist, im Punkte des Maximums 0 und im absteigenden Ast positiv wird; dies ist z. B. für Gips $CaSO_4 \cdot 2H_2O$ gefunden worden; das Maximum seiner Kurve liegt bei ca. 38°; in der Tat war dann die Lösungswärme 0·00; bei 14° wird diese zu — 0·36, oberhalb 35° zu + 0·24.

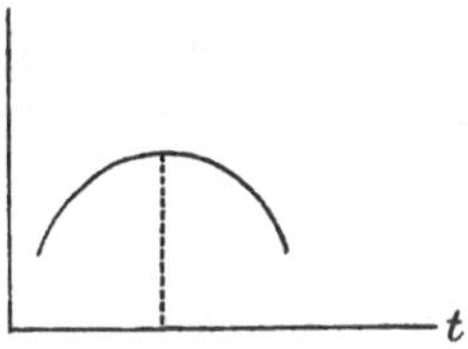

Fig. 60.
Löslichkeitskurve mit Maximumpunkt.

Was sodann die Beeinflussung der Löslichkeit durch Druck betrifft, so ist dieselbe nur gering; sie entspricht völlig dem Prinzip von LE CHATELIER. So löst sich z. B. Chlorammonium unter Ausdehnung; seine Löslichkeit verringert sich daher mit zunehmendem Druck (1 % durch 160 Atmosphären); Kupfersulfat, das sich unter Kontraktion löst, vermehrt seine Löslichkeit um 3·2 % bei 60 Atmosphären.

237. Man hat früher gemeint, die Begriffe „gelöste Substanz“ und „Lösungsmittel“ seien scharf auseinander zu halten. Es hat sich jedoch herausgestellt, daß zwischen den Bestandteilen einer Lösung kein prinzipieller Unterschied besteht, und daß man daher wäßrige Lösungen besser definiert als „flüssige Komplexe, deren einer Bestandteil Wasser ist“, wie als „Wasser, in welchem Stoffe gelöst sind“. Daß in der Tat dieser prinzipielle Unterschied nicht besteht, ergibt sich in erster Linie aus den Erscheinungen, die beim Erkalten von Salzlösungen auftreten.

Man denke sich eine nicht völlig gesättigte Lösung von KCl bei einer bestimmten Temperatur. Man hat hier zwei Stoffe (KCl und H_2O) und zwei Phasen (**71**), also ein unvollständiges Gleichgewicht. Man kühle nun diese Lösung ab; alsbald kristallisiert KCl aus, und da nun drei Phasen vorhanden sind, wird das Gleichgewicht vollständig. Erinnern wir uns noch daran, daß Veränderungen der Mengen jeder Phase keine Änderung des vollständigen Gleichgewichtes bewirken; wenn man mehr Salz in das System bringt, ändert dies keineswegs die Konzentration der gesättigten Lösung oder des Dampfes. Ebensowenig ist dies der Fall, wenn Wasser hinzugefügt oder das Dampfvolum vergrößert wird, wofern die drei Phasen bestehen bleiben. — Kühlt man nun weiter ab, so scheidet sich immer mehr KCl aus; schließlich erreicht man einen Punkt, wo die gesamte Flüssigkeit zu einem Gemisch von Salz und Eis erstarrt. Dieser Punkt heißt der *kryohydratische* oder *eutektische Punkt*.

Früher war man der Meinung, daß bei diesem Punkte eine chemische Verbindung zwischen Salz und Wasser (ein Kryohydrat) entstehe; daß es sich jedoch um Mischungen handelt, kann man z. B. mit dem Mikroskop bei gefärbten Salzen (K_2CrO_4) erkennen; auch kann sich die Zusammensetzung dieser sog. Hydrate ändern, falls das Gefrieren bei anderm Druck stattfindet.

Gehen wir nun von einer verdünnten Chlorkaliumlösung aus und kühlen sie ab; in einem bestimmten Moment bildet sich Eis und damit ist vollständiges Gleichgewicht erreicht, da Eis die dritte dafür nötige Phase ist. Man kann von da ab die Lösung als in bezug auf Eis gesättigt ansehen, ebenso wie im vorigen Fall in bezug auf KCl. Denn Zufügen der festen Phase (**71**) hat hier — ebensowenig wie früher der Zusatz von Chlorkalium (der festen Phase in jenem Fall) — eine Verschiebung des Gleichgewichtes zur Folge; Zufügen von KCl bewirkt hier, daß ein Teil des Eises in Lösung geht (schmilzt), bis die zu der konstant gehaltenen Temperatur zugehörige Konzentration der festen Phase wieder erreicht ist; es ist demnach völlig vergleichbar dem Zufügen von Wasser zur gesättigten KCl-Lösung, die sich in Berührung mit festem KCl befindet, wobei ebenfalls die feste Phase in Lösung ging. Bei Temperaturerhöhung geht mehr Eis in Lösung, bei Erniedrigung kristallisiert mehr aus, ebenso wie bei steigender Temperatur mehr KCl in Lösung geht, bei sinkender mehr auskristallisiert. Bei weitergehender Abkühlung wird sich auch hier stets mehr Eis abscheiden, bis der kryohydratische Punkt erreicht ist, wobei alles zu einem Gemenge von Salz und Eis erstarrt. Die Analogie ist daher vollkommen.

Der kryohydratische Punkt ist nach dieser Betrachtung der Schnittpunkt von zwei Kurven, nämlich der Löslichkeitskurven der gesättigten Lösungen von Salz und von Eis.

Einen andern Beweis für den Satz, daß zwischen Lösungsmittel und gelöstem Stoff kein prinzipieller Unterschied angenommen werden darf, liefert die Betrachtung der Lösungen von einigen kristallwasserhaltigen Salzen, z. B. $CaCl_2 \cdot 6\,H_2O$. Eine gesättigte Lösung von $CaCl_2$ in Wasser hat bei 30·2° genau die Zusammensetzung $CaCl_2 + 6\,H_2O$. Bei dieser Temperatur schmilzt das Hydrat also zu einer homogenen Flüssigkeit; wenn H_2O oder $CaCl_2$ hineingebracht wird, scheidet sich in beiden Fällen beim Abkühlen $CaCl_2 \cdot 6\,H_2O$ ab; denn sowohl durch Zufügen von Wasser wie von $CaCl_2$ erfährt der Erstarrungspunkt von $CaCl_2 \cdot 6\,H_2O$ eine Erniedrigung. Im ersten Falle ist dies letztere im Gleichgewicht mit einer Flüssigkeit, die mehr Wasser als das Hydrat enthält, die man daher eine wäßrige Lösung im gewöhnlichen Sinne nennen kann; im zweiten jedoch mit einer Flüssigkeit, die mehr $CaCl_2$ als das Hydrat enthält, und die daher als eine Lösung in $CaCl_2$ angesehen werden muß.

Wenn man die Löslichkeitskurven verschiedener Salze betrachtet (Fig. 59), so bemerkt man, daß sie im allgemeinen einen regelmäßigen Verlauf zeigen; bei einer der Kurven jedoch, bei der des Glaubersalzes, sieht man bei 33° eine plötzliche Richtungsänderung auftreten. Dies beobachtet man noch öfter bei Salzen, die Kristallwasser besitzen; es hat folgende Ursache. Bleiben wir zunächst beim Glaubersalz. In **225** wurde schon erwähnt, daß dieses bei eben dieser Temperatur von 33⁰ einen Umwandlungspunkt besitzt, bei welchem $Na_2SO_4 \cdot 10aq$ in Na_2SO_4 und $10\,H_2O$ übergeht. Bis 33⁰ hat man daher als feste Phase das wasserhaltige Salz; oberhalb dieser Temperatur ist die feste Phase verändert, zu wasserfreiem Salz geworden. Dies muß notwendigerweise eine plötzliche Richtungsänderung der Löslichkeitskurve zur Folge haben. Unterhalb 33⁰ bezieht sich dieselbe auf $Na_2SO_4 \cdot 10aq$, darüber auf Na_2SO_4. M a n k a n n d e n K n i c k d e r K u r v e b e i 33⁰ d a h e r a u c h a l s d e n S c h n i t t p u n k t d e r L ö s l i c h k e i t s k u r v e n v o n $Na_2SO_4 \cdot 10aq$ u n d v o n Na_2SO_4 a n s e h e n. Beim Glaubersalz tritt nun noch der besondere Fall auf, daß die Löslichkeit des wasserfreien Salzes mit steigender Temperatur abnimmt, die Löslichkeitskurve daher oberhalb 33⁰ bei steigender Temperatur fällt.

So gedeutet, sieht man, daß die Löslichkeit zweier Modifikationen einer Substanz, welche durch einen Umwandlungspunkt verbunden sind, in diesem Punkt für beide gleich wird. Dies muß allgemein der Fall sein; es läßt sich dies auf ganz analoge Weise zeigen, wie in **70** bewiesen ist, daß die Dampfdrucke im Umwandlungspunkt gleich werden. Sogar dieselbe Figur kann dazu verwendet werden, wenn man im Auge behält, daß die Löslichkeit einer labilen Modifikation immer größer ist als die der stabilen bei der gleichen Temperatur. Umgekehrt hat man hierin ein Mittel zur Bestimmung des Umwandlungspunktes.

Im allgemeinen ist, wie Ostwald betont hat, die Löslichkeit irgend welchen Stoffes abhängig von dem Zustande, in welchem er sich befindet. Die feste Phase bestimmt das Gleichgewicht nicht nur vermöge ihrer chemischen Beschaffenheit, sondern auch vermöge der besonderen Formart, in welcher der feste Stoff vorhanden ist. So bedingen beispielsweise verschiedene Formen desselben polymorphen Stoffes oder verschiedene Hydrate desselben Salzes unter sonst gleichen Umständen ebensoviele verschiedene Löslichkeiten.

Bei einem wasserhaltigen Salz kann der Fall eintreten, daß verschiedene Hydrate desselben existieren, welche durch Umwandlungspunkte miteinander verknüpft sind. Ein Salz mit $(m + n)$ Molekülen Kristallwasser wird z. B. bei einer bestimmten Temperatur in ein anderes mit $m\,H_2O$ übergehen; letzteres kann bei höherer Temperatur wieder einen Umwandlungspunkt zu wasserfreiem Salz besitzen. Jedesmal wird bei diesen Umwandlungspunkten die Löslichkeitskurve einen

Knick machen, weil die feste Phase sich ändert; sie wird daher die Gestalt haben, welche Figur 61 wiedergibt.

Betrachten wir eine solche Löslichkeitskurve etwas näher: Bei 0° (Punkt *A* in Fig. 61) habe man zunächst reines Wasser und Eis; man löse nun kleine Salzmengen allmählich auf. Will man die Eisphase behalten, so muß man die Temperatur sinken lassen, da

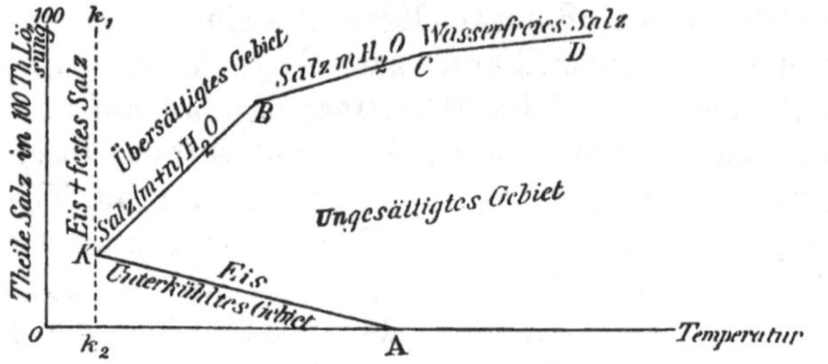

Fig. 61. Löslichkeitskurve.

eine Salzlösung einen niedrigeren Gefrierpunkt wie reines Wasser hat; man bewegt sich also der Kurve *AK* entlang. Man erreicht so den Punkt *K*, wo kein Salz mehr gelöst wird, da nun alles Wasser zu Eis geworden ist; hier hat man also ein Gemenge von Eis und festem Salz, mit andern Worten den kryohydratischen Punkt.

Will man von *K* ab mehr Salz in Lösung bringen, so muß man die Temperatur erhöhen; die Eisphase verschwindet dann natürlich, dagegen liegt jetzt das Salz mit $(m + n)$ Molekülen Kristallwasser am Boden („Bodenkörper"). Hält man durch Zufügen dieses Salzes die Lösung stets gesättigt, so geht man der Kurve *KB* entlang. Bei *B* aber ist der Übergangspunkt vom Salz mit $m + n$ Molekülen Kristallwasser in Salz mit $m\,H_2O$; hier muß also die Löslichkeitskurve einen Knick haben, und zwar muß im Punkte *B* die Löslichkeitskurve vom Salz mit $(m + n)\,H_2O$ steiler verlaufen als diejenige vom Salz mit $m\,H_2O$, wie auch die Form der Kurven *KB* und *BC* sonst sein mag. Man sieht dies sofort ein durch eine Überlegung, welche der für den Übergang von Eis in Wasser oder von rhombischem in monoklinen Schwefel (**70**) angestellten völlig analog ist. In *C* hat man schließlich einen zweiten Umwandlungspunkt vom Salz mit $m\,H_2O$ in wasserfreies Salz, so daß die Löslichkeitskurve dort wieder einen Knick aufweist. Wo die Kurve *CD* endet, hängt von den Umständen ab. In manchen Fällen, z. B. beim Silbernitrat, endet sie im Schmelzpunkt des wasserfreien Salzes (Konzentration der Lösung = 100 %). In andern Fällen kann das wasserfreie Salz eine geschmolzene zweite Flüssigkeitsschicht unter der gesättigten

Lösung bilden. Endlich sei noch der Fall des Kupfersulfats erwähnt, welches in Berührung mit seiner gesättigten Lösung bei gegebener Temperatur sein Kristallwasser verliert, und von dort ab bei steigender Temperatur eine Löslichkeitsabnahme zeigt, welche schließlich fast gänzliche Unlöslichkeit zur Folge hat.

Ziehen wir durch K eine Linie $k_1 k_2$ parallel zu der Ordinate, so ist die Figur durch diese und durch $AKBCD$ in folgende Gebiete geteilt. Rechts von der Löslichkeitskurve ist das Gebiet der ungesättigten Lösungen. AKk_2 ist dasjenige der unterkühlten, k_1KBCD dasjenige der übersättigten Lösungen. Links von $k_1 k_2$ endlich kann bei gewöhnlichem Druck nur Eis + festes Salz existieren.

Eine Löslichkeitskurve wie die in Figur 61 dargestellte kann umgekehrt sehr wohl dazu verwendet werden, um Verbindungen zwischen Salz und Wasser zu entdecken. Vom kryohydratischen Punkt ab zeigt jeder Knick in der Löslichkeitskurve an, daß ein Salz mit anderm Gehalt an Kristallwasser entstanden ist; jedem Teil dieser Kurve entspricht daher ein anderes Salz, d. h. eine andere feste Phase. Die Zusammensetzung dieser festen Phasen geht hieraus nicht ohne weiteres hervor. Dies ist jedoch wohl der Fall, wenn sie ohne Änderung ihrer Zusammensetzung geschmolzen werden können, oder, was dasselbe ist, wenn sie mit einer flüssigen Phase von der gleichen Zusammensetzung im Gleichgewicht sein können. Bei Salzen in wäßriger Lösung kommt dies nicht oft vor; jedoch sahen wir oben bei $CaCl_2 \cdot 6aq$ davon ein Beispiel. Die Untersuchung der Löslichkeits- oder der Schmelzpunktskurve ist dann für die Auffindung von Verbindungen besonders wertvoll. Um dies einzusehen, betrachten wir zunächst ein System von zwei Stoffen A und B, welche keine Verbindung eingehen. In Figur 62 ist die Schmelzpunktskurve gezeichnet, die man bei zunehmenden Zusätzen von B zu A erhält. Der Schmelzpunkt sinkt anfänglich, bis man im eutektischen Punkt E angelangt ist. Längs AE scheidet sich aus der Schmelze nur A aus. In E dagegen auch B. Wird nun mehr B zugesetzt, so steigt der Schmelzpunkt; man bekommt die Kurve EB, welche im Schmelzpunkt von reinem B endet. Längs EB scheidet sich nur B aus der Schmelze aus. Nehmen wir jetzt an, daß A und B eine Verbindung AB im molekularen Verhältnis 1 : 1 bilden können. Beim Zusatz von B zu A bildet sich AB und löst sich im überschüssigen A auf. Dadurch sinkt sein Schmelzpunkt. Wenn eine gewisse Menge B zugesetzt ist, ist dieser Punkt bis E_1 erniedrigt. Hierbei scheidet sich aus der Schmelze sowohl A wie AB aus. Es ist der eutektische Punkt von Gemischen von A und AB. Bei weiterem Zusatz von B erhöht sich der Schmelzpunkt zunächst wieder, gerade wie im Falle, wo keine Verbindung zwischen den Komponenten existiert; es scheidet sich aber jetzt nur *AB* aus der Schmelze ab. Durch diesen weiteren Zusatz von *B* vermehrt sich aber die Menge der Verbindung *AB*; in *M* ist freies *A* verschwunden und besteht die Masse aus der reinen Verbindung *AB*, welche in *M* ihren Schmelzpunkt hat. Hier erreicht die Schmelztemperatur ihr Maximum, denn Zusätze sowohl von *A* wie von *B* erniedrigen den Schmelzpunkt des reinen *AB*. Der weitere Verlauf der Schmelzkurve ergibt sich jetzt von selbst. Bei fortwährendem Zusatz von *B* zu *AB* sinkt die Schmelztemperatur; zunächst scheidet sich aus der Schmelze nur noch

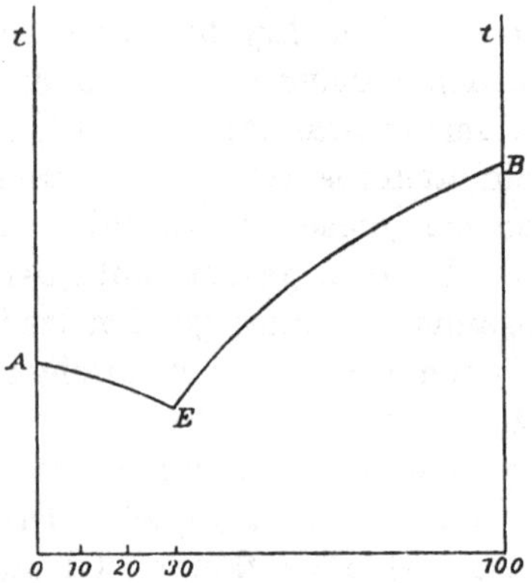

Fig. 62.

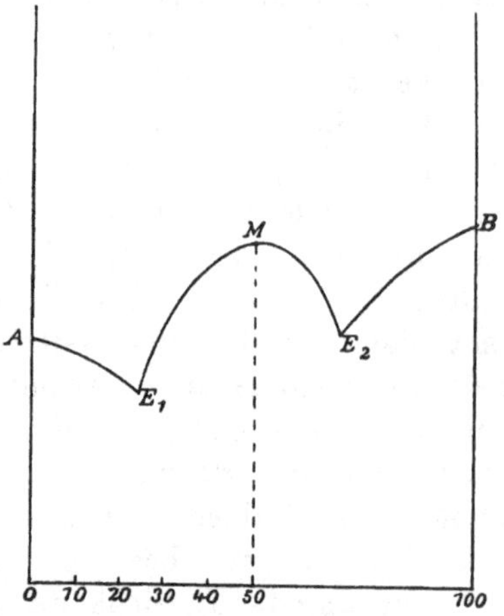

Fig. 63.

Schmelzpunktskurven.

AB ab, bis man zu dem eutektischen Punkt E_2 gelangt, wo sowohl *AB* wie *B* auskristallisieren. Weiterer Zusatz von *B* bewirkt dann wieder eine Erhöhung des Schmelzpunktes, bis endlich längs $E_2 B$ im Schmelzpunkt der reinen Substanz *B* die Kurve endet.

Bildet sich mehr als eine Verbindung zwischen *A* und *B*, so kommt für jede in der Kurve ein Maximumpunkt *M* hinzu, wovon also jeder einer Verbindung entspricht.

Die folgenden Beispiele werden dies näher verdeutlichen.

1. Das System $SO_3 + H_2O$. Es existieren hier eine Anzahl Hydrate, welche durch die Schmelzpunktskurve angedeutet werden.

Ein Gemisch von 62 % SO_3 + 38 % H_2O hat einen Gefrierpunkt von -20^0. Fügt man SO_3 zu, so steigt dieser Punkt, bis bei $SO_3 + 2H_2O = H_2SO_4 + H_2O$ ein erstes Maximum erreicht wird, welches bei $+8^0$ liegt. Die ganze Masse erstarrt hierbei zu Kristallen obiger Zusammensetzung. Weitere Zufügung von SO_3 beeinflußt den Schmelzpunkt des Hydrats $H_2SO_4 \cdot H_2O$ wie jeder andere Zusatz eines Fremdkörpers zu einer einheitlichen Substanz: der Schmelzpunkt sinkt zunächst (42); beim Kristallisieren scheidet sich aber das Hydrat $H_2SO_4 + H_2O$ aus. Bei einer Zusammensetzung von ungefähr $3H_2O + 2SO_3$

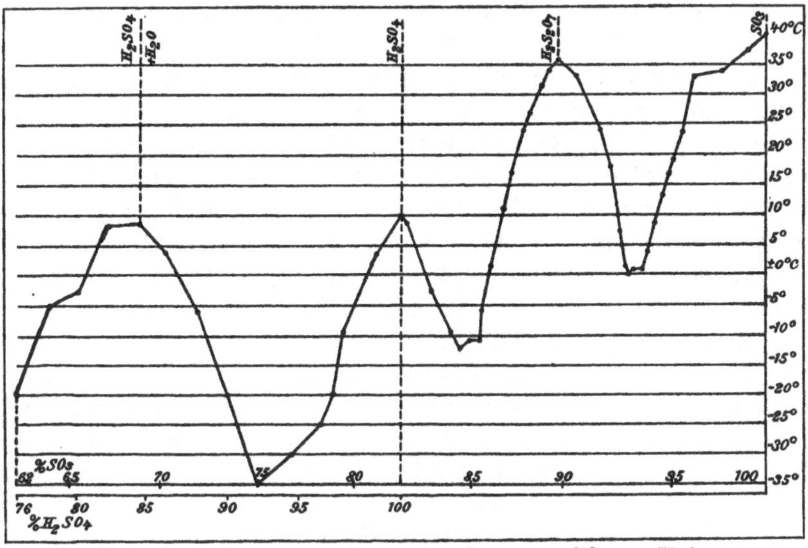

Fig. 64. Schmelzpunktskurve des Systems $x SO_3 + y H_2O$.

wird ein eutektischer Punkt erreicht. Die Masse erstarrt bei -35^0 zu einem Gemisch von $H_2SO_4 \cdot H_2O$ und H_2SO_4. Weiteres Zufügen von SO_3 verursacht eine Hebung des Schmelzpunktes, bis bei $+10^0$ ein zweites Maximum erreicht wird, wo alles zu einer einheitlichen kristallisierten Masse, aus reinem H_2SO_4 bestehend, erstarrt. Längs dieses emporsteigenden Teiles der Kurve kristallisiert H_2SO_4 aus. Den weiteren Verlauf der Schmelzpunktskurve zeigt noch ein dritter Maximumpunkt, welcher mit dem Hydrat $H_2SO_4 \cdot SO_3 = H_2S_2O_7$ (Pyroschwefelsäure) korrespondiert; die Kurve endet im Schmelzpunkt der asbestartigen Form von SO_3 bei $+40^0$.

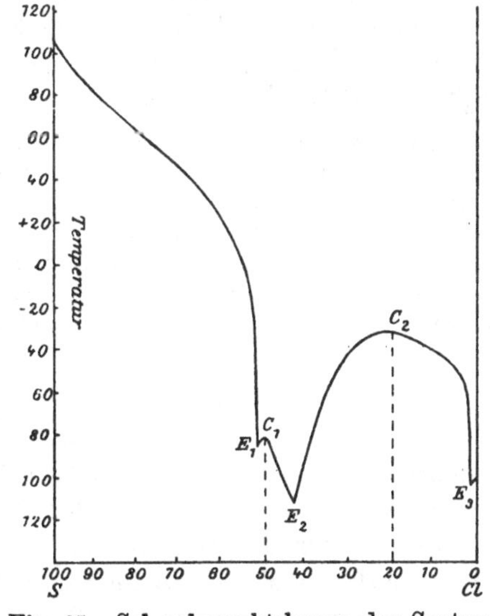

Fig. 65. Schmelzpunktskurve des Systems S + Cl in Atomprozenten.

2. In nicht wäßrigen Flüssigkeiten liegen die Verhältnisse völlig ähnlich, wie aus der Betrachtung des Systems S + Cl hervorgeht. Auf S. 113 wurde erwähnt, daß zwar die Verbindung SCl_4 nicht isoliert werden konnte, daß jedoch die Form der Schmelzkurve vom System S + Cl keinen Zweifel über die Existenz einer derartigen Verbindung

übrig läßt. In der Tat zeigt dieselbe bei C_2 einen Maximumpunkt für 20 Atomprozente Schwefel, entsprechend der Zusammensetzung SCl_4. Die Punkte E_1, E_2, E_3 sind die eutektischen Punkte $S + S_2Cl_2$, $S_2Cl_2 + SCl_4$ und $SCl_4 + Cl_2$, während der Maximumpunkt C_1 der Verbindung S_2Cl_2 entspricht.

Übersättigte Lösungen. Eine wenig unterhalb von 33° gesättigte Glaubersalzlösung kann, wenn sie sorgfältig vor jeder Berührung mit festem Salz geschützt wird, bis auf Zimmertemperatur abgekühlt werden, ohne daß etwas auskristallisiert; die Berührung mit einem winzigen Kristallfragment von $Na_2SO_4 \cdot 10H_2O$ genügt jedoch, um die Kristallisation dieses Salzes plötzlich eintreten zu lassen.

Außer dem Glaubersalz gibt es eine ganze Reihe von Salzen, welche Lösungen mit dieser Eigenschaft geben können; z. B. Natriumthiosulfat, manche Nitrate usw. Derartige Lösungen nennt man übersättigt. Sie sind durchaus stabil; man kann sie schütteln, mit einem Glasstab reiben (welches sonst die Kristallisation sehr befördern kann), ohne daß Kristallisation eintritt, wenn nur keine Spur des festen Salzes mit der Lösung in Berührung kommt. Man nennt ein derartiges System, das also nur unter einer Bedingung nicht stabil ist, ein metastabiles System.

Wird eine übersättigte Lösung von Glaubersalz noch weiter als auf Zimmertemperatur abgekühlt, so kristallisiert ein anderes Hydrat, nämlich $Na_2SO_4 \cdot 7aq$ aus; das so entstehende System ist noch immer metastabil, denn auch jetzt genügt die Berührung mit den geringsten Spuren von $Na_2SO_4 \cdot 10H_2O$, um es ganz in das stabile System mit $Na_2SO_4 \cdot 10H_2O$ als Bodenkörper überzuführen.

Die Quantität Salz, welche genügend ist, einen metastabilen Zustand, wie ihn eine übersättigte Lösung darstellt, zum Verschwinden zu bringen, ist, wie OSTWALD fand, etwa von der Größenordnung 10^{-10} g. Durch diese außerordentlich geringe Menge ist es erklärlich, daß man früher eine spontane Aufhebung des metastabilen Zustandes für möglich hielt. Da in der Luft (namentlich des Laboratoriums) immer äußerst geringe Mengen von Kristallen schweben, genügt es meistens, eine Flasche, welche eine übersättigte Lösung enthält, zu öffnen, um die Kristallisation im stabilen System hervorzurufen.

238. Aus den in **65** und **66** dargelegten Gründen nimmt man an, daß Säuren, Basen und Salze in wäßriger Lösung in Ionen gespalten sind. Diese Dissoziation kann mehr oder weniger vollständig sein; das hängt von der Natur des gelösten Stoffes, von der Temperatur der Lösung und von ihrer Konzentration ab. Beispiele hierfür sind bereits hier und da mitgeteilt worden; Salzsäure und Salpetersäure sind in $^1/_{10}$ Normallösungen fast völlig gespalten, Kohlensäure, Kieselsäure fast gar nicht; von den Basen sind Kali und Natron und die der alkalischen Erden bei dieser Verdünnung nahezu vollständig dissoziiert. Denselben Unterschied zeigen auch die

Salze; die der Alkalien, auch von schwachen Säuren, sind so gut wie vollständig ionisiert, Quecksilberchlorid dagegen sehr wenig; wir kommen hierauf bei der Besprechung der Metalle noch ausführlicher zurück.

Die Tatsache, daß äquivalente Lösungen verschiedener Elektrolyte sehr verschiedene Leitfähigkeit besitzen, zeigt der folgende elegante Versuch (Fig. 66):

In vier vertikale Glaszylinder (3 cm Durchmesser) führt man Scheiben aus Platin, in horizontaler Stellung je zwei, ein, welche als Elektroden dienen. Die obere ist beweglich. Die unteren Elektroden werden je mit einer Glühlampe verbunden und der ganze Apparat, wie in der Figur angegeben, mit den Polen einer Wechselstrom-Maschine von 110 Volt. Nachdem in jede der Röhren 120 ccm destilliertes Wasser eingefüllt sind, gibt man in die erste 5 ccm Salzsäure, in die übrigen ebensoviel Schwefelsäure, Monochloressigsäure und Essigsäure, alle von halbnormaler Konzentration. Wenn man die Elektrodendistanz überall gleich macht, brennt die Lampe, welche hinter die Salzsäure geschaltet ist, am hellsten, weil hier der Widerstand am kleinsten ist. Die andern Lampen folgen in der Helligkeit in der obigen Reihenfolge der Zusätze. Die Elektroden werden jetzt einander genähert, so daß alle Lampen gleich hell brennen; es zeigt sich, daß die Elektroden in der Salzsäure am weitesten voneinander abstehen, während die in der Essigsäure sich beinahe berühren.

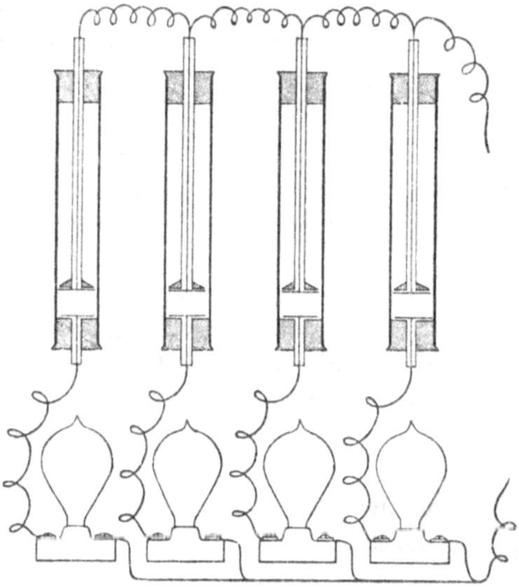

Fig. 66. Versuch nach Whitney.

Um zu zeigen, daß die Alkalisalze dieser Säuren im Gegensatze zu den Säuren selbst fast die gleiche Leitfähigkeit und Dissoziation besitzen, neutralisiert man die Lösungen mit Kalilauge. Die Lampen brennen jetzt gleich hell, wenn die Elektrodenabstände fast gleich sind.

239. In der Lösung von weit ionisierten Salzen darf man die Eigenschaften des Kations und des Anions erwarten; sie muß die Summe der Eigenschaften beider Ionen zeigen, oder wie es auch wohl ausgedrückt wird, ihre Eigenschaften müssen additiv sein hinsichtlich jener der beiden Ionen.

Dies ist wirklich sowohl chemisch wie physikalisch der Fall. Was das erste anbelangt, sehen wir, daß die Lösungen der verschiedenen Salze eines selben Metalles alle dieselben Reaktionen zeigen; aus den Lösungen aller Bleisalze fällt Schwefelwasserstoff schwarzes PbS, Schwefelsäure weißes $PbSO_4$ usw. Anderseits werden die Lösungen der Salze von derselben Säure alle durch dieselben Reaktionen gekennzeichnet, Sulfate z. B. durch den Niederschlag, den sie mit Chlorbaryumlösung geben. Dies alles würde sehr schwierig zu erklären sein, da die Salze im festen Zustande erhebliche Differenzen zeigen, während es zu einer Notwendigkeit wird, wenn man annimmt, daß sie in Lösung ionisiert sind.

Von den physikalischen Eigenschaften tritt unter anderm die Additivität deutlich zum Vorschein, wenn man Salze von gefärbten Säuren oder Basen hat. Ostwald zeigte, daß alle Permanganate mit einer farblosen Basis, in äquivalenter Lösung genau das gleiche Absorptionsspektrum (**263**) haben. Alle verdünnten Kupferlösungen sind blau. Bei den Permanganaten ist es das Anion MnO_4', bei letzteren das Kation $Cu^{\cdot}$, welches als Träger der Farbe betrachtet werden muß.

Wenn das Lösungsmittel keine Ionisation bewirkt, ist die Farbe von Salzen einer selben Basis oft sehr verschieden. So ist die alkoholische Lösung von Kobaltnitrat purpur, die des Chlorids blauviolett; werden beide in viel Wasser gegossen, so bekommt man von jeder eine rote Lösung. Ein anderes Beispiel sind die alkoholischen Lösungen von Kupferchlorid und Nitrat; erstere ist dunkelgrün, letztere blau; beim Ausgießen in Wasser werden beide blau.

Auch hinsichtlich anderer physikalischen Eigenschaften zeigt sich dieser additive Charakter. Da man dies jedoch meistens nicht direkt (wie bei gefärbten Salzen) zeigen kann, muß man einen Umweg machen, der durch folgendes Beispiel erläutert wird.

Das spezifische Gewicht S einer Zuckerlösung kann ziemlich genau durch

$$S = 1 + K \cdot n$$

dargestellt werden, wenn n die Anzahl Mole pro Liter angibt, und K eine Konstante ist. In ähnlicher Weise wird das spez. Gewicht der Lösung eines stark ionisierten Salzes durch das Anion auf $1 + \alpha \cdot n$, durch das Kation auf $1 + \beta \cdot n$ gebracht werden, wo α und β wieder Konstanten sind. Besteht nun Additivität, so muß das spez. Gewicht der Lösung

$$S = 1 + n\ (\alpha + \beta)$$

sein; die Werte von α und β sind zunächst noch unbekannt. Für Salzlösungen mit demselben Anion wird das spez. Gewicht ausgedrückt werden durch

$$S_1 = 1 + n\ (\alpha + \beta); \quad S_2 = 1 + n\ (\alpha + \beta_2); \quad S_3 = 1 + n\ (\alpha + \beta_3) \text{ usw.}$$

Wählt man nun Salze von denselben Säuren, die aber ein anderes Anion haben, so werden die spez. Gewichte ihrer Lösungen durch

$$S_1' = 1 + n\ (\alpha_1 + \beta_1); \quad S_2' = 1 + n\ (\alpha_1 + \beta_2); \quad S_3' = 1 + n\ (\alpha_1 + \beta_3) \text{ usw.}$$

dargestellt, woraus hervorgeht, daß die Differenzen $S_1 - S_1'$; $S_2 - S_2'$; $S_3 - S_3'$ stets denselben Wert haben müssen, wenn wirklich Additivität existiert. Diese Gleichheit kann deshalb als Beweis für diese Eigenschaft benutzt werden.

Ein konkretes Beispiel für diese Betrachtungen bieten die spez. Gewichte der Lösungen von KCl, NaCl, AmCl und von KBr, NaBr und AmBr. In der Tat ist hier KCl — KBr = NaCl — NaBr = AmCl — AmBr. Doch nicht nur die spez. Gewichte, sondern auch andere physikalische Konstanten, wie Zusammendrückbarkeit, Kapillarität, Brechungsexponent u. a. lassen sich, wie Versuche lehrten, durch dieses selbe additive Schema darstellen.

Durch die Annahme der Ionisation wird ferner sofort deutlich, daß bei der Mischung verdünnter Lösungen von starken Basen und Säuren, beide 1 Mol enthaltend, stets derselbe kalorische Effekt (13·6 kal.) wahrgenommen wird; der einzige Prozeß, welcher dabei stattfindet, ist ja die Bildung von Wasser aus seinen Ionen (**66**). Auch das sogenannte Gesetz der Thermoneutralität leuchtet sofort ein, welches aussagt, daß bei der Mischung von zwei verdünnten Salzlösungen kein kalorischer Effekt wahrgenommen wird; denn die Ionen beider Salze sind sowohl vor wie nach der Mischung in freiem Zustande anwesend.

Acidimetrie und Alkalimetrie. Theorie der Indikatoren.

240. Die Menge Säure oder Base, welche in einer Flüssigkeit vorhanden ist, kann am einfachsten maßanalytisch (**93**) bestimmt werden. Der Teil der Maßanalyse, welcher die hierfür in Anwendung kommenden Methoden umfaßt, wird als Acidimetrie und Alkalimetrie bezeichnet. Gesetzt, man wollte die Menge Salzsäure bestimmen, welche in einem gegebenen Volum Flüssigkeit vorhanden ist. Man mißt dann ein bekanntes Volum dieser Flüssigkeit ab, 50 oder 100 ccm usw., je nach der vermutlichen Konzentration, und fügt hierzu Natronlauge von bekanntem Gehalt, welche man aus einer Bürette langsam zufließen läßt. Wenn man den Punkt bestimmt, wo die Flüssigkeit neutral geworden ist, und die dafür erforderliche Anzahl Kubikzentimeter Natronlauge abliest, kann man daraus durch eine einfache Rechnung die Konzentration der Säure ableiten.

Um auf diese Weise die Konzentration einer Säure oder Lauge bestimmen zu können, muß man erstens im Besitz einer Lauge oder Säurelösung von bekannter Stärke sein und zweitens ein scharfes Kennzeichen haben, um wahrnehmen zu können, wann die Flüssigkeit gerade neutral geworden ist.

1. Bereitung einer Säure und einer Lauge von bekannter Stärke. Dies kann auf verschiedene Weise geschehen. Häufig geht man hierfür von der Oxalsäure $C_2H_2O_4 + 2\,H_2O$, Bernsteinsäure $C_4H_6O_4$ oder Weinsäure $C_4H_6O_6$ aus, weil diese feste kristallisierte Substanzen leicht in vollkommen reinem Zustande erhältlich sind, so daß man durch Wägung auf einer feinen Wage die Säuremenge, welche man auflöst, sehr genau bestimmen kann. Man wägt also 1 Grammäquivalent = $^1/_2$ Mol. dieser Säuren (dieselben sind zweibasisch) ab, löst sie in Wasser auf und verdünnt, bis das Volum der Flüssigkeit genau 1 Liter beträgt. Mit Hilfe dieser Normalsäure wird die Normallauge bereitet, indem man ein wenig mehr als 1 oder $^1/_2$ oder $^1/_{10}$ usw. Äquivalent NaOH oder KOH (sehr geeignet ist auch $Ba(OH)_2$) in Wasser löst und diese Lösung auf die Normalsäure einstellt, d. h. den Gehalt durch Titrieren mit Normalsäure bestimmt und dann auf genau normal verdünnt.

Das Einstellen kann ferner auch in der Weise geschehen, daß man die saure Lösung, die eingestellt werden soll, zu einem Gemisch von KJ und KJO_3-Lösung fügt. Hierdurch werden HJ und HJO_3 frei:

$$5\,KJ + KJO_3 + 6\,HX = 5\,HJ + HJO_3 + 6\,KX.$$

Sie setzen sich sofort nach der Gleichung:

$$5\,HJ + HJO_3 = 3\,H_2O + 6\,J$$

um.

Für jedes Äquivalent Säure wird also 1 Atom Jod frei. Durch Titration mit Natriumthiosulfat wird die Menge des frei gewordenen Jods bestimmt. Diese Methode gibt sehr genaue Resultate, ist aber nur für starke Säuren brauchbar.

2. Bestimmung des Punktes, wo die Flüssigkeit neutral wird. Da der Zeitpunkt, wo die Flüssigkeit neutral wird, wenn Säure und Alkali zusammengegeben werden, sich durch keine äußere Erscheinung bemerkbar macht, setzt man eine sehr geringe Menge einer Substanz zu, deren Farbe bereits bei sehr geringer Überschreitung der Neutralität verändert wird. Derartige Stoffe sind Lackmus (blau durch Alkali, rot durch Säure), Phenolphtaleïn (rot durch Alkali, farblos durch Säure), Methylorange (gelb durch Alkali, rot durch Säure) und viele andere. Fügt man daher zu $\frac{\text{Alkali-}}{\text{Säure-}}$Lösung allmählich eine $\frac{\text{Säure-}}{\text{Alkali-}}$Lösung, so wird bei Anwesenheit dieser Stoffe ein Farbumschlag wahrzunehmen sein, wenn die Neutralität gerade eben überschritten ist. Solche Farbstoffe nennt man Indikatoren. Dieselben sind meist von schwach saurer Natur (man hat auch einige schwach basische); die Farbänderung beruht oft darauf, daß sie in Salze übergehen, deren entsprechende Säuren

sehr instabil sind und fast unmittelbar in isomere übergehen, die anders gefärbt sind, als die freie Säure oder das Salz.

241. Vom Standpunkt der Ionentheorie aus ergibt sich folgende Theorie der Indikatoren: Bringt man ein paar Tropfen von dem Indikator in eine Säurelösung, so wird durch den großen Überschuß der letzteren die ohnehin bereits sehr schwache Ionisation des Indikators so gut wie aufgehoben. Setzt man dann eine Base zu, so werden durch ihre OH-Ionen die H-Ionen der zu titrierenden Säure weggenommen. Ist diese sehr stark, so bleiben jedoch bis zuletzt genug H-Ionen in der Flüssigkeit, um eine einigermaßen starke Ionisation des Farbstoffes zu verhindern; erst der erste Tropfen überschüssigen Alkalis läßt die Anionen des Farbstoffes entstehen, weil dessen Alkaliverbindung stark dissoziiert ist. Der Farbenumschlag ist also scharf; denn er wird gerade durch die verschiedene Farbe des nicht ionisierten Moleküls und des Anions verursacht. War dagegen die Säure schwach und nähert man sich dem Endpunkte der Titration, so sind nicht genug H-Ionen vorhanden, um die Ionisation des Farbstoffes völlig zu unterdrücken. Infolgedessen werden neben dem nicht dissoziierten Farbstoff bereits seine Anionen entstehen, ehe der Endpunkt der Titration erreicht ist, mit andern Worten: der Farbenumschlag wird unscharf und dadurch der Endpunkt unsicher.

Will man eine schwache Säure titrieren, so muß man — nach dem Vorstehenden — einen Indikator wählen, der viel weniger stark ionisiert ist als die Säure selbst, und dessen Alkalisalze stark genug ionisiert sind, um einen deutlichen Farbenumschlag zu bewirken. Zu diesem Zwecke kann man das Phenolphtaleïn benutzen, dessen undissoziierte Moleküle farblos und dessen Anionen rot sind. Essigsäure z. B. läßt sich damit gut titrieren, wenn man im Hinblick auf die oben entwickelten Gründe eine starke Base zur Titration verwendet. Umgekehrt ist Phenolphtaleïn jedoch nicht geeignet, wenn man eine schwache Base zu titrieren hat. Ammoniak färbt eine Phenolphtaleïnlösung erst bei einem bestimmten Überschuß, weil die Ammoniumverbindung des Farbstoffes bei der großen Verdünnung, in der sie sich bei einer Titration befindet, nahezu vollständig hydrolytisch gespalten ist.

Will man eine schwache Base titrieren, so muß man als Indikator einen Farbstoff von relativ stark saurem Charakter nehmen, denn dann wird auch nahe dem Endpunkte der Titration (wenn also die Konzentration der Base gering geworden ist) das Salz des Farbstoffes nur in beschränktem Umfange hydrolytisch gespalten sein und daher die Farbe seiner Ionen noch vorherrschen. Dabei wird man für die Titration eine starke Säure anwenden müssen (Salzsäure, Schwefelsäure), um durch den ersten Tropfen nach dem Moment der Neutralisation die elektrolytische Dissoziation des Farbstoffes möglichst zurückzudrängen und dadurch der Lösung die Farbe des nichtionisierten Farbstoffes zu geben. Ein Indikator, der diesen Anforderungen entspricht, ist das Methylorange; man kann damit Ammoniak sehr gut titrieren. Die Ionisation der andern Indikatoren liegt zwischen diesen beiden (Phenolphtaleïn und Methylorange) als äußersten Grenzen, und ihre Anwendbarkeit kann danach beurteilt werden.

Kupfer.

242. Dieses Metall kommt gediegen in den Vereinigten Staaten von Amerika, als Erz in Spanien, Schweden, im Ural, in Chile, Peru, China und Japan vor; es kristallisiert regulär. Die verbreitetsten Kupfererze sind Rotkupfererz Cu_2O, Malachit und Kupferlasur (beide sind basische Karbonate), Kupferglanz CuS und namentlich Kupferkies $CuFeS_2$.

Die Gewinnung aus schwefelfreien Erzen ist sehr einfach; dieelben werden mit Kohle geschmolzen, wodurch das Rohkupfer abgeschieden wird. Wenn das Kupfererz Schwefel und auch Eisen enthält, ist die Verhüttung schwieriger. Das zerkleinerte Erz wird alsdann zunächst geröstet; hierdurch wird CuS zum Teil in CuO übergeführt. Das Produkt wird mit Sand, kieselsäurehaltigen Zuschlägen und Kohle verschmolzen, wobei das Eisen, nicht auch das Kupfer, in Silikat umgewandelt wird und in die „Schlacke“ (das bei dem Schmelzprozeß gebildete Gemenge von Silikaten) wandert. Dieses Verfahren wird so lange wiederholt, bis das Erz eisenfrei geworden ist. Das resultierende Gemisch von CuO und CuS heißt Kupferstein. Durch anhaltendes Rösten und Glühen gewinnt man daraus das Schwarzkupfer:

$$2\,CuO + CuS = 3\,Cu + SO_2.$$

Zum Schluß wird mit Kohle erhitzt, um vorhandenes Kupferoxyd zu reduzieren, und das Garkupfer gewonnen.

Das so gewonnene Kupfer enthält manchmal noch geringe Mengen anderer Metalle. Um völlig reines Kupfer zu erhalten (welches z. B. für elektrische Leitungen gebraucht wird, da es besser leitet als unreines Metall), wird es elektrolytisch gereinigt. Wird eine Lösung von unreinem Kupfer elektrolysiert, so gelingt es unter bestimmten Bedingungen, reines Kupfer in kompakter Masse zu fällen, während die Verunreinigungen in Lösung bleiben oder als Pulver niederfallen. Aus diesen Niederschlägen werden nicht unbeträchtliche Mengen Silber und Gold gewonnen. — Zur Ausführung dieses Reinigungsprozesses hängt man in eine mit Schwefelsäure angesäuerte Kupfervitriollösung Platten mit Rohkupfer abwechselnd mit solchen aus reinem Kupfer. Verbindet man nun die Rohkupferplatten mit dem positiven, die Reinkupferplatten mit dem negativen Pol der Stromquelle, so schlägt sich auf letzteren reines Kupfer nieder, während dafür von dem als Anode dienenden Rohkupfer die gleiche Menge sich auflöst. 1900 betrug die tägliche Produktion von elektrolytisch gereinigtem Kupfer in den Vereinigten Staaten von Amerika 573000 Kilo (die Hälfte der Weltproduktion).

Physikalische Eigenschaften. Das Kupfer hat hellrote Farbe; es besitzt große Härte und Festigkeit, ist aber sehr dehnbar. Es läßt sich zu sehr dünnem Draht ausziehen und zu äußerst dünnen Blättchen ausschlagen (unechtes Blattgold), welche grün durchscheinend sind. Spez. Gewicht 8·94, Schmelzpunkt 1045°.

Chemische Eigenschaften. In trockner Luft ist das Kupfer bei gewöhnlicher Temperatur unveränderlich, in feuchter bedeckt es sich mit einer dünnen Schicht von basischem Kupferkarbonat, welche es vor weiterer Einwirkung der Atmosphäre schützt. Beim Erhitzen an der Luft verwandelt es sich in CuO. Von Salpetersäure wird es leicht angegriffen (**120**), nicht von verdünnter Salzsäure. Schwefelsäure greift es bei gewöhnlicher Temperatur ebenfalls nicht an, wohl aber bei höherer unter SO_2-Entwicklung (**78**). Von Ammoniak und Sauerstoff wird es zu einer blauen Flüssigkeit, Kupferoxydammoniak, gelöst. Aus der Lösung seiner Salze wird das Kupfer durch Eisen, Zink, Magnesium usw. abgeschieden (**203**).

Anwendungen und Legierungen. Das Rotkupfer des Handels ist das Metall selbst; das so viel verwendete hellgelbe Messing ist eine Legierung von 1 Teil Zink und 2 Teilen Kupfer und ist härter als letzteres für sich allein. Neusilber besteht aus 50% Kupfer, 25% Nickel und 25% Zink. Das elektrische Leitvermögen desselben ändert sich wenig mit der Temperatur, weshalb man es für elektrische Widerstände benutzt. Über Bronzen siehe **199**.

Kupfer findet in der Galvanoplastik in großem Maßstab Verwendung. Eine metallene oder durch Überpinseln mit Graphit leitend gemachte Gips- oder Guttaperchaform wird mit einem Zuleitungsdraht versehen und als Kathode in eine Kupfersulfatlösung gebracht, in die als Anode eine Platte reinen Kupfers getaucht wird. Bei gut geregelter Elektrodenspannung löst sich das Kupfer und lagert sich als ablösbarer Niederschlag ab, wobei alle Details der Matrize mit größter Genauigkeit zum Vorschein kommen.

Verbindungen des Kupfers.

243. Das Kupfer bildet zwei Reihen von Salzen, die sich von den Oxyden Cu_2O Kupferoxydul und CuO Kupferoxyd ableiten.

Oxydulverbindungen des Kupfers.

Kupferoxydul Cu_2O kann aus Cuprisalzen auf verschiedene Weise gewonnen werden, z. B. durch Reduktion in alkalischer Lösung vermittelst Traubenzucker, Hydroxylamin, arseniger Säure u. a. Es bildet ein gelbrotes kristallinisches Pulver, welches sich bei gewöhnlicher Temperatur an der Luft nicht verändert. In Ammoniak ist es löslich; diese Lösung färbt sich durch Sauerstoffabsorption rasch blau, indem das Kupferoxydul in Kupferoxyd übergeht. Schwefelsäure verwandelt dasselbe in Kupfersulfat und Kupfer:

$$Cu_2O + H_2SO_4 = CuSO_4 + Cu + H_2O.$$

Man kann annehmen, daß hierbei zuerst Cuprosulfat entsteht, die Cupro-Ionen einer solchen Lösung jedoch direkt in Cupro-Ionen und nicht ionisiertes Kupfer übergehen: $2Cu^{\cdot} = Cu^{\cdot\cdot} + Cu$.

Von Cuprosalzen sind nur die der Halogene bekannt. Cu_2Cl_2, Cu_2Br_2 und Cu_2J_2 sind sämtlich „unlöslich" (vgl. **235**); die Löslichkeit nimmt mit zunehmendem Atomgewicht des Halogens ab.

Kupferchlorür, seiner Dampfdichte zufolge Cu_2Cl_2, entsteht, wenn eine Lösung von Kupferchlorid $CuCl_2$ mit Kupfer gekocht wird, oder wenn in ein Gemenge von Kupfersulfat- und Kochsalzlösung SO_2 bis zur Sättigung eingeleitet und die Flüssigkeit alsdann in Wasser gegossen wird. Es ist ein weißer kristallisierter Körper, der unter Wasser aufbewahrt werden muß, da es in feuchtem Zustande schnell Sauerstoff aufnimmt und grün wird infolge der Bildung von basischem Kupferchlorid $Cu{}^{OH}_{Cl}$. Es schmilzt bei 430° und destilliert bei ca. 1000°. Es ist löslich in konzentrierter Salzsäure und Ammoniak; solche Lösungen sind anfangs farblos, nehmen aber sehr schnell infolge von Sauerstoffaufnahme (Bildung von Cupriverbindungen) eine blaue Farbe an. Diese Lösungen besitzen die Fähigkeit, Kohlenoxyd zu absorbieren, wobei eine unbeständige Verbindung, $Cu_2Cl_2 \cdot CO \cdot 2H_2O$, entsteht, welche in farblosen Blättchen kristallisiert. Solche Lösungen werden deshalb in der Gasanalyse zur Absorption dieses Gases benutzt.

Kupferjodür Cu_2J_2 entsteht, wenn einer Lösung von Kupfersulfat Jodkalium zugesetzt wird; die Hälfte des Jods wird hierbei frei:

$$2CuSO_4 + 4KJ = 2K_2SO_4 + Cu_2J_2 + J_2.$$

Es ist anzunehmen, daß sich hierbei in der Lösung im ersten Augenblick Cuprijodid bildet (mit Ionen $Cu^{\cdot\cdot}$ und J') und dann das zweiwertige Cupri-Ion in das einwertige Cupro-Ion übergeht.

$$Cu^{\cdot\cdot} + 2J' = CuJ + J.$$

Es tritt hierbei jedoch nach OSTWALD ein Gleichgewichtszustand ein, da die Reaktion nicht vollständig verläuft, sondern noch Kupfer in Lösung bleibt; dies folgt unter anderm daraus, daß Kupferjodür von einer alkoholischen Jodlösung gelöst wird. Man hat daher:

$$Cu^{\cdot\cdot} + 2J' \rightleftarrows CuJ + J.$$

Nimmt man eines der Reaktionsprodukte, das freiwerdende Jod, weg (z. B. durch schweflige Säure), so wird die Reaktion wohl vollständig verlaufen können, umsomehr, als das Jod dann in J-Ionen übergeführt ist und daher die Konzentration eines der Komponenten auf der linken Seite der Gleichgewichtsgleichung erhöht und die Abscheidung des schwer löslichen Salzes dadurch vollständiger gemacht wird.

Kupfercyanür Cu_2Cy_2 kann auf analoge Weise wie Kupferjodür erhalten werden, nämlich durch Vermischen einer Kupfersulfat- und einer Cyankaliumlösung; die Hälfte des Cyans entweicht dabei als Cyangas:

$$2\,CuSO_4 + 4\,KCy = 2\,K_2SO_4 + Cu_2Cy_2 + Cy_2.$$

Das Kupfercyanür löst sich sehr leicht in überschüssigem KCy; hierbei entsteht ein gelbes Salz 2 KCy, Cu_2Cy_2 oder $K_2Cu_2Cy_4$, in dem ein komplexes Anion $(Cu_2Cu_4)''$ anwesend ist. Aus den Kupferionen wird durch Zusatz von KCy sehr vollständig dieses komplexe Ion gebildet; denn die Lösung gibt keine der gewöhnlichen Reaktionen auf Kupfer, selbst nicht mit Schwefelwasserstoff, obgleich CuS sich bereits bei sehr geringer Konzentration der Cu-Ionen abscheidet (**73**).

Kupferoxydverbindungen.

244. Kupferoxyd CuO ist ein schweres schwarzes Pulver, das man erhält, indem man Kupferpulver bei hoher Temperatur mit Sauerstoff in Berührung bringt. Durch Glühen des Nitrats oder durch Erhitzen des Hydroxyds oder des Karbonats kann es ebenfalls dargestellt werden. In fein verteiltem Zustande verdichtet es an seiner Oberfläche beträchtliche Mengen von Wasserdampf. In der organischen Analyse wird es sehr viel gebraucht.

Kupferhydroxyd $CuO \cdot nH_2O$ scheidet sich als flockiger, voluminöser blauer Niederschlag (Hydrogel) ab, wenn man der Lösung eines Kupfersalzes Kali oder Natron zusetzt. Beim Kochen der Flüssigkeit wird der Niederschlag schwarz, indem er unter Wasserverlust in CuO übergeht.

Kupferchlorid $CuCl_2 + 2H_2O$ wird gewonnen, indem man Kupferoxyd oder Karbonat in Salzsäure auflöst. Es kristallisiert in blauen rhombischen Nadeln, welche durch anhängende Mutterlauge jedoch oft grün erscheinen. Es ist in Wasser und Alkohol leicht löslich. Das wasserfreie Salz ist gelb. Die konzentrierte wäßrige Lösung ist grün, die verdünnte blau. Man kann letzteres auf die

Spaltung des Salzes in seine Ionen zurückführen; denn alle verdünnten Kupferlösungen sind blau, unabhängig davon, an welche Säure das Metall gebunden ist. Hieraus folgt, daß das Cu-Ion einer Lösung blaue Farbe verleiht. Eine konzentrierte Lösung von $CuCl_2$ hat eine grüne Farbe, weil die gelbe des ungespaltenen Salzes mit die blaue der Ionen grün bildet.

Eigenartig ist die folgende Erscheinung. Wenn man einer Lösung von $CuCl_2$ so viel Wasser zusetzt, daß sie gerade blau ist, und sie dann erwärmt, wird sie grün. Zufolge der vorstehenden Erklärung des Farbenwechsels muß daher die elektrolytische Dissoziation durch Erwärmen zurückgehen; nach dem Prinzip vom beweglichen Gleichgewicht (**103**) erfordert dies wiederum, daß die Ionisationswärme positiv ist, mit andern Worten, daß Wärme entwickelt wird, wenn das Salz sich in seine Ionen spaltet. In der Tat hat Arrhenius dies für einige Salze nachgewiesen, z. B. für $CuSO_4$, so daß man das gleiche auch hier annehmen darf.

Beim Vermischen einer Kupfersulfatlösung mit einer konzentrierten Kochsalzlösung wird die Farbe grün infolge Bildung von Molekülen $CuCl_2$; dies wird überhaupt dann eintreten müssen, wenn ein Überschuß von Cl-Ionen in eine Kupferlösung hineingebracht wird, wie es auch die Erfahrung bestätigt.

Kupferbromid ist dem Chlorid analog; Kupferjodid ist nicht beständig, sondern zersetzt sich sofort in Jodür und Jod (**243**).

Kupfersulfat, Kupfervitriol $CuSO_4 + 5H_2O$, ist das bekannteste Kupfersalz. Es wird im großen durch Rösten von Kupferglanz bereitet; es kristallisiert in großen blauen triklinen Kristallen, die bei 100° 4 Mol. H_2O abgeben, das fünfte erst oberhalb 200°. Das wasserfreie Kupfersulfat ist ein weißes Pulver, welches sehr begierig Wasser anzieht und dabei wieder blau wird. Bei 20° lösen 100 Gewichtsteile Wasser 42·31 Gewichtsteile des kristallisierten Sulfats. Es wird in großer Menge für galvanoplastische Zwecke (**242**) verwendet.

Kupfernitrat $Cu(NO_3)_2$ kann mit 3 und 6 Mol. Wasser kristallisieren und ist dunkelblau.

Kupferkarbonat. Das normale Salz ist nicht bekannt, wohl aber basische Salze.

Kupferarsenit $CuHAsO_3$ wird unter dem Namen Scheeles Grün als Farbstoff verwendet; Schweinfurter Grün ist eine Doppelverbindung von arsenigsaurem und essigsaurem Kupfer. Obgleich beide sehr giftig sind, werden sie doch noch für Tapeten, Kattundruck und dergl. verwendet (**157**).

Kupfersulfid CuS wird aus einer Kupferlösung durch H_2S als schwarzer Niederschlag gefällt. Im feuchten Zustande oxydiert es sich an der Luft langsam zu Kupfersulfat. Im Wasserstoffstrom erhitzt gibt es Kupfersulfür Cu_2S und Schwefelwasserstoff.

Kupfersalze und Ammoniak. Beim Vermischen von Lösungen dieser Stoffe entsteht, wenn sehr wenig Ammoniak verwandt wird, zunächst ein Niederschlag von Kupferhydroxyd; von überschüssigem Ammoniak wird derselbe mit dunkelblauer Farbe gelöst. Läßt man derartige Lösungen verdunsten oder fügt Alkohol hinzu, so kristallisieren ammoniakhaltige Verbindungen aus; eine solche ist z. B. $CuSO_4 + 4NH_3 + H_2O$, welche beim Erhitzen auf 150° in $CuSO_4 \cdot 2NH_3$ übergeht. In der wäßrigen Lösung dieser Stoffe sind komplexe Ionen von Cu und NH_3 anzunehmen, da mit diesen Lösungen einige der gewöhnlichen Cu-Reaktionen ausbleiben, z. B. die Fällung mit Kali. Daß andere Reaktionen, wie die Fällung durch H_2S wohl eintreten, beweist, daß auch freie Cu-Ionen, obschon in geringer Konzentration, in der Flüssigkeit vorhanden sind.

Silber.

245. Dieses Metall kommt gediegen in der Natur vor, zuweilen in Klumpen von 100 kg; wichtige Silbererze sind Silberglanz Ag_2S, Kupfersilberglanz $Cu_2S \cdot Ag_2S$, Rotgültigerz $Sb_2S_3 \cdot 3Ag_2S$. In kleinerer Menge wird es auch als Hornsilber AgCl angetroffen. Die hauptsächlichsten Lagerstätten finden sich in den vereinigten Staaten von Amerika, Mexiko, Chile, Peru, Australien, Sachsen, Ungarn und Sibirien. Spuren von Silberverbindungen sind im Seewasser vorhanden.

Die Verhüttung des Silbers ist sehr kompliziert; es sind mehrere Prozesse in Gebrauch.

1) Die schwefelhaltigen Erze werden an der Luft geröstet, wodurch Ag_2SO_4 entsteht. Letzteres wird mit Wasser ausgezogen und aus dieser Lösung das Silber durch Eisen ausgefällt.

2) Das silberhaltige Erz wird mit Kochsalz geröstet, wodurch AgCl entsteht. Das Chlorsilber wird dann mittels Natriumthiosulfat in Lösung gebracht und aus der Lösung durch Schwefelnatrium das Sulfid niedergeschlagen. Das letztere wird durch Erhitzen auf hohe Temperatur in Metall übergeführt.

3) In Mexiko, wo Mangel an Brennmaterial ist, werden die feingepulverten Erze mit Wasser angerührt und dem Gemenge wird Kochsalz zugesetzt; das Ganze wird dadurch sorgfältig gemischt, daß es auf einem mit Steinplatten gepflasterten Hofe (Patio) von Maultieren durchgetreten wird. Man setzt darauf Quecksilber sowie ein Gemisch von Ferri- und Cuprisalzen zu und läßt die Masse viele Tage hindurch in derselben Weise gehörig durcharbeiten. Das abgeschiedene Silber bildet mit dem Quecksilber ein Amalgam; man gewinnt das Silber

daraus, indem man das Quecksilber abdestilliert. Folgende Reaktionen spielen sich vermutlich bei diesem Prozeß ab:

$$2\,CuCl_2 + Ag_2S = Cu_2Cl_2 + 2\,AgCl + S.$$

Das Kupferchlorür Cu_2Cl_2 löst sich in der Kochsalzlösung auf und wirkt auf eine weitere Menge Ag_2S ein:

$$Cu_2Cl_2 + Ag_2S = Cu_2S + 2\,AgCl.$$

Das Chlorsilber löst sich in der Kochsalzlösung auf und hieraus wird das Silber durch Quecksilber abgeschieden, welches letztere hierbei in Kalomel übergeht.

4) Bleierze enthalten meistens auch etwas Silber; bei der Verhüttung des Bleies geht das Silber vollständig in das Blei über und wird daraus auf folgende Weise gewonnen: Das silberhaltige Blei wird geschmolzen und langsam abgekühlt. Wie aus einer verdünnten Salzlösung beim Abkühlen reines Eis auskristallisiert, scheidet sich hier silberfreies Blei in Kristallen ab. Diese werden abgeschöpft und dieses Verfahren — nach seinem Erfinder Pattinsonieren genannt — so lange fortgesetzt, bis der Silbergehalt des Bleis ca. 0·1% beträgt. Dieses „Werkblei" wird darauf dem **Kupelationsprozeß** unterworfen, d. h. das Blei wird in einem Flammofen (Treibherd, Fig. 67) geschmolzen, dessen Sohle mit einer porösen Unterlage gefüttert ist („Abtreiben" des Werkbleis). Das Blei wird zu leicht schmelzbarem PbO (Bleiglätte) oxydiert, welches zum Teil durch seitliche Rinnen (Glättgassen) aus dem Treibherd abfließt, zum Teil von der porösen Unterlage aufgenommen wird. Gegen Ende des Prozesses bleibt auf dem flüssigen Silber nur noch ein feines Häutchen Bleiglätte zurück, welches bald hier, bald dort zerreißt, wobei die glänzende Oberfläche des geschmolzenen Silbers zum Vorschein kommt („Blicken des Silbers"). Das Silber bleibt schließlich metallisch zurück.

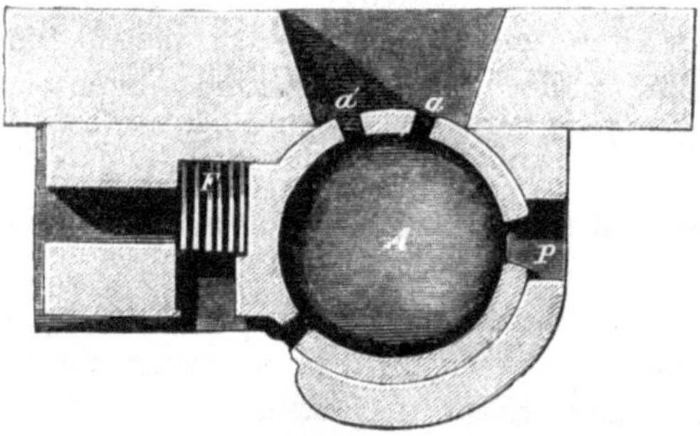

Fig. 67. Treibherd.
Feuerung bei *F*, Herdsohle *A*, Gebläseformen (= rohre) bei *a* und *a'*; bei *P* wird das Werkblei zugegeben. Der Herd wird oben durch eine Haube bedeckt.

Eine andere Methode beruht auf der Tatsache, daß das Silber sich sehr leicht in geschmolzenem Zink löst, und Zink von geschmolzenem Blei nur sehr wenig aufgenommen wird. Man kann daher das geschmolzene Blei mit geschmolzenem Zink „ausschütteln" (s. „Org. Ch." *28*). Das Verfahren ist folgendes: Man setzt dem silberhaltigen geschmolzenen Blei Zink (welches 0·5 % Al enthält) zu und rührt um. Das geschmolzene Zink steigt auf und nimmt den größten Teil des Silbers aus dem Blei mit sich. Es wird abgehoben und in Platten gegossen, welche als Anoden der Elektrolyse unterworfen werden. Auf der Kathode schlägt sich nahezu reines Zink nieder, während ein bleihaltiges Silberpulver mit 70—80 % Ag niederfällt, welches direkt auf den Treibherd gelangt.

Das reine Silber des Handels enthält meistens ein wenig Kupfer und andere Metalle; chemisch rein wurde es von Stas erhalten, indem dieser das Hüttenprodukt in Salpetersäure löste und mittels Salzsäure als Chlorsilber fällte; dieses wurde dann durch Kochen mit verdünntem Kali und Milchzucker reduziert und zum Schluß in der Knallgasflamme in einem Apparat aus Kalk destilliert.

Physikalische Eigenschaften. Das Silber kristallisiert in regulären Oktaëdern; es ist weiß, von allen Metallen der beste Leiter für Wärme und Elektrizität und sehr dehnbar; es hat das spez. Gewicht 10·5, schmilzt bei 954° und verflüchtigt sich bei höherer Temperatur in Form eines blauen Dampfes (Stas). Geschmolzenes Silber absorbiert Sauerstoff, läßt denselben jedoch im Moment des Festwerdens wieder entweichen.

Chemische Eigenschaften. Das Silber gehört zu den edlen Metallen; hierunter versteht man solche, welche sich weder bei gewöhnlicher noch bei höherer Temperatur direkt mit Sauerstoff (unter gewöhnlichem Druck) vereinigen. Bei höherem Druck und höherer Temperatur verbindet sich Silber jedoch direkt mit Sauerstoff, wobei das Gleichgewicht:

$$2\,Ag + O \rightleftarrows Ag_2O$$

entsteht.

Von Salpetersäure wird Silber bei gewöhnlicher Temperatur leicht angegriffen, von Schwefelsäure erst bei höherer Temperatur; Salzsäure greift es sehr wenig an.

Anwendungen; Legierungen. Reines Silber findet wenig Verwendung; seine Legierungen dienen dagegen zur Herstellung von Eßgeräten und Schmuckgegenständen und zur Prägung von Münzen. Für diese Zwecke wird es mit Kupfer legiert. Silberne Gegenstände enthalten meist 75 % Silber; die deutschen Silbermünzen und die vieler anderer Staaten bestehen aus 90 % Silber und 10 % Kupfer; der englische Schilling enthält 92·5 % Ag. Durch den Kupfergehalt wird das Metall härter.

Der Marktpreis des Silbers, d. h. die Goldmenge, für welche man 1 Kilo Silber kaufen kann, ist in den letzten Jahrzehnten enorm gesunken. Die Ursache dieser Erscheinung ist nicht sowohl in den chemischen Verbesserungen der Silbergewinnungsprozesse, als vielmehr darin zu erblicken, daß namentlich in Amerika (Südamerika, Mexiko, Vereinigte Staaten) sehr silberreiche Erze in großer Menge aufgefunden wurden. Während der Preis eines Kilos Silber noch 1870 ca. 180 Mark betrug, schwankt er gegenwärtig um etwa 80 Mark herum. Im Deutschen Reiche werden aus 1 Kilo Silber 200 Mark Scheidemünze geprägt.

Beträchtliche Mengen von Silber werden zum Versilbern von andern Metallen usw. verbraucht (**246**).

Verbindungen des Silbers.

246. Von Oxyden sind bekannt: Ag_4O Silbersuboxyd (sehr unbeständig), Ag_2O Silberoxyd, von dem sich die Salze des Silbers ableiten, und AgO Silbersuperoxyd (aus Ozon und Ag entstehend).

Silberoxyd Ag_2O fällt als dunkelbrauner amorpher Niederschlag aus, wenn man die Lösung eines Silbersalzes mit karbonatfreiem Ätznatron oder Barytwasser usw. versetzt. In Wasser ist es etwas löslich ($2 \cdot 16 \times 10^{-4}$ Mol pro Liter bei 25^0); in der Lösung ist wahrscheinlich Silberhydroxyd zugegen, denn sie reagiert alkalisch, muß also Hydroxylionen enthalten. Für die gesättigte Lösung hat man gefunden, daß $70\,^0/_0$ der Moleküle ionisiert sind. AgOH ist daher keine so starke Base wie die Ätzalkalien, aber eine erheblich stärkere als Ammoniak. Feuchtes Silberoxyd (AgOH) zieht Kohlensäure aus der Luft an und die Silbersalze reagieren neutral, während die Salze der meisten andern Schwermetalle infolge von geringer hydrolytischer Spaltung in wäßriger Lösung saure Reaktion zeigen.

Durch Erhitzen auf 250^0 wird das Silberoxyd in die Elemente gespalten; von Wasserstoff wird es bereits bei 100^0 reduziert. In Ammoniak ist es leicht löslich, indem es ein komplexes Ion $Ag(NH_3)_2$ bildet.

Chlorsilber AgCl erhält man durch Fällen einer Silberlösung mittels Salzsäure oder vermittelst eines löslichen Chlorids wie NaCl und dergl.; es entsteht dann ein charakteristischer „käsiger" Niederschlag. In Wasser ist es sehr wenig löslich: 1 Gewichtsteil in 715 800 Gewichtsteilen Wasser von $13 \cdot 8^0$.

Wenn man eine Silberlösung vorsichtig mit einer Kochsalzlösung (oder mit einem andern Chlorid) vermischt, kann man einen Punkt treffen, wo die Flüssigkeit sowohl mit der einen wie mit der andern Lösung eine Trübung (von AgCl herrührend) gibt. Dies muß dem Umstande zugeschrieben werden, daß die Flüssigkeit mit AgCl gesättigt ist und kein anderes Silbersalz und auch kein Chlorid enthält. In Anbetracht der sehr starken Verdünnung einer solchen AgCl-Lösung (s. oben) darf man annehmen, daß das gelöste AgCl so gut wie vollständig in Ionen gespalten ist. Werden nun Ag- oder Cl-Ionen in die Flüssigkeit gebracht, so wird die Ionisation des AgCl zurückgedrängt, es entstehen AgCl-Moleküle, welche nicht gelöst bleiben können, da die Lösung bereits mit solchen gesättigt ist.

Chlorsilber wird von Ammoniak, Cyankalium und Natriumthiosulfat leicht gelöst, wobei komplexe Ionen entstehen.

Wenn eine Lösung von AgCl in wäßrigem Ammoniak bei gewöhnlicher Temperatur im Dunkeln langsam verdunstet, so kristallisiert AgCl in schönen Oktaëdern aus. Aus einer wäßrigen Merkurinitratlösung werden die Silberhalogeniden in schönen Kristallen erhalten, welche die Eigentümlichkeit haben, sehr wenig lichtempfindlich zu sein.

Bromsilber AgBr ist noch weniger löslich als Chlorsilber und besitzt gelbliche Farbe; in Ammoniak löst es sich schwer, in Thiosulfat leicht auf. Jodsilber AgJ ist bei gewöhnlicher Temperatur noch weniger löslich als Bromsilber; in Ammoniak ist es unlöslich; es ist von gelblicher Farbe. Bei höherer Temperatur schmelzen diese Halogenverbindungen und bilden nach dem Erkalten eine hornartige Masse, die sich mit dem Messer schneiden läßt (Hornsilber s. **245**). Fluorsilber AgFl ist in Wasser viel mehr löslich als die drei vorgenannten Halogenverbindungen.

Kaliumsilbercyanid $KAgCy_2$ erhält man durch Zusatz von KCy zu einer Silberlösung; es ist in Wasser leicht löslich und wird in großen Mengen bei der galvanischen Versilberung verwendet. Beim Durchgange eines elektrischen Stromes scheidet sich nämlich an der Kathode primär Kalium ab, während das Anion $AgCy_2$ an die Anode wandert. Das Kalium fällt aber aus $KAgCy_2$ Silber aus:

$$K + KAgCy_2 = 2KCy + Ag.$$

Es scheidet sich sohin an der Kathode Silber ab, während das Anion $AgCy_2$ an der Silberanode ein Atom Silber zu AgCy auflöst und sich mit KCy wieder zum Doppelcyanid vereinigt; denn besteht die Anode aus Platin, so wird aus dem Anion $AgCy_2$ Cyangas frei und die Anode bedeckt sich mit einer nicht leitenden Schicht von Cyansilber, wodurch der Strom bald unterbrochen wird.

Alle Silbersalze, namentlich aber AgCl, AgBr und AgJ sind lichtempfindlich, d. h. sie werden durch das Licht, besonders durch die violetten und ultravioletten Strahlen des Spektrums zersetzt; hierbei wird Halogen frei, und die Farbe des Salzes wird zuerst violett, hernach schwarz. Ein solches geschwärztes Präparat läßt sich durch Chlor- bezw. Bromwasser wieder bleichen.

247. Auf dieser Eigenschaft des AgCl und AgBr beruht das Photographieren. Dasselbe wird der Hauptsache nach in folgender Weise ausgeführt.

Auf einer Glasplatte befindet sich eine „empfindliche Schicht", d. h. eine Schicht von Bromsilber in Gelatine (seltener Kollodium). Eine solche Platte („Trockenplatte") wird in die Kamera gebracht und in dieser auf dieselbe ein Bild geworfen, welches auf das Halogensilber chemisch einwirkt. Zunächst ist jedoch noch kein Bild wahrzunehmen, dasselbe kommt erst beim „Entwickeln“ zum Vorschein. Zu diesem Zwecke wird die Platte in eine reduzierende Flüssigkeit gelegt, welche sehr verschiedene Stoffe enthalten kann: man verwendet z. B. als „Entwickler“ eine Lösung von Ferro-oxalat in überschüssigem Kaliumoxalat, häufig auch andere organische Verbindungen (Amidophenole u. a., s. „Org. Ch.“ *341*). An den Stellen der Platte, auf welche das Licht eingewirkt hat, wird nun, entsprechend der Intensität dieser Wirkung, mehr oder weniger Silber in Metallform als sehr feine schwarze Schicht frei, während das übrige Halogensilber von dem Entwickler nicht angegriffen wird. Dasselbe muß nun entfernt werden, da es sonst durch das Licht unter Silberabscheidung zersetzt wird. Die Platte wird zu diesem Zwecke in eine Lösung gebracht, welche Halogensilber löst, Silber jedoch nicht angreift. Hierfür bedient man sich einer Lösung von Natriumthiosulfat. Diese Operation heißt Fixieren des Bildes. Bis dahin müssen alle Operationen im Dunkeln ausgeführt werden. — Nach dem Fixieren liegt ein sogenanntes Negativ vor, d. h. man hat auf der Glasplatte ein Bild, welches an den Stellen dunkel ist, wo der Gegenstand belichtet war und umgekehrt.

Einen positiven Abdruck stellt man her, indem man das Negativ auf ein Papier mit lichtempfindlicher Schicht legt und das Ganze dem Tageslichte aussetzt. Die Stellen, wo auf dem Negativ das Silber niedergeschlagen ist, lassen das Licht nicht oder nur wenig (entsprechend ihrer Dicke) durch, wodurch ein positives Bild entsteht. Zum Schlusse wird auch das positive Bild fixiert, und zwar bringt man es zu diesem Zwecke in ein Bad (Tonbad), das neben Natriumthiosulfat ein wenig Goldchlorid enthält. Letzteres verschönt den Ton der Photographie.

Der photographische Prozeß ist in seinen verschiedenen Stufen auch theoretisch sehr interessant. Deshalb soll hier etwas näher darauf eingegangen werden.

1. Herstellung der Platten. Hierzu werden Lösungen von Silbernitrat und Bromammonium, welche so viel Gelatine enthalten, daß sie bei gewöhnlicher Temperatur erstarren, vermischt. Merkwürdigerweise wird hierbei nicht sofort eine Abscheidung von Bromsilber sichtbar, wie beim Vermischen entsprechender wäßriger Lösungen, sondern es bildet sich zwar quantitativ Bromsilber, jedoch in so feiner Verteilung, daß es nur an einem schwachen Opaleszieren der Masse zu erkennen ist. Nachweisen läßt sich dies durch Messung des elektrischen Leitvermögens. Wenn nämlich nicht AgBr, sondern noch $Ag^{\cdot}$ und Br' zugegen wären, so müßte das Leitvermögen viel größer sein als das dem Ammoniumnitrat entspricht, das beim Vermischen entsteht ($AgNO_3 + AmBr = AgBr + AmNO_3$). Tatsächlich ist das Leitvermögen

jedoch nahezu gleich dem einer gelatinehaltigen Lösung dieses Salzes von gleicher Konzentration. — Diese frisch bereitete Bromsilbergelatine ist verhältnismäßig wenig lichtempfindlich. Um letztere Eigenschaft zu erzielen, läßt man die Masse „reifen", indem man sie längere Zeit erwärmt. Sie wird dabei undurchsichtig und weißgelb. Die so erzielte Vermehrung der Lichtempfindlichkeit muß man dem Umstande zuschreiben, daß das Licht von der durchsichtigen Gelatine nicht genügend absorbiert wird, um seine volle Wirkung ausüben zu können, sondern letzteres erst dann eintritt, nachdem durch den Reifeprozeß die feineren Bromsilberteilchen sich zu größeren zusammengeballt haben, welche die Masse undurchsichtig machen und dadurch ihr Lichtabsorptionsvermögen erhöhen. Die gereifte Bromsilbergelatine wird auf die Platten gebracht.

2. Das latente Bild. Auf den Platten, welche dem Lichte ausgesetzt waren, ist Silbersubbromür Ag_2Br entstanden, nicht metallisches Silber, denn durch Behandlung mit verdünnter Salpetersäure wird das latente Bild nicht vernichtet. Beim Exponieren von AgBr ohne Gelatine entsteht neben Silberbromür freies Brom; hat man in einem geschlossenen Apparat operiert, und bringt dies nun ins Dunkele, so bildet sich AgBr zurück. Es wird auch nicht alles AgBr zersetzt, sondern es bildet sich ein Gleichgewichtszustand: $2\,AgBr \rightleftarrows Ag_2Br + Br$, welcher um so mehr nach rechts verschoben ist, je intensiver die Belichtung war. Das Licht spielt bei dieser Dissoziation also dieselbe Rolle, wie bei andern Dissoziationen die Wärme. Das latente Bild auf einer photographischen Platte bleibt monatelang unverändert, weil das freie Brom durch die Gelatine gebunden wird.

3. Das Entwickeln beruht nach einigen auf folgendem. Aus Silberbromür wird durch die Reduktionswirkung des Entwicklers sofort Silber abgeschieden, nicht aber aus Silberbromid, wenngleich auch dieses reduzierbar ist. Das System AgBr + Entwickler kann man vergleichen mit einer übersättigten Lösung, die nur dann festes Salz abscheidet, wenn sie mit „Keimen" in Berührung kommt (**237**). Solche Keime von metallischem Silber liefert das aus Ag_2Br abgeschiedene Silber. An diesem können sich nun weitere Silbermoleküle absetzen, dagegen nicht dort, wo sich anfänglich kein Ag_2Br befand, mit andern Worten, wo das Licht nicht eingewirkt hat. Nach dieser Keimtheorie wäre der Entwicklungsprozeß mit folgendem Experiment zu vergleichen: Man schreibe mit einem Stücke Alaun einige Buchstaben auf eine Glasplatte und lege diese in eine übersättigte Lösung desselben Salzes. Die Buchstaben werden sichtbar, indem sich nur auf ihnen Alaun absetzt.

Silbersulfat Ag_2SO_4 wird durch Auflösen von Silber in heißer konzentrierter Schwefelsäure erhalten. Es ist in kaltem Wasser schwer löslich.

Silbernitrat $AgNO_3$, durch Auflösen von Silber in Salpetersäure bereitet, kristallisiert isomorph mit Kalisalpeter in schönen rhombischen Kristallen. Es ist in Wasser sehr löslich (bei gewöhnlicher Temperatur in 0·5 Teilen); die Lösung reagiert neutral; es schmilzt bei 218°. In der Medizin wird es namentlich als Ätzmittel häufig verwendet und führt auch den Namen Lapis infernalis oder Höllenstein.

Silbernitrat $AgNO_2$ entsteht beim Vermischen einer wäßrigen Alkalinitritlösung mit Silbernitrat als gelblicher Niederschlag; derselbe löst sich in kochendem Wasser und kristallisiert beim Abkühlen in schönen Nadeln.

Gold.

248. Das Gold kommt in der Natur ausschließlich gediegen vor in Quarz- und Alluvialschichten, welche letztere durch Verwitterung der Quarzgesteine entstanden sind. Es findet sich in Ungarn, Siebenbürgen, dem Ural, in Sibirien, namentlich aber in den Vereinigten Staaten, Mexiko, Australien und Transvaal. Im Meerwasser sind Spuren von Gold nachgewiesen worden.

Die Goldproduktion der Welt ist in den letzten zehn Jahren fortwährend gestiegen. Ursachen sind Verbesserungen der Gewinnungsmethoden und Entdeckung neuer Lagerstätten (Alaska).

Im Jahre 1900 erreichte bei einer Gesamtproduktion von 387000 Kilo die Gewinnung von Gold einen Wert von 1085 Millionen Mark. Die Beteiligung der Haupterzeugungsländer war folgende:

Vereinigte Staaten	117000 kg
Rußland	34000 „
Australien . . .	110600 „

Die Produktion der Goldfelder in Transvaal stellte 1899 einen Wert von 507 Millionen Mark dar.

Da die Goldmenge, die ein Kubikmeter Erz oder Gestein enthält, auch in den günstigsten Fällen nur sehr klein ist, ist es Aufgabe der metallurgischen Technik, das Metall aus diesen großen Massen von Gestein herauszuziehen.

In Transvaal geschieht dies in folgender Weise. Das Gold kommt hier in sogenannten „Riffen" vor, Vertikalschichten, die sich im Quarzgestein befinden; dieselben sind selten mehr als 1 m dick, erstrecken sich jedoch in der Richtung Ost-West meilenweit hin; ihre Tiefe ist meist unbekannt. Diese Riffe werden mit Dynamit losgesprengt, die großen Stücke in schweren eisernen Apparaten bis ungefähr zur Größe eines Eies zerstoßen und dann unter das Stampfwerk gebracht. Die Stampfer bewegen sich in einem großen Trog, durch den eine reichliche Menge Wasser fließt. Dieses führt daraus einen feinen, goldhaltigen Schlamm mit; man läßt ihn über amalgamierte Kupferplatten fließen, die ein wenig geneigt liegen. Von dem Quecksilber wird das Gold festgehalten. Nach einiger Zeit werden die Platten abgeschabt und das Quecksilber abdestilliert, wobei das Gold zurückbleibt.

Auf diese Weise werden im günstigsten Falle 75 % des vorhandenen Goldes gewonnen; der ablaufende Schlamm (die „Tailings") wird deshalb nochmals auf Gold verarbeitet, und zwar nach zwei Methoden, dem Cyanidverfahren von Mac Arthur oder nach dem „Chlorination"prozeß.

Für ersteren werden die Tailings drei Wochen lang mit einer 0·1 bis 0·01 %igen Cyankaliumlösung in Berührung gelassen. Unter Mitwirkung des Sauerstoffes der Luft löst sich das Gold zu einem Cyandoppelsalz $KAuCy_2$ auf:

$$2Au + 4KCy + 2H_2O + O_2 = 2KAuCy_2 + 2KOH + H_2O_2.$$

Hierbei entsteht also Wasserstoffsuperoxyd, welches dann noch weitere Mengen Gold in Lösung bringt:

$$2Au + 4KCy + H_2O_2 = 2KAuCy_2 + 2KOH.$$

Aus dieser Lösung wird das Gold gefällt, indem man dieselbe über sehr feine Zinkspäne fließen läßt, auf denen sich das Gold als schwarzes Pulver absetzt, oder es wird die Lösung zwischen Stahlanoden und Bleikathoden der Elektrolyse unterworfen (Verfahren von SIEMENS & HALSKE). An der Anode entsteht Berliner Blau, welches wieder auf Cyankalium verarbeitet wird. An der Kathode schlägt sich das Gold nieder (**247**); durch Kupellieren wird es vom Blei getrennt.

Der Chlorinationprozeß gelangt zur Anwendung, um aus dem goldhaltigen Pyrit, der sich in den Tailings befindet, das Gold zu gewinnen. Durch einen mechanischen Schlemmprozeß wird zunächst der Pyrit von der noch anwesenden Gangart befreit; die so gewonnenen „concentrates" werden zunächst geröstet (aus dem entstehenden SO_2 macht man Schwefelsäure), die Kiesabbrände werden mit Wasser angerührt und in die Mischung Chlor eingeleitet, wodurch $AuCl_3$ in Lösung geht; aus dieser Lösung endlich wird das Metall durch Ferrosulfat abgeschieden.

249. *Physikalische Eigenschaften.* Im reinen Zustande ist das Gold gelbrot, sehr weich (ungefähr so wie Blei) und im höchsten Maße dehn- und walzbar. Äußerst dünne Blättchen sehen in durchfallendem Lichte blau bis grünlich aus. Sein spez. Gewicht ist 19·265 bei 13°. Es ist ein sehr guter Leiter für Wärme und Elektrizität. Bei 1064° schmilzt es zu einer grünlichen Flüssigkeit.

Chemische Eigenschaften. Das Gold ist der typische Vertreter der edlen Metalle; von Säuren wird es nicht angegeriffen; nur von Chlorwasser, Königswasser und Cyankaliumlösung (bei Luftzutritt) wird es gelöst. Seine Verbindungen sind sämtlich sehr unbeständig; beim Erwärmen zersetzen sie sich unter Zurücklassung von Metall.

Anwendungen. Das Gold dient zur Herstellung zahlreicher Schmuckgegenstände und als Münzmaterial; das reine Metall ist hierfür jedoch zu weich; es wird deshalb mit Kupfer oder Silber legiert. Den Goldgehalt drückt man im gewerblichen Verkehr meist nach Karat aus; 24karätiges Gold ist reines Metall; goldene Gegenstände sind gewöhnlich 14- oder 18-karätig, d. h. auf 24 Gewichtsteile der Legierung enthalten sie 14 oder 18 Gewichtsteile Gold. Die deutschen Goldmünzen enthalten 90°/₀ Gold und 10°/₀ Kupfer. Nach reichsgesetzlicher Bestimmung werden aus 1 kg feinen Goldes 279 Zehnmarkstücke geprägt. Demzufolge beträgt der Wert von 1 kg Gold etwa 2790 Mark. (Ein Zehnmarkstück wiegt 3·584 g Au + 0·398 g Cu + 3·982 g.) Zum Vergolden bedient man sich desselben elektrolytischen Prozesses wie zum Versilbern.

Gold- und Silberprobe.

Die älteste Probiermethode ist die mittels des Probiersteines oder Lydischen Steines, eines schwarzen jaspisartigen Quarzes. Dieser Stein muß von matt schwarzer Farbe, etwas rauh und durch Königswasser nicht angreifbar sein. Man reibt den zu untersuchenden Gegenstand auf dem Stein, wobei sich ein wenig von dem Metall als glänzender Strich darauf absetzt. Man vergleicht ihn mit dem Strich, welchen Probiernadeln von bekanntem Gehalt geben.

Bei Silberstrichen vergleicht man allein die Farbe. Ein geübter Beobachter vermag danach den Silbergehalt auf 0·15 bis 0·2 % genau anzugeben.

Bei goldenen Gegenständen muß man wissen, ob der Zusatz an andern Metallen aus Kupfer, Silber oder beiden besteht. Den Strich kann man mit dem einer Probiernadel aus entsprechender Legierung vergleichen, wobei man sich an dessen Farbe hält. Die Striche werden dann mit einer dünnen Schicht Säure, bestehend aus 1 g HCl, 80 g HNO_3 und 100 g H_2O, bedeckt. Dieses Gemisch greift bei gewöhnlicher Temperatur Legierungen von 75 % und höherem Goldgehalt nicht an. Unterhalb dieses Gehaltes kann man Gehaltsdifferenzen von 1 % wahrnehmen. Diese Methode ist recht roh und wird gewöhnlich nur gebraucht, um einen angegebenen Goldgehalt zu kontrollieren. Bei hohem Gehalt ist sie sehr trügerisch; für Gold von der Qualität, welche für Schmucksachen und dergl. meist zur Verwendung kommt (ca. $^{583}/_{1000}$ Goldgehalt), ist sie jedoch sehr brauchbar.

Genau wird der Goldgehalt durch Cupellieren gefunden. Hierfür wird ein Teil des zu untersuchenden Gegenstandes in einem kleinen Muffelofen in einem porösen dickwandigen Tiegelchen aus Knochenasche mit Blei zusammengeschmolzen. Bei der hohen Temperatur oxydiert sich das Blei und etwa vorhandenes Kupfer und diese Oxyde schmelzen zugleich. Sie ziehen dabei in die Wand des Tiegels hinein. Wenn sie völlig aufgesaugt sind, kommt das edle Metall plötzlich mit prächtig glänzender Oberfläche zum Vorschein („Blicken" des Goldes). Der zurückgebliebene Metalltropfen besteht nur aus Gold und etwa vorhandenem Silber. Letzteres wird durch kochende Salpetersäure entfernt, nachdem das erstarrte Metallklümpchen zuvor zu dünnem Blech ausgewalzt worden ist.

Der Silbergehalt von silbernen Geräten wird gegenwärtig ausschließlich auf nassem Wege, nämlich durch Titrieren, bestimmt.

250. Das Gold bildet zwei Reihen von Verbindungen, welche vom Goldoxydul Au_2O und vom Goldoxyd Au_2O_3 abzuleiten sind.

Oxydulverbindungen.

Goldoxydul Au_2O wird durch Behandlung des Chlorürs mit verdünntem Kali erhalten; es bildet ein dunkelviolettes Pulver und zerfällt bei 250° völlig in seine Bestandteile.

Goldchlorür AuCl entsteht beim Erhitzen des Chlorids auf 185°. Es ist weiß und in Wasser unlöslich; beim Erhitzen spaltet es sich in die Elemente; beim Erwärmen mit Wasser liefert es 2 Au und $AuCl_3$. — Goldjodür entsteht (analog wie Kupferjodür), wenn eine Lösung von Goldchlorid mit Jodkalium versetzt wird. — Das Golddoppelcyanür KCy·AuCy, bereitet durch Auflösen von Goldoxydul in Cyankalium, dient zum galvanischen Vergolden.

Bezüglich der Sauerstoffsalze des Goldoxyduls ist zu bemerken, daß nur einige Doppelsalze bekannt sind.

Oxydverbindungen.

Goldchlorid $AuCl_3$ entsteht durch Auflösen von Gold in Königswasser oder durch Einwirkung von Chlor auf das Metall. Es bildet eine rotbraune kristallinische Masse, welche an der Luft rasch zerfließt. Beim Eindampfen seiner Lösung zersetzt es sich bereits zu einem Teil, indem sich Cl_2 und AuCl bilden. Durch Eindampfen mit Salzsäure erhält man lange gelbe Kristallnadeln, bestehend aus einer Verbindung $AuCl_3 \cdot HCl$, welche als Goldchlorwasserstoffsäure aufgefaßt werden kann. In der Tat sind viele Salze derselben bekannt, z. B. $KCl \cdot AuCl_3 + 2^1/_2 H_2O$, $NH_4Cl \cdot AuCl_3 + H_2O$, sowie viele mit organischen Basen. Diese Doppelsalze geben jedoch die gewöhnlichen Goldreaktionen; es ist daher in dieser Säure entweder kein komplexes Ion $AuCl_4'$ vorhanden oder letzteres ist sehr unbeständig. Goldchlorid ist auch in Alkohol und in Äther löslich.

Goldoxyd Au_2O_3 kann durch Fällen von Goldchlorid mit Magnesiumoxyd gewonnen werden; aus dem Niederschlag läßt sich durch konzentrierte Salpetersäure das MgO entfernen, wobei Goldoxyd als eine braues Pulver zurückbleibt. Bei 250° zerfällt es in die Elemente.

Behandelt man den durch MgO gefällten Niederschlag mit verdünnter Salpetersäure, so erhält man ein gelbrotes Pulver von der Formel AuO_3H_3, das keine basischen, aber wohl saure Eigenschaften zeigt, da es sich wohl in Alkalien, nicht aber in Säuren löst. Von dieser Goldsäure sind Salze bekannt, welche sich von der Verbindung $Au(OH)_3 - H_2O = AuO \cdot OH$ ableiten. Kaliumaurat z. B. hat die Formel $KAuO_2 + 3\,H_2O$ und kristallisiert in gelben Nadeln. Noch viele andere Salze sind bekannt; der durch Magnesia entstehende oben angeführte Niederschlag kann als Magnesiumaurat $Mg(AuO_2)_2$ angesehen werden.

Goldsulfid Au_2S_3 wird durch Schwefelwasserstoff aus Goldlösungen gefällt; es ist schwarzbraun und löslich in Schwefelammonium.

Das Gold wird aus seinen Lösungen durch viele Reduktionsmittel metallisch gefällt; man kann sich zu diesem Zwecke des Ferrosulfats (**248**), der Oxalsäure u. a. bedienen. Wasserstoffsuperoxyd scheidet in alkalischer Lösung Gold rasch ab. Eine wäßrige Lösung metallischen Goldes kann man durch Zerstäuben von Golddraht mittels des elektrischen Lichtbogens unter Wasser darstellen. Sie hat eine blaurote Farbe. Kolloidale Lösungen und eine Anzahl Übergangsstufen von solchen „Pseudolösungen“

(welche auch mit starker Vergrößerung diskrete Teilchen nicht erkennen lassen) zu eigentlichen Suspensionen sind auch von andern Metallen, namentlich vom Silber, Quecksilber und Platin, sowohl mit Hilfe von Reduktionsmitteln wie durch Zerstäubung dargestellt worden. Sie zeigen je nach Art der Bereitung verschiedene Färbungen.

Durch Zufügen von Zinnchlorür zu einer Goldlösung erhält man unter bestimmten Bedingungen einen purpurfarbenen Niederschlag, welcher den Namen CASSIUS' Goldpurpur führt. Vermutlich besteht derselbe aus einem Gemenge von äußerst fein verteiltem Gold und dem Hydrogel der Zinnsäure.

251. Von den Alchimisten wurden viele Jahrhunderte hindurch Versuche angestellt, aus unedlen Metallen Gold zu machen; es braucht nicht erst gesagt zu werden, daß dies nicht gelang. Die Möglichkeit der Lösung dieses Problems muß gegenwärtig als sehr gering angesehen werden, da ja das Gold ein Element ist; aber unser Begriff Element ist relativ (8), nämlich abhängig von dem Maße unsrer Herrschaft über die Naturkräfte, so daß die Unmöglichkeit, das Gold zu zerlegen oder es aus andern Elementen aufzubauen, keineswegs als absolut sicher bewiesen gelten darf.

Während wir jedem Metall feste, unveränderliche Eigenschaften zuerkennen, konnte es den Alchimisten bei ihren geringeren Kenntnissen wohl erreichbar scheinen, die Eigenschaften der Metalle umzuwandeln. Da die Metalle in der Natur selten in reinem Zustande vorkommen und zumeist aus Oxyden oder Sulfiden gewonnen werden, welche verschiedene Beimengungen enthalten, die häufig mit in die Metalle übergehen, so beobachtete man an ihnen verschiedene Eigenschaften, je nach dem Mineral, aus welchem sie gewonnen waren; man unterschied z. B. viele Sorten von Blei, Silber, Kupfer usw. Die Veränderlichkeit der Metalle war daher für die Alchimisten sozusagen das erste, was die Erfahrung sie lehrte. Man kannte zur Zeit der Alchimisten noch nicht den gegenwärtigen Begriff „Element“; dieser wurde erst von BOYLE (1627—1691) eingeführt. Bis dahin herrschte ziemlich allgemein die Lehre des ARISTOTELES, nach der alle Stoffe aus Luft, Feuer, Erde und Wasser aufgebaut sind. Um Gold zu machen, brauche man daher nur die unedlen Metalle von gewissen Eigenschaften zu befreien und dafür andere an die Stelle zu setzen. Als Grundstoff der Metalle betrachteten die Alchimisten das Quecksilber. Um daraus Gold zu machen, sei es nur nötig, es feuerfest zu machen und gelb zu färben. Bei vielen Alchimisten war die Überzeugung eingewurzelt, daß zum Gelingen „des großen Werkes“ aber auch noch eine höhere Macht nötig sei.

Übersicht der Gruppe.

252. Die Metalle Kupfer, Silber und Gold bilden einen Übergang von den sehr schwer schmelzbaren Metallen Ni, Pd, Pt (VIII. Gruppe, letzte senkrechte Reihe S. 267) zu den leicht schmelzbaren Zn, Cd, Hg (II. Gruppe); ihre Schmelzpunkte liegen zwischen denen dieser beiden Gruppen. In der nachstehenden Tabelle ist eine Übersicht der physikalischen Konstanten dieser Metalle sowie der sich daran anschließenden Elemente Li und Na gegeben:

	Li	Na	Cu	Ag	Au
Atomgewicht . . .	7·03	23·05	63·6	107·93	197·2
Spez. Gewicht . .	0·59	0·97	8·94	10·5	19·33
Schmelzpunkt . .	180	97·6	1050	954	1200
Farbe	weiß	weiß	rot	weiß	rot

Die Analogie in den chemischen Eigenschaften tritt hauptsächlich bei den Oxydulverbindungen hervor. Dieselben haben den Typus R_2O für die Sauerstoffverbindungen, RX für die Halogenide; die Halogenüre von Cu, Ag und Au sind sämtlich weiß und in Wasser unlöslich; sie sind isomorph mit NaCl.

Ferner bestehen einige Löslichkeitsanalogien; Lithiumkarbonat und -hydroxyd sind weniger löslich als die entsprechenden Natriumverbindungen; Kupferkarbonat und -hydroxyd sind unlöslich; die entsprechenden Silberverbindungen lösen sich ein wenig in Wasser. Das Sulfat des Natriums (3. wagerechte Reihe) kristallisiert vornehmlich mit $10\,H_2O$, das des Kupfers (5. Reihe) mit $5\,H_2O$, Ag_2SO_4 (7. Reihe) ist wasserfrei.

Für die Sauerstoffverbindungen ist eine regelmäßige Abnahme ihrer Beständigkeit zu konstatieren. Li_2O und Na_2O verändern sich nicht bei hoher Temperatur, CuO geht in Cu_2O über, Ag_2O und die Oxyde des Goldes spalten sich schon bei ziemlich niedriger Temperatur in die Elemente.

Man kann jedoch nicht bestreiten, daß die Analogie zwischen diesen Elementen nicht so groß ist, wie innerhalb anderer Gruppen. Vor allem fällt ihre verschiedene Valenz auf und damit zusammenhängend die geringe Analogie in den Eigenschaften der höheren Oxydationsstufen; es ist dies einer der schwachen Punkte im periodischen System (vgl. **221**).

Beryllium.

253. Dieses Metall gehört zu den selteneren Elementen; es kommt in dem Mineral Beryll $Al_2O_3 \cdot 3SiO_2 + 3(BeO \cdot SiO_2)$ vor; eine Modifikation desselben ist der Edelstein Smaragd, welcher durch Spuren einer Chromverbindung grün gefärbt ist. Der Chrysoberyll hat die Zusammensetzung $BeO \cdot Al_2O_3$.

Als Ausgangsmaterial zur Darstellung von Berylliumverbindungen dient meistens der Beryll. Derselbe wird durch Schmelzen mit Kaliumkarbonat aufgeschlossen und die geschmolzene Masse nach dem Erkalten mit Schwefelsäure behandelt, wodurch sich die Kieselsäure abscheidet. Durch Kristallisation wird nun die Hauptmasse des Aluminiums als Kali-Alaun entfernt, da dieser sich in kaltem Wasser ziemlich schwer löst. In der Mutterlauge bleibt Berylliumsulfat; sie wird mit einer heißen Lösung von Ammoniumkarbonat vermischt und dadurch Al und Fe ausgefällt, während in der Lösung nur Be bleibt. Nachdem diese Lösung mit Salzsäure angesäuert worden ist, schlägt man mit Ammoniak das Beryllium als Hydroxyd daraus nieder.

Das Metall hat man durch Erhitzen von $BeFl_2 \cdot 2KFl$ mit Natrium erhalten; es ist fest, dehnbar und hat das spez. Gewicht 1·64. Es zersetzt das Wasser nicht, selbst nicht bei 100°; bei gewöhnlicher Temperatur oxydiert es sich nicht an der Luft. Salzsäure und Schwefelsäure lösen es leicht unter Wasserstoffentwicklung auf, verdünnte Salpetersäure greift es dagegen nicht an. Auch von Kali- und Natronlauge wird es unter Wasserstoffentwicklung leicht gelöst, wobei Salze von der Formel $Be(ONa)_2$ entstehen; das Hydroxyd verhält sich demnach starken Basen gegenüber wie eine schwache Säure. Diese Eigenschaften entsprechen denen des Aluminiums; in **216** wurde bereits auf die große Analogie zwischen diesen beiden Elementen hingewiesen; sie tritt auch in den Verbindungen hervor. Berylliumkarbür z. B. entwickelt mit Wasser reines Methan, ebenso wie Aluminiumkarbür (**178**).

Man kennt nur ein Oxyd des Berylliums BeO (**216**). Dasselbe stellt ein weißes Pulver dar, welches geglüht in Säuren schwer löslich ist (ebenso wie Al_2O_3); man gewinnt es durch Erhitzen des Hydroxyds $Be(OH)_2$, welches aus der Lösung der Salze als weißer gelatinöser Niederschlag niederfällt. In Alkalien ist es wie $Al(OH)_3$ leicht löslich (vgl. oben). Von letzterm unterscheidet es sich jedoch in zwei Eigenschaften; es löst sich nämlich in kohlensaurem Ammonium (s. oben) und wird aus der Lösung in KOH oder NaOH durch anhaltendes Kochen wieder abgeschieden (vgl. bei Aluminium). Auch ist das Kaliumdoppeloxalat $K_2C_2O_4 \cdot BeC_2O_4$ in Wasser wenig löslich, während die entsprechenden Al- und Fe-Salze leicht löslich sind.

Berylliumsulfat $BeSO_4$ kristallisiert mit 4 oder $7H_2O$, im letzteren Falle isomorph mit $MgSO_4 \cdot 7$ aq. Das Doppelsalz $BeSO_4 \cdot K_2SO_4 \cdot 3H_2O$ ist (wie Alaun) in kaltem Wasser schwer löslich. — Berylliumchlorid $BeCl_2$ muß aus dem Oxyd durch Erhitzen desselben mit Kohle im Chlorstrom dargestellt werden. Es kristallisiert mit $4H_2O$. — Berylliumkarbonat ist in Wasser löslich; es gibt sehr leicht CO_2 ab.

Die Berylliumsalze schmecken süß; daher rührt ein anderer, namentlich in Frankreich gebräuchlicher Name für das Element: Glycinium.

Magnesium.

254. Dieses Element kommt in der Natur als Karbonat, Silikat und Chlorid in beträchtlichen Mengen vor. Magnesit ist $MgCO_3$; Dolomit $MgCa(CO_3)_2$. Silikate, die Magnesium enthalten, sind Asbest, Talk $Mg_3Si_4O_{12}$, Serpentin $H_2Mg_3Si_2O_8 +$ aq, Speckstein, Meerschaum $Mg_2Si_3O_8 \cdot 2\,aq$; in vielen andern Silikaten kommt es in kleinerer Menge vor (Hornblende, Augit, Turmalin). Natürlich vorkommende Salze sind noch die Staßfurter Abraumsalze Carnallit $MgCl_2 \cdot KCl \cdot 6\,aq$, Kieserit $MgSO_4 \cdot H_2O$ und Kainit $K_2SO_4 \cdot MgSO_4 \cdot MgCl_2 \cdot 6\,aq$. Durch die Verwitterung der Silikate gelangt das Magnesium in die Ackererde, aus der es von den Pflanzen (für deren Gedeihen dies Element unentbehrlich ist) aufgenommen wird; mit den Futterpflanzen gelangt es in den Tierkörper.

Das Metall wird im großen dargestellt; es wird, weil es mit intensivem Lichte verbrennt, zur Belichtung bei photographischen Aufnahmen (Blitzlicht), für Feuerwerkszwecke usw. verwendet. Gegenwärtig wird es meist durch Elektrolyse von geschmolzenem Carnallit in einem Tiegel aus Gußstahl, der als negative Elektrode dient, dargestellt; als positive Elektrode wird Gaskohle verwendet. Es ist glänzend und silberweiß. Sein spez. Gewicht ist 1·75; es ist dehn- und ausziehbar und kommt in Draht- oder Bandform in den Handel, enthält dann aber häufig Zink. Es schmilzt bei 800° und destilliert bei Rotglut. An der Luft ist es recht haltbar, weil es sich bald mit einer zusammenhängenden dünnen Oxydschicht überzieht; bei höherer Temperatur verbrennt es unter Bildung von MgO. Wenn es bei beschränktem Luftzutritt erhitzt wird, verwandelt sich ein großer Teil in Nitrid Mg_3N_2, eine gelbgrüne Substanz (**107**). Kochendes Wasser zersetzt es langsam unter Wasserstoffentwicklung; in Säuren löst es sich leicht auf, wird jedoch durch Alkalien nicht angegriffen. Es ist ein sehr kräftiges Reduktionsmittel, reduziert z. B. SiO_2 (**190**); auch brennt entzündetes Magnesium in Wasserdampf fort.

Man kennt nur ein Oxyd des Magnesiums: MgO. Es entsteht beim Verbrennen des Metalles oder durch Erhitzen des Hydroxyds und des Karbonats. Es ist ein weißes, sehr leichtes Pulver, in der Medizin unter dem Namen Magnesia usta in Gebrauch; mit Wasser bildet es $Mg(OH)_2$.

Magnesiumhydroxyd $Mg(OH)_2$ wird aus den Lösungen der Magnesiumsalze durch Alkali gefällt. In Wasser ist es ein wenig löslich und färbt rotes Lackmuspapier blau; durch einen Überschuß von Alkali wird die Ionisation jedoch so zurückgedrängt, daß es dann so gut wie vollständig ausfällt. Es ist nur eine schwache Base, jedoch noch stark genug, um CO_2 aus der Luft anzuziehen; in Ammoniumsalzlösung löst es sich. Nach Ostwald ist dies so zu erklären: Die Lösung eines Ammoniumsalzes enthält eine reichliche Menge von NH_4-Ionen. Wenn nun eine Substanz in diese Lösung hineingebracht wird, welche OH-Ionen abgibt, wie Magnesiumhydroxyd, so vereinigen sich die OH-Ionen mit den NH_4-Ionen zu NH_4OH oder etwa $NH_3 + H_2O$. Es verschwinden also OH-Ionen. Um das Gleichgewicht zwischen dem ungelösten Magnesiumhydroxyd und der Lösung herzustellen, muß aufs neue Hydroxyd sich auflösen, aber die so entstehenden OH-Ionen werden durch die NH_4-Ionen wieder beseitigt. Ist genug von letzteren vorhanden, so wird der Prozeß fortschreiten, bis alles Magnesiumhydroxyd gelöst ist. Es ist somit klar, warum die Lösung eines Magnesiumsalzes in Gegenwart einer genügenden Menge Ammoniumsalz durch Ammoniak nicht gefällt wird.

Magnesiumsalze.

255. Magnesiumchlorid $MgCl_2$ kristallisiert mit $6\,H_2O$ und ist sehr hygroskopisch; seine Gegenwart bewirkt es, daß gewöhnliches Kochsalz, welches meist etwas dieses Mg-Salzes enthält, an der Luft feucht wird. (Über die Verwendung dieses Salzes beim Solvay-Prozeß vgl. **226**, 2.) Beim Eindampfen der wäßrigen Lösung entstehen $Mg\langle{}^{OH}_{Cl}$ und HCl; deshalb kann man Meerwasser wegen seines Gehaltes an Mg-Salz nicht für Dampfkessel benutzen, da die frei werdende Salzsäure das Eisen zu sehr angreifen würde. Von $MgCl_2$ sind viele Doppelsalze bekannt. Wasserfrei kann es durch Erhitzen von $MgCl_2 \cdot NH_4Cl \cdot 6\,aq$ erhalten werden. Es bildet dann eine blättrig kristallinische Masse, welche bei 708° schmilzt und bei heftiger Rotglut unzersetzt destilliert.

Magnesiumsulfat $MgSO_4 \cdot 7\,H_2O$, Bittersalz, wird in der Medizin verwendet; es ist in Wasser sehr leicht löslich. Bei 150° verliert es 6 Mol. Wasser, das siebente erst oberhalb 200°. Es verhält sich hierin analog wie andere Sulfate, z. B. $ZnSO_4 \cdot 7\,aq$, $FeSO_4 \cdot 7\,aq$, und wie die von Nickel und Kobalt, die auch mit demselben isomorph sind. Eine weitere Analogie dieser Sulfate tritt darin hervor, daß sie mit Kalium- und Ammoniumsulfat Doppelsalze von demselben Typus $K_2SO_4 \cdot MgSO_4 \cdot 6\,aq$ geben, die auch isomorph sind.

Magnesiumammoniumphosphat $MgAmPO_4 \cdot 6aq$ dient sowohl zur Abscheidung des Magnesiums, wie der Phosphorsäure aus ihren Lösungen. Es ist in Wasser nicht völlig unlöslich, wohl aber in Ammoniak; die Ursache hierfür ist wiederum in der Zurückdrängung der Ionisation zu suchen. Völlig analog verhält sich das entsprechende Arsenat $MgNH_4AsO_4 \cdot 6\,H_2O$.

Magnesiumkarbonat. Aus den Lösungen der Magnesiumsalze schlägt Soda ein basisches Karbonat nieder, $Mg(OH)_2 \cdot 4\,MgCO_3$

+ 4aq; das hierbei freiwerdende Kohlendioxyd hält einen Teil des Magnesiums als saures Karbonat in Lösung. Dieser Niederschlag heißt Magnesia alba. Das neutrale Karbonat kann man daraus bereiten, indem man Magnesia alba in Wasser suspendiert, CO_2 einleitet und stehen läßt; es kristallisiert dann $MgCO_3 \cdot 3H_2O$ aus, welches durch Wasser jedoch leicht hydrolytisch gespalten wird, so daß wieder basisches Karbonat entsteht.

Calcium.

256. Calcium gehört zu den zehn Elementen, aus welchen die Erdrinde hauptsächlich besteht (**8**). Es kommt in mächtigen Lagern als Calciumkarbonat: Kalkstein, Kalkspat, Aragonit, Marmor, Kreide vor; Ackerboden, der eine gewisse Menge von kohlensaurem Kalk enthält, wird Mergelboden genannt. Calciumsilikate und namentlich Calciumdoppelsalze bilden die überwiegende Masse der Silikatgesteine. Calciumphosphat findet sich in Phosphorit, Apatit usw. Als Sulfat kommt das Calcium in der Form von Gips und Alabaster vor. Auch im Tierreich finden sich große Mengen des Elementes: das Skelett der Wirbeltiere besteht in der Hauptsache aus phosphorsaurem und kohlensaurem Kalk; die Schalen der Mollusken bestehen aus kohlensaurem Kalk, ebenso die Eierschalen. Für die Pflanzen ist Kalk einer der unentbehrlichen anorganischen Bestandteile.

Calcium kann am besten entweder durch Elektrolyse eines Gemisches von geschmolzenem Chlor- und Fluorcalcium (im Verhältnis 100 : 16·5) oder durch dessen Zersetzung mit Natrium bei Rotglut erhalten werden. Solch ein Gemisch schmilzt nämlich bedeutend niedriger wie die einzelnen Salze, wodurch einerseits die Operation erleichtert, anderseits der Verbrennung des gebildeten Metalles vorgebeugt wird. Wendet man in letzterem Falle einen Überschuß (das Dreifache der theoretischen Menge) von Natrium an, so löst sich das Calcium im geschmolzenen Natrium und kristallisiert beim Erkalten aus. Das Natrium läßt sich durch absoluten Alkohol entfernen, welcher Calcium bei gewöhnlicher Temperatur nur sehr wenig angreift. Calcium ist silberweiß, glänzend und schmilzt bei 760°; es ist von kristallinischem Bruch. Sein spez. Gewicht ist 1·78—1·87. Es zeigt relativ große Beständigkeit gegen Sauerstoff, Chlor, Brom und Jod, welche alle erst bei höherer Temperatur mit dem Metall reagieren. Im Luftstrom verbindet es sich zugleich mit Sauerstoff und Stickstoff (**110**).

Oxyde und Hydroxyde des Calciums.

257. Calciumoxyd CaO, gebrannter Kalk, ungelöschter Kalk, wird technisch durch „Brennen“ von Kalkstein (Steinkalk) oder Muschelschalen (Muschelkalk) bereitet. Der Kalkstein wird mit Kohle gemischt; durch die Hitze des Verbrennungsprozesses dissoziiert der kohlensaure Kalk in CaO und CO_2. Die Öfen sind meistens so eingerichtet, daß man oben das Gemenge von Brennstoff und Kalkstein in dem Maße ununterbrochen aufgibt, wie unten der gare Kalk ausgezogen wird. Calciumoxyd ist ein weißes amorphes Pulver, welches erst bei der Hitze des elektrischen Ofens schmilzt (**176**). Bei starkem Erhitzen mit einer Knallgasflamme strahlt es ein sehr helles weißes Licht aus (**13**). An der Luft zieht es Kohlendioxyd und Wasser an; die festen harten Stücke CaO, wie sie aus dem Ofen kommen, zerfallen dabei zu feinem Pulver.

Calciumhydroxyd $Ca(OH)_2$, gelöschter Kalk, wird erhalten, indem man gebrannten Kalk mit Wasser „löscht“. Unter starker Wärmeentwicklung entsteht das Hydroxyd. In Wasser ist es nur wenig löslich (Kalkwasser), mehr jedoch in kaltem als in warmem; die Löslichkeit ist groß genug, um die Fällung dieses Hydroxyds durch Ammoniumhydroxyd aus Ca-Salzlösungen unmöglich zu machen, denn die Konzentration der OH-Ionen des letzteren ist zu gering, um mit derjenigen der vorhandenen Ca-Ionen den Wert des Löslichkeitsproduktes von $Ca(OH)_2$ zu erreichen. Durch Rotglühhitze wird es wieder in Oxyd zurückverwandelt.

Calciumhydroxyd wird mit Wasser und Sand zu einem dicken Brei, dem Mörtel, angerührt, welcher zum Verbinden der Mauersteine dient. Nach einiger Zeit wird die Masse an der Luft steinhart. Dies beruht auf Umwandlung von $Ca(OH)_2$ in Karbonat durch die Kohlensäure der Luft. Der Zusatz von Sand hat den Zweck, den Mörtel porös zu machen, so daß der Erhärtungsprozeß auch nach innen weiter geht. Dieser Prozeß geht sehr langsam vor sich; je älter das Mauerwerk ist, desto härter ist der Mörtel; die Bildung von Calciumsilikat scheint hierbei nur eine untergeordnete Rolle zu spielen.

Wenn der Kalk Magnesia in einiger Menge enthält, löscht er sich nicht gut; er ist für Maurerarbeiten und zum Verputz nicht geeignet und wird magerer Kalk genannt, im Gegensatz zu dem gut löschbaren, der fetter Kalk genannt wird.

Zement enthält neben Kalk (50—60 %) hauptsächlich Kieselsäure (ca. 24 %) und Tonerde (ca. 8 %). Er wird dargestellt, indem man ein Gemenge von Kalkstein, Ton und Sand bei Weißglut brennt.

An einigen Orten, z. B. im Brohltal (Rheinprovinz), kommt ein derartiges Gemenge natürlich als „Tuffstein“ (gepulvert Traß genannt) vor. Zement wird in Berührung mit Wasser steinhart (Wassermörtel oder hydraulischer Mörtel); dies beruht aller Wahrscheinlichkeit nach darauf, daß beim Behandeln mit Wasser Calciumaluminat gelöst wird und die Lösung nach einiger Zeit ein hydratisches Aluminat ausscheidet, welches viel schwerer löslich ist und die Bindung des Zements bewirkt. Nebenbei bilden sich unlösliche Calcium-Aluminiumsilikate.

Calciumsuperoxyd $CaO_2 + 8H_2O$ fällt nieder, wenn Kalkwasser mit Wasserstoffsuperoxydlösung versetzt wird; es gibt beim Erhitzen Sauerstoff ab.

Salze des Calciums.

258. Chlorcalcium $CaCl_2$ wird durch Lösen des Hydroxyds oder Karbonats in Salzsäure erhalten. Es kann mit verschiedenen Mengen Kristallwasser kristallisieren. Große Kristalle bildet das Hydrat $CaCl_2 \cdot 6H_2O$. Chlorcalcium ist sehr hygroskopisch; man benutzt es deshalb häufig, um Gase zu trocknen oder um organischen Flüssigkeiten (Äther, Schwefelkohlenstoff u. a.) darin gelöstes Wasser zu entziehen. Es schmilzt bei 719°. Mit Ammoniak verbindet es sich zu $CaCl_2 \cdot 8NH_3$; es kann deshalb nicht gebraucht werden, um dieses Gas zu trocknen.

Wenn kristallisiertes Calciumchlorid mit Eis gemischt wird, so fällt die Temperatur beträchtlich; sie erreicht − 48·5°. Von solchen „Kältemischungen“ kennt man noch viele andere; am meisten gebraucht wird eine Mischung von Kochsalz und Eis, welche eine Temperatur von − 21° geben kann. Eis ist nicht durchaus für die Darstellung von Kältemischungen nötig. Gibt man z. B. Ammoniumnitrat mit dem gleichen Gewicht Wasser zusammen, so kann man Abkühlung bis auf − 15·5° erreichen.

Um die Ursache dieser Abkühlung zu verstehen, greifen wir auf **237** zurück und nehmen den Fall an, daß Eis in eine gesättigte Salzlösung von 0° gebracht wird, welche überflüssiges festes Salz enthält, so daß sie stets gesättigt bleibt. Das System Lösung + Eis ist bei 0° nicht im Gleichgewicht, denn der Gefrierpunkt der Salzlösung liegt viel tiefer als 0°. Es kann deshalb nicht in seinem Zustande verbleiben, sondern es muß, damit das Gleichgewicht mit dem Eis als feste Phase erreicht wird, die Temperatur sinken, und dies ist nur möglich, wenn Eis schmilzt. Hierdurch wird Wärme verbraucht. Wenn genug Eis zugegen ist, so kann durch dessen Schmelzen dem System so viel Wärme entzogen werden, daß der eutektische Punkt erreicht wird; denn nur da können Eis und Salz dauernd nebeneinander bestehen. Der eutektische Punkt ist somit der niedrigste, den das System erreichen kann. Nach **237** besteht zwischen den beiden Komponenten einer Lösung keine wesentliche Differenz; dies ergibt sich auch aus der Betrachtung von Kältemischungen, die kein Eis enthalten. Bringt man z. B. Ammoniumnitrat in Wasser, so liegt der Gefrierpunkt der Lösung viel tiefer als 0°. Hier verursacht der Wärmeverbrauch durch Auflösung des Salzes den Temperaturabfall, welcher zur Herstellung des

Gleichgewichtes nötig ist. Soll dieser Abfall beträchtlich werden, so muß das Salz offenbar sehr löslich sein. Auch in diesem Falle ist der eutektische Punkt die niedrigste Temperatur, welche die Mischung liefern kann.

Chlorkalk heißt das Produkt, welches man erhält, wenn über gelöschten Kalk bei gewöhnlicher Temperatur Chlor bis zur Sättigung geleitet wird. Welche Verbindung hierbei entsteht, ist trotz zahlreicher Untersuchungen noch nicht ganz sicher bekannt. Jedoch hat die Formel $Ca<^{OCl}_{Cl}$, nach welcher er ein gemischtes Salz der Salzsäure und der unterchlorigen Säure ist, viel für sich. Jedenfalls hat sie mehr Wahrscheinlichkeit als die Annahme, daß im Chlorkalk ein Gemenge von unterchlorigsaurem Kalk und Chlorcalcium vorliege; denn man kann dem Chlorkalk mit Alkohol kein Chlorcalcium entziehen (während doch dieser letzteres leicht löst), und von einem Kohlensäurestrom wird fast alles Chlor ausgetrieben.

Chlorkalk wird in großen Mengen als Bleich- und Desinfektionsmittel benutzt. Er ist ein loses weißes Pulver, welches — infolge von Zersetzung durch die Kohlensäure der Luft — nach Chlor riecht. Mit Säuren entwickelt er Chlor:

$$CaOCl + 2HCl = CaCl_2 + H_2O + Cl_2$$

$$Ca<^{OCl}_{Cl} + H_2SO_4 = CaSO_4 + H_2O + Cl_2.$$

Beim Erwärmen einer Chlorkalklösung mit einem Kobaltsalz entwickelt sich Sauerstoff; man kann die Reaktion als eine primäre Oxydation von CoO zu Co_2O_3 auffassen, welches letztere hernach mit Chlorkalk Sauerstoff gibt unter Rückbildung von CoO, so daß letzteres scheinbar eine Kontaktwirkung ausübt.

Fluorcalcium $CaFl_2$ kommt in der Natur als Flußspat vor; derselbe bildet Würfel, die häufig schön fluoreszieren. Er ist in Wasser unlöslich. Bei Rotglühhitze schmilzt er und wird bei metallurgischen Prozessen öfter als Flußmittel verwendet. Künstlich erhält man ihn, indem man einer Lösung von Chlorcalcium NaFl zusetzt.

Calciumsulfat $CaSO_4 + 2H_2O$, Gips, findet sich in der Natur in großen Lagern (**256**). In Wasser ist Gips nur wenig löslich. In der Natur findet sich auch das „Anhydrit“, welches die Formel $CaSO_4$ hat und in Wasser sehr schwer löslich ist. In den gleichen Zustand kommt der Gips, wenn derselbe geglüht wird. Er kann sich dann auch nicht mehr, oder wenigstens nur sehr langsam, mit Wasser vereinigen und heißt „totgebrannter Gips“. Wird die Entwässerung bei niederer Temperatur ausgeführt, so erhält man einen wasserfreien Gips, welcher in Wasser verhältnismäßig leicht löslich ist und sehr schnell Wasser aufnimmt. Außerdem existiert noch ein „Halbhydrat“ $2CaSO_4 + H_2O$, das den Hauptbestandteil des „Stuckgipses“ bildet. Mit Wasser angerührt nimmt es dasselbe schnell auf und wird, wie das lösliche Anhydrit, zu $CaSO_4 \cdot 2H_2O$, wobei in kürzester Zeit eine harte feste Masse entsteht; hierauf beruht die Verwendung von Gips zum Abformen der verschiedenartigsten Gegenstände.

Dieses „Abbinden“ hängt mit der verhältnismäßig großen Löslichkeit (ca. 1 %) des Halbhydrats zusammen, wodurch dasselbe mit Wasser eine an Gips ($CaSO_4 \cdot 2H_2O$; Löslichkeit ca. 0·2 %) übersättigte Lösung bildet, woraus sich Gips ausscheidet; sehr wesentlich für den inneren Zusammenhang des so entstandenen Produktes ist die feinfaserige Form des ausgeschiedenen Gipses, welche z. B. beim Calciumhydroxyd gänzlich fehlt, so daß auch das Kalklöschen gar keine Bindung zur Folge hat.

Die Aufklärung der Existenzbedingungen der obengenannten Körper, sowie der Lage ihrer Umwandlungspunkte verdankt man VAN'T HOFF. Sie wurde sehr erschwert durch Verzögerungserscheinungen, welche das Bild in hohem Maße trübten. Es stellte sich heraus, daß das Halbhydrat als eine metastabile Form betrachtet werden muß, unter anderm deshalb, weil die Temperatur, wobei es in lösliches Anhydrit übergeht, niedriger liegt wie diejenige, wobei das Salz mit $2H_2O$ sein sämtliches Wasser verliert, während im allgemeinen der stufenweise Wasserverlust bei Hydraten bei ansteigender Temperatur stattfindet. Auch die größere Löslichkeit des Halbhydrats gegenüber der des Bihydrats ist dafür ein Beweis. Es verhält sich also ähnlich wie die metastabilen Kristalle $Na_2SO_4 \cdot 7H_2O$ zu den stabilen Salzen $Na_2SO_4 \cdot 10H_2O$ und Na_2SO_4; nur findet in diesem Fall die Umwandlung metastabil ⟶ stabil sehr leicht statt bei Berührung des Heptahydrats mit einem Kristall des Dekahydrats. Dagegen ist das Halbhydrat des Gipses, auch in Berührung mit Bihydrat, unbestimmt lange Zeit haltbar.

Calciumnitrat $Ca(NO_3)_2$ bildet sich beim Verwesen stickstoffhaltiger organischer Stoffe bei Anwesenheit von Kalk. Es kristallisiert mit $4H_2O$; das wasserfreie Salz zerfließt an der Luft und ist in Alkohol leicht löslich. Durch K_2CO_3 oder durch KCl wird es in Kalisalpeter umgewandelt.

Calciumphosphate. Das tertiäre Salz $Ca_3(PO_4)_2$ ist in Wasser unlöslich, ebenso das sekundäre Salz $CaH(PO_4)$; das primäre Salz $CaH_4(PO_4)_2$ dagegen ist in Wasser leicht löslich; es wird unter dem Namen Superphosphat in großem Maßstabe als Kunstdünger verwendet.

Die Fabrikation des Superphosphats besteht darin, daß man gemahlenen Phosphorit (auch wohl Knochenmehl) mit Kammersäure nach den Mengenverhältnissen der Gleichung:

$$Ca_3(PO_4)_2 + 2H_2SO_4 = CaH_4(PO_4)_2 + 2CaSO_4$$

in einem gußeisernen Apparat mittels eines Rührwerkes sorgfältig durchmischt. Die anfangs halbfeste Masse wird nach kurzer Zeit fest, indem der entstehende

Gips das Wasser der Kammersäure als Kristallwasser bindet. — Bei dem Mengen von Superphosphat und Ackererde geht das primäre Calciumphosphat in Lösung; da jede Ackererde kalkhaltig ist, geht es jedoch schnell wieder in unlösliches sekundäres oder tertiäres Phosphat über. Dem Anschein nach hat man also mit dem „Löslichmachen" der Phosphorsäure nichts gewonnen. Dennoch ist dies wohl der Fall; denn das Phosphat ist jetzt äußerst fein in der Erde verteilt und dadurch für die Pflanzenwurzeln viel zugänglicher, als wenn man Ackererde nur mit tertiärem Phosphat vermengt.

259. Calciumkarbonat $CaCO_3$ ist dimorph: als Kalkspat rhomboëdrisch, als Aragonit rhombisch. Wenn man die Lösung eines Kalksalzes mit Soda versetzt, so fällt $CaCO_3$, und zwar anfangs flockig voluminös und von größerer Löslichkeit, nieder. Nach kurzer Zeit jedoch verwandelt sich der Niederschlag in ein feinkristallinisches Pulver. In Wasser ist es dann sehr wenig löslich; reichlicher wird es von kohlensäurehaltigem Wasser gelöst, wobei saures Calciumkarbonat entsteht; durch Kochen der Lösung wird letzteres zersetzt, CO_2 entweicht und neutrales Karbonat fällt kristallinisch nieder.

Beinahe jedes Fluß- und Quellwasser enthält mehr oder weniger große Mengen Kalk gelöst; derselbe ist darin als Gips oder als saures Karbonat anwesend. Erreicht der Gehalt daran eine gewisse Höhe, so gibt solches Wasser mit Seife keinen oder doch nur wenig Schaum; die Fettsäuren der Seife bilden mit dem Kalke weiße unlösliche Flocken; daher läßt sich mit sehr kalkhaltigem Wasser nur schlecht waschen. Man nennt ein solches Wasser hart im Gegensatz zu kalkfreiem (oder -armem) Wasser, welches weich genannt wird. Ist die Härte durch saures Karbonat (das auch wohl doppeltkohlensaurer Kalk heißt) verursacht, so wird durch fortgesetztes Kochen, indem $CaCO_3$ ausfällt, das harte Wasser in weiches verwandelt. Man spricht in diesem Falle von temporärer Härte. Ist die Härte des Wassers durch Gips verursacht, welcher beim Erhitzen nur zum Teil ausfällt (**236**), so spricht man von permanenter Härte. In Dampfkesseln und derartigen Apparaten setzt sich der kohlensaure Kalk fest an den Wänden als „Kesselstein" ab.

Beim Erhitzen zersetzt sich das Calciumkarbonat in CaO und CO_2; man hat hier mit einem vollständigen heterogenen Gleichgewicht (**71**) zu tun; denn die Stoffe sind CaO und CO_2, die Phasen CaO, $CaCO_3$ und CO_2. In der Tat ist denn auch die Konzentration der gasförmigen Phase (die Dissoziationsspannung) bei einer bestimmten Temperatur konstant, daher unabhängig von der Menge jeder Phase. Vollständige Zerlegung in CaO und CO_2 kann nur dann eintreten, wenn die gasförmige Phase entfernt wird (so beim Kalkbrennen **257**), oder wenn ihre Spannung unterhalb der Dissoziationsspannung gehalten wird. Hält man umgekehrt die Spannung des CO_2 größer als die Dissoziationsspannung, so kann $CaCO_3$ sich nicht zersetzen; unter diesen Umständen ist es möglich, den kohlensauren Kalk zu schmelzen; beim Erstarren nimmt er kristallinische Struktur an und ist Marmor.

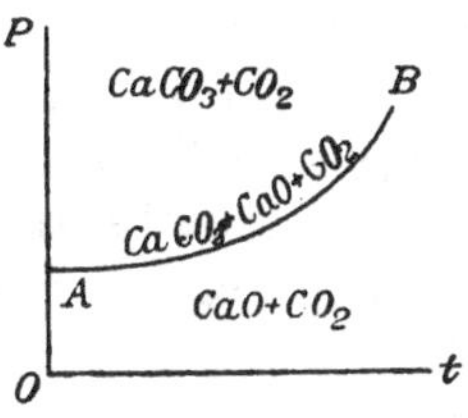

Fig. 68.

In der nebenstehenden Figur 68 möge *AB* die Dissoziationskurve des kohlensauren Kalkes in einem Koordinationssystem (*p*, *t*) vorstellen; nur entlang dieser Kurve sind die drei Phasen miteinander im Gleichgewicht; überschreitet man sie, so verschwindet eine der Phasen und man gelangt entweder in das Gebiet der Phasen $CaO + CO_2$ oder in das von $CaCO_3 + CO_2$.

Calciumoxalat $CaC_2O_4 + 2H_2O$ fällt nieder, wenn man der Lösung eines Kalksalzes oxalsaures Ammonium zusetzt. Dieser Niederschlag ist unlöslich in Essigsäure, löslich in Mineralsäuren. Dies ist ein gutes Beispiel für das in **146** Gesagte, daß nämlich in Wasser unlösliche Salze sich nur in solchen Säuren lösen, die stärker sind als die Säure des Salzes. Denn dem Leitvermögen zufolge ist die Essigsäure weniger, die starken Mineralsäuren mehr ionisiert als die Oxalsäure. Der Zusatz der wenig dissoziierten Essigsäure bewirkt nur in sehr geringem Umfange die Vereinigung der H- und C_2O_4-Ionen (Anionen der Oxalsäure), so daß auch nur sehr wenig CaC_2O_4 in Lösung zu gehen braucht, bis der Wert des Löslichkeitsproduktes wieder erreicht wird. Der Zusatz einer starken Mineralsäure dagegen bewirkt eine Vereinigung von H- und C_2O_4-Ionen in solchem Maße, daß das Löslichkeitsprodukt von CaC_2O_4 nicht mehr erreicht werden kann und letzteres daher völlig in Lösung gehen muß.

260. Calciumsilikat ist hauptsächlich deshalb wichtig, weil es einen Bestandteil des Glases bildet.

Das Glas ist ein Gemisch von Silikaten der Alkalien mit Kalk oder Bleisilikaten. Die Silikate der Alkalien sind in Wasser löslich, amorph und leicht schmelzbar. Ca-Silikate dagegen sind unlöslich, sehr schwer schmelzbar und vielfach kristallisiert. Durch Zusammenschmelzen von beiden erhält man eine unlösliche, amorphe, durchsichtige Masse von mittlerer Schmelzbarkeit, das Glas. Zu seiner Darstellung wird ein Gemenge von reinem Sand, Kalk und Soda in feuerfesten Tiegeln (Häfen) eingeschmolzen.

Die Eigenschaften des Glases hängen in erster Linie von der Beschaffenheit der Materialien, dann von der relativen Menge, in der sie anwesend sind, ab. Indem man diese beiden Bedingungen variiert, hat man es in der Hand, Glas von sehr verschiedener Schmelzbarkeit, Härte, Glanz, Lichtbrechungsvermögen usw. zu erzielen. Man unterscheidet zwischen leicht und schwer schmelzbarem Glas. Bleihaltige Gläser sind schmelzbarer. Einige der wichtigsten Glassorten sind:

Natronglas (Fensterglas) besteht aus Na- und Ca-Silikat; es ist leicht schmelzbar und wird zumeist für Gegenstände des täglichen Gebrauches verwendet.

Böhmisches Glas, Kaliglas, besteht aus K- und Ca-Silikat; es ist sehr schwer schmelzbar und wird für chemische Zwecke (Verbrennungsröhren und dergl.) viel verwendet.

Kristallglas besteht aus Kalium- und Bleisilikat. Es ist weniger hart, ziemlich schmelzbar, stark lichtbrechend und erhält durch Schleifen einen schönen Glanz. Es wird deshalb für Luxusgegenstände und dergl. gebraucht. Bei hohem Bleigehalt ist es sehr schwer.

Flintglas besteht ebenfalls aus Kalium- und Bleisilikat. Es wird wie das Kronglas, das vorwiegend Kaliumsilikat enthält, zu optischen Zwecken gebraucht.

Neben den genannten Bestandteilen werden viele andere bei der Glasfabrikation verwendet, um dem Glase besondere Eigenschaften für bestimmte Zwecke zu verleihen. Durch Zusatz von Borsäure oder durch teilweisen Ersatz von Blei durch Thallium erhält Bleiglas noch stärkeres Lichtbrechungsvermögen. Zusatz von Tonerde Al_2O_3 verhindert oder verzögert das Brüchigwerden chemischer Glasutensilien und läßt den Ersatz von einem Teil des Alkalis durch Kalk zu. Einige Metalloxyde bilden gefärbte Silikate und werden deshalb der Schmelze beigemischt, um Glas zu färben (blau mittels Co, grün durch Cr oder Cu, gelbgrün fluoreszierend durch Uran usw.). Durch den Zusatz von Knochenasche $Ca_3(PO_4)_2$ oder von Zinnoxyd wird das Glas milchweiß und undurchsichtig.

Es folgen hier die Resultate einiger Analysen von Glassorten, welche ein ungefähres Bild von ihrer prozentualen Zusammensetzung geben.

Glassorte	SiO_2	K_2O	Na_2O	CaO	PbO	Al_2O_3 und Fe_2O_3
Fensterglas .	70	—	13	13	—	1
Flaschenglas .	60	—	3	25	—	7
Kronglas . .	73	11·5	3	11	—	1
Flintglas . .	50	11	—	—	38	0·5

Gegen Wasser ist Glas im allgemeinen widerstandsfähig, doch wird es etwas davon angegriffen. Alte Fensterscheiben zeigen einen eigentümlich irisierenden Glanz, welcher davon herrührt, daß die oberste Schicht zersetzt, verwittert ist. Da es für genaue quantitative Analysen von großer Wichtigkeit ist, zu wissen, wieviel Glas gelöst werden kann, so hat man verschiedene Untersuchungen darüber angestellt, welche u. a. folgendes ergeben haben: Von dem Glas geht, solange es neu ist, relativ viel in Lösung; diese Menge vermindert sich jedoch nach Verlauf einiger Wochen auf einen minimalen Betrag; im Anfang wird besonders Alkali aus der oberflächlichen Schicht weggenommen und die entstehende Lösung wirkt erst sekundär auf die Kieselsäure lösend ein. Um sich Glasgefäße zu verschaffen, deren Wandungen an Wasser nur noch sehr wenig abgeben, kann man dieselben eine Viertelstunde einem Dampfstrahl aussetzen, oder mehrere Wochen mit Wasser gefüllt stehen lassen, welches man von Zeit zu Zeit erneuert. Es entsteht dann an der Oberfläche eine dünne, an SiO_2 und CaO reiche Schicht, welche die darunter liegende Glasmasse vor der Einwirkung des Wassers schützt.

Daß Wasser Alkali aus Glas herauslöst, läßt sich leicht zeigen, wenn man feines Glaspulver mit Wasser anrührt. Die Flüssigkeit rötet alsbald Phenolphtalein sehr kräftig.

Das Glas ist der Typus einer amorphen Substanz. Solche Substanzen werden häufig als Flüssigkeiten mit sehr hoher innerer Reibung definiert, und das Verhalten des geschmolzenen Glases beim Erkalten bietet eine ausgezeichnete Illustration zu dieser Definition. Bei hoher Temperatur ist geschmolzenes Glas dünnflüssig; beim Sinken der Temperatur wird es zäher; zwischen dem ganz flüssigen und dem ganz „festen“ gibt es eine kontinuierliche Reihe von halbflüssigen Zuständen. Es ist daher unmöglich eine Grenze zu bestimmen, von der ab die für Lösungen geltenden Gesetze anwendbar sind, z. B. das der Diffusion. Es scheint zweckmäßig, den „fest“-amorphen Zustand als flüssig aufzufassen im Gegensatz zum kristallisierten, welcher letztere wirklich fest ist, da er ganz andere Eigenschaften wie eine Flüssigkeit besitzt.

Im Glas haben wir weiter ein Beispiel einer festen Lösung. VAN'T HOFF versteht darunter alle festen Substanzen, welche aus einem homogenen Gemisch bestehen, wie z. B. verschiedene Metalllegierungen. Auch kristallisierte Körper können feste Lösungen bilden. Es sind dies die Mischkristalle (**212**). Der Name „feste Lösungen“ ist gewählt worden, weil sich bei ihnen verschiedene Eigenschaften der flüssigen Lösungen finden, u. a. die, daß eine feste Lösung auch gesättigt sein kann, was also darauf hinausläuft, daß bei einem höheren Gehalt, als der Sättigung entspricht, der feste Stoff inhomogen wird.

Schwefelcalcium CaS entsteht durch Glühen von Gips mit Kohle. Durch Behandlung mit Wasser entsteht $Ca(SH)_2$, Calciumhydrosulfid, welches sich beim Kochen seiner wäßrigen Lösung zersetzt. Das Sulfid (ebenso das von Ba und Sr) hat die Eigenschaft, im Dunkeln zu leuchten, wenn es zuvor dem Sonnenlichte ausgesetzt war.

Strontium.

261. Dieses Metall gehört zu den weniger häufig vorkommenden Elementen. Die hauptsächlichsten Strontiummineralien sind Strontianit $SrCO_3$ und Cölestin $SrSO_4$. Seine Verbindungen sind denen des Calciums analog.

Das Metall ist durch Elektrolyse von geschmolzenem Chlorstrontium erhalten worden; es hat das spez. Gewicht 2·5; in den Eigenschaften entspricht es völlig dem Calcium.

Das Oxyd SrO entsteht durch Glühen des Hydrats oder Karbonats. Die Temperatur für die vollständige Dissoziation des letzteren liegt höher als die der entsprechenden Ca-Verbindung. Das Hydroxyd $Sr(OH)_2 + 8H_2O$ ist in Wasser löslicher als $Ca(OH)_2$. Das Chlorid $SrCl_2 + 6H_2O$ ist ebenfalls hygroskopisch; in Alkohol ist es löslich; man kann es daher mit Hilfe desselben von $BaCl_2$ trennen, welches darin unlöslich ist. Strontiumsulfat ist viel schwieriger löslich als Gips; bei 16·1° löst sich 1 Teil Strontiumsulfat in 10070 Gewichtsteilen Wasser (Gips in 543 Gewichtsteilen bei 15·2°); in einem Gemisch von Alkohol und Wasser ist es äußerst wenig löslich. Strontiumnitrat $Sr(NO_3)_2$ ist unlöslich in Alkohol; darauf kann man eine Trennung von $Ca(NO_3)_2$ gründen, welches von Alkohol gelöst wird.

Strontiumsalze werden in der Feuerwerkerei verwendet, da sie einer Flamme prächtig karminrote Farbe verleihen.

Baryum.

262. Dieses Element kommt nur gebunden, als Schwerspat $BaSO_4$ und als Witherit $BaCO_3$, und in recht beträchtlichen Mengen vor. Zur Darstellung anderer Baryumsalze kann man einfach das letztgenannte Mineral in Säure lösen; der Schwerspat muß zuvor durch Erhitzen mit Kohle reduziert werden, was vorteilhaft im elektrischen Ofen geschieht:

$$4BaSO_4 + 4C = BaS + 3BaSO_4 + 4CO$$
$$3BaSO_4 + BaS = 4BaO + 4SO_2.$$

Das Metall erhält man durch Elektrolyse einer gesättigten Chlorbaryumlösung, wobei eine Kathode von Quecksilber angewendet wird, welche das Baryummetall amalgamiert. Aus diesem Amalgam kann man das Metall gewinnen, indem man sehr langsam auf 1000°

erhitzt und dann einige Zeit auf dieser Temperatur erhält. Das zurückbleibende Ba ist dann frei von Quecksilber; es ist weich wie Blei und silberweiß; es zersetzt Wasser energisch bereits bei gewöhnlicher Temperatur. Sein spez. Gewicht ist 3·75.

Das Oxyd BaO wird durch heftiges Glühen des Nitrats oder Hydroxyds gewonnen; es verbindet sich sehr leicht mit Wasser zu dem Hydroxyd $Ba(OH)_2$, welches in Wasser ziemlich leicht löslich ist (Barytwasser) und aus der heißen Lösung beim Abkühlen in schönen Blättchen kristallisiert, die 8 Mol. H_2O enthalten.

Barymsuperoxyd BaO_2 entsteht beim Erhitzen von Baryumoxyd in einem Sauerstoff- oder Luftstrom; trägt man es in verdünnte Schwefelsläure ein, so fällt $BaSO_4$ nieder und die Lösung enthält H_2O_2; wenn man hierzu wieder Barytwasser gibt, so fällt $BaO_2 + 8H_2O$ kristallisiert aus.

Baryumchlorid $BaCl_2 + 2H_2O$ ist nicht hygroskopisch wie $SrCl_2$ und $CaCl_2$. Das Nitrat $Ba(NO_3)_2$ kristallisiert wasserfrei.

Für das Baryumsulfat $BaSO_4$ ist seine außerordentliche Schwerlöslichkeit in Wasser und Säuren charakteristisch: bei 18·4° löst sich 1 Gewichtsteil in 429700 Gewichtsteilen Wasser. Es wird unter dem Namen Permanentweiß oder Blanc fixe als weiße Anstrichfarbe verwendet. Baryumkarbonat gibt CO_2 nur bei sehr hoher Temperatur ab; erst bei andauerndem Erhitzen auf 1450° ist die Zersetzung vollständig.

Übersicht über die Gruppe der Erdalkalien.

In der nachstehenden Tabelle sind die physikalischen Eigenschaften der Elemente dieser Gruppe zusammengefaßt.

	Be	Mg	Ca	Sr	Ba
Atomgewicht . . .	9·1	24·36	40·1	87·6	137·4
Spez. Gewicht . .	1·64	1·75	1·58	2·5	3·75
Atomvolum . . .	5·6	13·8	25·2	34·9	36·5
Farbe	weiß	weiß	weiß	weiß	weiß

Bezüglich des spez. Gewichtes sei bemerkt, daß dieses nur für Ca, Sr, Ba ein regelmäßiges Anwachsen zeigt.

Was die chemischen Eigenschaften anlangt, so wurde oben erwähnt, daß diese Elemente ausschließlich zweiwertig fungieren; alle Verbindungen der Gruppe haben daher denselben Formeltypus. Hinsichtlich der Löslichkeit der Sulfate ist eine regelmäßige Abnahme mit steigendem Atomgewicht zu konstatieren.

Wie in der ersten Gruppe die drei Elemente K, Rb, Cs stehen hier Ca, Sr, Ba nach ihren Eigenschaften einander nahe, während die beiden andern Glieder der Gruppe erheblich von ihnen abweichen. Wie das Lithium in einigen Beziehungen dem Magnesium entspricht, so hat Beryllium mit dem Aluminium Analogie.

Die Spektralanalyse.

263. Wenn man das Licht einer leuchtenden Gasflamme oder des Gasglühlichtes durch ein Prisma zerlegt, beobachtet man eine ununterbrochene Reihe von ineinander übergehenden Farben. Alle Regenbogenfarben vom Rot durch Gelb, Grün, Blau bis zum Violett finden sich darin vertreten. Man nennt ein solches Farbenbild ein Spektrum und zwar, weil alle Farben sich stetig in derselben Reihenfolge aneinanderschließen, ein zusammenhängendes oder kontinuierliches Spektrum. Wir haben früher erwähnt, daß das Leuchten einer Gasflamme durch glühende feste Kohlenteilchen verursacht wird; allgemein hat sich ergeben, daß glühende feste oder flüssige Körper ein kontinuierliches Spektrum geben.

Anders verhält es sich bei glühenden Gasen. Zerlegt man z. B. das Licht, welches eine Bunsenflamme ausstrahlt, wenn darin Natrium-, Calcium- oder andere Salze verflüchtigt werden, so nimmt man nur einzelne, durch dunkle Zwischenräume getrennte Linien, Spektrallinien, wahr; man spricht in diesem Falle von einem Linienspektrum. Das Spektrum jedes Elementes zeigt charakteristische, ihm allein zukommende Linien; unterwirft man die glühenden Dämpfe eines Gemenges von Elementen der Beobachtung, so zeigt das Spektrum die Linien eines jeden einzelnen Elementes. Da man nun zur Beobachtung dieser Linien nur äußerst geringe Mengen zu verflüchtigen braucht, so ergibt sich schon daraus, welche Bedeutung der von Robert Bunsen und Kirchhoff eingeführten spektralanalytischen Untersuchungsmethode zukommt.

Um die Spektra gut beobachten zu können, hat man Instrumente, Spektralapparate oder Spektroskope genannt, erdacht, die je nach dem Zweck, den man im Auge hat, verschieden konstruiert sind. Vogel hat einen für den Gebrauch im chemischen Laboratorium sehr geeigneten Apparat angegeben (Fig. 69); er stellt ein kleines Spektroskop auf direkte Einstellung dar, welches ein sehr helles Spektrum bei genügender Dispersion gibt. Am Ende *B* befindet sich der Spalt (in der Figur nicht zu

H2
Helium
Na
Li
K
Rb
80
75
70
65
60
55
50
45
40

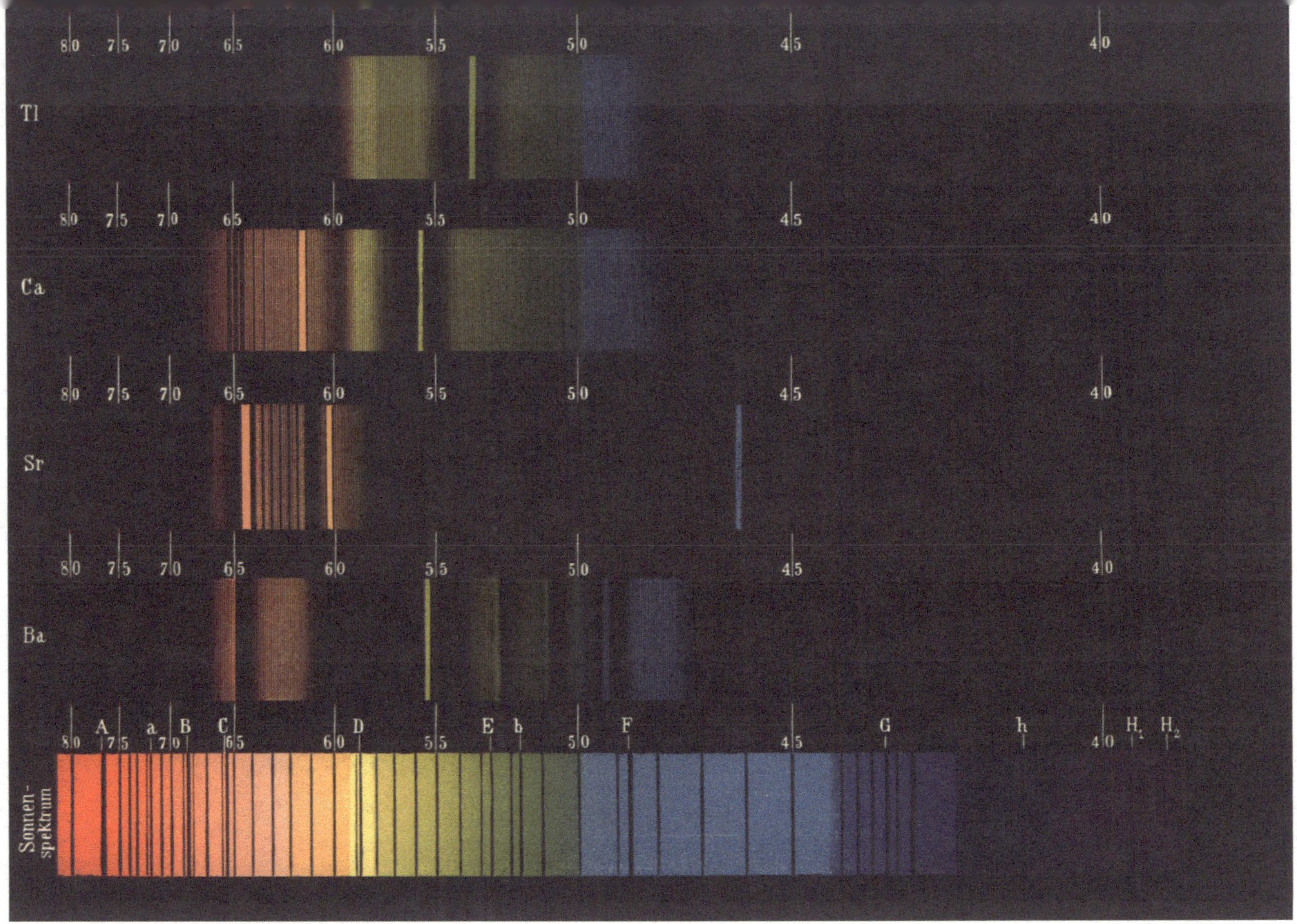

Spektraltafel.

(Nach H. Erdmann.)

sehen), welcher durch Drehen an dem Wulst *D* erweitert oder verengt werden kann. Der kleine Spiegel *m* dient dazu, Licht durch die Öffnung *P* auf ein kleines Hilfsprisma zu werfen, welches durch totale Reflexion dieses Licht in den Apparat bringt. Hierdurch

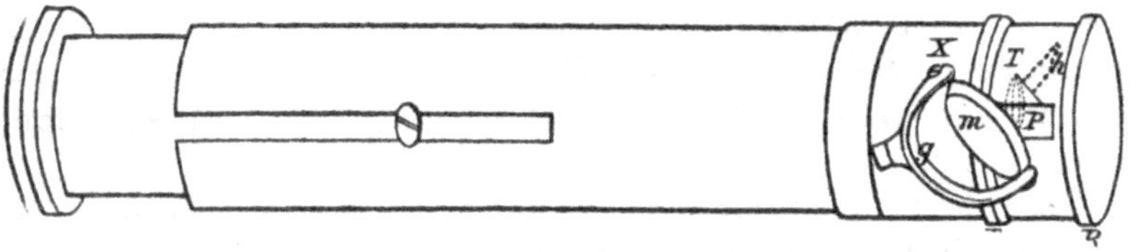

Fig. 69. Spektralapparat auf direkte Einstellung.

kann das Licht, welches zu analysieren ist, mit dem Licht aus einer bekannten Quelle verglichen werden. Am entgegengesetzten Ende befindet sich das Okular, durch welches das Spektrum beobachtet wird. Für weitere Einzelheiten sei auf die Handbücher der Physik verwiesen.

Will man das Spektrum der Metalle beobachten, so müssen diese durch hohe Temperatur in Dampfform übergeführt werden, was auf zweierlei Weise geschehen kann. Einmal dadurch, daß man Salze der Metalle an einem Platindraht in eine farblose Flamme bringt; durch die Hitze dissoziieren die Halogensalze; die Sauerstoffsalze werden zu Oxyden und diese durch die reduzierenden heißen Gase in Metalle übergeführt. Diese Methode ist sehr gut, wenn man eine große Menge Material zur Verfügung hat; ist dies nicht der Fall, so ist einem solchen Flammenspektrum ein Funkenspektrum vorzuziehen, denn durch letzteres lassen sich äußerst geringe Substanzmengen noch genau nachweisen. Weitere Vorteile des Funkenspektrums sind die größere Lichtintensität, die größere Bequemlichkeit der Handhabung und dergleichen mehr. Überdies liefern wegen der hohen Temperatur der Funken einige Elemente Spektra, welche dies in der Gasflamme nicht tun.

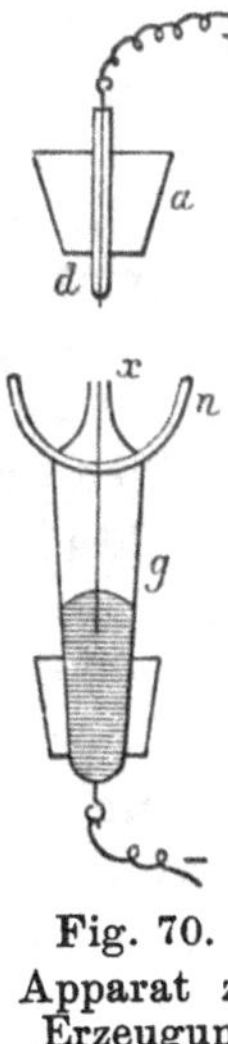

Fig. 70. Apparat zur Erzeugung von Funkenspektren.

Ein Funkenspektrum kann man sehr einfach auf folgende Weise herstellen. In den Boden eines ca. 15 mm weiten Glasschälchens *n* (Fig. 70) ist ein Platindraht eingeschmolzen, welcher in einem Rohr *g* steckt, das Quecksilber enthält und mit dem negativen Pol eines Induktoriums verbunden ist. Über diesen Draht ist eine konische Kapillare *x* gestülpt, die ihn um ca. 0·5 mm überragt. Ihr gegenüber befindet sich die positive Elektrode *d* in der Form eines Platindrahtes, welcher bis auf das kurze Ende *d* in ein (durch den Kork *a* gestecktes) Glasrohr eingeschmolzen ist. Gießt man die Salzlösung bis ungefähr zur halben Höhe in das Schälchen, so wird sie durch Kapillarwirkung bis in die Spitze von *x* gehoben und jeder Funke bringt ein wenig davon zum Verstäuben. Man hat auf diese Weise nur minimalen Substanzverlust. Der Funke springt sehr regelmäßig über, so daß man die Beobachtung des Spektrums beliebig lange fortsetzen kann.

Für die Untersuchung der Spektra von Körpern, die bei gewöhnlicher Temperatur gasförmig sind, bedient man sich einer PLÜCKERschen (HITTORFschen, GEISSLERschen) Röhre (Fig. 71), in welcher sich das Gas in sehr verdünntem Zustande befindet. Läßt

Fig. 71. PLÜCKERsches Rohr.

man die Entladung des Induktionsapparates mittels der eingeschmolzenen Drähte durch die Röhre gehen, so leuchtet ihr mittlerer enger Teil hell.

Einige Stoffe haben die Eigenschaft, bestimmte Farben vollständig aufzusaugen, andere aber durchzulassen. Bringt man die Lösung eines solchen Stoffes vor den Spalt eines Spektroskops und läßt nun das Licht eines kontinuierlichen Spektrums hindurchgehen, so nimmt man im Spektrum dunkle Bänder oder Streifen wahr; man hat ein Absorptionsspektrum, welches für eine Anzahl von Stoffen sehr bezeichnend ist, indem es dieselbe zu erkennen und zu unterscheiden ermöglicht.

264. Das Spektroskop ist für den Nachweis mancher Stoffe eines der empfindlichsten Mittel, welches man kennt. Dies erweist die außerordentlich geringe Stoffmenge, welche durch die Induktionsfunken verflüchtigt wird, die aber trotz ihrer Geringfügigkeit zur Beobachtung des Spektrums hinreicht. Zahlen wie $0 \cdot 3 . 10^{-6}$ mg Natrium sind als Grenze für die noch wahrnehmbare Menge gefunden worden. Hierdurch war es möglich, Elemente zu entdecken, welche neben großen Mengen anderer vorkommen, und die auf anderm Wege aufzufinden sehr schwer gewesen wäre. BUNSEN und KIRCHHOFF selber fanden so im Dürkheimer Mineralwasser Cäsium und Rubidium; um diese Elemente in der Form von Chloriden daraus abzuscheiden, nachdem ihre Anwesenheit spektroskopisch nachgewiesen war, mußten sie 44 000 kg Wasser eindampfen, welche 16·5 g eines Gemisches der Chloride gaben. Andere sehr seltene Elemente, welche spektroskopisch entdeckt wurden, sind Thallium, Indium, Gallium, Ytterbium, Scandium.

Die Spektra der Elemente haben ein sehr verschiedenes Aussehen, wie man sofort bei der Betrachtung der Tafel II erkennt. Die Zahlen bedeuten Wellenlängen des Lichtes, ausgedrückt in Hundertstel Mikrons = 10^{-5} mm. Einige Spektra, wie das des Natriums, Thalliums, Indiums, zeigen nur eine deutliche Linie; andere, wie das des Baryums, Strontiums, Calciums und besonders das des Eisens, sind sehr kompliziert und bestehen aus zahlreichen Streifen von ungleicher Intensität. Darunter sind einige, welche leicht wahrzunehmen sind und eine charakteristische Stelle einnehmen. So wird man z. B. Rubidium und Cäsium auf das bequemste spektroskopisch nachweisen können mit Hilfe ihrer beiden dicht nebeneinanderliegenden blauen Linien usw.

265. Man hat sich wiederholt bemüht, zwischen der Lage der Spektrallinien eines Elementes oder zwischen der von verschiedenen Elementen derselben Gruppe einen Zusammenhang zu finden.

Lecocq de Boisbaudran hat darauf aufmerksam gemacht, daß die Hauptlinien der Spektra der Alkalien und alkalischen Erden mit zunehmendem Atomgewicht nach dem Rot hin wandern. Die blauen Linien stehen beim Kalium dicht am Ultraviolett. Beim Rb und Cs dagegen rücken sie zum Rot hin; auch besteht hinsichtlich der Verteilung der Linien einige Analogie; letzteres gilt besonders von Ca, Sr und Ba.

Von Balmer und von Kayser und Runge sind numerische Beziehungen zwischen den Wellenlängen der Linien, welche einem Element angehören, gefunden worden. Der erstgenannte Forscher fand, daß die Wellenlängen λ der Wasserstofflinien mit auffallender Genauigkeit durch die Formel:

$$\lambda = A \frac{n^2}{n^2 - 4}$$

wiedergegeben werden, in der A eine Konstante (= 3647·20) ist und n ganze Zahlen von 3 bis 15 bedeutet. Dieses Resultat spornte natürlich zur Untersuchung der Spektra anderer Elemente an, in der sich vornehmlich die beiden letztgenannten Forscher betätigt haben. Dabei ergab sich, daß die Beziehung zwischen den Linien nicht so einfach wiederzugeben ist. Erstens mußte man sich einer Formel

$$\lambda^{-1} = A - B m^{-2} - C m^{-4}$$

bedienen, welche, wie man sieht, an Stelle einer Konstanten (wie die von Balmer) deren drei (A, B und C) enthält; dennoch gibt dieselbe die Wellenlänge nicht mit der Zuverlässigkeit wieder, wie Balmers Formel für das Wasserstoffspektrum. Überdies war es nicht möglich, durch eine derartige Formel das Spektrum des Metalles auszudrücken, sondern man mußte zu einer Verteilung auf Serien seine Zuflucht nehmen, für welche jedesmal die besonderen Werte von A, B und C berechnet wurden.

Endlich ergab sich noch, daß bei den Elementen der ersten Gruppe von Mendelejeffs System die Serien (jedes Element hat deren mehrere) nicht aus Linien, sondern aus Linienpaaren bestehen.

Derartigen Untersuchungen liegt die Vorstellung zugrunde, daß man durch Einsicht in die Gesetze, nach denen sich einerseits bei demselben Stoff die Linien des Spektrums verteilen und anderseits die Verteilung von Stoff zu Stoff variiert, Aufklärung über die Natur und den Bewegungszustand der Atome erhalten werde.

266. Mit Hilfe der Spektroskopie hat man erkannt, welche Elemente auf den Himmelskörpern vorkommen. Wenn man das Licht der selbstleuchtenden Himmelskörper durch ein Prisma zerlegt, so erhält man Linienspektra, welche denen unsrer Elemente gleichen. Besonders umfassend ist diese Untersuchung bezüglich der Sonne ausgeführt worden. Das Spektrum dieses Himmelskörpers zeigt zahlreiche dunkle Linien, welche nach ihrem Entdecker Fraunhofersche Linien heißen; viele von ihnen nehmen ihrer Lage nach dieselbe Stelle im Spektrum ein, wie die hellen Spektrallinien irdischer Körper. Diese dunklen Linien im Sonnenspektrum erklärt man in folgender Weise: Die Sonne besteht aus einem leuchtenden, sehr heißen Kern, welcher ein kontinuierliches Spektrum gibt, also wahrscheinlich flüssig oder fest ist. Dieser Kern ist von einer Atmosphäre von Dämpfen von niedrigerer Temperatur und geringerer Leuchtkraft umgeben, welche die Dämpfe derjenigen Stoffe enthält, deren helle Linien den dunklen des Sonnenspektrums entsprechen. Das Licht des Sonnenkernes ist in der Atmosphäre zum Teil absorbiert, nämlich dasjenige von genau derselben Wellenlänge, wie es von der Atmosphäre ausgestrahlt wird, und die Linien der Atmosphäre erscheinen infolge der größeren Intensität des Kernlichtes daher auf dem hellen Hintergrunde dunkel. Man kann diese Erscheinung in folgender Weise vorführen: In eine farblose Gasflamme wird ein wenig Kochsalz gebracht; sie wird dadurch gelb gefärbt und zeigt beim Betrachten durch das Spektroskop eine helle gelbe Linie. Bringt man jedoch hinter die Natriumflamme eine Lichtquelle von höherer Temperatur und kontinuierlichem Spektrum, z. B. elektrisches Bogenlicht, und betrachtet jetzt die Natriumflamme durch das Spektroskop, so nimmt man ein kontinuierliches Spektrum des elektrischen Lichtes wahr, in welchem sich an der Stelle der Natriumlinie eine dunkle Linie befindet. Derjenige Teil des elektrischen Lichtes, welcher die Wellenlänge der Natriumlinie hat, ist von der Natriumflamme völlig absorbiert; da die Lichtstärke der letzteren viel schwächer ist, entsteht auf dem hellen Hintergrunde des kontinuierlichen Spektrums eine dunkle Linie.

267. Durch Vergleichen der Fraunhoferschen Linien mit dem Spektrum der irdischen Stoffe hat man gefunden, daß in der Sonnenatmosphäre vornehmlich Fe, Na, Mg, Ca, Cr, Ni, Ba, Cu, Zn und H (letzterer in ungeheurer Menge) vorkommen. Für die sämtlichen 450 Linien des Eisenspektrums sind die entsprechenden dunklen Linien im Sonnenspektrum gefunden worden.

Anderseits zeigt das Sonnenspektrum zahllose Linien von Stoffen, die wir auf der Erde nicht kennen.

Die Vermutung liegt nahe, daß manche der Elemente, von welchen diese Linien herrühren, auch auf der Erde sich auffinden lassen werden, zumal, wenn man bedenkt, wie klein der uns bekannte Teil der Erdkugel noch ist (S. 9). Diese Vermutung ist in der Tat durch die Entdeckung des Heliums (**111**) bestätigt worden. Die Hauptlinie des letzteren D_3 (so genannt, weil sie nahe bei der mit D_1D_2 bezeichneten Doppellinie des Natriums liegt) beobachtete man sowohl im Spektrum der Sonne wie in dem vieler Fixsterne, ehe man das zugehörige Element auf der Erde kannte. Das Helium ist also auf den Gestirnen eher, als auf der Erde entdeckt worden. Auffallend sind die außerordentlich großen Massen, die, zufolge der spektroskopischen Beobachtungen, davon auf den Fixsternen vorhanden sein müssen, im Gegensatz zu der sehr geringen Menge, welche auf der Erde vorkommt.

Zink.

268. Zink kommt in der Natur nur gebunden vor. Die wichtigsten Zinkerze sind Edelgalmei oder Zinkspat ($ZnCO_3$) und Zinkblende (ZnS), auch „Blende" schlechtweg genannt. Sie werden hauptsächlich in Schlesien, England, Belgien, Großbritannien und Frankreich gefunden. Zur Abscheidung des metallischen Zinks werden die Erze geröstet (die Blende in den Schwefelsäurefabriken [**86**] behufs Gewinnung von SO_2), das erhaltene Zinkoxyd wird mit Kohle gemengt und erhitzt: es entstehen Kohlenoxyd und Zink, welches überdestilliert. In den Vorlagen sammelt sich neben geschmolzenem Zink ein graues feines Pulver, der Zinkstaub, an; er ist ein Gemenge von Zinkoxyd und Zinkpulver und wird als energisches Reduktionsmittel im Laboratorium häufig angewandt.

Zink ist ein bläulichweißes Metall vom spez. Gewicht 6·9—7·2; bei gewöhnlicher Temperatur ist es spröde, bei 100—150° ist es hämmerbar und kann dann zu Blech ausgewalzt und zu Draht gezogen werden. Dadurch steigt das spez. Gewicht auf 7·2 und die Festigkeit des Metalles nimmt sehr zu. Bei 200° wird es aufs neue spröde und läßt sich leicht pulverisieren. Es schmilzt bei 433° und siedet bei 950°. Zinkdampf hat das spez. Gewicht 33·8 ($H = 1$); sein Molekulargewicht ist daher 67·6. Da sich nach dem Gesetz von Dulong und Petit für das Atomgewicht 65·4 ergibt, so besteht das Molekül in Dampfform nur aus einem Atom. Das gleiche gilt für die verwandten Metalle Cd und Hg. (Siehe auch **223**.) Zinkstaub zersetzt

Wasser bei gewöhnlicher Temperatur. An der Luft bis zum Siedepunkt erhitzt, verbrennt Zink unter intensiver Lichterscheinung zu Zinkoxyd. Von verdünnter Salz- und Schwefelsäure wird es sehr leicht unter Wasserstoffentwicklung gelöst; bemerkenswert ist jedoch, daß ein Stückchen völlig reinen Zinkes in diese Säuren getaucht bei gewöhnlicher Temperatur keinen Wasserstoff entwickelt. Wenn dieses Zinkstück jedoch mit einem Platinblech in Berührung gebracht wird, beginnt sofort eine Gasentwicklung, aber nicht von der Oberfläche des Zinkes her, sondern am Platinblech, während Zink in Lösung geht. In Ionenformulierung lautet der Prozeß:

$$Zn + 2H^{\cdot} \doteq Zn^{\cdot\cdot} + 2H$$

und seine Erklärung ist dieselbe wie für den „Bleibaum" (**203**). In diesem Falle treibt das Zink also mit großer Kraft Kationen in die Lösung, während es selbst negative Ladung annimmt, durch welche Wasserstoffionen entladen werden können. Nur darin scheint eine Verschiedenheit zu liegen, daß diese H-Ionen sich am Platin statt am Zink entladen. Jedoch ist dieser Unterschied kein wirklicher; denn im Falle des Bleibaumes werden die neuen Bleiteilchen an den äußeren Partien desselben abgesetzt. Die vollkommene Analogie wird durch eine etwas veränderte Form des Versuches noch deutlicher. Wenn einerseits eine Platte von amalgamiertem Zink mit einem Platinblech durch einen Metalldraht verbunden und mit diesem zusammen in verdünnte Schwefelsäure eingetaucht wird, so entwickelt sich Wasserstoff am Platinblech, und wenn man anderseits eine amalgamierte Zinkplatte und eine Bleiplatte verbindet und in eine Bleinitratlösung eintaucht, so werden die Bleikristalle durch Lokalwirkung zwar anfangs am Zink, aber nach einiger Zeit nur noch an der Bleiplatte abgesetzt. In beiden Fällen geht die negative Ladung des Zinkes durch den Draht zur andern Platte, an der die Wasserstoff- bezw. Blei-Ionen sich entladen.

Wegen seiner Beständigkeit an der Luft findet Zink vielfache Anwendungen. Zinkblech wird häufig zur Dachbedeckung verwendet. Um das Rosten von Eisenblech zu verhindern, wird dieses mit Zink überzogen (galvanisiertes Eisen). Zink bildet auch einen Bestandteil vieler Legierungen, z. B. Messing (**242**), Neusilber usw.

Zinkoxyd ZnO wird gewöhnlich durch Glühen von basischem Karbonat dargestellt. Beim Erhitzen nimmt Zink eine gelbe Färbung an, und zwar um so intensiver je höher die Temperatur ist; beim Erkalten verschwindet die Färbung wieder (**273**). Es dient unter dem Namen Zinkweiß als Malerfarbe.

Zinkhydroxyd $Zn(OH)_2$ wird durch Alkalien aus der Lösung

der Zinksalze als weiße gelatinöse Masse niedergeschlagen, die sowohl von Alkalien wie von Ammoniak gelöst wird, jedoch nicht von beiden aus der gleichen Ursache. Alkalien gegenüber verhält sich Zinkhydroxyd nämlich wie eine schwache Säure; es bilden sich Anionen ZnO_2'' und Kationen $2H^{\cdot}$, die mit einer Base in bekannter Weise ein Salz $Zn(OK)_2$ bilden. Mit Ammoniak dagegen entsteht ein komplexes Zinkammoniakion, wodurch Lösung erfolgt.

269. Zinkchlorid $ZnCl_2$ wird durch Erhitzen von Zink in einem Chlorstrom oder durch Auflösen von Zink in Salzsäure und Verdampfen der Lösung erhalten. Im letzteren Falle entsteht jedoch etwas Oxychlorid. $ZnCl_2$ schmilzt beim Erhitzen und destilliert bei 680°. Es ist sehr hygroskopisch und wird als wasserabspaltendes Mittel in der organischen Chemie vielfach verwendet. Wenn man Zinkoxyd zu einer konzentrierten Chlorzinklösung zugibt, erhält man eine weiche Masse, die jedoch durch Bildung von $Zn{<}^{OH}_{Cl}$ bald hart wird. Mit Ammoniak bildet Chlorzink verschiedene Verbindungen.

Zinksulfat $ZnSO_4 \cdot 7H_2O$ kristallisiert in schönen Kristallen, welche mit $MgSO_4 \cdot 7aq$, $FeSO_4 \cdot 7aq$ und ähnlichen isomorph sind. Es wird im großen durch vorsichtiges Rösten von ZnS bereitet.

Zinksulfid ZnS wird durch Schwefelwasserstoff aus löslichen Zinksalzen vollständig gefällt, wenn man essigsaures Natrium hinzufügt, um die aus dem Zinksalz freiwerdende Säure zu binden. Ohne Zusatz von Natriumacetat fällt es aus den Lösungen der Salze mit starken Säuren nur zum Teil aus.

Dies ist nicht der Fall bei den Salzen der übrigen Metalle, welche zu der analytischen Gruppe des Zinkes gehören, z. B bei den Ferro- und Mangansalzen. Der Unterschied ist durch die größere Unlöslichkeit des ZnS bedingt. Wenn man Schwefelwasserstoff in eine Zinklösung leitet, in der also Zn-Ionen und Säureanionen vorhanden sind, bringt man Moleküle H_2S hinein neben H- und S-Ionen. Man hat also zusammen:

$$Zn^{\cdot\cdot} + SO_4'' + 2H^{\cdot} + S''.$$

Besonders wenn die Zinklösung konzentriert ist, wird nun bald das Löslichkeitsprodukt der Zn- und S-Ionen erreicht, so daß ZnS sich abscheiden muß. Dieser Vorgang wird jedoch wegen der freiwerdenden Säure eine Grenze erreichen, da deren H-Ionen die Ionisation des H_2S bald nahezu völlig zurückdrängen.

Bei Zusatz von überschüssigem Natriumacetat finden die freien H-Ionen jedoch Gelegenheit, sich mit den Acetat-Anionen zu verbinden und diese Vereinigung wird nahezu vollständig, wenn ein Überschuß von letzteren zugegen ist. Die Konzentration der H-Ionen wird dadurch so klein, daß nahezu alles Zinksulfid ausfallen kann. Wenn das Löslichkeitsprodukt jedoch nicht so klein ist, — so beim Eisen- und Mangansulfid, — so kann es wegen der geringen

Ionisation des H_2S nicht erreicht werden, oder mit andern Worten, die Sulfide fallen nicht aus. Das Zink nimmt also wegen der Löslichkeit des Sulfids eine Zwischenstellung zwischen den Metallen ein, welche durch Schwefelwasserstoff gefällt, und denjenigen, welche nicht aus schwach saurer Lösung gefällt werden. Die Löslichkeit der Sulfide muß in der Reihe FeS .... ZnS .... CuS abnehmen; die analytische Verschiedenheit zwischen diesen Gruppen ist also keine scharfe, sondern eine allmähliche.

Kadmium.

270. Dieses Element kommt sehr häufig in Zinkerzen vor; da es flüchtiger ist als das Zink, destilliert es bei der Verarbeitung solcher Erze zuerst über. Im reinen Zustande wird es durch wiederholte Destillation oder mit Hilfe seines Sulfids gewonnen, welches in verdünnten Säuren unlöslich ist; es läßt sich demnach durch letztere von Zinksulfid befreien. Das Kadmium ist ein weißes, ziemlich weiches Metall. Spez. Gewicht 8·6, Schmelzpunkt 315°, Siedepunkt 770°. Es ist an der Luft beständig, verbrennt jedoch beim Erhitzen unter Bildung eines braunen Rauches von Kadmiumoxyd. In verdünnter Salz- und Schwefelsäure ist es schwer löslich; leicht dagegen in verdünnter Salpetersäure. Das Molekül des Kadmiums besteht in Dampfform aus nur einem Atom.

Kadmiumoxyd CdO wird, außer wie oben angegeben, durch Erhitzen des Karbonats oder Hydroxyds als braunes amorphes Pulver erhalten; Kadmiumhydroxyd $Cd(OH)_2$ ist in Kali- oder Natronlauge unlöslich, löslich in Ammoniak infolge Bildung eines komplexen Ions. Kadmiumchlorid $CdCl_2$ kristallisiert mit $2H_2O$ und kann — im Gegensatz zu $ZnCl_2$ — ohne Zersetzung getrocknet werden. Kadmiumsulfid CdS ist charakterisiert durch seine intensiv gelbe Farbe (es wird als Malerfarbe gebraucht); es ist unlöslich in verdünnten Mineralsäuren. Aus seiner wäßrigen Lösung kristallisiert das Sulfat gewöhnlich als $3CdSO_4 + 8H_2O$ aus. Es existiert aber auch ein Salz $CdSO_4 + 7H_2O$, welches analog wie die Sulfate von Mg, Zn, Fe usw. zusammengesetzt ist.

Quecksilber.

271. Das Quecksilber, das einzige bei gewöhnlicher Temperatur flüssige Metall, kommt in der Natur als Schwefelquecksilber oder Zinnober HgS, seltener gediegen in Form von Tröpfchen eingeschlossen in älteren Gesteinen vor. Die Hauptfundorte sind in

Spanien, Idria in Krain, Mexiko, Kalifornien, Peru, China und Japan. Um Quecksilber aus Zinnober zu gewinnen, wird derselbe in Flammöfen geröstet, wodurch SO_2 und Hg entstehen. Die Quecksilberdämpfe werden entweder in großen gemauerten Kammern oder in tönernen Röhren von eigentümlicher Form (Aludeln) verdichtet. Quecksilber wird in eisernen Flaschen in den Handel gebracht.

Das Handelsprodukt ist nicht rein, sondern enthält mehr oder weniger große Mengen anderer Metalle gelöst (z. B. Blei, Kupfer u. a.). Unreines Quecksilber kann man daran erkennen, daß beim Schütteln mit Luft an der Glaswand sich eine Haut absetzt. Ein zweckmäßiges Verfahren der Reinigung besteht darin, daß man es aus einem Hahngefäß durch eine hohe Säule von Salpetersäure, spez. Gewicht 1·1, in einem Glasrohr tropfen läßt. In Figur 72 ist ein derartiger Apparat abgebildet. Die verunreinigenden Metalle werden durch die Salpetersäure leichter gelöst als das Quecksilber.

Nach dem Waschen mit Wasser wird das Quecksilber getrocknet und, um es völlig zu reinigen, im Vakuum destilliert. Destillieren im Vakuum allein genügt nicht, da hierbei unter anderm Blei mit übergeht.

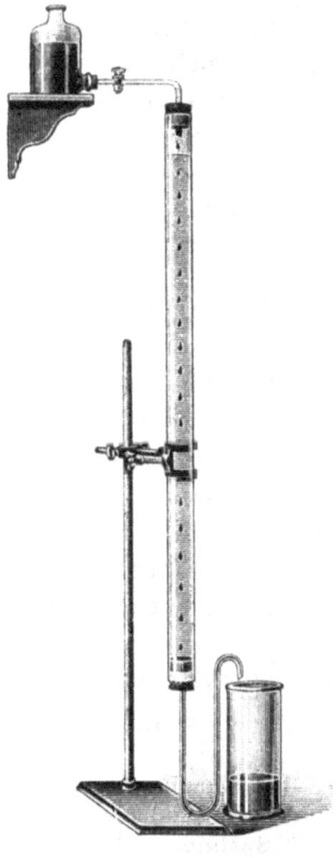

Fig. 72.
Reinigen von Quecksilber.

Physikalische Eigenschaften. Quecksilber ist fest bei $-39 \cdot 4^0$ und siedet bei 360^0; schon bei gewöhnlicher Temperatur, besonders im Vakuum, ist es merklich flüchtig; denn wenn man Goldblättchen in einer Flasche über Quecksilber aufhängt, werden sie nach einiger Zeit weiß. Das Metall hat bei 0^0 das spez. Gewicht 13·595; die Dampfdichte beträgt 99·36 für $H = 1$; das Molekül wiegt daher 198·72. Diese Zahl stellt zugleich das Atomgewicht vor (dessen genauen Wert s. die Tabelle am Schluß), wie aus der Molekulargewichtsbestimmung vieler wichtiger Hg-Verbindungen und aus dem Dulong-Petitschen Gesetz hergeleitet wird. Der Quecksilberdampf ist also einatomig.

Amalgame. Viele Metalle haben die Eigenschaft, sich in Quecksilber zu lösen oder Verbindungen damit einzugehen. Diese Metallösungen oder -verbindungen heißen Amalgame. Außer durch direkte Vereinigung der Metalle können sie zuweilen auch gewonnen werden, wenn man Quecksilber auf Metallsalzlösungen einwirken läßt; auf diese Weise kann man z. B. Silberamalgam bereiten. Einige Metalle, z. B. das Zinn, lösen sich in Quecksilber unter Wärmeabsorption auf; bei andern, wie Kalium und Natrium, tritt hierbei große Wärmeentwicklung und heftige Reaktion ein. Wendet man einen sehr großen Überschuß von Hg an, so sind die Amalgame flüssig, im andern Falle fest. Na-Amalgam z. B. ist bereits steinhart, wenn es mehr als 3 % Na enthält.

Chemische Eigenschaften. Bei gewöhnlicher Temperatur wird das Metall von der Luft nicht verändert. Bei höherer Temperatur vereinigt es sich mit Sauerstoff zum Oxyd HgO, welches sich bei noch stärkerem Erhitzen wieder in die Elemente spaltet. Von verdünnter Salz- und Schwefelsäure wird es bei gewöhnlicher Temperatur nicht angegriffen, langsam von verdünnter Salpetersäure. Es verbindet sich augenblicklich mit den Halogenen und mit Schwefel.

Das Quecksilber bildet zwei Reihen von Salzen, welche sich von dem Oxydul Hg_2O und dem Oxyd HgO ableiten. Die Oxydulsalze werden als Mercuro-, die Oxydsalze als Mercuriverbindungen bezeichnet.[1]

Mercuroverbindungen.

272. Quecksilberoxydul Hg_2O ist braunschwarz; es wird durch Natronlauge aus der Lösung eines Mercurosalzes gefällt; es zersetzt sich schon bei 100° oder am Licht in HgO und Hg.

Quecksilberchlorür HgCl, Kalomel, welches als Medikament häufig verwendet wird, kann auf nassem Wege bereitet werden, indem man eine Mercurolösung mit einem Chlorid fällt, oder trocken, wenn man ein Gemisch von $HgCl_2$ und Hg sublimiert. Es ist in Wasser unlöslich und färbt sich am Licht durch Abscheidung von Quecksilber dunkel. Beim Übergießen mit Ammoniak wird es schwarz, indem es in ein Gemenge von Mercuriammoniumchlorid NH_2HgCl und fein verteiltem metallischem Quecksilber verwandelt wird:

$$2HgCl + 2NH_3 = H_2NHgCl + NH_4Cl + Hg.$$

Die Dampfdichte des Kalomels ist zu 117·6 (H = 1) gefunden worden, was der Molekularformel HgCl entspricht. Beim Verdampfen von Kalomel tritt jedoch Spaltung in $HgCl_2$ und Hg ein, welche sich beim Erkalten wieder vereinigen und durch Diffusion getrennt werden können. Daher kommt es, daß für die Dampfdichte die Hälfte des für Hg_2Cl_2 berechneten Wertes gefunden wurde. Die richtige Formel des Kalomels ist demnach Hg_2Cl_2.

---

[1] Allgemein bezeichnet die Endung -o die niedere, die Endung -i die höhere von zwei Oxydationsstufen, so Ferrochlorid $FeCl_2$, Ferrichlorid $FeCl_3$ usw.

Baker hat auch hier den großen Einfluß von Spuren Wasser nachgewiesen (234), denn er zeigte, daß sorgfältig getrocknetes Kalomel bei der Verdampfung nicht dissoziiert, so daß seine Dampfdichte entsprechend der Formel Hg_2Cl_2 gefunden wurde.

Quecksilberbromür und -jodür sind noch unlöslicher als Hg_2Cl_2. Die Löslichkeit nimmt, wie beim Silber, mit der Zunahme des Halogenatomgewichtes ab.

Mercuronitrat $HgNO_3$ entsteht, wenn kalte verdünnte Salpetersäure auf überschüssiges Quecksilber einwirkt. Durch Wasser wird es hydrolytisch gespalten, wobei sich ein gelbes basisches Salz $Hg_2{<}^{OH}_{NO_3}$ abscheidet; es ist daher nur in verdünnter Salpetersäure ohne Zersetzung löslich. Das Mercuro-Ion ist demnach nur sehr schwach basisch. Durch den Sauerstoff der Luft wird eine Lösung von Mercuronitrat langsam zu Mercurisalz oxydiert; wenn man der Lösung jedoch ein wenig Quecksilber zusetzt, geht das Oxydsalz wieder in Oxydulsalz über.

Mercuriverbindungen.

273. Quecksilberoxyd HgO ist rot und kristallisiert, wenn durch Erhitzen von Quecksilber oder Quecksilbernitrat bereitet, dagegen gelb und amorph, wenn es durch Kali oder Natron aus Lösungen gefällt wurde. Dieser Farbenunterschied wird durch die verschiedene Feinheit beider Präparate bedingt. HgO wird beim Erhitzen schwarz und beim Erkalten wieder rot. Auch hier nimmt, wie beim Zinkoxyd (268), die Farbe an Intensität zu bei Erhöhung der Temperatur. Hieraus geht hervor, daß man in beiden Fällen nicht mit verschieden gefärbten Modifikationen zu tun hat, welche durch einen Übergangspunkt getrennt sind, da sonst die Farbänderung bei einer bestimmten Temperatur, und nicht allmählich, auftreten müßte.

Quecksilberchlorid $HgCl_2$, Sublimat, wird im großen durch Erhitzen eines Gemisches von NaCl und $HgSO_4$ bereitet; es sublimiert dann; daher sein Name. Bei gewöhnlicher Temperatur löst sich 1 Gewichtsteil in 15 Gewichtsteilen Wasser; in Alkohol ist es leichter löslich. Die hydrolytische Spaltung des Salzes ist an der sauren Reaktion seiner wäßrigen Lösung zu erkennen; wird der Flüssigkeit Kochsalz oder Chlorkalium zugesetzt, so wird die Reaktion neutral durch Bildung eines Doppelsalzes $HgCl_2 \cdot KCl \cdot H_2O$. Dieses ist in Wasser löslicher als Sublimat für sich allein.

Quecksilberjodid HgJ_2 fällt im ersten Augenblick gelb nieder, wenn man die Lösung eines Quecksilbersalzes mit Jodkalium versetzt; es wird jedoch bald rot. Wird diese Modifikation erhitzt, so geht sie bei 150° in eine gelbe über, während beim Erkalten die rote Farbe wieder zurückkehrt; man hat hier demnach mit einem Übergangspunkte zu tun.

Einen ähnlichen Farbenwechsel zeigt das Doppelsalz $Cu_2J_2 \cdot 2HgJ_2$ (von rot in braun) bereits bei ziemlich niedriger Temperatur; beim Erkalten kommt die rote Farbe schnell wieder zum Vorschein. Es ist deshalb vorgeschlagen worden, die Enden der Achsen von Eisenbahnwagen mit dieser Substanz anzustreichen, um leicht erkennen zu können, ob sie sich heißgelaufen haben.

Quecksilberjodid ist leicht in Jodkalium löslich; eine solche mit Kalilauge versetzte Lösung ist das sehr empfindliche NESSLERsche Reagens auf Ammoniak, womit braunes unlösliches NHg_2J entsteht; jedoch muß bemerkt werden, daß manche organische Stickstoffverbindungen ähnliche Fällungen mit demselben geben wie NH_3.

Quecksilbercyanid $HgCy_2$ wird durch Kochen von Quecksilberoxyd mit Wasser, in dem Berlinerblau suspendiert ist, gewonnen (siehe unten). Es kristallisiert in schönen, großen, farblosen Kristallen.

274. Die Mercurihalogenverbindungen sind im Gegensatz zu den andern Salzen des Mercuri-Ions in wäßriger Lösung nur sehr wenig ionisiert. Daher zeigen solche Lösungen einige merkwürdige Reaktionen. Bringt man z. B. eine Mercurinitratlösung mit der eines Chlorids zusammen, so tritt beträchtliche Wärmeentwicklung ein, indem sich ungespaltene $HgCl_2$-Moleküle bilden, während sonst beim Vermischen von Salzlösungen das Gesetz der Thermoneutralität gilt (**239**). — Schüttelt man Quecksilberoxyd mit einer Lösung von Chlor-, Brom- oder Jodkalium, so wird die Flüssigkeit stark alkalisch durch das Freiwerden von KOH. Dies beruht einerseits auf der geringen Ionisation der Quecksilberhalogenverbindungen, anderseits auf der Vereinigung dieser letzteren mit überschüssigem Alkalihalogenid zu Alkalisalzen von sehr beständigen Quecksilberhalogenwasserstoffsäuren. Die Beständigkeit dieser komplexen Verbindungen nimmt mit steigendem Atomgewicht des Halogens zu. — Auf derselben Ursache beruht auch die umgekehrte Erscheinung, daß die Halogenverbindungen des Quecksilbers durch Alkalien nur schwer zerlegt werden. Um aus $HgCl_2$ alles Quecksilber niederzuschlagen, muß man einen recht beträchtlichen Überschuß von Kali zur Anwendung bringen; Quecksilberjodid und -cyanid werden selbst durch Kali nicht mehr zersetzt. Quecksilbercyanid ist so wenig ionisiert, daß sein Leitvermögen kaum meßbar ist. Es zeigt daher auch keine der gewöhnlichen Quecksilberreaktionen, außer der Bildung des Sulfids — diese, weil letzteres in hohem Grade unlöslich ist. Dies Cyanid kann als Typus einer durch Fehlen der Ionisation unwirksam gemachten Verbindung betrachtet werden. Dadurch wird auch die oben erwähnte Darstellungsweise erklärt. Quecksilber- und Cyan-Ionen, auch wenn dieselben in äußerster Verdünnung zusammengebracht werden (wie das bei derselben der Fall ist), müssen sich zu $HgCy_2$-Molekülen vereinigen; dadurch können HgO und Berlinerblau aufs neue genannte Ionen in die Lösung schicken, welches so lange dauert, bis alles in $HgCy_2$ und Fe_2O_3 umgesetzt ist.

Die Quecksilberhalogenverbindungen (besonders das Sublimat) sind sehr starke Antiseptika. Merkwürdig ist, daß sie auch in dieser Hinsicht wirksamer werden, in dem Maße, wie ihre Ionisation zunimmt. Sublimat wirkt kräftiger antiseptisch als Quecksilbercyanid. Durch Zusatz von Metallchloriden wird die Ionisation des Sublimats zurückgedrängt; zugleich wird dadurch seine desinfizierende Wirkung herabgesetzt.

Wenn man trotzdem in den Sublimatpastillen das $HgCl_2$, mit einem Überschuß von Kochsalz vermischt, als Antiseptikum verwendet, so geschieht dies einmal, um das Sublimat rascher in Lösung bringen zu können, und ferner, weil solche Lösungen länger haltbar sind wie solche von reinem Sublimat, namentlich wenn sie mit Brunnenwasser hergestellt sind.

Mercurinitrat $Hg(NO_3)_2$ bildet sehr leicht basische Salze; beim Verdünnen der salpetersauren Lösung mit Wasser fällt $Hg(NO_3)_2 \cdot 2\,HgO \cdot H_2O$ nieder, welches durch Kochen mit Wasser in reines Quecksilberoxyd verwandelt wird. Hieraus geht hervor, daß auch das zweiwertige Mercuri-Ion nur sehr schwach basisch ist.

Mercurisulfat ist in Wasser nicht löslich, sondern wird durch letzteres in ein basisches Salz verwandelt. Mit viel Wasser entsteht das gelbe $HgSO_4 \cdot 2\,HgO$. Mit den Sulfaten der Alkalien bildet es Doppelsalze, z. B. $HgSO_4 \cdot K_2SO_4 \cdot 6\,H_2O$, welche mit den analog zusammengesetzten Doppelsalzen des Mg, Fe usw. isomorph sind (**255**).

Quecksilbersulfid HgS fällt aus Quecksilberlösungen schwarz aus; beim Erhitzen unter Luftabschluß sublimiert es in dunkelroten Kristallen, welche dem natürlichen Zinnober gleichen.

Übersicht der Gruppe. (II des periodischen Systems.)

275. Auch hier ist bei den physikalischen Eigenschaften dieser Metalle eine graduelle Änderung mit zunehmendem Atomgewicht zu erkennen, wie durch die nachstehende Tabelle deutlich wird.

	Be	Mg	Zn	Cd	Hg
Atomgewicht	9·1	24·36	65·4	112·4	200·0
Spez. Gewicht	1·64	1·75	6·9	8·6	13·6
Schmelzpunkt	übei 900°	über 700°	412°	310°	−39·4°
Siedepunkt	—	> Zn	950	720	360
Anzahl Atome im Molekül	—	—	1	1	1

Hinsichtlich der chemischen Eigenschaften ist zu bemerken, daß diese Elemente alle zweiwertig sind. Ihre Sulfate bilden mit denen der Alkalien Doppelsalze von demselben Typus $RSO_4 \cdot R_2'SO_4 \cdot 6$ aq ($R' = K, Na, Am$); nur das Berylliumdoppelsalz kristallisiert mit 3 aq.

Die Hydroxyde dieser Gruppe sind in NH_3 löslich unter Bildung komplexer Ionen oder bilden unlösliche Metallammoniakverbindungen (Hg).

Die neutralen Salze haben Neigung, in basische überzugehen; die Neigung ist besonders beim Quecksilber ausgeprägt; merkwürdigerweise ist sie dagegen beim Kadmium sehr wenig vorhanden.

Bei den Halogenverbindungen der drei verwandten Metalle Zn, Cd und Hg ist die elektrolytische Dissoziation gering; sie nimmt mit zunehmendem Atomgewicht des Metalles ab und wird beim Quecksilber sehr klein.

Elektrochemie.

276. Im Beginn des neunzehnten Jahrhunderts, als Davy mittels des elektrischen Stromes die Alkalimetalle darstellte (**223** und **227**), hatte man bereits erkannt, daß elektrische und chemische Erscheinungen nahe miteinander zusammenhängen. Berzelius glaubte sogar, die Affinität völlig durch die Annahme erklären zu können, daß die Atome elektrisch geladen seien und infolge davon einander anziehen oder abstoßen. In dem galvanischen Element besaß man bereits seit langer Zeit einen Apparat, um chemische Energie in elektrische umzuwandeln. Doch ist es erst im Jahre 1889 Nernst gelungen, eine theoretische Erklärung des Zusammenhanges zwischen chemischen und elektrischen Erscheinungen zu geben, welche nicht nur eine durchaus befriedigende ist, sondern auch einen Einblick in zahlreiche chemische Vorgänge verschafft.

Der Begriff des „elektrolytischen Lösungsdrucks“, welcher schon einige Male erwähnt wurde (**203**, **268**), ist dafür von fundamentaler Bedeutung. Wenn ein Metall in die wäßrige Lösung eines seiner

Salze gebracht wird, entsteht zwischen beiden ein Potentialunterschied. Von dieser Erscheinung gibt Nernst die folgende Erklärung: Ebenso wie eine Flüssigkeit an ihrer Oberfläche so lange verdampft, bis der entstandene Dampfdruck gleich der Dampfspannung der Flüssigkeit ist, muß sich auch, da Verdampfung und Auflösung analoge Prozesse sind, ein Salz in Wasser bis zu einer solchen Menge lösen, daß der osmotische Druck seiner Lösung ins Gleichgewicht kommt mit dem dem Salz eigenen Lösungsdruck. Jedes Metall hat nun nach Nernst ebenfalls eine nur durch seine chemische Natur bestimmte Neigung, seine Atome als Ionen in Lösung zu bringen. Diese Kraft, der Lösungsdruck, tritt in Wirksamkeit, wenn das Metall in einen Elektrolyten getaucht wird und zwar um so mehr, je weniger Kationen von dem Metall in der Lösung bereits vorhanden sind. Die Menge der Kationen, welche das Metall in die Lösung treibt, ist jedoch, erfahrungsgemäß, sehr gering, denn meistens kann ihre Zunahme, sogar mit unsern empfindlichsten Reagenzien, nicht nachgewiesen werden. Dies liegt nicht etwa daran, daß der Lösungsdruck klein ist; im Gegenteil, für einzelne Metalle ist dessen Wert sehr groß. Daß jedoch, trotz dieser geringen Anzahl Ionen, alsbald ein Gleichgewichtszustand entsteht, indem das negativ geladene Metall auf seine positiv geladenen Ionen eine derartige Anziehung ausübt, daß ebensoviele Metallionen auf dem Metall wieder niedergeschlagen als in die Lösung entsendet werden, muß der sehr hohen elektrischen Ladung, welche die Ionen besitzen, zugeschrieben werden; hierdurch brauchen nur sehr wenige in die Lösung zu gelangen, um schon eine meßbare Potentialdifferenz zwischen ihr und dem Metall zu verursachen.

Ist P der Lösungsdruck eines Metalles, p der osmotische Druck seiner in der Lösung vorhandenen Kationen, so kann man drei Fälle unterscheiden:

Erstens kann $P > p$ sein. Das Metall verhält sich dann wie ein Salz, welches zu seiner ungesättigten Lösung gefügt wird. Es treibt daher Kationen in die Lösung des Elektrolyten, wodurch diese positiv elektrisch wird und das Metall eine negative Ladung annehmen muß. Es tritt bald ein Gleichgewichtszustand ein. Wird jedoch die positive und die negative freie Elektrizität von Elektrolyt und Metall durch einen Schließungsdraht abgeleitet, so muß das Metall aufs neue Kationen in die Lösung treiben, und dies wird so lange fortdauern, bis p den Wert von P erreicht hat.

Im zweiten Falle, $P = p$, kann keine Potentialdifferenz entstehen.

Wird drittens $P < p$, so entspricht das Metall einem Salze, welches in seine übersättigte Lösung gebracht wird. Es schlagen sich jetzt einige Kationen auf dem Metall nieder und laden dieses positiv, wodurch der Elektrolyt negativ wird. Auch hier muß sich bald ein Gleichgewichtszustand herausbilden, indem der negativ geladene Elektrolyt umgekehrt die positiven Metallionen in Lösung zu bringen sucht.

Der Zusammenhang zwischen dem Potentialunterschied E und den Größen P und p ist nach NERNST durch die Gleichung gegeben:

$$E = \frac{RT}{n} l \frac{P}{p},$$

in der R die Gaskonstante, T die absolute Temperatur, n die Valenz der Metallionen, und l den natürlichen Logarithmus bedeuten.

Wenn man in diese Gleichung für R den Wert substituiert, welcher in **34** ausgerechnet ist, erhält man E nicht in Volt ausgedrückt, weil die elektrischen Größen mit andern Einheiten gemessen werden als sie dort benutzt wurden. Für R muß man hier $0{\cdot}860 \times 10^{-4}$ einführen. Will man BRIGGsche Logarithmen anwenden, so muß noch mit $2{\cdot}3025$ multipliziert werden; der Wert vom E in Volt gestaltet sich demnach wie folgt:

$$E = \frac{0{\cdot}860 \times 10^{-4} \times 2{\cdot}3025\, T}{n} \log \frac{P}{p}$$

oder

$$E = 10^{-4} \cdot \frac{2\,T}{n} \log \frac{P}{p} \cdot$$

Aus dieser Gleichung ergibt sich unter anderm, daß E in arithmetrischer Reihe wächst, wenn p in geometrischer Reihe abnimmt. Wird die Ionenkonzentration z. B. zehnmal geringer, so wächst E nur noch um $\frac{2\,T}{n} \times 10^{-4}$ Volt, woraus sich ergibt, daß die Potentialdifferenz ziemlich unempfindlich ist selbst gegen ansehnliche Änderungen der Konzentration des Elektrolyten.

Wenn man zwei verschiedene Metalle mit ihren Salzlösungen kombiniert, erhält man ein Element vom Typus des DANIELLschen (Kupfer in Kupfersulfat, Zink in Zinksulfat, getrennt durch eine poröse Wand); die elektromotorische Kraft eines solchen Elementes wird durch den Unterschied der beiden E-Werte gegeben sein, also durch

$$E = \frac{RT}{n}\left(l \frac{P_1}{p_1} - l \frac{P_2}{p_2}\right),$$

wenn beide Metalle die Valenz n haben.

Neben den Potentialdifferenzen zwischen Metall und Lösung treten bei einem solchen Element mit geschlossener Kette noch Potentialunterschiede zwischen den beiden Flüssigkeiten und zwischen den beiden Metallen auf.

Diese sind jedoch erfahrungsgemäß sehr klein und können deshalb den andern gegenüber vernachlässigt werden.

E ist also, abgesehen von den Lösungstensionen P_1 und P_2, abhängig von den Werten des osmotischen Druckes p_1 und p_2 der Metallionen; kann man p_2 äußerst klein machen, so daß $l\frac{P_1}{p_1} < l\frac{P_2}{p_2}$ wird, so wird E negativ, d. h. der Strom muß seine Richtung ändern. Diese Folgerung kann man auf folgende Weise dartun.

In einem Daniell-Element, in dem gewöhnlich der osmotische Druck der Zinkionen (p_1) von dem der Kupferionen (p_2) wenig verschieden ist, geht der Strom vom Kupfer durch den Schließungsdraht zum Zink, denn die Lösungstension P_1 des Zinkes ist sehr beträchtlich größer als die des Kupfers P_2 (s. unten). Nun kann man jedoch die Konzentration der Kupferionen um viele Zehnerpotenzen kleiner machen, wenn man der Kupfersulfatlösung Cyankalium zusetzt; hierdurch entsteht ja der äußerst wenig ionisierte Komplex $(Cu_2Cy_4)''$ (**243**). In der Tat wird durch diesen Zusatz die Stromrichtung umgekehrt. Weder die Fällung des Kupfers durch Kalilauge noch durch Schwefelammonium setzt die Konzentration der Kupferionen genügend herab, um dies zu erreichen.

Da man Gleichung (2) auch so schreiben kann:

$$E = \frac{RT}{n}\left(l\frac{P_1}{P_2} - l\frac{p_1}{p_2}\right)$$

und für $p_2 = p_1$ der letzte Ausdruck $= 0$ wird, so sieht man, daß die elektromotorische Kraft eines Daniell-Elementes in der Hauptsache durch das Verhältnis der Lösungsdrucke der Metalle bestimmt wird. Ein galvanisches Element kann als eine Maschine angesehen werden, welche durch die elektrolytischen Lösungsdrucke der Metalle getrieben wird.

Durch die Einführung des Begriffes des Lösungsdrucks und die daran geknüpften Betrachtungen hat man überhaupt eine klarere Vorstellung von den chemischen Prozessen der galvanischen Zellen gewonnen, sowie von der Art, wie der Strom in denselben entsteht.

Man kann die galvanischen Ketten in zwei Klassen einteilen: die umkehrbaren oder reversiblen und die irreversiblen. Zu der ersten Klasse gehört das Daniell-Element. Es liefert Strom, weil die Lösungstension des Zinkes diejenige des Kupfers übertrifft; das Zink schickt seine positiv geladenen Ionen in die Sulfatlösung und wird selbst negativ; dagegen geben die Kupferionen, indem sie in Atome übergehen und sich auf der Kupferplatte niederschlagen, ihre positiven Ladungen an letztere ab, welche also positiver Pol wird. Chemisch kommt der Vorgang darauf hinaus, daß Zink in Lösung geht, Kupfer dagegen gefällt wird:

$$CuSO_4 + Zn = Cu + ZnSO_4$$

oder in Ionen

$$Cu^{\cdot\cdot} + Zn = Cu + Zn^{\cdot\cdot}.$$

Wird in umgekehrter Richtung ein Strom durch das Daniell-Element geschickt, so werden nun an der Kupferplatte durch die dort ankommende positive Ladung Ionen in Lösung gebracht, wogegen jetzt die Zinkionen genötigt werden, sich auf dem Zink niederzuschlagen; denn der entgegengesetzt gerichtete Strom ladet das Zink negativ und deshalb zieht dieses die Ionen des Zinkes an sich. Man kann also, indem man einen entgegengesetzten Strom durch das Element schickt, dieses in seinen ursprünglichen Zustand zurückversetzen; daher die Bezeichnung reversibel oder umkehrbar.

Eine sehr wichtige Art reversibler Zellen ist der Akkumulator (Fig. 73). Derselbe besteht aus einem Glastrog, in welchem Blei-

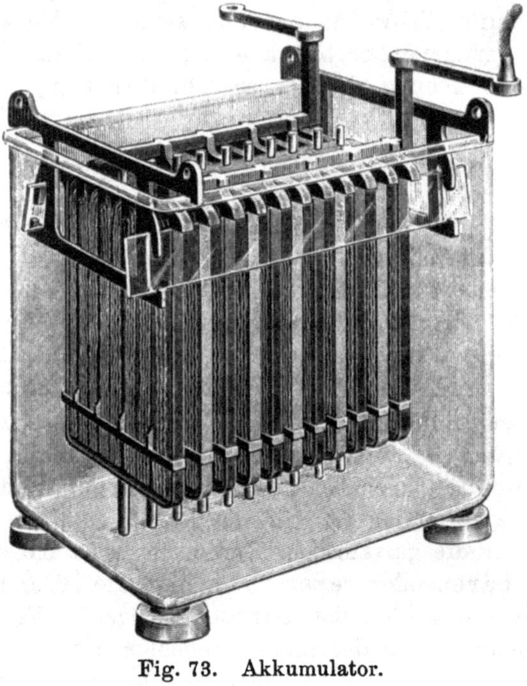

Fig. 73. Akkumulator.

platten hängen, die in verdünnte Schwefelsäure eintauchen. Von diesen Platten ist abwechselnd die eine (positive) mit einer Schicht von PbO_2, die andere (negative) mit $PbSO_4$ überzogen. Die positiven

Platten sind sämtlich miteinander verbunden, ebenso die negativen. (Aus einer größeren Anzahl solcher Zellen wird eine Batterie hergestellt, indem man die positiven Platten je einer Zelle mit den negativen oder andern verbindet.) Wird ein Strom durch das System geschickt, in der Weise, daß er bei der Bleisuperoxydplatte eintritt und durch die Schwefelsäure zu der andern Platte gelangt, so vermehrt sich auf der positiven Platte das Bleisuperoxyd PbO_2, während sich auf der andern (der Kathodenplatte) das $PbSO_4$ in schwammiges Blei verwandelt. Der Akkumulator wird dadurch geladen. Verbindet man darauf seine Pole durch einen Schließungsdraht, so spielt sich der umgekehrte Vorgang ab: das Bleisuperoxyd wird reduziert, während das schwammige Blei auf der andern Platte in Bleisulfat verwandelt wird. Bei der Entladung ist ebenfalls die Superoxydplatte positiv, die Bleiplatte negativ.

Der chemische Vorgang in der Akkumulatorzelle wird durch die Gleichung:

$$PbO_2 + Pb + 2H_2SO_4 \rightleftarrows 2PbSO_4 + 2H_2O$$

wiedergegeben.

Die Strombildung ist auf verschiedene Weise zu erklären versucht worden; eine der Erklärungsweisen ist folgende: Das PbO_2 auf der Anodenplatte besitzt einen gewissen Lösungsdruck und geht daher als negativ geladenes Ion PbO_2'' in Lösung, wobei es natürlich der Platte selbst eine numerisch gleich große positive Ladung erteilt. Diese zweiwertigen Anionen PbO_2'' finden an der Kathodenplatte positiv geladene $Pb^{\cdot\cdot}$-Ionen, welche letztere in die Lösung entsendet, sich selbst dabei negativ ladend. Die beiden Ionenarten treten nun zu elektrisch neutralen Molekülen PbO zusammen, welche mit der vorhandenen Schwefelsäure $PbSO_4$ geben:

$$PbO_2'' + Pb^{\cdot\cdot} = 2PbO; \quad 2PbO + 2H_2SO_4 = 2PbSO_4 + 2H_2O.$$

Zu den irreversiblen Elementen gehören u. a. das Bunsen- und das Leclanché-Element. Ein dieselben in umgekehrter Richtung passierender Strom stellt den ursprünglichen Zustand nicht wieder her. Der oben angegebene Ausdruck für die Berechnung der elektromotorischen Kraft E ist bei denselben nicht anwendbar. Immerhin finden doch die allgemeinen Prinzipien der Drucktheorie auch auf diese Ketten Anwendung, wenn es gilt, die Entstehung des galvanischen Stromes zu erklären.

Bekanntlich besteht das Bunsen-Element aus einer amalgamierten Zinkplatte in Schwefelsäure und einem Kohlenzylinder in Salpeter- oder Chromsäure. Wenn Zink und Schwefelsäure Wasserstoff entwickeln, muß man sich vom eletrochemischen Standpunkte dies so vorstellen, daß die Wasserstoffionen der verdünnten Säure ihre Ladungen an die Zinkatome abgeben und der Wasserstoff in Form von ungeladenen Molekülen entweicht. Im BUNSEN-Element dagegen finden die Wasserstoffionen zum größten Teil Gelegenheit, ihre positiven Ladungen am Kohlenzylinder abzugeben und reduzierend auf die Salpetersäure oder Chromsäure einzuwirken. Anderseits treibt die Zinkplatte positiv geladene Zinkionen in die Lösung, in dem Maße, wie Wasserstoffionen verschwinden; die Zinkplatte selbst erhält dadurch negative Ladung.

Das LECLANCHÉ-Element besteht aus einem Zinkstab in konzentrierter Salmiaklösung und einem in die gleiche Flüssigkeit eintauchenden porösen Tonzylinder, in welchem sich Braunstein und ein Kohlenstab, zur Ableitung des Stromes, befinden. Wieder geht das Zink in Lösung:

$$Zn + 2NH_4Cl = ZnCl_2 \cdot 2NH_3 + H_2.$$

Die Wasserstoffionen entladen sich am Kohlenstab und reduzieren den Braunstein. Die Kohle ist also wiederum positiver, das Zink negativer Pol.

277. Wie in den galvanischen Elementen chemische Energie in elektrische umgewandelt wird, so kann man allgemein behaupten, daß Reaktionen zwischen Ionen, bei passender Versuchsanordnung, imstande sind, einen elektrischen Strom zu erzeugen. Hier mögen einige Beispiele dieser Art angeführt werden.

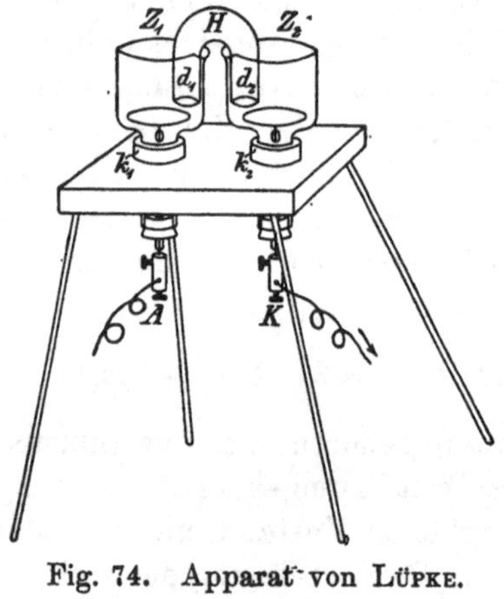

Fig. 74. Apparat von LÜPKE.

Man kann für diese Versuche zweckmäßig einen von LÜPKE beschriebenen Apparat benutzen, der aus zwei Glasgefäßen Z_1 und Z_2 (Fig. 74) besteht, in denen sich unten die Platinelektroden k_1 und k_2 befinden, und die miteinander durch den weiten Heber H kommunizieren. Die Drähte A und K führen zum Galvanoskop.

Um zu zeigen, daß durch die Oxydation von Zinnchlorür zu Zinnchlorid elektrische Energie erhalten werden kann, bringe man in Z_1 eine angesäuerte Lösung von Zinnchlorür (11·2:100), in Z_2 eine angesäuerte Normalkochsalzlösung. Der Heber wird ebenfalls mit dieser letzteren gefüllt. Sobald man mit einer Pipette zu der Elektrode k_2 (in der Kochsalzlösung) einige Tropfen Chlorwasser oder eine Lösung von Gold- oder Quecksilberchlorid bringt, zeigt das Galvanoskop einen Strom an, der im Schließungsdraht von K nach A geht. Wenn nämlich das zweiwertige Ion $Sn^{\cdot\cdot}$ in das vierwertige $Sn^{\cdot\cdot\cdot\cdot}$ übergehen soll, muß es noch zwei positive Ladungen aufnehmen; zugleich müssen der Lösung zwei Chlorionen zugefügt werden. Wird nun $HgCl_2$ oder $AuCl_3$ zugefügt, so sind hierdurch direkt Chlorionen verfügbar. Die Metallionen Hg oder Au schlagen sich auf k_2 nieder und geben diesem eine positive Ladung, die durch den Schließungsdraht k_1 zugeführt für die $Sn^{\cdot\cdot}$-Ionen verfügbar ist. Beim Zufügen von freiem Chlor spaltet sich dieses in Ionen, wodurch anderseits positive Elektrizität an k_2 abgegeben wird, die durch den Schließungsdraht wieder nach k_1 fließt und dort die $Sn^{\cdot\cdot}$-Ionen auf höhere Ladung bringt.

Um die Fällung von Chlorsilber nach der Gleichung:

$$NaCl + AgNO_3 = AgCl + NaNO_3$$

elektromotorisch wirksam zu machen, lege man auf die Platinelektroden des oben beschriebenen Apparates polierte Stückchen Silberblech, fülle Z_1 mit Kochsalzlösung, Z_2 und den Heber mit einer äquimolekularen Natriumnitratlösung. Sobald man auf die Elektrode k_2 (in der Nitratlösung) einen Kristall von Silbernitrat bringt, entsteht ein Strom. Vor dem Hineinbringen des Silbernitratkristalles haben nämlich beide Silberbleche zufolge ihres Lösungsdrucks gleiche Mengen Ag-Ionen in die Lösung getrieben, aber es ist alsbald Gleichgewicht eingetreten (**276**). Durch den Kristall ist jedoch um die Elektrode k_2 herum eine konzentrierte Ag-Lösung entstanden, deren osmotischer Druck die Lösungstension des Metalles weit übertrifft. Es werden sich daher jetzt auf k_2 Ag-Ionen niederschlagen und diese Elektrode positiv laden; diese Ladung gelangt durch den Schließungsdraht nach k_1. Hier werden dadurch mehr Silberionen in die Kochsalzlösung getrieben werden; doch alsbald erreicht deren Konzentration einen solchen Betrag, daß das Löslichkeitsprodukt des Chlorsilbers überschritten wird und dieses sich auf dem Silberblech in Z_1 niederschlägt.

Daß bei der Neutralisation von Schwefelsäure elektrische Energie gewonnen werden kann, läßt sich mit Hilfe desselben Apparates zeigen. Zu diesem Zwecke bringt man in Z_2 $^1/_2$ normale Schwefelsäure und in Z_1 sowie in den Heber $^1/_2$ normale K_2SO_4-Lösung. Legt man nun auf das Platinblech der Elektrode k_1 ein mit Wasserstoff elektrolytisch gesättigtes ca. 4 qcm großes Palladiumblech und berührt dies kurze Zeit mit einer KOH-Stange, so steigen von dem Platinblech der andern Elektrode (k_2) Wasserstoffbläschen auf und die Nadel des Galvanoskops zeigt einen kräftigen Strom an, der von k_2 ausgeht. Der Wasserstoff des Palladiumbleches sendet nämlich positive Ionen in die Lösung, die sich jedoch augenblicklich mit den OH-Ionen und KOH zu neutralem Wasser vereinigen; durch die Aussendung dieser positiven Ionen nimmt k_1 eine negative Ladung an, die durch den Schließungsdraht nach k_2 abfließt. Hier haben also die Wasserstoffionen der diese Elektrode umgebenden Schwefelsäure Gelegenheit, sich durch diese negative Ladung zu entionisieren, so daß Wasserstoff in freiem Zustande entweicht.

Bei der Vereinigung von Chlor und Wasserstoff kann ebenfalls chemische Energie in elektrische umgesetzt werden. Hierfür setzt man zwei oben zugeschmolzene und ebenda mit Platinelektroden versehene Röhren in verdünnte Schwefelsäure, von denen die eine mit Wasserstoff, die andere mit Chlorgas gefüllt wird; wobei man aber dafür sorgt, daß die Elektroden in die Säure reichen. Bringt man einen Schließungsdraht zwischen die Elektroden, so geht durch diesen ein kräftiger Strom. Die in den Platinelektroden absorbierten Gase treiben nämlich ihre Ionen in die Umgebung; hierdurch wird die H-Elektrode negativ, die Chlorelektrode positiv; die H- und Cl-Ionen gehen jedoch in der verdünnten Schwefelsäure in Lösung.

Zum Schlusse sei noch ein Beispiel angeführt, bei dem Strom dadurch erhalten wird, daß Ionen nur zum Teil ihre Ladungen abgeben. Wenn man in eine Kochsalzlösung oben ein Stück Eisenblech und unten ein Platinblech hineinhängt, so zeigt das Galvanoskop, das in den Schließungsbogen zwischen den Metallen eingeschaltet ist, keinen Strom an. Wird jedoch das auf dem Boden liegende Platinblech durch Einwerfen von ein wenig festem Eisenchlorid mit Ferriionen umgeben, so entsteht augenblicklich ein Strom; denn die Ferriionen geben durch den Draht $^1/_3$ von ihrer (positiven) Ladung an das Eisenblech ab, wodurch dieses in den Stand gesetzt wird, fortgesetzt Ferroionen in die Flüssigkeit zu entsenden, bis alles zugefügte Ferrichlorid in Ferrochlorid übergeführt ist.

Charakteristisch für alle diese Arten der Stromerzeugung ist, daß die Stoffe, welche in Reaktion treten, voneinander getrennt sind. Bei der Oxydation von Zinnchlorür durch Quecksilberchlorid wird dieses letztere nicht in das Gefäß gebracht, in dem das $SnCl_2$ war, sondern in das andere; bei der Fällung von Chlorsilber wird das Silbernitrat nicht in die Kochsalzlösung gebracht, sondern in die $NaNO_3$-Lösung, usf. Die Reaktion trat nur deshalb ein, weil die eine Gattung Ionen ihre Ladung ganz oder zum Teil durch den Schließungsdraht an die andere Elektrode sandte, wo sie entweder Atome in Ionen umsetzte, oder vorhandene Ionen auf höhere Ladung brachte, oder endlich entgegengesetzt geladene Ionen in neutrale Atome verwandelte.

Wenn also chemische Reaktionen bei passender Versuchsanordnung einen elektrischen Strom erzeugen können, so kann umgekehrt das Vorhandensein eines derartigen Stromes das Stattfinden einer chemischen Reaktion andeuten. Cohen hat dies benutzt, um die Umwandlungspunkte einiger kristallwasserhaltiger Salze und auch anderer Systeme auf elektrischem Wege zu bestimmen. Denken wir uns ein Salz, welches bei bestimmter Temperatur sein Kristallwasser verliert, z. B. Glaubersalz $Na_2SO_4 \cdot 10H_2O$; dieses hat bei ca. 33° einen Umwandlungspunkt, wobei das wasserfreie Salz dauernd existenzfähig wird. Nun kann einige wenige Grade unterhalb 33° das wasserfreie Salz, einige Grade oberhalb dieser Temperatur das wasserhaltige Salz, in Berührung mit seiner gesättigten Lösung, während einiger Zeit im labilen Zustande beharren. Da diese Lösungen mit verschiedenen festen Phasen (die eine nämlich mit $Na_2SO_4 \cdot 10H_2O$, die andere mit Na_2SO_4) in Berührung sind, so haben sie nicht dieselbe Konzentration; bei der Umwandlungstemperatur werden aber diese Konzentrationen einander gleich, da alsdann beide feste Phasen mit jeder Lösung in Berührung sind, dieselben also identisch werden müssen. Die elektrische Methode läuft nun darauf hinaus, die Verschiedenheit der Konzentrationen der an den beiden festen Phasen gesättigten Lösungen zur Bildung einer Kette zu verwenden.

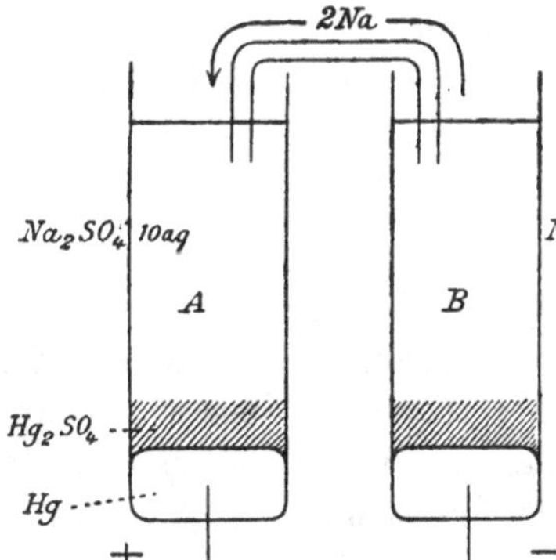

Fig. 75. Umwandlungselement.

Dies kann folgendermaßen geschehen: in den beiden Zylindern *A* und *B* befindet sich unten Quecksilber (siehe Fig. 75). Durch eingeschmolzene Platindrähte und einen Metalldraht stehen beide untereinander in leitendem Kontakt. Über dem Quecksilber befindet sich unlösliches Merkurosulfat. Darüber befindet sich in *A* ein breiiges Gemenge von $Na_2SO_4\,10aq$ und Wasser, in *B* ein solches von Wasser und Na_2SO_4. Unterhalb des Umwandlungsproduktes ist die Lösung in *B* in labilem Zustande und konzentrierter als die in *A*, welche stabil ist. Die Folge davon ist, daß Natriumionen durch den Heber von der konzentrierten nach der verdünnten Lösung diffundieren, während sich gleichzeitig in B eine äquivalente Menge SO_4-Ionen mit einem Teil des Quecksilbers zu Merkurosulfat vereinigt, indem diese ihre negative Ladung an das übrige Quecksilber abgeben. Es entsteht so ein elektrischer Strom, welcher im Schließungsdraht von der verdünnteren zur konzentrierteren Lösung geht. Richtung und Intensität desselben können durch ein eingeschaltetes Galvanometer bestimmt werden. Wird jetzt der ganze Apparat allmählich erwärmt, so nähern sich die Konzentrationen in A und B einander um so mehr, je näher man dem Umwandlungspunkt kommt und werden in diesem Punkte gleich groß. Die Intensität des Stromes nimmt daher fortwährend ab und wird im Umwandlungspunkt Null. Erhöht man die Temperatur noch weiter, so wird jetzt die Lösung in A labil und konzentrierter als diejenige in B, welche dann stabil geworden ist. Infolgedessen wird die Stromrichtung umgekehrt. Durch diese Methode ist es möglich, den Umwandlungspunkt mit großer Schärfe zu bestimmen.

278. Wie in **276** bemerkt, hängt die elektromotorische Kraft, welche bei chemischen Prozessen gewonnen werden kann, in hohem Maße vom Lösungsdruck der Metalle ab. Die Kenntnis des letzteren ist daher von sehr großer Wichtigkeit. Man kann ihn ermitteln auf Grund der bereits angegebenen Gleichung:

$$E = 10^{-4} \frac{2T}{n} \log \frac{P}{p}.$$

E, der Potentialunterschied zwischen einem Metall und der wäßrigen Lösung eines seiner Salze, kann gemessen werden; alle andern Größen in dieser Gleichung sind bekannt außer P, welches demnach aus derselben berechnet werden kann. In der nachstehenden Tabelle findet man einige dieser Werte zusammengestellt:

Metall	Valenz	Lösungsdruck P in Atmosphären
Mg	2	10^{43} Atm.
Zn	2	10^{18} „
Cd	2	10^{7} „
Fe	2	10^{3} „
Pb	2	10^{-2} „
Cu	2	10^{-12} „
Hg	1	10^{-15} „
Ag	1	10^{-15} „

Zur Erläuterung diene folgendes Beispiel:

Der Potentialunterschied zwischen Magnesium und der normalen Lösung ($^1/_2$ Mol pro Liter) seines Sulfats wurde auf 1·22 Volt ermittelt. Die Gleichung wird also:

$$1{\cdot}22 = 10^{-4}\ T \log \frac{P}{p},$$

weil für Magnesium $n = 2$ ist. p ist der osmotische Druck der Mg-Ionen. Nimmt man an, daß das Salz ganz in Ionen gespalten ist, so wird $p = 22{\cdot}4$ Atmosphären. Gasdruck = osmotischer Druck; 1 Mol Gas hat bei 0° und 760 mm ein Volum von 22·4 Liter (**34**). Beträgt also das Volum 1 Liter, so ist der Druck 22·4 Atmosphären. Bei 0° haben wir also:

$$1{\cdot}22 = 10^{-4} \times 273\ (\log P - \log 22{\cdot}4)$$

oder $\log P = 43{\cdot}23$, woraus sich für P rund ergibt:

$$P = 10^{43}.$$

Aus diesen Zahlen sieht man, wie ungeheuer verschieden der Lösungsdruck ist; für Magnesium und Zink beträgt er viele Millionen Atmosphären, für Kupfer, einwertiges Quecksilber und Silber dagegen nur Trillionstel einer Atmosphäre. Wenn auch die Zahlen der Tabelle noch mit relativ großen Fehlern behaftet sind, infolge der Schwierigkeit, die Potentialdifferenz zwischen einer Metallsalzlösung und dem Metall genau zu bestimmen, geben sie doch die Größenordnung der P-Werte zuverlässig an.

Nachstehend einige solche Potentialunterschiede zwischen Metallen und ihren Salzen in $^1/_1$ normaler Lösung:

Mg + 1·22 Volt	Pb − 0·10 Volt
Zn + 0·51 „	Cu − 0·60 „
Cd + 0·19 „	Hg − 0·99 „
Fe + 0·06 „	Ag − 0·101 „

Das Vorzeichen dieser Potentialdifferenzen ist direkt ersichtlich aus den Lösungsdrucken. Der Elektrolyt, in den Zink eingetaucht ist, muß ein positives, das Metall selbst ein negatives Potential annehmen, weil keine Zinklösung konzentriert genug sein kann, um die Entsendung von (positiven) Zinkionen durch das Metall zu verhindern; Kupfer muß dagegen einer Cu-Lösung gegenüber positiv werden; denn auch in der verdünntesten Lösung ist der osmotische Druck der Cu-Ionen größer als der Lösungsdruck des Metalles.

279. Die genauere Kenntnis der Spannungsreihe der Metalle in Elektrolyten hat große praktische Wichtigkeit. Überall, wo Kombinationen verschiedener Metalle, Legierungen, Metallüberzüge usw. dem Einfluß der Atmosphäre ausgesetzt sind, ist die Gelegenheit zur Bildung kurzgeschlossener Ketten gegeben. In einer solchen wird allgemein das Metall mit dem größten Lösungsdruck aufgelöst werden, das andere intakt bleiben. Ein verzinkter („galvanisierter") Eisendraht wird daher auch an Stellen, wo der Zinküberzug beschädigt ist, nicht so stark rosten, als wenn er nicht verzinkt wäre. Umgekehrt ist es eine bekannte Tatsache, daß verzinntes Eisen schneller rostet, als unverzinntes. Der atmosphärische Niederschlag wirkt nämlich als Elektrolyt auf die Kombination Zinn-Eisen derart ein, daß Eisen die sich auflösende (negative) Elektrode wird. Es müssen sich dann Eisensalze bilden, welche unter Abspaltung der Säure in Rost übergehen. Der folgende Versuch bestätigt diese Erklärung. Ein Eisen- und ein Zinnstab seien verbunden durch einen Metalldraht, in welchen ein Galvanoskop eingeschaltet ist. Taucht man diese Metalle in Wasser ein, in welches Luft und Kohlensäure eingeleitet wird und in dem sich eine Spur Kochsalz befindet (welches immer in der Luft schwebt und durch den Regen niedergeschlagen wird), so gerät die Nadel in Bewegung; das Eisen ist wirklich Anode und bereits nach einer Stunde ist eine dünne gelbe Rostschicht darauf wahrzunehmen. Die Zinnschicht des Weißbleches wird deshalb das unter ihr befindliche Eisen nur dann vor dem Rosten schützen, wenn sie ganz unverletzt ist. Löst sich der Zinnüberzug ab, so daß das Eisen bloßgelegt wird, so beginnt es an diesen Stellen sehr schnell zu rosten, schneller, als wenn es nicht verzinnt wäre. Verzinktes Eisenblech dagegen zeigt beim Abspringen der Zinkdecke keine Spur von Rost.

280. Ein Ion wird nur dann aus einer Lösung austreten können, wenn eine Kraft darauf einwirkt, die größer ist als der Lösungsdruck, gerade so, wie auch elektrisch neutrale Moleküle nicht eher aus ihrer Lösung auskristallisieren können, als bis ihr osmotischer Druck größer geworden ist wie der der gesättigten Lösung. Die Abscheidung eines Ions kann bewirkt werden, wenn man es einer elektrischen Kraft aussetzt; dies ist das eigentliche Wesen der Elektrolyse; für die Abscheidung eines Ions ist also eine bestimmte elektromotorische Kraft nötig, deren Betrag im Volt $10^{-4}\frac{2\,T}{n}\log\frac{P}{p}$ ist (s. oben), und die deshalb um so größer sein muß, je größer der Lösungsdruck und je kleiner der osmotische Druck der Ionen ist. Da jedoch gleichzeitig an Anode und Kathode die Elektrolyse erfolgt, erhält man die Totalkraft E, die Zersetzungsspannung, welche für die Ausführung einer Elektrolyse nötig ist, indem man die Summe der Kräfte bildet, welche für die Abscheidung des Kations und des Anions nötig sind, also:

$$E = E_1 + E_2 = 2 \times 10^{-4}\, T\left(\frac{1}{n_1}\log\frac{P_1}{p_1} + \frac{1}{n_2}\log\frac{P_2}{p_2}\right).$$

Wenn man verschiedene Arten von Anionen und Kationen zugleich in einer Lösung hat, ein Fall, der stets vorliegt, wenn man mit wäßrigen Lösungen arbeitet (da ja das Wasser selber — wenn auch nur äußerst wenig — ionisiert ist), so wird Elektrolyse erfolgen können, wenn E groß genug geworden ist, um eine der vorhandenen Kationarten und eine der vorhandenen Anionarten abzuscheiden.

Hierauf ist eine Methode gegründet worden, durch Anwendung von verschiedenen elektromotorischen Kräften eine **elektrolytische Trennung von Metallen** zu bewirken. Nicht die Stromdichte ist in erster Linie für den elektrolytischen Prozeß von Wichtigkeit (wie man früher meinte), sondern der Potentialunterschied an den Elektroden. Es gelingt z. B. auf diese Weise leicht, Kupfer von Zink zu trennen. Bei schwachem Strom kann sich aus einer Lösung, die beide Ionen enthält, ausschließlich Cu abscheiden; verstärkt man ihn, so fällt auch Zink nieder. — In vielen Fällen werden die Ionen des Wassers leichter abgeschieden als die des gelösten Elektrolyten. Bei der Elektrolyse von Kaliumhydroxyd z. B. scheiden sich an der Anode OH-Ionen ab (welche sich zu Wasser und Sauerstoff umsetzen), an der Kathode jedoch nicht die Kaliumionen, sondern — trotz ihrer äußerst geringen Konzentration — die Wasserstoffionen, weil ihr Lösungsdruck viel kleiner ist als der des Kaliums.

281. Die Zersetzungsspannungen E für einige Ionen sind nachstehend zusammengestellt. Die Zahlen beziehen sich auf normale Lösungen.

E_1 (Kationen)		E_2 (Anionen)	
$Ag^{\cdot}$	−0·771	J'	0·520
$Cu^{\cdot\cdot}$	−0·329	Br'	0·993
$H^{\cdot}$	0·0	O''	1·08
$Pb^{\cdot\cdot}$	+0·148	Cl'	1·417
$Cd^{\cdot\cdot}$	+0·420	OH'	1·68
$Zn^{\cdot\cdot}$	+0·770	SO_4''	1·9
		HSO_4'	2·6

Die Zersetzungsspannung für Wasserstoff ist hier gleich Null gesetzt. Weil man ja stets Anode und Kathode hat, kann man von allen obenstehenden Zahlenwerten E_1 eine willkürliche, aber gleiche Größe abziehen und zu den E_2-Werten hinzuaddieren, ohne daß dadurch der Wert von $E = E_1 + E_2$ sich ändert. Das Zeichen O'' bezieht sich auf eine weitere Ionisation des Hydroxylions:

$$OH' = O'' + H^{\cdot},$$

die nach NERNST, wenn auch in äußerst geringer Menge, angenommen werden muß.

Aus diesen Zahlen sind wichtige Schlüsse zu ziehen. Erstens kann man mit Hilfe derselben sofort die Zersetzungsspannungen von allen Ionenkombinationen angeben. Zinkbromid z. B. wird zu seiner Elektolyse 0·94 + 0·74 = 1·68 Volt bedürfen, wenn die Ionen normale Konzentration besitzen. Die Elektrolyse von Salzsäure erfordert 1·31 + 0 = 1·31 Volt usw. Wir sehen auch, daß es leicht möglich sein muß, Silber von Kupfer elektrolytisch zu trennen, da der Unterschied ihrer Zersetzungsspannungen beinahe 0·5 Volt beträgt; auch die elektrolytische Scheidung von Jod und Brom sowie von Brom und Chlor scheint im Prinzip ausführbar.

Die Reihenfolge der Metalle in der vorstehenden „Spannungsreihe" ist von unten nach oben auch diejenige, nach der das vorhergehende Metall die folgenden aus ihren Lösungen ausfällt. In der Tat kann man dies als eine Elektrolyse auffassen. Ist einmal eine Spur des aufgelösten Metalles auf dem hineingebrachten andern Metall niedergeschlagen, so bilden die beiden Metalle mit der Flüssigkeit ein Element, welches die umgebende Lösung elektrolysiert. Die Formel

$$E = \frac{RT}{n} \log \frac{P}{p}$$

lehrt nun jedoch, daß die E-Werte, außer vom Lösungsdruck, auch vom osmotischen Druck der Kationen abhängen. Bei sehr beträchtlichen Konzentrationsänderungen der Salzlösung müßte daher E so stark verändert werden, daß die Reihenfolge der Metalle eine andere würde; der Fall wäre z. B. denkbar, daß Blei durch Kadmium nicht gefällt wird.

Die „Spannungsreihe" der Anionen läßt ebenfalls wichtige Schlußfolgerungen zu. Brom muß aus der Lösung von Jodiden das Jod, Chlor aus der Lösung von Bromiden das Brom, schnell frei machen, wegen der großen Verschiedenheit ihrer Zersetzungsspannung. Wir sehen ferner, daß Chlor imstande sein muß, aus saurer Lösung Sauerstoff zu entwickeln, nicht jedoch Brom oder Jod. Es ist aber auch bekannt, daß die Entwicklung von Sauerstoff aus Wasser durch Chlor äußerst langsam vor sich geht, in starkem Gegensatz zu der Schnelligkeit, mit der das Chlor dem Brom seine negative Ladung entzieht:

$$Cl_2 + 2Br' = Br_2 + 2Cl'.$$

Dies ist nach dem Vorstehenden nicht zu verwundern; das Chlor muß sich, um in den Ionenzustand überzugehen, doch des

Ions O'' bedienen, von dem nur eine äußerst geringe Menge zugegen ist; denn das in relativ viel größerer Anzahl vorhandene Hydroxylion OH, welches nach Abgabe seiner negativen Ladung auch eine, dem Chlor äquivalente Sauerstoffmenge liefern würde, hält in saurer Lösung seine Ladung um mehr als 0·3 Volt fester als das Chlorion.

Bor.

282. Dieses Element kommt in der Natur nicht im freien Zustande, sondern nur mit Sauerstoff verbunden im Borax ($Na_2B_4O_7$) und in der Borsäure (H_3BO_3) vor. Man kann es durch Reduktion von Borsäureanhydrid B_2O_3 oder Borax vermittelst Magnesiumpulver erhalten. Das so gewonnene Produkt wird mit Wasser und Salzsäure ausgekocht und darauf mit Fluorwasserstoff behandelt oder mit Borax geschmolzen. Nach erneutem Auskochen mit Wasser hat man das reine Element vor sich in Gestalt eines kastanienbraunen amorphen Pulvers vom spez. Gewicht 2·45. Es ist in den gewöhnlichen Lösungsmitteln unlöslich und schmilzt nicht im elektrischen Lichtbogen.

In geschmolzenem Aluminium löst es sich auf und kristallisiert daraus beim Abkühlen in durchsichtigen, meist etwas gefärbten Kristallen, welche in Glanz, Lichtbrechungsvermögen und Härte dem Diamant nahe kommen. Dieselben enthalten außer Bor auch Aluminium und Kohlenstoff. Diese kristallisierte Modifikation ist viel widerstandsfähiger gegen chemische Einflüsse als die amorphe.

Das amorphe Bor verbindet sich unter Feuererscheinung direkt mit Fluor und Chlor; an der Luft erhitzt verbrennt es zu B_2O_3. Bei sehr hoher Temperatur verbindet es sich mit Stickstoff zu Borstickstoff BN. Es reduziert viele Verbindungen wie CuO und PbO, zersetzt Wasserdampf bei Rotglühhitze. Durch Erhitzen mit Salpetersäure und Schwefelsäure wird es in Borsäure übergeführt. Auch kochende Alkalilauge greift es an (wie Aluminium):

$$2B + 2KOH + 2H_2O = 2KBO_2 + 3H_2.$$

Borwasserstoff. Wenn Borsäureanhydrid mit einem Überschuß von Magnesiumpulver reduziert wird, bildet sich Magnesiumborür Mg_3B_2. Letzteres entwickelt beim Eintragen in Salzsäure ein höchst unangenehm riechendes Gas, welches aus Wasserstoff und ein wenig Borwasserstoff besteht. Dieses Gasgemisch brennt mit grüner Flamme.

Beim Abkühlen desselben mit Hilfe von flüssiger Luft erhielt Ramsay daraus ein Gas B_3H_3; wahrscheinlich enthielt es auch BH_3.

Halogenverbindungen.

Borchlorid BCl_3 kann entweder direkt aus den Elementen dargestellt werden, oder in der Weise, daß man ein Gemisch von Bortrioxyd und Kohle im Chlorstrom erhitzt; d. h. nach demselben Verfahren, welches auch zur Bereitung von $SiCl_4$ (**192**) dient. BCl_3 siedet bei 17°; seine Dampfdichte entspricht der genannten Formel. Durch Wasser wird es in Salzsäure und Borsäure zerlegt; mit Hilfe dieser Reaktion ist die Zusammensetzung der Verbindung ermittelt worden.

Borfluorid BFl_3 entsteht analog wie Siliciumfluorid (**193**), wenn das Oxyd mit einem Gemenge von Fluorcalcium und Schwefelsäure erwärmt wird:

$$B_2O_3 + 3CaFl_2 + 3H_2SO_4 = 2BFl_3 + 3CaSO_4 + 3H_2O.$$

Es ist ein Gas, von welchem Wasser 700—800 Vol auflöst; eine solche konzentrierte Lösung raucht an der Luft. Beim Verdünnen scheidet sie nach einiger Zeit Borsäure ab, während sich Borfluorwasserstoffsäure $HFl \cdot BFl_3$ in der Lösung befindet. Diese Säure läßt sich daraus nicht isolieren; jedoch sind Salze derselben bekannt. Es liegt demnach eine sehr weitgehende Analogie mit $SiFl_4$ vor.

Sauerstoffverbindungen des Bors.

Borsäureanhydrid B_2O_3 wird durch Erhitzen von Borsäure als glasige Masse erhalten. Es ist sehr hygroskopisch und geht durch die Wasseraufnahme wieder in Borsäure über. Mit HFl bildet es Fluorbor. Nur bei sehr hoher Temperatur ist B_2O_3 flüchtig.

283. Borsäure H_3BO_3 wird hauptsächlich in Italien in den Maremme di Toscana gefunden. Dem Boden dort entströmende Dämpfe (soffioni oder fumaruole) enthalten ein wenig Borsäure. Die Dämpfe werden in Wasser geleitet, welches die Borsäure aufnimmt. Das Wasser wird alsdann in Klärbehälter abgelassen und darauf über eine sehr lange Bleipfanne, welche durch die Soffioni auf 50—60° erwärmt wird, geleitet. Bei dieser Temperatur verflüchtigt sich die Borsäure nur zu einem sehr kleinen Teile mit den Wasserdämpfen und kristallisiert bei genügender Konzentration aus. Sie wird gereinigt, indem man sie in Borax verwandelt, welcher umkristallisiert und dann, um die Borsäure zurückzugewinnen, durch Salzsäure zerlegt wird.

Die Flüchtigkeit von Borsäure mit Wasserdampf ist schon lange auch deshalb aufgefallen, weil das Anhydrid B_2O_3, in welches sie bei erhöhter Temperatur leicht übergeht, äußerst schwer flüchtig ist. Die Frage lag daher vor, in welcher Verbindungsform die Borsäure sich in ihrer Lösung befindet, und in welcher sie daraus flüchtig ist.

Der erste Punkt läßt sich entscheiden durch die Bestimmung der Siedepunktserhöhung oder der Verringerung der Dampfspannung von Borsäurelösungen. Hierbei ergab sich, daß sich in verdünnten Lösungen Moleküle H_3BO_3 befinden. Werden die Lösungen konzentrierter, so entspricht die Dampfdruckerniedrigung nicht mehr dieser Formel; erstere ist kleiner, was beweist, daß die Anzahl Moleküle der gelösten Substanz verringert ist, aus $4H_3BO_3$ z. B. $1H_2B_4O_7$ und $5H_2O_3$ oder eine ähnliche Verbindung geworden ist.

Verflüchtigen sich aus der Lösung mit dem Wasser auch Moleküle H_3BO_3, so muß, nach dem Henryschen Gesetz (9), die Konzentration der Borsäure in der Lösung und im Dampf in konstantem Verhältnis stehen, unabhängig von der Quantität der anwesenden Borsäure. Auch dies traf für verdünnte Lösungen zu, jedoch nicht für konzentriertere; dies ist also in Übereinstimmung mit dem, was die Dampfdruckerniedrigung lehrte, indem auch hier die Konzentration der Säure im Dampf gegen die Konzentration der Säure in der Lösung zurückblieb.

Es ist also bewiesen, daß es Moleküle H_3BO_3 sind, welche mit Wasserdampf übergehen.

Borsäure kristallisiert in fettglänzenden Kristallblättchen, welche in kaltem Wasser schwer löslich sind. Diese Lösung wirkt als schwaches Antiseptikum und findet als solches Verwendung. Bei 100° verliert die Borsäure 1 Mol. Wasser, wobei sie in Metaborsäure HBO_2 übergeht; bei 140° entsteht Tetraborsäure $H_2B_4O_7 = 4B(OH)_3 - 5H_2O$, deren Natriumsalz der Borax ist.

Von der normalen Borsäure $B(OH)_3$ sind keine Salze bekannt, wohl aber von der Metaborsäure; dieselben sind jedoch sehr unbeständig und werden schon durch Kohlensäure in Salze der Tetraborsäure umgewandelt:

$$4NaBO_2 + CO_2 = Na_2B_4O_7 + Na_2CO_3.$$

Das bekannteste Salz der Borsäure ist der Borax $Na_2B_4O_7 + 12H_2O$, der sich gelöst in manchen Seen Kaliforniens und Tibets findet und von dort als Tinkal in den Handel gelangt. Beim Erhitzen bläht sich Borax stark auf, indem das entweichende Kristallwasser das halb geschmolzene Salz auseinander treibt; bei weiterem Erhitzen schmilzt er zu einer glasigen Masse. Dieselbe besitzt die Eigenschaft, Metalloxyde aufzulösen, wobei einige Metalle gefärbte Doppelborate bilden, und wird deshalb in der qualitativen Analyse verwandt. Diese Fähigkeit des Borax wird leicht verständlich, wenn man seine Formel $2NaBO_2 + B_2O_3$ schreibt. Das Borsäureanhydrid B_2O_3 kann man als den mit den Metalloxyden sich verbindenden Teil desselben ansehen. Auf derselben Eigenschaft beruht seine Anwendung beim Löten. Das Lot verbindet nur vollkommen reine Metallflächen. Bringt man zunächst ein wenig Borax auf die Metallfläche und erhitzt sie mit dem Lötkolben, so wird die Oxydhaut entfernt.

Die Borsäure ist nur eine schwache Säure; ihre Salze sind daher sehr merklich hydrolysiert, was — wie immer — mit der Verdünnung zunimmt. Durch einen einfachen Versuch, den ROSE bereits vor vielen Jahren angestellt hat, läßt sich dies veranschaulichen. Man setzt einer konzentrierten Boraxlösung Lackmus und dann Essigsäure zu, bis die Farbe gerade rot geworden ist; verdünnt man darauf, so wird die Flüssigkeit blau, weil Alkali frei wird und Borsäure selbst kaum auf Lackmus wirkt.

Interessant ist auch das Verhalten des Silberborats, das sich als weißes Salz abscheidet beim Zusammenfügen konzentrierter Lösungen von Borax und Silbernitrat. Werden jedoch die verdünnten Lösungen gemischt, so scheidet sich graubraunes Silberoxyd ab, da jetzt das Salz nahezu gänzlich hydrolytisch gespalten ist.

Aluminium.

284. Dieses Metall kommt nicht gediegen, wohl aber in zahlreichen Verbindungen und in großen Mengen in der Natur vor. Die Edelsteine Rubin, Saphir und Korund (ausgezeichnet durch seine Härte) bestehen aus Al_2O_3, welches durch Spuren von andern Oxyden gefärbt ist. Ton, Porzellanerde oder Kaolin bestehen hauptsächlich aus Aluminiumsilikat. Viele andere Silikatgesteine wie Feldspat, Glimmer u. a. enthalten es als Base. Ein eigentümliches Aluminiummineral ist der Kryolith oder Eisstein $3NaFl \cdot AlFl_3$, der auf Grönland und Island angetroffen wird.

Das Metall wurde von WÖHLER 1827 zuerst erhalten; es kann aus dem Chlorid durch Reduktion mit Natrium gewonnen werden, wird jedoch gegenwärtig ausschließlich durch Zersetzung von Aluminiumoxyd mittels des elektrischen Stromes dargestellt. Zu diesem Zwecke wird eine Lösung von Tonerde in geschmolzenem Kryolith, bei hoher Temperatur mit Kohlenelektroden, elektrolysiert.

Das Aluminium ist silberweiß; es hat ein kleines spez. Gewicht, nämlich 2·583; es ist sehr dehn- und ziehbar, läßt sich zu Draht und Blech wie feinster Folie verarbeiten und schmilzt bei ca. 700°. Bei 600° fängt es an zu erweichen.

Aluminium ist an der Luft beständig, weil es sich bald mit einer fest anhaftenden Oxydschicht bedeckt; dünne Blättchen verbrennen beim Erhitzen in einer Sauerstoffatmosphäre mit hellem Lichte. Durch verdünnte Salpetersäure wird es bei gewöhnlicher Temperatur nicht, durch verdünnte Schwefelsäure nur wenig angegriffen. In Salzsäure löst es sich leicht auf und ebenso in KOH unter Wasserstoffentwicklung, wobei Aluminate entstehen.

Bevor die Eigenschaften des Aluminiums näher bekannt waren, hatte man große Hoffnungen auf dieses „Silber aus Ton“ gesetzt; man meinte, daß es bei wohlfeiler Produktion die andern Metalle verdrängen und sogar dem Eisen Konkurrenz bereiten würde. Nachdem durch DEVILLES Verfahren (1850) die Fabrikation möglich geworden war, sind diese Erwartungen jedoch, auch als das Metall immer billiger dargestellt werden konnte, nicht in Erfüllung gegangen. Die Ursache muß größtenteils in den Eigenschaften des Metalles gesucht werden; seine Weichheit, seine geringe Festigkeit gegen Zug und Druck, seine Angreifbarkeit durch Laugen (Seife), Essigsäure, sind wenig erwünscht. Zum Teil beruht dies jedoch auf Verunreinigungen mit geringen Mengen von Eisen usw., welche in dem technischen Metalle vorhanden sind und die seine Eigenschaften erheblich verändern können. Spuren von Natrium machen das Metall durch Wasser angreifbar, derart, daß z. B. in Aluminiumblech durch Wasser Löcher eingefressen werden, während es in reinem Zustande davon nicht angegriffen wird.

Auch einige Legierungen des Aluminiums haben praktische Verwendung gefunden. Hier ist zu nennen die Aluminiumbronze, welche aus Kupfer und 5—12% Aluminium besteht und goldähnliche Farbe und Glanz besitzt. Das Kupfer wird dadurch zäher, härter und schmelzbarer. Wegen ihrer großen Festigkeit und Elastizität wird die Bronze für physikalische Instrumente (Wagebalken) und für Uhrfedern verwendet. Eine Legierung von Aluminium mit einigen Prozenten Magnesium ist unter dem Namen Magnalium bekannt.

Das Aluminium reduziert, wie GOLDSCHMIDT zeigte, viele Oxyde unter heftiger Wärmeentwicklung (**293**); die Reduktion geht von selbst weiter, wenn sie an einem Punkte der Masse eingeleitet ist. Zu diesem Zwecke benutzt man eine „Zündkirsche“, bestehend aus einem Gemenge leicht Sauerstoff abgebender Körper, wie $KClO_3$ u. a., in welchem ein Stück Magnesiumband steckt; letzteres zündet man mit dem Streichholz an. Man benutzt diese Wärmeentwicklung, um eiserne Bolzen weißglühend zu machen, sowie zum Schweißen von Eisenbahnschienen u. dgl.; zu diesem Zwecke werden dieselben mit einer aus Eisenoxyd, Sand und Aluminiumpulver bestehenden Masse umgeben, welche durch eine Art von Zement zusammengekittet wird. Zündet man diese Masse an, so brennt sie von selbst weiter und erhitzt dabei den Bolzen bis zur Weißglut.

Ein Amalgam des Aluminiums ist leicht zu erhalten, wenn man Aluminiumfeilspäne mit einer $^1/_2$ %igen Sublimatlösung in Berührung bringt. Dieses Amalgam zersetzt merkwürdigerweise das Wasser schon bei gewöhnlicher Temperatur kräftig (unter H-Entwicklung und Bildung von $Al(OH)_3$). Dabei gehen weder basische noch saure Stoffe in Lösung; es ist also ein neutrales Reduktionsmittel.

Verbindungen des Aluminiums.

285. Das einzige bekannte Oxyd des Aluminiums, die Tonerde Al_2O_3, entsteht durch Erhitzen von Al-Salzen oder Aluminiumhydroxyd; es ist ein weißes, in starken Säuren leicht lösliches Pulver; wenn es jedoch stark geglüht worden ist, löst es sich nicht mehr in Säuren auf. Durch Zusammenschmelzen mit Kali oder $KHSO_4$ muß es dann aufgeschlossen werden. In der Natur kommt es kristallisiert vor (**284**).

Künstlich kann man Rubin und Saphir erhalten, wenn man das amorphe Al_2O_3 mit Bleioxyd in einem hessischen Tiegel bei heftiger Rotglut schmilzt. Die Kieselsäure des Tiegels scheidet dann aus dem zuerst gebildeten Bleialuminat $PbO \cdot Al_2O_3$ die Tonerde in schönen Kristallen ab, die völlig den natürlichen gleichen; durch Zusatz von ein wenig Kaliumbichromat erhält man Kristalle von der Farbe des natürlichen Rubins; Kobaltoxyd liefert Saphir.

Aluminiumhydroxyd $Al_2O_3 \cdot nH_2O$ fällt als Hydrogel (**195**) nieder, wenn man die Lösung eines Aluminiumsalzes mit Ammoniak versetzt; durch Zersetzung der Aluminate erhält man es als ein weißes Pulver. In Baux bei Avignon in Frankreich, dem Kaukasus usw. kommt ein Bauxit genanntes Mineral als wasserarmes Hydrat $Al_2O_3 \cdot 2H_2O$ in großen Ablagerungen vor. Aluminiumhydroxyd besitzt sowohl den Charakter einer schwachen Säure wie den einer schwachen Base. Seine Salze mit Säuren sind in wäßriger Lösung zum Teil hydrolytisch gespalten und reagieren daher sauer (**239**). In Alkalien löst es sich unter Bildung von Aluminaten, wie AlO_2K, AlO_2Na und AlO_3Na_3; diese fallen amorph aus, wenn man zu der alkalischen Lösung Alkohol zufügt; sie werden bereits durch die Kohlensäure der Luft zersetzt. — Aluminiumhydroxyd ist in Wasser unlöslich, löst sich jedoch in einer Lösung von Aluminiumchlorid. Wenn diese Lösung der Dialyse unterworfen wird, ist es möglich, sie völlig von Salzsäure (die infolge hydrolytischer Spaltung darin vorhanden ist) zu befreien und so eine kolloidale Lösung des Hydroxyds zu erhalten. Mit schwachen Säuren bildet es keine Salze.

Aluminiumchlorid $AlCl_3$ erhält man, wenn man über Aluminiumfeilspäne, die in einem Porzellan- oder Glasrohr erhitzt werden, trocknen Chlorwasserstoff leitet (Fig. 76). Ist die Reaktion einmal eingetreten, so geht sie von selbst weiter. Es ist jedoch praktischer, das Rohr fortwährend zu erhitzen, da das $AlCl_3$ dann als weiße Kristallmasse in die Vorlage hinüber sublimiert. $AlCl_3$ ist sehr hygroskopisch; eine wäßrige Lösung kann nur unter Zusatz von überschüssiger Salzsäure bereitet werden, weil sich sonst — infolge hydrolytischer Spaltung — das Hydroxyd der Tonerde niederschlägt. Durch Verdampfen einer solchen Lösung läßt sich $AlCl_3$ nicht gewinnen, da es sich wegen der dabei stattfindenden fortgesetzten Entfernung eines der Spaltungsprodukte (HCl) völlig in

Salzsäure und Hydroxyd zersetzt. Die Dampfdichte des Chlorids entspricht bis 440° der Formel Al_2Cl_6, oberhalb 760° jedoch $AlCl_3$. Das Chlorid vereinigt sich mit KCl und NaCl zu Verbindungen wie

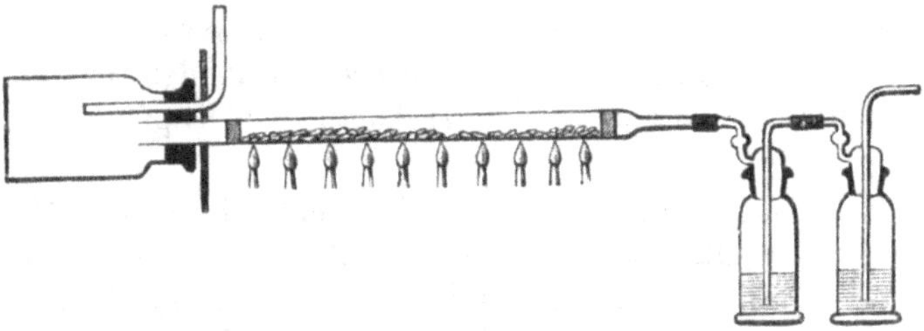

Fig. 76. Darstellung des Aluminiumchlorid.

$AlCl_3 \cdot KCl$, welche ohne Zersetzung eingedampft werden können. Man kennt auch Verbindungen $AlCl_3 \cdot PCl_3$, $AlCl_3 \cdot POCl_3$ usw. In der organischen Chemie ist das wasserfreie Chlorid ein wichtiges synthetisches Hilfsmittel.

Aluminiumsulfat $Al_2(SO_4)_3 + 16H_2O$ wird durch Behandlung von Ton mit konzentrierter Schwefelsäure erhalten; das Produkt löst man in Wasser und läßt es kristallisieren. Es vereinigt sich mit Alkalisalzen zu Doppelsalzen von dem allgemeinen Typus

$$\overset{I}{R}_2SO_4 \cdot \overset{III}{R}_2'(SO_4)_3 + 24H_2O\,.$$

Solche Salze heißen Alaune. R kann hierin K, Na, Am, Cs, Rb, Tl und eine organische Base sein, R' außer Al auch Fe (Oxyd) und Cr. Diese Alaune kristallisieren alle in Oktaëdern und Würfeln, welche zu beträchtlicher Größe anwachsen und Mischkristalle bilden können. Der gewöhnliche Alaun, d. i. Kalialaun, wird in der Färberei als Beizmittel („Org. Ch.“ *357*) verwendet, für diesen Zweck aber mehr und mehr durch Aluminiumsulfat und Na-Aluminat ersetzt. In der Nachbarschaft von Rom kommt das Mineral Alaunstein vor, welches die Zusammensetzung $K(AlO)_3(SO_4)_2$ hat; aus diesem wird Alaun bereitet.

Bei der Vereinigung von zwei Salzen können zwei Fälle eintreten: Es entsteht ein neues Salz, das in verdünnter wäßriger Lösung andere Ionen hat, als die beiden Salze für sich, oder dies ist nicht der Fall. Für ersteres ist ein gutes Beispiel das gelbe Blutlaugensalz. Man hat in diesem keine Eisen- oder Cyanionen mehr; es muß als $K_4(FeCy_6)$ aufgefaßt werden. Solche Salze nennt man komplexe. Die Alaune sind Beispiele der zweiten Art. Eine verdünnte Alaunlösung besitzt alle Reaktionen, welche die Komponenten getrennt zeigen; ihr Leitvermögen ist das Mittel von dem der beiden Salze getrennt für sich bei gleicher Konzentration u. a. m. Bei dieser Art der Verbindung von Salzmolekülen spricht man von einem Doppelsalz. Zwischen beiden Arten bestehen aber Übergänge, wobei wohl komplexe Ionen gebildet werden, aber neben diesen die ursprünglichen Ionen teilweise vorhanden bleiben. Ein Beispiel dieser Art sahen wir in den komplexen Kupfer-Ammoniumsalzen.

286. Aluminiumsilikat, Kaolin, entsteht in der Natur aus den zahlreichen Alkali-Tonerde-Doppelsilikaten durch Verwitterung, wobei das Alkalisilikat gelöst wird, während das in Wasser unlösliche Al-Silikat als Ton, der durch Eisenoxyd bräunlich gefärbt ist, zurückbleibt. Er bildet den Grundstoff für die Tonwarenfabrikation vom einfachen Ziegelstein bis zum feinsten Porzellan je nach der Reinheit des Materials. Ziegelsteine werden aus eisen- und kalkhaltigem Ton (Lehm) geformt und dann bis zum Zusammensintern erhitzt. Tonwaren werden Fabrikate wie Fayence, Mayolika, Steingut, Delfter Ware usw. genannt, deren gebrannte Masse undurchsichtig, porös und auf dem Bruche erdig ist, und die mit einer Glasur aus leicht schmelzbaren Silikaten, um sie gegen Wasser undurchdringlich zu machen, überzogen sind. Die Glasur wird dadurch erzielt, daß beim Brennen Kochsalz in den Ofen geworfen wird. Durch die heißen Wasserdämpfe entstehen Salzsäure und NaOH, welches letztere sich mit dem Ton zu einem Na-Al-Silikat vereinigt. Das mehr oder weniger durchscheinende, auf dem Bruch glasartige, unporöse Porzellan wird durch Zusatz von Feldspat und Quarz beim Brennen hergestellt. Je geringer diese Beimengungen sind, desto widerstandsfähiger ist es gegen Temperaturänderungen. Beim Porzellan dient die Glasur dazu, die rauhe Oberfläche glatt und glänzend zu machen.

Reines Kaolin ist ein außerordentlich feuerbeständiges Material; es ist nicht nur gegen hohe Temperaturen und schnelle Änderungen derselben widerstandsfähig, sondern auch gegen chemische Agenzien.

Ultramarin ist ein sehr schöner blauer Farbstoff, welcher künstlich erhalten wird, indem man ein Gemisch von Ton, Soda, Schwefel und Holzkohle unter Luftabschluß erhitzt. In der Natur kommt es unter dem Namen Lasurstein vor. Man faßt es gewöhnlich als eine Verbindung von Na-Al-Silikat mit Polysulfiden des Natriums auf. Hierfür spricht u. a., daß es von Säuren unter H_2S-Entwicklung angegriffen wird, wobei die Farbe verschwindet, während es gegen Alkalien beständig ist. Man ist noch im unklaren, welche Substanz eigentlich dem Ultramarin die blaue Farbe erteilt.

Gallium, Indium, Thallium.

287. Die Existenz des Galliums ist von MENDELEJEFF in derselben Weise vorausgesagt worden (218), wie dies für das Germanium geschah; das hypothetische Eka-aluminium ist 1875 von LECOCQ DE BOISBAUDRAN in einer Zinkblende mittels der Spektralanalyse entdeckt worden. Sein Spektrum besteht aus zwei violetten Linien. Es ist äußerst selten. Das Metall ist weiß, schmilzt bereits bei 30° und hat das spez. Gewicht 5·9. Es oxydiert sich nur oberflächlich an der Luft und wird von Wasser nicht angegriffen. Wie das Aluminium wird es von Salpetersäure sehr wenig angegriffen, löst sich jedoch leicht in Salzsäure und auch in Kalilauge und Ammoniak. Mit Al geht es Legierungen ein, welche bei geringem Al-Gehalt infolge der Schmelzpunktserniedrigung des Galliums bei gewöhnlicher Temperatur flüssig sind und Wasser beinahe so kräftig zersetzen wie Natrium.

Auch in seinen Verbindungen zeigt das Gallium sehr viel Analogie mit dem Aluminium; das Hydroxyd löst sich ebenfalls in Alkalien auf; das Chlorid $GaCl_3$ raucht wie $AlCl_3$ an der Luft und die Lösung gibt beim Eindampfen Salzsäure ab. Galliumsulfat gibt mit Ammoniumsulfat einen Alaun $Ga_2(SO_4)_3(NH_4)_2SO_4 \cdot 24H_2O$. Durch Schwefelwasserstoff wird Gallium nur aus essigsaurer Lösung gefällt; hierin entspricht es dem Zink (216).

Vom Indium war bereits bei der Besprechung des periodischen Systems (217) die Rede, weshalb es hier ganz kurz erledigt werden darf; es wurde an seinem Spektrum, einer blauen Linie, entdeckt. Auch dieses Element ist sehr selten; es kommt ebenfalls in einigen Zinkblenden vor. Das Metall ist weiß, Schmelzp. 176°, spez. Gewicht 7·42, an der Luft unveränderlich; bei hoher Temperatur verbrennt es mit blauer Flamme zum Oxyd In_2O_3. Das Chlorid $InCl_3$ ist hygroskopisch; seine wäßrige Lösung zersetzt sich nicht beim Eindampfen. Das Sulfat bildet mit $(NH_4)_2SO_4$ einen Alaun; das Hydroxyd ist in Alkalien löslich.

288. Das Thallium ist von diesen drei Elementen am meisten verbreitet, wenngleich es stets nur in geringer Menge vorkommt. Es findet sich zuweilen in den Abraumsalzen Carnallit und Sylvin und manchmal auch in Schwefelkiesen und Zinkblenden. Beim Rösten der letzteren in den Schwefelsäurefabriken wird das Thallium mit dem Rauch fortgeführt und setzt sich in den Flugstaubkanälen und im Kammerschlamm ab. Hieraus wird es durch Auskochen mit verdünnter Schwefelsäure und Fällen mit Salzsäure (besser mit HJ) gewonnen, wobei sich schwer lösliches TlCl (TlJ) abscheidet. Dieses Element ist von CROOKES ebenfalls auf spektroskopischem Wege entdeckt worden; sein Spektrum ist eine hellgrüne Linie.

Das Thallium ist ein weiches Metall, ungefähr wie Natrium, und von bläulicher Farbe wie Blei. Spez. Gewicht 11·8, Schmelzp. 290°. In feuchter Luft oxydiert es sich schnell an der Oberfläche; Wasser zersetzt es jedoch bei gewöhnlicher Temperatur nicht. Bei höherer Temperatur verbrennt es mit schön grüner Flamme. In Schwefelsäure und Salpetersäure löst es sich leicht auf, in Salzsäure dagegen wegen der Schwerlöslichkeit des Chlorids nur langsam.

Das Thallium bildet zwei Reihen von Verbindungen; die Thalloverbindungen leiten sich vom Oxyd Tl_2O, die Thalliverbindungen vom Oxyd Tl_2O_3 ab. Erstere haben viel Ähnlichkeit mit denen der Alkalien und dem Silber. Dieses äußert sich z. B. in der Löslichkeit des Hydroxyds und des Karbonats, deren Lösungen alkalisch reagieren. Auch sind viele Thalliumsalze mit K-Salzen isomorph; ebenso existiert ein Doppelsalz mit Platinchlorid Tl_2PtCl_6; ferner der Alaun $Tl_2SO_4 \cdot Al_2(SO_4)_3 \cdot 24 H_2O$ und auch noch andere Doppelsulfate, z. B. $Tl_2SO_4 \cdot MgSO_4 + 6 H_2O$, welche den entsprechenden Kalium-Doppelsulfaten analog sind. Anderseits erinnert das Thallium durch die Schwerlöslichkeit seiner Halogenüre (das Jodür ist am wenigsten, das Chlorür am leichtesten löslich) an Silber und Blei, auch bezüglich der Reihenfolge dieser Verbindungen nach der Löslichkeit.

In den Thalliverbindungen ist das Element wie die andern der Gruppe dreiwertig, in dieser Verbindungsform gibt es leicht Doppelsalze und sind seine Salze in wäßriger Lösung erheblich hydrolysiert.

Übersicht der Gruppe. (III des periodischen Systems.)

289. Die Elemente B, Al, Ga, In, Tl bilden eine natürliche Gruppe, in der die letzten drei Glieder für sich wieder untereinander mehr Analogie in den physikalischen Eigenschaften zeigen. Wir sahen etwas Ähnliches bereits in der ersten Gruppe bei Cu, Ag, Au, sowie in der zweiten bei Zn, Cd, Hg. Die folgende Zusammenstellung gibt eine Übersicht über einige physikalische Eigenschaften.

	B	Al	Ga	In	Tl
Atomgewicht . . .	11	27·1	70	113	204·1
Spez. Gewicht . .	2·45	2·58	5·9	7·4	11·8
Schmelzpunkt . .	sehr hoch	700°	30°	176°	290°

Bei den Spektren von Ga, In, Tl kann man wieder bemerken, daß die Linien mit dem Steigen des Atomgewichtes sich nach dem Rot hin verschieben (**265**).

In chemischer Beziehung ist hervorzuheben, daß alle Elemente dieser Gruppe dreiwertig sind und die Basizität ihrer Oxyde mit steigendem Atomgewicht zunimmt; Borhydroxyd (Borsäure) hat noch ausschließlich saure Eigenschaften; aber auch die Hydroxyde der andern Elemente sind in Alkalien löslich; sogar $Tl(OH)_3$. Da die niederen Oxyde der Metalle meistens stärker basisch sind als die höheren, ist es nicht befremdend, daß Thalliumoxydulhydrat eine starke Base ist.

Die seltenen Erden.

290. In der Mitte der periodischen Tabelle (S. 267) befindet sich eine Anzahl von Elementen, deren Oxyde man unter dem Namen der seltenen Erden zusammenfaßt.

Bezüglich mehrerer derselben herrscht noch große Unsicherheit, nämlich darüber, ob sie überhaupt Elemente sind oder Gemenge. An dieser Ungewißheit ist die große Übereinstimmung schuld, welche sie in ihren Eigenschaften zeigen. und die daher rührende **Schwierigkeit**, sie voneinander zu trennen. Als Elemente sieht **man gegenwärtig** an: Scandium (Sc), Yttrium (Y), Lanthan (La), Ytterbium (Yb), Cer (Ce), Erbium (Er), Praseodym (Pr), Neodym (Nd), und Samarium (Sa); weiter werden noch angeführt Terbium, Thulium und Europium.

Diese Elemente kommen in einigen seltenen Mineralien vor, welche hauptsächlich in Schweden und in Grönland gefunden werden; dies sind Cerit, Gadolinit, Euxenit, Orthit u. a.

Seitdem die Oxyde des Cers und Thoriums für das Gasglühlicht von Auer von Welsbach Verwendung finden, wird eifrig nach Mineralien gesucht, in welchen die seltenen Erden vorkommen. Es hat sich denn auch ergeben, daß dieselben lange nicht so „selten" sind, wie man früher glaubte. Namentlich in dem Monazitsand hat man eine reiche Quelle für solche Erden gefunden; derselbe kommt in sehr beträchtlichen Mengen in den Vereinigten Staaten von Amerika, in Canada und in Brasilien vor. Er besteht hauptsächlich aus einem Phosphat von Ca, La und Di, mit wechselnden Mengen von Thoriumsilikat und -phosphat.

Um die seltenen Erden daraus zu isolieren, werden diese Mineralien sehr fein gepulvert und mit konzentrierter Schwefelsäure bis zu schwacher Rotglut erhitzt. Hierdurch werden die seltenen Erden in Sulfate verwandelt und die Kieselsäure in die unlösliche Form gebracht. Man löst nun die Sulfate in Eiswasser auf, in welchem sie sich viel besser lösen als in warmem Wasser (da bei höherer Temperatur ein schwerlösliches Hydrat entsteht). Aus dieser Lösung kann man sie durch Oxalsäure fällen, da ihre Oxalate (auch in verdünnten Säuren) schwer löslich sind. Man erreicht so ihre Trennung von Fe, Al u. a. Die Oxalate werden durch Erhitzen in die Oxyde verwandelt.

Eine große Schwierigkeit besteht nun darin, diese Oxyde voneinander zu trennen. Hierfür sind verschiedene Methoden in Gebrauch. Man benutzt die Eigenschaft der Sulfate des Cers, Lanthans und Didyms, in einer gesättigten Natriumsulfatlösung unlöslich zu sein (durch Bildung von Doppelsalzen), um dieselben von Erbium, Ytterbium und Yttrium zu scheiden. Die Nitrate der einzelnen Metalle dieser Gruppe sind gegen Hitze sehr verschieden beständig; darauf hat man eine andere Trennungsmethode gegründet, indem man durch Erhitzen auf verschiedene Temperaturen nur einige der Nitrate zersetzt und dann die unzersetzten durch Wasser auszieht; eine dritte Methode ist die fraktionierte Fällung der Lösungen durch Ammoniak. Auch durch fraktionierte Fällung mit Kaliumchromat (wobei die schwerlöslichen neutralen Chromate sich abscheiden) kann man Trennungen ausführen, die sonst nur sehr schwierig zu bewirken sind. Für diese Trennungsmethoden ist häufig von Nutzen, daß die Lösungen von einigen dieser Metalle Absorptionsspektra geben (die beiden Didymmetalle Erbium, Samarium usw.); man kann danach leicht beurteilen, ob man nach Anwendung einer bestimmten Methode eine Trennung erreicht hat.

Bezüglich einiger der besser bekannten seltenen Erden soll hier noch etwas Näheres mitgeteilt werden:

Cer tritt hauptsächlich im Cerit auf, der etwa 60 % davon enthält. Seine Salze sind farblos wenn rein, und geben kein Absorptionsspektrum (**263**). Um Ceroxyd von Lanthan- und Didymoxyd zu trennen (letzteres ist ein Gemisch von Pr und Nd), werden diese Oxyde mit einer wäßrigen Lösung von Chromsäure erwärmt, bis alles gelöst ist. Die Lösung wird zur Trockenheit verdampft und einige Zeit auf 110° erhitzt. Das Cerchromat zersetzt sich dabei, indem es Ce_2O_3 bildet. Wird die Masse sodann mit Wasser extrahiert, so gehen Lanthan- und Didymchromat in Lösung, während das unlösliche Ceroxyd zurückbleibt. Eine andere Methode ist, die Lösung mit Ammoniumpersulfat zu behandeln, wobei nur das Cer als basisches Salz gefällt wird.

Das Metall gleicht dem Eisen, läßt sich aber mit dem Messer schneiden und ist luftbeständig, indem es sich mit einer schwarzen Oxydschicht bedeckt. Bei höherer Temperatur verbrennt es. Cer bildet zwei Reihen von Salzen, die farblosen Cerosalze, welche dem Oxyd Ce_2O_3 entsprechen, und die Cerisalze, die sich von CeO_2 ableiten und gelb oder braun sind.

Lanthan kann man von Didym trennen, indem man seiner Lösung so viel Natronlauge zusetzt, bis die Flüssigkeit kein Absorptionsspektrum (s. oben) mehr zeigt. In dem Niederschlag hat man dann Didym und ein wenig Lanthan, die Flüssigkeit dagegen ist didymfrei. Das Lanthan ist nur dreiwertig. Sein Oxyd La_2O_3 und seine Salze sind in reinem Zustande ganz farblos.

Das Didym wurde früher für ein Element gehalten; Auer von Welsbach hat es in zwei Komponenten zerlegt, welche Praseodym und Neodym genannt wurden; für diese Trennung macht man Gebrauch von der verschiedenen Löslichkeit, welche ihre Doppelsalze mit Kaliumsulfat, gegenüber einer konzentrierten Kaliumsulfatlösung, besitzen. Die Praseodymsalze sind grün und geben grüne Lösungen; die Neodymsalze haben Amethystfarbe und geben rote Lösungen.

Scandium ist ebenfalls ein dreiwertiges Element; seine Existenz wurde von Mendelejeff, der es Ekabor nannte, vorausgesagt (vgl. 218). Es gehört durch seine Trivalenz in die Aluminiumgruppe; sein Hydrat $Sc(OH)_3$ ist gelatinös, aber in überschüssigem Alkali unlöslich.

Ytterbium. Das Oxyd Yb_2O_3 ist der Hauptbestandteil der früher für ein elementares Oxyd gehaltenen Erbinerde (aus Euxenit und Gadolinit), welche zudem noch die Oxyde von Scandium, Yttrium, Erbium u. a. enthält. Man erhält die Yttererde durch fraktioniertes Erhitzen des Nitratgemisches (vgl. oben). Die Salze des Ytterbiums sind farblos und besitzen kein Absorptionsspektrum.

Die Salze des Samariums sind gelb und haben ein charakteristisches Spektrum.

Titan, Zirkonium und Thorium.

291. Diese seltenen Elemente schließen sich dem Kohlenstoff und Silicium ebenso an wie Kalium, Rubidium und Cäsium dem Li und Na, und wie Ca, Sr und Ba dem Beryllium und Magnesium. Titan und Zirkonium geben noch säurebildende Oxyde, während Thorium nur basische Oxyde bildet.

Das Titan hat sehr viel Analogie mit dem Silicium; es kommt häufig zusammen mit diesem vor, aber stets nur in kleiner Menge. Das Element kann durch Reduktion des Oxyds mit Hilfe von Aluminium gewonnen werden. Es hat weiße Farbe, ist sehr hart und äußerst schwer schmelzbar; spez. Gewicht 4·87. — Titandioxyd kommt in drei Kristallformen vor, Rutil, Anatas und Brookit. — Titanchlorid $TiCl_4$ wird bereitet, indem man Chlor über ein glühendes Gemenge von Kohle und TiO_2 leitet; es ist eine Flüssigkeit, die an der Luft raucht, da sie durch Wasser in HCl und Titansäure zersetzt wird. Titansäure $Ti(OH)_4$ scheidet sich als weißes, amorphes Pulver ab, wenn man zu der salzsauren Lösung titansaurer Salze Ammoniak zugibt. Dies hat seine

Ursache in der schwach basischen Natur des Ammoniaks und in der schwach sauren der Titansäure; infolge davon ist das titansaure Ammoniak vollständig hydrolytisch gespalten. Die Titansäure bildet wie die Kieselsäure und die Zinnsäure leicht Polysäuren (195). In Alkalien löst sich die Säure zu Titanaten auf, die auch durch Schmelzen von TiO_2 mit Alkalien erhalten werden. Anderseits ist Titansäure in konzentrierter Schwefelsäure löslich; die Titansäure bleibt auch beim Eingießen einer solchen Lösung in Wasser gelöst, weil der Überschuß an Schwefelsäure die hydrolytische Spaltung verhindert. Man kennt sowohl höhere wie niedere Oxyde des Titans. Ein zitronengelbes höheres Oxyd TiO_3 entsteht, wenn man die Lösung der Titansäure in verdünnter Schwefelsäure mit H_2O_2 versetzt (38).

Zirkonium kommt in der Natur hauptsächlich als Zirkon $ZrSiO_4$ vor. Moissan erhielt aus diesem Mineral direkt das Zirkoniumkarbür CZr, indem er dasselbe mit Zuckerkohle gemischt im elektrischen Ofen während zehn Minuten heftig erhitzte (1000 Amp. und 40 Volts). Das Silicium verflüchtigt sich hierbei größtenteils. Wird das Karbür bei dunkler Rotglut mit Chlor behandelt, so geht es in das Chlorid über. Zirkonchlorid verhält sich gegen Wasser analog wie $TiCl_4$ und $SnCl_4$.

Das Hydroxyd $Zr(OH)_4$ wird durch NH_3 aus den sauren Lösungen als voluminöser Niederschlag gefällt; es ist unlöslich in Alkalien, bildet jedoch beim Schmelzen mit letzteren Salze wie Na_2ZrO_3 und Na_4ZrO_4, welche durch Wasser zersetzt werden. Der mehr basische Charakter des Hydroxyds geht auch noch daraus hervor, daß es mit Schwefelsäure ein Sulfat $Zr(SO_4)_2$ liefert, welches aus Wasser umkristallisiert werden kann. — Zirkonerde ZrO_2 strahlt bei starkem Erhitzen ein sehr intensives Licht aus und wird deshalb auch wohl für das Drummondsche Kalklicht (13) an Stelle von Kalk verwendet.

Thorium wird gegenwärtig hauptsächlich aus Monazitsand gewonnen; es ist ferner im Thorit von Arendal enthalten; das Hydroxyd $Th(OH)_4$ ist unlöslich in Alkalien, das Sulfat kristallisiert mit $9 H_2O$.

Thorium und Ceroxyd haben für das Auersche Gasglühlicht Verwendung gefunden. Ein feines Baumwollgespinst („Strumpf") wird mit einer Lösung von Thorium- und Ceriumnitrat getränkt, die in solchem Verhältnis darin enthalten sind, daß nach dem Glühen 98—99 % Thoroxyd und 1—2 % Ceroxyd als Asche zurückbleiben. Dies Aschenskelett wird durch eine Bunsenflamme zum Glühen gebracht und strahlt dann ein intensives Licht aus. Dies kommt wahrscheinlich daher, daß ein solcher Aschenstrumpf nur eine geringe Menge roter Strahlen und Strahlen von noch größerer Wellenlänge aussendet, dagegen viele Strahlen von kürzerer Wellenlänge; somit geht nur sehr wenig Energie durch Aussendung von Strahlen, die wenig Licht geben, verloren. Dennoch gibt ein Strumpf, der aus Thor- oder Ceroxyd allein besteht, sehr wenig Licht und ebenso ein solcher, der diese beiden Oxyde in einem andern Verhältnis, wie das oben angegebene, enthält. Was das Cer betrifft, so kommt dies daher, daß seine Menge dann zu groß ist, um durch die Flamme zu vollem Glühen gebracht zu werden. Eine analoge Erscheinung beobachtet man bei einer qualmenden Flamme, welche weniger Licht gibt als eine nicht qualmende, weil erstere zu viel Kohlenstoff enthält. Daß nicht das Thoroxyd das Licht aussendet, beweist der Umstand, daß ein Strumpf, der hauptsächlich aus Ceroxyd besteht und nur 1—2 % Thoroxyd enthält, nur sehr wenig Licht gibt. Wir müssen also annehmen, daß in dem Strumpf feine Ceroxydteilchen auf einem sehr schlechten Wärmeleiter, dem Thoroxyd, ausgebreitet sind, und diese, da ihre Masse klein ist, imstande sind, die hohe

Temperatur zu erreichen, bei der sie das gewünschte helle Licht ausstrahlen; denn die Lichtstärke einer Flamme steigt ungefähr mit der fünften Potenz ihrer Temperatur.

Bei dem elektrischen Glühlicht von Nernst hat der Glühkörper die Form eines Stiftes; er wird aus einem Gemenge seltener Erden hergestellt. Die beiden Enden des Stiftes sind mit den Zuleitungsdrähten der Stromquelle verbunden. Bei gewöhnlicher Temperatur geht durch den Stift kein Strom hindurch. Erwärmt man ihn jedoch, wofür ein brennendes Streichholz genügt, so geht — bei genügender Spannung — zuerst ein wenig, dann mehr von dem Strome hindurch, indem dieser selbst den Glühkörper weiter erhitzt, so daß schließlich, innerhalb sehr kurzer Zeit, helle Weißglut erreicht wird. Das Merkwürdige an dieser Lampe ist, daß der Stift den elektrischen Strom elektrolytisch und nicht wie ein Metall leitet. Dies geht zunächst schon daraus hervor, daß das Leitvermögen des Stiftes wie das von Elektrolyten (Leiter zweiter Klasse) durch Temperaturerhöhung wächst, während das Leitvermögen von Leitern erster Klasse, wie es die Metalle sind, dabei abnimmt; und dann aus der Tatsache, daß bei fortwährender Benutzung mit Gleichstrom am kathodischen Ende des Stiftes Metall sich abzuscheiden anfängt.

Nernst hat auch konstatiert, daß reine Oxyde unterhalb 1700° nicht merklich den Strom leiten, wohl aber Gemische. Die Sache liegt ganz ähnlich wie bei wäßrigen Mischungen. Reines Wasser leitet nicht, reine Salzsäure auch nicht; erst durch die Mischung kommt die Leitfähigkeit. Reines Thoroxyd leitet nicht, reine Magnesia leitet nicht, mischen wir sie aber, so haben wir Leitfähigkeit.

Vanadium, Niobium, Tantalium.

292. Diese sehr selten vorkommenden Elemente schließen sich in Verbindungsformen und Eigenschaften dem Stickstoff und Phosphor an; wie in jeder Gruppe tritt auch hier mit steigendem Atomgewicht der metallische Charakter mehr in den Vordergrund.

Vanadin, welches in einigen Eisenerzen und als Vanadinbleierz (Pb-Salz der Vanadiumsäure) vorkommt, ist charakterisiert durch einen großen Reichtum an Verbindungsformen. Man kennt z. B. die Chloride VCl_2, VCl_3, VCl_4 und VCl_5. Auch ein Oxychlorid $VOCl_3$ ist bekannt, welches ebenso wie $POCl_3$ durch Wasser zersetzt wird. Das höchste Oxyd V_2O_5, eine braune Masse, ist ein Säureanhydrid. Es bildet Salze, die sich von den Säuren H_3VO_4 Orthovanadinsäure und HVO_3 Metavanadinsäure ableiten, ist also dem P_2O_5 analog. Von Wichtigkeit ist das Ammoniummetavanadinat NH_4VO_3; dieses ist in Salmiaklösung unlöslich, wovon man bei der Abscheidung des Vanadins aus seinen Erzen Gebrauch macht. Die letzteren werden zu diesem Zwecke mit Ätznatron und Salpeter geschmolzen, wodurch Na-Vanadinat entsteht, das mit Wasser ausgezogen wird. Wenn man diese Lösung mit Salmiak sättigt, so fällt nach einiger Zeit NH_4VO_3 als sandiges Pulver aus. Durch Erhitzen wird es in V_2O_5 verwandelt. Dies ist zugleich die charakteristische Reaktion auf Vanadiumsäure.

Niobium und Tantalium bilden flüchtige Chlorverbindungen, $NbCl_5$ und $TaCl_5$, die (wie PCl_5) durch Wasser zersetzt werden. Charakteristisch für diese Elemente sind besonders ihre Doppelfluorüre $2KFl \cdot NbOFl_3$ und $2KFl \cdot TaFl_5$. Letzteres ist in Wasser schwer, ersteres leicht löslich. Diese Verbindungen werden benutzt, um die beiden Elemente zu trennen. Die Oxyde Nb_2O_5 und

Ta_2O_5 bilden mit Basen Salze der Niobsäure H_3NbO_4 und Tantalsäure H_3TaO_4. Das Element Niobium wird in freiem Zustande durch Erhitzen von Niobsäure mit Zuckerkohle im elektrischen Ofen erhalten. Es enthält dann etwa 3% Kohlenstoff. Durch Säuren wird es nicht angegriffen; es gleicht mehr dem Bor oder Silicium als den Metallen.

Chrom.

293. Chrom kommt vornehmlich im Chromeisenstein $FeOCr_2O_3$ (**294**), seltener im Rotbleierz $PbCrO_4$ vor. Zur Darstellung von Chromverbindungen dient ausschließlich der erste; er wird zu diesem Zwecke mit Alkali geschmolzen, wobei Chromate entstehen, die mit Wasser ausgezogen werden.

Das Element ist schon lange bekannt, aber doch erst 1894 von Moissan in größerer Menge vollkommen rein erhalten worden. Dieser reduzierte Chromoxyd Cr_2O_3 mit Kohle im elektrischen Ofen. Leichter ist die Darstellung nach der Methode von Goldschmidt (**284**) durch Reduktion von Chromoxyd mittels Aluminiumfeile. Sorgt man dafür, daß ein Überschuß von Chromoxyd vorhanden ist, so wird das Chrom völlig frei von Aluminium erhalten.

Das auf diese Weise erhaltene schwere Metall ist glänzend, feil- und polierbar; es schmilzt nicht in der Knallgasflamme, wird aber im elektrischen Ofen völlig dünnflüssig; Glas ritzt es nicht (während das Karbür C_2Cr_3 sogar Quarz und Topas ritzt). Bei gewöhnlicher Temperatur verhält es sich wie ein edles Metall, d. h. es ist an der Luft durchaus beständig.

Das Chrom bildet drei Reihen von Verbindungen; dieselben leiten sich ab von CrO Chromoxydul, Cr_2O_3 Chromoxyd und CrO_3 Chromsäureanhydrid.

Oxydulverbindungen.

Diese zeigen eine sehr große Neigung, durch Sauerstoffaufnahme in Chromoxydverbindungen überzugehen. Sie können daher nur bei vollkommenem Luftabschluß aufbewahrt werden. Eine Lösung des Chlorürs $CrCl_2$ wird durch Reduktion von Cr_2Cl_6 mit Zink und Schwefelsäure erhalten. Sie zeigt eine sehr schöne blaue Farbe, welche bei Sauerstoffzufuhr sehr leicht in Grün übergeht. Wenn man die Lösung von $CrCl_2$ in eine gesättigte Lösung von Na-Acetat eingießt, so fällt Chromoacetat als rotes kristallinisches Pulver nieder, welches im Vergleich zu andern Chromosalzen sehr luftbeständig ist und zur Darstellung derselben dienen kann. Das Hydroxydul $Cr(OH)_2$ ist gelb.

Oxydverbindungen.

294. Cr_2O_3 Chromoxyd entsteht durch Erhitzen von Chromsäureanhydrid CrO_3 oder von Ammoniumchromat (**107**). Kristallisiert wird es so erhalten, daß man Chromylchlorid CrO_2Cl_2 durch eine glühende Röhre leitet. Die amorphe Verbindung ist grün, die kristallisierte schwarz. Nach dem Glühen ist es in Säuren unlöslich. Mit Silikaten geschmolzen färbt es diese schön grün, weshalb es zum Färben von Glas und Porzellan benutzt wird.

Guignets Grün, ein schöner Farbstoff, wird durch Schmelzen von Kaliumbichromat (1 Gewichtsteil) mit Borsäure (3 Gewichtsteile) bereitet. Durch Ausziehen mit Wasser wird K-Borat in Lösung gebracht und es bleibt $Cr_2O_3 \cdot 2\,H_2O$, der Farbstoff, zurück.

Das Hydrogel des Chromoxyds $Cr_2O_3nH_2O$ fällt nieder, wenn ein Chromsalz mit Ammoniak versetzt wird. Es ist hellblau, löst sich aber in Kali- oder Natronlauge mit grüner Farbe; durch Kochen einer solchen Lösung wird ein wasserärmeres Oxyd von anderer Farbe abgeschieden. Die Bildung dieses wasserärmeren Oxyds erklärt das Entstehen der Fällung, wenn man annimmt, daß die Lösung desselben bei geringerer Konzentration der Chromionen gesättigt ist, als die Lösung des wasserreicheren Oxyds; die alkalische Flüssigkeit ist daher in bezug auf das wasserärmere Oxyd übersättigt und dieses muß sich abscheiden. Die Löslichkeit von Chromhydroxyd in Alkalien weist auf schwach saure Natur desselben hin; auch mit andern Metallen kann es Salze bilden, welche sich meist vom Hydroxyd $CrO \cdot OH$ herleiten. Ein Beispiel dieser Art ist der natürliche Chromeisenstein.

Das Chromhydroxyd ist nur eine schwache Base; demnach bildet es Salze mit schwachen Säuren (Kohlensäure, Schwefligsäure u. a.)

Chromchlorid $CrCl_3$ wird dargestellt, indem man Chromoxyd mit Kohle gemischt im Chlorstrom erhitzt. Es sublimiert dann in glänzenden violetten Kristallblättchen. Bei 1200—1300° entspricht die Dampfdichte der Formel $CrCl_3$. Reines Chromchlorid wird von Wasser erst bei anhaltendem Kochen gelöst; enthält es jedoch Spuren von $CrCl_2$, so löst es sich bereits bei gewöhnlicher Temperatur auf. Nach Ostwald ist dies eine katalytische Beschleunigung der Lösungsgeschwindigkeit. Die Lösung ist grün; beim Verdunsten setzen sich grüne Kristalle $Cr_2Cl_6 + 12\,H_2O$ daraus ab, welche an der Luft zerfließen. Letztere erhält man auch aus der salzsauren Lösung des Hydrogels.

Chromsulfat $Cr_2(SO_4)_3$ zeigt wie andere Chromsalze (Nitrat,

Chromalaun usw.) die Eigentümlichkeit, sich in kaltem Wasser mit violetter Farbe zu lösen, welche beim Erwärmen in Grün übergeht. Diese grüne Farbe wandelt sich beim Erkalten der Sulfatlösung sehr langsam, bei andern Salzen schnell wieder in Violett um. Aus der violetten Lösung kristallisieren bei langsamem Verdunsten bei gewöhnlicher Temperatur die Salze aus, das Sulfat z. B. mit $15 H_2O$; aus der grünen Lösung dagegen erhält man beim Verdunsten nur amorphe kleberige Massen.

Behufs Aufklärung dieser Erscheinungen hat man hauptsächlich die Sulfatlösung studiert, weil hier die grüne Modifikation sich am längsten hält. Dabei hat sich ergeben, daß der Prozeß auf einer Abspaltung von Schwefelsäure beruht (aus 2 Mol. Sulfat 1 Mol. Schwefelsäure) und daß dabei grüne „Chromschwefelsäuren“ entstehen, d. h. Substanzen mit einem komplexen Chromschwefelsäure-Ion, da dieselben weder die Reaktionen auf Chrom noch die auf Schwefelsäure geben. So wird aus einer grünen Lösung des Sulfats nur $^1/_3$ der Schwefelsäure durch Chlorbaryum direkt gefällt, d. h. es ist nur noch $^1/_3$ der ursprünglich in der violetten Lösung anwesenden SO_4-Ionen vorhanden. Man kann den Übergang der violetten in die grüne Lösung daher folgendermaßen formulieren:

$$\underset{\text{violett}}{2\,Cr_2(SO_4)_3} + H_2O = H_2\mathit{SO_4} + \underset{\substack{\text{komplexes Ion}\\ \text{grün}}}{[Cr_4O(SO_4)_4]}\mathit{SO_4}$$

Nur die schräg gedruckten SO_4 werden gefällt.

Diese Chromschwefelsäuren sind bei mäßiger Verdünnung ebenso stark ionisiert wie die Schwefelsäure selbst.

Analog verhält sich Chromchlorid $CrCl_3$. Eine violette Lösung desselben kann erhalten werden, wenn man die violette Sulfatlösung mit der berechneten Menge Chlorbaryum behandelt. Aus dieser violetten Lösung von $CrCl_3$ schlägt Silbernitrat alles Chlor bei gewöhnlicher Temperatur direkt nieder. Wird die Lösung jedoch einige Zeit gekocht und darauf abgekühlt, so fällt $AgNO_3$ nur noch 1 von den 3 Cl-Atomen direkt bei gewöhnlicher Temperatur aus; die zwei andern müssen sich mit Cr zu einem komplexen Ion verbunden haben.

Chromalaun $K_2SO_4 \cdot Cr_2(SO_4)_3 + 24 H_2O$ kann am besten so bereitet werden, daß man in eine mit Schwefelsäure versetzte Lösung von Kaliumbichromat SO_2 einleitet:

$$K_2Cr_2O_7 + H_2SO_4 + 3\,SO_2 = K_2SO_4 \cdot Cr_2(SO_4)_3 + H_2O\,.$$

Es kann in großen Oktaëdern von mehreren Zentimetern Kantenlänge erhalten werden.

Chromsäureverbindungen.

295. Von dem Oxyd CrO_3, Chromsäureanhydrid, leiten sich wie von SO_3 Salze von der Formel M_2CrO_4 ab; während jedoch von SO_3 auch die Säure H_2SO_4 selbst, die Schwefelsäure, beständig ist, kennt man H_2CrO_4 nicht. Wenn man zu einem Chromat eine Säure zugibt, erhält man nur CrO_3; die Säure H_2CrO_4 zerfällt direkt in H_2O und das Anhydrid. Die Salze der Chromsäure sind isomorph mit den entsprechenden Sulfaten.

Chromsäureanhydrid erhält man, wenn einer konzentrierten Lösung von Kaliumbichromat Schwefelsäure zugesetzt wird; es scheidet sich dann in Form von langen, roten, rhombischen Nadeln ab, welche, wenn völlig frei von Schwefelsäure, an der Luft nicht zerfließen; in Wasser sind sie leicht löslich. Durch Erhitzen auf 250° werden sie in Chromoxyd und Sauerstoff zerlegt:

$$2CrO_3 = Cr_2O_3 + 3O.$$

Chromsäureanhydrid ist ein sehr kräftiges Oxydationsmittel; seine Lösung kann nicht durch Papier filtriert werden, weil es dieses oxydiert. Tröpfelt man starken Alkohol auf CrO_3, so entzündet er sich, während zugleich Cr_2O_3 entsteht; Salzsäure wird zu Chlor und H_2O oxydiert, schweflige Säure zu Schwefelsäure; leitet man trocknes NH_3 über CrO_3-Kristalle, so erfolgt Reduktion unter Feuererscheinung (**107**). Beim Erhitzen mit Schwefelsäure entwickelt sich Sauerstoff und es entsteht Chromsulfat. Durch Schwefelwasserstoff wird die wäßrige Lösung unter Abscheidung von Schwefel reduziert. CrO_3 zeigt also verschiedene Eigenschaften der Peroxyde wie PbO_2, BaO_2 u. a.

Neben den normalen Salzen der Chromsäure wie K_2CrO_4 kennt man auch Bichromate, Trichromate usw., welche man sich durch Vereinigung von 1 Mol. des neutralen Salzes mit 1 oder mehreren Molekülen CrO_3 entstanden denken kann:

$$K_2CrO_4 + CrO_3 \text{ oder } \underset{\text{Bichromat}}{K_2Cr_2O_7}; \quad K_2CrO_4 + 2CrO_3 \text{ oder } \underset{\text{Trichromat}}{K_2Cr_3O_{10}} \text{ usw.}$$

Wenn man zu einer Lösung von 1 Mol. Chromat $^1/_2$ Mol. Schwefelsäure zugibt, schlägt die gelbe Farbe der Chromatlösung in die rote des Bichromats um; ein CrO_4-Ion gibt an die Wasserstoffionen, welche durch die freie Säure hinzugekommen sind, seine elektrische Ladung und ein Atom Sauerstoff ab, wodurch Wasser entsteht, und bildet mit einem zweiten CrO_4-Ion das rote Ion Cr_2O_7:

$$4K^{\cdot} + 2CrO_4'' + 2H^{\cdot} + SO_4'' = 4K^{\cdot} + Cr_2O_7'' + H_2O + SO_4''.$$

Saure Salze der Chromsäure und die freie Chromsäure H_2CrO_4 existieren, wegen dieser reduzierenden Wirkung der H-Ionen auf die CrO_4-Ionen, nicht.

Die Chromsäure ist eine schwache Säure, was sich u. a. daraus ergibt, daß ihre in Wasser unlöslichen Salze (des Ba, Pb, Ag) von starken Säuren leicht gelöst werden (**146**).

Chromsaure Salze der Alkalien erhält man stets, wenn eine Chromverbindung mit Alkalikarbonat und einem Oxydationsmittel zusammengeschmolzen wird. Letzteres ist überflüssig, wenn man den Sauerstoff der Luft durch Umrühren mit der geschmolzenen Masse genügend in Berührung bringt. Der Chromeisenstein wird technisch in dieser Weise auf Chromate verarbeitet; zu diesem Zwecke wird er in Flammöfen oberhalb 1000° mit Soda und Kalk geröstet:

$$2Cr_2O_3 \cdot FeO + 4Na_2CO_3 + 4CaO + 7O = 4Na_2CrO_4 + 4CaCO_3 + Fe_2O_3.$$

Das so entstandene Natriumchromat wird ausgelaugt und seiner Lösung Schwefelsäure zugesetzt; beim Eindampfen kristallisiert Natriumbichromat $Na_2Cr_2O_7$ aus, welches durch doppelte Umsetzung mit KCl in Kaliumbichromat, das bekannteste Salz, umgewandelt wird.

Die Aufschließung des Chromeisensteins gelingt viel leichter, wenn Kali (KOH) anstatt Soda (Na_2CO_3) benutzt wird, wahrscheinlich weil geschmolzenes KOH aus der Luft Sauerstoff aufnimmt und Superoxyd bildet, und so einen viel wirksameren Sauerstoffüberträger darstellt als Soda. Die Oxydation geht dann schon bei 500° in glatter und vollständiger Weise vor sich.

Kaliumbichromat findet in schwefelsaurer Lösung sehr häufig Anwendung als Oxydationsmittel, wobei es zu Chromisulfat reduziert wird:

$$K_2Cr_2O_7 + 4H_2SO_4 = K_2SO_4 + Cr_2(SO_4)_3 + 4H_2O + 3O.$$

Es ist eine wichtige technische Aufgabe, aus einer solchen Chromsulfatlösung die Chromsäure zu regenerieren. In den Höchster Farbwerken wird die Lösung zu diesem Zwecke zwischen Bleielektroden in einem Kessel elektrolysiert, der ein Diaphragma enthält. An der Anode bildet sich Chromsäure, während an der Kathode Wasserstoff frei wird. Zugleich ändert sich hierbei die Konzentration der Schwefelsäure auf beiden Seiten des Diaphragmas. Auf der Anodenseite wird sie größer, auf der Kathodenseite schwächer. Die Anodenflüssigkeit kann ohne weiteres für Oxydationszwecke benutzt werden. Die Chromsäure wird dabei wieder zu Chromoxyd Cr_2O_3 reduziert, und diese reduzierte (an Schwefelsäure reichere) Lösung wird nun in den Kathodenraum, die Flüssigkeit aber, welche sich in derselben befand, an die Anodenseite des Diaphragmas gebracht. Geht der Strom jetzt wieder durch, so gibt die Kathodenflüssigkeit, welche am Anfang der zweiten Operation mehr Schwefelsäure enthält als die Anodenflüssigkeit, ihren Überschuß an diese ab. In dieser Weise wird eine Anhäufung von Schwefelsäure vermieden und dieselbe Lösung kann fortwährend zu Oxydationszwecken verwendet werden.

Die Chromate sind gelb (Ag_2CrO_4 ist rot), die Bichromate rot. Bleichromat $PbCrO_4$ ist in Wasser unlöslich und wird als Farbe unter dem Namen Chromatgelb verwendet.

Beim Erhitzen von Kaliumbichromat mit KCl und Schwefelsäure destilliert eine dunkelrote Flüssigkeit von der Zusammensetzung CrO_2Cl_2, und dem Siedepunkt 117°, die man als das Chlorid der Chromsäure ansehen muß, und die Chromylchlorid oder Chromoxychlorid genannt wird:

$$K_2Cr_2O_7 + 4KCl + 3H_2SO_4 = 2CrO_2Cl_2 + 3K_2SO_4 + 3H_2O;$$

denn durch Wasser wird sie in CrO_3 und HCl gespalten.

Von dem Halbchlorid der Chromsäure $CrO_2\langle{}^{Cl}_{OH}$ kennt man nur Salze. Das K-Salz z. B. wird durch Erhitzen von Kaliumbichromat mit konzentrierter Salzsäure erhalten:

$$K_2Cr_2O_7 + 2HCl = 2CrO_2\langle{}^{Cl}_{OK} + H_2O.$$

Es kristallisiert in roten Prismen.

Beim Zusammenbringen von Chromsäurelösung mit überschüssigem Wasserstoffsuperoxyd tritt eine prächtige Blaufärbung auf, welche von Äther beim Schütteln aufgenommen wird. Dieselbe rührt von einer Überchromsäure her, deren Ammoniumsalz $NH_4CrO_5 + H_2O_2$ isoliert werden kann und ein violettschwarzes Pulver, ähnlich gepulvertem Kaliumpermanganat, bildet. In konzentrierter wäßriger Lösung tritt sehr bald Zersetzung unter Sauerstoffentwicklung und Bildung von Bichromat ein.

Molybdän.

296. Dieses relativ seltene Element kommt in Molybdänglanz MoS_2 und Gelbbleierz $PbMoO_4$ vor; zur Herstellung von Molybdänpräparaten dient ausschließlich das erstere. Es wird zu diesem Zweck geröstet und dadurch in MoO_3 übergeführt.

Das Element selbst wird aus seinen Oxyden oder Chloriden gewonnen, indem diese im Wasserstoffstrom zur Rotglut erhitzt werden. Man erhält es so als stahlgraues Pulver, welches sehr schwer schmilzt und dann eine silberglänzende Metallmasse bildet; spez. Gewicht 8·6. Durch Erhitzen an der Luft wird es in MoO_3 umgewandelt. Von Salzsäure und verdünnter Schwefelsäure wird es nicht angegriffen, von Salpetersäure und konzentrierter Schwefelsäure jedoch leicht gelöst.

Das Molybdän ist charakterisiert durch großen Reichtum an Verbindungsformen; einige derselben mögen hier aufgeführt werden.

Neben den Oxyden Mo_2O_3 (schwache Base) und MoO_2 (indifferent) kennt man MoO_3, Molybdäntrioxyd, das wie CrO_3 ein Säureanhydrid ist. Es ist ein weißes Pulver, das beim Erhitzen gelb wird. In Wasser ist es sehr wenig löslich; mit Alkalien bildet es molybdänsaure Salze. In noch höherem Maße als das Chromsäureanhydrid zeigt es Neigung, Polysäuren und Polymolybdate zu bilden, z. B. $(NH_4)_6Mo_7O_{24} + 4H_2O$ Ammoniumheptamolybdat (abzuleiten von der Säure $7H_2MoO_4 - 4H_2O$) und viele andere. Aus der Lösung eines Molybdats scheiden sich beim Zufügen einer starken Säure schimmernde, weiße Kristallblättchen von Molybdänsäure H_2MoO_4 ab, welche von überschüssiger Säure gelöst werden. Eine derartig aus Ammoniummolybdat mit überschüssiger Salpetersäure bereitete Lösung dient als Reagens auf Phosphorsäure, mit der sie beim Erwärmen einen gelben Niederschlag von der Zusammensetzung $(NH_4)_3PO_4 + 14MoO_3 + 4H_2O$ gibt (vgl. **146**).

Von Chloriden kennt man $MoCl_3$, $MoCl_4$ und $MoCl_5$; in den Oxychloriden $MoOCl_4$ und MoO_2Cl_2 kann das Molybdän als sechswertig angesehen werden.

Eine sehr charakteristische Reaktion auf Molybdänsäure (die am meisten vorkommende Molybdänverbindung) ist folgende: Man bringt die Substanz mit Zink und Schwefelsäure zusammen; hierdurch entsteht zuerst eine Blaufärbung (ein Molybdat des Molybdänoxyds), welche alsbald durch Grün in Braun übergeht. Diese Braunfärbung wird durch ein Salz von Mo_2O_3 verursacht.

Wolfram.

297. Die Mineralien, in welchen Wolfram vornehmlich vorkommt, sind der Tungstein oder Scheelit $CaWO_4$ und der Wolframit $FeWO_4$. Man erhält das Metall in reinem Zustande durch Reduktion von reiner Wolframsäure mit Aluminiumfeilspänen (**284**). Die Temperatur, welche hierbei entsteht, ist aber nicht hoch genug, um das Metall in Form eines Regulus zu erhalten. Die Reaktionstemperatur läßt sich jedoch sehr bedeutend dadurch erhöhen, daß dem anzuzündenden Reduktionsgemisch flüssige Luft zugesetzt wird. Die abgeschiedenen Wolframteilchen vereinigen sich dann zu einem geschmolzenen Regulus. Das so erhaltene Metall ist sehr rein, schmiedbar, vom spez. Gewicht 16·6 und ritzt Glas. In Verbindung mit Kohlenstoff ist es sehr viel härter. Der Luft gegenüber ist es sehr beständig; Schwefelsäure, Salzsäure, Königswasser und HFl greifen es nur langsam an, aber ein Gemenge von HFl und HNO_3 löst es rasch auf. In geschmolzenem Kaliumhydroxyd löst es sich langsam unter Wasserstoffentwicklung. Da ein geringer Wolframgehalt die Härte des Stahles beträchtlich erhöht (Wolframstahl), so wird das Metall in der Eisenindustrie verwendet.

Auch das Wolfram ist, wie das Chrom und das Molybdän, charakterisiert durch seinen Reichtum an Verbindungsformen. Man kennt die Chloride WCl_2,

WCl_4, WCl_5 und WCl_6. Die niederen werden aus WCl_6 durch Erhitzen im Wasserstoff- oder CO_2-Strom erhalten. Das Hexachlorid entsteht aus Metall und Chlor; es ist eine schwarzviolette kristallinische Masse; mit Wasser setzt es sich in WO_3 um.

Wolframsäureanhydrid WO_3 wird erhalten, indem die heiße Lösung eines Wolframats mit Salpetersäure gefällt wird; es ist in Wasser und Säuren unlöslich, löslich in Alkalien. Aus der kalten Lösung der Wolframate wird durch Säuren die Wolframsäure $WO(OH)_4$ [$= W(OH)_6 - H_2O$] gefällt. Wolframsäure besitzt wie Chrom- und Molybdänsäure die Fähigkeit, Polysäuren zu bilden; wie die Molybdänsäure zeigt sie ferner die Eigenschaft, mit Phosphor- und Arsensäure zu komplexen Phosphorwolfram- und Arsenwolframsäuren zusammenzutreten. Eine sehr charakteristische Reaktion auf Wolframate ist die folgende: Wenn man eine Wolframatlösung mit Salzsäure versetzt, entsteht ein gelblicher Niederschlag (WO_3). Gibt man darauf $SnCl_2$ zu, so erhält man beim Erwärmen eine prächtig blaue Lösung (W_2O_5).

Uran.

298. Das Hauptmineral für dieses Element ist das Uranpecherz U_3O_8, welches meist eisenhaltig ist. Das Metall wird durch Erhitzen des Chlorürs mit Natrium oder durch Elektrolyse desselben erhalten, ferner auch durch Reduktion des Oxyds mit Hilfe von Kohlenstoff im elektrischen Ofen; es besitzt silberweiße Farbe und hat das spez. Gewicht 18·7. Es ist im elektrischen Ofen viel flüchtiger als Eisen. Wenn es in der Form eines feinen Pulvers vorliegt, brennt es im Sauerstoffstrom bereits bei 170°. In demselben Zustande zersetzt es das Wasser langsam bei gewöhnlicher Temperatur. Uran verbindet sich bei 1000° in einem Stickstoffstrom sehr leicht mit diesem Element zu einem gelben Nitrür. Eigentümlich ist ein Karbür des Urans C_3U_2, welches im elektrischen Ofen aus Uranoxyd und Kohle erhalten wird, da es in Berührung mit Wasser neben CH_4 auch feste und flüssige Kohlenwasserstoffe liefert.

Das Uran bildet zwei Reihen von Verbindungen; in der Oxydulreihe ist es vierwertig UX_4, in der Oxydreihe sechswertig UX_6; erstere geht leicht in die letztere über. Das Oxydul UO_2 hat ausschließlich basischen Charakter; es wird durch Glühen der andern Oxyde im Wasserstoffstrom erhalten; früher wurde es für das Metall selbst angesehen.

Das Uranoxyd UO_3 ist ein gelbes Pulver; es wird durch Erhitzen des Nitrats dargestellt. Das entsprechende Hydroxyd $U(OH)_6$ ist nicht bekannt; von der Verbindung $U(OH)_6 - 2H_2O = UO_2\cdot(OH)_2$ kennt man jedoch Salze mit Säuren. Da hierin UO_2 als ein zweiwertiges Radikal fungiert, nennt man dieses wohl Uranyl und seine Salze Uranylsalze; z. B. $UO_2(NO_3)_2$ Uranylnitrat mit $6H_2O$ in schönen grüngelben Prismen kristallisierend. UO_3 hat auch etwas den Charakter eines Säureanhydrids. Setzt man nämlich den Lösungen von Uranylsalzen Kali- oder Natronlauge zu, so erhält man gelbe Niederschläge der Uranate $K_2U_2O_7$ und $Na_2U_2O_7$, die in Säuren löslich sind. Das Uranpecherz kann man als das Uranat des Uranoxyduls $U_3O_8 = UO_2\cdot 2UO_3$ ansehen. Beide Oxyde gehen durch Erhitzen an der Luft in dies Oxyd U_3O_8 über. Uransalze werden verwendet, um Glas prächtig gelbgrün fluoreszierend zu machen. — Uranylsalze sind daran zu erkennen, daß sie mit kohlensaurem Ammoniak einen Niederschlag geben, der im Überschuß löslich ist, und daran, daß gelbes Blutlaugensalz einen rotbraunen Niederschlag in ihrer Lösung hervorruft.

Übersicht der Gruppe.

299. Die Elemente Chrom, Molybdän, Wolfram und Uran bilden eine natürliche Gruppe, welche sich im periodischen System dem Schwefel anschließt. Besonders bei den höheren Oxyden ist manche Analogie mit dem Verhalten dieses Metalloids zu konstatieren. Ihre Säuren haben die Formel H_2RO_4; ferner findet man auch beim Schwefel die Fähigkeit Polysäuren (Pyroschwefelsäure) zu bilden vor, wenngleich sie nicht so stark ausgebildet ist wie bei den vier zuletzt besprochenen Elementen. Eine Anzahl ihrer Salze sind isomorph. Die Stärke der Säuren nimmt wie in andern Reihen mit dem Atomgewicht ab. Ferner ist für alle Elemente dieser Gruppe ein großer Reichtum an Verbindungsformen charakteristisch, wie es auch beim Schwefel zu konstatieren war; man denke an die zahlreichen Säuren, die von diesem Element bekannt sind.

Die physikalischen Eigenschaften dieser Elemente sind nur unvollständig bekannt; in folgender Tabelle sind einige davon mitgeteilt:

	Cr	Mo	W	U
Atomgewicht . . .	52·1	96·6	184	239·5
Spez. Gewicht . .	6·7	8·6	16·6	18·7
Farbe	weiß	weiß	weiß	weiß
Schmelzpunkt . .	für alle sehr hoch			

Radioaktive Elemente.

Becquerel hat entdeckt, daß das Uranpecherz eine besondere Art von Strahlen aussendet, welche sich geradlinig fortbewegen und auf eine photographische Platte einwirken, aber nicht zurückgeworfen, gebrochen oder polarisiert werden können. Wenn sie durch Gase hindurchgehen, werden diese elektrische Leiter. Eine Zeitlang war es fraglich, ob diese Eigenschaften dem Uran zukommen oder dem Uranpecherz beigemengten Substanzen. Dieses Mineral hat eine sehr komplizierte Zusammensetzung, indem es neben U_3O_8 eine ganze Reihe anderer Metallverbindungen enthält. Es ist hauptsächlich das Verdienst des Ehepaares Curie, gezeigt zu haben, daß die Aussendung dieser besonderen Strahlen, die Radioaktivität, von der Gegenwart sehr kleiner Mengen von Elementen herrührt, die man bisher nicht kannte, und von sehr auffallenden Eigenschaften.

Der einzige Führer bei der Trennung dieser Elemente von den andern Verbindungen der Uranblende nach der Entfernung des Urans war, die Radioaktivität der durch jede Operation erhaltenen Produkte zu messen. Dies geschah durch Messung der Leitfähigkeit einer Luftschicht, die den Strahlen ausgesetzt wurde. Es gelang so durch zahlreiche chemische Operationen die aktive Substanz mehr und mehr zu konzentrieren. Diese Methode läßt sich vergleichen mit der, welche Bunsen und Kirchhoff befolgten, als sie Rubidium und Cäsium aus der Dürkheimer Mineralquelle isolierten, wo das Spektroskop die erreichte Konzentration dieser Elemente anzeigte (232). Jedoch ist die Messung der Radioaktivität viele tausendmal empfindlicher als die spektroskopische Beobachtung. Ohne diesen Umstand wäre die Entdeckung dieser Elemente auch nicht möglich gewesen, da sie nur in äußerst geringer Menge vorkommen; zur Gewinnung von 0·2 g Radiumchlorid müssen 2000 kg Uranrückstände von Joachimstal verarbeitet werden.

Radium ist das bestbekannte dieser Elemente; es ist das einzige, dessen Verbindungen in reinem Zustande erhalten sind; es zeigt ein charakteristisches Spektrum, ähnlich denen der alkalischen Erden und färbt eine Bunsenflamme karminrot. Chemisch ist es sehr nahe mit Baryum verwandt; man trennt es davon durch fraktionierte Kristallisation der Bromide, da Radiumbromid schwerer löslich ist (wie überhaupt alle seine Salze) wie das entsprechende Baryumsalz. Durch spektroskopische Beobachtung läßt sich konstatieren, ob es ganz frei von Baryumbromid ist. Das Atomgewicht des reinen Radiums betrug dann 225, welches sich durch weitere fraktionierte Kristallisation nicht mehr erhöhen ließ; mit diesem Atomgewicht paßt es gerade in die zweite Gruppe des periodischen Systems. Alle Radiumsalze sind leuchtend und regen eine große Anzahl Substanzen, wie Baryumplatincyanür, $BaPtCy_4$, schwefelsaures Uranyl, Edelsteine usw. zu kräftiger Fluoreszenz an. Die Radioaktivität des reinen Bromids ist ungefähr die millionenfache von der des Urans.

Die Strahlen, welche Radiumpräparate aussenden, sind dreierlei Art und werden als α-, β- und γ-Strahlen unterschieden. Gemeinsam haben sie die oben schon genannten Eigenschaften. Sie sind dagegen in ihrem Durchdringungsvermögen und in ihrem Verhalten im magnetischen Feld verschieden. Die α-Strahlen sind wenig durchdringend und werden in einem starken magnetischen Feld wenig abgelenkt; ein Aluminiumblatt von wenigen $^1/_{100}$ mm Dicke hält sie fast ganz zurück. Die β-Strahlen werden stark abgelenkt und bestehen aus Strahlen von verschiedenem aber größerem Durchdringungsvermögen; die γ-Strahlen endlich werden gar nicht abgelenkt und durchdringen aufgestellte Schirme ganz leicht.

Sehr merkwürdig sind die chemischen Wirkungen, welche Radiumpräparate hervorbringen können. Bringt man ein Röhrchen mit 5 mg reines Radiumbromid in der Nähe einer Lösung von Jodoform in Chloroform, so wird sie bald violett durch Jodausscheidung; gelber Phosphor wird in gleicher Weise in roten verwandelt, Jodsäureanhydrid in Jod und Sauerstoff gespalten. Aus der wäßrigen Lösung eines Radiumsalzes entweicht Knallgas; 50 mg $RaBr_2$ geben so pro Tag 0·5 ccm. Unter dem Einfluß der Radiumstrahlen nehmen einige Körper charakteristische Farben an: Glas wird braun, Kalium- und Natriumchlorid blau.

Auch eigentümliche physiologische Wirkungen üben die Radiumstrahlen aus. Blätter vergilben durch sie rasch, die Keimkraft von Samen wird zerstört. Auf Hautkrankheiten sollen sie heilend einwirken.

Nicht weniger merkwürdig sind die Erscheinungen, welche man unter den Namen induzierte Radioaktivität und Emanation des Radiums zusammengefaßt hat. Jeder Körper, in die Nähe eines Radiumsalzes gestellt, wird temporär radioaktiv, d. h. entsendet dieselben Strahlen wie Radium selbst;

diese induzierte Radioaktivität wird am besten beobachtet, wenn man ein Radiumsalz in einen geschlossenen Raum bringt. Die Wände des letzteren, sowie alle sich darin befindlichen Körper werden dann aktiv. Es sind nicht die Radiumstrahlen, welche dies bewirken; denn Radiumsalz in einem zugeschmolzenen Rohr entsendet wohl Strahlen, erregt jedoch keine Radioaktivität; vielmehr ist es, als ob vom Radium materielle Teilchen, oder Energiezentren ausgingen, welche dieselbe bedingt. Rutherford hat dies Emanation genannt. Diese Emanation verbreitet sich in der Umgebung wie ein Gas, und die induzierte Radioaktivität, welche die an der Emanation ausgesetzten Körper zeigen, wird auf Kosten dieser letzten erzeugt. Die aktivierende Energie der Emanation verringert sich fortwährend und verwandelt sich in strahlende Energie. Man hat also mit fortwährenden Energieumwandlungen zu tun; der Anfang ist die Energie unbekannter Natur, welche die Emanation erzeugt; das Ende sind die elektrischen und optischen Erscheinungen, welche die Radiumstrahlen erzeugen können.

Da die induzierten Körper Strahlen aussenden, welche identisch mit denen des Radiums selbst sind, so können letztere auch betrachtet werden als ein Umwandlungsprodukt der Emanation am Radium selbst.

Die Emanation verhält sich in manchen Hinsichten wie ein Gas; es diffundiert von einem Gefäß in ein anderes, wird von einem Gasstrom mitgeführt, läßt sich durch Abkühlung mit flüssiger Luft kondensieren; diese Kondensation erfolgt jedoch plötzlich bei einer ganz bestimmten Temperatur (– 151°); man kann dann das Gefäß luftleer pumpen, ohne die Emanation zu verflüchtigen. Diese Erscheinungen sind daher andere wie bei einem kondensierten Gas. Weder durch physikalische, noch durch chemische Angriffe wird die Emanation geändert; sie ist unempfindlich gegen Temperaturwechsel von – 180 bis 500°, wird nicht durch konzentrierte Säuren ode rLaugen absorbiert und kann ohne Veränderung zu erleiden über erhitztes Kupferoxyd geleitet werden. Dies erinnert an Verhalten der Gase von der Argongruppe. In der Tat haben Ramsay und Soddy gezeigt, daß die Emanation mit Helium im Zusammenhang steht, denn dieselbe kann dieses Element erzeugen, wie folgender Versuch lehrte: Der maximale Betrag der Emanation, der von 50 mg Radiumbromid erhalten wurde, wurde mittels eines Sauerstoffstromes in ein durch flüssige Luft gekühltes U-Rohr geleitet und dieses dann mit der Pumpe evakuiert. Die an das U-Rohr angeschmolzene Vakuumröhre zeigte nach Entfernung der flüssigen Luft keine Spur von Helium. Das Spektrum war anscheinend das eines unbekannten Elements — wahrscheinlich daß der Emanation. Nachdem das Rohr jedoch 4 Tage gestanden hatte, trat das Heliumspektrum auf. Dies erklärt, daß man in den radiumhaltigen Mineralien immer auch Helium aufgefunden hat.

Noch zu erwähnen ist die freiwillige Wärmeentwicklung, welche Radiumsalze zeigen; dieselbe ist ansehnlich: 1 g Radium entwickelt pro Stunde ungefähr 100 g-Kalorien; daher zeigen Radiumsalze eine höhere Temperatur als ihre Umgebung. Sogar bei Abkühlung mit flüssigem Wasserstoff (–253°) hat diese Wärmeentwicklung noch statt. Man erachtet es als möglich, daß die Energie der Sonne und der Fixsterne, sowie die Wärme des Erdinneren durch radioaktive Stoffe produziert wird. In der Tat hat eine Rechnung ergeben, daß die Gegenwart von 1 g Radium pro 1000 kg Sonnensubstanz genügen würde, um die gesamte Strahlung dieses Himmelskörpers zu erklären.

Woher diese Energieentwicklung des Radiums stammt, ist bisher ebenso rätselhaft wie manche andere der oben beschriebenen wundervollen Eigenschaften dieses Elements. Man konnte daran denken, daß die Umwandlung von Radium in Helium dieselbe bedingte; jedoch ist die Stoffmasse, die hierbei, sogar in längerer Zeit, in Frage kommt, äußerst gering, so daß die große Menge der produzierten Energie damit schwer vereinbar scheint. Schon jetzt hier auf andere Erklärungshypothesen einzugehen, ist verfrüht.

Außer Radium gibt es noch andere radioaktive Stoffe. Uran und Thorium sind schwach, Polonium und Aktinium, welche auch in der Pechblende vorkommen, stark aktiv. Erstgenanntes ist nahe mit Wismut, letztgenanntes mit Thorium und Cerium verwandt. Ihre Strahlungen haben viel Analogie mit denen des Radiums; Thor gibt auch eine Emanation, wiewohl sehr schwach und rasch abklingend in Intensität. Die elementare Natur von Polonium und Aktinium hat wegen ihres äußerst spärlichen Vorkommens noch nicht sichergestellt werden können. Erstgenannte Substanz entsendet nur α-Strahlen, gibt jedoch keine Emanation; Aktinium dagegen erzeugt stark induzierte Aktivität und gibt viel Emanation.

Weiter hat sich ergeben, daß Luft, welche lange Zeit in Kellern und Höhlen verweilt hat, eine mehr als normale Leitfähigkeit bekommt, was auf Radioaktivität zurückgeführt wird. Auch der Erdboden und Thermalquellen geben eine Emanation, welche mit der des Radiums identisch ist. Es ist wahrscheinlich, daß dieselbe aus den Tiefen der Erde stammt, wo sie von irgend welchen radioaktiven Substanzen entwickelt werden mag.

Mangan.

300. Mangan ist in der Natur sehr verbreitet; die wichtigsten seiner Mineralien sind der Braunstein oder Pyrolusit MnO_2, der Hausmannit Mn_3O_4 und der Manganspat $MnCO_3$.

Das Metall wird technisch nicht verwandt; es wird am besten nach der Methode von Goldschmidt durch Reduktion von Braunstein mit Aluminiumpulver erhalten, wobei ein schön glänzender Regulus resultiert. Es hat ein spez. Gewicht von 7·2—8·0 und schmilzt bei 1245°. Es oxydiert sich oberflächlich leicht an feuchter Luft, wodurch der Regulus Anlauffarben zeigt, und zersetzt Wasser in fein verteiltem Zustande bei Siedehitze; in Säuren löst es sich zu Oxydulsalzen auf.

Das Mangan bildet eine Reihe von Verbindungen: Die Manganoverbindungen vom Typus MnX_2, die Manganiverbindungen Mn_2X_3, die Mangansäure H_2MnO_4, welche man von einem Anhydrid MnO_3 ableiten kann; die Übermangansäure $HMnO_4$ vom Oxyd Mn_2O_7 herstammend. Vom Manganoxydul MnO leiten sich die meisten bekannten Salze dieses Elementes ab. Das Manganoxydul selbst, durch Erhitzen des Karbonats bei Luftabschluß bereitet, stellt ein amorphes grünes Pulver dar; an der Luft oxydiert es sich leicht zu Mn_3O_4. Manganhydroxyd $Mn(OH)_2$ ist — mittels

Alkali aus Salzlösungen frisch gefällt — weiß, färbt sich jedoch an der Luft durch Bildung von $Mn_2(OH)_6$ bald braun.

Die Lösungen der Manganoxydulsalze sind blaßrot (Farbe des Ions $Mn^{\cdot\cdot}$). Das Chlorür $MnCl_2$ kristallisiert mit $4H_2O$. Wasserfrei kann es durch Erhitzen des Doppelsalzes $MnCl_2 \cdot 2NH_4Cl + H_2O$ gewonnen werden, da die hierbei freiwerdende Salzsäure die hydrolytische Spaltung von $MnCl_2$ verhindert. Das Sulfat $MnSO_4$ kristallisiert unterhalb 6° mit $7H_2O$, oberhalb dieser Temperatur mit 5 aq. Es bildet Doppelsalze wie $K_2SO_4 \cdot MnSO_4$ 6 aq, wie sie ebenso vom Mg und Fe bekannt sind; sie sind mit letzteren isomorph.

Mangansulfür MnS besitzt charakteristische Fleischfarbe, welche keinem andern Sulfid eigen ist.

Wenn man zu der Lösung eines Mangansalzes Salmiak zugibt, fällt Ammoniak kein Hydroxyd mehr aus, weil sich ein komplexes Ion bildet. Dies wird jedoch durch den Sauerstoff der Luft leicht oxydiert, wobei sich braunes Manganihydroxyd abscheidet.

Das Mangani-Ion $Mn^{\cdot\cdot\cdot}$ hat nur schwache Baseneigenschaften; seine Salze sind in wäßriger Lösung nahezu vollständig hydrolytisch gespalten.

Manganoxyd Mn_2O_3 wird aus allen andern Oxyden durch Erhitzen im Sauerstoffstrom erhalten. Mit verdünnter Schwefelsäure behandelt, liefert es Manganosulfat und MnO_2, weshalb es wohl auch als $MnO \cdot MnO_2$ aufgefaßt wird. Das entsprechende Hydroxyd ist in kalter Salzsäure mit dunkelbrauner Farbe löslich; es ist nicht ausgemacht, ob diese Lösung Mn_2Cl_6 oder $MnCl_2 + MnCl_4$ enthält; beim Erwärmen gibt sie Chlor ab und geht in Chlorür über.

Manganoxydoxydul Mn_3O_4 oder $MnO \cdot Mn_2O_3$ wird durch starkes Glühen der andern Oxyde an der Luft erhalten, es ist ein braunrotes Pulver; beim Erhitzen mit Salzsäure entwickelt es Chlor.

Braunstein, Mangansuperoxyd MnO_2, das bekannteste Manganmineral, ist technisch von großer Wichtigkeit für die Chlorbereitung. Bei niedriger Temperatur löst es sich ohne Chlorentwicklung in Salzsäure zu einer sehr dunklen Flüssigkeit auf, die wahrscheinlich $MnCl_4$ enthält; bei höherer Temperatur entstehen $MnCl_2$ und Cl_2 (**25**).

Da der Braunstein relativ teuer ist, hat man auf mancherlei Art versucht, aus der bei der Darstellung von Chlor ablaufenden $MnCl_2$-Lösung Braunstein zurückzugewinnen. Eine der Methoden, die dafür in Gebrauch sind, ist die von WELDON. Hierbei wird der Manganchlorürlösung ein Überschuß von Kalkmilch zugesetzt und dann unter Erwärmen Luft durch die Flüssigkeit hindurchgepreßt. Das abgeschiedene Manganhydroxydul oxydiert sich und geht bei Gegenwart von Kalk in Ca-Manganit $CaMnO_3 = CaO \cdot MnO_2$ über, das als schwarze, schlammige Masse niedersinkt:

$$MnCl_2 + 2CaO + O = CaMnO_3 + CaCl_2.$$

Die Chlorcalciumlösung wird abgehoben und das Manganit zur Chlorerzeugung benutzt, da es sich gegen Salzsäure wie ein Gemisch von CaO und MnO_2 verhält.

Der Wert des Braunsteins ist nur von der Chlormenge abhängig, die er mit Salzsäure zu entwickeln vermag. Um diese zu bestimmen, wird das feingepulverte Mineral mit Salzsäure erwärmt und das freiwerdende Chlor in Jodkaliumlösung geleitet, wobei es die äquivalente Menge Jod frei macht. Dieses wird mit Thiosulfat titriert (**93**).

Mangansäure und Übermangansäure.

301. Beim Schmelzen der Manganverbindungen mit Kali an der Luft oder besser unter Zufügung eines Oxydationsmittels (Salpeter oder chlorsaures Kali) entsteht eine grüne Masse, die von kaltem Wasser mit dunkelgrüner Farbe gelöst wird. Beim Verdunsten dieser Lösung im Vakuum kristallisieren dunkelgrüne metallglänzende rhombische Prismen von Kaliummanganat K_2MnO_4, welche mit K_2CrO_4 isomorph sind. In Kali- oder Natronlauge sind sie unverändert löslich, werden jedoch durch Wasser unter Abscheidung von MnO_2 und Bildung von Kaliumpermanganat $KMnO_4$ zersetzt, wobei die Lösung intensiv violette Färbung annimmt:

$$3K_2MnO_4 + 3H_2O = 2KMnO_4 + MnO_2 \cdot H_2O + 4KOH.$$

Wegen dieses Farbenumschlages hat die Manganatlösung den Namen Chamaeleon minerale erhalten.

Sowohl in der Lösung eines Manganats wie in der eines Permanganats hat man ein Anion MnO_4; aber in der ersteren ist es zweiwertig, in letzterer einwertig. Dadurch sind die Eigenschaften dieser Ionen verschieden; das einwertige Ion MnO_4' ist intensiv violett und schließt sich nach seinem Verhalten dem Ion der Überchlorsäure an, während das zweiwertige MnO_4'' intensiv grün ist und Analogie mit dem Ion SO_4'' der Schwefelsäure zeigt. Das zweiwertige MnO_4'' ist nur in alkalischen Flüssigkeiten beständig; durch Wasser und noch leichter durch Säuren wird es in das einwertige umgewandelt:

$$3K_2MnO_4 + 4HNO_3 = 2KMnO_4 + MnO_2 + 4KNO_3 + 2H_2O$$

oder in an der Reaktion sich beteiligenden Ionen geschrieben:

$$3MnO_4'' + 4H^{\cdot} = 2MnO_4' + MnO_2 + 2H_2O.$$

Die Reaktion läuft, wie man sieht, darauf hinaus, daß die vier Wasserstoffionen Wasser bilden, indem sie einem zweiwertigen Anion MnO_4'' zwei Sauerstoffatome entziehen; dieses Anion wird dadurch zu MnO_2 reduziert. Von den vier negativen elektrischen Ladungen, welche nötig sind, um die vier positiven der H-Ionen zu neutralisieren, entstammen zwei diesem zu MnO_2 reduzierten Anion MnO_4'', die beiden andern werden zwei weiteren zweiwertigen Anionen MnO_4'' entnommen, welche dadurch einwertig werden.

Die Umwandlung von K-manganat in K-permanganat wird technisch u. a. dadurch bewirkt, daß Ozon in die konzentrierte Lösung des erstgenannten Salzes geleitet wird:

$$2\,K_2MnO_4 + O_3 = 2\,KMnO_4 + K_2O + O_2\,.$$

Das K-permanganat kristallisiert aus und die Mutterlauge kann ohne weiteres benutzt werden, um eine neue Quantität Pyrolusit in Manganat überzuführen.

Kaliumpermanganat $KMnO_4$ kristallisiert in metallisch schimmernden grünschwarzen rhombischen Prismen, die in Wasser leicht löslich sind und es intensiv violett färben. Es ist isomorph mit $KClO_4$. Die verdünnten Lösungen der übermangansauren Salze zeigen bei verschiedener Base sämtlich das gleiche Absorptionsspektrum, nämlich fünf dunkle Streifen im Gelb und Grün. Daraus geht hervor, daß wirklich das Ion MnO_4' der färbende Bestandteil ist.

Die Lösung des Kaliumpermanganats wirkt sehr kräftig oxydierend; in saurer Lösung geben $2\,KMnO_4$ fünf Sauerstoffatome ab:

$$2\,KMnO_4 + 3\,H_2SO_4 = K_2SO_4 + 2\,MnSO_4 + 3\,H_2O + 5\,O\,.$$

Um sich den quantitativen Verlauf der Reaktion zu vergegenwärtigen, kann man sich diesen Vorgang so vorstellen, als ob das Anhydrid der Übermangansäure Mn_2O_7 ($= 2\,HMnO_4 - H_2O$) dabei in zwei Moleküle basisches Oxyd $2\,MnO$ und 5 Sauerstoffatome überginge: $Mn_2O_7 = 2\,MnO + 5\,O$.

In neutraler oder alkalischer Lösung dagegen geben $2\,KMnO_4$ nur drei Sauerstoffatome ab, während sich zugleich Braunstein abscheidet (Übergang von Mn_2O_7 in $2\,MnO_2 + 3\,O$):

$$2\,KMnO_4 + H_2O = 2\,MnO_2 + 2\,KOH + 3\,O\,.$$

Da bei Oxydationen mit $KMnO_4$ in sauren Lösungen dessen intensive Farbe durch die sehr schwache des $MnSO_4$ ersetzt wird, kann man mit Permanganat in saurer Lösung Titrationen ohne Indikator ausführen. Ferrosulfat wird zu Ferrisulfat oxydiert; Oxalsäure liefert Kohlendioxyd und Wasser; salpetrige Säure geht in sehr verdünnter Lösung in Salpetersäure über (**126**); aus Wasserstoffsuperoxyd entstehen H_2O und gasförmiger Sauerstoff. Alle diese Prozesse verlaufen rasch und bereits bei gewöhnlicher Temperatur quantitativ; sie sind daher zur Titration geeignet.

Übermangansäure ist nur in wäßriger Lösung bekannt; ihr Anhydrid Mn_2O_7 läßt sich jedoch darstellen. Man erhält es durch vorsichtige Einwirkung von konzentrierter Schwefelsäure auf trockenes Permanganat; es ist eine flüchtige, braungrüne, ölige Flüssigkeit, deren Dampf leicht explodiert, wobei sich Sauerstoff und MnO_2 bilden.

Das Mangan nimmt im periodischen System eine isolierte Stellung ein; man kennt keine Elemente, welche sich daran anschließen, wie an das Chrom die Elemente Mo, W und U. Auch zeigt es nur in seiner höchsten Oxydationsstufe, der Übermangansäure, Ähnlichkeit mit der entsprechenden Chlorverbindung $HClO_4$. Die Salze dieser beiden Säuren sind isomorph und beide sind sehr kräftige Oxydationsmittel.

Eisen.

302. Eisen ist das nützlichste und verbreitetste aller Metalle und bildet mit der Kohle die Grundlage unsrer Industrie. Es findet sich nur selten gediegen (z. B. in Meteorsteinen), in Form seiner Oxyde, Sulfide und Silikate jedoch sehr häufig und in sehr großen Mengen. Für die Gewinnung sind die wichtigsten Erze: Magneteisenerz Fe_3O_4, Roteisenerz Fe_2O_3 und Eisenspat $FeCO_3$. Die Pyrite FeS_2 werden erst auf Eisen verarbeitet, nachdem sie in Schwefelsäurefabriken abgeröstet sind.

Der chemische Prozeß der Eisengewinnung ist einfach; er beruht auf dem Vermögen des Kohlenstoffes, bei höherer Temperatur die Oxyde des Eisens zu Metall zu reduzieren. Der Prozeß wird in hohen Gebläseschachtöfen (Hochöfen) ausgeführt (Fig. 77).

Die Eisenerze werden zuerst geröstet, um sie aufzulockern und flüchtige Stoffe (H_2O, CO_2, S, As usw.) daraus zu entfernen, darauf je nach ihrem Eisengehalt miteinander oder mit den nötigen schlackenbildenden Stoffen vermengt. Ist das Ganggestein reich an Kieselsäure oder Tonerde, so wählt man als „Zuschlag" Kalkstein und Dolomit, während umgekehrt bei kalk- und magnesiareichen Erzen Quarz oder Tonschiefer zugesetzt werden, um die notwendige Schlacken-(Silikat-)bildung zu bewirken. Das Gemenge wird in abgemessenen

Quantitäten schichtenweise abwechselnd mit Koks (seltener verwendet man Holzkohle oder Anthracit) durch die obere Öffnung des in Betrieb gesetzten Ofens aufgeschüttet. Die neueren Hochöfen sind aus feuerfesten Steinen und viel leichter als die älteren erbaut; sie bestehen in der Hauptsache aus einem kegelförmigen Raum (Schacht), der oben (an der Gicht) und unten (an der Rast bezw. an dem Gestell) schmal verläuft, wie die Figur 77 zeigt. Die für den Prozeß nötige hohe Temperatur wird mittels gepreßter, von unten eingeblasener Luft erzeugt. Um die kohlenoxydhaltigen Gase nicht ungenützt entweichen zu lassen, ist über dem Schacht eine Art Haube, der Gichtgasfang, angebracht. Kohlenoxyd entsteht durch Verbrennung der Kohle und vornehmlich dieses reduziert das Erz zu Metall:

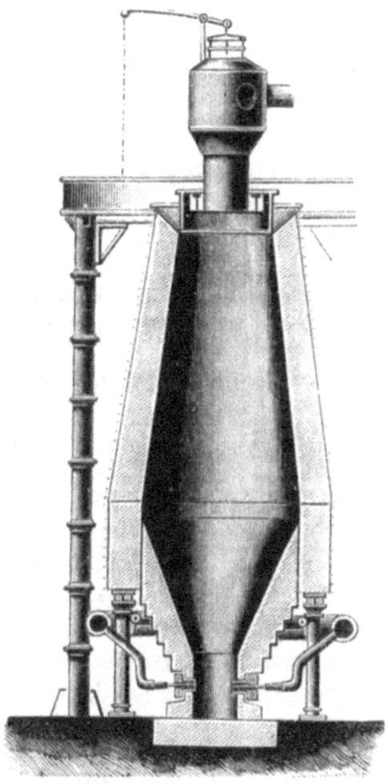
Fig. 77. Hochofen.

$$Fe_2O_3 + 3CO = 2Fe + 3CO_2.$$

Das reduzierte Eisen nimmt Kohlenstoff auf und erniedrigt dadurch seinen Schmelzpunkt. Es wird flüssig und sammelt sich unter der leichteren Schlacke an, die es gegen die oxydierende Einwirkung der Gebläseluft schützt. Zu bestimmten Zeiten wird die flüssige Masse durch das an der tiefsten Stelle befindliche Stichloch abgelassen („abgestochen") und in Sandformen geleitet.

Es ist mit Erfolg versucht worden, Eisen auf elektrischem Wege aus seinen Erzen zu gewinnen. Stassano berechnet auf Grund der Erzanalyse die Zuschläge, wobei die Schlacke möglichst die Formel $SiO_2 \cdot 4$ Basis erhalten soll, formt das feingepulverte Material mittels hydraulischer Pressen und Teer zu Briketts und erhitzt letztere in einem besonders konstruierten elektrischen Ofen.

303. Die abziehenden Hochofengase enthalten Kohlenoxyd in beträchtlicher Menge; eine bedeutende Wärmemenge, welche durch Verbrennung des CO zu gewinnen wäre, geht somit verloren. In der Meinung, daß diese unvollständige Reaktion durch eine ungenügende Berührung von Kohlenoxyd und Eisenoxyd verursacht werde, hat man die Abmessungen der Hochöfen vergrößert; in England hat man sogar solche bis zu 30 m Höhe gebaut. Das Verhältnis von Kohlenoxyd zu Kohlendioxyd in den entweichenden Gasen wird dadurch jedoch nicht verändert: dies beweist — eine Erfahrung, die große Summen gekostet hat —, daß die Reduktion von Eisenoxyd durch Kohlenoxyd eine begrenzte ist. Die Kenntnis der Gesetze vom chemischen Gleichgewicht würde viel schneller und vor allem viel billiger zu diesem Schlusse geführt haben. Diese Gesetze lehren nämlich:

1. Daß bei der Reduktion von Eisenoxyd durch Kohlenoxyd ein Gleichgewicht mit der Oxydation von Eisen durch Kohlendioxyd eintritt:

$$Fe_2O_3 + 3CO \rightleftarrows 2Fe + 3CO_2 .$$

2. Daß das Verhältnis $\frac{CO}{CO_2}$ unabhängig vom Druck sein muß, weil die Reaktion ohne Volumänderung vor sich geht (**51**).

3. Daß dies Verhältnis sich mit der Temperatur nur wenig ändert, weil bei der Reaktion nur wenig Wärme entwickelt wird.

Eine Laboratoriumuntersuchung, bei einigen Drucken und Temperaturen angestellt, würde genügt haben, um das Verhältnis $\frac{CO}{CO_2}$ zu bestimmen. Das Resultat, verglichen mit dem Verhältnis $\frac{CO}{CO_2}$ bei den Hochofengasen, hätte dann gezeigt, daß durch eine Vergrößerung der Abmessungen der Hochöfen nur wenig zu gewinnen war.

Die in dem Gichtgasfang aufgefangenen Hochofengase werden hauptsächlich in der Weise nutzbar gemacht, daß man sie zum Rösten der Erze, zur Dampfkesselheizung oder in „Winderhitzern" zum Vorwärmen der Gebläseluft verwendet. In neuerer Zeit hat man gefunden, daß es am vorteilhaftesten ist, die Hochofengase direkt zum Betrieb von Gasmotoren zu benutzen.

304. Die Eigenschaften des Eisens sind in hohem Grade von geringen Beimengungen, die es enthält, abhängig, in erster Linie von seinem Kohlenstoffgehalt. Nach letzterem richtet sich die übliche Einteilung der Eisensorten. Man unterscheidet:

1. Roheisen mit 2·3—5·1 % Kohlenstoff; es schmilzt leicht ohne vorausgehende Erweichung und ist daher nicht schmiedbar; es ist hart und spröde. Roheisen (im umgeschmolzenen Zustand Gußeisen genannt) ist das Eisen, wie es aus dem Hochofen fließt; es ist daher noch mit kleinen Mengen Si, P, S usw. verunreinigt. Bei einem Gehalt von Mangan wird es grobkristallinisch und heißt dann Spiegeleisen; dieses wird nur auf Stahl und Schmiedeeisen verarbeitet.

2. Schmiedbares Eisen mit weniger als 2·3% Kohlenstoff ist schwer schmelzbar, aber hämmer- und schmiedbar, um so mehr, je weniger Beimengungen es enthält. Beträgt der Kohlenstoffgehalt 2·3—0·5%, so kann man glühendes Eisen durch plötzliches Abkühlen härten; auf diese Weise erhält man den Stahl. Eisen mit weniger als 0·5% Kohlenstoff ist nicht mehr härtbar; dies ist das Schmiedeeisen. Zwischen diesen Hauptklassen liegen zahlreiche Zwischenstufen, welche nach der Beschaffenheit des dargestellten Produkts bezeichnet werden.

Die große technische Bedeutung des Systems Eisen-Kohlenstoff ist die Veranlassung zu dessen eingehender Untersuchung gewesen; in erster Linie sind hier die Forschungen von Roberts-Austen und von Roozeboom zu erwähnen.

Man unterscheidet jetzt folgende einzelne Bestandteile:

1. Ferrit oder chemisch reines Eisen; 2. Martensit (gehärteter Stahl), eine feste Lösung von Kohlenstoff im Eisen (**260**); 3. Cementit (das technisch weiße Roheisen), eine Eisen-Kohlenstoffverbindung von der Formel Fe_3C; 4. Perlit, kohlenstoffhaltiges Eisen von nicht homogener Struktur, aber trotzdem von konstanter Zusammensetzung (eutektisches Gemisch von Ferrit und Cementit).

Um den genetischen Zusammenhang dieser Bestandteile zu verstehen, muß man auf die Betrachtungen in **237**, den eutektischen Punkt betreffend, zurückgreifen. Wenn man zu einem Stoff *a* steigende Mengen einer Substanz *b* fügt, ist der normale Verlauf der Gefrierpunktskurve dieser Mischungen wie folgt: Anfänglich wird der Gefrierpunkt *A* dadurch erniedrigt; in der graphischen Darstellung (Fig. 78) geht man also längs der Kurve *A E* nach unten. Was sich entlang dieser Kurve beim Gefrierpunkt ausscheidet, ist die reine Substanz *a*. Beim weiteren Hinzufügen von *b* erreicht man den Punkt *E*, den eutektischen Punkt; hier scheidet sich aus der Schmelze ein Gemisch von *a* und *b* aus und die ganze Masse erstarrt, als ob man es mit einer einheitlichen Substanz zu tun hätte. Wird nun noch mehr *b* zugesetzt, so steigt der Erstarrungspunkt, so daß man sich längs der Kurve *EB* bewegt, bis in *B* der Schmelzpunkt der reinen Substanz *b* erreicht wird. Wenn man nun für *a* Eisen, für *b* Kohlenstoff setzt, so würde bei normalem Verlauf die Erstarrungskurve wie oben beschrieben aussehen müssen; *A* würde den Schmelzpunkt des Eisens, *B* den des Kohlentsoffes darstellen.

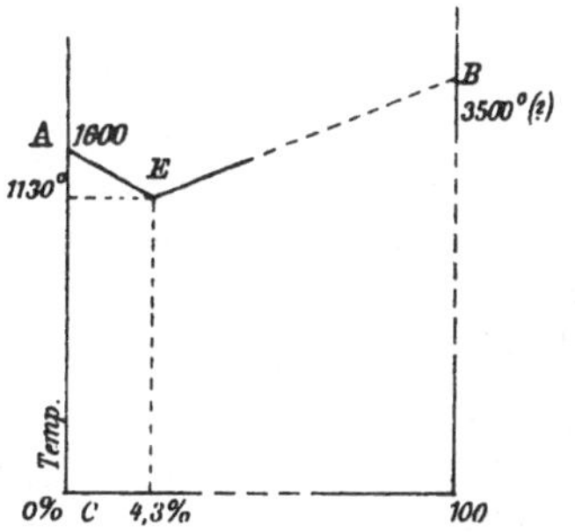

Fig. 78. Gefrierpunktskurve.

Zwei Umstände machen jedoch den Verlauf für das System Eisen-Kohlenstoff viel komplizierter. Erstens scheidet sich aus der geschmolzenen Masse kein reines Eisen, sondern Martensit ab; zweitens finden auch in der schon völlig erstarrten Masse, bei weiterer Abkühlung, noch weitere Umwandlungen statt.

Was den ersten Umstand anbelangt, so scheidet sich im eutektischen Punkt, der bei 1130° liegt und bei 4·3% Kohlenstoff, kein reines Eisen neben Kohlenstoff, sondern Martensit (mit ca. 2% C) und Kohlenstoff in der Form von Graphit aus. Auch längs *A E* setzt sich Martensit ab. Nähert man sich *E* längs *B E*, so scheidet sich Graphit aus, bis in *E* selbst wieder Graphit neben Martensit auskristallisiert.

Die zweite Ursache der Komplikation besteht darin, daß das eutektische (feste) Gemisch mit 4·3% C nicht erhalten werden kann, weil es sich sowohl bei langsamer wie bei rascher Abkühlung ganz oder zum Teil umsetzt. Bis 1000° besteht diese Umsetzung lediglich darin, daß das Martensit ein wenig Kohlenstoff ausscheidet, wodurch der Gehalt an Kohlenstoff dieser festen Lösung von ca. 2·6% bis ca. 1·8% sinkt. Bei 1000° findet jedoch eine eingreifendere Änderung statt, nämlich die Bildung von Cementit Fe_3C. Der Kohlenstoff geht aus fester Lösung in chemische Bindung über.

Unterhalb 1000° besteht also das System aus einem Konglomerat von Martensit und Cementit, wozu sich eventuell noch Graphit fügen kann.

Bei 690° endlich findet die letzte, bisher sicher bekannte, Umwandlung statt. Durch die Bildung von Cementit ist der Kohlenstoffgehalt des Martensits auf 0·85% erniedrigt; die feste Lösung fängt jetzt an, reines Eisen (Ferrit) auszuscheiden; auch bildet sich Cementit Fe_3C; die Umwandlung des Martensits in diese zwei Körper ist vollständig. Das so erzeugte Gemisch heißt Perlit.

Aus dem Vorhergehenden ergibt sich, daß bei langsamer Abkühlung das Martensit ganz verschwindet. Kühlt man jedoch rasch ab, wie es beim Härten von Stahl geschieht, so kann Martensit auch bei gewöhnlicher Temperatur bestehen bleiben, wiewohl in metastabilem Zustand; seine Umwandlungsgeschwindigkeit ist jetzt äußerst gering geworden. Erhitzt man den gehärteten Stahl wieder, so verwandelt er sich teilweise in das weiche Konglomerat von Ferrit und Cementit; dies geschieht beim „Anlassen" des Stahles (S. 407).

Kleine Beimengungen anderer Elemente üben einen nicht weniger großen Einfluß auf die Eigenschaften des Eisens aus. Eine Beimengung von Silicium hat ungefähr denselben Einfluß wie eine solche von Kohlenstoff, wirkt aber weniger intensiv. Schwefel macht schon in kleiner Menge das Eisen in der Hitze spröde, daher zum Schmieden unbrauchbar. Deshalb sind auch schwefelhaltige Erze als solche für die Eisenerzeugung nicht geeignet. Phosphor macht das Eisen bei gewöhnlicher Temperatur spröde. Allgemein muß ferner noch bemerkt werden, daß der Einfluß der Beimengungen durch deren gleichzeitige Anwesenheit nebeneinander stark modifiziert wird.

305. Aus dem Roheisen, wie es aus dem Hochofen abläuft, werden die andern Eisensorten dargestellt. Es muß zu diesem Zwecke von Si, S, P u. a. sowie auch von einem großen Teile seines Kohlenstoffgehaltes befreit werden. Der technische Prozeß, durch den dies am besten erreicht wird, ist der von Bessemer. Man bringt geschmolzenes Roheisen in birnförmige, bewegliche Apparate Konverter, Fig. 79), in deren Boden sich Kanäle (xx_1) befinden, durch welche gepreßte Luft durch das flüssige Eisen geblasen wird. Dabei wird ohne Anwendung von Brennmaterial durch die Oxydation des Si, Mn und ein wenig Fe die Temperatur hoch genug getrieben, um auch die Verbrennung des Kohlenstoffes zu ermöglichen. Der Bessemerprozeß verläuft am sichersten, wenn man die Entkohlung nicht nur fortsetzt, bis gerade schmiedbares Eisen entsteht, sondern wenn man durch Zufügung von flüssigem Spiegeleisen den Prozeß so weit treibt, bis ein Produkt von bestimmtem Kohlenstoffgehalt und zwar Schmiedeeisen (vgl. oben) oder Stahl sich ergibt. Nach Beendigung des Prozesses wird die Birne durch Umkippen entleert.

Ein Mangel des Bessemerprozesses in seiner ursprünglichen Form war, daß der Phosphorgehalt nicht genügend entfernt werden konnte. Die geringe Menge Phosphor, welche zugegen ist, könnte zwar verbrennen, sie wird aber durch die große Masse geschmolzenen Eisens wieder reduziert und zu Eisenphosphür zurückgebildet. Durch eine von THOMAS und GILCHRIST erfundene Verbesserung ist dieser Übelstand beseitigt worden. Die Auskleidung des Konverters (*abcdf* in Fig. 79) bestand anfänglich aus feuerfesten, einen starken Gehalt an Kieselsäure enthaltenden Steinen. Diese saure Fütterung des Konverters ist durch eine basische, bestehend aus Lehm und Kieselsäure gemischt mit Kalk und Magnesia, ersetzt worden; dazu wird noch gebrannter Kalkstein in die Birne gebracht. Das entstehende P_2O_5 wird an CaO und MgO gebunden und die Phosphate werden durch das geschmolzene Eisen nicht mehr reduziert. Die dabei entstehende phosphorsäurereiche Schlacke kommt gemahlen unter dem Namen Thomasphosphatmehl in großen Mengen als Düngemittel in den Handel.

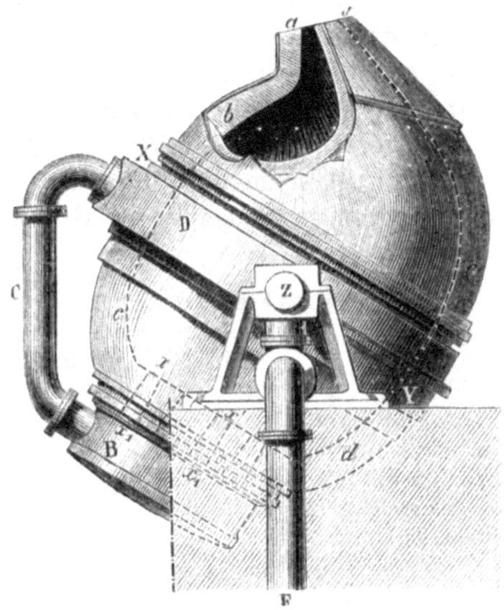

Fig. 79. Bessemerbirne (Konverter).

Die Verwendbarkeit des Eisens für bestimmte Zwecke hat man zu erhöhen gesucht, indem man demselben kleine Mengen anderer Metalle beimischte. Von den vielen Versuchen, die man in dieser Hinsicht ausgeführt hat, sei nur noch einiges wenige mitgeteilt. Die größte Härte des Stahles wird bei einem Kohlenstoffgehalt von 1—2 % erreicht. Setzt man jedoch Mangan (bis 8 %) oder Chrom (bis 1 %) zu, so wird die Härte noch beträchtlich erhöht. Durch den Zusatz von Nickel oder Aluminium wird das Schmiedeeisen leichter schmiedbar und elastischer; Nickel wird bis zu 3 % zugesetzt. Über den Zusatz von Wolfram vgl. **297.**

Auch durch die Art und Weise der Behandlung kann man einen großen Einfluß auf die Eigenschaften des Eisens ausüben. Stahl z. B. wird sehr hart und spröde, wenn er in glühendem Zustande plötzlich abgekühlt wird. Durch Anlassen (Ausglühen) kann man ihn alsdann auf einen gewünschten Härtezustand zurückführen. Je stärker man ihn anläßt, um so weicher wird der Stahl.

Chemisch reines Eisen erhält man durch Reduktion des Oxyds oder Chlorürs in einem Wasserstoffstrom; erfolgt die Reduktion bei niedriger Temperatur, so ist das gebildete Pulver pyrophorisch (**203**). Es ist ein silberweißes, glänzendes Metall, spezifisches Gewicht 7·84. In reinem Zustande schmilzt es erst bei 1600°. Es hat stärkere magnetische Eigenschaften als irgend ein anderes Metall; das reine Eisen, auch das Schmiedeeisen, kann nur vorübergehend, Stahl dagegen dauernd magnetisch gemacht werden. In trockner Luft oder in luftfreiem (CO_2-freiem) Wasser ist es unveränderlich. An feuchter Luft rostet es schnell (**280**); es entsteht Eisenoxydhydrat, aber nicht als dünne zusammenhängende Schicht; dadurch frist sich der Rost stets weiter.

Das Rosten des Eisens wird sehr verzögert, wenn man das Eisen unter Wasser bringt, in dem ein wenig Alkali oder alkalisch reagierende Salze aufgelöst sind. In Sodalösung z. B. bleibt Eisen fortdauernd blank. — Daß Eisen in Berührung mit Wasser rostet, kann durch die Annahme erklärt werden, daß der im Wasser aufgelöste Sauerstoff mit den Wasserstoffionen Hydroxylionen zu bilden trachtet. Um deren negative Ladung zu kompensieren, sendet das Eisen seine positiven Ionen in die Lösung; bald ist infolge davon das Löslichkeitsprodukt des Eisenoxyds erreicht und dieses scheidet sich ab; mit andren Worten: es ist Rost entstanden.

Bringt man jedoch vorher Hydroxylionen in die Flüssigkeit, durch den Zusatz einer Base oder eines alkalisch reagierenden Salzes, so ist durch deren Anwesenheit die Ionisation des Wassers selbst erheblich zurückgedrängt; der Sauerstoff findet nun fast gar keine H-Ionen vor, mit denen er OH-Ionen bilden kann, so daß das Eisen auch keine weiteren Ionen mehr in die Flüssigkeit entsendet (**276**, **277**); die Rostbildung ist dadurch verhindert.

In Salzsäure und Schwefelsäure ist Eisen unter Wasserstoffentwicklung leicht löslich; bei Rotglut zersetzt es Wasser, umgekehrt wird aber auch Oxyd durch Wasserstoff reduziert, so daß ein Gleichgewichtszustand eintritt:

$$3Fe + 4H_2O \rightleftarrows Fe_3O_4 + 4H_2.$$

Von nicht zu konzentrierter Salpetersäure wird das Eisen unter Entwicklung von NO gelöst; taucht man Eisen jedoch in Salpetersäure vom spez. Gewicht 1·4 ein und spült es dann mit Wasser ab, so wird es von Salpetersäure nicht mehr angegriffen. Über die Ursache dieser sog. „Passivität“ des Eisens herrscht noch Meinungsverschiedenheit.

Das Eisen bildet zwei Reihen von Salzen, welche sich vom Eisenoxydul FeO und vom Eisenoxyd Fe_2O_3 ableiten.

Oxydulverbindungen.

306. In der Oxydulform hat das Eisen nur basische Eigenschaften.

Eisenoxydul FeO erhält man durch Reduktion des Oxyds mit Kohlenoxyd; es ist ein schwarzes Pulver, welches sich beim Erwärmen leicht oxydiert. Ferrohydroxyd $Fe(OH)_2$ fällt aus Ferrosalzlösungen auf Zusatz von Alkali grünlichweiß gelatinös nieder; es oxydiert sich an der Luft sehr schnell zu Ferrihydroxyd.

Ferrochlorid $FeCl_2$ entsteht beim Lösen von Eisen in Salzsäure; es kristallisiert hieraus mit $4H_2O$ in grünen monoklinen Prismen. Das wasserfreie Salz erhält man als weiße sublimierbare Masse, wenn Eisen in trocknem Salzsäuregas erhitzt wird. Mit Chlorkalium und Chlorammonium bildet das Eisenchlorür gut kristallisierende Doppelsalze, z. B. $FeCl_2 \cdot 2KCl + 2H_2O$.

Ferrosulfat $FeSO_4 \cdot 7H_2O$, Eisenvitriol ist das bekannteste Ferrosalz. Technisch wird es gewonnen durch partielles Rösten von FeS_2, wodurch FeS entsteht; letzteres läßt man an der Luft liegen; hierbei oxydiert es sich zu $FeSO_4$, welches ausgelaugt wird. Es kristallisiert in großen, hellgrünen, monoklinen Prismen, die an der Luft ein wenig verwittern und sich zugleich mit einer braunen Schicht von basischem Ferrisulfat bedecken. Dies erfolgt viel langsamer bei den Doppelsalzen wie $FeSO_4 \cdot (NH_4)_2SO_4 \cdot 6aq$, Mohrsches Salz genannt; man bedient sich deshalb dieses Salzes häufig, um Permanganatlösung einzustellen (**301**). Eisenvitriol findet zahlreiche technische Verwendungen, so zur Tintenfabrikation, in der Färberei, zu Desinfektionszwecken (es bindet sowohl Ammoniak wie Schwefelwasserstoff und wird deshalb benutzt, um üble Gerüche zu beseitigen), in der Landwirtschaft (um Moos zwischen dem Gras auszurotten) usw.

Ferrokarbonat ist in kohlensäurehaltigem Wasser ein wenig löslich und wird daher oft in natürlichem Wasser angetroffen (**17**). Das aus einer Ferrolösung durch Na_2CO_3 gefällte basische Karbonat oxydiert sich an der Luft rasch zu Ferrihydroxyd. Letzteres scheidet sich auch aus den Stahlwässern nach einiger Zeit ab, wenn diese an der Luft stehen bleiben. $FeCO_3$ ist nur als Mineral (**302**) bekannt.

Oxydverbindungen.

307. Das Ferri-Ion hat nur sehr schwach basische Eigenschaften. Salze von schwachen Säuren, wie z. B. Kohlensäure, existieren nicht.

In wäßriger Lösung sind seine meisten Salze, auch die mit starken Säuren, teilweise hydrolytisch gespalten. Sie sind dadurch braunrot, da dies die Farbe von Ferrihydroxyd in kolloidaler Lösung ist. Setzt man einen Überschuß von Schwefelsäure oder Salpetersäure hinzu, so verschwindet diese Farbe, weil nun die hydrolytische Spaltung nicht mehr besteht. Daraus geht hervor, daß das Ferri-Ion selbst seine wäßrige Lösung nur sehr schwach färbt. Durch Reduktionsmittel werden sie die Salze leicht in Ferrosalze übergeführt.

Ferrioxyd Fe_2O_3 entsteht beim Glühen verschiedener Eisenverbindungen an der Luft und wird im großen durch Erhitzen von Eisenvitriol dargestellt. Es ist ein dunkelrotes Pulver, das als Farbstoff und zum Polieren von Glas usw. Verwendung findet.

Ferrihydroxyd fällt als rotbraunes Hydrogel $Fe_2O_3 \cdot nH_2O$ nieder, wenn man die Lösung eines Ferrisalzes mit Alkali versetzt. Das frisch gefällte Hydrogel löst sich in einer Lösung von Ferrichlorid oder Acetat. Wird diese Lösung dialysiert, so erhält man zuletzt eine reine kolloidale Lösung des Hydroxyds; hieraus wird durch geringe Mengen von Alkali oder Säuren das Hydrogel wieder abgeschieden.

Eisenoxyduloxyd Fe_3O_4 kommt als Magneteisenstein in der Natur vor; es entsteht beim Erhitzen von Eisen in Wasserdampf (**305**).

Eisenchlorid wird gewonnen, indem man in eine Lösung von Ferrochlorid Chlor einleitet. Es kristallisiert bei verschiedenen Temperaturen mit verschiedenen Mengen Kristallwasser. Beim Erhitzen des Salzes entweicht mit dem Kristallwasser auch Salzsäure. Wasserfrei kann es jedoch durch Erhitzen von Eisen im trocknen Chlorstrom erhalten werden. Zwischen 320—440° kommt die Dampfdichte der für Fe_2Cl_6 berechneten sehr nahe; zwischen 750—1050° fällt sie auf die Hälfte, was einem Zerfall des Moleküls zugeschrieben werden muß.

Die gelbrote Farbe der wäßrigen Lösung von Eisenchlorid muß größtenteils den nichtionisierten Molekülen $FeCl_3$ zugeschrieben werden; denn auch in Äther (worin keine Ionisation auftritt) löst sich das Salz mit dieser Farbe. Für einen geringeren Teil rührt jene Farbe auch vom Ferrihydroxyd her, welches durch Hydrolyse gebildet ist. Diese nimmt beim Erwärmen der verdünnten Lösung zu; denn eine sehr verdünnte, nahezu farblose Lösung von Eisenchlorid wird beim Kochen rotbraun. Beim Abkühlen kehrt die ursprüngliche Farbe allmählich zurück.

Ferrisulfat durch Auflösen von Eisenoxyd in Schwefelsäure

erhältlich, bildet Alaune, z. B. Kaliumeisenalaun $K_2SO_4 \cdot Fe_2(SO_4)_3 + 24\,H_2O$.

Wenn in wäßriger Lösung ein Ferro- in ein Ferrisalz übergeht, wird das zweiwertige Ferro- in dreiwertiges Ferri-Ion verwandelt. Die Wirkung des Sauerstoffes, welcher für die Überführung des Oxydulsalzes in das Oxydsalz nötig ist, kommt also darauf hinaus, daß die Wasserstoffionen der zugesetzten Säure zu Wasser oxydiert werden, also verschwinden, wogegen die Eisenionen eine Ladung mehr erhalten:

$$\underset{\text{Eisenchlorür}}{2(\dot{\dot{Fe}} + 2\,Cl')} + \underset{\text{Salzsäure}}{2(\dot{H} + Cl')} + O = \underset{\text{Eisenchlorid}}{2(\dot{\dot{\dot{Fe}}} + 3\,Cl')} + H_2O.$$

Umgekehrt kommt die Reduktion von Ferri- zu Ferrosalzen darauf hinaus, daß jedes Ferri-Ion ein Drittel seiner Ladung an ein anderes Atom abgibt und dies dadurch zum Ion macht oder es in den elektrisch neutralen Zustand überführt (**200**).

Vom Eisen sind auch Verbindungen bekannt, welche sich von dem noch nicht isolierten Oxyd FeO_3 ableiten. Man erhält dieselben, wenn man Eisenfeile mit Salpeter erhitzt oder Chlor in eine alkalische Suspension des Eisenoxyd-Hydrogels leitet. Aus einer solchen Lösung kristallisiert Kaliumferrat K_2FeO_4 in dunkelroten Prismen, die isomorph mit Kaliumchromat und -sulfat sind. Diese Kristalle sind in Wasser leicht löslich; die dunkelrote Lösung zersetzt sich jedoch bald unter Abscheidung von Ferrihydroxyd und Entwicklung von Sauerstoff. Die freie Eisensäure ist nicht bekannt.

308. Das Eisen bildet mit dem Cyan besonders beständige komplexe Anionen; diese sind das Ferrocyan $FeCy_6''''$ und Ferricyanion $FeCy_6'''$, deren am meisten bekannte Salze das gelbe $K_4FeCy_6 \cdot 3\,H_2O$ und das rote K_3FeCy_6 Blutlaugensalz sind. Die Ionisation dieser komplexen Ionen selber ist so gering, daß sie keine einzige der gewöhnlichen Eisenreaktionen geben.

Für die technische Darstellung von gelbem Blutlaugensalz sind zwei Prozesse in Gebrauch. Bei dem einen werden tierische Abfälle (wie getrocknetes Blut usw.) benutzt; diese werden verkohlt, wobei eine schwarze, stark stickstoffhaltige Masse entsteht, welche mit Pottasche und Eisenfeile erhitzt wird. Nach dem Abkühlen wird heißes Wasser zugegeben und filtriert; aus dem Filtrat kristallisiert das gelbe Blutlaugensalz. Dieses bildet sich erst bei der Behandlung der erhitzten Masse mit Wasser, denn es zersetzt sich bei hoher Temperatur, kann also in derselben noch nicht vorhanden sein. Dieselbe enthält Cyankalium, Eisen und Schwefeleisen; dieses letztere ist durch den Schwefel entstanden, welches in tierischen Stoffen anwesend ist. Die drei genannten Stoffe wirken nun in folgender Weise aufeinander ein:

$$6\,KCy + FeS = K_4FeCy_6 + K_2S\,;$$

$$2\,KCy + Fe + H_2O = FeCy_2 + 2\,KOH + H_2\,;\ FeCy_2 + 4\,KCy = K_4(FeCy_6).$$

Der zweite Prozeß benutzt als Grundstoff das rohe Leuchtgas, welches ein wenig Blausäure enthält. Nachdem es von Teer befreit ist, läßt man es durch einen Waschapparat (Scrubber) passieren, welcher eine Pottaschelösung enthält, in welcher Ferrokarbonat (basisches) suspendiert ist. Hierbei spielen sich unter anderm folgende Reaktionen ab:

$$FeCO_3 + 2HCy \rightleftarrows FeCy_2 + H_2O + CO_2$$

$$K_2CO_3 + 2HCy \rightleftarrows 2KCy + H_2O + CO_2.$$

Ungeachtet, daß diese Reaktionen umkehrbar sind, läßt sich in dieser Weise die Blausäure doch quantitativ festlegen, weil $FeCy_2$ und KCy miteinander gelbes Blutlaugensalz bilden, welches durch Kohlendioxyd sehr wenig angegriffen wird.

Gelbes Blutlaugensalz $K_4FeCy \cdot 3H_2O$ kristallisiert in großen schwefelgelben Kristallen; seine drei Moleküle Kristallwasser können durch gelindes Erwärmen ausgetrieben werden; es stellt dann ein weißes Pulver dar. Es ist nicht giftig. Verdünnte Schwefelsäure entwickelt daraus beim Erwärmen Blausäure, konzentrierte Kohlenoxyd.

Die freie Ferrocyanwasserstoffsäure H_4FeCy_6 fällt als weißer kristallinischer Niederschlag aus, wenn man zu einer starken Lösung von gelbem Blutlaugensalz konzentrierte Salzsäure zugibt. Durch Bildung von Berliner Blau (also durch teilweise Zersetzung) wird der Niederschlag an der Luft bald blau. Verschiedene Salze dieser Säure sind charakteristisch gefärbt und unlöslich. Deshalb findet das gelbe Blutlaugensalz in der Analyse Verwendung, und zwar kann merkwürdigerweise diese selbst eisenhaltige Verbindung als Reagens auf Ferro- und Ferriverbindungen dienen. Das Ferrosalz der Ferrocyanwasserstoffsäure ist weiß, geht aber in Berührung mit Luft äußerst leicht in das blaue Ferrisalz (Berliner Blau) über. Das Kupfersalz ist braunrot, das Zinksalz weiß usw.

Nitroprussidnatrium $Na_2FeCy_5(NO) + 2H_2O$ entsteht durch Einwirkung von Salpetersäure auf Ferrocyannatrium; es kristallisiert in rubinroten Prismen und ist ein empfindliches Reagens auf Alkalisulfide, deren Lösungen es violett färbt.

Rotes Blutlaugensalz K_3FeCy_6 entsteht aus gelbem Blutlaugensalz durch Behandlung von dessen Lösung mit Chlor oder Brom:

$$K_4FeCy_6 + Cl = KCl + K_3FeCy_6.$$

Es kristallisiert in dunkelroten Prismen, die in Wasser leicht löslich sind. Die wäßrige Lösung ist unbeständig. Es wird manchmal als Oxydationsmittel in alkalischer Lösung gebraucht, wobei es in gelbes Blutlaugensalz übergeht:

$$2K_3FeCy_6 + 2KOH = 2K_4FeCy_6 + H_2O + O.$$

Sehr merkwürdig sind die Verbindungen des Eisens mit Kohlenoxyd $Fe(CO)_4$, $Fe(CO)_5$. Dieselben entstehen, wenn Kohlenoxyd bei 80° über feinverteiltes Eisen geleitet wird, oder schon bei gewöhnlicher Temperatur, wenn das Gas unter Druck mit Eisen in Berührung ist. Eiserne Gefäße, in denen komprimiertes Leuchtgas aufbewahrt wird, werden auf die Dauer von dem Kohlenoxyd des Gases angegriffen; denn läßt man Leuchtgas, welches einige Zeit in einem solchen Gefäß aufbewahrt ist, durch ein erhitztes Glasrohr ausströmen, so bildet sich an dessen Innenwand ein Eisenspiegel.

Kobalt und Nickel.

Kobalt.

309. Die beiden bekanntesten Mineralien dieses Metalles sind der Speiskobalt $CoAs_2$ und der Glanzkobalt CoAsS. Kobalt wird daraus gewonnen, indem man sie zunächst röstet und so von Schwefel und Arsen möglichst befreit; das entstandene Kobaltoxydoxydul Co_3O_4 wird durch Kohlenstoff (oder Wasserstoff) reduziert. Kobalt ist silberweiß mit einem Stich ins Rötliche und stark glänzend; spez. Gewicht 8·9; er ist magnetisch, aber viel schwächer als das Eisen. Von feuchter Luft wird er nicht angegriffen. Salzsäure und Schwefelsäure lösen ihn langsam; mit Salpetersäure bildet er sehr leicht ein Nitrat.

Außer Co_3O_4 sind noch zwei Oxyde bekannt, nämlich das Oxydul CoO und das Oxyd Co_2O_3; beide können Salze geben, die sich jedoch hauptsächlich von dem zweiwertigen Ion Co ableiten.

Oxydulverbindungen des Kobalts.

Die Lösung der Salze ist rot; also ist dies die Farbe des Kobaltions. Die nicht ionisierten Kobaltsalze sind blau, z. B. das wasserfreie $CoCl_2$, das Silikat u. a. An dieser verschiedenen Färbung kann man leicht erkennen, ob Kobaltsalze in Lösung ionisiert sind oder nicht. In konzentrierter Lösung z. B. wird durch alle Umstände, welche die Ionisation verringern, die rote Farbe in die blaue umgewandelt, so wenn zu einer konzentrierten Lösung von $CoCl_2$ konzentrierte Salzsäure zugefügt wird, oder wenn die Lösung erwärmt wird; daß durch letzteres die Ionisation verringert werden kann, wurde bereits beim Kupferchlorid (**244**) bemerkt.

Kobaltchlorür $CoCl_2 \cdot 6H_2O$ bildet rote monokline Kristalle, welche durch Wasserverlust beim Erhitzen blau werden. — Kobaltsulfat $CoSO_4 \cdot 7H_2O$ bildet dunkelrote monokline Prismen, ist isomorph mit $FeSO_4 \cdot 7H_2O$ und gibt Doppelsalze mit Alkalisulfaten $K_2SO_4 \cdot CoSO_4 \cdot 6H_2O$. — Kobaltnitrat $Co(NO_3)_2 \cdot 6H_2O$ bildet rote hygroskopische Prismen. — Kobaltsilikat ist intensiv blau und wird deshalb beim Blaufärben von Glas benutzt. – Feingepulvertes Kobaltsilikat dient als Malerfarbe („Smalte"). Unter Thénards Blau versteht man eine blaue Farbe, die durch Glühen von Kobaltsalzen mit Al_2O_3 gewonnen wird.

Oxydverbindungen.

310. Kobaltoxyd Co_2O_3 wird durch Glühen von Kobaltnitrat als schwarzes Pulver erhalten, welches bei Rotglut in Kobaltoxydoxydul Co_3O_4 übergeht und bei Weißglühhitze CoO gibt. Es hat den Charakter eines Superoxyds; denn durch Schwefelsäure wird es unter Sauerstoffentwicklung in Kobaltosalz verwandelt und entwickelt mit Salzsäure Chlor. In kalter verdünnter Salzsäure löst es sich jedoch fast ohne Chlorentwicklung auf.

Auch der Kobalt bildet — wie das Eisen — komplexe Ionen, von denen die mit Cyan sehr beständig sind. Man kennt Salze, welche nach ihrer Zusammensetzung dem gelben und roten Blutlaugensalz entsprechen; das Salz K_3CoCy_6 kristallisiert in farblosen rhombischen Prismen. Ein eigentümliches komplexes Ion kommt in dem Kobaltkaliumnitrit $6KNO_2 \cdot Co_2(NO_2)_6 \cdot nH_2O$ oder $K_3 \cdot Co(NO_2)_6 \cdot nH_2O$ vor. Es entsteht, wenn zu der Lösung eines Kobaltsalzes Kaliumnitrit und Essigsäure zugesetzt werden. Es ist ein gelber kristallinischer Niederschlag, der bei Gegenwart überschüssiger Kaliumionen in der Flüssigkeit sehr wenig löslich ist.

Auch mit Ammoniak bildet Kobalt viele komplexe Ionen (**317**).

Nickel.

311. Nickel kommt gebunden als Kupfernickel NiAs und Nickelglanz NiAsS vor. Überaus wichtig ist das Nickelsilikat Garnierit, $2(Ni,Mg)Si_4O_{13} \cdot 2aq$, welches in Neukaledonien von Garnier entdeckt worden ist, wo es in großen Mengen vorkommt. Aus diesem Erz wird das Nickel mittels einer Art von Hochofenprozeß gewonnen. Seit der Entdeckung des Garnierits hat sich die Nickelindustrie außerordentlich entwickelt.

Nickel ist fast silberweiß (mit einem Stich ins Gelbliche) und sehr zäh. Spez. Gewicht 8·8 – 9·1; schwach magnetisch. In Salzsäure und Schwefelsäure ist es schwer, in Salpetersäure leicht löslich. An der Luft verändert es sich nicht.

Verwendet wird es zum Überziehen anderer Metalle (Vernickeln); namentlich in der Galvanoplastik und zur Darstellung verschiedener Legierungen. Neusilber oder Argentan besteht aus 50 % Kupfer, 25 % Nickel und 25 % Zink; die Reichsnickelmünzen enthalten 75 %

Kupfer und 25% Nickel. Die Verwendung von Nickel als Zusatz zum Eisen ist bereits erwähnt worden (**305**).

Die Oxyde des Nickels NiO Oxydul und Ni_2O_3 Oxyd sind denen des Kobalts sehr ähnlich. Nur ersteres bildet Salze.

Nickelchlorür $NiCl_2 + 6H_2O$, grüne monokline Prismen. Beim Erhitzen wird es durch Wasserverlust gelb.

Nickelsulfat $NiSO_4 + 7H_2O$, grüne rhombische Prismen, ist isomorph mit den entsprechenden Ferro- usw. Salzen und bildet auch analoge Doppelsalze.

Nickeloxyd Ni_2O_3 verhält sich ebenfalls wie ein Peroxyd; beim Erwärmen mit Salzsäure entwickelt sich Chlor, indem zugleich $NiCl_2$ entsteht.

Nickelkarbonyl $Ni(CO)_4$ bildet sich, wenn man über fein verteiltes Nickel bei gewöhnlicher Temperatur Kohlenoxyd leitet. Es entsteht hierbei ein Gleichgewichtszustand:

$$Ni + 4CO \rightleftarrows Ni(CO)_4,$$

der sich bei erhöhter Temperatur nach links verschiebt, da die Zersetzung von Nickelkarbonyl unter ansehnlicher Wärmeabsorption stattfand (**103**). Schon bei 60° wird dieselbe explosionsartig. Aus obenstehender Gleichung ergibt sich weiter (**122**), daß Drucksteigerung die Bildung von Nickelkarbonyl stark vermehren muß. Endlich sei noch hervorgehoben, daß sowohl die Bildung wie die Zersetzung dieser Verbindung sehr empfindlich gegen Spuren von Fremdstoffen ist. Es bildet eine farblose, stark lichtbrechende Flüssigkeit, die bei 43° siedet und bei −25° kristallinisch erstarrt. An der Luft entzündet es sich und verbrennt mit stark rußender Flamme. Mit Hilfe dieser Verbindung wird Nickel aus nickelarmen Erzen gewonnen.

Nickel bildet auch mit Cyan ein komplexes Ion; wenn Nickelcyanid in einem Überschuß von Cyankalium aufgelöst wird, entsteht die Verbindung K_2NiCy_4; dieselbe wird jedoch schon durch Salzsäure unter Abscheidung von $NiCy_2$ zerlegt.

312. Eine sehr auffallende Eigentümlichkeit zeigen die Sulfide des Kobalts und des Nickels, CoS und NiS.

Aus einer sauren Lösung ihrer Salze werden diese Sulfide durch Schwefelwasserstoff nicht niedergeschlagen; einmal gefällt (durch Schwefelammonium) lösen sie sich jedoch in verdünnten Säuren nicht auf. Diese Erscheinung steht in Widerspruch mit der allgemeinen Regel von **146** (s. auch **73**); denn entweder müssen die Sulfide durch Schwefelwasserstoff aus der schwach sauren Lösung ausfallen, wie CuS, wenn ihr Löslichkeitsprodukt sehr klein ist; oder die gebildeten

Sulfide müssen sich in verdünnten Säuren lösen, wie FeS, wenn ihr Löslichkeitsprodukt größer ist. Diese Anomalie ist wahrscheinlich so zu erklären, daß die Sulfide sehr bald nach ihrer Bildung in eine andere Modifikation (vermutlich eine polymere) übergehen. NiS ist sofort nach seinem Entstehen in Schwefelalkalien löslich, einmal in festem Zustande abgeschieden nicht mehr, oder doch nicht mehr in dem Maße. Dies zeigt sich, wenn man zu einer Nickellösung Weinsäure zusetzt und hernach überschüssige Natronlauge; es wird dann kein $Ni(OH)_2$ gefällt. Leitet man in diese Lösung Schwefelwasserstoff, so erhält man eine sehr dunkel gefärbte Lösung, aus der sich NiS nur langsam absetzt. Das gleiche gilt von den Kobaltlösungen, jedoch nur, wenn sie sehr verdünnt sind, da sonst das CoS zu bald in die unlösliche Modifikation übergeht und sich abscheidet.

Gruppe der Platinmetalle.

313. Unter dem Namen Platinmetalle werden die Metalle Ruthenium, Rhodium, Palladium, Osmium, Iridium und Platin zusammengefaßt; sie kommen nur gediegen und miteinander legiert als Platinerz vor. Hauptsächlich werden sie im Ural und am Kaukasus, aber auch in Kalifornien, Australien und auf Sumatra gefunden. Am wichtigsten ist das Platin. Die Platinerze enthalten auch noch Eisen, Gold und einige andere Beimengungen.

Man teilt die Platinmetalle in zwei Gruppen ein: die leichten: Ruthenium, Rhodium und Palladium, und die schweren: Osmium, Iridium und Platin. Sie unterscheiden sich durch eine erhebliche Differenz ihrer Atom- und spez. Gewichte:

	Ru	Rh	Pd	Os	Ir	Pt
	leichte			schwere		
Atomgewicht .	101·7	103·0	106·5	191	193·0	194·8
Spez. Gewicht .	12·26	12·6	11·9	22·4	22·38	21·45

Eine vollkommene Trennung der Platinmetalle voneinander ist äußerst schwierig, einerseits, weil sie sich in ihren Eigenschaften sehr gleichen, anderseits, weil ihr Verhalten, wenn sie zusammen auftreten, sehr verändert sein kann, was auf die Existenz von Verbindungen zwischen ihnen hinweist. So ist z. B. Platin in Königswasser gut löslich, reines Iridium dagegen unlöslich; dennoch geht bei der Behandlung eines Gemenges der beiden Metalle mit Königswasser auch Iridium zum Teil in Lösung. Ferner ist die Anwesenheit von Eisen (welches in allen Platinerzen vorkommt) häufig sehr störend. Reine Platinlösungen werden z. B. durch Soda oder Baryumkarbonat nicht gefällt. Ist jedoch Eisen anwesend, so werden mit diesem auch erhebliche Mengen Platin niedergeschlagen. Trotzdem kann man jetzt Platin, Palladium, Rhodium und Iridium käuflich in ausgezeichnet reinem Zustande erhalten.

Platin ist am einfachsten aus seinem Erze rein zu gewinnen. Zu diesem Zwecke wird dasselbe zunächst mit verdünntem Königswasser behandelt, wodurch hauptsächlich Gold in Lösung gebracht wird. Durch konzentriertes Königswasser werden sodann Platin, Palladium, Iridium und kleine Mengen der andern Platinmetalle gelöst; zurück bleibt das Osmium-Iridium, welches daneben auch von den andern Metallen und wechselnde Mengen Platin enthält. In der Lösung befinden sich die folgenden Verbindungen: $PtCl_4$, $IrCl_4$, Rh_2Cl_6, $PdCl_2$, in sehr geringen Mengen Os und Ru, ebenfalls als Chloride. Wenn man nun diese Lösung mit Natronlauge kocht, geht $IrCl_4$ über in Ir_2Cl_6, während zugleich NaClO entsteht; durch Zusatz einiger Tropfen Alkohol wird das Natriumhypochlorit zu Chlorid reduziert. Durch NH_4Cl wird dann nur Platin als $(NH_4)_2PtCl_6$ gefällt, welches letztere beim Erhitzen Platin hinterläßt.

Ruthenium.

314. Dieses Metall ist von stahlgrauer Farbe, hart, sehr spröde und sehr schwer schmelzbar (oberhalb 1800°). Durch Königswasser wird es auch in feinverteiltem Zustande nur äußerst schwer zu Ru_2Cl_6 gelöst, leicht dagegen, wenn es mit Platin legiert ist. Die Verbindung $RuCl_4$ ist nur in Doppelsalzen bekannt. In Pulverform an der Luft oxydiert, liefert das Metall RuO und Ru_2O_3. Ruthenium bildet ferner charakteristische Salze, in denen es als säurebildendes Element fungiert.

Kaliumruthenat K_2RuO_4 entsteht durch Schmelzen von Ru mit KOH und Salpeter. Es kristallisiert mit 1 Mol. Wasser in schwarzen, grünglänzenden Prismen. In Wasser löst es sich mit dunkeloranger Farbe auf. Es erinnert in seinem Verhalten an das Kaliummanganat; durch verdünnte Säuren wird es nämlich in überruthensaures Kali $KRuO_4$ übergeführt, unter gleichzeitiger Abscheidung eines schwarzen Oxyds Ru_2O_5 (oder RuO_2?). Es kristallisiert in schwarzen, metallglänzenden Oktaëdern, die sich in Wasser mit dunkelgrüner Farbe lösen. Eigentümlich ist ferner das Verhalten des Rutheniumtetroxyds RuO_4, welches sich verflüchtigt, wenn Chlor in die konzentrierte Lösung von Kaliumruthenat geleitet wird. Durch Abkühlen kann man es zum Erstarren bringen; es bildet eine goldgelbe Kristallmasse, die bei 25·5° schmilzt. Diesem Oxyd entspricht keine Säure. Man bedient sich desselben, um reines Ruthenium darzustellen.

Osmium.

Dieses Metall ist dem Ruthenium sehr ähnlich; es schmilzt erst bei 2500°. Man kennt die Chloride $OsCl_2$ und $OsCl_4$ sowie die Oxyde OsO, Os_2O_3, OsO_2. Die große Ähnlichkeit mit dem Ruthenium tritt besonders bei den höchsten Oxyden hervor. So entsteht durch Schmelzen mit Kali und Salpeter osmiumsaures Kali K_2OsO_4, das aus wäßriger Lösung mit $2H_2O$ in dunkelvioletten Oktaëdern kristallisiert. Die charakteristische Verbindung des Osmiums ist das Osmiumtetroxyd OsO_4, welches durch Glühen von feingepulvertem Osmium an der Luft oder durch Einwirkung von Chlor auf Osmium bei Gegenwart von Wasser entsteht. Es besitzt durchdringenden, chlorähnlichen Geruch und ist sehr giftig. Die wäßrige Lösung von OsO_4 (das zu Unrecht auch Osmiumsäure genannt wird) reagiert neutral. Sie wird in der Mikroskopie gebraucht, weil organische (d. h. reduzierend wirkende) Stoffe schwarzes Osmium daraus abscheiden. Es sind keine Salze bekannt, die sich von OsO_4 ableiten. Die Verbindung wird benutzt, um Osmium in reinem Zustande zu erhalten.

Das Metall findet jetzt Anwendung beim Osmiumglühlicht von Auer von Welsbach, wobei ein dünner Osmiumdraht in einem evakuierten Ballon elektrisch auf Weißglut gebracht wird.

Rhodium.

Das Metall hat, wenn es vorher geschmolzen war, das Aussehen von Aluminium und ist ebenso dehnbar wie Silber. Im reinen Zustande wird es technisch aus dem schön kristallisierenden Chloropurpureo-rhodiumchlorid $Rh(NH_3)_5Cl_3$ erhalten (vgl. **317**); von Säuren und von Königswasser wird es nicht angegriffen. An der Luft erhitzt, verwandelt es sich in das Oxydul RhO. Es vermag beträchtliche Mengen Wasserstoff zu absorbieren. Das Oxyd Rh_2O_3 liefert Salze mit Säuren. An Chloriden ist nur Rh_2Cl_6 bekannt, welches man durch direkte Synthese als rotbraune Masse erhält; es bildet mit den Alkalichloriden lösliche Doppelsalze.

Iridium.

Dieses sehr schwer schmelzbare Metall wird aus Osmium-Iridium gewonnen, indem man durch Erhitzen im Sauerstoffstrom das Osmium als Tetroxyd verflüchtigt. Es dient, mit Platin legiert, zur Herstellung von Platintiegeln, Schalen, Destillierkesseln für die Schwefelsäurefabrikation usw.; das Pariser Normalmaß ist aus einer Legierung von 90% Platin und 10% Iridium hergestellt; durch diesen Zusatz von Iridium wird das Platin noch beständiger gegen chemische Einflüsse. Im reinen Zustande wird Iridium von Königswasser nicht angegriffen.

Iridium bildet zwei Chloride, Ir_2Cl_6 und $IrCl_4$; beide geben Doppelsalze mit den Alkalichloriden, z. B. $Ir_2Cl_6 \cdot 6KCl \cdot 6H_2O$ und $IrCl_4 \cdot 2KCl$; ersteres ist leicht, letzteres sehr schwer in Wasser löslich. $IrCl_4$ stellt eine schwarze Masse dar, die von Wasser mit sehr intensiv roter Farbe gelöst wird. Platinchloridlösung, die iridiumhaltig ist, zeigt daher eine viel dunklere Farbe als reine Platinlösung.

Palladium.

315. Das silberweiße Metall schmilzt bei 1500°, also leichter als Platin. Es wird in fein verteiltem Zustande von kochender starker Salzsäure, Schwefelsäure und Salpetersäure gelöst. Beim Glühen an der Luft wird es anfangs oxydiert und dadurch glanzlos, bei höherer Temperatur wird die Oberfläche wieder metallisch. Die merkwürdigste Eigenschaft des Metalles ist, daß es beträchtliche Mengen Wasserstoff absorbieren kann. Frisch ausgeglühtes Palladiumblech absorbiert bei gewöhnlicher Temperatur sein 370 faches Volum Wasserstoff; verwendet man ein Palladiumblech als Kathode bei der elektrolytischen Wasserzersetzung, so vermag es sogar sein 960 faches Volum Wasserstoff aufzunehmen. Es behält hierbei sein metallisches Äußere. Im Vakuum erhitzt, gibt es allen Wasserstoff wieder ab.

Man war früher der Meinung, daß bei dieser Absorption eine Verbindung Pd_2H entstehe. Neuere Untersuchungen (von Bakhuis Roozeboom und Hoitsema), vom Standpunkt der Phasenregel (71) aus unternommen, haben jedoch die Existenz dieser (oder einer andern) Verbindung zweifelhaft gemacht. Im Falle des Entstehens einer Verbindung würde man zwei Stoffe (Pd und H) und drei Phasen (Pd, die betreffende Verbindung und H) haben, welche daher ein vollständiges heterogenes Gleichgewicht bilden müssen. Verschiedene Fälle sind alsdann noch möglich. Der Zusammenhang zwischen Druck und Gasgehalt bei konstanter Temperatur würde in einem einfachen Falle graphisch in folgender Weise dargestellt werden können. Wenn zuerst das Gas sich in dem Metall einfach auflöst, muß der Druck in regelmäßiger Weise mit dem Gasgehalt steigen, bis bei *a* (Fig. 80) die Verbindung sich zu bilden anfängt. Der Gasdruck muß nun bei steigendem Gehalt an Gas so lange konstant bleiben, bis die Metallphase durch Übergang in die Wasserstoffverbindung völlig verschwunden ist. Gesetzt, daß dies bei *b* der Fall wäre, so könnte von da ab sich noch Wasserstoff in der gebildeten Verbindung auflösen, was wiederum zu einem mit dem Gasgehalt zunehmenden Drucke führen muß. Bei *a* und *b* muß eine plötzliche Richtungsänderung der Druckkurve eintreten.

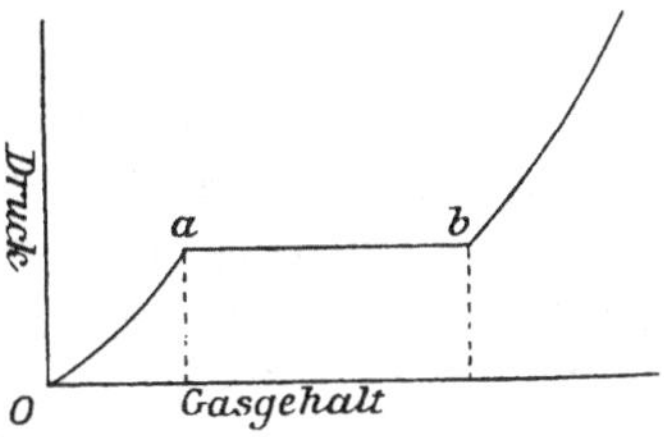

Fig. 80.
System Wasserstoff—Palladium.

Wenn dagegen keine Verbindung entsteht, sondern nur Absorption stattfindet, hat man zwei Stoffe in zwei Phasen (Gas und dessen Lösung), also unvollständiges Gleichgewicht: der Druck wird im allgemeinen mit zunehmendem Gasgehalt steigen müssen und es werden nirgends plötzliche Richtungsänderungen auftreten. Tatsächlich wurde nun beobachtet, daß die Druckkurven für verschiedene Temperaturen (zwischen 0° und 190°) aus drei Teilen bestanden, nämlich aus zwei stark ansteigenden Stücken, verbunden durch ein ganz wenig ansteigendes Mittelstück, welches selbst bei niedrigen Temperaturen nahezu horizontal verläuft; diese Teile gingen jedoch bei allen Temperaturen allmählich ineinander über (die Kurve hat also nicht das Aussehen von Fig. 80). Diese Resultate sprechen gegen die Annahme einer chemischen Verbindung; sie zeigen das Bild einer fortdauernden Absorption, welche sich jedoch von andern bekannten Erscheinungen dieser Art durch die eigenartige Form der Druckkurve unterscheidet.

Palladiumwasserstoff wirkt stark reduzierend. Chlor und Jod werden durch denselben zu HCl und HJ, Ferri- zu Ferrosalzen reduziert.

Palladium bildet zwei Reihen von Verbindungen, die Oxydulverbindungen PdX_2 und die Oxydverbindungen PdX_4. Von der ersten Reihe ist das Jodür PdJ_2 charakteristisch, das aus den Lösungen der Oxydulsalze durch Jodkalium als schwarze unlösliche Masse gefällt wird. Man bedient sich dieser Reaktion zuweilen, um das Jod von den andern Halogenen zu trennen, da deren Palladiumverbindungen leicht löslich sind. — Palladiumchlorid $PdCl_4$ entsteht durch Auflösen des Metalles in Königswasser. Es bildet mit KCl oder NH_4Cl die schwerlöslichen Doppelsalze K_2PdCl_6 und $(NH_4)_2PdCl_6$. Beim Verdampfen seiner Lösung dissoziiert $PdCl_4$ in Chlorür und Chlor.

Platin.

316. Platin ist das wichtigste und häufigste Metall der Platingruppe. Es wird rein nach dem in **313** angegebenen Verfahren gewonnen. Es schmilzt bei ca. 1770°, ist äußerst dehnbar und läßt sich zu sehr feinem Draht ausziehen sowie zu sehr dünnem Blech walzen. Da es bei Rotglühhitze weich wird, ist es auch schweißbar. In Legierung mit einigen Prozent Iridium findet es mannigfache Verwendung. Es absorbiert — besonders in feinverteiltem Zustande — Sauerstoff, sich damit teilweise verbindend, eine Eigenschaft, auf welche man die Erscheinung zurückführt, daß zahlreiche Oxydationsprozesse bei Gegenwart von Platin besonders leicht verlaufen. Wenn es aus seinen Lösungen durch Reduktionsmittel abgeschieden wird, erhält man es häufig als äußerst feines sammetschwarzes Pulver, das Platinschwarz. Beim Erhitzen von $(NH_4)_2PtCl_6$ bleibt das Metall als poröse graue Masse: Platinschwamm, zurück. Bei Rotglühhitze geht durch eine Platinwand Wasserstoff hindurch, während andere Gase zurückgehalten werden. Wahrscheinlich beruht dies auf der Bildung einer Verbindung oder auf der Löslichkeit des Wasserstoffes in Platin. Von schmelzenden Hydroxyden, Cyaniden und Sulfiden der Alkalimetalle wird es angegriffen; diese dürfen daher in Platingefäßen nicht erhitzt werden; ebensowenig dürfen Blei und andere Schwermetalle darin geschmolzen werden, weil diese leicht schmelzbare Legierungen mit dem Platin eingehen.

Das Platin bildet Verbindungen vom Typus PtX_2, Oxydul-, und PtX_4, Oxydverbindungen. Die bekannteste Verbindung des Platins ist die Platinchlorwasserstoffsäure H_2PtCl_6, welche man bei der Auflösung von Platin in Königswasser erhält. Durch Verdampfen der Lösung erhält man die Säure in der Form von großen, rotbraunen, sehr hygroskopischen Prismen. In ihrer wäßrigen Lösung befindet sich das Anion $PtCl_6''$, da bei der Elektrolyse dieses Anion nach der Anode wandert; auch fällt Silbernitrat aus der Lösung nicht AgCl aus, wie es der Fall sein müßte, wenn freie Chlor-Ionen in der Flüssigkeit wären, sondern die Verbindung Ag_2PtCl_6. Sehr charakteristisch für die Platinchlorwasserstoffsäure sind das K- und NH_4-Salz, welche in Wasser sehr schwer, in Alkohol nicht löslich sind und beim Eindampfen der wäßrigen Lösung in schönen, kleinen goldgelben Oktaëdern hinterbleiben. Man bedient sich dieses Kaliumsalzes häufig, um bei gleichzeitiger Anwesenheit von Natrium das Kalium quantitativ zu bestimmen, da Na_2PtCl_6 leicht löslich ist, auch in Alkohol.

Von den übrigen Verbindungen des Platins mögen noch folgende angeführt werden. Versetzt man eine Lösung von Platinchlorwasserstoffsäure mit Natriumkarbonat und danach mit Essigsäure, so fällt Platinhydroxyd $Pt(OH)_4$ nieder, welches sowohl in starken Säuren wie in Alkalien löslich ist. Man muß ihm deshalb neben basischen auch saure Eigenschaften zuschreiben (Platinsäure). Die Salze dieser Säure entstehen außerdem, wenn Platin mit Alkali geschmolzen wird. — Platinchlorür $PtCl_2$ entsteht durch Erhitzen von H_2PtCl_6 auf 200° und in kleiner Menge bereits, wenn die Lösung der H_2PtCl_6 stark konzentriert wird. Es bildet ein grünes, in Wasser unlösliches Pulver. Mit den Chloriden der Alkalimetalle gibt es leicht lösliche Doppelsalze wie $PtCl_2 \cdot 2NaCl$. — Vom Platin kennt man ferner Doppelcyanide mit vielen Metallen, so z. B. $K_2PtCy_4 \cdot 3H_2O$ usw. Das Baryumplatincyanür $BaPtCy_4 \cdot 4H_2O$ ist dadurch bekannter geworden, daß es die Röntgenstrahlen sichtbar macht. Für alle diese Doppelsalze sind ihre schöne Farbe und ihr starker Dichroismus charakteristisch.

Man kann mittels des elektrischen Lichtbogens Platin unter Wasser so zerstäuben, daß die Metallteilchen durch ein Filter gehen und die Lösung auch unter den besten Mikroskopen keine heterogenen Teilchen erkennen läßt. Diese Lösung hat eine tiefschwarze Farbe und besitzt eminent hohe katalytische Wirkung, welche in vielerlei Hinsicht mit der Wirkung organischer Fermente Ähnlichkeit hat. Dies geht erstens daraus hervor, daß äußerst geringe Quantitäten noch katalytisch wirken — 1 g-Atom Platin in 70 Millionen Liter Wasser beschleunigte z. B. die Zersetzung von Wasserstoffsuperoxyd sehr wesentlich — zweitens daraus, daß die Platinlösung, wie die organischen Fermentlösungen, langsam von selbst, rascher bei gewissen Zusätzen und beim Erwärmen ihre katalytische Wirksamkeit ändert. Ganz besonders auffallend ist aber diese Analogie bezüglich der Eigenschaft, durch geringe Spuren gewisser Gifte inaktiviert zu werden: 10^{-6} Mol HCN im Liter wirkten bereits wesentlich verzögernd und sehr stark auch Sublimat.

Ammoniakverbindungen der Metalle der achten Gruppe.

317. Die Elemente der achten Gruppe und unter diesen vornehmlich Kobalt und Platin, neben einigen Elementen aus andern Gruppen wie Cu, Cr u. a., besitzen die Fähigkeit, „Metallammoniakverbindungen“ zu bilden. Diese Körper haben empirisch die Zusammensetzung von Salzen, an welche ein oder mehrere Moleküle Ammoniak addiert sind. Solche Verbindungen des Kobalts entstehen, wenn man der Lösung seines Bromids, Chlorids, Nitrats usw. Ammoniak zusetzt, bis der zuerst entstandene Niederschlag wieder aufgelöst ist. Eine derartige Lösung nimmt Sauerstoff aus der Luft auf; setzt man nach einiger Zeit dieselbe Säure zu, an welche das Metall in dem Kobaltosalz gebunden war, so fällt ein ziegelrotes kristallinisches Pulver nieder von der Zusammensetzung $CoCl_3(NH_3)_5 \cdot H_2O$ oder $Co(NO_3)_3(NH_3)_5H_2O$ u. a. Diese Verbindungen heißen Roseokobaltsalze (-chlorid, -nitrat). Aus ihnen entstehen die Purpureokobaltsalze, wenn man ihre Lösung mit Säuren gelinde erwärmt. Letztere haben die Zusammensetzung $CoX_3(NH_3)_5$ (wo X = Cl, Br, NO_3 usw.) und zeigen violette oder Purpurfarbe. — Eine andere Klasse von Verbindungen sind die Luteokobaltsalze; Luteokobaltchlorid $CoCl_3(NH_3)_6$ z. B. wird erhalten, wenn man zu der ammoniakalischen Kobaltchloridlösung Chlorammonium und ein Oxydationsmittel (Brom) gibt. Es kristallisiert in gelbroten Prismen, die sich in kaltem Wasser langsam auflösen. — Man kennt ferner noch Verbindungen, welche von den vorhergehenden sich so ableiten, daß NO_2-Gruppen an Stelle von Chlor usw. getreten sind, z. B. $CoCl(NO_2)_2(NH_3)_4$ Croceokobaltchlorid; $CoCl_2(NO_2)(NH_3)_5$ Xanthokobaltchlorid; $CoCl(NO_2)_2(NH_3)_5$ Flavokobaltchlorid. Sie werden durch Einwirkung von salpetriger Säure auf ammoniakalische Kobaltlösungen gewonnen.

Vom Platin leiten sich ebenfalls zahlreiche Gruppen von Metallammoniakverbindungen ab. Beispielsweise: Wenn man kalte salzsaure Platinchlorürlösung mit Ammoniak versetzt, entsteht ein grüner Niederschlag; kocht man nun auf, so entsteht eine unlösliche Verbindung $Pt(NH_3)_4Cl_2 \cdot H_2O$ Platodiammoniumchlorid (grünes Salz von MAGNUS), und in der Lösung befindet sich eine andere, das Platosemidiammoniumchlorid $PtCl_2(NH_3)_2$; von beiden kennt man auch Salze, in welchen Brom, Jod, NO_3 an Stelle von Chlor usw. steht. Durch Erhitzen von Platodiammoniumchlorid auf 220—270° entsteht Platosammoniumchlorid $PtCl_2(NH_3)_2$; es ist gelb, kristallinisch und in Wasser schwer löslich. Durch Oxydation (z. B. mittels Chlor) geht dieses letztere in Platinammoniumchlorid $Pt(NH_3)_2Cl_4$ über; ebenso entsteht aus Platodiammoniumchlorid das Platindiammoniumchlorid $Pt(NH_3)_4Cl_4$ usw. Sehr viele dieser Metallammoniakverbindungen wurden von JÖRGENSEN entdeckt.

Im Jahre 1893 hat WERNER zahlreiche Verbindungen dieser Art unter einem gemeinschaftlichen Gesichtspunkt zu betrachten gelehrt; und da seine Anschauungen von allgemeiner Bedeutung für die anorganische Chemie sind, möge am Schluß dieses Buches etwas näher auf sie eingegangen werden.

Er teilt die in Rede stehenden Verbindungen in zwei Klassen ein. Die erste umfaßt diejenigen Verbindungen, welche auf ein Metallatom sechs NH_3-Moleküle enthalten oder sich von solchen nach bestimmten Regeln ableiten lassen.

Die Verbindungen der zweiten Klasse enthalten auf ein Metallatom vier NH_3-Moleküle oder lassen sich von derartigen Verbindungen wiederum auf bestimmte Weise ableiten. Als Beispiele können dienen:

$Co(NH_3)_6Cl_3$	$Cu(NH_3)_4(NO_3)_2$
Luteokobaltchlorid	Kupferammoniaknitrat

Nach der Wertigkeit des Metallatoms kann man diese Klassen in verschiedene Abteilungen zerlegen, die erste z. B. so:

$Pt(NH_3)_6Cl_4$;	$Co(NH_3)_6Cl_3$;	$Ni(NH_3)_6Cl_2$
Pt vierwertig	Co dreiwertig	Ni zweiwertig

Aus den Verbindungen, die den Komplex $M(NH_3)_6$ enthalten (M = Metallatom), können — durch Ersatz von NH_3-Molekülen — analoge Verbindungen abgeleitet werden. Die Gesamtzahl solcher mit dem Metallsalz verbundener Moleküle bleibt jedoch sechs. Vornehmlich kann H_2O an die Stelle von NH_3 treten.

Als Beispiele einer solchen Substitution können angeführt werden:

$Cr(NH_3)_6Cl_3$; $Cr(NH_3)_5(H_2O)Cl_3$; $Ni(NH_3)_3(H_2O)_3SO_3$.

Von den soeben besprochenen Verbindungen, also solchen, in denen ein Komplex MA_6 zugegen ist, wo A sowohl Ammoniak wie Wasser oder ein anderes Molekül sein kann, werden durch Austritt von Molekülen A andere abgeleitet, z. B.:

$Co(NH_3)_6X_3$;	$Co(NH_3)_5X_3$;	$Co(NH_3)_4X_3$;	$Co(NH_3)_3X_3$
Luteosalze	Purpureosalze	Praseosalze	Hexaminsalze

Für die Verbindungen der zweiten Klasse gilt dasselbe; NH_3 kann durch verschiedene andere Moleküle substituiert werden; und unter Verlust von NH_3 gehen auch die Verbindungen $M(NH_3)_4X_2$ in ammoniakärmere über, welche zu jenen in bestimmter Beziehung stehen, z. B.:

$Pt(NH_3)_4Cl_2$;	$Pt(NH_3)_3Cl_2$;	$Pt(NH_3)_2Cl_2$
Platodiamminchlorid	Platomonodiamminchlorid	Platosamminchlorid

Diese beiden großen Klassen von Metallammoniaksalzen umfassen alle bekannten Verbindungen dieser Art, ihre Systematik ist daher einfach.

318. Der eben besprochene Ammoniakaustritt geht nun mit einer bedeutenden Veränderung im Bau dieser komplexen Verbindungen einher. Wählen wir, um dies zu verdeutlichen, die Luteochloride als Beispiel. Ihre wäßrige Lösung ist stark ionisiert, wie das beträchtliche elektrische Leitvermögen zeigt. Als Ionen muß man darin annehmen $[Co(NH_3)_6]^{\cdot\cdot\cdot}$ und $3\,Cl'$; denn einerseits kann das gesamte Chlor durch Silberlösung direkt gefällt werden und demzufolge sind alle drei Chloratome als Ionen zugegen, anderseits zeigt die Lösung weder die gewöhnlichen Reaktionen auf Kobalt noch die auf Ammoniak. Geht jedoch ein Luteosalz durch Verlust von $1\,NH_3$ in ein Purpureosalz über, so verliert dabei zugleich eines der Halogenatome die Fähigkeit als Ion aufzutreten, was daraus hervorgeht, daß aus der Lösung der Purpureochloride nur zwei Chloratome durch Silbernitrat direkt gefällt werden; auch hat das elektrische Leitvermögen erheblich abgenommen. Das gleiche wiederholt sich beim Übergang von Purpureochlorid in Praseochlorid, von welchem letzteren auf dieselbe Weise gezeigt werden kann, daß in seiner wäßrigen Lösung nur noch ein Chloratom als Ion zugegen ist. Bei den Hexaminsalzen endlich ist alle Ionisation verschwunden; es ergab sich z. B., daß die Lösung des Hexaminkobaltnitrits $Co(NH_3)_3(NO_2)_3$ kein nennenswertes Leitvermögen mehr besitzt.

Man muß deshalb annehmen, daß in der Lösung der Luteosalze das dreiwertige Ion $[Co(NH_3)_6]^{\cdot\cdot\cdot}$ neben drei Anionen vorkommt — in den Purpureosalzen das zweiwertige Ion $\left[Co{(NH_3)_5 \atop X}\right]^{\cdot\cdot}$ neben zwei Anionen — in den Praseosalzen das einwertige Ion $\left[Co{(NH_3)_4 \atop X_2}\right]^{\cdot}$ neben einem Anion, während in den Hexaminverbindungen der Komplex $\left[Co{(NH_3)_3 \atop X_3}\right]$ nicht ionisierbar, mit andern Worten neutral (nullwertig) ist. Vollkommen dem analog ist auch das Verhalten der Verbindungen der zweiten Klasse bei successivem Verlust von NH_3-Molekülen. Merkwürdig ist hierbei besonders, daß die Anzahl der Gruppen und Elemente, welche in dem komplexen Ion neben dem Metall vorhanden sind, in der ersten Klasse stets sechs, in der zweiten stets vier bleibt. WERNER nimmt an, daß dieselben direkt mit dem Metall verbunden sind, während die ionisierbaren Halogenatome oder negativen Gruppen indirekt durch Ammoniak mit dem Metallatom in Verbindung stehen.

319. Nicht weniger bemerkenswert ist, was eintritt, wenn die Substitution von Ammoniak durch negative Gruppen oder Elemente noch weiter fortgesetzt wird. Der neutral gewordene Komplex $\left[Co{(NH_3)_3 \atop X_3}\right]$ geht dann in ein negatives Ion über. Man hat z. B. die Reihe:

$$\underset{\text{Luteosalz}}{\left[Co(NH_3)_6\right]^{\cdots} X_3}; \quad \underset{\text{Xanthosalz}}{\left[Co{(NH_3)_5 \atop NO_3}\right]^{\cdot\cdot} X_2}; \quad \underset{\text{Croceosalz}}{\left[Co{(NH_3)_4 \atop (NO_2)_2}\right]^{\cdot} X};$$

$$\underset{\text{Hexaminkobaltnitrit}}{\left[Co{(NH_3)_3 \atop (NO_2)_3}\right]^0}; \quad \underset{\text{Tetraminkobaltkaliumnitrit}}{\left[Co{(NH_3)_2 \atop (NO_2)_3}\right]' K}$$

Als Schlußstück dieser Reihe muß das in (**310** aufgeführte Kobaltkalium nitrit aufgefaßt werden:

$$[Co(NO_2)_6]''' K_3.$$

Die Anzahl von Verbindungen, welche einen gleichartigen Komplex MX_6 als dreiwertiges Ion enthalten, ist sehr groß. Hier sei nur darauf hingewiesen, daß das rote Blutlaugensalz K_3FeCy_6 und die analogen Cyanide des Kobalts, Iridiums, Rhodiums u. a. hierher gehören.

In den andern Abteilungen, in welchen das Metall vierwertig ist (bei Pt), oder zweiwertig (Ni), hat man genau Entsprechendes. Beim Verlust von NH_3 tritt für jedes Molekül eines der negativen Atome oder Gruppen in das komplexe Kation, welches dadurch immer weniger positiv wird und schließlich in ein Anion übergeht. Auch hier lassen sich zahlreiche Verbindungen einordnen, deren Zusammensetzung früher an keine Regel gebunden zu sein schien. Aus $[Pt(NH_3)_6]X_4$ entstehen die indifferenten Platinamine $\left[Pt{(NH_3)_2 \atop X_4}\right]$, während Ersatz der zwei letzten NH_3-Gruppen durch Halogen zu dem zweiwertigen Anion $(PtX_6)''$ führt, welches im Kaliumplatinchlorid u. a. angenommen werden muß (**316**). Hieran schließen sich weiter analoge Verbindungen des Zinns wie $(NH_4)_2(SnCl_6)$ Pinksalz an, ferner der Siliciumfluorwasserstoff $H_2(SiFl_6)$ und seine Salze u. a. m.

Durch analoge Substitution von Ammoniak in $[M(NH_3)_6]X_2$, in der dritten Unterabteilung (s. oben) gelangt man aufs neue zu einer Anzahl bekannter Verbindungen. Völliger Ersatz von NH_3 durch negative Gruppen oder Atome muß hier zu einem vierwertigen Anion führen, wie die Erfahrung auch lehrt; einen solchen Fall stellt das gelbe Blutlaugensalz $[FeCy_6]K_4$ und dessen Analoga dar.

Zahlreiche Metallammoniakverbindungen und „Doppelsalze" werden so unter einen gemeinschaftlichen Gesichtspunkt gebracht, dem die Annahme zugrunde liegt, daß *die genannten Metalle die Eigenschaft besitzen, mit sechs Molekülen (NH_3, H_2O usw.) oder Atomen komplexe Ionen zu bilden.*

Diese Hypothese führt noch zu verschiedenen anderen Folgerungen, auf welche hier jedoch nicht eingegangen werden kann.

Register.

Die Zahlen bezeichnen Seiten.

Atomgewicht der Elemente.

O = 16·00.

Name	Zeichen	Atom-gewicht	Name	Zeichen	Atom-gewicht
Aluminium .	Al	27·10	Nickel . .	Ni	58·70
Antimon .	Sb	120·2	Niobium . .	Nb	94
Argon . .	A	39·9	Osmium . .	Os	191·0
Arsen . . .	As	75·0	Palladium .	Pd	106·5
Baryum . .	Ba	137·43	Phosphor .	P	31·0
Beryllium .	Be	9·1	Platin . .	Pt	194·8
Blei . . .	Pb	206·91	Praseodym .	Pr	140·5
Bor . . .	B	11·0	Quecksilber.	Hg	200·0
Brom . . .	Br	79·960	Radium . .	Ra	225
Cadmium .	Cd	112·4	Rhodium .	Rh	103·0
Cäsium . .	Cs	132·9	Rubidium .	Rb	85·5
Calcium . .	Ca	40·13	Ruthenium .	Ru	101·7
Cer . . .	Ce	140·25	Samarium .	Sa	150·3
Chlor . . .	Cl	35·453	Sauerstoff .	O	16·000...
Chrom . .	Cr	52·12	Scandium .	Sc	44·1
Eisen . . .	Fe	55·88	Schwefel .	S	32·06
Erbium . .	Er	166	Selen . . .	Se	79·2
Fluor . . .	Fl	19·05	Silber . .	Ag	107·934
Gadolinium.	Gd	156	Silicium . .	Si	28·4
Gallium . .	Ga	70·0	Stickstoff .	N	14·04
Germanium.	Ge	72·5	Strontium .	Sr	87·64
Gold . . .	Au	197·2	Tantal . .	Ta	183
Helium . .	He	4·0	Tellur . .	Te	127·6
Indium . .	In	115·0	Terbium . .	Tb	160
Iridium . .	Ir	193·0	Thallium .	Tl	204·1
Jod . . .	J	126·97	Thorium . .	Th	232·5
Kalium . .	K	39·15	Thulium . .	Tu	171
Kobalt . .	Co	59·00	Titan . . .	Ti	48·14
Kohlenstoff.	C	12·00	Uran . . .	U	238·5
Krypton . .	Kr	81·8	Vanadin . .	V	51·2
Kupfer . .	Cu	63·60	Wasserstoff.	H	1·0076
Lanthan . .	La	138·9	Wismut . .	Bi	208·5
Lithium . .	Li	7·03	Wolfram .	W	184·0
Magnesium .	Mg	24·36	Xenon . .	X	128
Mangan . .	Mn	55·0	Ytterbium .	Yb	173·0
Molybdän .	Mo	96·0	Yttrium . .	Y	89·0
Natrium . .	Na	23·05	Zink . . .	Zn	65·40
Neodym . .	Nd	143·6	Zinn . . .	Sn	119·0
Neon . . .	Ne	20	Zirkonium .	Zr	90·6

Kolibri 360 GmbH
Ferdinand-Jühlke-Straße 7
99095 Erfurt, Deutschland
produktsicherheit@kolibri360.de